图灵教育

站在巨人的肩上
Standing on the Shoulders of Giants

TURING

图灵教育

站在巨人的肩上
Standing on the Shoulders of Giants

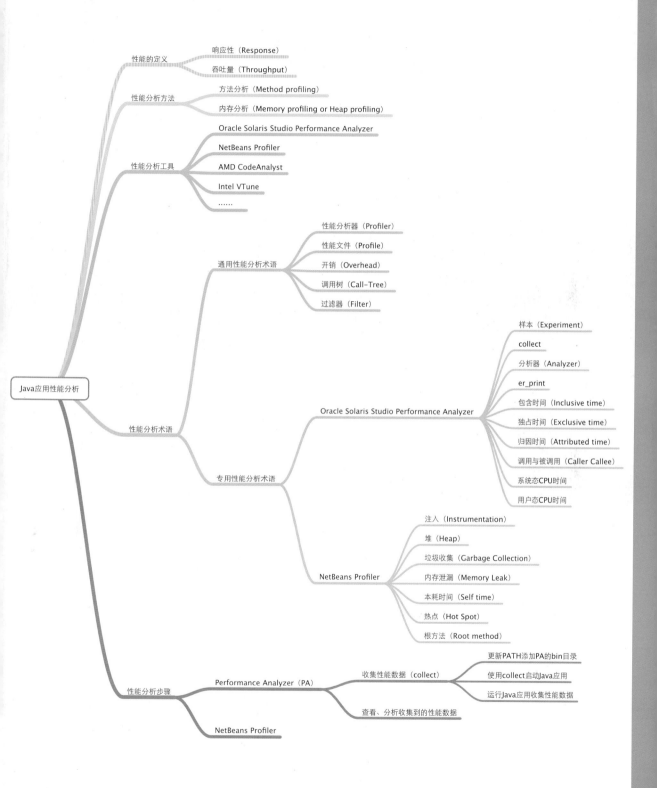

性能的定义 ─── 响应性（Response）
　　　　　　 └── 吞吐量（Throughput）

性能分析方法 ── 方法分析（Method profiling）
　　　　　　　└── 内存分析（Memory profiling or Heap profiling）

性能分析工具 ── Oracle Solaris Studio Performance Analyzer
　　　　　　　├── NetBeans Profiler
　　　　　　　├── AMD CodeAnalyst
　　　　　　　├── Intel VTune
　　　　　　　└── ……

Java应用性能分析

性能分析术语 ── 通用性能分析术语 ── 性能分析器（Profiler）
　　　　　　　　　　　　　　　　　├── 性能文件（Profile）
　　　　　　　　　　　　　　　　　├── 开销（Overhead）
　　　　　　　　　　　　　　　　　├── 调用树（Call-Tree）
　　　　　　　　　　　　　　　　　└── 过滤器（Filter）

　　　　　　　└── 专用性能分析术语 ── Oracle Solaris Studio Performance Analyzer ── 样本（Experiment）
　　　　　　　　　　　　　　　　　　　　　　　　　　　　　　　　　　　　　　　├── collect
　　　　　　　　　　　　　　　　　　　　　　　　　　　　　　　　　　　　　　　├── 分析器（Analyzer）
　　　　　　　　　　　　　　　　　　　　　　　　　　　　　　　　　　　　　　　├── er_print
　　　　　　　　　　　　　　　　　　　　　　　　　　　　　　　　　　　　　　　├── 包含时间（Inclusive time）
　　　　　　　　　　　　　　　　　　　　　　　　　　　　　　　　　　　　　　　├── 独占时间（Exclusive time）
　　　　　　　　　　　　　　　　　　　　　　　　　　　　　　　　　　　　　　　├── 归因时间（Attributed time）
　　　　　　　　　　　　　　　　　　　　　　　　　　　　　　　　　　　　　　　├── 调用与被调用（Caller Callee）
　　　　　　　　　　　　　　　　　　　　　　　　　　　　　　　　　　　　　　　├── 系统态CPU时间
　　　　　　　　　　　　　　　　　　　　　　　　　　　　　　　　　　　　　　　└── 用户态CPU时间

　　　　　　　　　　　　　　　　　　└── NetBeans Profiler ── 注入（Instrumentation）
　　　　　　　　　　　　　　　　　　　　　　　　　　　　├── 堆（Heap）
　　　　　　　　　　　　　　　　　　　　　　　　　　　　├── 垃圾收集（Garbage Collection）
　　　　　　　　　　　　　　　　　　　　　　　　　　　　├── 内存泄漏（Memory Leak）
　　　　　　　　　　　　　　　　　　　　　　　　　　　　├── 本耗时间（Self time）
　　　　　　　　　　　　　　　　　　　　　　　　　　　　├── 热点（Hot Spot）
　　　　　　　　　　　　　　　　　　　　　　　　　　　　└── 根方法（Root method）

性能分析步骤 ── Performance Analyzer（PA）── 收集性能数据（collect）── 更新PATH添加PA的bin目录
　　　　　　　　　　　　　　　　　　　　　　　　　　　　　　　　　　├── 使用collect启动Java应用
　　　　　　　　　　　　　　　　　　　　　　　　　　　　　　　　　　└── 运行Java应用收集性能数据
　　　　　　　　　　　　　　　　　　　　　　　　└── 查看、分析收集到的性能数据
　　　　　　　　　└── NetBeans Profiler

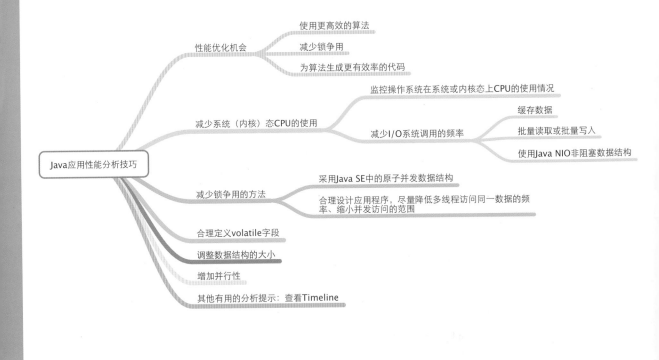

Java应用性能分析技巧

- 性能优化机会
  - 使用更高效的算法
  - 减少锁争用
  - 为算法生成更有效率的代码
- 减少系统（内核）态CPU的使用
  - 监控操作系统在系统或内核态上CPU的使用情况
  - 减少I/O系统调用的频率
    - 缓存数据
    - 批量读取或批量写入
    - 使用Java NIO非阻塞数据结构
- 减少锁争用的方法
  - 采用Java SE中的原子并发数据结构
  - 合理设计应用程序，尽量降低多线程访问同一数据的频率、缩小并发访问的范围
- 合理定义volatile字段
- 调整数据结构的大小
- 增加并行性
- 其他有用的分析提示：查看Timeline

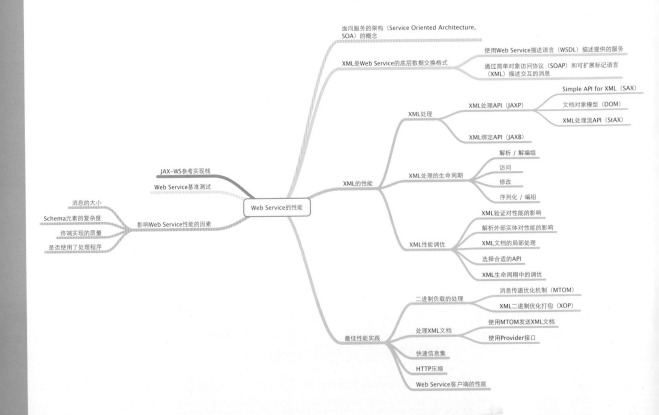

Web Service的性能

- XML是Web Service的底层数据交换格式
  - 面向服务的架构（Service Oriented Architecture, SOA）的概念
  - 使用Web Service描述语言（WSDL）描述提供的服务
  - 通过简单对象访问协议（SOAP）和可扩展标记语言（XML）描述交互的消息
- XML的性能
  - XML处理
    - XML处理API（JAXP）
      - Simple API for XML（SAX）
      - 文档对象模型（DOM）
      - XML处理流API（StAX）
    - XML绑定API（JAXB）
  - XML处理的生命周期
    - 解析／解编组
    - 访问
    - 修改
    - 序列化／编组
  - XML性能调优
    - XML验证对性能的影响
    - 解析外部实体对性能的影响
    - XML文档的局部处理
    - 选择合适的API
    - XML生命周期中的调优
- 最佳性能实践
  - 二进制负载的处理
    - 消息传递优化机制（MTOM）
    - XML二进制优化打包（XOP）
  - 处理XML文档
    - 使用MTOM发送XML文档
    - 使用Provider接口
  - 快速信息集
  - HTTP压缩
  - Web Service客户端的性能
- JAX-WS参考实现栈
- Web Service基准测试
- 影响Web Service性能的因素
  - 消息的大小
  - Schema元素的复杂度
  - 终端实现的质量
  - 是否使用了处理程序

```
                                                                    可用性
                                                                    可管理性
                                                分析系统需求，划分优先级        吞吐量
                                                                    延迟及响应性
                                                                    内存占用
                                                                    启动时间
                                                                单JVM 与 多 JVM
                            方法                    选择JVM部署模式      32位JVM 与 64位JVM
                                                                Client模式 与 Server模式
                                                选择JVM运行时
                                                调优应用程序内存使用
                                                调优应用程序延迟
                                                调优应用程序吞吐量
                                                            初始化阶段
                            应用程序运行阶段            稳定态阶段
                                                            总结阶段
                                                Serial收集器
                                                Throughput收集器
        JVM性能调优          垃圾收集器              Mostly-Concurrent收集器
                                                G1收集器（也称Garbage First收集器）
                                            吞吐量
                            性能属性              延迟
                                            内存占用
                                                            Minor GC回收原则：每次Minor GC都尽可能多地收集
                                                            垃圾对象
                            垃圾收集的三个基本原则                GC内存最大化原则：处理吞吐量和延迟问题时，垃圾
                                                            处理器能使用的内存越大，垃圾收集的效果越好
                                                            GC调优的3选2原则：吞吐量、延迟、内存占用中任意
                                                            选择两个进行JVM垃圾收集器调优
                                                                    Eden空间
                                                        新生代            Survivor空间
                            HotSpot VM堆的布局
                                                        老年代
                                                        永久代
```

内存管理策略

应用程序显式管理内存
　　可能产生的问题
　　　　引用悬空
　　　　内存泄漏

由系统自动管理内存
　　垃圾收集（GC）的概念
　　　　目的：为新建对象的内存分配腾出空间
　　　　确保被引用的对象保持在内存中
　　　　回收代码执行过程中不可达对象占用的内存空间

　　对象类型
　　　　存活对象："引用计数算法"中指仍然被引用的对象，"可达性分析算法"中指从GC Roots可达的对象
　　　　垃圾对象："引用计数算法"中指不再被引用的对象，"可达性分析算法"中指从GC Roots不可达的对象

　　大多数动态内存分配算法面临的主要问题：如何避免内存空间碎片化

　　内存管理策略设计的考量点
　　　　采用Serial收集器还是Parallel收集器
　　　　采用Most-Concurrent收集器让应用线程与垃圾收集线程并行运行，还是暂停所有线程进行垃圾收集，即时空停滞（Stop-The-World）
　　　　垃圾收集采用标记-压缩算法，还是复制算法

　　性能指标
　　　　对应用吞吐量的影响
　　　　垃圾收集的开销
　　　　垃圾收集导致的应用停顿时间
　　　　垃圾收集的频率
　　　　垃圾收集器自身的内存占用
　　　　对应用响应性的影响

TURING 图灵程序设计丛书

Java 性能优化权威指南

Java Performance

[美] Charlie Hunt
Binu John　■ 著

柳飞　陆明刚　■ 译

人民邮电出版社
北　京

图书在版编目（CIP）数据

Java性能优化权威指南 / （美）亨特（Hunt,C.），
（美）约翰（John,B.）著；柳飞，陆明刚译. -- 北京：
人民邮电出版社，2014.3（2021.7重印）
（图灵程序设计丛书）
书名原文：Java performance
ISBN 978-7-115-34297-3

Ⅰ. ①J… Ⅱ. ①亨… ②约… ③柳… ④陆… Ⅲ. ①
JAVA语言－程序设计 Ⅳ. ①TP312

中国版本图书馆CIP数据核字(2013)第317831号

内 容 提 要

本书主要为 Java SE 和 Java EE 应用的性能调优提供建议。主要包括以下几方面：性能监控、性能分析、
Java HotSpot VM 调优、高效的基准测试以及 Java EE 应用的性能调优。

本书适合所有 Java 程序员、系统调优师和系统架构师阅读。

◆ 著　　　[美] Charlie Hunt　Binu John
　　译　　　柳 飞　陆明刚
　　责任编辑　丁晓昀
　　责任印制　焦志炜

◆ 人民邮电出版社出版发行　　北京市丰台区成寿寺路 11 号
　　邮编　100164　电子邮件　315@ptpress.com.cn
　　网址　http://www.ptpress.com.cn
　　固安县铭成印刷有限公司印刷

◆ 开本：800×1000　1/16
　　印张：33.75　　　　　　　彩插 2
　　字数：799千字　　　　　　2014年3月第1版
　　印数：19 501－19 900册　　2021年7月河北第22次印刷
　　著作权合同登记号　图字：01-2011-7475号

定价：109.00元
读者服务热线：**(010)84084456**　印装质量热线：**(010)81055316**
反盗版热线：**(010)81055315**
广告经营许可证：京东市监广登字20170147号

Gosling 序

　　现代大规模关键性系统中的 Java 性能调优，是一项富有挑战的任务。你需要关注各种问题，包括算法结构、内存分配模式以及磁盘和文件 I/O 的使用方式。性能调优最困难的是找出问题，即便是经验丰富的人也会被他们的直觉所误导。性能杀手总是隐藏在最意想不到的地方。

　　正如维基百科所言：“科学（来自拉丁文 scientia，意思是‘知识’）是以对世界可证实的解释和预见来构建和组织知识的系统。”性能调优正是这样一门实验科学，你需要构建和进行实验，然后根据实验结果建立理论假设。

　　所幸实验所用的性能监控工具在 Java 世界里随处可见，既有可独立运行的应用程序，也有开发环境内建的性能分析工具，还有操作系统提供的工具。综合运用这些工具，才能从数据汪洋中找出真相。

　　本书是 Java 应用性能调优的圣经，内容通俗易懂，介绍了大量的监控和测量工具，涉及各种硬件架构和操作系统。涵盖了如何构建实验、解释结果以及如何采取行动等技巧。如果你是一个细节控，那么这本书正适合你。

——James Gosling，Java 之父

Wilson 序

在当今世界，大型关键性计算系统的核心中总能见到 Java 的身影，而 1997 年我加入 Java 小组时，它还只是个刚刚流行起来的新平台。人们喜欢它简单的语法、可移植的字节码以及安全的垃圾收集（有别于其他系统常用 malloc/free 式的内存管理）。然而，伴随这些优秀特性的是 Java 运行比较慢，这限制了它在某些环境下的使用。

之后的几年里，我们一直致力于解决这个问题。我们相信，Java 慢并不是因为可移植性和安全性。我们重点关注了以下两方面。首先是提高 Java 平台的运行速度，通过引入高级 JIT 编译技术、并行垃圾收集和高级锁管理，核心 VM 有了巨大的改进。同时，重新整合类库使之更有效率。所有这些从根本上增强了 Java 在大型关键性系统中的运行能力。

其次，我们关注如何帮助大家编写更快的 Java 程序。虽然 Java 语法和 C 类似，但如何编写高效程序的技术却大相径庭。Jeff Kessleman 和我在 2000 年出版过一本书，这是最早关于 Java 性能调优的书籍之一。从那以后，涌现出了许多这方面的图书，有经验的开发人员也学会了如何在 Java 开发中避免一些常见的陷阱。

随着平台变得更快，开发人员掌握了如何使程序更快的技巧，Java 已经变成企业级软件平台的中流砥柱，并在一些重要的大型系统中得以应用。然而，随着 Java 应用越来越广泛，人们开始意识到它依然有所缺失，这就是**可监测性**（Observability）。当系统越来越大时，如何才能知道性能是否发挥到了极致呢？

早期 Java 的性能分析工具比较粗糙，虽然有用，但对代码的运行时性能有很大影响。如今，现代 JVM 自带监测工具，可以让人了解系统性能的关键所在，同时对系统的影响微乎其微。这意味着可以一直开启这些工具，即便在应用运行时也可以对它的许多方面进行检测。这再次改变了人们探索性能的方法。

本书的作者融合了所有这些概念，并就 Jeff 和我那本书以来十多年的所有进展做了更新和阐述。这是有史以来关于 Java 性能优化主题最雄心勃勃的一本书，包含了许多改善 Java 应用性能的技术，深入探讨了最新的 JVM 技术，连最时髦的垃圾收集算法都介绍了！你还将学会如何使用最新、最好的监控工具，包括 JDK 自带的工具和常见操作系统内嵌的重要工具。

所有这些最新进展都在推动平台持续改进，这真让人振奋。对于 Java 光辉的未来，我已迫不及待。

——Steve Wilson，Oracle 公司工程副总裁，Java 性能组创始成员，
《Java 平台性能：策略和技巧》合著者

前　　言

欢迎翻开这本 Java 性能调优指南！

本书主要为 Java SE 和 Java EE 应用的性能调优提供建议。具体来说包括以下几方面：性能监控、性能分析、Java HotSpot VM（以下简称 HotSpot VM）调优、高效的基准测试以及 Java EE 应用的性能调优。虽然近些年出版过几本 Java 性能方面的书，但覆盖面像本书这样广的并不多见。本书的主题涵盖了诸如现代 Java 虚拟机的内部运作机制、垃圾收集的调优、Java EE 应用的性能调优以及如何编写卓有成效的基准测试。

通读本书后，读者可以深入了解 Java 性能调优的许多主题。读者也可以把本书作为参考，对于感兴趣的主题，直接跳到相应章节寻找答案。

对于 Java 性能调优的新手或者自认为初学的读者来说，最好先读前 4 章，然后可依据自己的 Java 性能调优问题，进一步阅读特定的主题或章节，这样收获最大。对于有经验的读者，他们知道基本的性能调优方法，了解 HotSpot VM 内部的基本原理，还会使用一些工具监控操作系统和 JVM 的性能，因此可以直接跳到与手头性能调优问题相关的章节，这样的效果更好。不过，即便是掌握 Java 性能调优高级技巧的读者，也仍然能从前 4 章中受益。

纵览本书，没有一招鲜式的性能调优秘笈或包罗万象的性能百科，能让你摇身一变成为老练的 Java 性能调优专家。相当数量的 Java 性能问题还需要专门的知识技能才能解决。性能调优在很大程度上是一门艺术。解决的 Java 性能问题越多，技艺才会越精湛。Java 性能调优技术仍在不断演变中，5 年前最普遍的 Java 性能问题，现在已经不是大家最关心的问题了。现代 JVM 持续演进，内建了更为成熟的优化技术、运行时技术和垃圾收集器。与此同时，底层的硬件平台和操作系统也在演化。本书包含了至编写时为止的最新内容，阅读和理解这些内容可以大大增强读者的 Java 性能调优能力，为调优艺术的登堂入室奠定基础。有了坚实的基础，性能调优的功力就会像日新月异的硬件平台、操作系统和 JVM 一样突飞猛进。

下面简单介绍一下各章的主要内容。

第 1 章"策略、方法和方法论"，介绍了 Java 性能调优实践中的各种方法、策略和方法论，并对传统软件开发过程提出了改进建议，即在软件开发中应该提前考虑软件应用的性能和可扩展性。

第 2 章"操作系统性能监控"讨论了操作系统的性能监控，介绍了操作系统中重要的监控统计信息，以及如何用工具监控这些统计信息。本章涉及的操作系统包括 Windows、Linux 及 Oracle Solaris。在其他基于 Unix 的系统（例如 Mac OS X）上监控性能统计信息时，可使用与 Linux 或 Oracle Solaris 相同或类似的命令。

第 3 章 "JVM 概览"，高屋建瓴地介绍了 HotSpot VM，描述了现代 Java 虚拟机架构和运转的基本概念，并为后续的诸多章节奠定了基础。本章没有覆盖所有的 Java 性能调优问题，也没有提供 Java 性能问题所需的全部背景知识。但对于绝大多数与现代 Java 虚拟机内部机制密切相关的性能问题，本章提供了足够多的背景知识。结合第 7 章的内容，有助于你领会如何进行 HotSpot VM 调优，本章也有助于理解第 8、9 章的主题，即如何编写高效的基准测试。

第 4 章 "JVM 性能监控"，顾名思义，涵盖了 JVM 性能监控的相关内容，介绍了重点需要监控的 JVM 统计数据，以及监控这些统计数据的工具。本章最后指出，这些工具扩展之后可以一并监控 JVM 和 Java 应用的统计数据。

第 5 章 "Java 应用性能分析"与第 6 章 "Java 应用性能分析技巧"讲述性能分析。这两章可看成第 2 章和第 4 章性能监控的补充。性能监控通常用来考察是否存在性能问题，或者为定位性能问题提供线索，告诉人们问题是出在操作系统、JVM、Java 应用程序还是其他地方。一旦发现性能问题，并进一步通过性能监控定位之后，通常就能进行性能分析了。第 5 章介绍分析 Java 方法和 Java 堆（内存）的基本技术，还推荐了一些免费工具来说明这几种性能分析技术背后所蕴藏的概念。本章提及的工具并不是性能分析仅有的手段，还有许多商业或者免费的工具也能提供类似的功能，其中一些工具的功能甚至超出了第 5 章涉及的技术范围。第 6 章提供了一些技巧，用来识别一些常见的性能分析模式，这些模式指示了一些特定类型的性能问题。本章所列的经验和技巧并不完整，却是作者在多年 Java 性能调优过程中经常碰到的。附录 B 中包含了第 6 章大部分示例的源代码。

第 7 章 "JVM 性能调优入门"，涵盖了 HotSpot VM 性能调优的诸多方面，包括启动、内存占用、响应时间/延迟以及吞吐量。第 7 章介绍了调优的一系列步骤，包括选择哪个 JIT 编译器，选用何种垃圾收集器，怎样调整 Java 堆，以及如何改动应用程序以符合干系人设定的性能目标。对于大多数读者来说，第 7 章可能是本书中最有用和最值得参考的章节。

第 8 章 "Java 应用的基准测试"和第 9 章 "多层应用的基准测试"，探讨如何编写高效的基准测试。通常来说，基准测试是通过应用程序的功能子集来衡量 Java 应用的性能。这两章还将展示创建高效 Java 基准测试的艺术。第 8 章涵盖了与编写高效基准测试相关的较通用的主题，例如探讨现代 JVM 的一些优化方法，还介绍了如何在基准测试中运用统计方法以增强基准测试的准确性。第 9 章则重点关注如何编写高效的 Java EE 基准测试。

有些读者对 Java EE 应用的性能调优特别感兴趣，第 10 章 "Web 应用的性能调优"、第 11 章 "Web Service 的性能"及第 12 章 "Java 持久化和 Enterprise Java Bean 的性能"，分别着重介绍了 Web 应用、Web Service、持久化及 Enterprise Java Bean 的性能分析。这 3 章会深入分析 Java EE 应用中常遇到的性能问题，并为常见的 Java EE 性能问题提供建议或解决方案。

本书还有两个附录。附录 A "重要的 HotSpot VM 选项"列举了本书所用到的 HotSpot VM 选项和其他重要的 HotSpot VM 性能调优选项，并描述了每个选项的含义，对何时可以使用这些选项给出了建议。附录 B "性能分析技巧示例源代码"包含了第 6 章示例的源代码，涉及减少锁竞争、调整 Java 集合（Collection）的初始容量以及增加并行性。

致　　谢

Charlie Hunt

如果没有那么多人的帮助，本书不可能问世。首先我要感谢合著者 Binu John，他为本书贡献了大量内容。Binu John 编写了本书中所有 Java EE 的内容。他是一名天资聪颖的 Java 性能工程师，是我的挚友。我还要感谢编辑 Greg Doech，本书从章节提纲的第一稿到我们提交全部手稿，历时将近三年，谢谢他如此耐心。感谢 Paul Hohensee 和 Dave Keenan，感谢他们的意见、激励和支持，感谢他们全面审阅了本书。感谢 Tony Printezis 和 Tom Rodriguez，感谢他们在 Java HotSpot VM 垃圾收集器和 JIT 编译器内部运作细节上的贡献。还要感谢 Java HotSpot VM 运行时团队的所有工程师，是他们编写了 HotSpot VM 各部分协作的详细文档。感谢 James Gosling 和 Steve Wilson 在百忙之中为本书作序。感谢 Peter Kessler 完整审阅了第 7 章 "JVM 性能调优入门"。感谢以下人士，他们的见解和审阅提高了本书的品质，他们是 Darryl Gove、Marty Itzkowitz、Geertjan Wielenga、Monica Beckwith、Alejandro Murillo、Jon Masamitsu、Y. Srinivas Ramkakrishna（大家叫他 Ramki）、Chuck Rasbold、Kirk Pepperdine、Peter Gratzer、Jeanfrancois Arcand、Joe Bologna、Anders Åstrand、Henrik Löf 和 Staffan Friberg。感谢 Paul Ciciora 清楚地阐述了什么是 "晋升失败"（losing the race，CMS 收集器无法释放更多空间以容纳新生代提升上来的对象）。另外还要感谢 Kirill Soshalskiy、Jerry Driscoll，他们是我在编写此书时的领导，还要感谢 John Pampuch（Oracle 公司 VM 技术主管），感谢他们的支持。特别感谢我的妻子 Barb 以及两个儿子，Beau 和 Boyd，感谢他们包容我的坏脾气，尤其是在我陷入写作困境时给予我的关爱。

Binu John

感谢我的合著者 Charlie Hunt，正因为他的眼界、决心和坚持不懈，本书才得以问世。他不仅编写了与 Java SE 相关的章节，还完成了出版所必要的所有其他工作。与他共事的日子里，我真的很愉快，也学会了很多。谢谢你，Charlie。特别感谢 Rahul Biswas 提供了 EJB 和 Java 持久化相关的内容，感谢他任劳任怨不厌其烦地审核并提出宝贵意见。我要感谢以下人士，是他们的帮助提升了本书的质量：感谢 Scott Oaks 和 Kim Lichong 的鼓励以及他们在 Java EE 性能诸多方面的宝贵见解；感谢 Bharath Mundlapudi、Jitendra Kotamraju 及 Roma Pulavarthi 在 XML 和 Web

服务方面的真知灼见；感谢 Mitesh Meswani、Marina Vatkina 及 Mahesh Kannan 在 EJB 和 Java 持久化上提供的帮助；感谢 Jeanfrancois Arcand 关于 Web 容器的解释、博客和评论。我的领导们都很支持这本书，我很荣幸为他们工作。谢谢我在 Sun 公司工作时的高级经理 Madhu Konda，工程、基础架构和运营的副总裁 Sef Kloninger；Ning 公司的工程与运营高级副总裁 Sridatta Viswanath。特别感谢我的孩子们 Rachael 和 Kevin 以及我美丽的妻子 Rita，感谢他们在整个过程中的支持和鼓励。

目　　录

第1章
策略、方法和方法论

凡事预则立，不预则废。和许多事情一样，Java性能调优的成功，离不开行动计划、方法或策略以及特定领域的背景知识。为了在Java性能调优工作中有所成就，你得超越"花似雾中看"的状态，进入"悠然见南山"或者已然是"一览众山小"的境界。

这3个境界的说法可能让你有些糊涂吧，下面进一步解释。

☐ **花似雾中看**（I don't know what I don't know）。有时候你的任务会涉及你所不熟悉的问题域。理解陌生问题首先面临的困难就是如何竭尽所能地了解它，因为你对它几乎一无所知。对于这类问题域，你有许多东西不了解，或者不知道重点。换句话说，这个问题域有哪些东西需要了解，你还傻傻看不清楚。这个阶段就是"花似雾中看"。

☐ **悠然见南山**（I know what I don't know）。刚进入不熟悉的问题域时，你对它知之甚少，随着时间的推移，你对它的许多重要方面都已有所认识，只是对重要的具体细节还缺乏了解。这时，你可以算是刚刚"见南山"。

☐ **一览众山小**（I already know what I need to know）。还有些时候，你对任务的问题域非常熟悉，或者已经具有该领域所必备的技能和知识，是这方面的专家。或者你对问题域足够了解，处理起来得心应手，比如你已经掌握了必要的知识，解决问题游刃有余。如果达到这个境界，那就意味着你已经是"一览众山小"了。

如果你已经或打算购买本书，说明可能还没有"一览众山小"，除非你只是想手边有本不错的参考手册。如果还在"花似雾中看"，本章将有助于你找到那些不了解的内容，以及应对Java性能问题的方法或策略。那些"悠然见南山"的读者也能从本章获得有用的信息。

本章首先讨论了性能问题的现状，并建议将性能调优集成到软件开发过程中，接着探讨了两种不同的性能调优方法——自顶向下和自底向上。

1.1 性能问题的现状

通常认为，传统的软件开发过程主要包括4个阶段：分析、设计、编码和测试，如图1-1所示。

分析是开发过程的第一步，用于评估需求、权衡各种架构的利弊以及构思高层抽象。设计则依据分析阶段的基本架构和高层抽象，进行更精细的抽象并着手考虑具体实现。编码自然就是设计的实现。编码之后是测试，用以验证实现是否合乎应用需求。值得注意的是，测试阶段通常只包括功能测试，即检验应用的执行是否合乎需求规格。一旦测试完成，应用就可以发布给客户了。

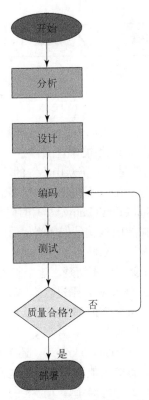

图1-1   传统软件开发过程

遵循这种传统软件开发过程的应用，通常要到测试或即将发布时才会关注性能或扩展性。为了解决这个问题，Wilson和Kesselman对传统软件开发过程做了些补充，即在传统开发模型基础上引入了性能测试分析阶段，参见他们的畅销书*Java Platform Performance*。他们建议在测试阶段之后增加性能测试，并将"性能测试是否通过"设定为产品是否发布的标准。如果达到性能和扩展性标准，应用就可以发布，否则就要转向性能分析，并依据分析结果回到之前的某个或者某些步骤。换句话说，通过性能分析来定位性能问题。Wilson和Kesselman添加的性能测试分析如图1-2所示。

对分析阶段提炼出来的性能需求，Wilson和Kesselman建议以用例的方式特别标识出来，这有助于在分析阶段制定性能评估指标。不过应用的需求文档中通常都不会明确描述性能或扩展性需求。如果你正在开发的应用还没有明确定义这些需求，那就应该想办法将它们挖掘出来。以吞吐量和延迟性需求为例，下面的清单列举了挖掘这些需求所要考虑的问题。

❑ 应用预期的吞吐量是多少？
❑ 请求和响应之间的延迟预期是多少？
❑ 应用支持多少并发用户或者并发任务？
❑ 当并发用户数或并发任务数达到最大时，可接受的吞吐量和延迟是多少？
❑ 最差情况下的延迟是多少？
❑ 要使垃圾收集引入的延迟在可容忍范围之内，垃圾收集的频率应该是多少？

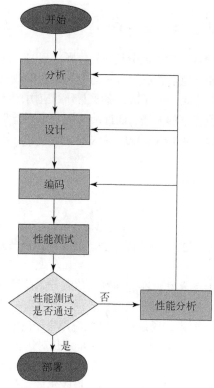

图1-2　Wilson和Kesselman添加性能测试分析之后的软件开发过程

　　需求和对应的用例文档应该回答上述问题，并以此制定基准测试和性能测试，确保应用能够满足性能和扩展性需求。基准测试和性能测试应该在性能测试阶段执行。有些用例在评估时发现风险很高，难以实现，就应该在结束分析阶段之前，通过一些原型、基准测试和微基准测试来降低这类风险。分析结束后再变更决策的代价非常高，这个方法可以让你事先对决策进行评估。软件开发周期中的软件缺陷、低劣设计和糟糕实现发现得越晚，修复的代价就越大，这是一条颠扑不破的金科玉律。降低用例的高风险有助于避免这些代价昂贵的错误。

　　现在许多应用在开发过程中都会使用自动构建和测试。Wilson和Kesselman建议改进软件开发过程，在自动构建或测试中进一步添加自动性能测试。自动性能测试可以发出通知，比如用电子邮件将性能测试结果（譬如性能是衰减还是改善、性能指标的达成度）发送给干系人。这个过程可以把由于应用性能不达标而失败的测试，以及测试的统计数据自动记录到追踪系统。

将性能测试集成到自动构建过程中后，每次代码变更提交到源代码库时，都能很容易地追踪因变更而导致的性能变化，也就能在软件开发的早期发现性能衰减。

另外，也可以将统计方法和自动统计分析添加到自动性能测试系统。运用统计方法可以进一步验证性能测试的结果。如何用统计方法获取指导和建议呢？对于极少接触这些知识的软件开发者来说颇有难度，这方面内容将在第8章的后半部分介绍。

1.2   性能分析的两种方法：自顶向下和自底向上

自顶向下和自底向上是两种常用的性能分析方法。顾名思义，自顶向下着眼于软件栈顶层的应用，从上往下寻找优化机会和问题。相反，自底向上则从软件栈最底层的CPU统计数据（例如CPU高速缓存未命中率、CPU指令效率）开始，逐渐上升到应用自身的结构或应用常见的使用方式。应用开发人员常常使用自顶向下的方法，而性能问题专家则通常自底向上，用以辨别因不同硬件架构、操作系统或不同的Java虚拟机实现所导致的性能差异。如你所想，不同的方法可以用来查找不同类型的性能问题。

后面两节将详细介绍这两种方法。

1.2.1   自顶向下

如前所述，自顶向下是最常用的性能调优方法。如果调优涉及软件栈顶层应用代码的更改，也常用这招。

自顶向下时，你通常会从干系人发现性能问题的负载开始监控应用。应用的配置变化或日常负荷变化都可能导致性能降低，所以需要持续监控应用。此外，一旦应用的性能和扩展性需求发生变化，应用就可能无法满足新要求，所以也要监控应用程序的性能。

不管何种原因引起的性能调优，自顶向下的第一步总是对运行在特定负载之下的应用进行监控。监控的范围包括操作系统、Java虚拟机、Java EE容器以及应用的性能测量统计指标。基于监控信息所给出的提示再开展下一步工作，例如JVM垃圾收集器调优、JVM命令行选项调优、操作系统调优，或者应用程序性能分析。性能分析可能导致应用程序的更改，或者发现第三方库或Java SE类库在实现上的不足。

第2章和第4章可以帮助你了解自顶向下所需要监控的对象。这两章介绍了需要重点监控的统计数据，并且对统计值达到多少时需要进一步调查给出了建议。对于这些需要进一步调查的统计数据，你可以翻阅其他章节获得适当的行动建议。例如，操作系统监控数据显示系统CPU使用率高，你就可以分析应用程序的哪个方法耗费了最多的系统CPU周期。如何使用NetBeans Profiler和Oracle Solaris Studio Performance Analyzer（前身是Sun Studio Performance Analyzer），可以参见第5章和第6章。如果指示JVM垃圾收集器需要调优，你可以翻阅第7章。如果你想熟悉Java HotSpot VM垃圾收集器的基本运转机制，可以考虑在阅读JVM调优之前阅读第3章中的垃圾收集。如果你在监控应用的统计数据，例如Java EE容器所提供的统计数据，可以阅读Java EE性能调优的相关

1

章节——第10章"Web应用的性能调优"、第11章"Web Service的性能"、第12章"Java持久化及Enterprise Java Bean的性能",从中学习如何解决企业级应用的性能问题。

1.2.2 自底向上

在不同平台(指底层的CPU架构或CPU数量不同)上进行应用性能调优时,性能专家常使用自底向上的方法。将应用迁移到其他操作系统上时,也常用这种方法改善性能。在无法更改应用源代码,例如应用已经部署在生产环境中,或者系统供应商为了在竞争中占得先机而必须将性能发挥到极致时,也常常会使用这种方法。

自底向上需要收集和监控最底层CPU的性能统计数据。监控的CPU统计数据包括执行特定任务所需要的CPU指令数(通常称为路径长度,Path Length),以及应用在一定负载下运行时的CPU高速缓存未命中率。虽然还有其他重要的CPU统计数据,但这两项是自底向上中最常用的。在一定负载下,应用执行和扩展所需的CPU指令越少,运行得就越快。降低CPU高速缓存未命中率也能改善应用的性能,因为CPU高速缓存未命中会导致CPU为了等待从内存获取数据而浪费若干个周期,而降低CPU高速缓存未命中率,意味着CPU可以减少等待内存数据的时间,应用也就能运行得更快。

自底向上关注的通常是在不更改应用的前提下,改善CPU使用率。假如应用可以更改,自底向上也能为如何修改应用提供建议。这些更改包括应用源代码的变动,如将经常使用的数据移到一起,使得只要访问一条CPU高速缓存行(CPU Cache Line)就能获取所有这些数据,而不用从内存获取数据。这个改动可以降低CPU高速缓存未命中率,从而减少CPU等待内存数据的时间。

现代Java虚拟机集成了成熟的JIT编译器,可以在Java应用的执行过程中进行优化,比如依据应用的内存访问模式或应用特定的代码路径,生成更有效的机器码。也可以调整操作系统的设置来改善性能,例如更改CPU调度算法,或者修改操作系统的等待时间(操作系统在将应用执行线程迁移到其他CPU硬件线程之前所花费的时间)。

如果你觉得可以用自底向上的方法,那应该先从收集操作系统和JVM的统计数据开始。监控这些统计数据可以为下一步应该关注哪些重点提供线索。第2章、第4章介绍了重点需要监控的统计数据。依据这些数据,你再判断对应用和JVM进行性能分析是否有意义。应用和JVM的性能分析可以借助于工具。Oracle Solaris SPARC、Oracle Solaris x86/x64及Linux x86/x64上可以用Oracle Solaris Studio Performance Analyzer进行性能分析。其他流行的工具如Intel VTune或AMD的CodeAnalyst Performance Analyzer在Windows和Linux上也可以提供类似的信息。这3种工具都可以收集特定的CPU计数器信息,例如Java虚拟机执行特定Java方法或功能所用的CPU指令数和CPU高速缓存未命中率。如何在自底向上中使用这些性能分析工具非常重要。你可以在第5章、第6章中找到更多如何使用Oracle Solaris Studio Performance Analyzer的信息。

1.3 选择正确的平台并评估系统性能

我们会请专家来帮助改善应用性能,他们有时会发现,性能差只是因为应用运行的CPU架构或系统不合适。引入多核和每核多硬件线程（也称为CMT，Chip Multithreading）以后，CPU架构和系统已经发生了天翻地覆的变化，因此为特定应用选择正确的平台和CPU架构就显得尤为重要了。此外，随着CPU架构的演变，评估系统性能的方法也需要与时俱进。本节将考察现代系统中几种不同的CPU架构，并提出一些选择底层系统时的注意事项，还会解释为何现代每核多线程CPU架构（例如SPARC T系列处理器）无法使用传统评估系统性能的方法。

1.3.1　选择正确的 CPU 架构

　　Oracle的SPARC T系列处理器引入了芯片多处理和芯片多线程。SPARC T系列处理器设计上的主要亮点是引入了每核多硬件线程，以应对CPU高速缓存未命中所带来的问题。第一代SPARC T系列UltraSPARC T1，每个CPU有4、6或8个核，每核有4个硬件线程。从操作系统的角度来看，8核的UltraSPARC T1处理器就像是有32个处理器的系统。即操作系统把每个核中的每个硬件线程都看成一个处理器，所以配置为8核的UltraSPARC T1系统，操作系统会把它当成32个处理器。

　　UltraSPARC T1的独特之处在于每个核有4个硬件线程。在一个时钟周期内，每核4个硬件线程中只有一个可以运行。发生长延迟时，例如CPU高速缓存未命中，如果同一个UltraSARC T1核中还有其他就绪的硬件线程（Runnable Hardware Thread），下一个时钟周期就会让这个硬件线程运行。相比而言，其他每核单硬件线程（即便是超线程）的CPU，就会被诸如CPU高速缓存未命中这样的长延迟事件所阻塞，从而因等待事件完成而浪费时钟周期。对于这类CPU，如果就绪的应用线程已经准备好运行却没有可用的硬件线程，运行前就必须进行线程上下文切换。线程上下文切换通常需要耗费数百个时钟周期。由于SPARC T系列处理器可以在下一时钟周期切换到同核上的另一个就绪线程，因此，对于有许多待执行线程、高度线程化的应用来说，在SPARC T系列处理器可以执行得更快。不过，这种每核多硬件线程和下一时钟周期切换的设计代价是CPU的时钟频率比较低。换句话说，像SPARC T系列这样有多硬件线程的CPU，与其他每核单硬件线程或者无法在下一周期切换的CPU相比，运行的时钟频率通常较低。

> **提示**
> Sun公司的第一代SPARC T系列处理器，从UltraSPARC T1到 UltraSPARC T2 和T3，每核的硬件线程数依次增加，每核每时钟周期内执行多个硬件线程的能力也逐步增强。此处讨论的目的是为了便于大家探讨和理解UltraSPARC T1处理器与其他现代CPU的不同，一旦弄清楚了CPU架构上的差异，也就容易将UltraSPARC T1背后的设计思路推广到UltraSPARC T2和T3处理器。

　　选择硬件系统时，如果预计目标应用有大量的并发线程，那么它在SPARC T系列处理器上的性能和扩展性，就要好于每核硬件线程少的处理器。与之相比，如果应用只需少量线程，特别是预计同时运行的线程数少于SPARC T系列处理器的硬件线程数，那么它在每核硬件线程数不多但时钟频率更高的处理器上的性能，就要好于时钟频率较低的SPARC T系列处理器。简言之，要想发挥SPARC T系列处理器的性能，就需要大量并发的线程，让大量硬件线程保持负荷，从而在发生例如CPU高速缓存未命中这样的事件时，发挥它在下一时钟周期切换到另一硬件线程的能力。如果没有大量的并发线程，SPARC T系列就和传统低时钟频率的处理器差不多了。需要同时用大量线程将许多SPARC T系列硬件线程跑满的观点也表明，传统判断系统性能是否合格的方法或许没有真正展现系统的性能。下一节将谈论这个主题。

1.3.2 评估系统性能

SPARC T系列处理器可以在下一时钟周期切换到同核中其他就绪的硬件线程，所以为了评估它的性能，必须加载大量的并发线程。

通常评估新系统性能的方法是将预期目标负载的一部分加载到系统上，或者执行一个或多个微基准测试，然后监控系统性能或单位时间内应用完成的运算量。然而，为了评估SPARC T系列处理器的性能，必须加载足够多的并发线程以便将众多硬件线程跑满。对于长时间延迟（如CPU高速缓存未命中）事件引起的下一周期线程切换，SPARC T系列需要足够大的负载才能从中受益。CPU高速缓存未命中引起的阻塞和等待会耗费许多CPU周期，大约要数百个时钟周期。因此，为了充分利用SPARC T系列处理器，系统需要加载足够多的并发任务，这样下个周期线程切换这种任务所带来的好处才能体现出来。

如果SPARC T系列处理器不能以目标负载的方式运行，系统性能反而不会很好，因为并非所有的硬件线程都满载。记住SPARC T系列处理器的主要设计点就是允许其他硬件线程在下一时钟周期执行，从而应对CPU的长时间延迟。对于每核单硬件线程的处理器来说，长时间延迟（例如CPU高速缓存未命中）意味着需要浪费大量的CPU时钟周期，以等待从内存获取数据。为了切换到另一个线程，必须用其他可运行线程及其状态信息替换当前的线程。这不仅需要时钟周期以便进行上下文切换，也需要CPU高速缓存为新运行的线程获取不同的状态信息。

因此，评估SPARC T系列处理器性能时，很重要的一点就是在系统上加载足够大的负载，从而充分利用更多的硬件线程，以及在下一时钟周期同一个CPU核内切换到另一个硬件线程的能力。

1.4 参考资料

Dagastine, David, and Brian Doherty. *Java Platform Performance*. JavaOne 大会. 美国加州旧金山，2005年。

Wilson, Steve, and Jeff Kesselman. *Java Platform Performance: Strategies and Tactics*. Reading, MA, Addison-Wesley, 2000. ISBN 0-201-70969-4.

## 第 2 章

操作系统性能监控

2

应用的性能极限是干系人在服务等级协议①中关注的重点。找到性能极限的关键在于知道该监控哪些数据、监控软件栈的哪些部分以及使用哪些工具。本章将介绍需要监控的操作系统数据以及可用的操作系统性能监控工具，此外还会给出定位性能问题的一般性指导原则。本章涉及的操作系统包括Windows、Linux及Oracle Solaris（后文简写为Solaris）。本章不会介绍所有的工具，所介绍的工具也不是监控应用或者系统性能的唯一手段。我们更愿意讲解那些需重点监控的系统属性以及为何要监控它们。如果Java应用运行在其他操作系统上，大家也能找到需要监控的性能数据和适当的监控工具。

> **提示**
> 找到性能问题的第一步是监控应用的行为。通过监控提供的线索，我们可以将性能问题进行归类。

本章首先会给出性能监控、性能分析及性能调优这几个概念的定义，然后介绍操作系统中重点需要监控的统计数据、监控性能统计数据的命令行和GUI工具，此外还就何种性能统计值可能会指示问题根源，或性能分析的下一步该采取什么行动给出指导意见。

2.1 定义

改善性能涉及3种不同的活动：性能监控、性能分析及性能调优。

- 性能监控是一种以非侵入方式收集或查看应用运行性能数据的活动。监控通常是指一种在生产、质量评估或者开发环境中实施的带有预防或主动性的活动。当应用干系人报出性能问题却没有足以定位根本原因的线索时，首先会进行性能监控，随后是性能分析。
- 相对于性能监控，性能分析是一种以侵入方式收集运行性能数据的活动，它会影响应用的吞吐量或响应性。性能分析是对性能监控或是对干系人所报问题的回应，关注的范围

---

① 服务等级协议（Service Level Agreement，SLA），提供服务的企业与客户之间就服务的品质、水准、性能等方面所达成的双方共同认可的协议或契约。——维基百科

通常比性能监控更集中。性能分析很少在生产环境中进行，通常是在质量评估、测试或开发环境中，常常是性能监控之后的行动。

- 相对于性能监控和分析，性能调优是一种为改善应用响应性或吞吐量而更改参数（Tune-able）、源代码或属性配置的活动。性能调优通常是在性能监控或性能分析之后进行。

2.2 CPU 使用率

要使应用的性能或扩展性达到最高，就必须充分利用分配给它的CPU周期，不能有丝毫浪费。如何让多处理器、多核系统上运行的多线程应用有效利用CPU周期，是个让人头疼的问题。此外，特别值得注意的是，应用消耗很多CPU并不意味着性能或者扩展性达到了最高。要想找出应用如何使用CPU周期，可以在操作系统上监控CPU使用率。大多数操作系统的CPU使用率分为用户态CPU使用率和系统态CPU使用率。用户态CPU使用率是指执行应用程序代码的时间占总CPU时间的百分比。相比而言，系统态CPU使用率是指应用执行操作系统调用的时间占总CPU时间的百分比。系统态CPU使用率高意味着共享资源有竞争或者I/O设备之间有大量的交互。既然原本用于执行操作系统内核调用的CPU周期也可以用来执行应用代码，所以理想情况下，应用达到最高性能和扩展性时，它的系统态CPU使用率为0%。所以提高应用性能和扩展性的一个目标是尽可能降低系统态CPU使用率。

对于计算密集型应用来说，不仅要监控用户态和系统态CPU使用率，还要进一步监控每时钟指令数（Instructions Per Clock，IPC）或每指令时钟周期（Cycles Per Instruction，CPI）等指标。这两个指标对于计算密集型应用来说很重要，因为现代操作系统自带的CPU使用率监控工具只能报告CPU使用率，而没有CPU执行指令占用CPU时钟周期的百分比。这意味着，即便CPU在等待内存中的数据，操作系统工具仍然会报告CPU繁忙。这种情况通常被称为停滞（Stall）。当CPU执行指令而所用的操作数据不在寄存器或者缓存中时，就会发生停滞。由于指令执行前必须等待数据从内存装入CPU寄存器，所以一旦发生停滞，就会浪费时钟周期。CPU停滞通常会等待（浪费）好几百个时钟周期。因此提高计算密集型应用性能的策略就是减少停滞或者改善CPU高速缓存使用率，从而减少CPU在等待内存数据时浪费的时钟周期。这种类型的性能监控已经超出了本书范围，可能需要性能专家的协助。第5章中提及的性能分析器Oracle Solaris Studio Performance Analyzer可以抓取这方面的数据。

各种操作系统呈现用户态CPU使用率和系统态CPU使用率的方式有所不同。后续几节将介绍Microsoft Windows、Linux及Solaris上监控CPU使用率的工具。

2.2.1 监控 CPU 使用率：Windows

Windows上最常用的CPU使用率监控工具是Task Manager（任务管理器①）和 Performance

---

① 括号内为Windows中文版系统中对应的名称，下同。——译者注

Monitor（性能监视器）。这两个监控工具用不同颜色区分用户态CPU使用率和系统态CPU使用率。图2-1是Windows Task Manager的性能监控窗口。

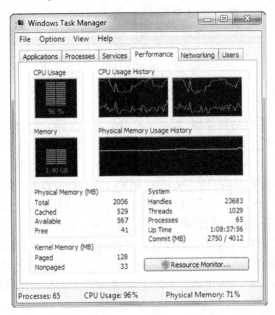

图2-1   Windows Task Manager。CPU Usage History（CPU使
用记录）窗口显示了用户态和系统态CPU使用率

　　Windows Task Manager的上半部分是CPU使用率。左上方CPU Usage（CPU 使用率）面板显示了所有处理器CPU使用率的总和。右上方CPU Usage History面板显示了每个处理器CPU使用率的历史信息。上方的绿线是用户态和系统态CPU使用率的总和。下方的红线是系统态CPU使用率。上下两线之间的差就是用户态CPU使用率。注意，必须勾选Windows Task Manager的View（查看）菜单上的Show Kernel Utilization（显示内核时间）才能显示系统态CPU使用率。

　　Windows Performance Monitor（`perfmon`）的默认显示在不同版本的Windows上有所不同。本章描述的是Windows 7中的Performance Monitor。注意，运行Windows Performance Monitor的账户需要属于Administrators、Performance Log Users或者权限相当的组。

　　Windows Performance Monitor使用了称为性能对象的概念。性能对象分为网络、内存、处理器、线程、进程、网络接口、逻辑磁盘等类别。每一类都含有特定的性能属性或计数器，可以作为监控的性能统计数据。出于篇幅原因，这里不会介绍所有的性能计数器。本章关注那些最重要的性能统计数据以及如何用工具监控这些数据。

　　右键单击Performance Monitor的显示区域，在弹出菜单中选择Add Counters（添加计数器），选择性能对象Processor，选择计数器% User Time和% Privileged Time再点击Add（添加）按钮，即可监控用户态CPU使用率和系统态CPU使用率。Windows使用术语Privileged Time描述内核或系统态CPU使用率。图2-2是Add Counters的界面示例。

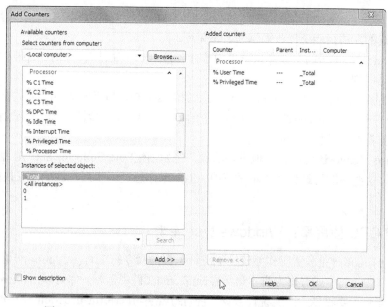

图2-2 Performance Monitor中的User Time和Privileged Time

添加新计数器后，Performance Monitor会立刻刷新。Performance Monitor底部列出的是当前正在监控的性能计数器（见图2-3）。在性能计数器列表上右键菜单可以更改属性，例如性能计数器的颜色，这在遇到使用相同默认颜色的性能计数器时很有用，也可以通过该菜单添加或删除性能计数器。

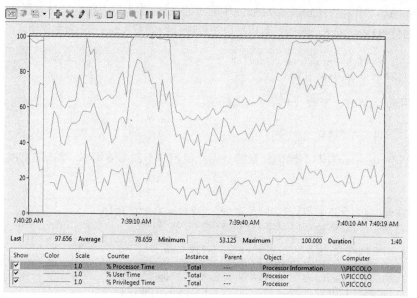

图2-3 监控CPU使用率。最上面的线是% Processor Time、中间是% User Time、底下是% Privileged Time

Performance Monitor的滚动窗口默认显示最近60秒的性能统计数据。滚动窗口用一条垂直线表示。越邻近线的左边性能统计数据越新。参见图2-3。

在Performance Monitor的右键弹出菜单中选择Properties（属性），点击Graph（图表）页，可以选择各种数据展现形式。

图2-3上方的线分别是% Processor Time、总的% User Time以及% Privileged Time。本示例中的% User Time高于% Privileged Time，这和预想的结果一致，换句话说，执行应用程序代码的时间超过执行操作系统内核代码的时间。

Performance Monitor还有许多其他重要功能，例如创建Data Collector Set（数据收集器组）、生成性能报告。这些功能已经超出了本章范围，但如果你想进一步提高性能监控技能，就会用到这些功能。

2.2.2　监控 CPU 使用率：Windows typeperf

Windows typeperf是收集操作系统性能统计数据的命令行工具。typeperf可以在Windows命令提示符窗口中运行，或者作为脚本语句在bat或cmd文件中运行。你可以用Microsoft性能计数器的名字指定那些需要收集的性能统计数据，它们的名字与Performance Monitor中的相同。例如，要收集用户态和系统态CPU使用时间，可以指定性能计数器User Time和Privileged Time。在命令提示符窗口或者cmd文件中，命令看起来是这样的：

```
typeperf "\Processor(_Total)\% Privileged Time" "\Processor(_Total)\% User Time"
```

这里看到的名字和在Performance Monitor中显示的一样。你也可以将性能计数器列表写入文件，然后将文件名传给typeperf。例如，可以把以下性能计数器写入cpu-util.txt文件中。

```
\Processor(_Total)\% Privileged Time
\Processor(_Total)\% User Time
```

然后调用typeperf，参数-cf后面是文件名。

```
typeperf -cf cpu-util.txt
```

下面示例中typeperf用3个性能计数器分别抓取用户态CPU使用率、系统态CPU使用率和总CPU使用率。

```
typeperf "\Processor(_Total)\% User Time" "\Processor(_Total)\%
Privileged Time" "\Processor(_Total)\% Processor Time"

"(PDH-CSV 4.0)","\\PICCOLO\Processor(_Total)% User
Time","\\PICCOLO\Processor(_Total)% Privileged
Time","\\PICCOLO\Processor(_Total)% Processor Time"
"02/15/2011 11:33:54.079","77.343750","21.875000","99.218750"
"02/15/2011 11:33:55.079","75.000000","21.875000","96.875000"
"02/15/2011 11:33:56.079","58.593750","21.875000","80.468750"
"02/15/2011 11:33:57.079","62.500000","21.093750","83.593750"
```

```
"02/15/2011 11:33:58.079","64.062500","15.625000","79.687500"
```

　　输出的第一行是表头，描述所采集的数据。下面几行是数据，每行的日期时间戳表示采集相应性能计数器值的时间点。默认情况下，`typeperf`的报告间隔是1秒，`-si`选项可以更改间隔，接受形如[mm:]ss（mm是分钟数，可选；ss是秒数）的数据。如果进行长时间监控，你可以指定比默认更长的时间间隔以减少需要处理的数据量。

　　更多关于typeperf命令及其选项的细节请参见：http://www.microsoft.com/resources/documentation/windows/xp/all/proddocs/en-us/nt_command_typeperf.mspx?mfr=true。

2.2.3　监控 CPU 使用率：Linux

　　Linux上可以使用图形化工具GNOME System Monitor（GNOME系统监视器，用`gnome-system-monitor`命令启动）监控CPU使用率（在Resources页上部显示），参见图2-4。

　　图2-4显示该系统有2个虚拟处理器。虚拟处理器的数目与Java API `Runtime.available-Processors()`相匹配。一个4核CPU（关闭超线程）在GNOME系统监视器中显示为4个CPU，Java API `Runtime.availableProcessors()`报告为4个虚拟处理器。

　　GNOME System Monitor的CPU History区域，显示的是每个虚拟处理器在一段时期内的CPU使用率，每条线代表一个虚拟处理器。CPU History下方（指颜色块）显示的是系统发现的每个虚拟处理器的当前CPU使用率。

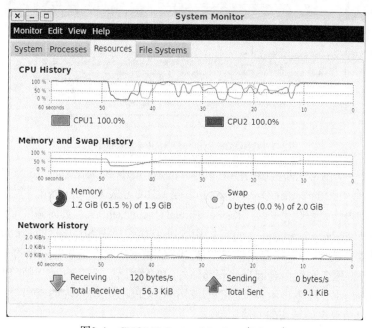

图2-4　GNOME System Monitor（Linux）

xosview是Linux上另一个常用的监控CPU使用率的图形工具。一些Linux发行版默认可能没有包括xosview，或许能在它们的软件包管理器中找到。xosview有个特性可以将CPU使用率进一步分为用户态CPU、系统态CPU和空闲CPU。

2.2.4　监控 CPU 使用率：Solaris

Solaris上可以使用图形化工具GNOME System Monitor监控CPU使用率。图2-5是监控32个虚拟处理器的例子。

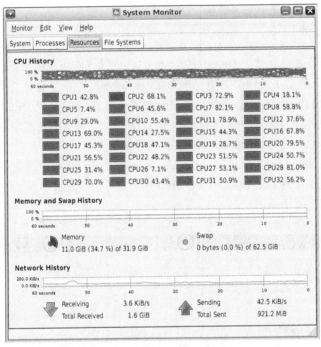

图2-5　GNOME System Monitor（Solaris）

Solaris上另外一个图形化监控CPU使用率的方法是Solaris Performance Tools CD 3.0（可以从 http://www.schneider4me.de/ToolsCD-v3.0.iso.zip 下载）中的可选工具cpubar。除了CPU使用率外，其他系统属性例如内核线程队列长度（Kernel Thread Queue Depths）、页面调度（Memory Paging）及内存扫描速率（Memory Scan Rate）也可以用cpubar监控。图2-6[①]显示的是cpubar。

多核多处理器系统上，avg条显示的是整体CPU使用率。它左边的每一条都表示一个虚拟处理器的CPU使用率。绿色和红色合起来代表整体的CPU使用率，蓝色表示空闲CPU使用率，绿色表示用户态CPU使用率，红色表示系统态CPU使用率。CPU使用率条内的连字符虚线（---）表示自系统最近一次启动以来的平均CPU使用率。

---

① 图2-6有些不清楚，r条在刻度2的位置上有加粗的连字符。——译者注

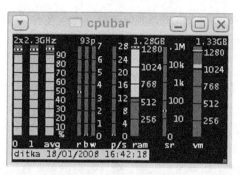

图2-6 Solaris cpubar用颜色指示系统数据的状态。0、1及avg条中，绿色表
示用户态CPU使用率，红色表示系统态CPU使用率，蓝色表示CPU空
闲。r、b及w条中，红色表示占用，蓝色表示空闲。p/s条中，红色表
示活动，蓝色表示空闲。ram条中，红色表示已提交的内存量，黄色
表示已分配的内存，蓝色表示空闲/可用的内存。sr条与p/s条类似，
红色表示有活动，蓝色表示空闲。vm条中，红色表示已提交的虚拟
内存，绿色表示已分配的内存，蓝色表示空闲/可用的虚拟内存

Solaris cpubar显示的性能统计数据还包括内核线程队列长度、页面调度、内存使用量、页
面扫描速率以及Solaris VM的内存使用量。CPU使用率条右边是内核线程队列的长度，标签为r、
b和w。这3个标签上面的垂直条分别表示某个队列的长度。r条表示运行队列的长度，当内核线程
已经准备好运行只是还没有可用处理器执行时，运行队列上就会出现横线标记。图2-6中，r上的
垂直条显示有2个内核线程已经准备好，正在等待CPU执行。内核线程运行队列是重要的统计数
据，如何监控将在2.3节中介绍。b条表示阻塞队列，当内核线程等待诸如I/O、内存页等资源时，
阻塞队列上就会出现横线标记。w条表示等待队列，当换出的轻量级进程等待资源使用完成时，
等待队列上就会出现横线标记。这3个内核线程队列垂直条顶端的数字表示当前系统中运行的内
核线程数。图2-6显示截图时有93个内核线程正在运行。

内核线程队列长度条右边的垂直条，是页面换入换出活动，即内存页换入换出的次数[1]，底
下的标签为p/s。图2-6显示截图时几乎没有什么换页。2.4节将介绍如何监控页面调度。

内存分页活动（p/s）条右边的垂直条，是当前系统所使用物理RAM的大小，底下标签为ram。
红色表示内核使用的内存，黄色表示用户进程使用的内存，蓝色是空闲可用的内存。图2-6显示
截图时的可用内存很少。

物理内存使用率（ram）条右边的垂直条，是页面扫描速率，底下标签为sr。由于空闲物理
内存减少，系统会试图查找那些长时间没有使用的页面，并将其它们置换到磁盘，然后回收所占
的内存。扫描速率报告的就是这种页面扫描活动。扫描速率高表示物理内存少。当系统进行交换
时，监控页面扫描速率就变得很重要，2.4节将详细介绍。

页面扫描（sr）条右边的垂直条，是虚拟内存使用率，或swap使用率，底下标签为vm。红色

---

① 准确说是每秒的内存换入换出次数。——译者注

表示虚拟内存的使用量，黄色表示虚拟内存的保留量，蓝色表示空闲内存。垂直条顶部是虚拟内存的总量。图2-6显示系统的虚拟内存为1.33GB。[①]

2.2.5　命令行监控 CPU 使用率：Linux 和 Solaris

Linux和Solaris都提供监控CPU使用率的命令行工具，可以保留文本形式的CPU使用率运行历史或日志。Linux和Solaris的vmstat显示所有虚拟处理器的总CPU使用率。两者的vmstat都有命令行选项可以设定报告的时间间隔（秒级）。如果不指定vmstat的报告间隔，则输出自系统最近一次启动以来的总CPU使用率。如果指定间隔，统计数据的第一行则是最近一次启动以来所有数据的总和，不过通常都可以忽略。

Linux和Solaris上vmstat的显示格式类似。以下是Linux上的显示，粗体显示的是CPU使用率。

```
procs -----------memory---------- ---swap-- -----io---- --system-- ----cpu----
 r  b   swpd   free   buff  cache   si   so    bi    bo   in    cs us sy id wa
 4  0      0 959476 340784 1387176    0    0     0     0 1030  8977 63 35  1  0
 3  0      0 959444 340784 1387176    0    0     0     0 1014  7981 62 36  2  0
 6  0      0 959460 340784 1387176    0    0     0    16 1019  9380 63 36  1  0
 1  0      0 958820 340784 1387176    0    0     0     0 1036  9157 63 35  2  0
 4  0      0 958500 340784 1387176    0    0     0    29 1012  8582 62 37  1  0
```

us是用户态CPU使用率。sy是系统态CPU使用率。id是空闲率或CPU可用率。us、sy的和应该等于100减去id，即100-id列的值。

下面是Solaris中vmstat的输出，3个CPU使用率字段，us、sy及id分别显示用户态、系统态和空闲CPU使用率。

```
kthr     memory          page            disk          faults      cpu
 r b w   swap   free  re  mf pi  po  fr de sr f0 s0 s1 s2  in   sy  cs us sy id
 0 0 0 672604 141500  10  40 36   6  10  0 20  0  3  0  2 425 1043 491  4  3 93
 1 1 0 888460 632992   7  32 97   0   0  0  0  0 21  0 12 462 1099 429 32 19 49
 0 1 0 887848 631772   4  35 128  0   0  0  0  0 30  0 13 325  575 314 38 13 49
 0 1 0 887592 630844   6  26 79   0   0  0  0  0 40  0 11 324  501 287 36 10 54
 1 0 0 887304 630160   5  33 112  0   0  0  0  0 50  0 16 369  899 367 37 11 52
 0 1 0 886920 629092   4  30 101  0   0  0  0  0 26  0 18 354  707 260 39 14 46
```

Solaris和Linux还提供命令行工具mpstat，以列表方式展示每个虚拟处理器的CPU使用率。

> **提示**
> 大部分Linux发行版需要安装sysstat包才能使用mpstat。

用mpstat监控每个虚拟处理器的CPU使用率，有助于发现应用中是一些线程比其他线程消耗了更多的CPU周期，还是应用的所有线程基本平分CPU周期。如果是后者，意味着应用的扩展

[①] cpubar的说明可以参见http://fineit.net/tools/opt/cpubar/index.html。——译者注

性比较好。下图显示Solaris mpstat中的CPU使用率，字段usr、sys、wt及idl分别表示执行用户代码时所用CPU时间的百分比、执行内核代码时所用CPU时间的百分比、I/O等待时间（不再计入，一直为0）的百分比、CPU空闲时间的百分比。

CPU	minf	mjf	xcal	intr	ithr	csw	icsw	migr	smtx	srw	syscl	usr	sys	wt	idl
0	28	2	0	192	83	92	32	14	2	0	185	78	15	0	7
1	49	1	0	37	1	80	28	16	2	0	139	80	16	0	4
2	28	1	0	20	7	94	34	17	1	0	283	83	12	0	5
3	39	1	2	52	1	99	36	16	3	0	219	74	19	0	7
CPU	minf	mjf	xcal	intr	ithr	csw	icsw	migr	smtx	srw	syscl	usr	sys	wt	idl
0	34	0	2	171	75	78	32	12	1	0	173	90	9	0	2
1	38	1	0	39	1	84	29	13	2	0	153	66	12	0	23
2	28	8	0	21	9	97	31	20	2	0	167	67	13	0	20
3	35	3	1	43	1	98	29	20	2	0	190	52	25	0	23

如果没有设置mpstat的报告间隔，则输出自系统最近一次启动以来所有mpstat数据的总和。如果设置了报告间隔，统计数据的第一行则是系统自最近一次启动以来的数据总和。

Solaris和Linux上还有其他一些vmstat的替代工具可用于监控CPU使用率。其中Solaris上的prstat和Linux上的top比较常用。

Linux top命令不仅包括CPU使用率也包括进程统计数据和内存使用率。下面的例子显示它的输出主要包含两个部分，上半部分是整个系统的统计信息，下半部分是进程的统计信息（默认按CPU使用率由高到低排序）。

```
top - 14:43:56 up 194 days,  2:53,  4 users,  load average: 8.96, 6.23, 3.96
Tasks: 127 total,   2 running, 125 sleeping,   0 stopped,   0 zombie
Cpu(s): 62.1% us, 26.2% sy,  0.8% ni,  1.7% id,  0.0% wa,  0.0% hi,  9.1% si
Mem:   4090648k total,  3141940k used,   948708k free,   340816k buffers
Swap:  4192956k total,        0k used,  4192956k free,  1387144k cached

  PID USER      PR  NI  VIRT  RES  SHR S %CPU %MEM   TIME+  COMMAND
30156 root      25  10 32168  18m  10m R  2.3  0.5 20:41.96 rhn-applet-gui
30072 root      15   0 16344  12m 2964 S  0.7  0.3 13:08.52 Xvnc
 5830 huntch    16   0  3652 1084  840 R  0.7  0.0  0:00.16 top
    1 root      16   0  3516  560  480 S  0.0  0.0  0:01.62 init
    2 root      RT   0     0    0    0 S  0.0  0.0  0:07.38 migration/0
    3 root      34  19     0    0    0 S  0.0  0.0  0:00.27 ksoftirqd/0
    4 root      RT   0     0    0    0 S  0.0  0.0  0:08.03 migration/1
...
```

Solaris prstat显示的信息与Linux top类似。以下例子是prstat的默认输出。

```
  PID USERNAME  SIZE   RSS STATE  PRI NICE      TIME  CPU PROCESS/NLWP
 1807 huntch    356M  269M cpu1    45    0   0:00:37  46% java/40
 1254 huntch    375M  161M run     29    0   0:06:51 2.9% firefox-bin/13
  987 huntch    151M  123M sleep   59    0   0:06:25 2.7% Xorg/1
 1234 huntch    257M  132M sleep   49    0   0:03:52 0.5% soffice.bin/7
...
```

Solaris prstat不像top那样显示整个系统的概要信息，但和top一样，会按每个进程显示统计信息（默认按CPU使用率由高到低排序）。

prstat和top都是从进程上了解CPU使用率概况的好工具。不过Solaris prstat可以更精细的监控CPU使用率，例如用户态CPU使用率、系统态CPU使用率（用prstat -m和-L选项可以得到更多信息，-m选项打印详细信息，而-L打印轻量级进程的统计信息）。

当你想隔离每个轻量级进程和Java线程的CPU使用率时，可以使用-m和-L选项。prstat -mL中CPU使用率高的Java进程，可以用prstat、pstack和Java 6中的jstack经过一系列步骤映射为Solaris的Java进程和线程。下面通过示例说明应该怎么做。

以下是prstat -mL 5的输出，id为3897的进程有3个轻量级进程，平均消耗了大约5%的系统态CPU。LWPID 2消耗的最多达到5.7%。

```
PID USERNAME USR SYS TRP TFL DFL LCK SLP LAT VCX ICX SCL SIG PROC/LWPID
3897 huntch  6.0 5.7 0.1 0.0 0.0 2.6 8.2  78  9K  8K 64K   0 java/2
3897 huntch  4.9 4.8 0.0 0.0 0.0  59 0.0  31  6K  6K 76K   0 java/13
3897 huntch  4.7 4.6 0.0 0.0 0.0  56 0.0  35  5K  6K 72K   0 java/14
3917 huntch  7.4 1.5 0.0 0.0 0.0 3.8  53  34  5K 887 16K   0 java/28
...
```

如果没有性能分析工具（第5章详细介绍），也可以通过prstat（USR或者SYS列）快速将消耗大量CPU的Java线程和Java方法隔离出来。可用Solaris的命令行工具pstack将进程id为3897的Java或JVM进程的线程栈转储出来。下面示例是用pstack 3897/2产生的输出，显示了轻量级进程（lwp）id和线程id（与prstat输出的LWPID 2匹配）。

```
----------------- lwp# 2 / thread# 2 --------------------
fef085c7 _lwp_cond_signal (81f4200) + 7
feb45f04 __1cNObjectMonitorKExitEpilog6MpnGThread_pnMObjectWaiter__v_
(829f2d4, 806f800, e990d710) + 64
fe6e7e26 __1cNObjectMonitorEexit6MpnGThread__v_ (829f2d4, 806f800) + 4fe
fe6cabcb __1cSObjectSynchronizerJfast_exit6FpnHoopDesc_pnJBasicLock_
pnGThread__v_ (ee802108, fe45bb10, 806f800) + 6b
```

将Solaris线程#2的线程id转换成十六进制数，然后使用JDK的jstack命令查找等于0x2（十进制2与十六进制2相同）的nid，就可以找到与该Solaris线程对应的Java线程了，因为线程号为十进制数2，同样也是十六进制的2。下面是JDK jstack命令的输出（有截断），显示了0x2的Java线程是Java"主"线程。依据jstack生成的栈追踪信息（Stack Trace），可以找出Java线程对应Solaris pstack的LWPID 2，prstat的LWPID 2调用了Java NIO Selector.select()方法。

```
"main" prio=3 tid=0x0806f800 nid=0x2 runnable [0xfe45b000..0xfe45bd38]
    java.lang.Thread.State: RUNNABLE
        at sun.nio.ch.DevPollArrayWrapper.poll0(Native Method)
        at sun.nio.ch.DevPollArrayWrapper.poll(DevPollArrayWrapper.java:164)
        at sun.nio.ch.DevPollSelectorImpl.doSelect(DevPollSelectorImpl.java:68)
        at sun.nio.ch.SelectorImpl.lockAndDoSelect(SelectorImpl.java:69)
```

```
- locked <0xee809778> (a sun.nio.ch.Util$1)
- locked <0xee809768> (a java.util.Collections$UnmodifiableSet)
- locked <0xee802440> (a sun.nio.ch.DevPollSelectorImpl)
at sun.nio.ch.SelectorImpl.select(SelectorImpl.java:80)
at com.sun.grizzly.SelectorThread.doSelect(SelectorThread.java:1276)
```

    一旦找出具体的Java线程，结合附带的栈追踪信息就能进行更彻底的性能分析。你可以仔细检查栈追踪信息中的方法，这些方法都可能造成系统态CPU使用率偏高。

2.3 CPU 调度程序运行队列

    除CPU使用率之外，监控CPU调度程序运行队列对于分辨系统是否满负荷也有重要意义。运行队列中就是那些已准备好运行、正等待可用CPU的轻量级进程。如果准备运行的轻量级进程数超过系统所能处理的上限，运行队列就会很长。运行队列长表明系统负载可能已饱和。系统运行队列长度等于虚拟处理器的个数时，用户不会明显感觉到性能下降。此处虚拟处理器的个数就是系统硬件线程的个数，也是Java API Runtime.availableProcessors()的返回值。当运行队列长度达到虚拟处理的4倍或更多时，系统的响应就非常迟缓了。

    一般性的指导原则是：如果在很长一段时间里，运行队列的长度一直都超过虚拟处理器个数的1倍，就需要关注了，只是暂时还不需要立刻采取行动。如果在很长一段时间里，运行队列的长度达到虚拟处理器个数的3～4倍或更高，则需要立刻引起注意或采取行动。

    解决运行队列长有两种方法。一种是增加CPU以分担负载或减少处理器的负载量。这种方法从根本上减少了每个虚拟处理器上的活动线程数，从而减少了运行队列中的轻量级进程数。

    另一种方法是分析系统中运行的应用，改进CPU使用率。换句话说，研究可以减少应用运行所需CPU周期的方法，如减少垃圾收集的频度或采用完成同样任务但CPU指令更少的算法。性能专家在减少代码路径长度以及为了改进CPU指令选择性时，通常会考虑这种方法。Java程序员可以通过更有效的算法和数据结构来实现更好的性能。这是因为，虽然现代JIT编译器可以产生成熟优化的代码以改善应用性能，但Java程序员几乎无法操纵JIT编译器，所以应该关注算法和数据结构的效率。通过性能分析可以找出哪些算法和数据结构值得关注。

2.3.1 监控 CPU 调度程序运行队列：Windows

    Windows上可以用性能计数器\System\Processor Queue Length（在Performance Monitor的Add Counters对话框中添加计数器System > Processor Queue Length）监控运行队列长度。回顾2.2.1节，在Performance Monitor主窗口内点击右键,在弹出菜单中选择Add Counters,即可显示Add Counters对话框。

    图2-7中Performance Monitor正在监控系统的运行队列长度。

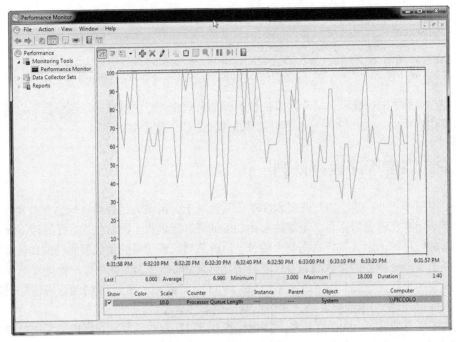

图2-7   处理器队列长度

特别需要注意Performance Monitor的比例因子。图2-7的比例因子是10，意味着运行队列长度1在图表中显示为10，2则显示20，3则显示30，以此类推。基于比例因子10，图2-7中实际的运行队列长度是3到10之间。依据系统虚拟处理器的数量评估运行队列长度，然后决定是否需要进一步行动，例如展开长期监控还是开始着手性能分析。

Windows的typeperf也可以监控运行队列长度。就像前面所提到的，typeperf接受性能计数器的名字作为参数，然后以列表方式打印性能数据。可以用以下命令监控运行队列长度。

```
typeperf "\System\Processor Queue Length"
```

下面是typeperf每5秒（不是默认的1秒）输出的计数器\System\Processor Queue Length。

```
typeperf -si 5 "\System\Processor Queue Length"

"(PDH-CSV 4.0)","\\PICCOLO\System\Processor Queue Length"
"02/26/2011 18:20:53.329","3.000000"
"02/26/2011 18:20:58.344","7.000000"
"02/26/2011 18:21:03.391","9.000000"
"02/26/2011 18:21:08.485","6.000000"
"02/26/2011 18:21:13.516","3.000000"
"02/26/2011 18:21:18.563","3.000000"
"02/26/2011 18:21:23.547","3.000000"
"02/26/2011 18:22:28.610","3.000000"
```

typeperf输出的运行队列长度为实际值，没有像性能监视器中的比例因子。上述数据表明，在报告的35秒内，运行队列长度在3~9之间，峰值9只是一闪而过。如果进一步监控确认这种情况，就没有必要修正，因为系统有4个虚拟处理器。

2.3.2 监控 CPU 调度程序运行队列：Solaris

Solaris上可以使用图形工具**cpubar**和命令行工具**vmstat**监控运行队列长度。图2-8中，CPU使用率右边的标签条r显示运行队列长度。条的高度是运行队列的实际长度而不是队列占整个队列的百分比。

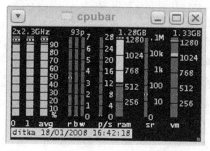

图2-8　Solaris cpubar显示运行队列长度

vmstat也可监控运行队列。**vmstat**输出的第一列是运行队列长度，值是运行队列中轻量级进程的数量。参见下例，粗体的那列即为运行队列。

```
kthr      memory            page              disk          faults      cpu
 r b w   swap  free   re mf pi po fr de sr cd s0 - -    n    sy   cs us sy id
 2 0 0 333273 177562  99 265  0  0  0  0  0 97  0 0 0 1737 14347 1225 28  4 68
 4 0 0 330234 174274  69 977  0  0  0  0  0 70  0 0 0 1487 13715 1293 68  3 29
 2 0 0 326140 169259  48 303  0  0  0  0  0 85  0 0 0 1746 29014 2394 48  5 47
 6 0 0 323751 164876  92 730  0  0  0  0  0 58  0 0 0 1662 48860 3029 67  5 28
 5 0 0 321284 160069  38 206  0  0  0  0  0 48  0 0 0 1635 50938 2714 83  5 12
```

2.3.3 监控 CPU 调度程序运行队列：Linux

Linux上可以用**vmstat**命令监控运行队列长度。**vmstat**输出的第一列是运行队列长度，值是运行队列中轻量级进程的实际数量。参见下例，粗体的那列即为运行队列。

```
procs ----------memory---------- ---swap-- -----io---- --system-- ----cpu----
 r  b   swpd   free   buff   cache   si   so    bi    bo   in    cs us sy id wa
 4  0      0 959476 340784 1387176    0    0     0     0 1030  8977 63 35  1  0
 3  0      0 959444 340784 1387176    0    0     0     0 1014  7981 62 36  2  0
 6  0      0 959460 340784 1387176    0    0     0    16 1019  9380 63 36  1  0
 1  0      0 958820 340784 1387176    0    0     0     0 1036  9157 63 35  2  0
 4  0      0 958500 340784 1387176    0    0     0    29 1012  8582 62 37  1  0
```

2.4   内存使用率

除了CPU使用率，还需要监控系统内存相关的属性，例如页面调度或页面交换、加锁、线程迁移中的让步式和抢占式上下文切换。

系统在进行页面交换或使用虚拟内存时，Java应用或JVM会表现出明显的性能问题。当应用运行所需的内存超过可用物理内存时，就会发生页面交换。为了应对这种可能出现的情况，通常要为系统配置swap空间。swap空间一般会在一个独立的磁盘分区上。当应用耗尽物理内存时，操作系统会将应用的一部分置换到磁盘上的swap空间，通常是应用中最少运行的部分，以免影响整个应用或者应用最忙的那部分。当访问应用中被置换出去的部分时，就必须将它从磁盘置换进内存，而这种置换活动会对应用的响应性和吞吐量造成很大影响。

此外，JVM垃圾收集器在系统页面交换时的性能也很差，这是由于垃圾收集器为了回收不可达对象所占用的空间，需要访问大量的内存。如果Java堆的一部分被置换出去，就必须先置换进内存以便垃圾收集器扫描存活对象，这会增加垃圾收集的持续时间。垃圾收集是一种Stop-The-World（时空停滞）操作，即停止所有正在运行的应用线程，如果此时系统正在进行页面交换，则会引起JVM长时间的停顿。

如果发现垃圾收集时间变长，系统有可能正在进行页面交换。为了验证这一点，你必须监控系统的页面交换。

2.4.1   监控内存利用率：Windows

在Windows Performance Monitor中监控每秒内存页面调度（\Memory\Pages/Second）、可用内存字节数（\Memory\Available MBytes），可以判别系统是否正在进行页面交换。当可用内存（\Memory\Available MBytes）变少，并且有页面调度（\Memory\Pages/Second）时，系统可能正在进行页面交换。

显示Windows页面交换的最简单方法是typeperf命令。下面的typeperf表示每间隔5秒输出可用内存和页面调度（-si指定报告间隔）。

```
typeperf -si 5 "\Memory\Available Mbytes" "\Memory\Pages/sec"
```

下面是从一个正在进行页面交换的系统中截取出来的typeperf输出。第1列是时间戳，第2列是可用内存，第3列是每秒的页面调度。

```
"02/15/2011 15:28:11.737","150.000000","0.941208"
"02/15/2011 15:28:16.799","149.000000","1.857361"
"02/15/2011 15:28:21.815","149.000000","2.996049"
"02/15/2011 15:28:26.831","149.000000","17.687691"
"02/15/2011 15:28:31.909","149.000000","0.929074"
"02/15/2011 15:28:36.940","149.000000","1.919541"
"02/15/2011 15:28:41.956","149.000000","0.991037"
```

```
"02/15/2011 15:28:46.971","149.000000","1.977258"
"02/15/2011 15:28:51.002","149.000000","0.969558"
"02/15/2011 15:28:56.065","149.000000","14.120284"
"02/15/2011 15:29:01.127","150.000000","8.470692"
"02/15/2011 15:29:06.174","152.000000","9.552139"
"02/15/2011 15:29:11.174","151.000000","2.000104"
"02/15/2011 15:29:16.174","152.000000","1.999969"
"02/15/2011 15:29:21.174","153.000000","0.999945"
```

可以注意到，可用内存一直稳定在150MB左右，而且一直有页面调度。由于可用内存保持恒定，有理由假定没有启动新应用。因为新应用启动时需要将页面换进内存，所以可用内存会下降，同时也能看到页面调度。所以，如果系统使用的内存量保持稳定，也没有启动新应用，却依然有页面调度，说明系统可能在进行页面交换。

值得注意的是，如果系统报告可用内存很少，也没有页面调度，说明系统没有页面交换，只不过系统大部分物理RAM都被占用了。同样，如果系统在进行页面调度，但内存充足且没有页面交换，说明有应用在启动。

2.4.2 监控内存使用率：Solaris

当Solaris可用内存变少时，内核的页面扫描器（Page Scanner）就开始查找应用不再使用的内存页，以便其他应用和进程可以使用这些内存。如果页面扫描器找不到可供其他应用使用的内存页，也没有额外可用的物理内存，它就会将最近最少使用的内存页置换到磁盘的swap空间上。可用内存越少，页面扫描速率越高。换句话说，可用内存越少，页面扫描器越会积极地查找它能回收的可用内存。

由于可用内存越少页面扫描越积极，所以辨别Solaris系统的页面交换就需要综合监控空闲内存量和页面扫描。Solaris vmstat的free和sr列显示了可用空闲内存和页面扫描。

如果vmstat、cpubar或其他Solaris监控工具显示扫描速率为0，那么不管可用内存有多少，说明都没有发生页面交换。然而，如果扫描速率不为0，而空闲内存逐渐减少，说明可能发生了页面交换。下面Solaris vmstat的输出，显示系统使用了大部分可用物理内存，free列显示约有100MB空闲，而sr列显示扫描速率为0，所以还没有页面交换。

```
kthr      memory            page                  disk          faults          cpu
r b w   swap    free    re  mf  pi po fr de sr cd f0 s0  -    in    sy    cs  us sy id
0 0 0 1641936 861222 106 2591 0  3  3  0  0  0  0  0  0 4930 24959 10371 65 10 30
0 0 0 1594944 116940  37 1718 8  0  0  0  0  8  0  0  0 4169 17820 10111 52  5 43
0 0 0 1579952 103208  24  521 0  0  0  0  0  1  0  0  0 2948 14274  6814 67  4 29
0 0 0 1556244 107408  97 1116 3  0  0  0  0 11  0  0  0 1336  7662  1576 45  3 52
```

与之相比，下面例子中的系统，可用物理内存短缺，很快从150MB降低到44MB，而到17MB时，sr列显示有明显的扫描。用vmstat观察到的这种模式意味着系统可能在进行页面交换而性能也将变迟缓（如果当时还没有开始变迟缓）。

kthr		memory		page						disk				faults			cpu		
r b w	swap	free	re	mf	pi	po	fr	de	sr	cd f0 s0 --	in	sy	cs	us sy id
1 0 0	499792	154720	1	1697	0	0	0	0	0	0 0 0 12	811	612	1761	90 7 4
1 0 0	498856	44052	1	3214	0	0	0	0	0	0 0 0 12	1290	2185	3078	66 18 15
3 0 0	501188	17212	1	1400	2	2092	4911	0	37694	0 53 0 12	5262	3387	1485	52 27 21
1 0 0	500696	20344	26	2562	13	4265	7553	0	9220	0 66 0 12	1192	3007	2733	71 17 12
1 0 0	499976	20108	3	3146	24	3032	10009	0	10971	0 63 0 6	1346	1317	3358	78 15 7
1 0 0	743664	25908	61	1706	70	8882	10017	0	19866	0 78 0 52	1213	595	688	70 12 18

注意在这个例子中，单独看 free 或 swap 列并不能确认系统是否正在页面交换，不要被误导。

2.4.3 监控内存使用率：Linux

Linux 上可以用 vmstat 输出中的 free 列监控页面交换，也可以用其他方法例如 top 命令或 /proc/meminfo 文件来监控。这里介绍用 vmstat 监控页面交换。需要监控 vmstat 中的 si 和 so，它们分别表示内存页面换入和换出的量。此外，free 列显示可用的空闲内存。留意是否会同时出现空闲内存少和页面调度频繁的情形，相比而言，实际的数量单位反而不那么重要。如果观察到上述统计数据的模式，说明系统可能在进行页面交换。下面示例中的系统没有页面交换，因为 si 和 so 没有页面调度，而且空闲内存很多。

procs		------------memory------------			--swap--		-----io----		--system--		-----cpu------				
r b	swpd	free	buff	cache	si	so	bi	bo	in	cs	us	sy	id	wa	st
2 0	0	9383948	265684	1879740	0	0	0	0	1	1	0	0	100	0	0
3 0	0	9383948	265684	1879740	0	0	0	11	1012	529	14	0	86	0	0
3 0	0	9383916	265684	1879740	0	0	0	0	1021	5105	20	0	80	0	0
3 0	0	9383932	265684	1879740	0	0	0	13	1014	259	19	0	81	0	0
3 0	0	9383932	265684	1879740	0	0	0	7	1018	4952	20	0	80	0	0

下面例子中的系统正在进行页面交换。

procs		------------memory---------			------swap---		-----io-------		--system--		-----cpu-----				
r b	swpd	free	buff	cache	si	so	bi	bo	in	cs	us	sy	id	wa	st
1 0	0	9500784	265744	1879752	0	0	0	0	1015	228	0	6	94	0	0
1 0	0	8750540	265744	1879752	0	0	0	2	1011	216	0	6	94	0	0
1 0	0	2999792	265744	1879752	0	0	0	2	1012	218	0	6	94	0	0
2 0	0	155964	185204	1370300	0	0	0	0	1009	215	0	9	90	0	0
2 0	9816	155636	24160	815332	0	1963	0	2000	1040	238	0	13	87	0	0
0 2	218420	165152	384	1896	0	41490	0	41498	1247	286	0	6	88	5	0
0 6	494504	157028	396	18280	45	55217	67	55219	1363	278	0	1	79	21	0
0 7	799972	159508	408	18356	70	61094	145	61095	1585	337	0	1	72	27	0
0 8	1084136	155592	416	18512	65	56833	90	56836	1359	292	0	1	75	24	0
0 3	1248428	174292	500	23420	563	32858	1689	32869	1391	550	0	83	17	0
1 1	1287616	163312	624	28800	13901	7838	15010	7838	2710	6765	1	0	93	6	0
1 0	1407744	163508	648	29688	18218	24026	18358	24054	3154	2465	1	1	92	6	0
0 2	1467764	159484	648	28380	19386	12053	19395	12118	2893	2746	2	1	91	5	0

2

　　注意本例中的数据模式。当空闲内存刚开始减少时，si和so几乎没有什么页面调度。但当空闲内存达到155 000~175 000时，so出现页面换出活动。一旦页面换出变得平稳，si列显示的页面换入开始快速增加。通常说明系统中有应用或一组应用在进行大量的内存分配或内存访问。当物理内存逐渐耗尽时，系统开始将最近最少使用的内存置换到虚拟内存。当应用需要内存页时，就会发生页面换入。随着页面调度的增加，空闲内存基本不变。换句话说，当系统空闲内存很少时，内存页面换入和换出的速度几乎一样快。在Linux系统进行页面交换时，Linux vmstat可以观察到这种典型模式。

2.4.4　监控锁竞争：Solaris

　　有许多Java应用因为锁竞争的问题而无法扩展。要想找出Java应用中的锁竞争比较困难，工具也提供不了很大帮助。

　　优化之后的现代JVM已经改善了应用遇到锁竞争时的性能。例如Java 5中，Java HotSpot VM（后文称为HotSpot VM）以用户代码而不是直接依赖操作系统锁原语（Lock Primitive）的方式，实现了许多锁优化逻辑、Java同步方法及同步块。在Java 5之前的版本中，HotSpot VM几乎将所有的锁逻辑都委托给操作系统锁原语，这使得操作系统工具（例如Solaris mpstat），在查看系统态CPU使用率以及smtx（Spin on Mutex，互斥量上的自旋次数）的同时，可以很容易地监控Java应用中的锁竞争。

　　由于Java 5 HotSpot VM以用户代码实现了许多优化锁逻辑，使得用Solaris mpstat查看smtx和sys系统态CPU使用率的方法无法奏效了，需要寻找新的替代方法。

　　下面简要介绍一下Java 5及以上版本的HotSpot VM中所增加的锁优化机制。线程通过忙循环自旋（Tight Loop Spin）尝试获得锁，如果若干次忙循环自旋之后仍然没有成功，则挂起该线程，等待被唤醒再次尝试获取该锁。[①]挂起和唤醒线程会导致操作系统的让步式上下文切换（Voluntary Context Switch）。因此锁竞争严重的应用会表现出大量的让步式上下文切换。让步式上下文切换耗费的时钟周期代价非常高，通常高达80 000[②]个时钟周期。

　　Solaris上可以通过mpstat的csw列监控上下文切换，它是上下文切换的总和（包括抢占式上下文切换）。icsw列是抢占式上下文切换（Involuntary Context Switch）。因此让步式上下文切换的次数就是csw减icsw。

　　可以遵循以下的一般性准则，对于任何Java应用来说，如果让步式上下文切换占去它5%或更多可用时钟周期，说明它可能遇到了锁竞争，即便只占到3%~5%也值得进一步调查。让步式上

---

　　① 自旋锁的另一种通俗解释是，在物理机器有多个处理器的系统中，可以同时有两个线程并行，假定它们会同时获取某个共享数据的锁。由于多数应用只会在很短时间内锁住共享数据，所以对这两个线程而言，后尝试获取锁的线程没必要直接挂起，可以先执行忙循环自旋等待一会，然后再尝试获取该锁。对于锁占用时间短的应用来说，自旋锁改善性能的效果非常好，但对于占用时间长的锁来说，反而是加重了性能损失。另外可以参考《深入理解Java虚拟机：JVM高级特性与最佳实践》。——译者注

　　② 此处80 000只是特定CPU架构中上下文切换损耗的估计值，并非板上钉钉的数值。重要的是理解上下文切换的代价相当可观，而这些时钟周期原本可以用来执行程序指令。

下文切换所耗费的时钟周期可用以下方式估算，将mpstat间隔内的线程上下文切换（csw），减去抢占式上下文切换（icsw），乘以80 000（一般上下文切换的时钟周期代价），然后除以间隔内总的时钟周期。

不妨举例来说明。下面是某个Java应用运行在3.0G双核Intel Xeon CPU上时，Solaris mpstat每隔5秒的输出，上下文切换（csw）大约8 100次/秒，抢占式上下文切换（icsw）大约100次/秒。

```
$ mpstat 5
CPU minf mjf xcal   intr ithr  csw icsw migr smtx srw syscl usr sys wt idl
  0    4   0    1    479  357 8201   87  658  304   0  6376  86   4  0  10
  1    3   0    1    107    3 8258   97  768  294   0  5526  85   4  0  10
CPU minf mjf xcal   intr ithr  csw icsw migr smtx srw syscl usr sys wt idl
  0    0   0    0    551  379 8179   91  717  284   0  6225  85   5  0  10
  1    2   0    0   2292    2 8247  120  715  428   0  7062  84   5  0  10
CPU minf mjf xcal   intr ithr  csw icsw migr smtx srw syscl usr sys wt idl
  0    0   0    0    562  377 8007   98  700  276   0  6493  85   5  0  10
  1    0   0    0   2550    4 8133  137  689  417   0  6627  86   4  0  11
CPU minf mjf xcal   intr ithr  csw icsw migr smtx srw syscl usr sys wt idl
  0    0   0    0    544  378 7931   90  707  258   0  6609  87   5  0   8
  1    0   0    0   2428    1 8061  125  704  409   0  6045  88   3  0   9
```

可以估计出让步式上下文切换大约浪费（8 100–100）×80 000 = 640 000 000个时钟周期。每秒间隔内可用的时钟周期数3 000 000 000[1]。因此，让步式上下文切换耗费大约640 000 000 / 3 000 000 000 = 21.33%的可用时钟周期。基于上述一般性准则（即让步时钟周期占用3% ~ 5%或更多时钟周期），说明该Java应用正面临锁竞争。锁竞争可能是因为多个线程正在访问同一个同步方法或同步块，也可能是因为代码块被诸如java.util.concurrent.locks.Lock这样的Java锁结构所保护。

> 提示
> 如果想更多了解锁竞争，以及锁竞争是否导致性能问题，可以用Oracle Solaris Studio Performance Analyzer[2]对Java应用进行性能分析，本书第5章将详细介绍如何使用Oracle Solaris Studio Performance Analyzer进行性能分析。

2.4.5   监控锁竞争：Linux

Linux上可以使用sysstat包中的pidstat命令监控锁竞争（需要Linux内核2.6.23或更高版本）。pidstat -w输出结果中的cswch/s是让步式上下文切换。重点需要注意的是，该值并不包括所有的上下文切换（像Solaris mpstat输出的那样）。此外，pidstat -w报告的是每秒而不是每个测量间隔的让步式上下文切换。因此，让步式上下文切换浪费的时钟周期，可以由pidstat -w的让步式上下文切换数除以虚拟处理器的数目而得出。请记住，pidstat -w是所有虚拟处理器的让步式上

---

[1] 3.0 GHz的处理器每秒能执行3 000 000 000个时钟周期。

[2] Oracle Solaris Studio Performance Analyzer是Oracle Solaris Studio的一部分。——译者注

下文切换。让步式上下文切换数乘以80 000，除以CPU每秒的时钟周期，可以得出让步式上下文切换所耗费的CPU时钟周期百分比。下面是pidstat -w每5秒监控进程id为9391的Java应用。

```
$ pidstat -w -I -p 9391 5
Linux 2.6.24-server (payton)   07/10/2008

08:57:19 AM      PID    cswch/s  nvcswch/s Command
08:57:26 AM     9391     3645       322     java
08:57:31 AM     9391     3512       292     java
08:57:36 AM     9391     3499       310     java
```

下面估算上下文切换所浪费的时钟周期。处理器为3.0GHz双核Intel CPU，pidstat -w显示系统每秒大约发生3500个上下文切换。因此，每个虚拟处理器的上下文切换为3500 / 2 = 1750，耗费的时钟周期为1750 × 80 000 = 140 000 000。3GHz CPU每秒的时钟周期数为3 000 000 000。因此上下文切换所浪费的时钟周期为140 000 000 / 3 000 000 000 = 4.7%。再次应用一般性准则（即让步时钟周期占用3% ~ 5%或更多时钟周期），说明Java应用正面临锁竞争。

2.4.6　监控锁竞争：Windows

与Solaris和Linux相比，Windows的内建工具难以监控Java锁竞争。Windows的性能计数器（包括Performance Monitor和typeperf）可以监控上下文切换，但无法区分让步和抢占式上下文切换。Windows上监控Java锁竞争，通常需要外部工具，例如Intel VTune或AMD CodeAnalyst。这些工具既可以监控其他性能统计数据和CPU性能计数器，也能分析Java锁。

2.4.7　隔离竞争锁

在Java源代码中追查竞争锁历来都是难题。要想找到Java应用中的竞争锁，通常是定期转储线程，查找那些可能在多个线程中因共享锁而被阻塞的线程。这个过程的示例详见第4章。

Oracle Solaris Studio Performance Analyzer可以在Linux和Solaris上使用，是本书作者用过最好的隔离和报告Java锁竞争的工具之一。第5章详细介绍如何用Performance Analyzer查找Java应用中的竞争锁，示例详见第6章。

其他性能分析工具也可以找出Windows上的竞争锁。功能和Oracle Solaris Studio Performance Analyzer相近的还有Intel VTune和AMD CodeAnalyst。

2.4.8　监控抢占式上下文切换

前文提到了抢占式上下文切换以及它与让步式上下文切换之间的不同，不过没有详细解释。让步式上下文切换是指执行线程主动释放CPU，抢占式上下文切换是指线程因为分配的时间片用尽而被迫放弃CPU或者被其他优先级更高的线程所抢占。Solaris上mpstat的icsw列可以查看抢占式上下文切换。

CPU	minf	mjf	xcal	intr	ithr	csw	**icsw**	migr	smtx	srw	syscl	usr	sys	wt	idl
0	11	13	558	760	212	265	1	3	1	0	525	9	1	0	90
1	9	11	479	467	0	251	1	3	1	0	474	9	1	0	89
2	7	4	226	884	383	147	0	4	2	0	192	4	1	0	96
3	7	4	234	495	0	146	0	3	0	0	215	5	1	0	95

Solaris的prstat -m也可以查看抢占式上下文切换。抢占式上下文切换率高表明预备运行的线程数多于可用的虚拟处理器，所以此时用vmstat通常就能看到很长的运行队列、很高的CPU使用率、很大的迁移数（见2.4.9节）以及大量与之相关的抢占式上下文切换。Solaris上减少抢占式上下文切换的策略包括用psrset创建处理器组，使得多个应用可以分配给特定的处理器组运行，或者减少运行的应用线程数。另一个通常不太有效的策略是分析应用，改进算法以降低CPU使用率，使得应用消耗较少的CPU周期。

Linux上可以用pidstat -w监控抢占式上下文切换（如之前所提，这需要2.6.23或更高的Linux内核）。Linux上可以用taskset创建处理器组并将应用分配给这些处理器组。如何使用Linux taskset的详细信息，请查看Linux发行版的文档。

Windows上可以通过任务管理器上的Process（进程）页将应用分配给一个或一组处理器。选择目标进程，右键选择Set Affinity（设置相关性），然后选择运行该进程的处理器。Windows Server、Windows Vista及Windows 7，可以用命令行start/affinity<affinity mask>启动应用，<affinity mask>是十六进制表示的处理器相关性掩码。start命令和affinity mask的详细信息，请参见Windows操作系统手册。

2.4.9   监控线程迁移

我们发现，待运行线程在处理器之间的迁移也会导致性能下降。大多数操作系统的CPU调度程序会将待运行线程分配给上次运行它的虚拟处理器。如果这个虚拟处理器忙，调度程序就会将待运行线程迁移到其他可用的虚拟处理器。线程迁移会对应用性能造成影响，这是因为新的虚拟处理器缓存中可能没有待运行线程所需的数据或状态信息。Solaris上查看mpstat的migr列，就可以了解Java应用的性能是否受线程迁移的影响。多核系统上运行Java应用可能会发生大量的线程迁移，减少迁移的策略是创建处理器组并将Java应用分配给这些处理器组。一般性准则是，如果横跨多核或虚拟处理器的Java应用每秒迁移超过500次，将Java应用绑定在处理器组上就有益处。如果遇到极端情况，可以提高Solaris的内核可调变量rechoose_interval以减少线程迁移。前一种创建处理器组是首选策略，后一种应该仅作为备选方法。

2.5   网络 I/O 使用率

分布式Java应用的性能和扩展性受限于网络带宽或网络I/O的性能。举例来说，如果发送到系统网络接口硬件的消息量超过了它的处理能力，消息就会进入操作系统的缓冲区，这会导致应用延迟。此外网络上发生的其他状况也会导致延迟。

2

即便用操作系统的内嵌工具，也难以直接识别和监控网络使用率。例如Linux有`netstat`及`sysstat`可选包，Solaris有内嵌的`netstat`，但这两者都不会报告网络使用率。它们都可以提供每秒发送和接受的包数，包括错误和冲突的包。少量冲突是以太网的正常情况，大量错误通常是因为网络接口卡出错、糟糕的线路或是自动协商机制（Auto-Negotiation）出了问题。即便`netstat`能报告一定间隔内接收或发送的包数，也仍然难以知道网络接口是否被充分利用。例如，`netstat -i`命令显示2500包/秒通过网络接口卡，但你无法知道网络使用率是100%还是1%，只能知道存在网络拥堵，而这也是在你不知道底层网络卡传送速率和包大小的情况下，能够得出的唯一结论。简单来说，很难用Linux或Solaris的`netstat`判断应用的性能是否受网络使用率的限制。不管Java应用在哪个操作系统上运行，都需要工具显示该应用所用网络接口的网络使用率。后续几小节将展示Solaris、Linux及Windows上监控网络使用率的工具。

2.5.1 监控网络 I/O 使用率：Solaris

Solaris免费软件K9Toolkit的`nicstat`可以报告网络使用率和网络接口的饱和度。K9Toolkit也包括在Solaris Performance Tools CD 3.0包中（见2.2.4节）。K9Toolkit工具也可以从http://www.brendangregg.com/k9toolkit.html下载。

`nicstat`命令行语法如下：

```
nicstat [-hnsz] [-i interface[,...]] | [interval [count]]
```

`-h`显示帮助信息，`-n`仅显示非本地接口，`-s`显示概要信息，`-z`跳过0值，`-i interface`是网络接口设备名。`interval`是报告输出的频率（秒级），`count`是报告的采样数。

以下示例是`nicstat -i yukonx0 1`的输出，网络接口设备yukon0，间隔为1秒。

```
    Time      Int    rKB/s    wKB/s    rPk/s    wPk/s     rAvs     wAvs   %Util    Sat
19:24:16   yukonx0     0.75     4.68     2.72     3.80    281.3   1261.9    0.00   0.00
19:24:17   yukonx0    54.14   1924.9    724.1   1377.2    76.56   1431.2    1.58   0.00
19:24:18   yukonx0    44.64   1588.4    598.0   1138.0    76.45   1429.3    1.30   0.00
19:24:19   yukonx0    98.89   3501.8   1320.0   2502.0    76.72   1433.2    2.87   0.00
19:24:20   yukonx0     0.43     0.27     2.00     3.00    222.0    91.33    0.00   0.00
19:24:21   yukonx0    44.53   1587.2    598.0   1134.0    76.26   1433.0    1.30   0.00
19:24:22   yukonx0   101.9    3610.1   1362.0   2580.0    76.64   1432.8    2.96   0.00
19:24:23   yukonx0   139.9    4958.1   1866.7   3541.4    76.73   1433.6    4.06   0.00
19:24:24   yukonx0    77.23   2736.4   1035.1   1956.2    76.40   1432.4    2.24   0.00
19:24:25   yukonx0    48.12   1704.1    642.0   1220.0    76.75   1430.3    1.40   0.00
19:24:26   yukonx0    59.80   2110.8    800.0   1517.0    76.54   1424.8    1.73   0.00
```

列名的含义如下。

❑ `Int`：网络接口设备名。

❑ `rKb/s`：每秒读取的KB数。

❑ `wKb/s`：每秒写入的KB数。

❑ `rPk/s`：每秒读取的包数。

- ❑ wPk/s：每秒写入的包数。
- ❑ rAvs：每次读取的平均字节。
- ❑ wAvs：每次写入的平均字节数。
- ❑ %Util：网络接口使用率。
- ❑ Sat：饱和度。

nicstat可以展现大量有意义的数据，有助于你识别分布式Java应用是否使网络饱和。从读写字节数可以看出网络接口yukonx0上有活动，但网络使用率从未超过4%。由此可以得出结论，该系统上运行的应用没有遇到网络饱和导致的性能问题。

2.5.2 监控网络 I/O 使用率：Linux

Solaris监控工具nicstat也有Linux的版本。源代码可以从http://sourceforge.net/projects/nicstat/files/下载。使用前需编译，它监控网络使用率的方法和上一节（监控网络I/O使用率：Solaris）中描述的相同。

2.5.3 监控网络 I/O 使用率：Windows

Windows上监控网络使用率，就不像在Performance Monitor中添加性能计数器那么简单了。你需要知道被监控网络接口的带宽，以及网络接口传递的数据量。

网络接口每秒传递的字节数可以通过性能计数器\Network Interface(*)\Bytes Total/sec获得。通配符"*"表示报告的是系统所有网络接口的总带宽。可以用命令typeperf \Network Interface(*)\Bytes Total/sec查看网络接口名，然后用你打算监控的网络接口替换通配符"*"。例如，假定typeperf \Network Interface(*)\Bytes Total/sec报告网络接口为Intel[R] 82566DM-2 Gigabit Network Connection, isatap. gateway.2wire.net, Local Area Connection* 11，可以得知系统安装的网络接口卡是Intel网卡。在Performance Monitor里或用typeperf命令添加性能计数器时，你可以用Intel[R]82566DM-2 Gigabit Network Connection替代通配符"*"。

除了接口传递的字节数，还必须获得网络接口的带宽。可以通过性能计数器\Network Interface(*)\Current Bandwidth获得，其中"*"应该用被监控的网络接口替换。

重点需要注意的是，性能计数器Current Bandwidth的带宽单位是bits/s。相比而言，Bytes Total/sec是bytes/s。所以网络使用率的计算公式需要考虑适当的单位，bits/s或bytes/s。下面是两个计算网络使用率的公式：第一个是Current Bandwidth除以8变为字节，第二个是Bytes Total/sec乘以8变为比特位。

```
network utilization % = Bytes Total/sec / (Current Bandwidth / 8) x 100
```

或者

```
network utilization % = (Bytes Total/sec * 8) / Current Bandwidth x 100
```

也可以点击Task Manager中的Networking（联网）页监控Windows的网络使用率。示例参见图2-9。

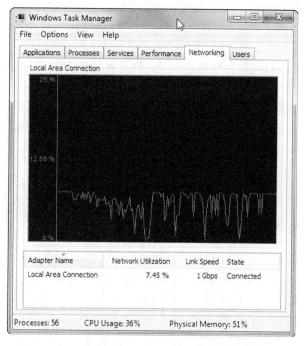

图2-9　Windows Task Manager上显示的网络使用情况

2.5.4　应用性能改进的考虑

单次读写数据量小而网络读写量大的应用会消耗大量的系统态CPU，产生大量的系统调用。对于这类应用，减少系统态CPU的策略是减少网络读写的系统调用。此外，使用非阻塞的Java NIO而不是阻塞的java.net.Socket，减少处理请求和发送响应的线程数，也可以改善应用性能。

从非阻塞socket中读取数据的策略是，应用在每次读请求时尽可能多地读取数据。同样，当往socket中写数据时，每个写调用应该尽可能多地写。一些Java NIO框架包含了这些事件，例如Grizzly项目（https://grizzly.dev.java.net）。Java NIO框架也有助于简化客户端–服务器类型应用的开发。JDK提供的Java NIO只是一种原始实现，很容易导致Java API的误用而使应用性能变差，建议使用Java NIO框架。

2.6　磁盘 I/O 使用率

对于有磁盘操作的应用来说，查找性能问题，就应该监控磁盘I/O。一些应用的核心功能需要大量使用磁盘，例如数据库，几乎所有的应用都会用日志记录重要的状态信息或事件发生时的应用行为。磁盘I/O使用率是理解应用磁盘使用情况最有用的监控数据。Linux和Solaris可以用iostat来监控系统的磁盘使用率。

在Linux上安装可选包sysstat才能使用iostat。

在Windows Server系统上，Performance Monitor的性能对象LogicalDisk下有一些性能计数器可用来监控磁盘使用率。

在Solaris上，iostat -xc报告每个磁盘设备的磁盘使用率和CPU使用率。当需要同时显示磁盘使用率和系统态CPU使用率时，这个命令就有用了。下面的例子显示系统有3个磁盘sd0、sd2及sd4，磁盘I/O使用率分别为22%、13%及36%，系统态CPU使用率为73%。其他的iostat统计信息对于应用性能监控来说不太重要，因为它们无法指示"忙"或"不忙"。

```
$ iostat -xc 5
                       extended disk statistics       cpu
      disk  r/s  w/s Kr/s Kw/s wait actv svc_t  %w  %b  us  sy wt id
      sd0   3.4  1.1 17.1  9.8 0.1  0.2  16.2   1   22   3  73  8 16
      sd2   2.1  0.5 16.7  4.0 0.0  0.1  23.6   1   13
      sd4   5.2  6.0 41.4 45.2 0.2  0.4  59.2   8   36
```

Linux上可以用iostat -xm监控磁盘I/O使用率和系统态CPU使用率。下面的示例显示Linux系统的hda盘为97%，hdb为69%，系统态CPU使用率为16%（为了易读，去除了值为0的列）。

```
$ iostat -xm 5

avg-cpu:  %user    %nice %system %iowait
           0.20     0.40   16.37   83.03

Device: rrqm/s   r/s    rsec/s   rMB/s  avgqu-sz await svctm  %util
hda     9662.87 305.59 87798.80 42.87  1.64     5.39  3.17   97.01
hdb     7751.30 225.15 63861.08 31.18  1.18     5.24  3.11   69.94
```

提示

前面2.2.4节中提到的Solaris Performance Tools CD 3.0，包含了图形工具iobar，能以类似cpubar的方式显示磁盘I/O，还包括命令行工具iotop，能以类似prstat或top的方式显示Solaris的iostat -x信息。

辨别在读或写哪个文件、磁盘活动由哪个应用产生是监控磁盘I/O使用率的难点。新版的Solaris 10和Solaris 11 Express在/usr/demo/dtrace目录下有一些DTrace的脚本有助于监控磁盘活动。DTrace脚本iosnoop.d提供了详细的信息，如哪个用户在访问磁盘、哪个进程在访问磁盘、磁盘读写的字节数以及被访问文件的文件名。Solaris DTraceToolKit下载包（http://www.solarisinternals.com/wiki/index.php/DTraceToolKit）中也包括iosnoop.d脚本。下面是启动NetBeans IDE时执行iosnoop.d脚本的输出。这里没有显示完整的数据，NetBeans IDE启动时需要访问许多文件，为了简洁，输出做了截断。

```
$ iosnoop.d
  UID   PID D    BLOCK    SIZE  COMM PATHNAME
97734  1617 R  4140430    1024 netbeans /huntch/tmp/netbeans
97734  1617 R  4141518    1024     bash /huntch/tmp/netbeans/modules
97734  1617 R  4150956    1024     bash /huntch/tmp/netbeans/update
97734  1697 R  4143242    1024     java /huntch/tmp/netbeans/var
97734  1697 R  4141516    1024     java /huntch/tmp/netbeans/config
97734  1697 R  4143244    1024     java /huntch/tmp/netbeans/var/log
97734  1697 R  4153884    1024     java /huntch/tmp/netbeans/docs
97734  1697 R  4153884    1024     java /huntch/tmp/netbeans/docs
97734  1697 R  4153884    1024     java /huntch/tmp/netbeans/docs
97734  1697 R  4153884    1024     java /huntch/tmp/netbeans/docs
97734  1697 R  4153884    1024     java /huntch/tmp/netbeans/docs
97734  1697 R  4153884    1024     java /huntch/tmp/netbeans/docs
97734  1697 R  4153884    1024     java /huntch/tmp/netbeans/docs
97734  1697 R 12830464    8192     java /usr/jdk1.6.0/jre/lib/rt.jar
97734  1697 R 12830480   20480     java /usr/jdk1.6.0/jre/lib/rt.jar
97734  1697 R 12830448    8192     java /usr/jdk1.6.0/jre/lib/rt.jar
97734  1697 R 12830416    8192     java /usr/jdk1.6.0/jre/lib/rt.jar
97734  1697 R 12830432    4096     java /usr/jdk1.6.0/jre/lib/rt.jar
97734  1697 R 12828264    8192     java /usr/jdk1.6.0/jre/lib/rt.jar
[... additional output removed ...]
```

UID是执行磁盘操作的用户id。PID是执行磁盘操作的进程id。D指示磁盘访问是读或写，R是读，W是写。BLOCK是磁盘块。SIZE是数据读写的字节数。COMM是执行磁盘访问的命令名。PATHNAME是访问的文件名。

可以在iosnoop.d的输出中查找以相同命令、进程id和用户id反复读取相同文件和磁盘块的数据模式。例如上面的输出，同一磁盘块4153884上有大量的磁盘访问（1024字节），这意味存在优化机会，即相同的信息被访问了多次。应用可以在内存中保留和复用这些数据，而不是每次都用昂贵的磁盘操作反复读取。如果读取的数据不相同，则可以一次性读取更大的数据块从而减少磁盘访问的次数。

从更大范围上来说，如果应用的磁盘I/O使用率高，就值得深入分析系统磁盘I/O子系统的性能，进一步查看它预期的负载量、磁盘服务时间、寻道时间以及服务I/O事件的时间。如果需要改善磁盘使用率，可以使用一些策略。从硬件和操作系统上看，下面是一些改进磁盘I/O使用率的策略：

❏ 更快的存储设备；

❏ 文件系统扩展到多个磁盘；

❏ 操作系统调优使得可以缓存大量的文件系统数据结构。

从应用角度看，任何减少磁盘活动的策略都有帮助，例如使用带缓冲的输入输出流以减少读、写操作次数，或在应用中集成缓存的数据结构以减少或消除磁盘交互。缓冲流减少了调用操作系统调用的次数从而降低系统态CPU使用率。虽然这不会改善磁盘I/O性能，但可以使更多CPU周期用于应用的其他部分或者其他运行的应用。JDK提供了缓冲数据结构，也容易使用，如java.io.

BufferedInputStream和java.io.BufferedOutputStream。

关于磁盘性能，有一个经常被忽视的方法，就是检查磁盘缓存是否开启。有一些系统将磁盘缓存设置为禁用。开启磁盘缓存可以改善严重依赖磁盘I/O的应用的性能。然而，如果发现系统默认设置为禁用磁盘缓存，你应该加以注意，因为一旦开启磁盘缓存，意外的电源故障可能会造成数据损坏。

> **提示**
> 在Solaris和Solaris 11 Express上，当用format -e格式化磁盘时，会开启磁盘缓存。然而，不应该在需要保留数据的磁盘或分区上运行该命令。该命令会破坏执行该命令的磁盘或分区上的所有数据。Solaris的磁盘性能也可以通过配置和使用Oracle Solaris ZFS文件系统来改善。如何配置和使用Oracle Solaris ZFS文件系统，请参见Solaris的说明页。

2.7   其他命令行工具

当需要长时间（例如几小时、几天）或者在生产环境监控应用时，许多性能工程师和Solaris或Linux的系统管理员会使用sar收集性能统计数据。sar可以指定需要收集的数据，例如用户态CPU使用率、系统态CPU使用率、系统调用次数、内存页面调度和磁盘I/O数据。sar可以实时收集这些数据，不过通常事后才会查看。研究长期的运行数据有助于及早识别那些即将暴露的性能问题。关于sar如何收集、报告性能数据的更多信息可以参考Solaris和Linux的sar手册。

Solaris上另外一个有用的工具是kstat，它可以报告内核统计信息。当需要检测应用的性能极限时，这个工具就很强大了。kstat可以报告许多内核统计数据，也可以列出所有可被监控的内核统计数据。使用kstat时需要注意的是，它报告的是系统从最近一次开机以来的累计数据。所以如果用它监控应用，就必须在一定间隔前后分别运行kstat，然后求出它们之间的差值。另外，用kstat监控时，监控的应该是唯一正在运行的应用，因为它不会报告哪些应用和这些统计数据相关。如果有多个应用在运行，你就无法判断kstat报告的值是由哪个应用产生的了。

在Solaris上可以用内置命令cpustat或cputrack监控特定的CPU性能计数器。这些特定的CPU性能计数器通常都是为性能专家寻求特定的性能调优而留的，考虑到读者中可能有性能专家，所以本节会有所提及。

cpustat和cputrack都需要指定一组与特定处理器（如AMD、Intel或SPARC）相关的事件计数器。这些CPU性能计数器即便在同一个处理器品牌中也可能不同。你可用-h选项获得可用的性能计数器列表。此外，处理器制造商文档中也能找到CPU性能计数器。cpustat会以侵入的方式收集系统所有应用的CPU性能计数器，与之相比，cputrack收集单个应用的CPU性能计数器统计数据，很少或不会对系统的其他活动产生影响。cpustat和cputrack的详细用法请参见Solaris手册。

2.8 监控 CPU 使用率：SPARC T 系列系统

Oracle的SPARC T系列处理器结合了多核与芯片多线程，架构和传统芯片架构有很大的不同，因此有必要专门用一节来讲述。为了理解SPARC T系列系统的CPU使用率，需要了解一些SPARC T系列芯片架构的基础知识，了解它与传统处理器架构的不同，以及为何常用的Unix系统监控工具（如vmstat和mpstat）无法显示SPARC T系列处理器真实的CPU使用率。

SPARC T系列处理器有多个核，每核有多个硬件线程。SPARC T系列的第一代最容易，我们就从第一代开始解释，然后扩展到后续几代。UltraSPARC T1是第一代SPARC T系列处理器，有8个核，每核有4个硬件线程和1个流水线。UltraSPARC T2是第二代SPARC T系列处理器，有8个核，每核8个硬件线程和2个流水线。UltraSPARC T1每核每时钟周期内只执行1个硬件线程，而UltraSPARC T2每核有2个流水线，所以每核每时钟周期可以执行2个硬件线程。SPARC T系列处理器的独到之处在于，一旦核发生执行线程停滞就可以切换到该核的其他硬件线程。停滞是一种CPU状态，表示CPU高速缓存未命中而必须等待内存中的数据。

有大量并发线程的应用容易发生停滞，不过它们通常在SPARC T系列处理器上运行得很好，这是因为，SPARC T系列处理器切换硬件线程所需的时间通常要比CPU停滞时间少得多。相比而言，并发线程少，特别是很少遇到CPU停滞的应用，SPARC T系列处理器通常就不如时钟频率更快的传统处理器了。比如应用有8个并发线程，并且所有线程一直都是就绪状态，很少遇到CPU停滞。由于UltraSPARC T1有8个核，而每时钟周期每核可以执行4个硬件线程中的1个，所以这类应用使用UltraSPARC T1的8个核以及每核中的1个硬件线程，不过8个并发线程都只能以1/4的时钟频率运行。比如1.2GHz的UltraSPARC T1，8个线程每个的有效时钟频率为300MHz，即1.2GHz/4=300MHz。相比而言，双CPU 4核的Intel或AMD系统，共有8个核，时钟频率为2.33GHz，因为每个并发软件线程都可以在单个核上运行，每核有1个执行频率为2.33GHz的硬件线程，所以8个并发软件线程的运行时钟频率都是2.33GHz。实际上不管怎样，应用的负载越小内存停滞就越少。对于有特别多就绪线程，特别是有CPU停滞的应用来说，SPARC T系列可能要好于4核的x86/x64处理器，因为SPARC T系列切换硬件线程要比每核单硬件线程的架构快，因为线程间切换需要CPU缓存准备好数据，这意味着线程间切换需要耗费时钟周期等待从内存中装载数据。

理解了SPARC T系列架构及其与传统每核单硬件线程架构的不同之后，监控SPARC T系列系统就容易了。Solaris把每个SPARC T系列硬件线程都当成一个虚拟处理器，认识到这点很重要。这意味着UltraSPARC T1（8核×4硬件线程/核）在监控工具mpstat中会显示成32个虚拟处理器，UltraSPARC T2（8核×8硬件线程/核）会显示成64个虚拟处理器。请记住，SPARC T系列虚拟处理器执行的时钟周期并不都相同。在报告虚拟处理器的CPU使用率时，mpstat和vmstat都假定虚拟处理不空闲，一直在处理负载。换句话说，即使虚拟处理器发生停滞，mpstat和vmstat也会把虚拟处理器看作忙或者一直在处理。而且对SPARC T系列处理器来说，运行的软件线程在虚拟处理器（硬件线程）上发生停滞，并不意味着流水线或者整个处理器也停滞。由于SPARC T系列处理器将硬件线程当作虚拟处理器，vmstat和mpstat实际上报告的是软件线程占用流水线的百分比。

> **提示**
> 更多SPARC T系列处理器的信息可以参考Solaris Internals维基，http://www.solarisinternals.com/wiki/index.php/CMT_Utilization。

对于那些每核单硬件线程的处理器，可以通过mpstat或vmstat显示的空闲时间来判定系统是否可以承受更多的负载。在SPARC T系列上，硬件线程（mpstat报告为虚拟处理器）空闲与核空闲是两码事。请记住，mpstat报告的是每个硬件线程的统计信息，因为每个硬件线程都被看成一个虚拟处理器。为了理解SPARC T系列处理器的CPU使用率，需要审视处理器核使用率（Processor Core Utilization）和核硬件线程使用率（Core Hardware Thread Utilization）。监控处理器的核执行指令数可以得知它的处理器核使用率。Solaris的命令cpustat可以监控核上每个硬件线程的执行指令数，但它没有报告每个核的执行指令数。不过可以将cpustat每个硬件线程的执行指令数累加起来，从而得到每个核的执行指令数。工具corestat可以统计cpustat报告的指令数/硬件线程，从而得出SPARC T系列的核CPU使用率。corestat不包括在Solaris发行版中，可从Oracle cool tools的Web站点http://www.opensparc.net/sunsource/cooltools/www/corestat/index.html下载，该站点还可以找到更多如何使用corestat的信息。

审视vmstat、mpstat及corestat收集的数据，可以了解SPARC T系列系统的性能情况。举例来说，假设vmstat或mpstat报告系统使用率为35%（35% busy），corestat报告核使用率为50%，由于核使用率高于CPU使用率，如果打算通过增加应用线程来扩展应用，系统可能在CPU饱和前就核饱和了。结果就是，在vmstat或mpstat显示系统100%使用之前，应用就达到了扩展的极限。考虑另外一个不同的场景，vmstat和mpstat显示系统使用率为100%，corestat显示核使用率为40%，这意味着除非改善核使用率，否则系统无法承担更多的负载。改善核使用率需要改善流水线的性能，而改善流水线性能的关键在于减少CPU停滞。减少CPU停滞并不是件容易的事，通常需要对应用的运行有深刻的理解，才能更好地使用CPU缓存。这通常意味着要改善应用访问内存的局部性[1]（Memory Locality）。如何减少CPU停滞通常需要性能工程师的专业协助。上述两个示例说明，SPARC T系列系统上监控CPU使用率（用vmstat或mpstat）和核使用率非常重要。

2.9 参考资料

Linux nicstat 源代码下载：http://sourceforge.net/projects/nicstat/files/.

Microsoft Windows typeperf简介：http://www.microsoft.com/resources/documentation/windows/

---

[1] 内存访问的局部性，包括时间局部性（Temporal Locality）和空间局部性（Spatial Locality）。参见http://zh.wikipedia.org/zh-cn/CPU%E7%BC%93%E5%AD%98。——译者注

xp/all/proddocs/en-us/nt_command_typeperf.mspx?mfr=true.

Oracle工具网站，http://cooltools.sunsource.net/corestat/index.html.

Project Grizzly网站，http://grizzly.java.net.

Solaris Internals wiki，http://www.solarisinternals.com/wiki/index.php/CMT_Utilization.

Solaris K9 Toolkit 以及nicstat下载网站，http://www.brendangregg.com/k9toolkit.html.

Solaris Performance Tools CD 3.0网站，http://www.scalingbits.com/solaris/performancetoolcd.

Tim Cook博客网站，http://blogs.sun.com/timc/entry/nicstat_the_solaris_and_linux.

## 第 3 章

JVM概览

3

从1995年呱呱落地至今，Java已经发生了翻天覆地的变化，出现过许多种Java虚拟机（JVM）。早期的Java，无论开发效率有多高、内存管理有多好，程序性能一直是开发人员心中的痛。而现在越来越多Java应用的性能都能达到要求，这都归功于内建的JIT编译器、日渐成熟的垃圾收集器和不断改进的运行时环境（JVM Runtime Environment）。虽然JVM有了许多改进，应用的性能和扩展性仍然深受干系人的重视。许多应用的开发需求中都增加了性能要求，服务等级协议（Service Level Agreement）中也添加了性能条款。随着现代JVM性能和扩展性的改善，Java技术的应用愈加广泛。

现代JVM也带来了难题，许多Java技术人员只把JVM看成黑盒，要想改善Java应用的性能和扩展性无疑是一项艰巨的任务。若要提高Java性能调优的能力，就必须对现代JVM有些基本认识。

本章概要介绍HotSpot VM（即HotSpot Java虚拟机）的架构。解决HotSpot VM上Java程序的性能问题并不需要掌握本章的全部内容。本章不会涵盖HotSpot VM的方方面面，而只介绍它的架构和主要组件。

HotSpot VM有3个主要组件：VM运行时（Runtime）、JIT编译器（JIT Compiler）以及内存管理器（Memory Manager）。本章首先介绍HotSpot VM的基本架构，然后概要介绍这3个主要组件。此外，本章最后还会概述HotSpot VM的自动优化策略[①]（Ergonomic Decisions）。

3.1 HotSpot VM 的基本架构

HotSpot VM架构极富特点且功能强大，可以满足高性能和高扩展性。比如说，它支持HotSpot VM JIT编译器的动态优化，可以在Java应用运行时制定优化策略，并依据底层系统架构生成高效的本地机器指令。此外，随着HotSpot VM的日渐成熟、运行时环境的不断改进和垃圾收集器的多线程化，即便是最大规模的计算机系统，它也可以充分利用资源，实现高扩展性。

图3-1是HotSpot VM架构的概览。

---

① 原文"ergonomic"，字面意思为"工效学"或"人体工程学"。本书中的含义是指通过系统的自动优化来配置参数，所以统一意译成"自动优化"。——译者注

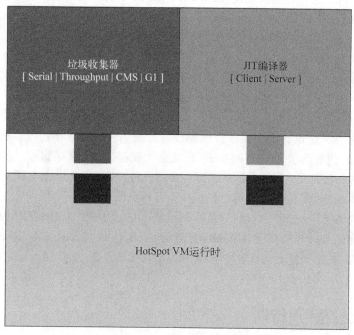

图3-1　HotSpot VM基本架构

　　如图3-1所示，JIT编译器（Client或Server）和垃圾收集器（Serial、 Throughput、CMS或G1）都是可插拔的。在撰写本书时，G1收集器正在开发中，有望在Java 7 HotSpot VM中提供[1]。HotSpot VM运行时系统为HotSpot JIT编译器和垃圾收集器提供服务和通用API。此外，它还为VM提供启动、线程管理、JNI（Java本地接口）等基本功能。下一节将详细介绍HotSpot VM运行时系统的各个组件以及它们的职责。

　　早期的HotSpot VM是32位JVM，内存地址空间限制为4G，关键是，实际Java堆的大小还进一步受限于底层操作系统。Microsoft Windows上HotSpot VM最大可用的Java堆大约为1.5G。对Linux操作系统来说，HotSpot VM在最新Linux内核上的最大可用Java堆大约为2.5G到3.0G，使用较早内核版本时大约为2G。Solaris（即Oracle Solaris）上HotSpot VM最大可用的Java堆大约为3.3G。实际消耗的最大内存地址空间随给定的Java应用和JVM版本而有所不同。

　　随着服务器系统的内存越来越大，64位HotSpot VM应运而生。它增大了Java堆，使得这些系统可以使用更多内存。虽然64位寻址对一些应用有帮助，但64位VM也带来了性能损失：HotSpot VM内部Java对象表示（称为普通对象指针，Ordinary Object Pointers，或oops）的长度从32位变成了64位，导致CPU高速缓存行（CPU Cache Line）中可用的oops变少，从而降低了CPU缓存的

---

[1] JDK 7 Update 4及以后的版本已经完全支持G1，详情参见http://docs.oracle.com/javase/7/docs/technotes/guides/vm/G1.html 。——译者注

效率。缓存效率的降低常常导致性能比32位JVM下降8%~15%。和OpenJDK一样，最新的Java 6 HotSpot VM[1]添加了称为压缩指针[2]（Compressed oops，`-XX:+UseCompressedOops`开启）的新特性，使得64位Java的大尺寸堆和32位JVM的性能可以鱼和熊掌兼得。实际上，一些Java应用在64位HotSpot VM上使用压缩指针之后，性能要好于32位VM。压缩指针之所以能改善性能，是因为它通过对齐（Alignment），还有偏移量（Offset）将64位指针压缩成32位。换言之，性能提高是因为使用了更小更节省空间的压缩指针而不是完整长度的64位指针，CPU缓存使用率由此得以改善，应用程序也能执行得更快。此外，在一些平台上（如Intel或AMD x64），64位JVM可以使用更多的CPU寄存器，这也有助于程序性能的改善。更多的CPU寄存器可以避免寄存器卸载[3]（Register Spilling）。当活跃状态（Live State，即变量）数超过CPU寄存器数，多出的活跃状态只能存放在内存中时，就会发生寄存器卸载。寄存器卸载时，某些活跃状态必须从CPU寄存器"卸载"到内存中。因此避免寄存器卸载可以让程序执行得更快。[4]

目前下列硬件和操作系统平台提供32位和64位的HotSpot VM：Solaris SPARC、Solaris x86、Linux x86，以及Intel Xeon和AMD上的Windows x86；Solaris x64、Linux x64以及Intel Xeon和AMD上的Windows x64。其他平台上也有多种HotSpot VM的移植版本，例如Apple x64、Apple PPC、Intel Itanium、HP-UX、MIPS及ARM。

3.2　HotSpot VM 运行时

HotSpot VM各组件中，VM垃圾收集器和JIT编译器最受关注，而VM运行时环境则常常被忽略，虽然它提供的恰恰是HotSpot VM的核心功能。本节介绍HotSpot VM运行时环境，目的是让大家更好地理解运行时环境在VM中的职责和角色，让读者可以充分利用VM运行时环境提供的服务来提高性能。虽然实现高性能Java程序并不见得需要掌握本节的所有内容，但对HotSpot VM运行时有个基本了解，仍然会从中受益，因为某些情况下只需要调整VM运行时环境的选项参数就可以显著改善Java应用的性能。

HotSpot VM运行时环境担当许多职责，包括命令行选项解析、VM生命周期管理、类加载、字节码解释、异常处理、同步、线程管理、Java本地接口、VM致命错误处理和C++（非Java）堆管理。下面将详细介绍VM运行时系统的上述各项职责。

3.2.1　命令行选项

HotSpot VM运行时系统解析命令行选项，并据此配置HotSpot VM。其中一些选项供HotSpot VM启动器使用，例如指定选择哪个JIT编译器、选择何种垃圾收集器等，还有一些经启动器处理

---

[1] JDK 1.6 Update 14开始提供该参数，Update 14到Update 22该参数默认为关闭，Update 23开始默认为开启。

——译者注

[2] Java社区中另一种说法是压缩引用。——审校者注
[3] 此处译法引自《程序设计语言——实践之路》第2版。——译者注
[4] 因为访问内存比访问寄存器慢。——译者注

后传给完成启动的HotSpot VM，例如指定Java堆的大小。

命令行选项主要有3类：标准选项（Standard Option）、非标准选项（Nonstandard Option）和非稳定选项（Developer Option）。标准选项是*Java Virtual Machine Specification*[1]要求所有Java虚拟机都必须实现的选项，它们在发行版之间保持稳定，但也可能在后续的发行版中被废除。非标准选项（以-X为前缀）不保证、也不强制所有JVM实现都必须支持，它可能未经通知就在Java SDK发行版之间发生更改。非稳定选项（以-XX为前缀）通常是为了特定需要而对JVM的运行进行校正，并且可能需要有系统配置参数的访问权限。和非标准选项一样，非稳定选项也可能不经通知就在发行版之间发生变动。

命令行选项用于控制HotSpot VM的内部变量，每个变量都有类型和默认值。对于内部变量为布尔类型的选项来说，只要在HotSpot VM命令行上添加或去掉它就可以控制这些变量。对于带有布尔标记的非稳定选项来说，选项名前的+或-表示true或false，用以开启或关闭特定的HotSpot VM特性或参数。例如，-XX:+AggressiveOpts设置某个HotSpot内部布尔变量为true以开启额外的性能优化，反之，-XX:-AggressiveOpts则设置同样的变量为false以关闭额外的性能优化。①除了布尔标记，还有一类带有附加选项的非稳定选项，形如-XX:OptionName=<N>。几乎所有附加选项为整数的非稳定选项，整数后面都可以接后缀k、m、g，表示千、百万及十亿。有一小部分选项没有分隔标记②，而是选项名后直接跟选项值，这和特定的命令行选项及解析机制有关。③

3.2.2　VM 生命周期

HotSpot VM运行时系统负责启动和停止HotSpot VM。本节简要介绍HotSpot在Java程序运行前以及终止或者退出时所做的工作。本节包含大量的详细信息，可能超出了性能调优所需的范围，但能让你了解到Java应用启动和停止的复杂性。

启动HotSpot VM的组件是启动器。HotSpot VM有若干个启动器。Unix/Linux上最常用的是java，Windows上是java和javaw。也可以通过JNI接口 JNI_CreateJavaVM启动内嵌的JVM。另外还有一个网络启动器javaws，Web浏览器用它来启动applet。javaws末尾的"ws"通常指的是"web start"，而术语"Java Web Start"即指javaws。

启动器启动HotSpot VM时会执行一系列操作。步骤概述如下。④

(1) 解析命令行选项。

启动器会直接处理一些命令行选项，例如-client或-server，它们决定加载哪个JIT编译器，其他参数则传给HotSpot VM。

(2) 设置堆的大小和JIT编译器。

---

① 目前HotSpot VM的实现是，-XX:+AggressiveOpts表示开启，-XX:-AggressiveOpts表示采用默认值，而不是禁止。——审校者注

② 指":"和"="这样的标记。——译者注

③ 此外，也存在-XX与选项名之间没分隔符的情况，例如-XXaltjvm=<name>。——审校者注

④ 另请参见http://book.douban.com/annotation/15046649/上的评论。——译者注

如果命令行没有明确设置堆的大小和JIT编译器（client或server），启动器则通过自动优化进行设置。自动优化的默认设定因底层系统配置和操作系统而有所不同。3.5节将详细介绍HotSpot VM的自动优化。[1]

(3) 设定环境变量如LD_LIBRARY_PATH和CLASSPATH。[2]

(4) 如果命令行有-jar选项，启动器则从指定JAR的manifest中查找Main-Class，否则从命令行读取Main-Class。[3]

(5) 使用标准Java本地接口（Java Native Interface，JNI）方法JNI_CreateJavaVM在新创建的线程中创建HotSpot VM。

与后创建的线程相比，初始线程是启动新进程时操作系统内核分配的第一个线程，而新建HotSpot VM进程中运行的初始线程也是同样道理。不在初始线程中创建HotSpot VM，是为了可以对它进行定制，例如Windows上更改栈的大小。HotSpot VM实现JNI_CreateJavaVM的更多细节请参见框注"JNI_CreateJavaVM详解"。

(6) 一旦创建并初始化好HotSpot VM，就会加载Java Main-Class，启动器也会从Java Main-Class中得到Java main方法的参数。

(7) HotSpot VM通过JNI方法CallStaticVoidMethod调用Java main方法，并将命令行选项传给它。

至此，HotSpot VM开始正式执行命令行指定的Java程序了。

一旦Java程序或者Java main方法执行结束，HotSpot VM就必须检查和清理所有程序或者方法执行过程中生成的未处理异常。此外，方法的退出状态和程序的退出状态也必须返回给它们的调用者。调用Java本地接口方法DetachCurrentThread将Java main方法与HotSpot VM脱离（Detached）。每次HotSpot VM调用DetachCurrentThread时，线程数就会减1，因此Java本地接口知道何时可以安全地关闭HotSpot VM，并能确保当时HotSpot VM中没有正在执行的操作，Java栈中也没有激活的Java帧。HotSpot VM本地接口方法DestroyJavaVM的实现细节请参见框注"DestroyJavaVM详解"。

JNI_CreateJavaVM详解

HotSpot VM启动时JNI_CreateJavaVM方法将执行以下一系列操作。

(1) 确保只有一个线程调用这个方法并且确保只创建一个HotSpot VM实例。因为HotSpot VM创建的静态数据结构无法再次初始化，所以一旦初始化到达某个确定点后，进程空间里就只能有一个HotSpot VM。在HotSpot VM的开发工程师看来，HotSpot VM启动至此已经是无法逆转了。

(2) 检查并确保支持当前的JNI版本，初始化垃圾收集日志的输出流。

---

[1] 目前HotSpot VM的实现是，GC堆、栈大小等默认情况下是在HotSpot VM内部选择，而不是启动器。启动器会根据情况自动优化选择合适的JVM动态链接库。——审校者注

[2] 目前的实现不会设置环境变量的CLASSPATH变量，只是读取。——审校者注

[3] 原文此处不太准确，这里引自莫枢的翻译，详见http://book.douban.com/annotation/15046649/。——译者注

(3) 初始化OS模块，如随机数生成器（Random Number Generator）、当前进程id（Current Process id）、高精度计时器（High-Resolution Timer）、内存页尺寸（Memory Page Sizes）、保护页（Guard Pages）。保护页是不可访问的内存页，用作内存访问区域的边界。例如，操作系统常在线程栈顶压入一个保护页以保证引用不会超出栈的边界。

(4) 解析传入JNI_CreateJavaVM的命令行选项，保存以备将来使用。

(5) 初始化标准的Java系统属性，例如java.version、java.vendor、os.name等。

(6) 初始化支持同步、栈、内存和安全点页的模块。

(7) 加载libzip、libhpi、libjava及libthread等库。

(8) 初始化并设置信号处理器（Signal Handler）。

(9) 初始化线程库。

(10) 初始化输出流日志记录器（Logger）。

(11) 如果用到Agent库（hprof、jdi），则初始化并启动。

(12) 初始化线程状态（Thread State）和线程本地存储（Thread Local Storage），它们存储了线程私有数据。

(13) 初始化部分HotSpot VM全局数据，例如事件日志（Event Log），OS同步原语、perfMemory（性能统计数据内存），以及chunkPool（内存分配器）。

(14) 至此，HotSpot VM可以创建线程了。创建出来的Java版main线程被关联到当前操作系统的线程，只不过还没有添加到已知线程列表中。

(15) 初始化并激活Java级别的同步。

(16) 初始化启动类加载器（Bootclassloader）、代码缓存、解释器、JIT编译器、JNI、系统词典（System Dictionary）及universe[1]（一种必备的全局数据结构集）。

(17) 现在，添加Java主线程到已知线程列表中。检查universe是否正常。创建HotSpot VMThread，它执行HotSpot VM所有的关键功能。同时发出适当的JVMTI事件，报告HotSpot VM的当前状态。

(18) 加载和初始化以下Java类：java.lang.String、java.lang.System、java.lang.Thread、java.lang.ThreadGroup、java.lang.reflect.Method、java.lang.ref.Finalizer、java.lang.Class以及余下的Java系统类。此时，HotSpot已经初始化完毕并可使用，只是功能还不完备。

(19) 启动HotSpot VM的信号处理器线程，初始化JIT编译器并启动HotSpot编译代理线程。启动HotSpot VM辅助线程（如监控线程和统计抽样器）。至此，HotSpot VM已功能完备。

(20) 最后，生成JNIEnv对象返回给调用者，HotSpot则准备响应新的JNI请求。

---

[1] universe是HotSpot VM的一个重要的全局数据结构，里面包含了一系列与Java对象存储相关的重要全局数据结构。universe这种叫法源自Smalltalk，所谓"universe of objects"，本质上就是用来存储所有对象的东西的概念。在HotSpot VM里，universe类是一个"静态类"，里面是GC heap、SystemDictionary等与Java对象存储相关的重要结构的引用。另请参考http://wiki.squeak.org/squeak/3290。——审校者注

DestroyJavaVM详解

如果HotSpot VM启动过程中发生错误，启动器则调用DestroyJavaVM方法关闭HotSpot VM。如果HotSpot VM启动后的执行过程中发生很严重的错误，也会调用DestroyJavaVM方法。

DestroyJavaVM按以下步骤停止HotSpot VM。

(1) 一直等待，直到只有一个非守护的线程①执行，注意此时HotSpot VM仍然可用。

(2) 调用java.lang.Shutdown.shutdown()，它会调用Java上的shutdown钩子方法，如果finalization-on-exit为true，则运行Java对象的finalizer。

(3) 运行HotSpot VM上的shutdown钩子（通过JVM_OnExit()注册），停止以下线程：性能分析器、统计数据抽样器、监控线程及垃圾收集器线程。发出状态事件通知JVMTI，然后关闭JVMTI、停止信号线程。

(4) 调用HotSpot的JavaThread::exit()释放JNI处理块，移除保护页，并将当前线程从已知线程队列中移除。从这时起，HotSpot VM就无法执行任何Java代码了。

(5) 停止HotSpot VM线程，将遗留的HotSpot VM线程带到安全点并停止JIT编译器线程。

(6) 停止追踪JNI，HotSpot VM及JVMTI屏障。

(7) 为那些仍然以本地代码运行的线程设置标记"vm exited"。

(8) 删除当前线程。

(9) 删除或移除所有的输入/输出流，释放PerfMemory（性能统计内存）资源。

(10) 最后返回到调用者。

3.2.3　VM 类加载

HotSpot VM支持*Java Language Specification* V3[2]、*Java Virtual Machine Specification* V2[1]以及*Java Virtual Machine Specification*第5章"Loading, Linking and Initializing"修订版[3]中所定义的类加载。HotSpot VM和Java SE类加载库共同负责类加载。HotSpot VM负责解析常量池符号，这个过程需要加载、链接，然后初始化Java类和Java接口。术语类加载用以描述类名或接口名映射到类（Class）对象的整个过程，*Java Virtual Machine Specification*则更明确地定义了类加载的3个阶段：加载、链接和初始化。类加载的最佳时机是在解析Java字节码类文件中常量池符号的时候。Java API如Class.forName()、ClassLoader.loadClass()、反射API和JNI_FindClass都可以引发类加载。HotSpot VM自身也可以引发类加载。HotSpot VM启动时，除了加载许多普通类，也会加载诸如java.lang.Object和java.lang.Thread这样的核心类。加载类时需要加载它的所有Java超类和所有Java超接口。此外，作为链接阶段的一部分，类文件验证也需要加载一些其他类。实际上，加载阶段是HotSpot VM和特定类加载器如java.lang.ClassLoader之间相互协作的过程。

---

① 即当前线程。——译者注

1. 类加载阶段

对于给定的Java类或接口，类加载时会依据它的名字找到Java类的二进制类文件①，定义Java类，然后创建代表这个类或者接口的`java.lang.Class`对象。如果没有找到Java类或接口的二进制表示，就会抛出`NoClassDefFound`。此外，类加载阶段会对类的格式进行语法检查，如果有错，则会抛出`ClassFormatError`或`UnsupportedClassVersionError`。Java类加载前，HotSpot VM必须先加载它的所有超类和超接口。如果类的继承层次有错，例如Java类是它自己的超类或超接口（类层次递归），HotSpot VM则会抛出`ClassCircularityError`。如果所引用的直接超接口本身并不是接口，或者直接超类实际上是接口，HotSpot VM则会抛出`IncompatibleClassChangeError`。

链接的第一步是验证，检查类文件的语义、常量池符号以及类型。如果检查有错，就会抛出`VerifyError`。链接的下一步是准备，它会创建静态字段，初始化为标准默认值②，以及分配方法表。请注意，此时还没有执行任何Java代码。接下来解析符号引用，这一步是可选的。然后初始化类，运行类构造器。这是迄今为止，类中运行的第一段Java代码。值得注意的是，初始化类需要首先初始化超类（不会初始化超接口）。

*Java Virtual Machine Specification*规定首次使用类时进行类初始化，而*Java Language Specification*则允许在链接阶段符号解析时灵活处理，只要保持语言的语义不变，JVM依次执行加载、链接和初始化，保证及时抛出错误即可。出于性能优化的考虑，通常直到类初始化时HotSpot VM才会加载和链接类。这意味着，类A引用类B，加载A不一定导致加载B（除非B需要验证）。执行B的第一条指令会导致初始化B，从而加载和链接B。

2. 类加载器委派

当请求类加载器查找和加载某个类时，该类加载器可以转而请求别的类加载器来加载。这被称为类加载器委派。类的首个类加载器称为*初始类加载器*（Initiating Class Loader），最终定义类的类加载器称为*定义类加载器*（Defining Class Loader）。就字节码解析而言，某个类的初始类加载器是指对该类进行常量池符号解析的类加载器。③

类加载器之间是层级化关系，每个类加载器都可以委派给上一级类加载器④。这种委派关系定义了二进制类的查找顺序。Java SE类加载器的层级查找顺序为启动类加载器、扩展类加载器及系统类加载器。系统类加载器是默认的应用程序类加载器，它加载Java类的`main`方法并从`classpath`上加载类。应用程序类加载器可以是Java SE系统⑤自带的类加载器，或者由应用程序开发人员提供。扩展类加载器则由Java SE系统实现，它负责从JRE（Java Runtime Environment，

---

① 严格说应该是Java类的二进制字节流而不限于文件，以下提到类文件或classfile时也是同样的含义。——译者注
② 标准默认值，如int的标准默认值为0，所以对于`public static int value = 123`，准备阶段将其初始化为0而不是123，`value = 123`的赋值操作在类构造器`<clinit>()`中。这有例外，对于`public static final int value = 123`，编译时会为value在字段属性表中生成`ConstantValue`，从而在准备阶段就被初始化成123。详见《深入理解Java虚拟机：JVM高级特性与最佳实践》。——译者注
③ 举例，如果A类中引用了B类，对B进行常量池符号解析的类加载器，是A的定义类加载器，也就是B的初始类加载器。——译者注
④ 除了启动类加载器以外。——译者注
⑤ 通常由`sun.misc.Launcher$AppClassLoader`实现。——译者注

Java运行环境）的lib/ext目录①下加载类。

3. 启动类加载器

启动类加载器由HotSpot VM实现，负责加载BOOTCLASSPATH路径中的类，如包含Java SE 类库的rt.jar。为了加快启动速度，Client模式的HotSpot VM可以通过称为类数据共享（Class Data Sharing）的特性使用已经预加载的类。这个特性默认为开启，可由HotSpot VM命令行开关 -Xshare:on开启，-Xshare:off关闭。到本书编写时为止，Server模式的HotSpot VM还不支持 类数据共享，而且即便是Client模式，也只有使用Serial收集器时才支持该机制。3.2.5节将详细介 绍该特性。

4. 类型安全

Java类或接口的名字为全限定名（包括包名）。Java的类型由全限定名和类加载器唯一确定。 换言之，类加载器定义了命名空间，这意味着两个不同的类加载器加载的类，即便全限定名相同， 仍然是两个不同的类型。如果有用户类加载器，HotSpot VM则需要确保类型安全不被恶意的类 加载器破坏。更多信息可以参见*Java Virtual Machine*的 "Dynamic Class Loading"[4]和*Java Virtual Machine Specification* 5.3.4节[5]。当类A调用B.someMethodName()时，HotSpot VM会追踪和检查 类加载器约束，从而确保A和B的类加载器所看到的someMethodName()方法签名（包括参数列表 和返回类型）是一致的。

5. HotSpot类元数据

类加载时，HotSpot VM会在永久代创建类的内部表示instanceKlass或arrayKlass。更多 永久代的细节将在3.3节中介绍。instanceKlass引用了与之对应的java.lang.Class实例，后 者是前者的Java镜像。HotSpot VM内部使用称为klassOop的数据结构访问instanceKlass。后 缀 "Oop" 表示普通对象指针，所以klassOop是引用java.lang.Class的HotSpot内部抽象，它 是指向Klass（与Java类对应的内部表示）的普通对象指针。

6. 内部的类加载数据

类加载过程中，HotSpot VM维护了3张散列表。SystemDictionary包含已加载的类，它将 建立类名/类加载器（包括初始类加载器和定义类加载器）与klassOop对象之间的映射。目前只 有在安全点时才能移除SystemDictionary中的元素。安全点将在3.2.9节中详细介绍。Placeholder-Table包含当前正在加载的类，它用于检查ClassCircularityError，多线程类加载器并行加载 类时也会用到它。LoaderConstraintTable用于追踪类型安全检查的约束条件。这些散列表都 需要加锁以保证访问安全，在HotSpot VM中，这个锁称为SystemDictionary_lock。通常， HotSpot VM借助类加载器对象锁对加载类的过程进行序列化。

3.2.4　字节码验证

Java是一门类型安全语言，官方标准的Java编译器（javac）可以生成合法的类文件和类型 安全的字节码，但Java虚拟机无法确保字节码一定是由可信的javac编译器产生的，所以在链接

---

① 或者是系统变量java.ext.dirs指定的目录。——译者注

时必须进行字节码验证以保障类型安全。*Java Virtual Machine Specification* 4.8节规定了字节码验证。这个规范规定了Java虚拟机需要进行字节码的静态和动态约束验证。如果发现任何冲突，Java虚拟机就会抛出`VerifyError`并且阻止链接该类。

许多字节码约束都可以进行静态检查，例如字节码"ldc"的操作数必须是有效的常量池索引，其类型是`CONSTANT_Integer`、`CONSTANT_String`或`CONSTANT_Float`。另外有些指令的参数类型和个数约束检查需要在执行过程中动态分析代码，从而确定表达式栈里可以有哪些操作数。目前有两种判断指令操作数类型和个数的字节码分析方法。常用的方法称为类型推导（Type Inference），它对每个字节码进行抽象解释并在目标分支或者异常处理器上合并类型状态。它对字节码进行迭代分析直到发现稳定的类型。如果没有发现稳定的类型，或者结果类型与某些字节码约束冲突，则会抛出`VerifyError`。这个验证步骤的代码写在HotSpot VM的外部库libverify.so中，它使用JNI获取类和类型所需要的所有信息。

第二种验证方法是Java 6 HotSpot VM中新出现的类型检查（Type Verification）。Java编译器将每个目标分支或异常分支中的类型信息设置在code属性的`StackMapTable`中。`StackMapTable`包含若干个栈映射帧，每个栈映射帧都会用字节码偏移量指示表达式栈和局部变量表中元素的类型状态。[1]Java虚拟机验证字节码时只需要扫描一次就可以验证类型的正确性。对于字节码验证，这个方法比常用的类型推导来得快也更为轻巧。

对于版本号小于50的类文件（如Java 6之前的JDK所生成的[2]），HotSpot VM使用类型推导进行验证。大于或等于50的类文件，由于`StackMapTable`属性，HotSpot VM验证会用新的"类型检查"进行验证。由于较老的外部工具可能只修改字节码而没有更改`StackMapTable`，所以如果类型检查验证出错，HotSpot VM就会切换成类型推导进行验证，如果类型推导失败，则抛出`VerifyError`。

3.2.5 类数据共享

类数据共享是Java 5引入的特性，可以缩短Java程序（特别是小程序）的启动时间，同时也能减少它们的内存占用。使用Java HotSpot JRE安装程序在32位平台上安装Java运行环境（JRE）时，安装程序会加载系统jar中的部分类，变成私有的内部表示并转储成文件，称为共享文档（Shared Archive）。如果没有使用Java HotSpot JRE安装程序，也可以手工生成该文件。之后调用Java虚拟机时，共享文档会映射到JVM内存中，从而减少加载这些类的开销，也使得这些类的大部分JVM元数据能在多个JVM进程间共享。

> **提示**
> 至本章编写时（Java 6 Update 21）为止，只有HotSpot Client VM支持类数据共享，并且只可以用Serial收集器。

---

① 此处参考周志明、吴璞渊和冶秀刚合译的《Java虚拟机规范》（Java SE 7版）4.7.4。——译者注
② 实际上Java 6也可以生成版本号小于50的类文件，编译时指定-target为1.5或1.4等。——译者注

　　类数据共享的首要目的是减少启动时间。对于小程序来说，效果愈加明显，因为类数据共享可以减少加载某些Java SE核心类的固有开销。相比程序运行所依赖的Java SE核心类，程序越小，启动节约的时间就越多。

　　类数据共享可以从两方面减少新建JVM实例的内存开销。首先，共享文档中的一部分（目前占5～6MB）以只读方式映射到内存，并在多个JVM进程间共享，而以前这些数据需要在各个JVM实例中复制一份。其次，HotSpot VM可以直接使用共享文档中的类数据，不必再从Java SE核心库的jar（rt.jar）中获取原始类信息，节约下来的内存可以让更多的程序同时在一台机器上运行。Microsoft Windows上用多种工具测量时会发现，单个进程占用的内存会有所增加，这是因为大量的内存页被映射到进程的地址空间。但由于加载Java SE库文件rt.jar的内存量（Windows内）有所减少，因此进程实际占用的内存小于测量值。减少内存占用是HotSpot VM优先考虑的。

　　HotSpot VM的类数据共享在永久代中引入了新的Java子空间，用以包含共享数据。HotSpot VM启动时，共享文档classes.jsa作为内存映射被加载到永久代。随后HotSpot VM的内存管理子系统接管该共享区域。只读的共享数据是永久代新的子空间之一，包括常量方法对象、符号对象和本地数组（大多是字符数组）。可读可写的共享数据是另一个永久代新引入的Java堆空间，包括可变方法对象、常量池对象、Java类和数组的HotSpot VM内部表示以及各种**String**、**Class**以及**Exception**对象。

3.2.6　解释器

　　HotSpot VM解释器是一种基于模板的解释器。JVM启动时，HotSpot VM运行时系统利用内部**TemplateTable**中的信息在内存中生成解释器。**TemplateTable**包含与每个字节码对应的机器代码，每个模板描述一个字节码。HotSpot VM **TemplateTable**定义了所有的模板，并提供了获得字节码模板的访问函数。最新的Java 6、Java 7及更高的HotSpot VM（并不需要"debug"版的VM）结合命令行选项-XX:+UnlockDiagnosticVMOptions和-XX:+PrintInterpreter[1]就可以查看生成在内存中的模板表。如果是早期版本的Java 6，Java 5和更早的HotSpot VM，还需要"debug"版的HotSpot VM才能查看模板表。

> **提示**
> HotSpot debug VM是一个包含额外的调试符号信息和HotSpot VM命令行选项的版本，这些信息可以用来调试或进一步检测HotSpot VM。不建议在生产环境中使用。

　　HotSpot VM解释器基于模板的设计要好于传统的switch语句循环方式。switch语句需要重复执行比较操作，最差情况下需要和所有字节码比较。此外，switch语句必须使用单独的软件

---

[1] PrintInterpreter现在既不是生产选项，也不是非生产选项，而是诊断选项。使用该选项并不需要debug build的HotSpot VM，加-XX:+UnlockDiagnosticVMOptions就好了，还有另一个前提是要给HotSpot VM提供一个反汇编器插件，叫做hsdis。参见http://book.douban.com/annotation/15047582/，http://hllvm.group.iteye.com/group/topic/21769。
　　　　　　　　　　　　　　　　　　　　　　　　　　　　　　　　　　　　　　——审校者注

栈传递Java参数。HotSpot VM使用本地C栈传递Java参数。一些存储在C变量中的HotSpot VM内部变量，例如Java线程的程序计数器或栈指针，并不能保证总是存储在底层硬件寄存器中。结果，管理这些软件解释器数据结构就会占去总执行时间的相当大一部分。[5]不过总体来说，HotSpot解释器显著缩短了HotSpot VM和实体机之间的性能差距，解释速度也明显变快了，然而代价是大量与机器相关的代码。例如，Intel X86平台特定的代码大约有10 000行，SPARC平台专用的代码大约有14 000行。由于需要支持动态代码生成（JIT编译），整体的代码量和复杂度也显著变大。并且显而易见，调试动态生成的机器码（JIT编译代码）比调试静态代码困难多了。虽然这些不利于运行时系统的改善，但也并非不可能完成的任务。[5]

解释器使得HotSpot VM运行时系统能够执行复杂的操作，特别是那些本来用汇编语言处理起来很复杂的操作，例如常量池查找。

HotSpot VM解释器也是整个HotSpot VM自适应优化的重要部分。自适应优化利用一个有趣的程序特性来解决JIT的编译问题。事实上，对所有程序来说，大量时间主要花费在一小部分代码的执行上。HotSpot VM没有逐个方法进行"即时"或"提前"编译，而是直接用解释器运行程序，并在运行中分析代码并监测程序中的重要热点（Hot Spot）。然后用全局机器代码优化器（Global Machine Code Optimizer）集中优化这些热点。避免编译那些很少执行的代码，HotSpot VM JIT编译器可以在与程序性能密切相关的部分集中更多注意力，还不用增加总体编译时间。

> **提示**
> 术语"JIT编译器"并没有很好地描述HotSpot VM编译器如何生成优化的机器代码。它实际上是通过研究程序的运行行为动态生成机器代码，而不是"即时"或者"提前"编译程序。

在程序运行时，JVM会持续动态监控热点，及时调整性能，从而完全适应程序的运行和用户的需求。

3.2.7 异常处理

当与Java的语义约束冲突时，Java虚拟机会用异常通知程序。例如，试图获取数组范围之外的元素就会引发异常。异常导致程序控制的非局部转移，从异常发生或直接抛出的地方，转到程序员指定或异常被捕获的地方。[6]异常处理由HotSpot VM解释器、JIT编译器和其他HotSpot VM组件一起协作实现。异常处理主要有两种情形，同一方法中抛出和捕获异常，或由调用方法捕获异常。后一种情况更为复杂，需要退栈才能找到合适的异常处理器。异常可以由抛出字节码、VM内部调用返回、JNI调用返回或Java调用返回所引发。最后一种情况只有在前3种之后才会发生。当VM遇到抛出的异常时，就会调用HotSpot VM运行时系统查找该异常最近的处理器（Handler）。有3类信息可用于查找异常处理器：当前方法、当前字节码和异常对象。如前所述，如果在当前方法中没有找到异常处理器，当前的活动栈帧就会退栈，重复这个过程直至找到异常处理器。一旦发现适当的异常处理器，HotSpot VM的执行状态就会更新，并跳转到该异常处理器继续执行Java代码。

3.2.8   同步

广义上说，同步是一种并发操作机制，用来预防、避免对资源不适当的交替使用（通常称为竞争），保障交替使用资源的安全。Java用称为线程的结构来实现并发。互斥（Mutual Exclusion）是同步的特殊情况，即同一时间最多只允许一个线程访问受保护的代码或数据。HotSpot VM用monitor对象来保障线程运行代码之间的互斥。Java的monitor对象可以锁定或者解锁，但任何时刻只能有一个线程拥有该monitor对象。只有获得monitor对象的所有权后，线程才可以进入它所保护的临界区。Java中临界区由同步块（Synchronized Block）表示，代码中用synchronized语句表示。

线程试图锁定处于解锁状态的monitor对象时，可以立即获得所有权。由于已经锁定，如果随后有其他线程试图获取该monitor对象的所有权，就只能等到所有者释放该锁后，才能进入临界区，从而获得（或被授予）互斥锁。说明一下，进入monitor是指获得monitor对象的互斥所有权并进入相关的临界区。退出monitor是指释放monitor对象的所有权并退出临界区。此外，锁住monitor对象的线程拥有该monitor。非竞争指的是同一个线程里在其他无主monitor对象[①]上的同步操作。

HotSpot VM吸收了非竞争和竞争性同步操作的最先进技术，极大地提高了同步性能。多数同步操作为非竞争性同步，可以在常量时间内实现。Java 5 HotSpot VM中引入了偏向锁（命令行选项-XX:+UseBiasedLocking），最好情况下成本甚至为零。既然大多数对象在其生命期中最多只会被一个线程锁住，那就可以开启-XX:+UseBiasedLocking允许线程自身使用偏向锁。一旦开启偏向锁，该线程不需要借助昂贵的原子指令就可以对该对象进行锁定和解锁了。

即便是有大量锁竞争的程序，竞争性同步操作也能用高级自适应自旋锁技术来改善吞吐量。对于大量现实世界的程序来说，同步操作的性能已经变得非常快而不再是重大问题了。

大多数HotSpot VM同步操作使用称为fast-path代码（快速路径代码）的方法。HotSpot VM有两个JIT编译器和一个解释器，它们都可以产生fast-path代码。HotSpot工程师分别称之为“C1”（-client JIT编译器）和“C2”（-server JIT编译器）。C1和C2在同步点时都可以直接生成fast-path代码。没有竞争时，同步操作通常全部在fast-path代码中完成。然而，如果需要阻塞或者唤醒线程（分别是monitor-enter或者monitor-exit状态），fast-path代码将调用slow-path代码。slow-path代码由C++实现，而fast-path代码则是JIT编译器产生的机器代码。

HotSpot VM内部表示Java对象的第一个字（Word），包含了Java对象的同步状态编码，通常称为标记字（Mark Word）。为了节约空间，标记字会依据不同状态，复用存储空间，包含其他的同步元数据。HotSpot VM的标记字中可能存放以下对象同步状态。

❑ 中立：已解锁。
❑ 偏向：已锁定/已解锁且无共享。
❑ 栈锁：已锁定且共享，但非竞争。共享的意思是该标记指向锁对象在线程栈中的标记字副本（Displaced Mark Word）。

---

① 即未被线程所拥有的monitor对象。——译者注

❏ **膨胀**：已锁定/已解锁且共享和竞争。线程在monitor-enter或者wait()时被阻塞。该标记指向一个重型的object-monitor结构。

说明一下，复用的标记字中还包含垃圾收集器中的对象分代年龄和对象标识的散列值。

3.2.9　线程管理

线程管理涉及从线程创建到终止的整个生命周期，以及HotSpot VM线程间的协调。线程管理包括Java代码创建的线程（无论它们是由应用程序代码还是Java库所创建）、直接与HotSpot VM关联的本地线程，以及HotSpot为其他目的而创建的内部线程。虽然线程管理的多数内容独立于平台，但实现细节仍然依赖于底层的操作系统。

1. 线程模型

HotSpot VM的线程模型中，Java线程（java.lang.Thread实例）被一对一映射为本地操作系统线程。Java线程启动时会创建一个本地操作系统线程，当该Java线程终止时，这个操作系统线程也会被回收。操作系统调度所有的线程并将它们分配给可用的CPU。Java线程的优先级和操作系统线程的优先级之间关系复杂，各个系统之间不尽相同。

2. 线程创建和销毁

HotSpot VM有两种引入线程的方式，执行Java代码时调用java.lang.Thread对象的start()方法，或者用JNI将已存在的本地线程关联到HotSpot VM上。其他HotSpot VM为内部使用而创建的线程将在以后讨论。HotSpot VM内部的许多对象，包括C++和Java对象，都与特定的线程关联，如下所示：

❏ java.lang.Thread实例以Java代码形式表示线程。

❏ HotSpot VM内部以C++类JavaThread的实例表示java.lang.Thread实例，它包含其他的线程状态追踪信息。JavaThread以普通对象指针的方式保存了它所关联的java.lang.Thread对象，java.lang.Thread对象也以原始整数（Raw Int）形式保存了它到JavaThread的引用。JavaThread也保存了它所关联的OSThread实例的引用。

❏ OSThread实例代表操作系统线程，它包含了其他操作系统级别的线程状态追踪信息。OSThread也包含了平台特定的"句柄"用以标识操作系统的实际线程。

当java.lang.Thread启动时，HotSpot VM创建与之相关联的JavaThread和OSThread对象，最后是本地线程。所有的HotSpot VM状态（如线程本地存储和分配缓存、同步对象等）准备好后，启动本地线程。本地线程初始化后开始执行启动方法，执行java.lang.Thread对象的run()方法，当它返回时，先处理所有未捕获的异常，之后终止该线程，然后与HotSpot VM交互，检查终止该线程是否就要终止整个HotSpot VM。终止线程会释放所有已分配的资源，并从已知线程列表中移除JavaThread，然后调用OSThread和JavaThread的析构函数，当它的初始启动方法完成时，最终停止运行。

HotSpot VM使用JNI的AttachCurrentThread与本地线程关联，并创建与之关联的OSThread和JavaThread实例，然后执行基本的初始化。接下来，必须为关联的线程创建java.lang.Thread

对象。依据线程关联时的参数，反射调用Thread类构造函数的Java代码，从而创建该对象。一旦关联，线程就可以通过其他JNI方法调用任何它所需要的Java代码。最后，当本地线程不再需要关联HotSpot VM时，它可以调用JNI的DetachCurrentThread方法将它与HotSpot VM解除关联，释放资源，去除对java.lang.Thread实例的引用，销毁JavaThread和OSThread对象，等等。

关联本地线程的特殊情况是，本地程序或者HotSpot VM启动器通过JNI CreateJavaVM创建初始的HotSpot VM。这个方法首先会引发一系列的初始化操作，然后调用AttachCurrentThread快速关联本地线程。然后线程调用所需的Java代码，如通过反射调用Java程序的main方法。详细信息参见3.2.11节。

3. 线程状态

HotSpot VM使用多种不同的内部线程状态来表示线程正在做什么。这有助于协调线程间的交互和出错时提供有用的调试信息。执行不同操作时，线程状态会发生迁移，迁移时会检查线程在该点处理请求的动作是否合适，详细内容请参考安全点的讨论。从HotSpot VM的角度看，主线程可以有以下状态。

- □ **新线程**：线程正在初始化的过程中。
- □ **线程在Java中**：线程正在执行Java代码。
- □ **线程在VM中**：线程正在HotSpot VM中执行。
- □ **线程阻塞**：线程因某种原因（获取锁、等待条件满足、休眠和执行阻塞式I/O操作等）而被阻塞。

为了便于调试，用工具报告线程转储、栈追踪等信息时，还需要包括其他的状态信息。这些信息由HotSpot内部的C++对象OSThread维护。包括的线程状态信息如下所示。

- □ MONITOR_WAIT：线程正在等待获取竞争的监视锁。
- □ CONDVAR_WAIT：线程正在等待HotSpot VM使用的内部条件变量（没有和任何Java对象关联）。
- □ OBJECT_WAIT：Java线程正在执行java.lang.Object.wait()。

其他 HotSpot VM子系统和库使用它们自己的线程状态信息，例如 JVMTI 系统和java.lang.Thread暴露的线程自身状态。一般来说，HotSpot VM内部的线程管理系统无法访问或关联这些信息。

4. VM内部线程

出乎许多人的意料，Java "Hello World" 程序的执行会导致HotSpot VM创建大量线程。这些线程由HotSpot VM内部线程和HotSpot VM库线程所产生，例如引用处理器（Reference Handler）和finalizer线程。HotSpot VM内部线程如下所示。

- □ **VM线程**：是C++单例对象，负责执行VM操作。下一小节将进一步讨论VM操作。
- □ **周期任务线程**：是C++单例对象，也称为WatcherThread，模拟计时器中断使得在HotSpot VM内可以执行周期性操作。
- □ **垃圾收集线程**：这些线程有不同类型，支持串行、并行和并发垃圾收集。
- □ **JIT编译器线程**：这些线程进行运行时编译，将字节码编译成机器码。

❑ **信号分发线程**：这个线程等待进程发来的信号并将它们分发给Java的信号处理方法。

上述所有的线程都是HotSpot内部C++线程类的实例，执行Java代码的所有线程都是HotSpot C++内部JavaThread的实例。HotSpot VM内部用`Threads_list`链表追踪这些线程，用`Threads_lock`（HotSpot VM使用的关键同步锁之一）保护这些线程。

5. VM操作和安全点

HotSpot VM内部的`VMThread`监控称为`VMOperationQueue`的C++对象，等待该对象中出现VM操作，然后执行这些操作。因为这些操作通常需要HotSpot VM达到安全点后才能执行，所以它们会直接传递给`VMThread`。简单来说，当HotSpot VM到达安全点时，所有的Java执行线程都会被阻塞，在安全点时，任何执行本地代码的线程都不能返回Java代码。这意味着HotSpot VM操作可以执行的前提是，没有线程正在修改其Java栈，线程的Java栈也没有被更改，以及所有线程的Java栈都能被检测。

垃圾收集是最为人所知的HotSpot VM 安全点操作，更明确地说是垃圾收集的Stop-The-World阶段。

> **提示**
>
> 垃圾收集上下文中的"Stop-The-World"意思是当垃圾收集器找到程序不再使用的Java对象并释放内存时，JVM会阻塞或停止所有Java执行线程执行Java代码。如果程序线程正在执行本地代码（如JNI），可以继续执行，不过一旦跨过本地代码边界进入Java代码时就会被阻塞。

还有许多其他安全点，例如偏向锁的撤销、线程栈的转储、线程的挂起或停止（就是`java.lang.Thread.stop()`）以及许多通过JVMTI请求的检查和更改操作。

许多HotSpot VM操作是同步的，也就是说，在这些操作完成前，请求者会被阻塞；但有一些是异步或者并发的，这意味着请求者可以在`VMThread`里并行处理（假设没有触碰到安全点）。

HotSpot VM通过协作、轮询的机制创建安全点。简单来说，线程会经常询问："我该在安全点停住么？"高效地询问这个问题并不是件容易的事。线程在状态变迁的过程中，会经常询问这个问题，但并非所有的状态变迁都会如此询问，比如线程离开HotSpot VM进入本地代码的情况。此外，JIT编译代码从Java方法中返回或正在循环迭代的某个阶段时，线程也会询问"我该在安全点停住吗？"。正在执行解释代码的线程通常不会询问它们是否该在安全点停住。相反，当解释器切换到不同的分配表时，会请求安全点。切换操作中包含一部分代码，用以询问何时离开安全点。当离开安全点时，分配表会再次切换回来。一旦请求了安全点，`VMThread`就必须在继续执行VM操作前等待，直到确定所有线程都已进入安全点保全状态为止。在安全点时，`VMThread`用`Threads_lock`阻塞所有正在运行的线程，VM操作完成后，`VMThread`释放`Threads_lock`。

3.2.10　C++堆管理

除了HotSpot VM内存管理器和垃圾收集器所维护的Java堆以外，HotSpot VM还用C/C++堆存储HotSpot VM的内部对象和数据。从基类`Arena`衍生出来的一组C++类负责管理HotSpot VM C++

堆的操作，这些类只供HotSpot VM使用，并不会暴露给HotSpot VM的使用者。Arena及其子类是常规C/C++内存管理函数malloc/free之上的一层，可以进行快速C/C++内存分配。Arena以及每个子类，从3个全局ChunkPool中，按照请求内存的大小范围，分配不同的内存块（HotSpot VM内部称之为Chunk）。例如，1K内存的分配请求从"小"ChunkPool中分配，而10K内存的分配请求则从"中等"ChunkPool中分配。这么做是为了避免浪费内存片。使用Arena分配内存而不是直接使用C/C++的malloc/free内存管理函数是为了更好的性能。后者可能需要获取全局OS锁，这会影响扩展性并对性能有影响。

　　Arena是线程本地对象，会预先保留一定量的内存，这使得fast-path分配不需要全局共享锁。与此类似，当Arena的free操作将内存释放回Chunk时，也不需要通常释放内存时所用的锁。在HotSpot VM的内部实现中，线程本地资源管理所用的Arena是它的C++子类ResourceArea。此外，句柄管理所用的Arena是它的C++子类HandleArea。在JIT编译过程中，HotSpot的client和server JIT编译器也都会使用Arena。

3.2.11　Java 本地接口

　　Java本地接口（本文后面称为JNI）是本地编程接口，它允许在Java虚拟机中运行的Java代码和用其他语言（例如C、C++和汇编语言）编写的程序和库进行协作。虽然应用可以完全用Java编写，但有些场合单独使用Java并不符合应用的要求。当应用不能完全用Java编写时，程序员可以用JNI编写本地方法处理这些情况。

　　JNI本地方法可以用来创建、检测及更新Java对象、调用Java方法、捕获并抛出异常、加载类并获取类信息以及执行运行时类型检查。JNI可以和Invocation API一起使用，以便任意本地应用都可以内嵌Java VM。这使得程序员可以很容易地将他们已有的应用变成可以使用Java的应用，还不需要链接VM源代码。[8]

　　切记，一旦在应用中使用JNI，就意味着丧失了Java平台的两个好处。首先，依赖JNI的Java应用难以在多种异构的硬件平台上运行。即便应用中Java语言编写的部分可以移植到多种硬件平台，采用本地编程语言的部分也需要重新编译。换句话说，一旦使用JNI就失去了Java承诺的特性，即"一次编写，到处运行"。其次，Java是强类型和安全的语言，本地语言如C或C++则不是。因此，Java开发者用JNI编写应用时必须格外小心。误用本地方法可能破坏整个应用。鉴于此，在调用JNI方法前，Java应用常常需要安全检查。额外的安全检查以及HotSpot VM在Java与JNI之间的数据复制会降低应用的性能。

> **提示**
> 作为一般性准则，开发人员应该设计好应用的架构，将本地方法限定在尽可能少的类中。这需要本地代码和应用的其余部分之间有更清晰的隔离。[9]

　　HotSpot VM的命令行选项（-Xcheck:jni）可以辅助调试使用JNI的本地方法。设定-Xcheck:jni，应用的JNI就会调用替代的调试接口集。替代接口会更加严格地检查传递给JNI

调用的参数，也会执行更多的内部一致性检查。

HotSpot VM内部JNI函数的实现比较简单。它用不同的HotSpot VM内部原语执行如对象创建、方法调用等操作。通常来说，这些原语和其他HotSpot VM子系统（例如本章之前介绍的解释器）所用的原语是相同的。

HotSpot VM追踪正在执行本地方法的线程时必须特别小心。在HotSpot VM的某些活动过程中，尤其是垃圾收集的某些阶段，线程必须在安全点时暂停，以保证Java内存堆不被更改，确保垃圾收集的准确性。当HotSpot VM线程执行本地代码到达安全点时，线程可以继续执行本地代码，直到它返回Java代码或者发起JNI调用为止。

3.2.12　VM 致命错误处理

HotSpot VM的设计者认为有一点非常重要，即能为它的用户和开发者提供足够多的信息，用以诊断和修复VM致命错误。`OutOfMemoryError`是常见的VM致命错误。段错（Segmentation Fault）是Solaris和Linux平台上另一种常见的致命错误。在Windows上与之等价的错误是访问冲突（Access Violation）。发生这些致命错误时，最关键的是找出这些错误根源，然后予以修复。有时候更改Java应用就能解决根本问题，有时却要深入HotSpot VM。当HotSpot VM因致命错误而崩溃时，会生成HotSpot错误日志文件，名为hs_err_pid<pid>.log，这里<pid>是崩溃HotSpot VM进程的id。hs_err_pid<pid>.log文件生成在HotSpot VM的启动目录下。HotSpot VM 1.4.2引入了这个特性，为了改善致命错误根源的诊断，现在又增强了许多。这些新加的增强包括：

- ❑ hs_err_pid<pid>.log错误日志文件中包括内存镜像，可以很容易地看到VM崩溃时的内存布局；
- ❑ 提供命令行选项`-XX:ErrorFile`，可以设置hs_err_pid<pid>.log错误日志文件的路径名；
- ❑ `OutOfMemoryError`还可以触发生成hs_err_pid<pid>.log文件。

另一种常用于诊断VM致命错误根源的做法是，添加HotSpot VM命令行选项`-XX:OnError=cmd1 args...; cmd2...`。当HotSpot VM崩溃时，就会执行这个HotSpot VM命令行选项传递给它的命令列表。这个特性常用于立即调用调试器（如Linux/Solaris dbx或Windows WinDbg）检查这次崩溃。对于那些不支持`-XX:OnError`的Java发行版来说，可以用HotSpot VM命令行选项`-XX:+ShowMessageBoxOnError`来替代。这个参数会使VM退出前显示对话框以表示VM遇到了致命错误。这使得HotSpot VM在退出前有机会连到调试器。

当HotSpot VM遇到致命错误时，内部使用VMError类收集信息并导出成hs_err_pid<pid>.log。当遇到不可识别的信号或异常时，特定的操作代码就会调用VMError类。需要仔细编写HotSpot VM致命错误的处理程序，避免自身错误（如`StackOverflow`）或持有关键锁（如malloc锁）时发生的致命错误。

提示

HotSpot内部用信号进行通信。当信号不能识别时，就会调用HotSpot VM的致命错误处理程序。这类不可识别的信号源自于应用JNI代码中的错误、OS本地库、JRE本地库或HotSpot VM自身。

因为可能出现OutOfMemoryError，特别是在大规模应用中，所以提供有用的诊断信息以便快速找到解决方法就变得非常关键。通常加大Java堆就可以解决这种错误。当OutOfMemoryError发生时，错误信息会指示哪种内存有问题。例如，可能是设定的Java堆或永久代太小。从Java 6开始，HotSpot VM生成的错误信息中包括了栈追踪信息。此外，它还引入了-XX:OnOutOfMemoryError=<cmd>，所以当抛出第一个OutOfMemoryError时，可以执行一条命令。另一个值得提及的有用特性是，当OutOfMemoryError出现时可以生成堆的转储信息。指定-XX:+HeapDumpOnOutOfMemory可以开启这个特性。另外一个HotSpot VM命令行选项-XX:HeapDump-Path=<pathname>可让用户指定堆转储的存放路径。

虽然开发人员编写应用时力图避免死锁，但错误在所难免。当发生死锁时，在Windows平台上可以用Ctrl+Break生成Java级别的线程栈追踪信息并打印到标准输出。在Solaris和Linux平台上，发送SIGQUIT信号给Java进程id也可以得到同样效果。基于线程的栈追踪信息，可以分析死锁根源。从Java 6开始，自带的JConsole工具添加了一项功能，可以关联到一个挂起的Java进程并分析死锁的根源。多数情况下，死锁是由于获取锁的顺序错误所导致的。

> **提示**
> Java 5的"Trouble-Shooting and Diagnostic Guide"[10]包含了许多对诊断致命错有用的信息。

3.3　HotSpot VM 垃圾收集器

> "Java堆中存储的对象由自动内存管理系统（也即是常说的垃圾收集器）负责收集，不可以被显式销毁。"
>
> ——*Java Virtual Machine Specification*[1]

Java虚拟机（JVM）规范要求所有JVM的具体实现必须包括能够回收闲置内存（如不可达对象）的垃圾收集器（Garbage Collector）。[1]垃圾收集器的运行方式和执行效率对应用的性能和响应性有极大影响。本节介绍几种HotSpot VM垃圾收集器，以便让大家更好地理解HotSpot VM的垃圾收集机制，从而在设计、开发和部署应用时可以充分利用。

3.3.1　分代垃圾收集

HotSpot VM使用分代垃圾收集器[11]，这个为人所熟知的垃圾收集算法基于以下两个观察事实。
- 大多数分配对象的存活时间很短。
- 存活时间久的对象很少引用存活时间短的对象。

上述两个观察事实统称为弱分代假设（Weak Generational Hypothesis），就Java应用而言，这个假设通常成立。基于此假设，HotSpot VM将堆分成2个物理区（也称为空间），这就是分代。

□ **新生代**：大多数新创建的对象被分配在新生代中（见图3-2），与整个Java堆相比，通常新生代的空间比较小而且收集频繁。新生代中大部分对象的存活时间很短，所以通常来说，新生代收集（也称为次要垃圾收集，以后记作Minor GC）之后存活的对象很少。因为 Minor GC关注小并且有大量垃圾对象的空间，所以通常垃圾收集的效率很高。

□ **老年代**：新生代中长期存活的对象最后会被提升（Promote）或晋升（Tenure）到老年代（见图3-2）。通常来说，老年代的空间比新生代大，而空间占用的增长速度比新生代慢。因此，相比Minor GC而言，老年代收集（也称为主要垃圾收集或完全垃圾收集，以后记作Full GC[①]）的执行频率比较低，但是一旦发生，执行时间就会很长。

□ **永久代**：这是HotSpot VM内存中的第3块区域（见图3-2）。虽然称为代，但实际上不应该把它看作分代层次的一部分（也就是说，用户程序创建的对象最终并不会从老年代移送到永久代）。相反，HotSpot VM只是用它来存储元数据，例如类的数据结构、保留字符串（Interned String）等。

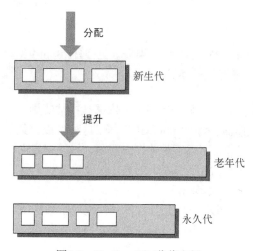

图3-2   HotSpot VM分代空间

垃圾收集器不需要扫描整个（可能比新生代更大）老年代就能识别新生代中的存活对象，从而缩短Minor GC的时间。HotSpot VM的垃圾收集器使用称为卡表（Card Table）的数据结构来达到这个目的。老年代以512字节为块划分成若干张卡（Card）。卡表是个单字节数组，每个数组元素对应堆中的一张卡。每次老年代对象中某个引用新生代的字段发生变化时，HotSpot VM就必须将该卡所对应的卡表元素设置为适当的值，从而将该引用字段所在的卡标记为脏。在Minor GC过程中，垃圾收集器只会在脏卡中扫描查找老年代–新生代引用（见图3-3）。

---

① 实际上，HotSpot VM的Full GC收集整个堆，包括新生代、老年代和永久代。——译者注

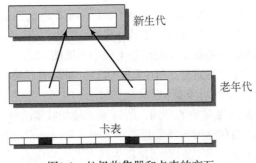

图3-3　垃圾收集器和卡表的交互

　　HotSpot VM的字节码解释器和JIT编译器使用写屏障[11]（Write Barrier）维护卡表。写屏障是一小段将卡状态设置为脏的代码。解释器每次执行更新引用的字节码时，都会执行一段写屏障；JIT编译器在生成更新引用的代码后，也会生成一段写屏障。虽然写屏障使得应用线程增加了一些性能开销，但Minor GC变快了许多，整体的垃圾收集效率也提高了许多，通常应用的吞吐量也会有所改善。

> **提示**
> 字节码解释器是HotSpot VM运行时系统的一部分。更多HotSpot VM运行时系统的信息参见3.2节，HotSpot JIT编译器的更多信息请参见3.4节。

　　分代垃圾收集的一大优点是，每个分代都可以依据其特性使用最适当的垃圾收集算法。新生代通常使用速度快的垃圾收集器，因为Minor GC频繁。这种垃圾收集器会浪费一点空间，但新生代通常只是Java堆中的一小部分，所以不是什么大问题。另外一方面，老年代通常使用空间效率高的垃圾收集器，因为老年代要占用大部分Java堆。这种垃圾收集器不会很快，不过Full GC不会很频繁，所以对性能也不会有很大影响。

　　分代垃圾收集基于弱分代假设，要想充分发挥分代垃圾收集的威力，应用就必须符合该假设。对于那些不符合该假设的Java应用来说，分代垃圾收集只会增加更多开销，只不过实践中这样的应用很少见。

3.3.2　新生代

　　HotSpot VM新生代的布局参见图3-4（空间没有按比例表示），分为3个独立区域（或空间）。
- ❏ Eden：大多数新对象分配在这里（不是所有，因为大对象可能直接分配到老年代）。Minor GC后Eden几乎总是空的。不为空的例子参见第7章。
- ❏ Survivor（一对）：这里存放的对象至少经历了一次Minor GC，它们在提升到老年代之前还有一次被收集的机会 。图3-4演示的Survivor，只有一块持有对象，另一块基本上是空的。

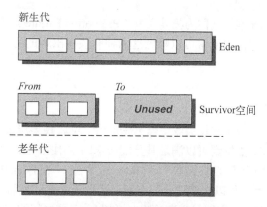

图3-4　新生代的Eden和Survivor空间

　　图3-5演示了Minor GC的操作。灰色X标记的是需要被收集的对象。图3-5a中，Minor GC后，Eden中的存活对象被复制到未使用的Survivor。被占用Survivor里不够老（即还有在新生代中被收集的机会）的存活对象也被复制到未使用的Survivor。最后，被占用Survivor里"足够老"的存活对象被提升到老年代。

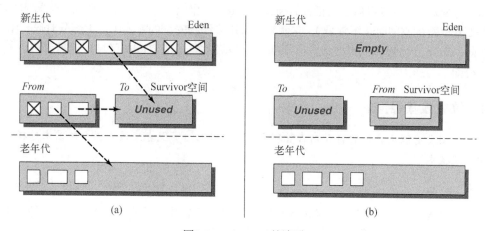

图3-5　Minor GC的演示

　　Minor GC之后，两个Survivor交换角色（见图3-5b）。Eden完全为空，仍然只使用一个Survivor；老年代的占用略微增长。因为收集过程中复制存活对象，所以这种垃圾收集器称为复制垃圾收集器（Copying Garbage Collector）。[11]

　　需要指出的是，在Minor GC过程中，Survivor可能不足以容纳Eden和另一个Survivor中的存活对象。如果Survivor中的存活对象溢出，多余的对象将被移到老年代。这称为过早提升（Premature Promotion）。这会导致老年代中短期存活对象的增长，可能会引发严重的性能问题。再进一步说，在Minor GC过程中，如果老年代满了而无法容纳更多的对象，Minor GC之后通常就会进行Full

GC，这将导致遍历整个Java堆。这称为提升失败（Promotion Failure）。仔细对应用程序调优，同时结合垃圾收集器的自动调优，通常可以降低这两种麻烦事出现的可能性。HotSpot VM调优的专题将在第7章中介绍。

3.3.3   快速内存分配

对象内存分配器的操作需要和垃圾收集器紧密配合。垃圾收集器必须记录它回收的空间，而分配器在重用堆空间之前需要找到可以满足其分配需求的空闲空间。垃圾收集器以复制方式回收HotSpot VM新生代，其好处在于回收以后Eden总为空，在Eden中运用被称为指针碰撞（Bump-the-Pointer）的技术就可以有效地分配空间。这种技术追踪最后一个分配的对象（常称为top），当有新的分配请求时，分配器只需要检查top和Eden末端之间的空间是否能容纳。如果能容纳，top则跳到新近分配对象的末端。

重要的Java应用大多是多线程的，因此内存分配的操作需要考虑多线程安全。如果只用全局锁，在Eden中的分配操作就会成为瓶颈因而降低性能。HotSpot VM没有采用这种方式，而是以一种称为线程本地分配缓冲区（Thread-Local Allocation Buffer，TLAB）的技术，为每个线程设置各自的缓冲区（即Eden的一小块），以此改善多线程分配的吞吐量。因为每个TLAB都只有一个线程从中分配对象，所以可以使用指针碰撞技术快速分配而不需要任何锁。然而，当线程的TLAB填满需要获取新的空间时（不常见），它就需要采用多线程安全的方式了。大部分时候，HotSpot VM的new Object()操作只需要大约十条指令。垃圾收集器清空Eden区域，然后就可以支持快速内存分配了。

3.3.4   垃圾收集器[①]

JVM没有假定具体的自动内存管理系统，虚拟机的实现者应该依据系统需求选择内存管理技术。

——Java Virtual Machine Specification[1]

HotSpot VM已经有3种不同的垃圾收集器，第4种[②]在本书编写时还在开发中。每种垃圾收集器都是针对某种类型的应用，后续4节将分别讲述它们。

---

① HotSpot VM垃圾收集器主要包括以下几种：Serial为单线程Stop-The-World式的收集器，新生代中采用复制收集算法。老年代中采用标记清除压缩收集算法，又称Serial Old。ParNew为多线程Stop-The-World式的收集器，采用复制收集算法，与Parallel Scavenge收集器主要的不同在于它可以和CMS配合。Parallel Scavenge为多线程Stop-The-World式的收集器，采用复制收集算法。Serial Old为单线程Stop-The-World式的收集器，采用红标记清除压缩收集算法。CMS为尽可能并发、低停顿式的收集器，它是独立于HotSpot VM分代式GC框架而另行实现的并行收集器，现在的Parallel Scavenge不仅并行化了Minor GC，也并行化了Full GC，即并行压缩的Parallel Old。CMS为尽可能并发、低停顿式的收集器。参见 Jon Masamitsu 的博客：http://blogs.oracle.com/jonthecollector/entry/our_collectors，以及莫枢的博客：http://hllvm.group.iteye.com/group/topic/37095#post-242695。——译者注
② 指G1。——译者注

3.3.5 Serial 收集器①

新生代中使用Serial收集器时，采用之前描述的方式运行，而老年代中②使用时则采用滑动压缩标记–清除（Sliding Compacting Mark-Sweep）算法，也称为标记–压缩（Mark-Compact）垃圾收集器[11]。它的Minor GC和Full GC都是以Stop-The-World方式（即收集时应用程序停止运行）运行，只有等垃圾收集结束后，应用程序才会继续执行（见图3-6a）。

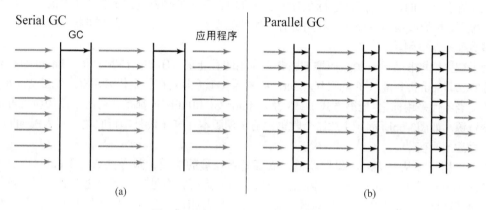

图3-6   Stop-The-World式的垃圾收集

标记–压缩收集器首先找出老年代中有哪些依然存活的对象，然后将它们滑向堆的头部，从而将所有的空闲空间留在堆尾部的连续块中。这使得将来任何在老年代中的分配操作（大多数是从新生代提升到老年代）都可以使用快速的指针碰撞技术。图3-7a演示了这样的垃圾收集操作。假定标记为灰色X的是将被收集的对象，而压缩之后末端的阴影区域是已回收的（例如空闲的）空间。

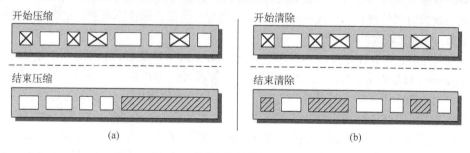

图3-7   两种垃圾收集的操作序列

Serial收集器适合大多数对停顿时间要求不高和在客户端运行的应用。虽然它仅用一个虚拟处理器进行垃圾收集（Serial之名即由此而来），但在现有的硬件条件下，它仍然只需几百兆Java堆就能有效管理许多重要的应用，并且最差情况下仍然能保持比较短的停顿（Full GC大约几秒

---

① 此处包括新生代的Serial收集器，也包括老年代中称为Serial Old的收集器。——译者注
② 即复制算法。——译者注

钟）。同一台机器上运行大量JVM实例（某些情况下JVM的实例数超过了可用的处理器数！）时，也常用Serial收集器。当JVM进行垃圾收集时，最好只用一个处理器，虽然会使垃圾收集的时间有所延长，但对其他JVM的干扰最小，这方面Serial收集器处理得很好。

3.3.6　Parallel 收集器：吞吐量为先！[①]

现在许多重要的Java应用都运行在有大量物理内存和多处理器的服务器上（有时是专用的）。理想情况下，垃圾收集器应该充分利用所有可用的处理器资源，并且当它在进行垃圾收集时也不会让多数处理器空闲。

为了减少垃圾收集的开销从而增加服务类应用的吞吐量，HotSpot VM自带了Parallel收集器，也称为Throughput收集器[②]。它的操作和Serial收集器类似（即它在新生代采用Stop-The-World方式收集，而老年代采用标记–压缩方式）。然而，Minor GC和Full GC都是并行的，使用所有可用的处理器资源，如图3-6b所示。注意这个收集器的早期版本在老年代是串行收集，引入Parallel Old收集器之后才改变。

以下应用可以从Parallel收集器获益，需要高吞吐量的应用，最极端情况下Full GC引入的Stop-The-World停顿时间仍然要满足需求的应用，以及运行在多处理器系统之上的应用。批处理引擎、科学计算等也适合Parallel收集器。与Serial收集器相比，Parallel收集器改善了垃圾收集的整体效率，从而也改善了应用的吞吐量。

3.3.7　Mostly-Concurrent 收集器：低延迟为先！

对于许多应用来说，快速响应比端到端的吞吐量更为重要。在Stop-The-World模式中，应用线程在垃圾收集开始时停止运行，直到垃圾收集结束后才继续运行和处理外部请求。Minor GC通常不会导致长时间的停顿，然而Full GC或压缩式垃圾收集，即便不频繁，也会导致长时间停顿，特别是Java堆比较大的时候。

为了应对这种情形，HotSpot VM引入了Mostly-Concurrent收集器，也称为并发标记清除收集器（Concurrent Mark-Sweep GC，CMS收集器）。它管理新生代的方式与Parallel收集器和Serial收集器相同，而它在老年代则是尽可能并发执行，每个垃圾收集周期只有2次短的停顿。

图3-8a演示了CMS中垃圾收集是如何工作的。开始有一个短的停顿，称为初始标记（Initial Mark），它标记那些从外部[③]直接可达的老年代对象。然后，在并发标记阶段（Concurrent Marking Phase），它标记所有从这些对象可达的存活对象。因为在标记期间应用可能正在运行并更新引用（因而更改对象图），所以到并发标记阶段结束时，未必所有存活的对象都能确保被标记。为了应对这种情况，应用需要再次停顿，称为重新标记（Remark），重新遍历所有在并发标记期间有变动的对象并进行最后的标记。追踪更改的对象可以重用数据结构卡表。因为重新标记比初始标记

---

① HotSpot VM中能够并行的垃圾收集器包括Parallel Scavenge收集器、ParNew收集器和Parallel Old收集器。——译者注
② 通过并行都能提高吞吐量，但HotSpot VM中的Throughput收集器通常特指Parallel Scavenge收集器。——译者注
③ 即GC Roots。——译者注

更为重要，所以并发执行以提高效率。

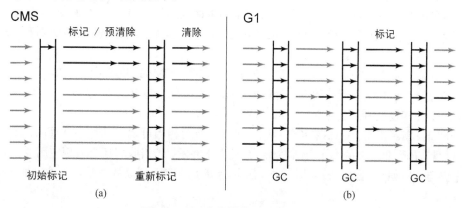

图3-8 CMS收集器与G1收集器比较

　　为了进一步减少重新标记时的工作量，CMS收集器引入了并发预清除（Pre-Cleaning）阶段。如图3-8a，预清除在并发标记之后和重新标记之前，完成一些原本要在重新标记阶段完成的工作，即重新遍历那些在标记期间因并发而被改掉的对象。虽然标记结束前仍然需要重新标记（因为程序在预清除阶段仍有可能改变对象），但预清除依然可以减少在重新标记时需要遍历的对象，有时甚至能非常有效地减少重新标记导致的停顿。

　　在重新标记结束时，所有Java堆中存活的对象已保证被标记。既然预清除和重新标记阶段的重新遍历对象会增加垃圾收集器的工作量（相比而言，Parallel收集器只在标记期间遍历一次），CMS整体的开销相应增加了。对于大多数垃圾收集器来说，这是典型的为了力图减少停顿时间而做的权衡。

　　找到了老年代中所有的存活对象之后，垃圾收集的最后阶段就是并发清除（Concurrent Sweeping），清除整个Java堆，释放没有迁移的垃圾对象。图3-7b显示清除阶段的操作。标记为灰色X的将被收集，而清除之后的阴影区域是空闲区域。在这个例子中，空闲区域不连续（不像前两个垃圾收集器，图3-7a），垃圾收集器需要使用一个数据结构（HotSpot VM中使用空闲列表）记录哪部分堆有空闲空间。因此在老年代分配的代价更昂贵，因为空闲列表的分配不如指针碰撞方法有效。这使Minor GC会产生额外的开销，因为当Minor GC过程中对象提升时，会在老年代中造成大量的分配。

　　CMS与前两个垃圾收集器相比还有一个缺点，就是需要更大的Java堆。这有一些原因。首先，CMS的周期时间长于Stop-The-World垃圾收集所用的时间。同时只有在清除阶段，空间才会真的回收。假使允许应用在标记时继续运行，也就允许它继续分配内存，因而在标记阶段老年代的占用可能会有所增加，而只有到清除阶段才会减少。此外，尽管垃圾收集器确保在标记阶段标识所有存活的对象，但实际上它无法保证找出所有的垃圾对象。标记阶段成为垃圾的对象在周期内可能被收集也可能不被收集。如果没有，则它将在下一周期被收集。垃圾收集期间没有找出的垃圾对象通常称为浮动垃圾（Floating Garbage）。

最后，缺乏压缩会形成空间碎片化（Fragmentation）[11]，这将导致垃圾收集器无法最大程度地利用所有可用的空闲空间。在回收周期中，如果尚未回收到足够多空间之前，老年代满了，CMS就会退而求其次，使用代价昂贵的Stop-The-World进行空间压缩，就像Parallel收集器和Serial收集器那样。

应该注意到，如图3-8a所示，在最新的HotSpot VM中，CMS的并发（标记和清除）阶段是与用户线程并行的。在高度并行的硬件上运行时（这会变得越来越普遍），这种方式会很有用。否则，单个并发CMS线程将无法应对许多的应用线程。

与Parallel收集器相比，CMS老年代停顿变短了（有时相当可观），但代价是新生代停顿略微拉长、吞吐量有所降低，堆的大小有所增长，并且由于并发，垃圾收集还会占用应用的CPU周期。需要快速响应（例如数据追踪服务器，Web服务器等）的应用可以从中受益，像这样的应用非常多。

3.3.8   Garbage-First 收集器：CMS 替代者

Garbage-First收集器（缩写为G1）是一个并行、并发和增量式压缩低停顿的垃圾收集器，长远来看是为了替代CMS。G1的Java堆布局和HotSpot VM中其他垃圾收集器有着极大的不同，它将Java堆分成相同尺寸的块（称为区域，Region）。虽然G1也是分代，但整体上没有划分成新生代和老年代。相反，每代是一组（可能不连续）区域，这使得它可以灵活地调整新生代。

G1的垃圾收集是将区域中的存活对象转移到另外一些区域，然后收集前者（通常是更大）。大部分时候只收集新生区域（这些形成G1的新生代），它们相当于Minor GC。G1也定期执行并发标记，以标识那些空或几乎空的非新生区域。这些是收集效率最高的区域（即G1以最少的代价回收最空的区域），它们定期被回收。这是G1名称的由来：它优先回收垃圾对象最多的区域。

图3-8b显示G1中的并行和并发。请注意，除了并发标记，G1还有其他短暂的并发任务。关于G1的详细信息，请收听http://developers.sun.com/learning/javaoneonline/j1sessn.jsp?sessn=TS-5419&yr=2008&track=javase上的谈话。[12]

3.3.9   垃圾收集器比较

表3-1总结了本节中各个垃圾收集器的权衡考虑。

表3-1   垃圾收集器的比较

	Serial收集器	Parallel收集器	CMS收集器	G1收集器
是否并行	否	是	是	是
是否并发	否	否	是	是
新生代收集器	串行	并行	并行	并行
老年代收集器	串行	并行	并行和并发	并行和并发

3.3.10 应用程序对垃圾收集器的影响

本节概要介绍了应用程序如何影响垃圾收集器。通常来说，包括以下3个方面。

- ❑ **内存分配**。当分代的占用达到某个限额时（例如当Eden满时，就会发生Minor GC；当老年代占用超过CMS初始限额时会发生CMS），就会发生垃圾收集。结果，应用的内存分配速率越高，垃圾收集的触发就越频繁。
- ❑ **存活数据的多少**。HotSpot VM中每种垃圾收集器的工作量都与每个分代中存活数据的多少成比例（如图3-5所示，Minor GC复制所有的存活对象，标记-压缩收集器在移动所有的存活对象前进行标记，等等）。因此，Java堆中的存活对象越多，收集器需要做的工作越多。
- ❑ **老年代中的引用更新**。如果老年代中的引用发生了更新，就会创建一个Old-To-Young的引用（如图3-3所示，在下一轮Minor GC时被处理），这也可能导致在预清除或重新标记阶段就产生一个需要遍历的对象（如果在CMS标记周期中）。

通常可以通过前期的优化减少垃圾收集的开销。然而有时候这是不可能的（例如或许不可能进一步压缩需要加载到Java堆中的数据；或者很难写出一个压根不会更新引用的应用），或者不可接受的（重用对象可以减少分配的速率，但实现它也可能很耗时，或许也容易出错）。但通过避免一些不好的编程实践，在低垃圾收集开销和编写良好易维护的代码之间可以达到平衡。这些不好的编程实践包括对象池化（池化对象是长时间存活的，因此它们会增加老年代存活数据的尺寸，初始时对它们的写操作也会增加老年代中引用更新的数据），不合适的数组类数据结构尺寸（例如，如果`ArrayList`初始尺寸太小，它内部的数组随后可能调整尺寸若干次，导致不必要的内存分配），等等。这个主题的扩展超出了本书的范围，可以从这个谈话中找到更多信息。[13]

3.3.11 简单回顾收集器历史

Serial收集器是HotSpot VM（Java 1.3中引入）的第一个垃圾收集器，另外还有一个称为Train GC的增量式收集器。不过后者的应用不是很广泛，在Java 6的时候终止了。Java 1.4.2中引入了Parallel收集器（只有新生代是并行收集器，而老年代是Serial Old收集器）和CMS（新生代是并行收集器，并发阶段分成了若干步骤）。Java 5 Update 6中引入了Parallel Old收集器，它是Parallel收集器的老年代版本。Java 5 Update 6和Java 5 Update 7分别实现了CMS并发标记和并发清除的并行。最后，到本书编写时，Java 6 Update 20引入了G1收集器（其后的发行版也会提供）。Java 7也将包括G1收集器。

3.4 HotSpot VM JIT 编译器

在深入了解HotSpot VM JIT的细节之前，稍微偏离一下主题，讲讲一般意义上的代码生成以及JIT编译器所做的权衡，这有助于在讨论HotSpot VM Client和Server JIT编译器时，勾画出它们之间的不同。

编译是指从高级语言生成机器码的过程。传统编译器从源语言（类似C或C++）开始，将每个源文件编译成二进制目标（Object）文件，最后链接成库文件或者可执行文件。开发人员都痛恨等待，不过这个编译过程不会很频繁地执行，所以即便用静态编译器，编译时间也不会是很大的限制。Java从另外一个角度使用编译器，它会先用编译器javac将Java源代码转换成类文件，然后将它们打成jar文件，供Java虚拟机使用。所以Java虚拟机总是从原始程序的字节码开始，动态地转换成机器码。

所有编译器的结构大体相同，有必要先介绍一下。它们必须要有前端接受源代码，然后转换成中间代码（Intermediate Representation，IR）。中间代码有许多种形式，实际上，编译器也会在编译的不同阶段使用不同的中间代码。一种常见的IR风格是静态单赋值（Static Single Assignment，SSA），特点是每个变量只能赋值一次，指令要直接使用这些值。这种做法的好处是指令所用的值对它来说是直接可见的。另一种常用的是命名形式，概念上类似于源语言将值赋给变量或名字，而指令使用这些名字。它带来一定程度的灵活性，可以简化某些操作（例如复制代码），但削弱了指令和所用值之间的直接联系。

前端生成的IR通常是编译器优化最集中的地方，支持的优化范围很广，优化的动力是程序执行时间，而选择哪种优化是优化占用的编译时间决定的。最基本的优化有简单恒等变换、常量折叠、公共子表达式消除以及函数内联。更复杂的优化通常集中在改善循环的执行上，包括范围检查消除、展开[1]以及循环不变代码迁移。HotSpot VM如何进行这些优化的内容已经超出了本书的范围，这个主题值得用一整本书来讨论。[2]

经过这些高级优化之后的IR，会被编译器后端接收，并转换成机器代码。这阶段包括指令选择和寄存器分配。指令选择有多种实现方式。编译器的作者可以直接处理指令选择，或者结合机器码与相关规则自动进行指令选择。虽然构建和维护自动指令选择多少有些复杂，但常常能更好地发挥机器特性。

一旦完成了指令选择，就必须将寄存器指派给程序中的所有变量，并依据机器的调用约定生成代码。大多数情况下，存活变量的数目会超过机器寄存器的个数，所以生成代码只能将一部分变量同时分配给寄存器，通过在寄存器和栈之间来回移动变量，腾出寄存器从而容纳其他的变量。将值移动到栈中称为值卸载（Spilling）或寄存器卸载。这个问题有一些解决方法。对于简单的代码生成，本地分配器用轮询调度算法就可以执行得很快，但也仅适合于大多数简单的代码生成器。

经典的寄存器分配策略是图着色算法，通常可以使机器寄存器的使用率达到最高，而且多余的值很少会卸载到栈中。图表示的是同时有哪些变量在使用，以及哪些寄存器可以存放这些变量。如果同时存活的变量数超过了可用的寄存器数，重要性最低的变量将被移到栈中，使得其他变量可以使用寄存器。指派某个变量给寄存器通常需要来回几次构建图和着色。这也导致了它的不足，图着色算法花费的时间、数据结构所需的空间都比较昂贵。

比较简单的策略是线性扫描寄存器分配。它的目标是在单趟扫描所有指令时指派寄存器，并

---

① 应该是指循环展开。——译者注

② 详细的优化列表可参见https://wikis.oracle.com/display/HotSpotInternals/PerformanceTacticIndex。——译者注

且指派的还不错。它维护变量存活范围的列表，这些变量必须都在寄存器中，然后在单趟扫描这个列表时，指派寄存器给该变量，或者将该变量卸载到栈中。这个执行过程非常快，但不能保证在变量的生命期里，它都留在同一个寄存器中。

3.4.1　类型继承关系分析

在面向对象的语言中，代码经常会划分成小方法，将这些方法进行智能内联是获得高性能的重要手段[①]。Java在这方面会遇到一些麻烦，因为默认情况下所有实例方法都可以被子类覆盖，所以只看局部类型信息并不足以了解哪个方法可以内联。HotSpot VM解决这个问题的办法是类型继承关系分析（Class Hierarchy Analysis，以下简写为CHA）。编译器利用CHA进行即时分析，判断加载的子类是否覆盖了特定方法。这种分析方法的关键在于，HotSpot VM只考虑已经加载的子类，而不关心任何其他还不可见的子类。当编译器使用CHA时，会将CHA信息记录在编译代码中。如果程序在后续执行中请求加载其他覆盖该方法的子类，则原先假定只有一个子类实现的编译代码就会被丢弃。如果编译代码正在执行，HotSpot VM就会通过逆优化（Deoptimization）将编译帧转换成与之等价的一组解释器帧，使得原先的CHA假设[②]完全被撤销。此外，CHA也被用来在已加载的类中识别只有一个接口或抽象类实现的情况。[③]

3.4.2　编译策略

由于JIT没有时间编译程序中的所有方法，因此所有代码最初都是在解释器中运行。一旦方法被调用的次数变多，就可能变成编译。这个过程是由HotSpot VM中与每个方法关联的计数器来控制的。每个方法都有两个计数器：方法调用计数器和回边计数器。方法调用计数器在每次进入方法时加一。回边计数器在控制流每次从行号靠后的字节码回跳到靠前的字节码时加一。与仅用方法调用计数器相比，用回边计数器可以检测包含循环的方法，能使这些方法更早地转为编译。每次解释器递增这两种计数器时，都会与阈值进行比较，一旦超过，解释器就会请求编译这个方法。方法调用计数器的阈值是CompileThreshold，回边计数器的阈值公式复杂一些，是CompileThreshold * OnStackReplacePercentage / 100。

当发起编译请求时，它会进入被一个或多个编译器线程监视的队列。如果编译器线程不忙，就会从队列中移出一个编译请求并开始编译。通常解释器不会等编译结束，相反，它会重置方法调用计数器，然后继续在解释器中执行该方法。一旦编译完成，编译代码就会和该方法关联，然后下次调用时就会使用该编译代码。通常来说，不等编译完成仍然继续执行是个好方法，因为执

---

① 方法内联 “除了消除方法调用成本之外，它更重要的意义是为其他优化手段建立良好的基础。”参见《深入理解Java虚拟机：JVM高级特性与最佳实践》。——译者注

② 即方法在当前程序执行过程中只有一个版本的假设。——译者注

③ 关于CHA，可以参考《深入理解Java虚拟机：JVM高级特性与最佳实践》中的说法：“它（指CHA）用于确定在目前已加载的类中，某个接口是否有多于一种的实现，某个类是否存在子类且子类是否为抽象类等信息。”

　　　　　　　　　　　　　　　　　　　　　　　　　　　　　　　　——译者注

行和编译可以继续并行。如果你想让解释器等编译完成，可以用HotSpot VM命令行选项-Xbatch
或-XX:-BackgroundCompilation阻塞执行，等待编译完成。

当解释器执行长期运行的Java循环时，HotSpot VM会选择一种称为栈上替换（On Stack
Replacement，OSR）的特殊编译。通常Java代码最后进入编译代码的方式是，解释器在调用方法
时发现，该方法有已经编译的代码，那该方法就会分派到编译代码，而不是停留在解释器中。但
这个方法对在解释器里开始长时间运行的循环来说没有什么帮助，因为它们不会被再次调用。

当回边计数器溢出时，解释器会发起编译请求，这次编译从回边的字节码开始而不是从方法
的首个字节码开始。然后以解释器帧作为输入生成代码，并从此状态开始执行。在这种情况下，
长时间运行的循环可以充分利用编译代码。这种以解释器帧作为输入执行的代码生成技术称为栈
上替换。

3.4.3   逆优化

HotSpot VM中的术语"逆优化"是指将那些经过若干级内联而来的编译帧转换为等价的解
释器帧的过程。它可以将编译代码从多种乐观优化中回退回来，特别是从类型继承关系分析假设
中回退回来。Server编译器在遇到"罕见陷阱"（Uncommon Trap）时也会使用逆优化。逆优化是
已生成代码中的特殊点，编译器在这些点上选择解释器处理某些执行路径。这多半是因为编译时
某些类还未加载或者某路径从没执行过。某些类型的异常也用这种方式处理。

JIT编译器的逆优化会在每个安全点上记录一些元数据，这些元数据描述了当时字节码的执
行状态。因为安全点已经包含描述当前执行状态的方法链和字节码索引，所以像异常的栈追踪信
息和安全检查所需要的栈遍历就都可以实现。对于逆优化，编译器还会记录局部变量和表达式栈
中引用值的位置以及获得的锁。这是解释器帧状态在当时的抽象展现，足以构建一组解释器帧使
得程序可以在解释器中继续执行。

乍一看，逆优化似乎需要额外保存许多值，不过有一些技巧可以减少保存的值。HotSpot VM
JIT编译器使用称为方法活跃性的字节码分析法，估算每个Java局部变量是否会在方法稍后的字节
码中使用，如果是，这些局部变量就是活性的，而只有活性的局部变量才需要在调试信息状态中
有值。实践中，这意味着JIT编译器不会因为逆优化而单独保存许多存活的值。

生成好的编译代码可能会因某些原因失效，例如类加载会使CHA优化失效或者代码所引用的
类被卸载了。这种情况下，编译代码的空间会被返还给代码缓存以便将来编译时使用。如果编译
代码没有显式地失效，这空间通常不会释放。

为了支持运行时系统的不同特性，JIT编译的代码关联了若干种元数据。特别是因为HotSpot
VM使用精确的垃圾收集，编译代码必须能够描述Java对象的引用保存在编译帧的哪个位置。
HotSpot VM通过OopMaps来实现，OopMaps中的表罗列了垃圾收集器必须访问的寄存器和栈中的
位置信息。因为系统必须在安全点时暂停，所以编译代码的任意位置都需要这些信息。这包括所
有的调用点和分配可能发生的地方。此外因为有些VM操作如垃圾收集、偏向锁撤销等需要代码
在安全点时能适当暂停一段时间，所以每个不包含外部调用的循环也需要在内部进行显式的安全

点检查，否则长时间循环可能会阻止系统执行垃圾收集而导致系统挂起。每个安全点也都包含内联方法链的所有信息和逆优化所需要的Java栈帧的信息。

3.4.4 Client JIT 编译器概览

Client JIT编译器的目标是为了更快的启动时间以及快速编译，使人不会为了应用（如客户端GUI应用）的响应时间而纠结。早期的Client JIT编译器是一个简而快的代码生成器，没有太多复杂性，而Java应用的性能也比较合适。它在概念上接近于解释器，会为每种字节码都生成一个模板，同时也维护了一个栈布局，类似于解释器帧。此外，它仅仅是将类的字段访问方法内联。到Java 1.4时，Client JIT编译器升级为支持全方法内联，添加了对CHA、逆优化的支持，这两种都有重大改进。Java 5 Client JIT编译器看起来几乎没有什么改动，因为当时更重要的变化都是针对Java 6 Client JIT编译器。

为了改善整体性能，Java 6 Client JIT编译器包含了许多变化。Client编译器的IR改成了SSA风格，简单局部寄存器分配被替换成了线性扫描寄存器分配。此外值计数器也有改善，可以在多个块之间扩展，此外还有一些内存优化的小改善。在x86平台上，可以支持用SSE进行浮点计算，这很显著地改善了浮点性能。

3.4.5 Server JIT 编译器概览

Server JIT编译器的目标是使Java应用的性能达到极致，吞吐量也达到最高，所以它的设计焦点就是不遗余力进行优化。这就意味着，与Client JIT编译器相比，同样的编译，Server JIT编译器可能要求更多的空间或时间。它极力内联，这经常会造成大方法，而方法越大编译花费的时间也越多。它使用扩展的优化技术，涵盖了大量的极端情况，而要满足这些情况，就必须为每一个它可能遇到的字节码都生成优化代码。

3.4.6 静态单赋值——程序依赖图

Server JIT编译器的中间代码（IR，编译器内部称为"ideal"），是一个基于SSA（Static Single Assignment）的IR，但它使用不同的方式展现控制流，称为程序依赖图（Program Dependency Graph）。这种方法试图捕获每次操作执行过程中的最小约束，使得可以对操作进行激进重排和全局值计数，以此减少冗余计算。它有一个富类型系统可以捕获Java类型系统的所有细节，并能将这些知识反馈给优化器。

Server JIT编译器也会利用解释器执行过程中搜集到的性能分析信息。在字节码的执行过程中，如果方法执行的次数足够多，解释器就会创建一个methodDataOop对象，用来保存方法的性能分析信息。它会记录对调用点可见的类型信息以及调用的频率。所有的控制流字节码也会记录执行的频率和流向。所有这些信息都被Server JIT编译器用来寻找基于常见类型的内联机会，以及计算控制流的频率，这会影响块的布局和寄存器分配。

所有基于Java字节码的JIT编译器都需要处理卸载或未初始化的类。Server JIT编译器的处理方式是, 当它包含无法解析的常量池条目时, 就会把路径标记成不可达。这种情况下, 它会为这段字节码生成罕见陷阱并停止解析通过该方法的路径。罕见陷阱请求 HotSpot VM 运行时系统对当前已经编译好的方法采取逆优化, 退回到解释器中继续执行, 之前未能解析的常量池条目可以在解释器中继续处理并能正确的解析。之前编译好的代码会被丢弃, 而在解释器中继续执行, 直到触发新的编译。因为路径可以正确解析, 新一轮的编译将可以正常编译该路径, 之后的执行也将使用这个编译好的路径。

"罕见陷阱"也用来处理不可达的路径, 使得编译器不会为方法中从未使用过的部分生成代码, 最终生成更小的代码, 并且有更多易于优化的直线型代码块。Server JIT 编译器还用"罕见陷阱"实现某些乐观优化 (Optimistic Optimizations)。Server 编译器会把某些较可能发生的情况当作唯一的情况来优化, 不过也会留下一手, 在代码中插入动态检查以确保这些假设是成立的。如果动态检查失败, 代码就会裁进"罕见陷阱", 而改由解释器继续处理。如果方法中经常发生"罕见陷阱", HotSpot VM 就会认为这种情况并非真的罕见, 而抛弃先前编译生成的这部分代码, 并放弃之前错误的假设, 重新生成代码。例如, 如果性能分析信息表明某个调用点的被调用对象只有一种类型, Server JIT 编译器就会假设以后仍然是这个类型, 于是会把该被调用方法内联进来, 同时在调用点之前加入动态检查以确保被调用对象的类型和假设的一样。如果调用点的被调用对象多数时候为同一类型, 只是偶尔遇到其他类型, 那么 Server JIT 编译器就会生成一个普通调用而不是"罕见陷阱"。生成"罕见陷阱"的好处是, 后面的代码能看到内联版本的情况, 最终生成的代码质量就会比调用一个对内存状态副作用不明的方法要好。

Server JIT 编译器的生成代码对循环做了大量优化, 包括循环判断外提 (Loop Unswitching)、循环展开 (Loop Unrolling) 以及用迭代分离 (Iteration Splitting) 进行的范围检查消除 (Range Check Elimination)。迭代分离将循环转换成 3 个: 预循环、主循环及后循环。它的思想是计算每个循环的边界, 可以证明主循环不需要任何范围检查。预循环和后循环处理迭代的边界条件, 需要进行范围检查。绝大多数情况下, 预循环和后循环运行的次数不多, 甚至多数情况下后循环可以完全消除。这使得主循环的运行压根就不需要任何范围检查。

一旦移除了循环的范围检查, 就有可能将它展开。循环展开是用相对简单的循环体, 在循环中创建多份副本, 从而减少循环的迭代次数。这种方法除了可以弥补一部分循环控制流的开销[1], 还常常使循环体变得更简单, 可以在较少的时间内完成更多的工作。在某些情况下, 重复展开甚至可以完全消除循环。

循环展开使用的另外一种优化, 称为超字 (Superword), 它是循环向量化的一种形式。循环展开在循环体中创建可并行的操作, 如果这些是在连续内存之上的操作, 就可以被合并为一个矢量[2]上的操作, 使得单条指令在同样的时间内可以执行多个操作。从 Java 6 开始, HotSpot VM 的超字主要集中在复制或者初始化模式上, 但最终它将全面支持所有可用的 SIMD (Single Instruction Multiple Data, 单指令多数据) 算法操作。

---

① 循环条件的判断和跳转都会带来开销。——译者注

② 矢量化的含义, 可以参见 http://en.wikipedia.org/wiki/Vectorization_(parallel_computing)。——译者注

一旦运行了所有的高级优化，IR就会被转换成机器相关的形式，可以利用处理器所有的指令和寻址模式。依据节点输入、块的期望执行频率，机器相关的节点就被安排到基本块中。然后图着色分配器就会为所有指令分配寄存器，并插入必要的寄存器卸载。最后代码被转换成nmethod，这是HotSpot VM编译字节码的内部表示，包括所有的代码以及HotSpot VM运行时系统所需的元数据。

3.4.7　未来增强展望

HotSpot VM目前支持两种JIT编译器，Client和Server。在本书编写时，混合式JIT编译器正在开发中，它采用分层编译，融合了Client JIT编译器和Server JIT编译器的主要特性。分层编译承诺，像Client JIT编译器那样的快速启动，以及更多Server JIT编译器的高级优化技术，持续改善应用的性能。如果想尝尝鲜，可以在最新的Java 6 HotSpot VM中用-server -XX:+TieredCompilation开启分层编译。不过，到本书编写时为止，如果使用Java 6 Update 24或较低的版本，不建议在生产或关键系统中使用分层编译。如果你使用Java 6 Update 25、Java 7或更高的版本，可以用-server -XX:+TieredCompilation替代Client JIT编译器。由于分层编译器的优化能力和成熟度在持续改善，将来在Client和Server类型的Java应用中都有可能推荐使用。

3.5　HotSpot VM 自适应调优

Java 5 HotSpot VM引入了新特性，可以依据JVM启动时的底层平台和系统配置自动选择垃圾收集器、配置Java堆以及选择运行时JIT编译器。此外，该特性也使得Throughput收集器可以依据程序运行的情况，自适应调整Java堆和对象分配的速率。自动选择平台相关的默认值和自适应调整Java堆可以减少手工对垃圾收集进行调优的工作量，这称为自动调优（Ergonomics）。

Java 6 Update 18进一步增强了该特性，改善了富客户端应用的性能。本节首先介绍Java 1.4.2 HotSpot VM初始时，堆、垃圾收集器和JIT编译器的默认值，然后是Java 5自动调优选择的默认值，以及Java 6 Update 18中自动调优的改进。

3.5.1　Java 1.4.2 的默认值

Java 1.4.2 HotSpot VM中，垃圾收集器、JIT编译器和Java堆采用以下默认值。
- Serial收集器，即-XX:+UseSerialGC。
- Client JIT编译器，即-client。
- Java堆的初始和最小值为4MB，最大为64MB，即-Xms4m和-Xmx64m。

3.5.2　Java 5 自动优化的默认值

Java 5 HotSpot VM引入了"服务器类机器"，可以选择不同的默认值组合（包括垃圾收集器、JIT编译器和Java堆）。HotSpot VM中的服务器类虚拟机是指至少有2GB物理内存和至少2个虚拟处理器的系统。HotSpot VM判断系统是否为服务器类机器时所用的虚拟处理器个数，等于Java API Runtime.availableProcessors()，通常也和操作系统工具如Linux和Solaris上的mpstat返回的处理器个数相同。注意，当把JVM设定在一组处理器上运行时，Runtime.availableProcessors()等于这组处理器的虚拟处理器数，而不是整个系统的虚拟处理器数。

提示
服务器类虚拟机的定义不适用于32位的Windows操作系统。这些系统默认使用Serial收集器（-XX:+UseSerialGC），Client JIT编译器（-client）及初始和最小堆4MB（-Xms4m），以及最大堆64MB（-Xmx64m）。

当HotSpot VM确定系统为服务器类机器时，垃圾收集器、JIT编译器及Java堆选择以下默认值。
- ❏ Throughput收集器，也称为Parallel GC，即-XX:+UseParallelGC[①]。
- ❏ Server JIT编译器，即-server。
- ❏ Java初始和最小堆为物理内存的1/64（上限1GB），最大为物理内存的1/4（上限1GB）。

表3-2总结了HotSpot VM Java 5或更高版本在自动优化时的选择。

"Serial GC"指Serial收集器，"Parallel GC"指Parallel收集器，"Client"指Client JIT编译器，"Server"指Server JIT编译器。"默认GC、JIT和堆-Xms及-Xmx（服务器类）"列中，"Client"指32位Windows平台选择的是Client JIT编译器，其他都符合服务器类机器的标准。32位Windows平台的这种选择经过了深思熟虑，由于历史原因，在这个平台和操作系统上运行更多的是客户端应用（就是交互式应用）。"Server"指Server JIT编译器是该HotSpot VM上唯一可用的JIT编译器。

表3-2　Java 5和更高版本HotSpot VM的自动优化

平　台	操作系统	默认GC、JIT和堆-Xms及-Xmx（非服务器类）	默认GC、JIT和堆-Xms及-Xmx（服务器类）
SPARC（32位）	Solaris	Serial GC、Client、4MB、64MB	Parallel GC、Server、1/64 RAM、1/4 RAM或1GB的最大值
i586	Solaris	Serial GC、Client、4MB、64MB	Parallel GC、Server、1/64 RAM、1/4 RAM或1GB的最大值
i586	Linux	Serial GC、Client、4MB、64MB	Parallel GC、Server、1/64 RAM、1/4 RAM或1GB的最大值
i586	Windows	Serial GC、Client、4MB、64MB	Parallel GC、Client、1/64 RAM、1/4 RAM或1GB的最大值
SPARC（64位）	Solaris	Parallel GC、Server、1/64 RAM、1/4 RAM或最大1GB	Parallel GC、Server、1/64 RAM、1/4 RAM或1GB的最大值

① 使用最新的Java 6 HotSpot VM，或者支持布尔选项-XX:+UseParallelOldGC的VM，自动优化也会选择该选项，该选项也会开启-XX:+UseParallelGC。Java 7 Update 4或更高的版本会自动选择-XX:+UseParallelOldGC，之前的VM版本（指Java 6）会自动选择-XX:+UseParallelGC。

（续）

平　　台	操作系统	默认GC、JIT和堆-Xms及-Xmx（非服务器类）	默认GC、JIT和堆-Xms及-Xmx（服务器类）
x64 （64位）	Linux	Parallel GC、Server、1/64 RAM、1/4 RAM或 最大1GB	Parallel GC、Server、1/64 RAM、1/4 RAM 或1GB的最大值
x64 （64位）	Windows	Parallel GC、Server、1/64 RAM、1/4 RAM或 最大1GB	Parallel GC、Server、1/64 RAM、1/4 RAM 或1GB的最大值
IA-64	Linux	Parallel GC、Server、1/64 RAM、1/4 RAM或 最大1GB	Parallel GC、Server、1/64 RAM、1/4 RAM 或1GB的最大值
IA-64	Windows	Parallel GC、Server、1/64 RAM、1/4 RAM或 最大1GB	Parallel GC、Server、1/64 RAM、1/4 RAM 或1GB的最大值

命令行选项-XX:+PrintCommandLineFlags可以打印HotSpot VM采用的自动优化参数。例如Java 5或Java 6 HotSpot VM，在任何系统上简单地用java -XX:+PrintCommandLineFlags -version就可以打印默认的优化值。下面是Sun UltraSPARC 5440系统上Java 6 HotSpot VM的输出结果，系统配置为RAM 128GB和256个虚拟处理器，操作系统为Oracle Solaris 11 Express 2010.11。

```
$ java -XX: +PrintCommandLineFlags -version
-XX:MaxHeapSize=1073741824 -XX:ParallelGCThreads=85
-XX: +PrintCommandLineFlags -XX: +UseParallelGC
java version "1.6.0_14"
Java(TM) SE Runtime Environment (build 1.6.0_14-b07)
Java HotSpot(TM) Server VM (build 14.0-b15, mixed mode)
```

从上述输出来看，Java 6 HotSpot VM的启动器选择Server JIT编译器（最后一行显示），Java堆最大为1 073 741 824字节，或1024MB或1GB，收集器是使用85个并行垃圾收集线程（-XX:ParallelGCThreads=85）的Throughput收集器（-XX:+UseParallelGC）。注意-XX: MaxHeapSize和命令行选项-Xmx相同。

3.5.3　Java 6 Update 18 更新后的默认优化值

Java 6 Update 18为了更好地适应富客户端应用，进一步改进了优化技术。当JVM认为系统是非服务器类机器时，就会启用这些增强。记住，服务器类机器的定义是底层配置至少为2GB物理内存，至少有2个虚拟处理器的系统。因此，这些增强其实就是应用在物理内存少于2GB、虚拟处理器少于2个的系统上。

对于非服务器类机器而言，仍然会自动选择客户端JIT编译器。然而，Java堆尺寸的默认值相比以前有所改变，并且垃圾收集的设置也进行了更好地调整。目前Java 6 Update 18在物理内存不超过192MB时，最大堆是物理内存的1/2。物理内存不超过1GB时，最大堆是物理内存的1/4。物理内存1G或者超过1G的系统，默认最大堆为256MB。非服务器类物理内存不超过512MB的系统，初始堆为8MB。物理内存512MB到1GB之间的初始和最小堆是1/64的物理内存。物理内存1GB或者超过1GB，默认的初始和最小堆就是16MB。另外Java 6 Update 18设定新生代空间是Java堆的1/3。如果指定CMS收集器而没有另外设定Java堆、初始、最小、最大或者新生代空间尺寸，Java 6 Update 18则重新使用Java 5的优化值。

表3-3归纳了不加命令行选项时，Java 6 Update 18自动优化发生的变更。表3-3中的斜体表示优化值与Java 5已经有所不同。

表3-3斜体的新生代尺寸也被配置为Java堆的1/3。

表3-3   Java 6 Update 18和更高版本的自动优化

平 台	操作系统	默认GC、JIT和堆-Xms及-Xmx（非服务器类）	默认GC、JIT和堆-Xms及-Xmx（服务器类）
SPARC（32位）	Solaris	Serial GC、Client、*8MB或1/64 RAM或16MB、1/2 RAM或1/4 RAM或256MB*	Parallel GC、Server、1/64 RAM、1/4 RAM或1GB的最大值
i586	Solaris	Serial GC、Client、*8MB或1/64 RAM或16MB、1/2 RAM或1/4 RAM或256MB*	Parallel GC、Server、1/64 RAM、1/4 RAM或1GB的最大值
i586	Linux	Serial GC、Client、*8MB或1/64 RAM或16MB、1/2 RAM或1/4 RAM或256MB*	Parallel GC、Server、1/64 RAM、1/4 RAM或1GB的最大值
i586	Windows	Serial GC、Client、*8MB或1/64 RAM或16MB、1/2 RAM或1/4 RAM或256MB*	Parallel GC、Client、1/64 RAM、1/4 RAM或1GB的最大值
SPARC（64位）	Solaris	Parallel GC、Server、1/64 RAM、1/4 RAM或最大1GB	Parallel GC、Server、1/64 RAM、1/4 RAM或1GB的最大值
x64（64位）	Linux	Parallel GC、Server、1/64 RAM、1/4 RAM或最大1GB	Parallel GC、Server、1/64 RAM、1/4 RAM或1GB的最大值
x64（64位）	Windows	Parallel GC、Server、1/64 RAM、1/4 RAM或最大1GB	Parallel GC、Server、1/64 RAM、1/4 RAM或1GB的最大值
IA-64	Linux	Parallel GC、Server、1/64 RAM、1/4 RAM或最大1GB	Parallel GC、Server、1/4 RAM或1GB、64MB
IA-64	Windows	Parallel GC、Server、1/64 RAM、1/4 RAM或最大1GB	Parallel GC、Server、1/64 RAM、1/4 RAM或1GB的最大值

3.5.4   自适应 Java 堆调整

JVM的自动优化开启Throughput收集器时，会开启另一个称为自适应堆调整（Adaptive Heap Sizing）的特性。通过评估应用中对象的分配速率和生命期，自适应堆调整试图优化HotSpot VM新生代和老年代的空间大小。HotSpot VM监控Java应用中对象的分配速率和生命期，然后决定如何调整新生代空间，使得存活期短的对象在尚未提升到老年代之前就能被收集，同时允许存活时间长的对象适时地被提升，避免在Survivor区之间进行不必要的复制。可以显式指定HotSpot VM初始时的新生代大小，例如 -Xmn、-XX:NewSize、-XX:MaxNewSize、-XX:NewRatio及 -XX:SurvivorRatio，这些是新生代调整的起始点。自适应调整就从这些初始设置开始，自动调整新生代空间大小。

> **提示**
> 自适应堆调整仅由Throughput收集器（`-XX:+UseParallelGC`或`-XX:+UseParallelOldGC`）提供。CMS收集器或Serial收集器不提供。

在HotSpot VM动态调整堆的决策过程中，虽然有命令行选项可以对自适应堆调整策略进行细致调优，但如果没有HotSpot VM工程师的指导，很少有人会使用这些选项。更常见的做法是关闭自适应堆调整，显式指定新生代的大小，包括Eden和Survivor空间。对于大多数使用Throughput收集器的Java应用来说，通过`-XX:+UseParallelGC`或`-XX:+UseParallelOldGC`开启自适应堆调整，就可以很好地优化新生代空间。对于采用自适应调整堆的应用来说，最大的挑战是碰上调整的经常性波动，或对象分配速率的迅速变动以及对象生命周期的剧烈变化。掉进这个坑的应用可以关闭HotSpot VM命令行参数`-XX:-UseAdaptiveSizePolicy`。注意，"-XX"之后的"-"告知HotSpot VM关闭自适应调整策略。反之，跟在"-XX"之后的"+"通知HotSpot VM开启这个特性。

3.5.5 超越自动优化

追求应用性能的过程中我们经常会发现，性能需求超出了HotSpot VM自动优化所能达到的改善范围。一个例外是自适应堆调整，这个参数在使用Throughput收集器时会自动开启。对大多数Java应用而言，新生代空间的自动自适应堆调整可以工作得很好。

更多HotSpot VM调优的信息请参见第7章。HotSpot VM的每个发行版本都会持续改进自动优化的特性，目的就在于希望通过特定的命令行调优参数就能达到或超越性能需求。

3.6 参考资料

[1] Lindholm，Tim和Frank Yellin. *Java Virtual Machine Specification，Second Edition*，Addison-Wesley，Reading，MA，1999.

[2] Gosling，James，Bill Joy，Guy Steele和Gilad Bracha. *Java Language Specification*，*Third Edition*. Chapter 12.2：Loading of Classes and Interfaces，Addison-Wesley，Boston，MA，2005.

[3] *Amendment to Java Virtual Machine Specification，Second Edition*. Chapter 5：Linking and Initializing：http://java.sun.com/docs/books/vmspec/2nd-edition/ConstantPool.pdf.

[4] Liang，Shen和Gilad Bracha. *Dynamic Class Loading in the Java Virtual Machine* Proc. of the ACM Conf. on Object-Oriented Programming，Systems，Languages and Applications，1998.

[5] Dmitriev，Mikhail. *Safe Class and Data Evolution in Large and Long-Lived Java Applications*，SML Technical Report Series，Palo Alto，CA，2001.

[6] Gosling，James，Bill Joy，Guy Steele和Gilad Bracha. *Java Language Specification*，*Third Edition*. Addison-Wesley，Reading，MA，2005.

[7] Dice，Dave. *Biased Locking in HotSpot*博客. http://blogs.oracle.com/dave/entry/biased_locking_in_hotspot，2006.

[8] *Java Native Interface Specification*. http://docs.oracle.com/javase/6/docs/technotes/guides/jni/spec/jniTOC.html.

[9] Liang，Sheng. *The Java Native Interface*，Addison-Wesley，Reading，MA，1999.

[10] *Trouble-Shooting and Diagnostic Guide*. http://www.oracle.com/technetwork/java/jdk50-ts-guide-149808.pdf，2007.

[11] Jones，Richard和Rafael Lins. *Garbage Collection*，John Wiley & Sons，Ltd.，West Sussex，PO19 IUD，England，1996.

[12] Printezis，Tony和Paul Ciciora. *The Garbage First Garbage Collector*. JavaOne大会. 美国加州旧金山，2008年. http://www.oracle.com/technetwork/server-storage/ts-5419-159484.pdf.

[13] Printezis，Tony和John Coomes. *GC Friendly Programming*. JavaOne大会. 美国加州旧金山，2007年. http://img.pusuo.net/2009-08-13/110313148.pdf.

## 第 4 章

JVM性能监控

本章讲述了JVM的性能监控，展示了JVM的监控工具，介绍了观察数据中常见的应该留意的数据模式。如何依据观察数据制定JVM调优策略，将在第7章中详细阐释。本章的最后一小段还介绍了应用程序的监控。

生产环境中应该自始至终地监控应用JVM。JVM是应用软件栈的重要组成部分，应该像监控应用自身和操作系统那样监控JVM。分析JVM监控数据，可以知道何时需要JVM调优。JVM版本变更、操作系统变更（配置或版本）、应用版本更新，或者在应用输入发生重大变动时，应该考虑JVM调优。输入变化而影响JVM性能的情形对于许多Java应用来说司空见惯。所以，监控JVM非常重要。

JVM的监控范围包括垃圾收集、JIT编译以及类加载。许多工具可以监控JVM，有随JDK一起分发的，有免费的，还有商业的。本章介绍随Oracle JDK分发的、免费或开源的工具，所有这些工具都可以在Windows、Linux和Solaris上运行。

了解现代JVM的主要组件和大体执行过程，有助于理解本章内容。Java HotSpot VM及其主要组件的概要介绍，请回顾第3章。

4.1 定义

在深入了解监控细节之前，有必要回顾一下第2章开头性能监控和性能分析的定义。监控通常是指一种在生产、质量评估或者开发环境中实施的带有预防或主动性的活动。当应用干系人报出性能问题却没有足以定位根本原因的线索时，首先会进行性能监控，随后是性能分析。性能监控也有助于找出对应用响应性或吞吐量尚未造成严重影响的潜在问题。

相比而言，性能分析是一种以侵入方式收集运行性能数据的活动，它会影响应用的吞吐量或响应性。性能分析是对性能监控或是对干系人所报问题的回应，关注的范围通常比性能监控更集中。性能分析很少在生产环境中进行，通常是在质量评估、测试或开发环境中，常常是性能监控之后再采取的行动。

与性能监控和性能分析相比，性能调优是一种为改善应用响应性或吞吐量而更改参数（Tunable）、源代码或属性配置的活动。性能调优通常是在性能监控或性能分析之后进行。

4.2　垃圾收集

监控JVM的垃圾收集非常重要，因为它对应用的吞吐量和延迟有着深刻的影响。现代JVM，如HotSpot VM，可以将每次GC的数据直接输出成日志文件，以文本方式查看GC统计数据，或者用GUI监控工具查看。

本节首先列出重要的垃圾收集数据，然后列出了用于报告垃圾收集统计信息的HotSpot VM命令行选项，并解释了报告中的数据。此外，本节还将介绍用于分析GC数据的图形化工具。最重要的是，本节主要探讨了何时需要对JVM的垃圾收集进行调优，并给出了查找此类数据模式的方法和建议。

4.2.1　重要的垃圾收集数据

重要的垃圾收集数据包括：
- 当前使用的垃圾收集器；
- Java堆的大小；
- 新生代和老年代的大小；
- 永久代的大小；
- Minor GC的持续时间；
- Minor GC的频率；
- Minor GC的空间回收量；
- Full GC的持续时间；
- Full GC的频率；
- 每个并发垃圾收集周期内的空间回收量；
- 垃圾收集前后Java堆的占用量；
- 垃圾收集前后新生代和老年代的占用量；
- 垃圾收集前后永久代的占用量；
- 是否老年代或永久代的占用触发了Full GC；
- 应用是否显式调用了`System.gc()`。

4.2.2　垃圾收集报告

HotSpot VM报告垃圾收集数据几乎没有什么额外开销，建议在生产环境中使用。本节列出了各种生成垃圾收集统计数据的命令行选项，并对这些数据进行了解释。

一般来说，垃圾收集分两种：次要垃圾收集（也称为新生代垃圾收集，以下称为Minor GC）和主要垃圾收集（以下称为Full GC）。Minor GC收集新生代，Full GC通常会收集整个堆，包括新生代、老年代和永久代，除了将新生代中的活跃对象提升到老年代之外，还会压缩整理老年代和永久代。因而Full GC之后，新生代为空，老年代和永久代也已压缩整理并且只有活跃对象。第3章详细介绍了HotSpot的各种垃圾收集器。

如前所述，Minor GC会释放新生代中不可达对象所占的内存。相比而言，HotSpot VM的Full GC会释放新生代、老年代和永久代中不可达对象所占的内存。开启-XX:+UseParallelGC 或 -XX:+UseParallelOldGC时，如果关闭-XX:-ScavengeBeforeFullGC，HotSpot VM在Full GC之前不会进行Minor GC；如果开启-XX:+ScavengeBeforeFullGC，HotSpot VM在Full GC前会先做一次Minor GC，分担一部分Full GC原本要做的工作，在这两次独立的GC之间Java线程有机会得以运行，从而缩短最大停顿时间，但也拉长了整体的停顿时间。

-XX:+PrintGCDetails

-verbose:gc可能是报告垃圾收集信息最常用的命令行选项，而-XX:+PrintGCDetails可以打印更多更有价值的垃圾收集信息。本节以Throughput收集器[1]和CMS收集器为例，解释-XX:+PrintGCDetails的输出日志，也介绍了日志中需要留意的数据模式。

值得注意的是，-XX:+PrintGCDetails产生的信息在不同版本的HotSpot VM之间可能会发生变化。

以下是Java 6 Update 25，Throughput收集器（-XX:+UseParallelGC或-XX:+UseParallelOldGC）的-XX:+PrintGCDetails输出日志（为便于阅读，已分成多行）。

```
[GC
    [PSYoungGen: 99952K->14688K(109312K)]
    422212K->341136K(764672K), 0.0631991 secs]
    [Times: user=0.83 sys=0.00, real=0.06 secs]
```

标签GC说明这是Minor GC。[PSYoungGen: 99952K->14688K(109312K)]是新生代信息。PSYoungGen表示新生代使用的是多线程垃圾收集器Parallel Scavenge[2]（-XX:+UseParallelGC，或-XX:+UseParallelOldGC自动开启）。其他新生代垃圾收集器还有多线程的ParNew（可配合老年代并发收集器CMS使用）和单线程的DefNew（-XX:+UseSerialGC，可配合老年代串行收集器Serial Old使用，也可以配合老年代并发收集器CMS使用）。在本书编写时，G1收集器仍然在开发中[3]，日志中还没有像其他3种垃圾收集器那样的识别标签。

"->"左边的99952K是垃圾收集前新生代的占用量。"->"右边的14688K是垃圾收集后新生代的占用量。新生代进一步分成Eden和2块Survivor，因为Minor GC之后Eden为空，所以此处的14688K也是Survivor的占用量。括号中的109312K不是新生代的占用量，而是Eden和一块正被占用的Survivor的和。

---

① HotSpot VM中的Throughput收集器，通常特指Parallel Scavenge收集器。——译者注

② 垃圾收集器之间的关系参见https://blogs.oracle.com/jonthecollector/entry/our_collectors。——译者注

③ JDK 7 Update 4及以后版本已完全支持G1，详情参见http://docs.oracle.com/javase/7/docs/technotes/guides/vm/G1.html。

——译者注

第3行422212K->341136K(764672K)是垃圾收集前后Java堆的使用情况（新生代和老年代的占用量总和），及Java堆的大小（新生代和老年代的总和）。"->"左边的422212K是垃圾收集前Java堆的占用量，"->"右边的341136K是垃圾收集后Java堆的占用量。括号中的764672K是Java堆的总量。

通过新生代和Java堆的大小，可以计算老年代大小。例如，Java堆764672K，新生代109312K，老年代则为764672K - 109312K = 655360K。

0.0631991 secs是垃圾收集花费的时间。

[Times: user=0.06 sys=0.00, real=0.06 secs]是CPU的使用时间。user是垃圾收集执行非操作系统调用指令所耗费的CPU时间。在这个例子中，垃圾收集器使用0.06秒用户态CPU时间。sys是垃圾收集器执行操作系统调用所耗费的CPU时间。本例中，垃圾收集器没有执行操作系统指令，花费的CPU时间为0。real右边是垃圾收集的实际时间（单位秒）。在这个例子中，完成垃圾收集用时0.06秒。user、sys及real的秒数已经四舍五入，并保留小数点后两位。

以下示例是-XX:+PrintGCDetails输出的Full GC日志（为便于阅读，已经分成多行）。

```
[Full GC
    [PSYoungGen: 11456K->0K(110400K)]
    [PSOldGen: 651536K->58466K(655360K)]
    662992K->58466K(765760K)
    [PSPermGen: 10191K->10191K(22528K)],
    1.1178951 secs]
    [Times: user=1.01 sys=0.00, real=1.12 secs]
```

标签Full GC说明这是完全垃圾收集。[PSYoungGen: 11456K->0K(110400K)]和Minor GC中的含义相同（参见前面的解释）。

[PSOldGen: 651536K->58466K(655360K)]是老年代信息。PSOldGen表示老年代使用的是多线程垃圾收集器Parallel Old（-XX:+UseParallelOldGC）。这行"->"左边的651536K是垃圾收集前老年代的占用量。"->"右边的58466K是垃圾收集后老年代的占用量。括号中的655360K是老年代的大小。

662992K->58466K(765760K)是Java堆的使用情况，是垃圾收集前后新生代和老年代占用量的累计。"->"右边可看成是应用在Full GC时的实时数据。了解应用的这些实时数据，特别是应用处于稳定状态时的实时数据，对于调整JVM的Java堆和对JVM垃圾收集器进行精细调优来说，非常重要。

[PSPermGen: 10191K->10191K(22528K)]是永久代信息。PSPermGen表示配合Throughput收集器在永久代使用的是多线程垃圾收集器Parallel Old（-XX:+UseParallelGC或-XX:+UseParallelOldGC）。这行"->"左边的10191K是垃圾收集前永久代的占用量。"->"右边的10191K是垃圾收集后永久代的占用量。括号中的22528K是永久代的大小。

Full GC中值得重点关注的是垃圾收集之前老年代和永久代的占用量。这是因为，当老年代或永久代的占用接近其容量时，都会触发Full GC。在这个例子中，垃圾收集前老年代的占用(651536K)，非常接近老年代的大小(655360K)。相比而言，垃圾收集前永久代的占用(10191K)，与永久代的大小(22528K)相差较大。因此，这次Full GC是由老年代而引起的。

1.1178951 secs是垃圾收集花费的时间。

[Times: user=1.01 sys=0.00, real=1.12 secs]是CPU的使用时间，含义和之前Minor GC的相同。

如果使用并发收集器CMS（-XX:+UseConcMarkSweepGC，它会自动开启-XX:+UseParNewGC，即新生代使用多线程垃圾收集器ParNew），-XX:+PrintGCDetails日志特别是报告老年代并发垃圾收集情况的数据，会有所不同。下面是使用并发收集器CMS时的Minor GC日志：

```
[GC
    [ParNew: 2112K->64K(2112K), 0.0837052 secs]
    16103K->15476K(773376K), 0.0838519 secs]
    [Times: user=0.02 sys=0.00, real=0.08 secs]
```

CMS的Minor GC日志和Throughput收集器是相似的。完整起见，一并解释如下。

标签GC表示这是Minor GC。[ParNew: 2112K->64K(2112K)]是新生代信息。ParNew表示配合CMS收集器在新生代使用的是多线程垃圾收集器ParNew。如果配合CMS使用的是串行垃圾收集器，这里的标签则为DefNew。

ParNew右边，"->"左边的2112K是垃圾收集前新生代的占用量，"->"右边的64K是垃圾收集后新生代的占用量。新生代进一步分为Eden和2块Survivor。因为Minor GC后Eden为空，所以此处的64K也是Survivor的占用量。括号中2112K不是新生代的占用量，而是新生代的大小，即Eden和一块正被占用的Survivor的和。0.0837052 secs是新生代回收不可达对象的时间。

下一行16103K->15476K(773376K)是垃圾收集前后Java堆的占用量（新生代和老年代的占用量总和），和Java堆的大小（新生代和老年代的总和）。"->"左边的16103K是垃圾收集前Java堆的占用量，右边的15476K是垃圾收集后Java堆的占用量。括号中的773376K是Java堆的总量。

通过新生代和Java堆的大小，可以计算老年代的大小。例如，Java堆773376K，新生代2112K，老年代则为773376K - 2112K = 771264K。

0.0838519 secs表示Minor GC的时间，包括新生代垃圾收集、提升对象到老年代以及最后剩余的清扫工作。

[Times: user=0.02 sys=0.00, real=0.08 secs]是CPU的使用时间。user是垃圾收集执行非操作系统调用指令所耗费的CPU时间。在这个例子中，垃圾收集器使用0.02秒用户态CPU时间。sys是垃圾收集器执行操作系统调用所耗费的CPU时间。本例中，垃圾收集器没有执行操作系统指令，花费的CPU时间为0。real右边是垃圾收集的实际用时（单位：秒）。在这个例子中，完成垃圾收集用时0.08秒。user、sys及real的秒数已经四舍五入，并保留小数点后两位。

回顾第3章，CMS会在老年代定期执行并发垃圾收集。-XX:+PrintGCDetails可以报告每个并发垃圾收集周期的垃圾收集信息。下面是一个完整并发垃圾收集周期的垃圾收集日志。并发垃圾收集和Minor GC交替出现说明在并发垃圾收集周期中依然可以进行Minor GC。为了便于阅读，日志已经重新格式化，粗体表示并发垃圾收集。值得注意的是，在Java发布版之间，使用CMS的

-XX:+PrintGCDetails日志可能会发生改变。

```
[GC
    [1 CMS-initial-mark: 13991K(773376K)]
    14103K(773376K), 0.0023781 secs]
    [Times: user=0.00 sys=0.00, real=0.00 secs]
[CMS-concurrent-mark-start]
[GC
    [ParNew: 2077K->63K(2112K), 0.0126205 secs]
    17552K->15855K(773376K), 0.0127482 secs]
    [Times: user=0.01 sys=0.00, real=0.01 secs]
[CMS-concurrent-mark: 0.267/0.374 secs]
    [Times: user=4.72 sys=0.01, real=0.37 secs]
[GC
    [ParNew: 2111K->64K(2112K), 0.0190851 secs]
    17903K->16154K(773376K), 0.0191903 secs]
    [Times: user=0.01 sys=0.00, real=0.02 secs]
[CMS-concurrent-preclean-start]
[CMS-concurrent-preclean: 0.044/0.064 secs]
    [Times: user=0.11 sys=0.00, real=0.06 secs]
[CMS-concurrent-abortable-preclean-start]
[CMS-concurrent-abortable-clean]  0.031/0.044 secs]
    [Times: user=0.09 sys=0.00, real=0.04 secs]
[GC
    [YG occupancy: 1515 K (2112K)]
    [Rescan (parallel) , 0.0108373 secs]
    [weak refs processing, 0.0000186 secs]
    [1 CMS-remark: 16090K(20288K)]
    17242K(773376K), 0.0210460 secs]
    [Times: user=0.01 sys=0.00, real=0.02 secs]
[GC
    [ParNew: 2112K->63K(2112K), 0.0716116 secs]
    18177K->17382K(773376K), 0.0718204 secs]
    [Times: user=0.02 sys=0.00, real=0.07 secs]
[CMS-concurrent-sweep-start]
[GC
    [ParNew: 2111K->63K(2112K), 0.0830392 secs]
    19363K->18757K(773376K), 0.0832943 secs]
    [Times: user=0.02 sys=0.00, real=0.08 secs]
[GC
    [ParNew: 2111K->0K(2112K), 0.0035190 secs]
    17527K->15479K(773376K), 0.0036052 secs]
    [Times: user=0.00 sys=0.00, real=0.00 secs]
[CMS-concurrent-sweep: 0.291/0.662 secs]
   [Times: user=0.28 sys=0.01, real=0.66 secs]
[GC
    [ParNew: 2048K->0K(2112K), 0.0013347 secs]
    17527K->15479K(773376K), 0.0014231 secs]
    [Times: user=0.00 sys=0.00, real=0.00 secs]
[CMS-concurrent-reset-start]
[CMS-concurrent-reset: 0.016/0.016 secs]
    [Times: user=0.01 sys=0.00, real=0.02 secs]
[GC
```

```
[ParNew: 2048K->1K(2112K), 0.0013936 secs]
17527K->15479K(773376K), 0.0014814 secs]
[Times: user=0.00 sys=0.00, real=0.00 secs]
```

CMS周期从初始标记开始，到并发重置结束，代码段分别以粗体的CMS-initial-mark和CMS-concurrent-reset表示。CMS-concurrent-mark表示并发标记阶段的结束，CMS-concurrent-sweep表示并发清除阶段的结束，CMS-concurrent-preclean和CMS-concurrent-abortable-preclean用来标识可以并发的工作，为重新标记阶段（标签为CMS-remark）做准备。清除阶段（标签为CMS-concurrent-sweep）释放垃圾对象所占用的空间。CMS-concurrent-reset表示最后阶段，为下一轮并发垃圾收集周期作准备。

与Minor GC时间相比，初始标记导致的停顿通常相对较短。在这个例子中，与Minor GC的停顿相比，并发执行（并发标记、并发预清除和并发清除）的时间相对较长，但是在并发阶段Java应用程序的线程并没有停止。重新标记的停顿时间受特定应用（例如对象的变动率很高停顿时间就会增加）和与最近一次Minor GC时间间隔（如果新生代有大量对象停顿就会增加）的影响。

日志中特别需要注意的是CMS周期中堆占用的减少量，特别是CMS并发清除开始和结束时（以CMS-concurrent-sweep-start、CMS-concurrent-sweep为标识）Java堆占用的减少量。Java堆的占用量可以查看Minor GC。注意CMS并发清除开始和结束时的Minor GC，如果Java堆的占用几乎没有怎么降低，很少有对象被回收，说明该轮CMS 垃圾收集周期几乎没有找到垃圾对象而只是浪费CPU，或者对象以不小于CMS并行清除垃圾对象的速度被提升到老年代。显而易见，这两种情况都说明JVM需要调优。CMS收集器的调优请参阅第7章。

使用CMS收集器时，另一个需要监控的是晋升分布（-XX:+PrintTenuringDistribution）。晋升分布是一种显示新生代Survivor中对象年龄的直方图。当对象年龄超过晋升阈值[①]（Tenuring Threshold）时，就会被提升到老年代。关于晋升阈值和如何监控晋升分布以及监控它的重要性，将在7.8.6节和7.8.7节中解释。

如果对象提升到老年代的速度太快，而CMS收集器不能保持足够多的可用空间时，就会导致老年代的运行空间不足，这称为并发模式失败（Concurrent Mode Failure）。当老年代碎片化达到某种程度，使得没有足够空间容纳从新生代提升上来的对象时，也会发生并发模式失败。垃圾收集日志（-XX:+PrintGCDetails）中，并发模式失败会有"concurrent mode failure"的字样。发生并发模式失败时，老年代将进行垃圾收集以释放可用空间，同时也会整理压缩以消除碎片。这个操作需要停止所有的Java应用线程，并且需要执行相当长时间。所以，一旦发现并发模式失败，你应该按照第7章，特别是低延迟程序细调一节的指导，对JVM进行调优。

1. 包含时间戳

设置相应的命令行选项，HotSpot VM就可以在日志中包含每次垃圾收集的时间戳。-XX:+PrintGCTimeStamps在日志中输出自JVM启动以来到垃圾收集之间流逝的秒数。下面是Throughput收集器结合-XX:+PrintGCTimeStamps和-XX:+PrintGCDetails时输出的日志（为便于阅

---

① 也有译成"晋升年限"。——译者注

读，已经分成多行）。

```
77.233: [GC
    [PSYoungGen: 99952K->14688K(109312K)]
    422212K->341136K(764672K), 0.0631991 secs]
    [Times: user=0.83 sys=0.00, real=0.06 secs]
```

注意-XX:+PrintGCDetails日志有时间戳前缀，这个时间是自JVM启动以来的秒数。Full GC的日志也有这样的时间戳前缀。此外，使用CMS收集器时，也会打印这种时间戳。

Java 6 Update 4及更高的版本支持-XX:+PrintGCDateStamps，它生成符合ISO8601标准的时间戳，形如*YYYY-MM-DD*-T-*HH-MM-SS.mmm*-TZ。

- ❑ *YYYY*：年，4位数字。
- ❑ *MM*：月，2位数字，不足则高位补0。
- ❑ *DD*：日，2位数字，不足则高位补0。
- ❑ T：分隔符，左边为日期，右边为时间。
- ❑ *HH*：小时，2位数字，不足则高位补0。
- ❑ *MM*：分钟，2位数字，不足则高位补0。
- ❑ *SS*：秒，2位数字，不足则高位补0。
- ❑ *mmm*：毫秒，3位数字，不足则高位补0。
- ❑ TZ：时区。

日志中包含时区，时间是该时区的本地时间，而不是GMT时间。下面是吞吐量收集器结合-XX:+PrintGCDateStamps和-XX:+PrintGCDetails时输出的日志（为便于阅读，已经分成多行）。

```
2010-11-21T09:57:10.518-0500:[GC
    [PSYoungGen: 99952K->14688K(109312K)]
    422212K->341136K(764672K), 0.0631991 secs]
    [Times: user=0.83 sys=0.00, real=0.06 secs]
```

当使用-XX:+PrintGCDetails时，Parallel收集的Full GC日志中也有这样的日期加时间的时间戳前缀。此外，使用CMS收集器时，也会打印这种时间戳。

时间戳可以让你计算Minor GC和Full GC实际的持续时间和频率，也能推算它们的预期值，如果不符合应用需求，可以考虑用第7章中的方法调优。

-Xloggc

使用-Xloggc:<filename>可以将垃圾收集的统计数据直接输出到文件（<filename>是保存的文件名），以便离线分析。离线分析可以处理时间范围更广的垃圾收集数据，查找问题时也不会直接影响线上应用。

结合使用-XX:+PrintGCDetails和-Xloggc:<filename>，即便不指定-XX:+PrintGCTimeStamps，日志中也会自动添加时间戳前缀，打印格式与-XX:+PrintGCTimeStamps相同。下面是Throughput收集器结合-Xloggc:<filename>和-XX:+PrintGCDetails时输出的日志（为便于阅读，已经分成多行）。

```
77.233: [GC
    [PSYoungGen: 99952K->14688K(109312K)]
    422212K->341136K(764672K), 0.0631991 secs]
    [Times: user=0.83 sys=0.00, real=0.06 secs]
```

依据-Xloggc打印的时间戳，可以判断Minor GC和Full GC发生的时间点，还可以计算Minor GC和Full GC的频率，并推算它们的预期值。如果不符合应用需求，可以考虑用第7章中的方法进行调优。

2. 应用停止时间和应用并发时间

使用-XX:+PrintGCApplicationConcurrentTime和-XX:+PrintGCApplicationStoppedTime，HotSpot VM可以报告应用在安全点操作之间的运行时间，以及阻塞Java线程的时间。利用这两个命令行选项观察安全点操作有助于理解和量化延迟对JVM的影响，也可以用来辨别是JVM安全点操作还是应用程序引入的延迟。

提示
第3章详细描述了安全点操作。

参见以下示例（-XX:+PrintGCApplicationConcurrentTime、-XX:+PrintGCApplication-StoppedTime以及-XX:+PrintGCDetails）。

```
Application time: 0.5291524 seconds
[GC
    [ParNew: 3968K->64K(4032K), 0.0460948 secs]
    7451K->6186K(32704K), 0.0462350 secs]
    [Times: user=0.01 sys=0.00, real=0.05 secs]
Total time for which application threads were stopped: 0.0468229 seconds
Application time: 0.5279058 seconds
[GC
    [ParNew: 4032K->64K(4032K), 0.0447854 secs]
    10154K->8648K(32704K), 0.0449156 secs]
    [Times: user=0.01 sys=0.00, real=0.04 secs]
Total time for which application threads were stopped: 0.0453124 seconds
Application time: 0.9063706 seconds
[GC
    [ParNew: 4032K->64K(4032K), 0.0464574 secs]
    12616K->11187K(32704K), 0.0465921 secs]
    [Times: user=0.01 sys=0.00, real=0.05 secs]
Total time for which application threads were stopped: 0.0470484 seconds
```

应用运行大约0.53~0.91秒，Minor GC停顿大约0.045~0.047秒，即Minor GC大约有5%~8%的开销。

注意此处Minor GC之间没有其他的安全点，如果有，则垃圾收集之间的每个安全点都会显示Application time:和Total time for which application threads were stopped:。

3. 显式垃圾收集

显式的垃圾收集比较容易识别，因为垃圾收集日志中会有特定文字，说明垃圾收集是显式调用`System.gc()`所引起的。以下是调用`System.gc()`引发的Full GC日志（`-XX:+PrintGCDetails`），为便于阅读，已经分成多行。

```
[Full GC (System)
    [PSYoungGen: 99608K->0K(114688K)]
    [PSOldGen: 317110K->191711K(655360K)]
    416718K->191711K(770048K)
    [PSPermGen: 15639K->15639K(22528K)],
    0.0279619 secs]
    [Times: user=0.02 sys=0.00, real=0.02 secs]
```

Full GC之后的（`System`）表明是`System.gc()`导致的Full GC。如果垃圾收集日志中发现该信息，调查其原因，然后决定是否该从源代码中去除`System.gc()`，或是禁止它。

4. 监控垃圾收集的推荐选项

HotSpot VM监控垃圾收集的最简单命令行选项组合是`-XX:+PrintGCDetails`和`-XX:+PrintGCTimeStamps`或`-XX:+PrintGCDateStamps`。另一个有用的选项是`-Xloggc:<filename>`，可以将数据保存为文件以便离线分析。

4.2.3　垃圾收集数据的离线分析

离线分析是为了汇总垃圾收集数据并从中查找重要的数据模式。垃圾收集数据的离线分析方法有多种，例如将数据载入电子表格或者图表工具。GCHisto是一个离线分析工具，可以免费从http://java.net/projects/gchisto下载。它从文件读入垃圾收集数据，以表格和图形化方式展现。图4-1是它的GC Pause Stats选项卡上的汇总表。

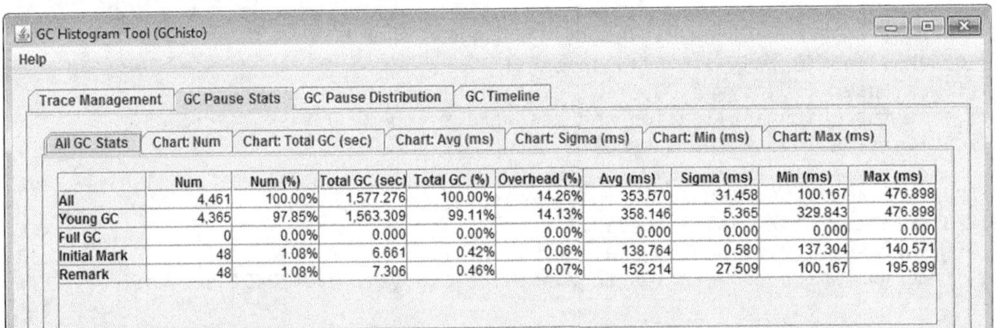

	Num	Num (%)	Total GC (sec)	Total GC (%)	Overhead (%)	Avg (ms)	Sigma (ms)	Min (ms)	Max (ms)
All	4,461	100.00%	1,577.276	100.00%	14.26%	353.570	31.458	100.167	476.898
Young GC	4,365	97.85%	1,563.309	99.11%	14.13%	358.146	5.365	329.843	476.898
Full GC	0	0.00%	0.000	0.00%	0.00%	0.000	0.000	0.000	0.000
Initial Mark	48	1.08%	6.661	0.42%	0.06%	138.764	0.580	137.304	140.571
Remark	48	1.08%	7.306	0.46%	0.07%	152.214	27.509	100.167	195.899

图4-1　GCHisto中的GC Pause Stats

GC Pause Stats显示垃圾收集的次数、开销和持续时间等，它的子选项卡逐项集中展示这些数据。所有引入Stop-The-World停顿的垃圾收集，在表中都会占有一行，最上面一行是总计。图4-1

是CMS收集器的数据。回顾第3章，CMS收集器除了Minor GC（Young GC[①]）和Major GC（Full GC）以外，还有两个Stop-The-World停顿——CMS初始标记（Initial Mark）和CMS重新标记（Remark）。如果发现初始标记或重新标记的停顿超过Minor GC，说明JVM需要调优了，因为它们的持续时间不应该超过Minor GC。

因为Throughput收集器只有两次Stop-The-World停顿，所以GC Pause Stats只会显示Minor GC和Full GC的统计数据。

Minor GC和Full GC数量的对比可以让人对Full GC的频度有个感性认识，这个数据和Full GC的停顿时间可用来评估应用程序对Full GC频度和持续时间的需求。

垃圾收集的开销（Overhead%）表示垃圾收集调优的程度。作为一般性准则，并发垃圾收集的开销应该小于10%，也有可能达到1%~3%。对Throughput收集器来说，如果垃圾收集的开销接近1%，说明垃圾收集器调得很好，3%或更高则说明调优可以改善应用的性能。重要的是理解垃圾收集开销和Java堆大小之间的关系，Java堆越大，降低垃圾收集开销的机会越大。对于给定的Java堆大小，通过JVM调优才能达到最小的开销。

图4-1中，垃圾收集的开销略微超过14%，依据上述一般性准则，JVM调优可以减少它的开销。

最右边是最长停顿时间（Maximum Pause Time），可以用来评估最差情况下垃圾收集的延时是否满足需求。最长停顿时间超过应用需求时，JVM可能需要调优，至于是否有必要，则由其超过的程度和超出的停顿时间决定。

最小、最大、平均和标准偏差展示了停顿时间的分布情况。如图4-2所示，GC Pause Distribution选项卡显示了停顿时间的分布。

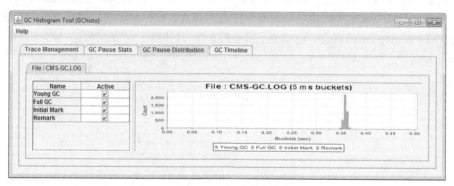

图4-2　GC Pause分布

默认时，GC Pause Distribution显示所有垃圾收集停顿的分布，可以勾选显示相应的停顿类型。x轴是垃圾收集的停顿时间，y轴是停顿的次数。单独查看Full GC通常更有用，因为一般来说它的时间最长。只看Young GC可以了解停顿时间的变化分布。停顿时间分布广，说明对象分配率和提升率的波动大。如果发现这种情况，你应该查看GC Timeline，找到垃圾收集活动的峰值。参见图4-3。

_____

① 为与图表显示对应，后续称Minor GC为Young GC。——译者注

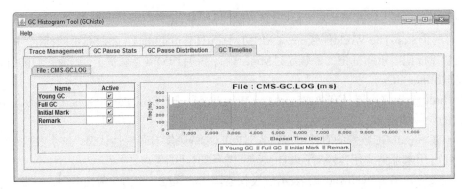

图4-3 GC Timeline

默认时，GC Timeline显示整个时间线上所有垃圾收集的停顿。如果想在图底部（x轴）显示时间戳，输出垃圾收集统计信息时，需要包括命令行选项`-XX:+PrintGCTimeStamps`或`-XX:+PrintGCDateStamps`，或者使用`-Xloggc`。对于每个垃圾收集停顿，图上都会有一个标记，表示发生的时间（x轴。相对于JVM的开始时间）以及停顿持续的时间（y轴）。

时间线上有一些值得查找的模式。例如，你应该注意Full GC在何时发生，有多频繁。只选择Full GC的停顿类型，有助于此类分析。可以在时间线上观察Full GC相对于JVM启动是何时发生的从而对它发生的时间点有所认识。

只选择Young GC的停顿类型，你可以观察到垃圾收集持续时间的峰值或重复出现的峰值，再将这些映射到应用程序的日志，就可以了解在峰值时系统发生了什么。可以把那些时间段执行的用例作为候选，进一步探究减少对象分配和持有的机会。减少垃圾收集最忙时段的对象分配和持有，可以减少Young GC的频度，也减少了潜在Full GC的频度。可以用鼠标选择感兴趣的区域，放大某部分时间线。如图4-4所示。

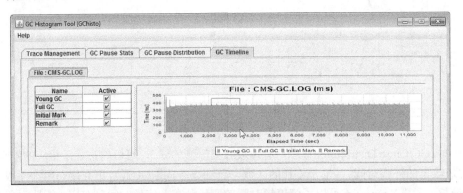

图4-4 GC Timeline缩放

放大之后你可以更加集中关注某个特定区域，看清每个垃圾收集停顿。你可以在图的任何地方右键鼠标，在弹出菜单中选择Auto Rand > Both Axes，回到原始比例。

通过Trace Management，GCHisto可以载入多个垃圾收集日志文件。载入多个日志时，每个垃圾收集日志文件都会生成一个选项卡，可以很容易的在各日志间切换。这可用于比较不同Java堆配置或者不同应用负载下的垃圾收集日志文件。

4.2.4 图形化工具

你还可以用图形化工具监控垃圾收集，用这类工具识别变化趋势或者模式要比文本容易一些。下列图形化工具可用于监控HotSpot VM：JConsole、VisualGC以及VisualVM。JConsole随Java 5和更高版本的JDK分发。

VisualGC原本随jvmstat开发和打包，现在可从http://java.sun.com/performance/jvmstat免费下载。

VisualVM是一个开源项目，它将多个已有的轻量型Java监控和性能分析工具打包到一起。VisualVM包括在Java 6 Update 6和更高版本的JDK中，也可以从http://visualvm.dev.java.net免费下载。

1. JConsole

JConsole是一个JMX（Java Management Extensions）兼容的GUI工具，可以连接运行中的Java 5或更高版本的JVM。用Java 5 JVM启动Java应用时，命令行只有添加-Dcom.sun.management.jmxremote，JConsole才能连接，而Java 6或更高版本的JVM不需要添加此属性。下面演示如何用JConsole连接在JDK上运行的示例应用Java2Demo。使用Java 5 JDK时，可用以下命令行启动Java2Demo。

Solaris或Linux上：

```
$ <JDK install dir>/bin/java -Dcom.sun.management.jmxremote -jar <JDK install
dir>/demo/jfc/Java2D/Java2Demo.jar
```

其中<JDK install dir>是Java 5 JDK的安装目录。

Windows上：

```
<JDK install dir>\bin\java -Dcom.sun.management.jmxremote -jar <JDK install
dir>\demo\jfc\Java2D\Java2Demo.jar
```

其中<JDK install dir>是Java 5 JDK的安装目录。在Java 6或更高版本的JVM上开启JConsole时，不需要传入-Dcom.sun.management.jmxremote。

Solaris或Linux上：

```
$ <JDK install dir>/bin/jconsole
```

其中<JDK install dir>是Java 6 JDK的安装目录。

Windows上：

```
<JDK install dir>\bin\jconsole
```

其中<JDK install dir>是Java 6 JDK的安装目录。

　　JConsole启动时会自动查找本地进程并弹出连接本地或远程Java应用的对话框。如图4-5和图4-6所示，Java 5中JConsole的连接对话框和Java 6有稍许差别。

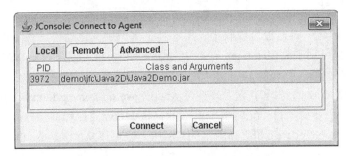

图4-5　Java 5中JConsole的连接对话框

图4-6　Java 6中JConsole的连接对话框

　　Java 5中，JConsole连接对话框会列出可被监控的应用，它们启动时带有-Dcom.sun.management.jmxremote属性，并且和启动JConsole的用户共享相同的用户凭证。

　　Java 6中，JConsole连接对话框会列出可被监控的应用，包括Java 6应用和Java 5以属性-Dcom.sun.management.jmxremote启动的应用，这两种都和启动JConsole的用户共享相同的用户凭证。那些共享相同用户凭证但没有以-Dcom.sun.management.jmxremote启动的Java 5应用也会列出来，不过是灰色禁选框。

监控本地应用，你可以在列表中选择应用的Name和PID，点击Connect按钮。与之相比，远程监控的优点在于，可以将JConsole消耗的系统资源与被监控系统隔离开。为了能远程监控，远程应用需要以开启远程管理的方式启动。开启远程管理需要在远程机器上开启一个与被监控程序通信的端口，如果为了安全选用了SSL，则需要建立密码认证。如何开启远程管理的信息参见Java SE 5和Java SE 6的监控和管理指南。

- ❑ Java SE 5：http://java.sun.com/j2se/1.5.0/docs/guide/management/index.html。
- ❑ Java SE 6：http://java.sun.com/javase/6/docs/technotes/guides/management/toc.html。

提示

需要监控多个Java应用时，可以随时选择菜单Connection > New Connection（新建连接），选择不同的Name和PID。

一旦JConsole连上应用，它会载入6个选项卡。JConsole的默认显示在Java 5和Java 6中有所不同。Java 6的JConsole以图形化展示堆内存的使用情况、线程、类以及CPU的使用情况。而Java 5的JConsole则用文本方式显示相同的信息。Memory选项卡是最有用的，用于监控JVM垃圾收集，它在Java 5和Java 6的JConsole中是相同的。图4-7显示了JConsole的Memory选项卡。

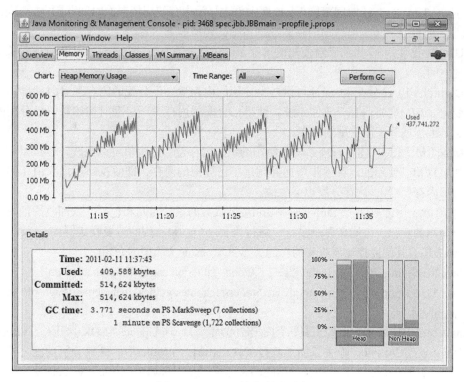

图4-7 JConsole的内存选项卡

Memory选项卡用图表方式显示一段时间内JVM内存的消耗情况。依据被监控的JVM和所用的垃圾收集器，Java堆（JConsole中称为内存池）的空间构成也有所不同。但从它们的名字可以看出来，它们被直接映射到了以下的HotSpot VM空间。

- Eden。几乎所有新建的Java对象都在这个内存池。
- Survivor。该内存池包含那些至少经历过一次Eden垃圾收集而仍然存活的对象。
- Old或Tenured。该内存池包含那些超过垃圾收集年龄阈值而仍然存活的对象。
- Permanent。该内存池包含所有的JVM元数据，例如class和method对象。如果监控的JVM支持类数据共享，这个空间会分成只读和可读写区域。
- Code cache。HotSpot VM用该内存空间存储经过JIT编译器编译后的代码。

JConsole将Eden、Survivor及Old（或Tenured）合称堆内存，Permanent和Code cache合称为非堆内存。选择Chart（图表）下拉列表中的Heap Memory Usage（堆内存使用情况）或Non-Heap Memory Usage（非堆内存使用情况）可以分别显示，你也可以查看指定空间的图表。此外，点击右下角的Heap（堆）或Non-Heap（非堆）图条，可以在两者之间切换显示。鼠标在Heap或Non-Heap图条上悬停时，会显示内存池或空间名的提示信息。

可以留意这样一种数据模式，即Survivor是否在相当长时间内都是满的。如果是，说明Survivor已经溢出，对象在老化之前正被提升到老年代。对新生代进行调优可以解决Survivor溢出问题。

你可以从Time Range（时间范围）下拉框中更改显示内存使用情况的时间范围。左下角Details（详细信息）面板显示了当前JVM内存的数据指标，包括如下内容。

- Used（已使用）。当前已经使用的内存量，包括所有Java对象（可达和不可达对象）占用的空间。
- Commited（已分配）。保证可供JVM使用的内存量。已分配的内存随着时间推移会发生变化。JVM会将内存释放回系统，使得已分配的内存少于启动时初始量。已分配的内存总是大于或等于已使用的内存。
- Max（最大值）。内存管理系统可使用的最大内存量。这个值可以更改，也可以不定义。如果JVM已使用的内存逐步增加并超过了已分配的内存，即便没超过最大值（例如系统虚拟内存低时），内存分配也会失败。
- GC Time（GC时间）。Stop-The-World垃圾收集的累计时间和包括并发回收周期的垃圾收集调用的总数。可能会显示多行，每行代表一个JVM所用的垃圾收集器。

JConsole还有其他监控垃圾收集的功能，参见JConsole文档中的介绍。

- Java SE 5：http://java.sun.com/j2se/1.5.0/docs/guide/management/jconsole.html。
- Java SE 6：http://java.sun.com/javase/6/docs/technotes/guides/management/jconsole.html。

2. VisualVM

VisualVM是开源图形化监控工具，创始于2007年。Java 6 Update 7 SDK中引入了VisualVM，它被认为是第2代JConsole。除去添加了流行工具NetBeans Profiler中的性能分析功能之外，它还集成了一些已有的JDK软件工具和轻量型的内存监控工具，例如JConsole。VisualVM为生产和开发环境而设计，进一步增强了Java SE平台的监控和性能分析能力。它也采用NetBeans的插件架构，可以很容易地添加组件或插件，或者扩展VisualVM已有的组件或插件，用来监控和分析应用的性能。

运行VisualVM需要Java 6，但它可以监控本地或远程运行在Java 1.4.2、Java 5或Java 6上的应用。依据这些Java应用所用的Java版本，以及运行在VisualVM本地或者远程，VisualVM有一些功能限制。表4-1列出了VisualVM在特定JDK版本上的特性。

表4-1　VisualVM特性

特　　性	JDK 1.4.2本地/远程	JDK 5.0本地/远程	JDK 6.0远程	JDK 6.0本地
概述	√	√	√	√
系统属性（在概述中）				√
监控	√	√	√	√
线程		√	√	√
Profiler[①]				√
线程Dump				√
堆Dump				√
出现OOME时生成堆dump				√
MBean浏览（插件）				√
JConsole插件包裹器（插件）		√	√	√
VisualGC（插件）	√	√	√	√

VisualVM中也有性能分析。VisualVM的远程性能分析比较轻量，很适合在监控中进行，本章将介绍这些内容，而性能分析的详细介绍请参见第5章。

在Windows、Linux或Solaris中，可以用以下命令行启动VisualVM（注意名字是jvisualvm而不是visualvm）。

```
<JDK install dir>\bin\jvisualvm
```

其中，<JDK install dir>是JDK（JDK 6 Update 6或更高版本）的安装目录。

对于从java.net下载的VisualVM独立应用，在Windows、Linux或Solaris上可以用以下命令行启动。（注意，java.net上开源版本的VisualVM用visualvm启动，而不是JDK分发版中的jvisualvm。）

```
<VisualVM install dir>\bin\visualvm
```

其中，<VisualVM install dir>是VisualVM的安装目录。

---

① 中文VisualVM中显示为"Profiler"，故沿用。以下的"线程Dump"和"堆Dump"同理。——译者注

此外，你也可以从Windows资源管理器导航到VisualVM的安装目录，双击可执行文件，启动VisualVM。

如图4-8所示，启动VisualVM后，左侧为Applications（应用程序），右侧仅有Start Page（起始页），没有监控窗口。

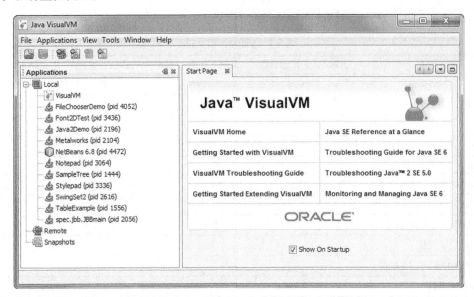

图4-8　VisualVM

Application面板上主要有3个可展开的节点。第1个Local（本地）节点，会列出VisualVM可以监控的本地Java应用。第2个Remote（远程）节点，会列出VisualVM可以监控的远程主机，以及这些远程主机上的Java应用。第3个Snapshots（快照）节点，包含一组快照文件。VisualVM可以为Java应用拍摄状态快照。拍摄快照时，Java应用的状态会保存在文件中，而文件则列在Snapshots节点下。快照可用于捕获应用的重要状态信息或者与其他快照进行比较。

在启动Java应用或VisualVM时，VisualVM会自动识别出本地Java应用。如图4-8所示，VisualVM自动发现的Java应用显示在Local节点中。在Java应用启动时，VisualVM会自动检测，然后将它们添加到本地节点列表。Java应用关闭时，VisualVM会自动将它们移除。

为了监控远程的Java应用，远程系统必须进行一些配置，运行后台程序jstatd。jstatd随Java 5和Java 6 JDK分发，但不包括在Java 5或Java 6 JRE中。你可以在jvisualvm和java启动程序的目录下找到jstatd。

jstatd会启动Java RMI服务器，监控HotSpot VM的创建和终止，并为远程监控工具诸如VisualVM提供关联（Attach）和监控远程Java应用的接口。运行jstatd必须和运行被监控的Java应用具有相同的用户凭证。因为jstatd可以暴露JVM检测接口（Instrumentation），所以必须部署安全管理器以及安全策略文件。安全策略文件中需要考虑授予的访问级别，避免对所监控的JVM造成安全隐患。jstatd的策略文件必须符合Java安全策略规范。以下是可供jstatd使用的策略文件示例。

```
grant codebase "file:${java.home}/../lib/tools.jar" {
    permission java.security.AllPermission;
};
```

提示

注意，本示例中的策略文件允许jstatd运行时不考虑任何安全异常。这个策略比授予全部权限给所有的codebase要多些限制，但比运行jstatd服务所需要的最小权限要宽松。可以指定比本例更严格的安全策略，从而进一步限制访问。但是，如果安全策略文件无法解决安全问题，最保险的方法是不运行jstatd，采用本地监控工具而不是远程连接。

假定上述策略被保存为名叫jstatd.policy的文件，可以运行以下命令启用该策略并启动jstatd。

```
jstatd -J-Djava.security.policy=<path to policy file>/jstatd.policy
```

提示

jstatd的更多详细配置可以参考http://java.sun.com/javase/6/docs/technotes/tools/share/jstatd.html。

远程系统运行jstatd后，你可以在本地系统运行jps加远程系统的主机名，验证能否关联远程的jstatd。jps可以列出能被监控的Java应用。如果jps带主机名参数，它会尝试连接远程系统的jstatd，查找远程可被监控的Java应用。如果jps没有带主机名参数，则返回本地能被监控的Java应用。

假设远程系统已经配置好，运行jstatd的主机叫halas，在本地系统，你可以执行以下jps命令来验证到远程系统的连通性。

```
$ jps halas
2622  Jstatd
```

jps返回Jstatd，说明远程系统上的jstatd已经配置成功了。Jstatd前的数字是jstatd的进程id。对于验证远程系统的连通性来说，进程id具体是什么并不重要。

使用VisualVM监控远程Java应用，需要配置远程主机名或IP地址，可以在VisualVM Application面板上右键Remote节点，添加远程主机信息。如果你想监控多个远程主机上的Java应用，则必须在每台远程主机上用之前的方法配置jstatd，然后在VisualVM中添加主机信息。VisualVM可以自动发现并列出可被监控的Java应用。再次回顾一下，运行远程Java应用的用户凭证必须和运行VisualVM的相匹配，同时jstatd的权限需要和策略文件相吻合。如图4-9所示，VisualVM中有一个远程系统以及可被监控的Java应用。

你也可以双击Local或Remote节点下的应用名或图标来监控某个应用，还可以右键选择应用名或图标，选择Open。这两种操作都会在VisualVM的右侧面板中打开一个选项窗口。Java 6或更高版本上运行的本地应用还会有其他子选项卡。

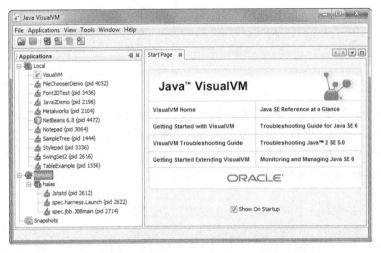

图4-9   配置VisualVM监控远程应用

VisualVM右侧面板显示哪些子选项窗口,取决于应用的Java版本、本地还是远程运行,以及VisualVM是否添加了其他插件。子选项窗口至少包括Overview(概述)和Monitor(监视)。Overview显示被监控程序的概要信息,包括进程id、所在的主机名、Java主类、传递给程序的参数、JVM名、JVM的路径、JVM标志、内存溢出时是否生成转储、线程或堆已经转储的份数,以及被监控应用的系统属性(如果可以获取到)。Monitor窗口显示堆、永久代的使用情况、类加载信息以及线程数。图4-10是Monitor窗口远程监控运行于Java 6上的应用。

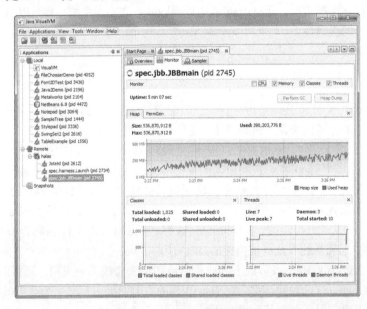

图4-10   VisualVM监控选项卡

如果远程应用配置了JMX连接，你也可以从Monitor窗口发起垃圾收集或者转储堆的请求。远程应用配置JMX，启动时至少需要以下系统属性：

- ❑ `com.sun.management.jmxremote.port=<port number>`
- ❑ `com.sun.management.jmxremote.ssl=<true | false>`
- ❑ `com.sun.management.jmxremote.authenticate=<true | false>`

配置VisualVM通过JMX连接远程应用，可以选择菜单File>Add JMX Connection（添加JMX连接）。在Add JMX Connection窗口的输入框中添加以下信息。

- ❑ `hostname:<port number>`字段。比如说，远程应用运行的主机叫halas，并配置了 `com.sun.management.jmxremote.port=4433`，你可以在该框填入halas:4433。
- ❑ 显示名称是可选的，显示在VisualVM中用以表示是通过JMX连接的远程应用。默认时，VisualVM使用你在连接框中的输入作为显示名。
- ❑ 如果你设置`com.sun.management.jmxremote.authenticate=true`，则需要在用户名和口令框中输入授权远程连接的用户名和口令。

其他VisualVM远程监控配置JMX的信息可以参见VisualVM的JMX连接文档：http://download. oracle.com/javase/6/docs/technotes/guides/visualvm/jmx_connections.html。

配置完JMX连接后，VisualVM的Applications面板会新增一个图标，表示远程应用的JMX连接已经配置好。在VisualVM中配置远程应用的JMX连接可以增加监控功能。比如，Monitor可以显示应用的CPU使用率，也可以触发Full GC和Heap Dump（堆转储），如图4-11所示。

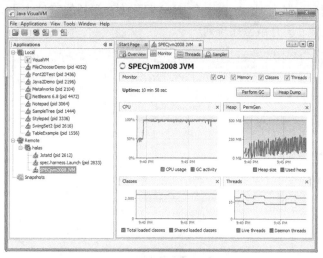

图4-11　通过JMX进行远程监控

除了有许多功能的Monitor窗口，还有Threads（线程）窗口。Threads窗口显示程序中的线程，并用颜色表示线程正在运行、休眠、阻塞、等待或锁竞争。所有的本地应用都有Threads窗口这个视图。

Threads窗口可以深入了解线程，哪些最活跃、哪些在获取和释放锁之间徘徊。在观察应用特定的线程运行行为，特别是当操作系统的监控表明应用可能面临锁竞争时，Threads窗口会很有用。

可以在Threads窗口中点击Thread Dump（线程转储）创建一个线程转储，VisualVM会增加一个窗口显示这些线程转储，同时会在Applications的该应用节点之下新增一个线程转储的节点。需要注意的是，除非保存线程转储，否则VisualVM关闭后这些线程转储就没有了。在应用下面的线程转储图标或标签上右键选择save as（另存为）就可以将其保存。之后，可以选择菜单File>Load（装入）重新加载线程转储。

VisualVM也为本地和远程应用提供了性能分析。本地Java 6应用的性能分析包括CPU和内存。监控应用在运行时的CPU或内存使用情况会很有用。然而，如果在生产环境使用这些特性，就需要多加小心了，因为它们可能会加重应用的负担。当应用运行时，监控CPU使用情况可以了解在特定事件发生时，哪些方法最忙。比如，某个GUI应用只有通过特定视图才能展示性能问题，因此得用该视图监控这个GUI应用，才能找到根本原因。

远程性能分析需要配置JMX连接，而且只能进行CPU性能分析而不包括内存分析。不过可以从Sampler（抽样器）窗口生成堆转储，Threads窗口也能生成。堆转储可以载入VisualVM进行内存分析。

远程性能分析的第一步是在Applications面板中打开一个配置好JMX连接的远程应用。然后选择右侧面板中的Sampler，点击CPU，开始远程性能分析。图4-12显示了点击CPU按钮之后的Sampler窗口。CPU使用情况视图按照方法耗费的时间从多到少排序，它的第一列为方法名。第二列Self time[%]（自用时间[%]），显示每个方法相对耗费时间百分比[1]的直方图。Self time[%]显示方法的实际耗费时间。其余列Self time（CPU）显示方法消耗的CPU时间。所有列都可以通过单击字段名按照值的大小升序或降序排列。

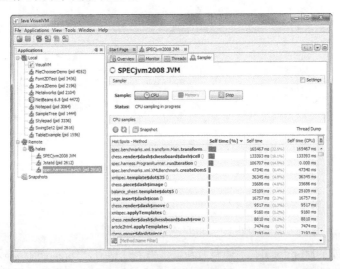

图4-12　远程CPU性能分析

① 以第一个方法的耗费时间为100%。——译者注

点击Pause（停止）可以停止和恢复性能分析，点击Snapshot可以捕获快照。拍过后，VisualVM会显示快照。快照可以保存。如图4-13所示，你还可以导出快照文件，与其他开发者分享、再次导入或者与其他快照比较。快照也可以在VisualVM或NetBeans Profiler中导入。你可以从VisualVM主菜单选择File>Load，选择Profile Snapshot（Profiler快照）（*.nps）文件然后装入。

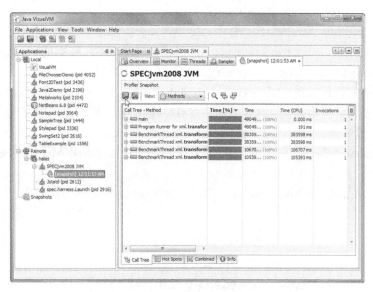

图4-13　保存快照

快照窗口中的Call Tree（调用树）显示快照中所有线程的调用栈。点开树节点之后可以查看调用栈以及耗时和CPU最多的方法。快照窗口的底部，你可以查看Hot Spot（热点），它是一个方法列表，按照方法消耗Self Time（自用时间）的多少排序。此外Combined（组合）视图综合显示了Call Tree和Hot Spot，点击Call Tree中的调用栈，Hot Spot method（热点–方法）表就会刷新只显示所选调用栈中的方法。

更多Java应用性能分析的内容请参考第5章。

VisualVM也可以载入jmap、JConsole或发生OutOfMemoryError (-XX:+HeapDumpOnOutOf-MemoryError) 时自动生成的二进制堆转储文件。二进制堆转储是堆转储时JVM堆中所有对象的快照。Java 6中，你可以用jmap -dump:format=b,file=<filename> <jvm pid>生成二进制堆转储，其中<filename>是二进制堆转储文件的文件名（含路径），<jvm pid>是JVM的进程名。Java 5中，可以使用jmap -heap:format=b,<jvm pid>，此处<jvm pid>是Java程序的进程id。Java 5的jmap会把堆转储保存在运行jmap的那个目录下名为heap.bin的文件中。Java 6的JConsole也可以用HotSpotDiagnostics MBean生成堆转储。生成的二进制堆转储，可以在VisualVM中通过File>Load菜单载入，然后进行分析。

3. VisualGC

VisualGC是VisualVM的插件，它可以监控垃圾收集、类加载和JIT编译。最初开发时，它是单独的GUI程序。它可以独立使用或作为VisualVM的插件监控Java 1.4.2，Java 5及Java 6。当VisualGC移植到VisualVM中时，功能得到了增强，能够很容易发现和连接JVM。插件版VisualGC比独立版的优势在于，VisualVM会自动发现和显示可被监控的JVM。独立的GUI，你不得不先找到需监控的Java应用的进程id，然后将它作为参数传递给VisualGC。可以用jps查找进程id，jps的使用可参考前一节配置jstatd的部分内容。

VisualGC插件可以在VisualVM的插件中心里找到。选择Tools（工具）>Plugins（插件）打开插件中心，Available Plug-ins（可用插件）中可以找到VisualGC。独立的VisualGC GUI可以从http://www.oracle.com/technetwork/java/jvmstat-142257.html下载。

无论是VisualGC插件或独立VisualGC，监控本地应用时，VisualGC必须和应用程序使用相同的用户凭证。监控远程应用时，jstatd也必须和被监控的Java应用使用相同的用户凭证。如何配置和运行jstatd请参考前面"VisualVM"小节。

本节介绍VisualGC插件，它比独立GUI更容易使用，并且VisualVM还提供其他集成的监控功能。

如果VisualVM已经添加VisualGC，在你监控Applications面板中的应用时，右边就会显示增加的VisualGC窗口页（见图4-14）。

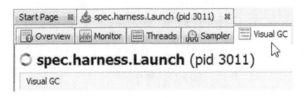

图4-14　VisualGC插件窗口

依据所用的垃圾收集器，VisualGC可以显示2个或3个面板。使用Throughput收集器时，显示两个面板：Spaces（区域）和Graphs（图表）；使用CMS或Serial收集器时，Spaces和Graphs下面会显示第3个面板Histogram（直方图）。图4-15显示VisualGC的所有面板。

勾选或者不勾选右上角的复选框可以将任意面板添到或移出VisualGC窗口。

Spaces面板以图形化方式展示垃圾收集空间以及它们的使用情况。面板垂直分成3块，Perm（永久代）、Old（或Tenured，老年代）及新生代（包括Eden和两个Survivor，S0和S1）。这些垃圾收集空间显示区域的大小与JVM分配给它的最大值成比例，每个区域都用不同于其他区域的颜色表示相对于该空间最大容量的当前使用量。在Graphs和Histogram面板中，与Spaces中颜色相同的表示同一个垃圾收集空间。

如果-Xmx不等于-Xms，HotSpot VM的内存管理系统就可以动态扩展和缩减堆。采取的方法是，将请求的Java堆最大值作为保留内存而只根据需要分配实际的内存。每个空间中已分配内存和保留内存分别用背景网格的颜色来展现。未分配内存的网格为浅灰，而已分配内存则为深灰。许多情况下，使用的空间非常接近已分配的内存量，这使得从网格上难以分清已分配和未分配内存之间的界线。

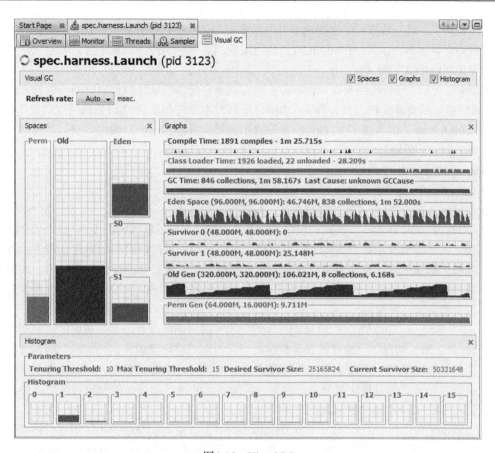

图4-15 VisualGC

Spaces中新生代Eden和2块Survivor之间,通常依据它们的大小而固定比例。2块Survivor大小通常相同,并且全部是已分配的。而Eden可以只有部分已分配,特别是应用刚开始运行时。

Throughput收集器(-XX:+UseParallelGC或-XX:+UseParallelOldGC)默认时采用自适应的尺寸调整策略,新生代几个空间之间的关系或比率随着时间会发生变动。启用自适应尺寸调整策略时,Survivor的大小会发生变化,新生代的3个区之间也会动态重新划分空间。此时,屏幕上的Survivor以及代表已使用空间的着色区域,都是相对于新生代当前空间(而非空间最大值)的相对尺寸。当JVM自适应调整新生代大小时,与之关联的屏幕区域也会随之刷新。

Spaces面板中有些东西值得关注。例如,你该看看Eden中颜色块上升的速度有多快。Eden中颜色块的每轮上升和下降都表示一次Minor GC。上升到下降的周期速率表示Minor GC的频率。观察Survivor,你可以发现每次Minor GC时,一个Survivor如何被占用,而另一个如何被清空。这种观察可以帮助理解每次Minor GC时垃圾收集器是如何将活跃对象从一个Survivor复制到另一个的。而更重要的是,你该关注Survivor溢出。观察Minor GC时Survivor的占用情况,可以找出Survivor溢出。如果你发现每次Minor GC后Survivor满或者接近满,并且老年代的使用在增长,说明Survivor

可能发生溢出。不过一般来说，这种现象表明对象正在从新生代提升到老年代。如果提升太早或太快，最终会导致Full GC。当Full GC时，你可以看到老年代的使用量在下降。老年代使用量的下降频率说明Full GC的频率。

如图4-15所示，Graphs面板在VisualGC中的右侧，它把性能统计数据以时间函数的方式水平展示。该面板显示垃圾收集、JIT编译和类加载。后两种本章将稍后讨论。x轴的精度取决于Spaces上方的Refresh Rate（刷新频率）。Graphs水平视图的每次采样占用屏幕两个像素。显示的高度取决于包含多少统计数据。

Graphs面板显示以下内容。

- ❑ Compile Time（编译时间）：4.3节讨论。
- ❑ Class Loader Time（类加载时间）：4.4节讨论。
- ❑ GC时间（GC Time）：显示垃圾收集所花费的时间。显示区域的高度不与什么值成比例。图上的非零值表示最近发生了垃圾收集。窄的脉冲表示持续时间相对短，宽表示持续时间长。标题栏显示垃圾收集总的次数和自应用启动以来累计的垃圾收集时间。如果被监控的JVM保存了发生垃圾收集的原因和最近垃圾收集的统计数据，则最近垃圾收集的原因也会显示在标题栏。
- ❑ Eden Space（Eden区）：显示Eden区的使用率随时间的变化态势。显示区域的高度是固定的①，默认情况下，高度代表的数据随当前的空间容量而缩放。当前的空间容量依赖所用的垃圾收集器，并且也会随着时间的流逝和空间的缩放而变化。标题栏显示空间名，包含在括号里的是最大值与当前容量，紧随其后的是空间当前的使用情况。此外，标题还包含Minor GC的次数和累计时间。
- ❑ Survivor 0/Survivor 1（Survivor 0和Suvivor 1）：显示2个Survivor区随着时间流逝的使用情况。两个区的显示高度是固定的，默认情况下，高度代表的数据会随对应空间的当前容量而缩放。当前的空间容量依赖所用的垃圾收集器，并随时间而变。标题栏显示空间名，包含在括号里的是最大值与当前容量，紧随其后的是空间当前的使用情况。
- ❑ Old Gen（老年代）：显示老年代随着时间流逝的使用情况。显示区域的高度是固定的，默认情况下，高度代表的数据随当前的空间容量而缩放。当前的空间容量取决于所用的垃圾收集器，当前容量可能会改变。标题栏显示空间名，包含在括号里的是最大值与当前容量，紧随其后的是空间当前的使用情况。此外，标题还显示Full GC的次数和累计时间。
- ❑ Perm Gen（永久代）：显示永久代随着时间流逝的使用情况。显示区域的高度固定，默认情况下，高度代表的数据随当前的空间容量而缩放。当前的空间容量取决于所用的垃圾收集器，当前容量可能会改变。标题栏显示空间名，包含在括号里的是最大值与当前容量，紧随其后的是空间当前的使用情况。

图4-15中，当使用CMS或Serial收集器时，Histogram会显示在Spaces和Graphs下。由于Throughput收集器使用其他机制维护Survivor中的对象，所以不会维护Survivor中对象的年龄。因此被监控的

---

① 与当前窗口的大小相对固定，下面的Survivor、Old Gen和Perm Gen也同理。——译者注

JVM使用Throughput收集器时，不会显示直方图。

　　Histogram显示存活对象及其年龄的数据，它有Parameters和Histogram两个子面板。Parameters子面板显示Survivor区的当前大小，以及对象从新生代提升到老年代的控制参数。每次Minor GC后，如果对象仍然存活，它的年龄就会增加，一旦年龄超过晋升阈值（每次Minor GC时JVM会进行计算），它就会被提升到老年代。晋升阈值在Parameters面板显示为Tenuring Threshold。Parameters显示的最大Tenuring阈值，是一个对象能够保留在Survivor中的最大年龄。对象从新生代被提升到老年代，基于晋升阈值而不是最大晋升阈值。

　　如果经常发生晋升阈值小于最大晋升阈值，说明对象从新生代提升到老年的速度太快。这通常是因为Survivor溢出。一旦溢出，最老的对象就被提升到老年代，直到Survivor的使用不再超过Parameters上的Desired Survivor Size。如前所述，Survivor溢出会填满老年代而导致Full GC。

　　Histogram子面板显示最近一次Minor GC之后活动的Survivor中对象年龄分布的快照。如果监控Java 5 Update 6或更高版本的JVM，这个面板则会包括16个相同尺寸的区域，每一个对应一种可能的对象年龄。如果早于Java 5 Update 6，则有32个相同尺寸的区域。每个区域表示活动Survivor的100%空间，填充的颜色区域表示指定年龄的对象占Survivor区的百分比。

　　在应用运行时，你可以看到长时间存活的对象在各个年龄区中穿越。长时间存活对象占的空间越大，在年龄区之间迁移的光点就越大。当晋升阈值小于最大值时，你可以看到比晋升阈值大的区域没有被使用，因为这些对象已经被提升到老年代了。

4.3 JIT 编译器

　　监控HotSpot JIT编译活动有多种办法。虽然JIT编译加快了应用的运行，但它也需要计算资源，如CPU周期和内存。因此有必要观察JIT编译行为。当你想找出哪些方法被优化，或某些情况下的逆优化（Deoptimized）或重新优化（Reoptimized）时，监控JIT编译就有用了。JIT编译器优化时会有一些初始假设，如果之后发现不正确，就可能会发生逆优化或者重新优化。在这种情况下，JIT编译器会放弃之前所做的优化而基于获得的新信息重新优化。

　　可以使用-XX:+PrintCompilation监控HotSpot JIT编译器。-XX:+PrintCompilation为每次编译生成一行日志。日志样例如下：

```
 7          java.lang.String::indexOf (151 bytes)
 8% !       sun.awt.image.PNGImageDecoder::produceImage @ 960 (1920 bytes)
 9  !       sun.awt.image.PNGImageDecoder::produceImage (1920 bytes)
10          java.lang.AbstractStringBuilder::append (40 bytes)
11  n       java.lang.System::arraycopy (static)
12  s       java.util.Hashtable::get (69 bytes)
13  b       java.util.HashMap::indexFor (6 bytes)
14  made zombie  java.awt.geom.Path2D$Iterator::isDone (20 bytes)
```

-XX:+PrintCompilation的详细信息参见附录A。

也有一些图形化工具可以监控JIT编译，但它们提供的信息不如-XX:+PrintCompilation详尽。在本书编写时，JConsole、VisualVM或VisualGC插件都还不能提供哪个方法正被JIT编译的信息。它们只会报告说JIT编译正在进行。图形工具VisualGC上Graphs面板的Compile Time（编译时间，见图4-16）可能最有用了，因为它以脉冲方式显示JIT编译活动。VisualGC上Graphs面板可以清晰显示JIT编译活动。

图4-16　VisualGC图形窗口的编译时间面板

VisualGC上Graphs面板的Compile Time显示了编译所花的时间。面板高度与任何值都无关。一个脉冲表示一次JIT编译。窄脉冲表示持续时间相对短，宽脉冲表示活动持续时间长。没有脉冲，表示不在编译。标题栏显示JIT编译的总数以及编译累计的时间。

4.4　类加载

许多应用都会使用自定义的类加载器，有时称为用户类加载器。JVM类加载器负责加载类，也负责卸载类。何时加载或卸载类取决于JVM运行时环境和所用的类加载器。监视类加载活动是有价值的，特别是在应用使用自定义类加载器的时候。至本文写作时为止，HotSpot VM会把所有类的元数据信息都加载到永久代。当永久代满时，就会发生垃圾收集。因此，监视类加载活动和永久代的使用，对于应用性能能否满足需求是有重要意义的，另外垃圾收集的统计数据也可以指明类是何时从永久代卸载的的。

当需要加载其他类而空间不足时，未使用的类就会从永久代中被卸载。从永久代卸载类，意味着需要Full GC，而程序可能会因此遭遇性能问题。下面日志显示的是Full GC时有类被卸载。

```
[Full GC[Unloading class sun.reflect.GeneratedConstructorAccessor3]
[Unloading class sun.reflect.GeneratedConstructorAccessor8]
[Unloading class sun.reflect.GeneratedConstructorAccessor11]
[Unloading class sun.reflect.GeneratedConstructorAccessor6]
 8566K->5871K(193856K), 0.0989123 secs]
```

垃圾收集日志显示有4个类被卸载：sun.reflect.GeneratedConstructorAccessor3、sun.reflect.GeneratedConstructorAccessor8、sun.reflect.GeneratedConstructorAccessor11以及sun.reflect.GeneratedConstructorAccessor6。Full GC过程中的类卸载，说明永久代需要扩大，或者它的初始大小需要扩大，你应该用命令行选项-XX:PermSize和-XX:MaxPermSize调整永久代的大小。为避免Full GC扩大或缩小永久代的可分配空间，可以设置-XX:PermSize和-XX:MaxPermSize为相同值。注意，如果永久代开启并发垃圾收集，你可能会在永久代并发垃圾收集周期中看到类被卸载。永久代并发垃圾收集周期不是Stop-The-World，所以应用不会感受到垃圾收集导致的停顿。并发永久代垃圾收集只能和并发收集器CMS一起使用。

> **提示**
> 其他永久代调优的指南和技巧，包括如何开启永久代的并发垃圾收集，可以参考第7章。

图形工具JConsole、VisualVM和VisualGC插件可以监视类加载。至本文写作时为止，它们还不能显示被加载或卸载类的类名。图4-17中JConsole的Classes（类）选项卡，显示了当前已加载类的数量，已卸载类的总数，以及已加载类的总数。

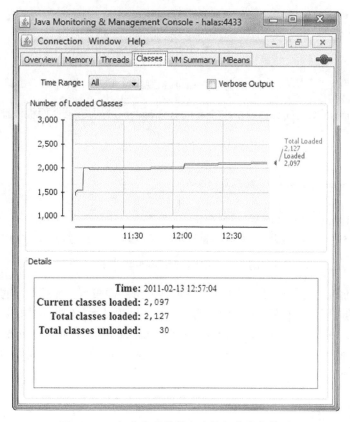

图4-17　已加载类的总数和当前加载类的数量

VisualVM选项卡Monitor中的Classes也可以监视类加载。它显示已加载类的总数和已加载共享类的总数。可以在这个视图上确认被监视的JVM是否开启了类数据共享。类数据共享是指在同一个系统内的JVM之间共享类、减少内存占用的特性。如果监视的JVM使用类共享，横向上除了一根线显示已加载类的总数之外，还有一根线显示已加载共享类的总数，如图4-18所示。

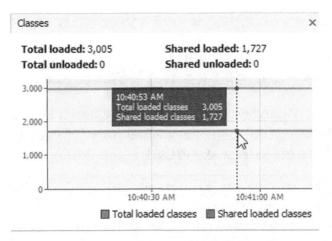

图4-18   用VisualVM观察类共享

你也可以在VisualGC的Graphs窗口中查看Class Loader（类加载器）面板以监视类加载，如图4-19所示。

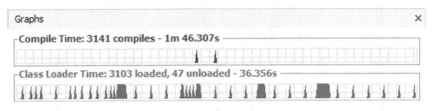

图4-19   用VisualGC观察类共享

Class Loader面板上的脉冲表示类加载或者卸载。窄脉冲表示类加载持续的时间短，宽脉冲表示类加载持续的时间长。没有脉冲表示没有类加载。标题显示已经加载类的数量，已卸载类的数量以及自程序启动以来累计的类加载时间。如果发现Class Loader面板和下方GC Time（GC 时间）面板有正对的脉冲，说明（类加载）同时也有垃圾收集活动，这可能是因为JVM永久代正在进行垃圾收集。

4.5   Java 应用监控

监控应用的常用方法是查看日志，日志中包含了重要的事件和应用性能的指示信息。有些应用内建MBean，可以通过Java SE监控管理API进行监控和管理。可以用兼容JMX的工具来查看和监控这些MBean，例如JConsole或VisualVM的VisualVM-MBeans插件（可以在VisualVM Tools>Pluging的插件中心找到它）。

GlassFish Server开源版（以下称GlassFish）的许多属性都可以用MBean监控。你可以用JConsole或VisualVM监控GlassFish应用服务器实例，查看这些MBean的属性和操作。GlassFish有许多MBean,图4-20中VisualVM-MBeans插件只显示了其中一部分。

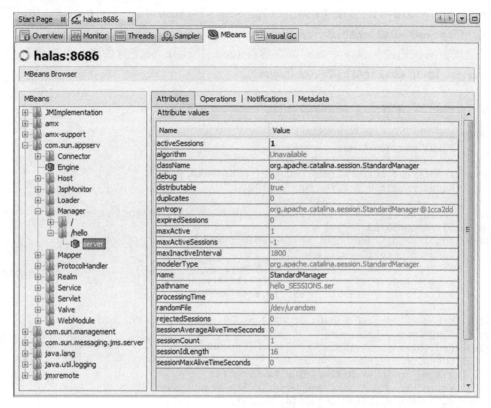

图4-20　GlassFish中的MBean

你可以从左边com.sun.appserv文件夹中展开查看GlassFish的MBean列表。

可以扩展VisualVM以监控Java应用,这是因为VisualVM构建于NetBeans平台插件架构,可以像创建NetBeans插件一样创建VisualVM的插件,并且定制的Java应用监控插件还能利用NetBeans的丰富特性,如Visual Graph Library(可视化图形库)。需要获取性能监控信息的Java应用不妨一试。这方面现有的一些插件可以在VisualVM的插件中心里找到。

已经构建JConsole插件的应用可以用VisualVM-JConsole插件自动集成进VisualVM。

快速监控锁竞争

快速定位Java应用中的锁竞争,笔者常用的技巧是用JDK的jstack抓取线程转储信息。如果你的目标主要是监控(目的是快速获取数据)而不是建立、配置性能分析器以便详细分析,这个方法就很管用。

下面是某个应用的jstack日志,它的读写线程共享一个队列。写线程往队列中写入数据,读线程从中读取数据。

本例中只包括相关的栈追踪信息，用于演示如何使用jstack快速查找锁竞争。jstack日志中，线程Read Thread-33已经成功获取共享的队列锁（即Queue对象，地址0x22e88b10，用粗体字表示，如**locked <0x22e88b10> (a Queue)**）。

其他线程的栈追踪信息显示它们都在等待Read Thread-33持有的锁，见图中的粗体字**waiting to lock <0x22e88b10> (a Queue)**。

```
"Read Thread-33" prio=6 tid=0x02b1d400 nid=0x5c0 runnable
[0x0424f000..0x0424fd94]
    java.lang.Thread.State: RUNNABLE
        at Queue.dequeue(Queue.java:69)
        - locked <0x22e88b10> (a Queue)
        at ReadThread.getWorkItemFromQueue(ReadThread.java:32)
        at ReadThread.run(ReadThread.java:23)

"Writer Thread-29" prio=6 tid=0x02b13c00 nid=0x3cc waiting for monitor
entry [0x03f7f000..0x03f7fd94]
    java.lang.Thread.State: BLOCKED (on object monitor)
        at Queue.enqueue(Queue.java:31)
        - waiting to lock <0x22e88b10> (a Queue)
        at WriteThread.putWorkItemOnQueue(WriteThread.java:54)
        at WriteThread.run(WriteThread.java:47)

"Writer Thread-26" prio=6 tid=0x02b0d400 nid=0x194 waiting for monitor
entry [0x03d9f000..0x03d9fc94]
    java.lang.Thread.State: BLOCKED (on object monitor)
        at Queue.enqueue(Queue.java:31)
        - waiting to lock <0x22e88b10> (a Queue)
        at WriteThread.putWorkItemOnQueue(WriteThread.java:54)
        at WriteThread.run(WriteThread.java:47)

"Read Thread-23" prio=6 tid=0x02b08000 nid=0xbf0 waiting for monitor
entry [0x03c0f000..0x03c0fb14]
    java.lang.Thread.State: BLOCKED (on object monitor)
        at Queue.dequeue(Queue.java:55)
        - waiting to lock <0x22e88b10> (a Queue)
        at ReadThread.getWorkItemFromQueue(ReadThread.java:32)
        at ReadThread.run(ReadThread.java:23)

"Writer Thread-24" prio=6 tid=0x02b09000 nid=0xef8 waiting for monitor
entry [0x03c5f000..0x03c5fa94]
    java.lang.Thread.State: BLOCKED (on object monitor)
        at Queue.enqueue(Queue.java:31)
        - waiting to lock <0x22e88b10> (a Queue)
        at WriteThread.putWorkItemOnQueue(WriteThread.java:54)
        at WriteThread.run(WriteThread.java:47)

"Writer Thread-20" prio=6 tid=0x02b00400 nid=0x19c waiting for monitor
entry [0x039df000..0x039dfa14]
    java.lang.Thread.State: BLOCKED (on object monitor)
        at Queue.enqueue(Queue.java:31)
        - waiting to lock <0x22e88b10> (a Queue)
```

```
        at WriteThread.putWorkItemOnQueue(WriteThread.java:54)
        at WriteThread.run(WriteThread.java:47)

"Read Thread-13" prio=6 tid=0x02af2400 nid=0x9ac waiting for monitor
entry [0x035cf000..0x035cfd14]
    java.lang.Thread.State: BLOCKED (on object monitor)
        at Queue.dequeue(Queue.java:55)
        - waiting to lock <0x22e88b10> (a Queue)
        at ReadThread.getWorkItemFromQueue(ReadThread.java:32)
        at ReadThread.run(ReadThread.java:23)

"Read Thread-96" prio=6 tid=0x047c4400 nid=0xaa4 waiting for monitor
entry [0x06baf000..0x06bafa94]
    java.lang.Thread.State: BLOCKED (on object monitor)
        at Queue.dequeue(Queue.java:55)
        - waiting to lock <0x22e88b10> (a Queue)
        at ReadThread.getWorkItemFromQueue(ReadThread.java:32)
        at ReadThread.run(ReadThread.java:23)
```

特别需要注意的是，本例中的锁地址是相同的（尖括号<>中的十六进制数）。锁地址是锁在jstack日志中的唯一标识。如果栈追踪信息中的锁地址不同，说明是不同的锁，换句话说，锁地址不同的线程不是在竞争同一个锁。

在jstack日志中查找锁竞争的关键在于，从多个线程的栈追踪信息中查找相同的锁地址，然后找到等待该锁地址的线程。如果发现多个线程的栈追踪信息都试图锁住相同的锁地址，说明应用正面临锁竞争。抓取多份jstack日志，如果在同一个锁上一直出现类似的锁竞争，那么应用极有可能正面临高度锁竞争问题。注意，栈追踪信息提供了发生锁竞争的代码在源代码中位置。从Java应用的源代码中找到发生高度锁竞争的位置历来是件困难的事，用上面介绍的jstack方法追踪应用中的锁竞争非常有用。

4.6　参考资料

Java平台的监视和管理：http://download.oracle.com/javase/1.5.0/docs/guide/management/.

Java SE监视和管理指南：http://docs.oracle.com/javase/6/docs/technotes/guides/management/toc.html.

JMX Agents连接明解：http://docs.oracle.com/javase/6/docs/technotes/guides/visualvm/jmx_connections.html.

VisualVM特性：http://visualvm.java.net/features.html.

jvmstat 3.0网站：http://www.oracle.com/technetwork/java/jvmstat-142257.html.

第5章
Java应用性能分析

第2章清晰地界定了性能监控、性能分析以及性能调优的差别。在详细介绍Java应用程序的性能分析之前，回顾一下性能分析的定义非常有必要。性能分析是一种从运行的应用程序中收集性能数据的活动，该活动可能会对应用程序的响应性或吞吐量造成影响。性能分析常常表现为一种响应性的活动，是对性能问题报告人的回应，与性能监控相比，它关注的点更集中。性能分析很少在生产环境中进行，通常在质量评估、测试或者开发环境中进行，作为监控活动发现性能问题时的后续活动。

第1章曾建议过，性能测试（包括性能分析）应该作为软件开发过程中不可或缺的组成部分。如果软件开发过程中没有包括性能测试，那么当使用者抱怨应用程序的性能没有达到预期时，就常需要进行性能分析。如果应用程序有严格的性能及扩展性要求，在软件开发过程的早期，针对有性能风险的部分构建原型并进行性能分析能够有效地降低风险。早期进行的性能分析让我们有机会以更低的代价尝试不同系统架构、设计或实现。

本章将介绍使用现代性能分析器对Java应用程序进行性能分析的基本概念，包括方法分析和内存分析（堆分析）。方法分析能够提供Java应用程序中方法执行时间的信息。Oracle Solaris Studio Performance Analyzer（以前的Sun Studio Performance Analyzer，也常简称为Performance Analyzer）是本章着重介绍的两种方法分析工具中的一种，它能对Java方法及本地方法进行分析，也能提供Java虚拟机内部运行的信息，帮助定位潜在的问题。

内存分析与方法分析的着眼点不同，它提供Java应用程序内存的使用信息，包括内存中已分配对象的数目、大小以及活跃对象等信息，并附有对象分配时的栈追踪信息。

市面上有多种能够进行方法分析或者内存分析的性能分析工具，既有付费版本也有免费版本。本章将介绍如何使用免费的Oracle Solaris Studio Performance Analyzer和NetBeans Profiler进行性能分析。

Performance Analyzer提供了一些高级特性，能进行JVM之下的系统调用级的性能分析，这意味着它能收集到精确的性能数据，还能区分运行线程、等待线程及阻塞线程，例如判断一个线程是阻塞于read()系统调用还是wait()系统调用。因此，Performance Analyzer报告的read()操作时间就是实际消耗在读操作上的时间，而read()阻塞后调用wait()等待更多数据到达所花费的时间则会单独统计报告。如果不区分这两种操作，会让人误以为阻塞和等待的时间也是read()操作消耗的时间，区分不出有多少时间真正花在读操作上，有多少时间是由于阻塞，消耗在等待更多数据到达上。

Performance Analyzer能够收集Java monitor对象或锁的信息。对monitor对象或者锁的竞争是Java应用程序可扩展性的一大障碍。一直以来，跟踪定位monitor对象竞争都是个难题。不过本章后面会介绍，使用Performance Analyzer可以让这一任务变得相对容易一些。第6章还将提供具体实例。

Performance Analyzer的安装使用很简单，下一节中会进行介绍，另外Performance Analyzer也附有大量详细的文档可供参考。Performance Analyzer的一个不足是它仅能运行在Oracle Solaris平台（后面统称为Solaris）和Linux平台上，没有Windows平台的版本。Windows平台的用户可以使用AMD公司的CodeAnalyst Performance Analyzer或者Intel公司的VTune等工具，它们与Performance Analyzer的功能类似。Performance Analyzer中的概念同样适用于CodeAnalyst或者VTune。Windows平台上另一个不错的选择是NetBeans Profiler。NetBeans Profiler同时也提供其他平台的支持，包括Solaris、Linux、Mac OS X。本章将介绍NetBeans Profiler的方法分析和内存分析，也会介绍如何使用NetBeans Profiler定位Java应用程序中的内存泄漏。

本章首先介绍一些性能分析的技术术语。了解这些术语能够帮助读者理解性能分析中的任务。介绍完术语之后是两个主要小节：5.2节介绍怎样使用Performance Analyzer进行方法分析，定位monitor对象竞争或锁竞争；5.3节介绍如何使用NetBeans Profiler进行方法分析和内存分析、如何定位内存泄漏。下一章将根据我们的经验，介绍Java应用程序中常见的性能问题。

5.1 术语

本节介绍本章中所使用的术语。首先介绍Performance Analyzer和NetBeans Profiler中通用的术语，然后介绍它们各自专用的术语。

5.1.1 通用性能分析术语

以下是通用的性能分析术语。

- **性能分析器（Profiler）**。性能分析器是一个工具，它将应用程序运行时的行为呈现给用户。报告的内容既有Java虚拟机的行为，也有应用程序的行为（包含Java代码及本地代码）。
- **性能文件（Profile）**。性能文件用于存放性能分析器收集的程序运行时信息。
- **开销（Overhead）**。指性能分析器收集性能数据所花费的时间，开销不同于执行应用程序的时间。
- **调用树（Call Tree）**。为了动态展示程序运行过程中的调用关系，以栈的形式构造的方法列表。方法分析时查看调用树能准确定位热点事件，内存分析时查看调用树有助于理解Java对象分配的上下文。
- **过滤器（Filter）**。过滤器是一个帮助缩小信息范围的工具，既能用于收集好的性能数据，也能用在性能数据收集过程中。

5.1.2　Oracle Solaris Studio Performance Analyzer 术语

Oracle Solaris Studio Performance Analyzer的术语如下。

❑ **样本**（Experiment）。样本或样本文件是使用Performance Analyzer收集的应用程序性能数据。Performance Analyzer使用术语样本，其他分析器多使用术语性能文件。

❑ **collect**。collect是一个用于收集性能数据的命令行工具，通过跟踪方法运行收集性能数据。收集的数据包括调用栈信息、微状态（Microstate）、 Java monitor对象以及硬件计数器。

❑ **分析器**（Analyzer）。分析器用来查看性能数据的图形用户程序。

❑ **er_print**。er_print是一个命令行工具，用于查看收集到的样本或样本文件，使用它可以通过脚本方式自动处理样本和样本文件。

❑ **包含时间**（Inclusive time）。方法自身及其子调用方法的执行时间总和。

❑ **独占时间**（Exclusive time）。执行某方法的时间，不含此方法调用其他方法的时间开销。

❑ **归因时间**（Attributed time）。被某方法调用所产生的时间开销。

❑ **调用–被调用**（caller-callee）。方法之间的关系要么是调用某方法（调用方），要么是被其他的方法调用（被调用方）。通过Analyzer的图形用户界面能够查看方法的调用–被调用关系。

❑ **系统态CPU时间**（System CPU）。方法运行在内核态时所占的时间或者时间比率。

❑ **用户态CPU时间**（User CPU）。方法运行在非内核态时所占的时间或者时间比率。

5.1.3　NetBeans Profiler 术语

NetBeans Profiler的专有术语如下。

❑ **注入**（Instrumentation）。在待分析的应用程序字节码中插入计数器、计时器等。这些插入的计数器、计时器不会改变应用程序逻辑，分析结束时会移除。

❑ **堆**（Heap）。Java虚拟机为使用new关键字分配的对象创建的内存池。

❑ **垃圾收集**（Garbage Collection）。该操作从堆上销毁应用程序不再使用的对象。Java虚拟机负责垃圾收集的调度执行。

❑ **内存泄漏**（Memory Leak）。如果一个永远不再使用的对象由于等待一个或多个Java对象对它的引用而不能被垃圾收集，就称之为发生了内存泄漏。

❑ **本耗时间**（Self Time）。执行方法中的指令所消耗的时间。该时间不包含本方法调用其他方法所消耗的时间。本耗时间与Oracle Solaris Studio Performance Analyzer中的独占时间类似。

❑ **热点**（Hot Spot）。本耗时间较长的方法。

❑ **根方法**（Root Method）。选定的进行性能分析的方法。

5.2　Oracle Solaris Studio Performance Analyzer

这一节介绍如何使用Performance Analyzer对Java应用程序进行性能分析，着重介绍方法分析和monitor对象分析。Performance Analyzer是一个非常强大的工具，其功能不限于分析Java应用，也能用于分析基于C、C++、Fortran的应用程序。本章开头介绍过，Performance Analyzer既可以分析Java代码也可以分析本地代码。由于它可以在本地级别进行分析，所以能收集到更精准的性能数据。作为Java性能分析器，Performance Analyzer擅长方法分析、Java monitor对象分析（锁竞争分析）。

> **提示**
> 方法分析是Performance Analyzer诸多功能中最有用的，本章将着重介绍。如果你想了解Performance Analyzer的其他功能，请参见Performance Analyzer的产品介绍，网址 http://www.oracle.com/us/products/tools/050872.html。

在方法分析方面，Performance Analyzer能够统计消耗在用户态CPU、系统态CPU、锁竞争及其他事务上的时间。其中用户态CPU时间、系统态CPU时间及锁竞争时间又是Java应用性能分析最关注的三类指标。每一类数据又细分成了包含时间和独占时间。包含时间不仅统计了应用程序调用指定方法的时间，还包含了该方法调用其他方法的时间。换句话说，包含时间涵括了指定方法调用其他方法所消耗的时间。与此相反，独占时间仅是执行指定方法的时间，排除了指定方法进行子调用所消耗的时间。

使用Performance Analyzer进行性能分析的步骤与传统的Java性能分析步骤有所不同。使用Performance Analyzer进行性能分析时有两个独立的步骤。第一步是执行Performance Analyzer的collect命令，然后运行Java应用，收集性能采样数据。第二步，通过Performance Analyzer的 Analyzer GUI工具或命令行工具er_print进行性能分析，查看收集到的性能数据，分析其结果。

5.2.1　支持平台

只要运行应用程序的Java虚拟机支持"Java虚拟机工具接口"（JVM Tool Interface, JVMTI），Performance Analyzer就可以对其进行性能分析。Java 5 Update 4及之后的版本，包括Java 6系列都支持Java虚拟机工具接口。

> **提示**
> Java 6 Update 18及之后的JDK提供了一些增强功能，能够为Performance Analyzer提供更多的信息，进一步丰富了其收集到的数据。

Performance Analyzer含有本地代码，也能对本地代码进行性能分析，因此有一定的平台依赖性。目前支持以下平台。

❑ Solaris SPARC。Performance Analyzer 12.2支持Solaris 10 1/06及其后的版本、Solaris 11 Express版，也支持所有基于UltraSPARC的系统和基于富士通 (Fujitsu) SPARC 64的系统。

❏ Solaris x86/x64。Performance Analyzer 12.2支持Solaris 10 1/06及其后的版本、Solaris 11 Express版。

❏ Linux x86/x64。Performance Analyzer 12.2支持SUSE Linux Enterprise 11、Red Hat Enterprise Linux 5及Oracle Enterprise Linux 5。

使用Performance Analyzer之前，你应该仔细阅读Performance Analyzer文档，了解支持的操作系统以及补丁要求。不同版本的Performance Analyzer对操作系统及补丁的要求有所不同。运行Performance Analyzer的collect命令（不加任何参数）可以检查当前系统是否支持以及是否安装了需要的补丁，缺失的补丁列表会输出到collect的报告中。如果系统没有安装支持的JDK，collect也能查出并输出到报告中。

如果你运行Java应用的平台不在Performance Analyzer官方支持的列表中，一个替代方案是在官方支持的平台上进行方法分析，或者使用NetBeans Profiler进行方法分析。与别的Java性能分析器比较起来，Performance Analyzer的优势是它对应用程序的性能影响小。

5.2.2　下载/安装 Oracle Solaris Studio Performance Analyzer

Performance Analyzer的下载、安装有多种途径。目前Performance Analyzer的官方主页地址是http://www.oracle.com/technetwork/server-storage/solarisstudio/overview/index.html。

通过上面的下载链接可以下载各支持平台上最新版的Performance Analyzer。Performance Analyzer的下载为免费提供。

Performance Analyzer提供两种类型的安装包：一种使用包管理器的形式，另一种为tar压缩包的形式。包管理器（Package Installer）方式以Solaris或Linux包的方式安装Performance Analyzer。使用这种方式安装Performance Analyzer需要系统的root权限。包管理器安装方式同时提供了对安装程序打补丁的能力；另外这种方式的安装也带有支持协议（可选）。与此相反，tar压缩包的安装方式不需要root权限，不能使用官方的补丁文件，也没有支持协议。如果碰到tar压缩包安装的问题，可以通过Performance Analyzer的论坛寻求社区支持。Performance Analyzer的社区论坛地址是http://www.oracle.com/technetwork/server-storage/solarisstudio/community/index.html。

提示

Oracle Solaris Studio主页上有大量详细的信息，包括示例、教学文档、教学视频、详细文档、常见问题等。

本章介绍的是Oracle Solaris Studio Performance Analyzer 12.2（也被称为Oracle Solaris Studio 12.2）。早期的版本与这里介绍的版本在菜单及布局上有细微的差别。大多数的不同点本章都会提到。Performance Analyzer的基本概念也能用在其他的性能分析器上。

5.2.3　使用 Oracle Solaris Studio Performance Analyzer 抓取性能数据

如前所述，使用Performance Analyzer进行性能数据分析可以分为两步。第一步是收集性能数据，本节将详细介绍这部分的内容。第二步是查看、分析收集到的性能数据，将在5.2.4节介绍。

使用Performance Analyzer的优势之一是它能够很容易地收集性能数据。Performance Analyzer收集性能数据的方式非常简单，收集样本数据只需一步，使用collect -j在命令行启动Java应用程序即可。collect是Performance Analyzer的命令行工具，用于收集样本数据。

下面是收集性能数据的通用步骤。

(1) 更新环境变量PATH，在其中加入Performance Analyzer工具，即把Performance Analyzer安装路径下的bin目录加入环境变量PATH中。

(2) 在启动Java应用程序的Java命令行之前添加collect -j启动Java应用程序。如果应用程序通过脚本启动，可以更新脚本在其中加入collect -j命令。

(3) 运行Java应用程序，使用Performance Analyzer的collect命令采集样本数据并生成样本文件。默认情况下样本文件存放在名为test.1.er的文件中，该文件位于Java应用程序的启动目录下。test.1.er文件名中的数字会随着其后调用collect命令的次数而增加。如果collect发现已经存在名为test.1.er的文件，就会创建一个新的样本文件，并命名为test.2.er。

collect命令行选项

　Performance Analyzer的collect命令提供多个附加选项。下面是对Java应用进行性能分析时需要特别关注的一些选项。

- -o <experiment file name>

　该选项可以指定创建的样本文件名。

- -d <experiment directory path>

　该选项可以设定样本文件的存放路径。如果不使用-d <experiment directory path>，样本文件默认存放在collect命令的执行目录。在网络文件系统环境中推荐使用本地目录/本地文件系统作为样本文件的存放地点，避免频繁而又不必要的网络文件操作。

- -p <option>

　基于采样时间对Java应用程序进行性能分析时，默认的采样时间间隔大约是10毫秒。该默认值与使用-p on参数一样。需要减小收集的样本文件大小时，使用-p lo选项可以将采样时间间隔增大到100毫秒左右。-p hi参数主要用于关注的分析窗口较小，但需要频繁采样的场景。性能数据采集的次数越多，样本文件就越大，这不仅仅占用磁盘空间，也增加了使用Analyzer或命令行工具er_print查看样本文件的时间。-p <value>用于设置采样的时间间隔，其中<value>是个正整数。-p和-p on选项的默认值对于分析大多数的Java应用程序就已经足够了。除非需要创建更小的样本文件或者要以更高的频率采集数据，否则没有必要修改性能分析的时间间隔。

- -A <option>

　这一选项控制是否归档目标应用或Java虚拟机使用的对象（Artifact），复制到记录的样本文件中。默认值为on，即这些对象都会被归档到样本文件中。使用off选项时则不对这些对象进行归档。copy选项不仅能复制，还能把这些对象归档到样本文件中。如果计划把收集的样本文件复制到另一台机器(而非这台进行性能分析的机器)，则需要使用-A copy选项。需要注意的是复制的目的地或准备查看样本文件的系统里需要有Java应用的源码及目标文件"。

- -y <signal>

  该选项提供了根据<signal>控制样本数据采集的能力。一旦采集进程接收到信号，样本采集的状态就会发生切换，要么从暂停（不进行样本采集）切换到开始采集，要么从采集切换到暂停。使用该选项时，Java应用程序被挂起并置为暂停状态，发送一个信号到采集进程就可以开启样本数据采集了。使用collect -j选项加上-y SIGUSR2…参数可以设置样本采集进程处理SIGUSR2信号。你可以通过kill -USR2 <collect process id>启动样本数据采集，启动之后接着再发一个SIGUSR2信号给样本采集进程将停止样本数据的收集。

- -h <cpu counter>

  这是个高级选项，对大多数的Java应用程序开发者而言用处不大，但也值得一提。对于计算密集型的Java应用，开发者们常常为每一点可能获得的性能提升殚精竭虑，而这一选项常常是有帮助的。-h选项让Performance Analyzer收集CPU计数器的信息并将其与正在执行的应用程序代码进行关联。这一功能可以帮助定位哪些方法发起了代价昂贵的操作，例如访问Java对象字段引起的CPU高速缓存未命中。访问数据（譬如Java对象字段）时，如果需访问的数据恰好不在CPU高速缓存中，就会产生CPU高速缓存未命中，其结果是CPU将从内存中读取数据并将这些数据更新到CPU高速缓存中。通常处理CPU高速缓存未命中要消耗数百个CPU时钟周期。由于现代操作系统将CPU高速缓存未命中也当成CPU繁忙状态，除非解决CPU高速缓存未命中问题，否则即使操作系统报告CPU处于忙状态，应用程序实际上也没有真正在工作。因此，对计算密集型且需要提高性能的Java应用程序，使用分析器收集CPU高速缓存未命中的数据，找到频繁导致CPU高速缓存未命中的Java对象字段或变量访问，对于提升应用程序的性能非常重要。大多数情况下，优化Java对象字段访问的实现就可以减少CPU高速缓存未命中，提升Java应用程序的性能。需要注意的是，使用该指令选项前请确认目标Java应用是CPU密集型的。换句话说，明智的做法是先把重点放在诸如改进应用程序算法、改进Java应用程序中方法的实现及减少系统CPU使用率等，尽量优化，而不是试图直接凭借减少CPU高速缓存未命中来提高性能。这个选项适用于高级Java用户及性能调试专家。-h选项不仅能建立CPU高速缓存未命中与Java对象字段之间的关联，也可用于统计其他CPU计数信息，比如TLB(Translation Look-aside Buffer) 未命中和指令计数等。执行collect命令（不加其他参数）可以获得-h选项在应用程序运行的平台上支持的CPU计数器的完整列表。只要Performance Analyzer运行的硬件平台支持该计数器，无论-h选项使用什么计数器，Performance Analyzer都可以将CPU计数器事件与产生该计数器事件的Java或本地源代码关联起来。

  使用-h <CPU Counter>时，需要在-h选项之后指定CPU的硬件计数器名。你可以同时分析多个CPU计数器，只需要将这些计数器列表以逗号分隔即可。根据处理器的不同，支持同时分析的CPU计数器的数目也不一样，范围为2~5个。例如，为了收集SPARC Enterprise T5120上L1、L2高速缓存未命中的性能信息，你可以指定-h DC_miss, /L2_dmiss_ld/1, 10003作为collect命令的选项。如前所述，要了解针对某种CPU计数器在-h选项后应该使用什么参数格式，可以执行collect命令（不加任何参数），查看输出中Raw HW counters available for profiling的内容。

为了说明如何使用Performance Analyzer收集样本性能数据，假设目前的任务是为SPEC jbb2005基准测试抓取一份方法分析数据。简化起见，我们假设可以通过执行下面的命令启动SPECjbb2005基准测试：

```
$ java -Xmx1g -cp SPECjbb2005.jar spec.jbb.Main
```

收集Performance Analyzer样本文件的步骤非常简单，只需要在上面的命令行前（在此之前，你需要更新PATH环境变量，在其中包含Performance Analyzer的bin目录）添加collect -j命令：

```
$ collect -j on java -Xmx1g -cp SPECjbb2005.jar spec.jbb.Main
Creating experiment database test.1.er ...
```

正如输出所显示的，由于没有显式指定Performance Analyzer的-d或者-o命令行选项，上述命令的执行结果是在命令的当前执行目录创建一个名为test.1.er的样本文件。如果使用了-o或者-d选项，执行命令时会使用指定的样本文件名及样本文件存放路径，如下面的命令行所示：

```
$ collect -j on -d /tmp -o specjbb2005.er \
    java -Xmx1g -cp SPECjbb2005.jar spec.jbb.Main
Creating experiment database /tmp/specjbb2005.er ...
```

从输出的结果可以看到，命令指定了样本文件的存放路径及样本文件名。

并非所有的性能分析任务都需要从头开始采集性能数据，对于一些应用程序，控制collect命令直到期望的时刻才开始采集性能数据是非常有用的。对于启动或初始化阶段较长，随后才有负荷加载的应用尤其如此。在这种环境下，你往往希望从负荷测试开始的时刻采集性能数据，避免样本数据中包含启动和初始化阶段的内容。使用Performance Analyzer很容易实现这种控制，具体的方法是使用collect -y选项并指定启动或停止样本数据采集的监听信号。-y选项需要使用操作系统的信号名作为参数。常用于这个目的的操作系统信号是SIGUSR2。下面的这个场景演示了如何使用collect -y选项及信号SIGUSR2来启动和停止采集性能数据：

```
$ collect -j on -y SIGUSR2 \
```

```
java -Xmx1g -cp SPECjbb2005.jar spec.jbb.Main
Creating experiment database test.1.er ...
```

可以看到，执行这条collect命令后，Java应用被启动并置于暂停状态（应用程序处于执行态，但不采集性能数据）。你需要打开另一个命令行窗口，获得通过collect命令运行起来的Java进程号。这之后，通过collect启动的Java进程接收到SIGUSR2信号，开始采集性能数据。通过collect命令启动的Java进程号在Solaris或者Linux上可以使用ps -ef | grep Xruncollector命令或者ps aux | grep Xruncollector得到。collect命令会做一些初始化工作，包括设置执行应用程序的JVM的命令行选项，在其中添加-Xruncollector选项，然后collect进程退出，而Java进程会使用添加的-Xruncollector选项继续运行。这就是为什么通过ps命令的输出能找到使用-Xruncollector选项的Java进程的原因。

Solaris平台上通过kill -USR2 <Java process id>可以向使用-Xruncollector选项的Java进程发送SIGUSR2信号，在Linux平台上可以使用kill -SIGUSR2 <Java process id>。这之后继续执行kill -USR2 <Java process id>（Solaris平台）或者kill -SIGUSR2 <Java process id>（Linux平台）将停止性能数据的采集。如果这些对你来说太复杂，你也可以不通过collect -y命令行选项采集性能数据，直接利用Performance Analyzer图形用户界面提供的过滤器功能找出收集到的性能数据中关注的时间区间。此外，命令行工具er_print也提供了过滤功能。Performance Analyzer的图形用户界面及命令行工具er_print将在本章接下来的几节陆续介绍。

5.2.4   查看性能数据

使用Performance Analyzer进行方法性能分析有两个重要的步骤。第一步是收集性能测试数据，这部分内容已经在上一节中介绍；第二步是查看收集到的性能测试数据，本节将介绍这部分内容。

通过两种方法可以查看样本文件中收集的数据。第一种是通过Analyzer图形用户界面；第二种是通过er_print命令行工具。我们首先介绍使用Analyzer图形用户界面的方法，随后介绍使用er_print的方法。

在Analyzer中载入样本文件非常简单，只需要更新PATH环境变量，使其包含Performance Analyzer的bin目录，然后运行下面的命令：

```
$ analyzer
```

Analyzer也可以在启动的时候载入样本文件。譬如一个样本文件名为test.1.er，通过下面的命令可以让Analyzer启动时自动载入样本文件test.1.er

```
$ analyzer test.1.er
```

如果启动Analyzer时不指定样本文件名，Analyzer的图形用户界面会弹出一个窗口提示用户选择需要载入的样本文件（即图中的Analyzer Experiment类型的文件），如图5-1所示。

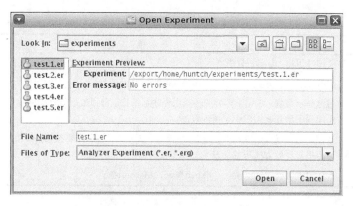

图5-1　Analyzer打开样本文件

　　Analyzer载入样本文件后的默认视图如图5-2所示。默认情况下,Analyzer将同时报告独占和包含用户态CPU利用率指标。用户态CPU利用率用来度量消耗在系统及内核态调用之外的CPU时间,通过配置Analyzer可以查看更多的附加性能指标。5.2.5节会介绍如何添加其他的性能指标。

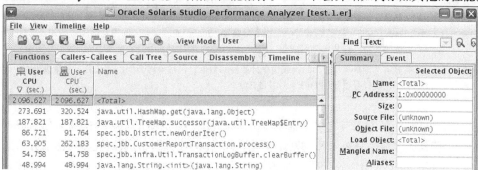

图 5-2　Analyzer默认视图

　　Analyzer退出之前不会保存当前视图的任何状态信息。

　　表5-1解释了Analyzer工具栏上快捷按钮的功能。

表5-1　Analyzer工具栏

图　标	描　述
	打开样本文件
	将一个样本文件合并到一个已经载入的样本文件中,在Java应用性能分析中较少用到
	将样本数据从已载入的样本文件中删除,在Java应用性能分析中较少用到
	收集性能测试数据。相对于使用collect –j命令,这个方法更加便捷
	打印Analyzer中当前显示的性能数据,可以输出到文件或打印机,打印性能数据时非常有用
	创建一个新的Analyzer窗口,同一份样本数据会同时载入到两个窗口中,如果当前没有载入任何样本文件,会打开一个空的Analyzer窗口

（续）

图　标	描　述
	关闭并退出Analyzer分析器
	修改显示信息分类，常用于显示系统CPU时间及锁竞争
	过滤显示数据。常用于需要关注应用程序某一特定阶段或时间期间的场景，也可用于查看样本中线程子集或调用图中子树的数据。
	从逻辑区显示或隐藏API（应用程序接口）或方法，用于需要忽略Java SE核心类、Java HotSpot虚拟机自身的方法等的场景
 View Mode User ▼	视图模式切换：User模式，Expert模式，Machine模式

　　Analyzer默认视图右面板上有两个选项卡，分别是Summary（摘要）和Event（事件），如图5-2所示。关于Summary及Event选项卡的说明可以参看表5-2。

表5-2　"Summary"及"Event"选项卡说明

选项卡名	描　述
Summary	显示选定对象所有记录的指标，包括数值和百分比以及选定对象的信息。选定对象可以是一个Java方法，一行源码或者一个指令计数器。Summary选项卡上的内容会随着新加入的Java方法、源码及指令计数器随时变化
Event	显示选定Java方法、源码或指令计数器的数据，包括事件类型、方法名、轻量级进程（LWP）号、线程号以及CPU编号（CPU ID）

　　Analyzer默认视图的左面板有多个选项卡。其中Functions选项卡（见图5-3）可以看成是所有活动的"主页"，大多数的分析工作均开始于此。Functions选项卡的默认视图列出了方法的包含用户态CPU时间（Inclusive User CPU）、独占用户态CPU时间（Exclusive User CPU），并按独占用户态CPU时间降序排列。"独占"和"包含"的定义可以参看5.1.2节。图5-3中其他选项卡的介绍可以参考表5-3。

| Functions | Callers-Callees | Call Tree | Source | Disassembly | Timeline | Experiments |

图5-3　Analyzer 左面板选项卡

表5-3　其他选项卡介绍

选项卡名	描　述
Functions	显示方法（函数）列表及其对应的性能指标，譬如CPU利用率、锁竞争等，通过View > Set Data Presentation菜单可以选择显示的指标。Functions选项卡同时显示包含性能指标和独占性能指标
Callers-Callees	Functions选项卡中选择的方法（函数）会在面板居中的位置显示，同时该方法（函数）的调用者在其上方的面板显示，被该方法调用的方法（函数）位于下方的面板
Call-Tree	以树的形式显示程序的动态调用图。树的每个节点都能够展开或收起

（续）

选项卡名	描　　述
Source	显示Functions选项卡中选定方法的源码行（指令）。源文件中每一行所生成的指令同时附有对应的性能指标
Disassembly	以字节码或者汇编码列表的形式显示选中的Java类方法，源码行或指令
Timeline	以事件图表的形式显示函数时间
Experiments	Experiments面板分为了两个子面板。顶部的面板包含一个由所有已载入样本文件组件构成的树。载入对象节点，即所有已载入节点的列表，展示了在它们处理过程中的产生的各种消息。载入对象是像Java类、本地库文件这样的组件，样本文件中收集有它们相关的性能信息。Notes区显示了样本文件中的注释，Info区包含了采集的样本文件信息和收集对象对载入对象的访问，处理样本文件或载入对象时发生的任何错误或告警信息也包含其中

　　使用左面板中的选项卡对Java方法的性能数据进行分析时，最有用并且最常用的选项卡是下面这几个：Functions、Call Tree、Callers-Callees，Source以及Disassembly。

　　一般情况下，对性能数据进行分析时最好的入手点是Call Tree选项卡。Call Tree选项卡以层级的方式展示了方法调用关系以及在这些调用上应用程序消耗的时间。通过该视图我们能够从较高的层次快速了解应用程序在哪个用例上消耗了最多的时间。从程序上层设计入手的修改，能为性能提升带来最大的收益（譬如算法的改进）。虽然有针对性地对性能分析报告中耗时最多的方法进行调优在一定程度上也可以改进程序性能，但如果退一步从更高层次上看，改进算法、数据结构或者设计往往能带来更大的性能提升。因此，在将调优局限于某个具体耗时的方法之前，先了解哪些一般性操作在该应用程序运行中耗时较长是很有帮助的。

　　调用树上每个节点的时间及百分比都是累计的，包含该节点代表的方法及其调用方法的时间。例如图5-4中，顶层节点代表总共消耗的时间及百分比，即100%。展开节点下的子节点，每个节点上报告的时间和百分比代表了该方法及其调用的方法所消耗的时间。

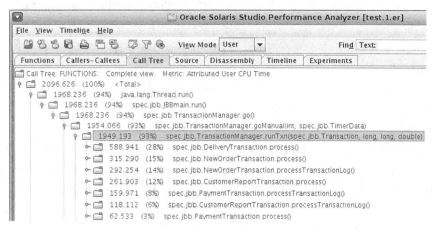

图5-4　Call Tree（调用树）选项卡

定位应用程序中哪一部分耗时最长，一个不错的方法是在调用树中展开节点，找到时间消耗最长的节点，沿着调用踪迹逐步往下分析。如图5-4所示，调用树展开后显示该应用程序93%的时间消耗在了`spec.jbb.TransactionManager.runTxm()`方法中，这表明该应用大多数的时间都花在了执行事务上。通过同样的方法能很容易地找到耗时最长的事务或事务操作。

这棵调用树表明优化`DeliveryTransaction.process()`以及由`NewOrderTransaction.process()`和`NewOrderTransaction.processTransactionLog()`实现的创建新订单事务用例，可以带来最大的性能收益。`NewOrderTransaction.process()`和`NewOrderTransaction.processTransactionLog()`的执行逻辑占用了约29%的应用程序时间，而`DeliveryTransaction.process()`消耗了28%的时间。因此，改进这三个方法的算法实现或数据结构能够最大程度地提升该程序的性能 。

值得指出的一点是Call Tree视图会自动与Functions选项卡、Callers-Callees选项卡、Source选项卡以及Disassembly选项卡保持同步。在Call Tree中选中一个节点后，切换到以上任何一个选项卡都可以查看到选中方法对应的视图。例如，在Call Tree选项卡中选中`spec.jbb.Transaction-Manager.runTxn()`节点，之后切换视图到Callers-Callees选项卡，Callers-Callees视图会定格在`spec.jbb.TransactionManger.runTxn()`方法上。切换视图时保持方法的选中让你很容易就能专注于关注的方法。

另一个方法也可以作为调用树分析的补充，具体方法是使用Functions选项卡对样本数据进行分析，找出应用程序中的执行最多的热点方法。与调用树方法比较起来，这种方法更偏重于改进某个方法实现。

Functions选项卡中列出了方法及其性能指标（Functions选项卡的示例请参考图5-2）。如前所述，默认情况下Analyzer同时显示包含用户态CPU利用率和独占用户态CPU利用率。独占指标报告的是消耗在方法自身执行的时间，不包含其调用其他方法所花费的时间。与之相反，包含指标报告的是执行一个方法及其调用其他方法所花费的总时间。显示的指标可以通过View（视图）>Set Data Presentation（设置数据呈现）菜单修改。下一节将介绍如何自定义显示指标。另外通过指标列可以对Functions选项卡中的数据进行排序，默认情况下数据按独占用户态CPU利用率降序排列。当Analyzer配置为显示多个指标时，点击指标列头可以改变排序的顺序，排序后的指标中，列在顶部的方法即是最"耗时"的方法。

在Functions选项卡中选定方法之后切换到Callers-Calees选项卡，可以看到调用该方法的方法列表（调用方法）以及由该方法调用的方法列表（被调用方法）。Callers-Callees选项卡的示例视图可以参考图5-5。

选中的方法会在Callers-Callees选项卡的中间位置显示，调用该方法的方法在其上方的面板中显示，而被该方法调用的方法则在其下方的面板中显示。通过添加调用方法与被调用方法到中间面板，你可以构造一个作为中间方法的调用栈帧。性能指标将根据整个栈帧计算得出。你还可以调整方法在栈帧中的位置 ，将一个方法设置成调用栈的头部，中间或尾部。中间面板包含导航按钮（中间面板左边部分的箭头符号），可以帮助你在调用栈中前进或回退。

图5-5   Callers-Callees选项卡

每个面板中都会显示方法的归因指标。对于选定的方法，归因指标代表的是该方法的独占指标。换句话说，它是执行指定方法本身所消耗的时间，不包括其调用的其他方法的执行时间。对于被调用方法，归因指标表示的是它的包含指标，该指标归因于中心方法的调用。也即是说，被调用方法的归因指标是中心方法调用被调用方法以及其子方法的调用所花费的时间。需要注意的是被调用方法和选中方法的归因指标之和共同构成了中心方法的包含指标。(不要与选定方法的独占时间混淆，独占时间在中间面板显示。)

对于调用方法而言，归因指标是选中方法的包含指标部分，它是由调用方法的调用引起的。换句话说，归因指标是调用中心方法，包括中心方法再调用其他方法所消耗的时间。同样地，需要注意所有调用方法归因指标的总和等于选定方法的包含指标(同样，不要与选定方法的独占时间混淆，独占时间在中间面板显示)。

调用方法列表和被调用方法列表可以通过指标排序。如果Callers-Callees选项卡中有多列的内容显示，你可以通过点击列头选择排序列。排序列头以粗体显示。注意，在Callers-Callees视图中改变某些排序指标会改变Functions选项卡中的排序指标。

下面介绍如何解读图5-5中的信息。

❑ TransactionLogBuffer.putDollars() 和被它调用的方法花费了45.462秒的用户CPU时间，执行方法调用NewOrderTransaction.processTransactionLog()。

❑ TransactionLogBuffer.putDollars() 和它所调用的方法总共消耗6.735秒用户态CPU时间执行PaymentTransaction.processTransactionLog()。

❑ TransactionLogBuffer.putDollars()和它所调用的方法总共耗费5.114秒用户态CPU时间执行CustomerReportTransaction.processTransactionLog()。

❑ TransactionLogBuffer.putDollars() 和它所调用的方法总共耗费1.221秒用户态CPU时间执行CustomerReportTransaction.processTransactionLog()。

❑ 不包括该方法调用其他方法的时间,TransactionLogBuffer.putDollars()调用消耗了10.557秒的用户态CPU时间。

- 方法BigDecimal.toString()及其调用的方法为TransactionLogBuffer. putDollars()的包含指标贡献了29.861秒用户态CPU时间。
- 类似的算法同样适用于TransactionLogBuffer.putText()、BigDecimal.layoutChars()、BigDecimal.signum()及String.length()。

Functions选项卡和Callers-Callees选项卡可以配合使用，在Functions选项卡中浏览性能数据，查找偏高的性能指标（譬如用户态CPU），选择关注的方法之后切换到Callers-Callees选项卡中查看该方法消耗了多少时间。

Performance Analyzer 12.2在Callers-Callees选项卡中加入了一个新功能，用户可以根据关注的方法构造调用栈，查看消耗在该调用栈上的归因时间。使用老版本的Performance Analyzer，当你在调用栈的方法间上下切换时归因时间会根据Callers-Callees视图的中间方法而发生调整。

为了说明这个新功能带来的好处，我们这里举一个例子。假设System.arraycopy()是样本数据中的热点方法，包含时间和独占时间都为100秒左右。因为包含时间和独占时间指标的值一样，所以它是一个"叶方法调用"（leaf method call），即System.arraycopy()方法没有调用其他的方法。假设你分析System.arraycopy()的调用方法时发现，所有对该方法的调用都来自于String(char[] value)构造器。这时你将String([char] value)移到中间查看其调用方法，分析String(char[] value)的包含时间。假设它的包含时间是200秒。这个200秒里包含调用System.arraycopy()花费的时间，即100秒。接下来，分析String(char[] value)的调用方法，发现有很多对它的调用方法。由于你把每个调用String(char[] value)的方法都放到中间，将很难定位该方法有多少包含时间消耗在了System.arraycopy()上。而使用Oracle Solaris Studio 12.2，你可以查看每个最终调用了System.arraycopy()的调用栈在System.arraycopy()上花费了多少时间。

为了找到调用栈中某个特定方法的调用栈所消耗的时间，你可以使用Set Center按钮锁定该方法。然后选择它的一个调用方法点击Add按钮，设置完成之后在中间面板上就可以看到多少时间花费在那些方法的调用栈上。通过同样的方法你可以把被调用方法添加到中间面板。添加调用方法或者被调用方法到中间面板让你可以更方便地浏览调用栈，轻松就能了解调用栈中某个方法消耗了多少时间。

我们使用图5-5来说明这个功能，假设你需要将PaymentTransaction.process TransactionLog()的调用栈与TransactionLogBuffer.putDollars()的其他调用栈区分开。为了达到这一目标，你选择了PaymentTransactionLog.processTransactionLog()并将其添加到中间面板，结果视图如图5-6所示。

可以看到TransactionLogBuffer.putDollars()及其调用方法的归因指标都被更新了，以反映调用栈的归因指标，新的调用栈中PaymentTransaction.processTransactionLog()与TransactionLogBuffer.putDollars()的其他调用方法被区分开来。同时更新的还有Payment-Transaction.processTransactionLog()的调用方法。

图5-6 调用栈帧

简而言之，这个新功能让你可以构建调用栈帧，快速简单地计算调用方法及被调用方法的归因时间。新功能将该热点方法的调用与其他方法调用区分开，让你可以专注调用热点方法的调用栈。

本节前文提到过，通过Analyzer可以添加更多的分析指标，譬如系统CPU、用户锁等。下一节将介绍如何设置增加更多的分析指标。

5.2.5 数据表示

前一节中，独占时间被定义为执行某个方法自身所消耗的时间。独占时间不包含在该方法内调用其他方法所消耗的时间。同时，前一节也定义了用户CPU时间。用户CPU时间是一个方法总的运行时间中消耗在操作系统内核态之外的那部分时间。包含时间则是执行一个方法所消耗总时间，包括该方法自身消耗的时间和该方法内调用其他方法所消耗的时间，在Functions视图中包含时间位于第二列。

在Functions视图中可以根据情况添加或删除分析的指标，譬如系统CPU时间，用户锁等等。添加指标的方法是在主菜单中选择View > Set Data Presentation或者在工具栏上单击Set Data Presentation快捷按钮。

图5-7是Performance Analyzer中Set Data Presentation用户界面的屏幕截图，展示了时钟-性能分析（Clock-Profiling）样本中能查看的指标。时钟-性能分析是Java默认的性能分析类型。Set Data Presentation视图中指标的变化取决于性能分析的类型和样本中收集到的性能指标数据。

通过Metrics（指标）选项卡可以定义显示的指标，决定用什么样的形式呈现数据。有3种可能的数据呈现方式：时间，值，百分比。列表中包含了载入样本中所有的指标。通过复选框你可以定义是否要显示该数据。另外，你也可以不对单个指标进行设置，而是通过选择或取消底部一行的复选框，然后点击Apply to all metrics（应用到所有指标）一次性设置该列中所有的指标。

你可以选择只显示独占指标或包含指标。如果独占指标或者包含指标显示在Functions视图中，归因指标就会在Callers-Callees视图中显示。

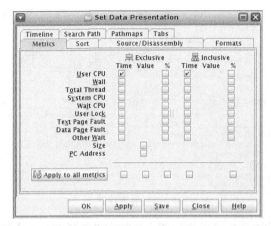

图5-7　时钟–性能分析的Set Data Presentation中的指标

Java应用程序最要紧的性能指标是用户态CPU、系统态CPU、用户态锁。用户态CPU指的是一个方法运行于操作系统内核态之外所消耗的CPU时间。与之相反，系统态CPU指的是操作系统代表该方法运行所消耗的CPU时间。

除了使用Call Tree选项卡对性能数据文件进行分析外，另一个可以采用的策略是减少对系统态CPU的使用，因为操作系统执行系统调用所消耗的CPU时间也可用于运行程序。采用这一策略能带来多大的好处取决于消耗在系统态CPU的时间与用户态CPU的时间的比例。如果系统态CPU时间相对于用户态CPU时间来说很少，投入人力试图减少系统态CPU时间不会带来太多投资回报。第6章会提供一个关于系统态CPU消耗的实例。

用户态锁指标提供了Java应用程序中使用锁并可能遭遇锁争用的函数方法名。Java应用程序如果在高负荷时存在很激烈的锁争用，即使有更多的空闲CPU也无法发挥其处理能力。 因此，提高程序扩展性的途径之一就是尽量减少锁竞争。用户态锁指标能告诉你哪些锁处于高竞争状态。第6章会提供实例介绍这部分内容。

将System CPU指标加入Functions视图和Callers-Callees视图的操作很简单，你只需选中关注指标的复选框就可以了，即对应于System CPU的Exclusive Time、Exclusive %、Inclusive Time、Inclusive %。大多数情况下，显示独占指标是有用的，因为你感兴趣的可能是某个方法在某些指标上独占消耗的时间或时间比率，而不是该方法及所有它发起调用的方法所消耗的总时间或时间比率。

如果要查看monitor对象或锁竞争的信息，只需选中关注的用户锁所对应的复选框即可。 图5-8展示的是选中User CPU(%)、Sys. CPU(%)、及User Lock(%)的Functions视图。

注意，图5-8中的列表是按照"Sys. CPU(%)"排序的结果。排序列可以通过列数据名的粗体辨别。

这个例子中还需要注意一点，根据Functions列表中的显示，大多数系统CPU消耗在标记为<JVM-System>的条目上。<JVM-System>是个通用占位符，代表Java虚拟机内部进行垃圾收集、JIT编译、装载类及其他JVM内部管理活动所消耗的时间。

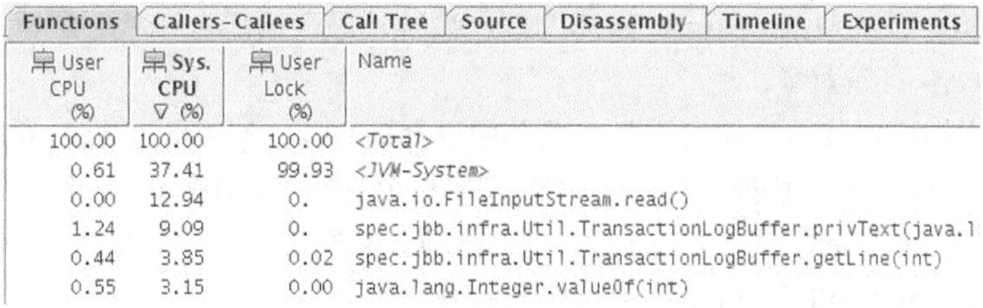

Functions	Callers-Callees	Call Tree	Source	Disassembly	Timeline	Experiments

🖳 User CPU (%)	🖳 Sys. CPU ▽ (%)	🖳 User Lock (%)	Name
100.00	100.00	100.00	<Total>
0.61	37.41	99.93	<JVM-System>
0.00	12.94	0.	java.io.FileInputStream.read()
1.24	9.09	0.	spec.jbb.infra.Util.TransactionLogBuffer.privText(java.l
0.44	3.85	0.02	spec.jbb.infra.Util.TransactionLogBuffer.getLine(int)
0.55	3.15	0.00	java.lang.Integer.valueOf(int)

图5-8   选中User CPU(%)、Sys. CPU(%)、及User Lock(%)的Functions视图

Performance Analyzer提供多种呈现样本数据的格式化模式，包括：User模式、Expert模式以及Machine模式。

User模式下，JIT编译或解释的Java方法按照方法名显示。本地方法名以它们原来的形式呈现。在Java应用程序执行期间，一个Java方法的多个实例可能同时运行，即一个解释版本与若干个JIT编译版本同时运行。如果多个版本的Java方法同时存在于收集的样本中时，这些数据将汇总合并成一个Java方法的数据。User模式下收集到的数据中代表内部JVM线程的数据（譬如JIT编译线程或垃圾收集线程），通过一个特殊的名称<JVM-System>标识。示例请参见图5-8。

User模式下，通过Functions面板中的方法列表可以查看调用Java方法及其调用的本地方法的性能指标；通过Callers-Callees面板可以查看Java方法与本地方法之间的调用关系；通过Source面板可以查看Java方法的源代码及每一行源代码的性能指标；通过Disassembly面板能够查看Java方法转换成的字节码及每行字节码的性能指标。如果Performance Analyzer可以找到对应的源代码，字节码可以跟Java源码相互映射。

Expert模式与User模式大致相似，唯一的不同是Expert模式下可以看到Java虚拟机内部的一些细节。在Expert模式下，Java虚拟机内部线程的方法及函数名（譬如JIT编译线程、垃圾收集线程等）能够在Functions面板和Callers-Callees面板查看到。与User模式不同的是，Expert模式下Java方法在JVM解释器中消耗的CPU时间不会与其对应的JIT编译信息合并。实际上，消耗在JVM解释器上的时间在方法列表中会作为一个单独的项目列出。Source面板可以显示Functions面板或Callers-Callees面板中选定的Java函数的源码。Disassembly面板则可以显示选定Java函数的字节码及每行字节码对应的性能指标。如果Performance Analyzer能够定位到源码，使用Expert模式可以建立Java源码与字节码之间的相互映射（Interleave）关系。

Machine模式可以显示JVM中的方法和函数名、JIT编译后的方法名及本地方法名。某些JVM方法名反映了Java代码解释、JIT编译、到最后生成本地代码之间的转换。Machine模式下，同一个Java方法使用不同HotSpot JIT编译之后，在方法列表中显示的有可能是完全无关的方法名。如果在Functions面板或者Callers-Callees面板中选择了一个Java方法，对应的Java源代码可以在Source面板显示。如果选中的方法是一个本地方法且Analyzer能访问其源代码，该方法对应的源码也可以在Source面板中显示。Machine模式的Disassembly面板显示的是生成的机器代码而不是User模式看到的字节码。另外，在Machine模式下，代理操作系统锁原语的Java monitor对象会以操作系统锁原语调用的形式在方法列表中列出，譬如Solaris平台上的_lwp_mutex_。

Callers-Callees面板中，从_lwp_mutex_这样的操作系统锁原语遍历调用栈，最终可以找到以Java方法名呈现的Java monitor对象。

要从User模式切换到其他模式可以在主菜单中选择View > Set Data Presentation，或者点击工具栏上的Set Data Presentation快捷按钮，之后选择Formats选项卡，在Formats选项卡中通过单选按钮选择期望的模式，如User模式、Expert模式或是Machine模式。在图5-9的下半部分你可以看到如何在Set Data Presentation的Formats选项卡中选择视图模式。

图5-9   格式化模式

Java开发者最常使用的是User模式，因为大多数情况下并不需要查看Java虚拟机的内部方法。Java性能专家们往往需要使用所有3种模式，特别是Expert模式和Machine模式，因为性能专家具有Java虚拟机内部的专业知识，能够判断Java虚拟机是否存在性能或扩展性问题。

5.2.6   过滤性能数据

查看性能数据时，常常需要跳过应用程序的某段执行时间。譬如，大多数情况下你对应用程序的启动及初始化阶段不感兴趣，希望能忽略这部分信息。又或者某一个时间段性能问题比较严重，你希望专注该段时间进行分析。Performance Analyzer提供了过滤（Filter）功能，让你可以专注特定的时间段。Performance Analyzer支持选择性能数据的某一段进行分析。默认情况下Performance Analyzer显示所有的性能数据。由于Performance Analyzer的collect命令默认情况下每秒收集一次性能数据，因此可以很容易地定位你关注的时间区间。例如，应用程序执行了30分钟（1800秒），初始化花费了45秒，而你对初始化阶段的性能数据不感兴趣。为了排除性能数据中开始的45秒，可以设置过滤条件忽略刚开始的45秒而保留46~1800秒的性能数据进行分析。

在Performance Analyzer中指定过滤条件可以通过Filter Data（过滤数据）表单实现，具体的操作是通过选择主菜单的View > Filter Data；或通过选择工具条上的过滤数据图标实现。图5-10示例说明了如何设置过滤条件忽略前300秒 (5分钟) 的性能数据，保留301~1720秒的性能数据。

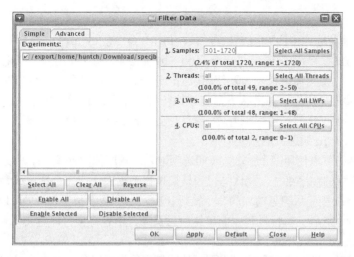

图5-10   过滤数据

5.2.7   命令行工具 er_print

除了使用Analyzer图形用户界面,还可以通过另外一个名为er_print的命令行工具处理收集的性能数据。同样的一份性能数据,Performance Analyzer以各种图形的方式显示给用户,而er_print以ASCII文本的形式输出到标准输出。输出的内容包括方法列表、调用函数-被调用函数的用户态CPU、系统态CPU、用户锁,等等。除非特别指定重定向到文件,er_print默认将结果输出到标准输出。er_print至少需要一个参数,用以指定一个或多个样本文件名。这些样本文件是由Performance Analyzer的collect命令收集而来。

er_print的威力在于其利用脚本编程将性能分析过程自动化的能力。譬如,通过脚本调用er_print,自动处理收集到的性能数据,输出占用用户态CPU,系统态CPU及用户锁最多的十个热点方法。讨论如何创建脚本调用er_print之前,有必要介绍下该命令的格式及如何以交互方式使用它。一旦我们了解了这些内容,创建er_print脚本的任务就很简明了。

er_print命令的格式如下:

```
$ er_print [ -script <script name> | -command <er_print command> | - | -V ] <profile
experiment name>
```

"["和"]"之间的文本代表这些参数是可选的。使用竖线(|)分隔的选项可以随意使用。"<"与">"之间的文本代表脚本名或你创建的文件名,或者某个er_print的命令。当不使用-script选项时,er_print从命令行读取输入。

❑ -script <script name> 执行名为<script name>的er_print脚本,在该脚本中定义了一系列的er_print命令。

❑ -command执行er_print命令,这个参数后需要接er_print支持的命令,譬如当参数命令为-func时，会打印函数（方法）列表。

- □ "–" 指从键盘输入中读取需要执行的er_print命令。er_print会提示并等待用户输入er_print命令。"–"选项与"-command"选项配合，用于执行完一个命令后等待键盘输入下一命令。换句话说，当需要使用er_print进行交互式命令行分析时，在没看查看前一命令的输出之前你不知道接下来应该执行哪条命令，此时使用这一选项很有效。交互模式下有一个小窍门，通过help指令可以列出er_print的命令列表。
- □ -V显示er_print的版本信息之后退出。

er_print命令行可以使用多个选项。按照选项输入的顺序依次处理。你可以将脚本、连字符、或显式的命令以任意的顺序组合。默认的行为是如果你不提供任何命令选项或者脚本选项就进入交互模式，er_print接受从键盘输入的命令执行，输入quit或者按下Ctrl+D可以退出交互模式。

执行完每条命令之后，执行过程中的出错信息及警告信息都会打印输出。

接下来介绍er_print接受的命令。

只要不产生歧义，可以将命令缩写成更短的字符串。你可以将一个命令分成多行输入，每行以"\"字符结尾。er_print发现以"\"结尾的命令行，执行该行之前会移除最后的"\"，并将下一行的内容附加到本行末尾。er_print没有对接受的命令行数做任何限制，唯一的限制是可用内存是否可以容纳这么多的参数。

如果参数内包含空格，该参数必须用双引号括起。你可以将引号内的字符分割成多行。

很多er_print命令使用指标关键字列表。列表的格式如下：

```
metric-keyword-1[:metric-keyword-2 ...]
```

你可以指定多个指标关键字，并以冒号（:）分隔。指标关键字可以是指标名、指标类型（或由指标类型衍生的字符），及指标可见性字符的组合。指标名参见表5-4，指标类型字符参见表5-5，指标可见性字符参见表5-6。

表5-4   指标名

指 标 名	描 述
user	显示用户态CPU时间，例如消耗在用户态CPU周期的时间
system	显示系统态CPU时间，例如消耗在执行操作系统内核调用CPU周期的时间
lock	显示用户态锁时间，例如消耗在等待获取共享锁，阻塞所消耗的时间

表5-5   指标类型字符

指标类型字符	描 述
e	显示独占指标的值。注意独占指标值代表的是一个方法自身所消耗的时间，不包含其函数调用的时间开支
i	显示包含指标的值。注意包含指标不仅包含本方法的消耗，也包含其函数调用的时间开支
a	显示归因指标值。仅适用于"调用函数–被调用函数"指标

表5-6　指标可见性字符

指标可见性字符	描　　述
.	以时间方式显示指标。适用于时间指标和计算周期的硬件计数器。对于其他的指标，解读同"+"字符
%	以百分比的方式显示该指标占整个程序指标的百分比。对于"调用函数-被调用函数"列表中的归因指标，以百分比的形式显示选择函数的包含指标
+	以绝对值的方式显示指标。对于硬件计数器，该值取平均计数。如果硬件计数器以时钟周期度量，以时间计算该指标
!	不显示任何指标数据。该选项不能与本表中其他可见性字符一起使用

注意，这里并没有一一列出所有的指标，实际上还有很多其他的指标名称，表5-4中列出的仅为Java应用程序最常用的指标。通过er_print metric_list命令可以获得性能数据评估的所有指标名称列表。

通过这些参数你可以指定输出哪些性能指标。例如，如果你需要用户CPU、系统CPU、用户锁的独占指标占总时间的百分比报告，可以输入下面的er_print命令：

```
metrics e.%user:e.%system:e%lock
```

如果你在er_print命令行中输入上面的性能指标，er_print会返回下面的结果：

```
Current metrics: e.%user:e.%system:e%lock:name
Current Sort Metric: Exclusive User CPU Time ( e.%user )
```

注意，er_print报告当前的排序指标是独占用户态时间。你可以使用sort命令加指标名来改变排序指标。例如，与现在使用按照独占用户CPU时间排序相反，你想要按照独占系统态CPU时间排序，在输入完前面的指标命令后，可以使用下面的sort命令：

```
sort e.%system
```

输入sort命令后,er_print会汇报命令执行结果。例如,输入完前面的sort命令,er_print返回如下消息：

```
Current Sort Metric: Exclusive System CPU Time ( e.%system )
```

你可以使用functions命令获得指标集的方法列表。如果functions命令不作限制，er_print会打印性能测试数据中所有的方法。你可以使用limit命令限制输出的方法数。limit命令通知er_print限制functions命令输出的方法数，将其设置为limit命令参数指定的数量。例如，限制functions命令的输出方法数为25个方法，你可以使用下面的limit命令：

```
limit 25
```

limit命令是er_print的命令中少有的几个在输入之后不返回执行结果的命令，它设置了functions命令输出方法数目的上限。

现在你已经掌握足够信息可以使用er_print找出消耗系统态CPU、用户态CPU及用户锁时间的最多的前25个方法。但是，你可能也想知道怎样使用er_print打印输出"调用函数-被调用函数"信息。

er_print命令callers-callees可以打印functions命令输出的每一个方法的调用函数-被调用函数表。与functions命令打印的方法的上限一样，打印输出"调用函数-被调用函数"表项数也同样受limit命令设置的上限限制。如果limit命令设置了输出方法数的上限是25，那么callers-callees命令输出的表项数目最多也只有25。对于callers-callees命令输出的每一条表项，中间方法名（center method name）源于函数列表中的方法名并在函数名前标有星号。下面是callers-callees命令的示例输出：

```
Attr.      Excl.      Incl.      Name
User CPU   User CPU   User CPU
   sec.       sec.       sec.
4.440      0.         42.910     com.mydomain.MyProject.doWork()
0.         0.         4.440      *com.mydomain.MyProject.work()
4.080      0.         4.080      com.mydomain.MyProject.preProcessItem()
0.360      0.         0.360      com.mydomain.MyProject.processItem()
```

这个例子中，com.mydomain.MyProject.work()是从方法列表中选出的方法，中间方法名则是由functions命令返回的。com.mydomain.MyProject.work()方法被com.mydomain.MyProject.doWork()调用，com.mydomain.MyProject.work()方法调用了com.mydomain.MyProject.preProcessItem()和com.mydomain.MyProject.processItem()。另请注意，本例中归因用户态CPU指标也出现在报告中。

另一个er_print命令csingle也可以输出callers-callees信息。不同于callers-callees命令，csingle接受方法名作为参数，输出该方法名对应的调用函数–被调用函数。而callers-callees命令打印调用函数–被调用函数的列表。caller-callees命令输出的调用函数–被调用函数列表的长度同样受limit命令限制。当我们只需要查看指定方法的"调用函数–被调用函数"关系时，使用csingle命令非常方便。使用er_print查看性能数据的通用流程是输出使用独占用户态CPU最高的十个方法，然后打印出最高方法的"调用函数–被调用函数"关系。这一流程通过er_print可以按照下面的顺序交互式的实现（er_print命令以粗体显示）：

```
$ er_print test.er.1
(er_print) limit 10
(er_print) functions
Functions sorted by metric: Exclusive User CPU Time

Excl.      Incl.      Name
User CPU   User CPU
   sec.       sec.
```

```
3226.047   3226.047    <Total>
 372.591    521.395    com.mydomain.MyProject.work()
 314.230    314.230    com.mydomain.MyProject.doWork ()
 177.134    455.639    java.lang.Integer.valueOf(int)
 169.118    169.118    java.lang. StringBuilder.toString()
(er_print) csingle com.mydomain.myproject.work
Callers and callees sorted by metric: Attributed User CPU Time

Attr.      Name
User CPU
  sec.
521.365    com.mydomain.MyProject.doWork()
372.591    *com.mydomain.MyProject.work()
 66.907    java.lang.Integer.valueOf(int)
 17.342    java.lang.StringBuilder.toString()
```

　　由于现代Java虚拟机包含JIT编译器，可以将Java字节码编译为适应底层硬件的机器代码，Performance Analyzer会区分对待解释执行的方法和通过JIT编译的方法，使用csingle命令时需要指明选择哪种方法。选项之一是指定该方法在JVM中通过解释模式执行，或者在JIT编译之后指定其他的选项。JIT编译后有多个方法选项的原因是Java虚拟机的JIT编译器有"逆优化"方法和"重新优化"方法。这些不同的版本可以帮助负责Java虚拟机及JIT编译器的工程师改进JIT编译技术。下面的示例说明csingle命令提示选择输入方法的版本。

```
(er_print) csingle java.lang.Integer.valueOf (int)
Available name list:

    0) Cancel
    1) java.lang.Integer.valueOf(int) JAVA_CLASSES:0x0 (Integer.java)
    2) java.lang.Integer.valueOf(int) JAVA_COMPILED_METHODS:0x52f70
(Integer.java)
Enter selection:
```

　　在上面的输出中，java.lang.Integer.valueOf(int)方法的JIT编译版本由JAVA_COMPILED_METHODS字段标识。解释版本由JAVA_CLASSES字段标识。使用csingle命令碰到多个方法选项时，最好查看下每个版本的性能指标，因为你可能并不了解某个版本以解释代码执行或以JIT编译代码执行需要花费的时间。

　　callers-callees和csingle命令报告的指标可以通过cmetrics命令控制。cmetrics不加任何参数的情况下通知er_print使用functions命令输出方法的指标设置caller-callees和csingle。如果你希望扩展或者缩小callers-callees或csingle命令汇报的指标内容，也可以通过cmetris命令加指标关键词实现。例如，如果你只想查看"调用函数-被调用函数"报告中系统CPU时间的独占百分比和系统CPU时间的归因百分比，可以通过下面的cmetrics命令实现：

```
cmetrics e.%system:a.%system
```

如果你只想了解性能数据中某一时间段的内容，为了限制输出信息的范围，可以设定过滤器减少er_print的输出，效果与Analyzer图形用户界面的操作一样。使用filters命令可以实现这一目的。filters命令可以接受多个测试数据区间作为参数，各个区间之间通过逗号（,）分隔。例如，假设你想限制er_print报告输出的数据，使之仅包含61~120秒和301~360秒的数据（即collect命令收集的性能数据中只关注从61~120秒和301~360秒的数据），你可以指定使用下面的过滤条件：

```
filters 61-120,301-360
```

为了将er_print输出的内容保存到一个文件中，可以使用outfile命令加上你希望保存的文件名。例如，将一批er_print命令的输出保存到名为my-output-file.txt的文件中，你可以使用下面的outfile命令：

```
outfile my-output-file.txt
```

除了上面介绍的这些，er_print还有一个值得关注的命令，即设置视图模式。还记得有三种视图模式吧：User模式，Expert模式，Machine模式。这三种模式在5.2.5节已经介绍过。5.2.5节曾讨论过，大多数的Java程序员只需要使用User模式。但是如果你希望在Expert模式或Machine模式下查看er_print的输出，就得使用viewmode命令了。默认的视图模式为User模式。为了设置er_print的视图模式，你需要将user、expert或machine作为参数传递给viewmode命令。例如，设置视图模式为Expert模式，可以使用如下命令：

```
viewmode expert
```

现在你已经了解了er_print的基本命令，这些命令可以帮助你有效地使用er_print。接下来你可以通过脚本使用er_print自动处理性能数据。下面是几个使用er_print完成不同任务的示例。这些er_print的脚本可以保存为文件，通过er_print -script命令加上希望保存的文件名就能自动处理收集到的性能数据。

1. 示例一

打印输出使用独占系统CPU时间百分比最多的10个方法，同时输出其独占用户态CPU时间百分比，独占用户态锁时间百分比。

```
metrics e.%system:e.%user:e.%lock
sort e.%system
limit 10
functions
quit
```

假设上面的命令保存到名为top-10-system-cpu.script的文件中，这一脚本可以使用er_print执行如下：

```
er_print -script top-10-system-cpu.script <experiment name>
```

注意，<experiment name>是通过Performance Analyzer的collect命令收集的性能样本文件。

2. 示例二

输出使用独占用户CPU时间最多的前25个方法，统计标准为时间而不是百分比。之后输出使用独占系统CPU时间最多的前10个方法，标准同上。最后输出占用独占用户锁时间百分比最多的前5个方法。这个脚本可以用于通用的目的，报告CPU使用的概要情况，包括用户CPU和系统CPU，并附有潜在锁争用问题的报告。

```
metrics e.user
sort e.user
limit 25
functions
metrics e.system:e.%user:e.%lock
sort e.system
limit 10
functions
metrics e.%lock
sort e.%lock
limit 5
functions
quit
```

这两个脚本示例展示了创建er_print脚本的威力。你可以创建更多更有用的脚本。前文的两个示例展示了编写er_print脚本的快捷性，它们可以作为通用脚本，用于处理收集到的性能数据，对Java应用程序的性能状况进行快速评价。在自动构建和测试环境的时代，前文这样简单的脚本也是非常有用的，它们可以用于自动化测试系统中，进行初步性能分析。前文的脚本输出可以进一步与邮件报告系统整合，在结果出来的第一时间通知相关干系人。

这一节对er_print进行了简略的介绍，你了解了使用er_print可以完成哪些任务。如果你想要进一步的学习er_print命令及其使用方法，可以直接运行er_print（不跟参数）获得命令列表及其用法。

你使用Performance Analyzer及er_print的次数越多，就会越了解它的各项能力和威力。

5.3　NetBeans Profiler

有些读者可能没有办法使用Oracle Studio Performance Analyzer在它所支持的平台上进行方法性能分析，这一节会介绍利用NetBeans Profiler进行方法分析。同时，这一节也会讨论内存性能分析及内存泄漏检测。为了帮助大家掌握本节的内容，我们将回顾一下本章开头介绍的通用性能分析词汇以及NetBeans Profiler专有的词汇。

NetBeans Profiler是一个强大的工具，可以帮助定位JAVA应用程序中的性能问题。NetBeans Profiler包含在NetBeans集成开发环境中，同时包含的还有一个名为VisualVM的JAVA虚拟机监控工具。VisualVM是一个开源项目（http://visualvm.dev.java.net）从Java 6 Update 7之后开始包含在Java HotSpot JDK之中。不论你使用NetBeans集成开发环境的NetBeans Profiler还是使用VisualVM, 都可以对你的JAVA应用进行性能分析，确定特定方法的时间开销，查看应用程序使用了多少内存。

> **提示**
> 截至本书写作时，NetBeans集成开发环境中的NetBeans Profiler与VisualVM在功能性上几乎没有差别。两者都依赖同样的底层技术。查看性能数据文件时，在NetBeans集成开发环境的编辑器中，双击方法名可以跳转到该行的源码，而VisualVM没有这一功能。NetBeans Profiler没有分析取样器，而VisualVM 1.3.1版本包含一个轻量级的取样器（在1.2版本中作为插件提供）。

NetBeans Profiler通过先进的技术降低了性能分析的开销，使之更容易获取应用程序的性能数据。下面列举NetBeans Profiler的一些特性。

- **低开销地性能分析**。你可以控制分析器对应用程序的性能影响。根据你的选择，性能分析器对应用程序的性能影响可以从极大到几乎没有。
- **CPU性能分析**。你可以获取应用程序中每个方法，或者你选定方法所消耗的时间。
- **内存性能分析**。你能够找到过度的对象分配。
- **内存泄漏检测**。性能分析器的统计报告使得检测泄漏的对象实例更容易。

下面介绍在NetBeans集成开发环境中使用NetBeans Profiler进行性能分析的过程。NetBeans Profiler与VisualVM除了初始阶段选择分析的应用程序的步骤略有不同，在性能分析的概念，控制流等方面都一致或类似。如果你使用过NetBeans Profiler, 无论是在NetBeans集成开发环境中或是在VisualVM中使用, 都相当容易。

5.3.1　支持平台

NetBeans Profiler能够对运行在支持JVM工具接口 (JVM Tool Interface, JVMTI) 平台的应用程序进行性能分析。Java 5更新Update 4（以及之后的版本）都支持JVMTI。因为NetBeans Profiler包含需要与JVM通过JVMTI通信的二进制代码, NetBeans Profiler的性能调优只能在特定的平台上进行。目前支持的平台如下：

- Solaris（SPARC和 x86/x64平台）;
- Windows;
- Linux;
- Mac OS X。

5.3.2　下载安装 NetBeans Profiler

标准的NetBeans集成开发环境已经包含NetBeans Profiler，可以直接在集成开发环境中使用。NetBeans集成开发环境可以从NetBeans网站下载, 地址是http://www.netbeans.org。下载的过程很简单，选择目标平台即可。NetBeans集成开发环境下载完成后，你可以通过安装向导安装NetBeans集成开发环境。

VisualVM也绑定了NetBeans Profiler，可以通过http://visualvm.dev.java.net下载最新版本的VisualVM，或者下载在发行版中绑定了VisualVM的Oracle Java 6 Uupdate 7（或更新的版本）。

> **提示**
>
> 从http://visualvm.dev.java.net下载的VisualVM版本与HotSpot JDK中绑定版本的唯一区别是，从http://visualvm.dev.java.net下载的版本较新，带有更新的特性。

绑定在Java 6及其后发布版本中的VisualVM可以在JDK安装目录下的bin目录中找到。从http://visualvm.dev.java.net下载的VisualVM包中的VisualVM程序可以在安装目录下的bin目录找到，该程序的名称为jvisualvm。需要注意的是，开源版本的VisualVM在visualvm名字前没有"j"字符。

Windows平台上JDK的默认安装路径是C:\Program Files\Java\。其中是JDK发布版本的名字，例如jdk1.6.0_21。如果你在Windows系统上安装了Java 6更新 Update 21，默认情况下JDK的安装程序会将jvisualvm安装到C:\Program Files\Java\jdk1.6.0_21\bin目录。

在Windows系统中安装NetBeans集成开发环境时会在Windows系统的桌面上创建一个快捷启动图标。

5.3.3 开始方法分析会话

这里描述的步骤基于NetBeans集成开发环境。NetBeans集成开发环境提供了远程性能分析的功能，所以我们选择它介绍如何使用NetBeans Profiler。

> **提示**
>
> 虽然VisualVM也提供一种轻量级的远程性能分析功能，不过与NetBeans集成开发环境的远程性能分析功能不大一样。VisualVM的远程性能分析功能在第4章有相关的介绍。

这里介绍远程性能分析的原因是，通常情况下，我们期望在一个合适的环境中对目标系统进行性能分析，大多数的桌面系统没有足够的内存同时运行强大的性能分析器和复杂的应用程序。

建立远程性能分析会话需要下面几个步骤。

(1) 确定远程系统的位置，应用程序将在该远程系统上进行性能分析。

(2) 启动NetBeans集成开发环境。

(3)选择性能分析任务，可能是方法分析或者内存分析。

(4) 指定选择任务的选项。

(5) 生成远程性能分析包。

(6) 根据远程性能分析包配置远程系统。

(7) 开始性能分析，查看显示的数据或分析收集的数据。

下面介绍使用NetBeans集成开发环境进行远程性能分析的步骤。在这个例子中，远程系统名叫halas，需要进行分析的远程应用是名为SPECjvm2008的编译器。该编译器可以从http://www.spec.org/download.html免费下载。本例中使用的NetBeans集成开发环境是NetBeans 6.8，本地及远程使用的JVM版本都是Java 6 Update 21。

(1) 确定远程系统的位置，应用程序将在远程系统上进行性能分析。如前所述，远程系统名为halas，应用程序是SPECjvm2008的compiler.compiler workload。

(2) 在桌面系统上启动NetBeans集成开发环境。

(3) 选择性能分析任务和方法分析。

在NetBeans集成开发环境的主菜单中，选择Profiler（性能分析器）> Attach Profiler（连接性能分析器）选项。进行方法分析时，在Attach Profiler面板中选择左面的CPU图标，如图5-11所示。注意，如果你希望进行内存分析，请选择Memory图标。

(4) 为选择的任务设置选项。

"Attach Profiler" 面板的右边有几个定义方法分析范围的选项（譬如对整个应用程序进行分析），另外你也可以定义过滤器，只对部分代码进行分析。过滤器可以控制性能分析活动中包含或排除特定的Java类。另外，通过Overhead（开销）指标也可以对伴随工具而来的侵入性（Intrusiveness）进行分析。通过图5-11我们观察到，对整个应用程序进行性能分析与设置过滤器排除了对Java核心类，二者的开销相差约50%。如果你设置过滤器，选择对所有的Java类进行性能分析，可以观察到性能分析的开销猛增到了100%。通常情况下，对整个应用程序进行方法分析对应用程序的性能影响非常大。因此在方法分析中使用过滤器是相当有用的。换句话说，如果你了解应用程序的某一部分或某几个部分存在性能问题，通过创建过滤器缩小性能分析的范围，仅对这些代码进行分析可以大大减少性能分析活动造成的影响。

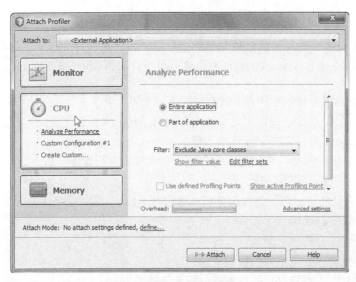

图5-11 选择分析方法

减少从运行的应用程序中进行数据采样的频率也能减小性能分析对应用程序性能的影响。如图5-11，在Attach Profiler面板上的CPU性能分析图标中选择Create Custom...（自定义）选项，之后点击Advanced Setting（高级设置）选项设置合适的负荷指标进行自定义配置，减少取样的频率。通过该选项，可以改变默认的取样时间间隔（10毫秒），如图5-12所示。

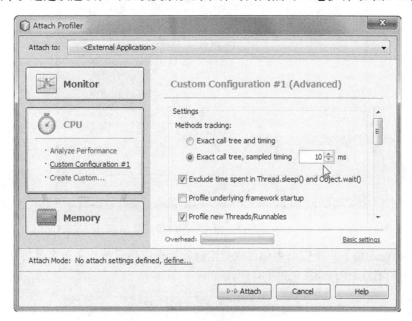

图5-12　减小方法分析取样间隔

你必须指定一个Attach Mode（连接模式）。Attach Mode告知性能分析器你的应用程序性能分析是使用本地的JVM还是远程系统的JVM。在Attach Profiler面板底部选择Define Attach Mode（指定连接模式）选项可以启动Attach Wizard（连接向导）设定Attach Mode，如图5-12所示。

通过Attach Wizard可以设定目标类型（Application、Applet或J2EE/Web Application）、连接的方法（本地或是远程）、触发连接的事件（直接或者动态）。使用直接连接方式时，性能分析器在连接目标应用程序之前会暂时阻塞该程序启动。如果选择使用动态连接方式，你可以在任意时刻连接（或断开或重新连接）到运行的应用程序。但是远程性能分析以及使用老版本JVM（Java 5或更早版本的JVM）的应用程序不支持动态连接。

为了说明的目的，这一节的例子假设目标应用程序作为一个独立的应用运行在名叫halas的远程系统上。因此，我们在Attach Wizard中选择了以下的选项（见图5-13），Target Type（目标类型）是Application（应用程序），Attach method（连接方法）是Remote（远程），Attach invocation（连接调用方式）是Direct（直接调用）。

指定了连接类型后，你可以点击Next按钮继续进行Attach Wizard设置。

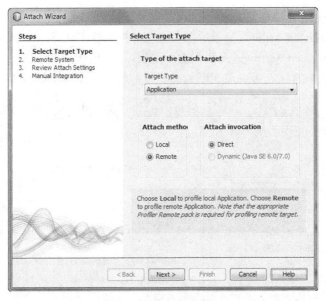

图5-13   指定远程分析

在Attach Wizard的下一个窗口中你可以指定远程目标应用运行的主机名及目标系统使用的
JVM类型（32JVM或64位JVM），如图5-14所示。

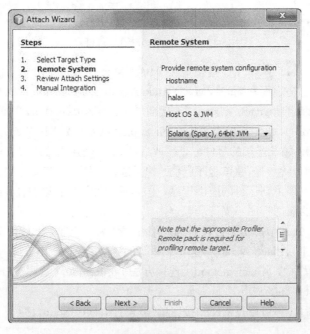

图5-14   远程主机，操作系统与JVM

(5) 生成远程性能分析包。

在图5-13中有一个提示，对远程应用进行性能分析时需要先设置Profiler Remote Pack（性能分析远程包）。如果你之前没有在应用程序将要运行的目标系统上进行过性能分析，你需要准备一个Profiler Remote Pack。与手工配置比起来，使用Profiler Remote Pack能够使远程连接的安装配置更简单。Profiler Remote Pack可以在Attach Wizard的下一页Manual Integration（手工集成）窗口中通过Net-Beans Profilers生成。点击Next直到进入Manual Integration窗口。在Manual Integration窗口可以指定目标应用程序使用Java SE的版本。在这个例子里，目标应用程序使用的是Java SE 6。如何生成Profiler Remote Pack可以参考列在Manual Integration窗口中的步骤，如图5-15所示。

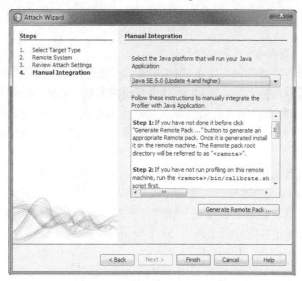

图5-15　生成Profiler Remote Pack

仔细阅读窗口上的步骤，当你了解如何生成Profiler Remote Pack之后，单击Generate Remote Pack（生成远程包）按钮。程序将提示设置Profiler Remote Pack的保存路径。点击Finish按钮就完成了Attach Wizard设置。

(6) 使用Remote Profiling Pack（远程配置包）配置远程系统。

现在你可以通过Remote Profiling Pack配置远程系统。如果这是你第一次在远程系统上针对目标JVM进行性能分析，该JVM也需要在目标系统上进行校准。校准可以通过Remote Profiling Pack中名为calibrate.sh的脚本进行。

首先将Remote Profiling Pack复制到远程目标系统中并解压其内容到远程系统的某个目录。假设在远程系统上解压Remote Profiling Pack的目录为remote。在/bin目录下有一个名为calibrate.sh的脚本，如果这个脚本之前没有在远程系统上运行过，你需要做的第一件事就是在远程系统上执行这个脚本。运行calibrate.sh之前，必须更新脚本中的JAVA_HOME环境变量，你也可以在calibrate.sh脚本之外使用系统环境变量中设置JAVA_HOME。JAVA_HOME环境变量必须指向执行远程应用程序时使用的JVM的根目录。

　　运行完calibrate.sh之后，需要更新用于启动目标应用的Java命令行选项，通知JVM在分析器从远程连接成功之前，暂时将应用程序置为阻塞状态。Remote Profiler Pack提供了几个示例脚本，你可以修改这些脚本启动Java应用程序。示例脚本中含有用于远程分析的HotSpot JVM命令行选项-agentpath的示例。如果你使用的是Java 5的Java虚拟机，需要更新/bin/profile-15脚本文件；如果你使用的是Java 6的Java虚拟机，请更新/bin/profile-16脚本文件。此外，你也可以根据你的平台，为应用程序选择合适的-agentpath选项。针对Java 5 JVM和Java 6 JVM的命令行选项可以在Remote Profiler Pack的/bin/profile-15和/bin/profile-16脚本文件中找到。使用正确的-agentpath命令行选项启动目标Java应用时，输出的消息中会有一行，报告说：the profiling agent is initializing and it is waiting for a connection from a remote profiler（性能分析代理正在初始化，等待远程性能分析器连接）。

　　(7) 开始性能分析，查看收集到的数据。

　　进行远程性能分析所需要的每一个条件自此均已配置完毕。下面需要做的就是启动远程Java应用程序，将性能分析器连接上去。通过步骤6中介绍的方法，在Windows DOS命令文件或脚本文件中加入-agentpath命令后即可以通过命令文件或脚本文件启动远程的Java应用程序。正如第6步所提到的，当远程Java应用程序启动时，它会报告说正在等待远程性能分析器连接。切换到桌面系统之后就可以使用NetBeans Profiler连接到远程Java应用程序了。要进入Attach Profiler面板，可以在NetBeans集成开发环境中选择Profiler > Attach Profiler选项。

　　一旦NetBeans Profiler成功连接，远程的Java应用即会结束阻塞恢复运行。NetBeans Profiler在NetBeans集成开发环境中会重新创建一个性能分析控制面板，带有Controls（控制器）、Status（状态）、Profiling Results（性能分析结果）、Save Snapshots（保存快照）、View（视图）和Basic Telemetry（基本遥测）子面板，如图5-16所示。

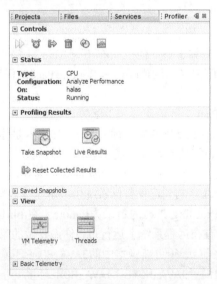

图5-16　性能分析控制面板

　　无论方法性能分析还是内存性能分析，Profiler Control Panel（性能分析器控制面板）的内容都一样。通过点击区段名前的箭头图标，Profiler Control Panel的区段可以展开或隐藏。后面的小节会针对Profiler Control Panel的子面板做详细的介绍。

5.3.4　Controls 子面板

Profiler Control Panel中Controls子面板的按键说明参见表5-7。

表5-7　Profiler Control Panel — Controls

组　　件	描　　述
⏩	**ReRun Last Profiling** 重新执行上一次的性能分析命令
🐞	**Stop** 停止当前执行的性能分析命令。如果应用程序是由分析器启动的，还会停止该应用程序
↪	**Reset Collected Results** 丢弃已收集的性能数据结果
🗑	**Run GC** 运行垃圾收集程序
⏱	**Modify Profiling** 打开修改分析任务对话窗口，可以在不停止当前应用程序的同时运行一个新的性能分析命令
📊	**VM Telemetry** 在集成开发环境的输出窗口中打开VM Telemetry概略图，显示自动测量记录传导图的一部分信息

5.3.5　Status 子面板

Profiler Control Panel中Status子面板的项目解释参见表5-8。

表5-8　Profiler Control Panel — Status

组　　件	描　　述
Type	性能分析的类型：monitor对象、CPU、内存
Configuration	性能分析器使用哪一个配置文件启动
On	标识当前正在进行性能分析的应用程序位于哪个远程系统
Status	运行态或停止态

5.3.6　Profiling Results 子面板

Profiler Control Pane中Profiling Results子面板的按键说明参见表5-9。

表5-9   Profiler Control Pane — Profiling Results

组　　件	描　　述
	Take Snapshot 显示收集到的性能数据的静态快照
	Live Result 显示性能分析任务的当前结果
	Reset Collected Results 丢弃已收集的性能数据结果

5.3.7 Saved Snapshots 子面板

通过Saved Snapshots子面板，你可以管理性能快照。如果你曾经保存过快照，保存的快照即显示于此。双击快照名称可以打开该快照。

5.3.8 View 子面板

Profiler Control Pane中View子面板的按键说明参见表5-10。

表5-10   Profiler Control Pane — View

组　　件	描　　述
	VM Telemetry 打开VM Telemetry选项卡。 VM Telemetry选项卡显示虚拟机中线程活动，内存堆和垃圾收集的概略数据
	Threads 打开Threads选项卡。 如果在性能分析任务对话窗口中启用了线程监控,应用程序的线程活动可以在线程选项卡中显示

5.3.9 Basic Telemetry 子面板

Profiler Control Pane中Basic Telemetry子面板的项目解释参见表5-11。点击View子面板的Basic Telemetry和Threads按钮可以用图形化方式查看这部分信息。

表5-11   Profiler Control Pane — Basic Telemetry

组　　件	描　　述
Instrumented	内存分析时，指性能分析器注入的类的数目； CPU性能分析时指性能分析器注入的方法数
Filter	指定的过滤器类型 （可选项）
Threads	活动线程数
Total Memory	分配的堆大小
Used Memory	堆中正在被使用的部分
Time Spent in GC	垃圾收集时间所占的百分比

5.3.10 查看动态结果

远程应用运行过程中，点击Profiler Control Panel的Live Result（动态结果）图标可以查看Profiling Results（性能分析结果）窗口（见图5-17），通过这个窗口可以观察单个方法的执行时间。

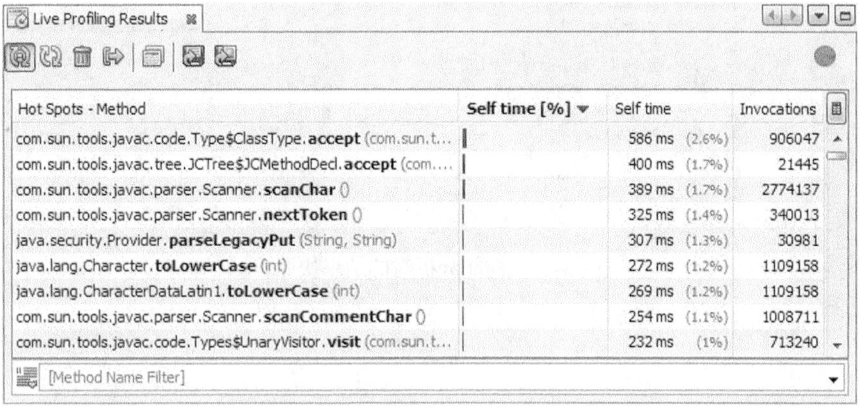

图5-17 性能分析时的动态结果

Profiling Results窗口中显示的方法至少曾经被调用过一次，默认按本耗时间降序排列，本耗时间最多的方法会排在列表的顶部。消耗的时间显示为两列，一列以图形方式，显示每个方法消耗时间的百分比；另一列以文本方式，显示消耗的原始时间和百分比。方法被调用的次数也会一并列出。随着应用程序的运行，性能分析器会动态更新这些值。

点击列头，可以改变排序。这个操作将对列值按降序排列，再次点击又会恢复到升序排列。点击Hot Spots-Method（热点–方法）列将按照包、类，及方法名排序。点击表底部的Method Name Filter（方法名过滤器），在输入框中输入你期望的方法名可以快速定位某个方法。

5.3.11 对结果进行快照

如果你想了解更详细的信息，可以在Profiler Control Panel中点击Take Snapshot（快照）图标。CPU快照窗口显示时以快照时间为标题（见图5-18）。

CPU快照窗口的默认视图为Call Tree选项卡，按照线程组织显示调用树。如果要切换到其他的热点视图，可以点击面板底部的Hot Spot View（热点视图）选项卡。了解应用程序到达热点方法的执行路径是很有帮助的。通过Combined（合并）选项卡可以轻松实现这一点。使用这个选项卡可以同时显示Call Tree和Hot Spots。点击Hot Spots列表中的一个方法可以找到该方法在Call Tree中的入口，就能找到源方法与热点之间的关系（见图5-19），非常方便。

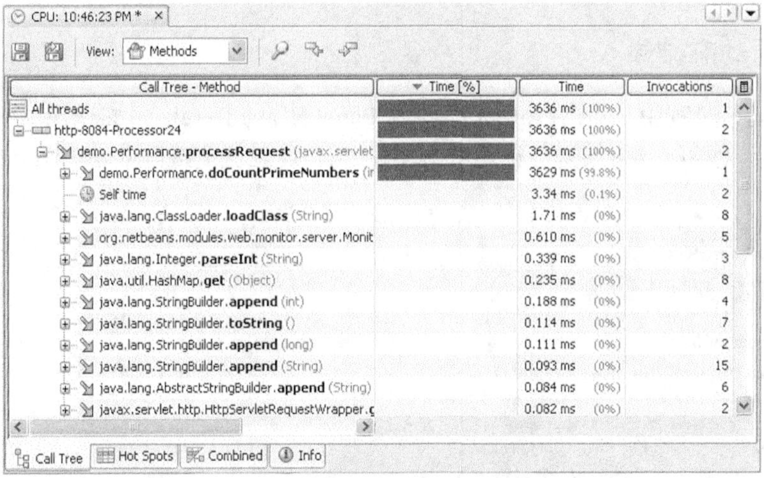

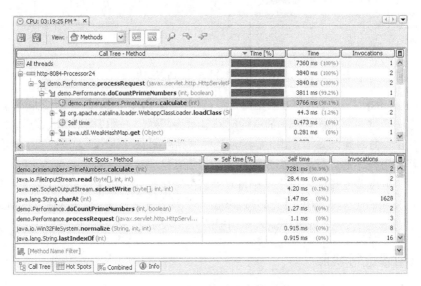

图 5-18　性能分析时的结果快照

图5-19　性能分析时的合并视图

　　Info（信息）选项卡显示了快照的概略信息，包括：日期、时间、过滤条件设置等。快照窗口顶部的图标可以保存快照、控制快照的粒度（方法、类或包），甚至还可以对快照进行查询。

　　下几节的内容将讲述内存分析。

5.3.12　启动内存分析会话

　　使用NetBeans Profiler收集内存分析数据的步骤与本章前面介绍的收集方法分析数据的步骤类似。

　　为了与方法分析小节保持一致，本节也使用远程分析，因为性能分析需要确保应用程序运行于目标系统上，处于合适的环境中，大多数的桌面系统没有足够的内存资源可以同时运行强大的内存分析器和复杂的应用程序。

　　下面是内存分析的一般步骤。

　　(1) 确定进行性能分析的应用程序所在的远程系统位置。

　　(2) 在桌面系统中启动NetBeans集成开发环境。

　　(3) 选择分析任务和分析方法。

　　在NetBeans集成开发环境的主菜单中选择Profile > Attach Profiler。在Attach Profiler Panel中选择左面的Memory图标，之后选择分析方法，如图5-20所示。

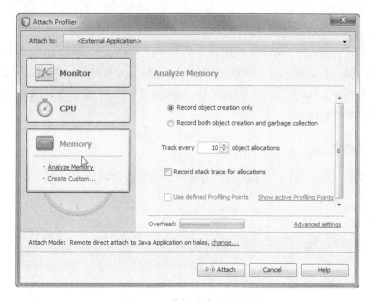

图5-20　分析内存的选项

　　(4) 指定内存分析选项。

　　NetBeans Profiler可以用多个选项进行内存分析。为了了解应用程序的对象分配情况，可以选择Record object creation only（只记录创建对象）。这一选项的开销最小。收集的性能数据动态显示在Live Result Profiling面板上，通过分析这些数据可以快速发现应用程序中潜在的过度对象分配。

　　选择Record both object creation and garbage collection（记录对象创建和垃圾收集）选项，可以了解应用程序中创建后长时间未销毁的对象的情况。该选项对于跟踪潜在的内存泄漏很有帮助。

　　默认情况下，对应用程序使用的类，每发生十次内存分配，性能分析器记录一次。对于大多数应用程序而言，这种统计方法显著降低了性能分析器带来的影响，而且又不太影响分析的精度。你可以改变跟踪分配的数量。需要注意的是减小这一值会加大性能分析带来的负荷。如果你需要对一个复杂的应用程序进行长时间分析，应该慎重考虑增大这一值带来的影响，确保性能分析不会对应用程序的性能带来过度的影响。如果你发现性能分析活动对你的应用程序影响很大，可以增大跟踪对象分配的值以减小性能分析带来的负荷。但是，如果收集不到足够的样本，增大跟踪对象分配值会损失分析精度。因此当增大跟踪对象分配值时，应用程序需要执行时间相对较长，以保证在取样频率较少的情况下，仍然可以收集足够的性能数据。

最重要的是要让性能分析器记录进行对象分析的方法，可以通过Record stack trace for allocations（记录分配栈跟踪）选项实现。

(5) 生成远程性能分析包。

(6) 使用远程性能分析包配置远程系统。如果你需要了解如何进行这两个步骤的详细信息，可以参考5.3.3节的介绍。

(7) 开始性能分析，查看性能分析器收集的数据。

启动远程应用。当远程应用启动时应用程序会阻塞，等待NetBeans Profiler连接。一旦NetBeans Profiler成功连接，远程的Java应用程序就解除阻塞继续执行。NetBeans Profiler会在它的集成开发环境中打开一个Profiler Control Panel，面板上有Controls、Status、Profiling Results、Save Snapshots、View以及Basic Telemetry子面板，如图5-16所示。

5.3.13　查看实时结果

开始性能分析时，你可以按下Live Results按钮动态查看堆内容（见图5-21）。

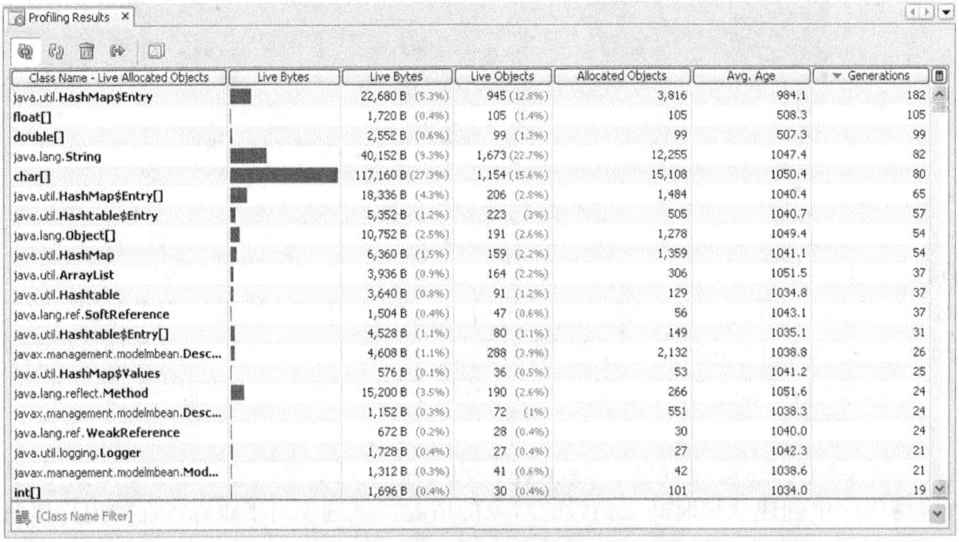
Profiling Results

Class Name - Live Allocated Objects	Live Bytes	Live Bytes	Live Objects	Allocated Objects	Avg. Age	Generations
java.util.HashMap$Entry		22,680 B (5.3%)	945 (12.8%)	3,816	984.1	182
float[]		1,720 B (0.4%)	105 (1.4%)	105	508.3	105
double[]		2,552 B (0.6%)	99 (1.3%)	99	507.3	99
java.lang.String		40,152 B (9.3%)	1,673 (22.7%)	12,255	1047.4	82
char[]		117,160 B (27.3%)	1,154 (15.6%)	15,108	1050.4	80
java.util.HashMap$Entry[]		18,336 B (4.3%)	206 (2.8%)	1,484	1040.4	65
java.util.Hashtable$Entry		5,352 B (1.2%)	223 (3%)	505	1040.7	57
java.lang.Object[]		10,752 B (2.5%)	191 (2.6%)	1,278	1049.4	54
java.util.HashMap		6,360 B (1.5%)	159 (2.2%)	1,359	1041.1	54
java.util.ArrayList		3,936 B (0.9%)	164 (2.2%)	306	1051.5	37
java.util.Hashtable		3,640 B (0.8%)	91 (1.2%)	129	1034.8	37
java.lang.ref.SoftReference		1,504 B (0.4%)	47 (0.6%)	56	1043.1	37
java.util.Hashtable$Entry[]		4,528 B (1.1%)	80 (1.1%)	149	1035.1	31
javax.management.modelmbean.Desc...		4,608 B (1.1%)	288 (3.9%)	2,132	1038.8	26
java.util.HashMap$Values		576 B (0.1%)	36 (0.5%)	53	1041.2	25
java.lang.reflect.Method		15,200 B (3.5%)	190 (2.6%)	266	1051.6	24
javax.management.modelmbean.Desc...		1,152 B (0.3%)	72 (1%)	551	1038.3	24
java.lang.ref.WeakReference		672 B (0.2%)	28 (0.4%)	30	1040.0	24
java.util.logging.Logger		1,728 B (0.4%)	27 (0.4%)	27	1042.3	21
javax.management.modelmbean.Mod...		1,312 B (0.3%)	41 (0.6%)	42	1038.6	21
int[]		1,696 B (0.4%)	30 (0.4%)	101	1034.0	19

[Class Name Filter]

图5-21　分析内存使用情况的动态结果窗口

内存分析结果窗口显示的列如下所示。

❑ Allocated Objects（分配对象）。性能分析器跟踪的对象数。

❑ Live Objects（活动对象）。当前堆上分配的对象数目，这部分对象位于内存中。

❑ Live Byte（活动对象大小）。显示活动对象使用的堆内存大小。一列以图形形式显示，另一列以文字形式显示。

❑ Avg. Age（平均年龄）。活动对象的平均年龄。对象的年龄指该对象经历的垃圾收集次数。年龄总数除以活动对象数即为平均年龄。

❑ Generation（代）。根据活动对象进行统计。对象年龄是该对象经历的垃圾收集次数。代的值是活动对象按年龄大小分成不同代之后的代的个数（以下称代的个数）。代的概念与生存代一样，只能应用于单个类；可以参考框注"生存代和内存泄漏"。

通过单击列头可以改变排序。这一操作会以该列的值降序排列该表。再次点击列头会恢复为升序排列。按代排序常常可以帮助我们定位内存泄漏的源头是哪一个类。这是因为代值的增加是内存泄漏的一个典型特征。

提示

通过排序你可以将关注的类置于顶部。如果选择了Track object creation and garbage collection，你可以右键点击一个条目，选择Stop Profiling Classes below this Line（停止分析这行下面的类）来降低性能分析开销。

生存代和内存泄漏

为了理解内存分析结果视图中代的这一列的含义，你必须了解Java虚拟机的垃圾收集过程。每次垃圾收集器运行时，一个对象或者是存活下来，继续占用堆内存，或者是被移除，其内存也被释放。如果存活下来，则它的年龄会加1。换句话说，可以把对象的年龄简单理解为它经历过的垃圾收集次数。

代的个数是不同的对象年龄数。例如，应用程序第一次启动时为几个对象分配了空间。应用程序执行过程中，又分配了另外一组对象。最后有一些对象被分配，并只经历了一次垃圾收集。如果整个执行过程中，垃圾收集器执行了80次，第一组的所有对象的年龄为80，第二组中所有对象的年龄为40，第三组中所有对象的年龄为1，那么，代的个数的值就为3，因为堆上所有对象只有三个不同的年龄，分别是：80、40以及1。

在大多数Java应用程序中，代的个数最终会稳定下来。这是因为应用程序的持久对象已经分配完成。由于生命周期较短的对象很快会被垃圾收集所以不会对代的个数产生影响。

如果应用程序中代的个数随着程序运行持续增长，那很可能是发生了内存泄漏。换句话说，应用程序随着时间推进不断地分配对象，每一个对象都有不同的年龄，因为它们所经历的垃圾收集周期数不一样。如果对象被正确回收，不同对象年龄的数目不会持续增长。

5.3.14　对结果进行快照

为了了解你的应用程序中哪个方法在分配对象，你必须做一个快照。点击Profiler Control Panel上的Take Snapshot按钮可以对分析结果做快照。结果窗口有一个标记为Memory的窗口包含的信息与Live Result窗口相同。在列表中右键点击一个类，选择Show Allocation Stack Traces选项可以切换到Allocation Stack Trace选项卡。Allocation Stack Trace选项卡的显示内容与Live Result类似，唯一不同的是第一列显示的内容为方法名（见图5-22）。

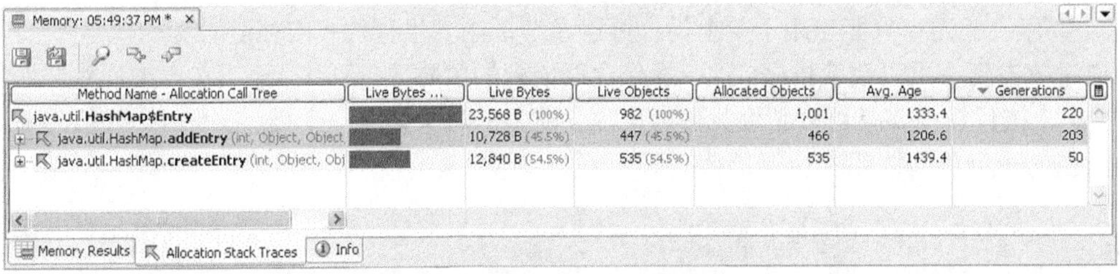

图5-22　内存分析时的结果快照

> **提示**
> 你可以在Live Result窗口中选择一项右键点击，之后选择Take Snapshot和Show Allocation Stack Traces快速新建一个显示分配栈跟踪内容的Memory选项卡。这个方法能够很方便地在Live Result中定位对象分配。

通过Allocation Stack Traces选项卡中列出的方法可以了解哪些方法分配了一个或多个所选类的实例。你需要关注那些分配了大量内存并具有较短平均年龄的对象，这些是减少对象分配的良好着眼点。实际上，有大量的方法和策略可以帮助减少对象分配，从减少调整底层容器大小（例如StringBuilder底层的char[]）的次数，到保持一定数量的对象重用而不是重新分配的对象池等技术。需要注意的是，通常情况下使用对象池不是一个好方法，除非分配回收这些对象的代价很大。代价大的意思是，分配或回收这些对象的周期长。

5.3.15　定位内存泄漏

根据内存面板中的Allocation Stack Trace视图显示的数据可以缩小范围，找出哪个方法分配的类实例造成了内存泄漏。在图5-22中，addEntry()和createEntry()这两个方法都分配了HashMap$Entry实例。我们注意到通过addEntry()分配的代的个数比createEntry()分配的代的个数要高出很多。这表明addEntry()可能是HashMap$Entry对象实例泄漏的源头。你可以单击方法名边上的图标查看调用该方法的执行路径（见图5-23）。

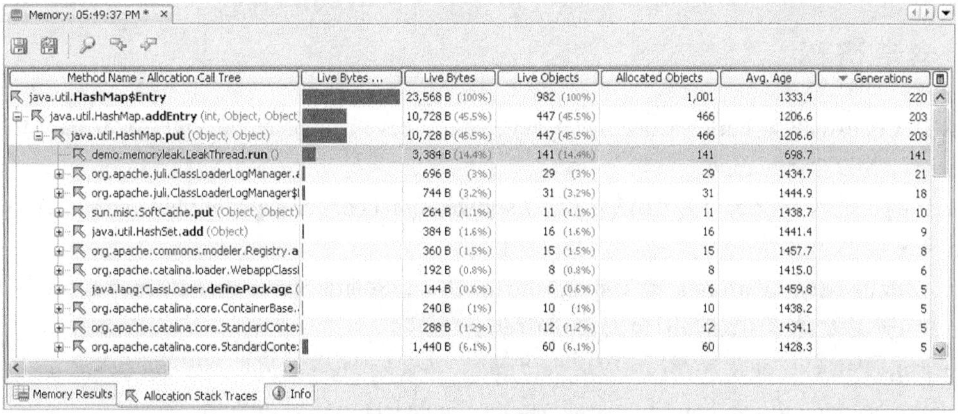

Method Name - Allocation Call Tree	Live Bytes ...	Live Bytes	Live Objects	Allocated Objects	Avg. Age	▼ Generations
java.util.**HashMap$Entry**		23,568 B (100%)	982 (100%)	1,001	1333.4	220
java.util.HashMap.**addEntry** (int, Object, Object,		10,728 B (45.5%)	447 (45.5%)	466	1206.6	203
java.util.HashMap.**put** (Object, Object)		10,728 B (45.5%)	447 (45.5%)	466	1206.6	203
demo.memoryleak.LeakThread.**run** ()		3,384 B (14.4%)	141 (14.4%)	141	698.7	141
org.apache.juli.ClassLoaderLogManager.a		696 B (3%)	29 (3%)	29	1434.7	21
org.apache.juli.ClassLoaderLogManager$I		744 B (3.2%)	31 (3.2%)	31	1444.9	18
sun.misc.SoftCache.**put** (Object, Object)		264 B (1.1%)	11 (1.1%)	11	1438.7	10
java.util.HashSet.**add** (Object)		384 B (1.6%)	16 (1.6%)	16	1441.4	9
org.apache.commons.modeler.Registry.a		360 B (1.5%)	15 (1.5%)	15	1457.7	8
org.apache.catalina.loader.WebappClassI		192 B (0.8%)	8 (0.8%)	8	1415.0	6
java.lang.ClassLoader.**definePackage** (		144 B (0.6%)	6 (0.6%)	6	1459.8	5
org.apache.catalina.core.ContainerBase..		240 B (1%)	10 (1%)	10	1438.2	5
org.apache.catalina.core.StandardConte:		288 B (1.2%)	12 (1.2%)	12	1434.1	5
org.apache.catalina.core.StandardConte:		1,440 B (6.1%)	60 (6.1%)	60	1428.3	5

Memory Results   Allocation Stack Traces   Info

图5-23　方法的执行路径

addEntry()方法被put()方法调用，而put()方法又被几个其他的方法调用。这些调用中的一个方法LeakThread.run()导致了分配中的代的个数偏高，这一现象表明该方法很可能是内存泄漏的源头。我们需要检查是否存在向HashMap中添加项目而不删除的情况。通常情况下，向Java集合类中添加对象而不删除是一种常见的内存泄漏源头。使用NetBeans Profiler进行内存分析，能够非常高效地检测不必要对象分配。

5.3.16　分析堆转储

NetBeans Profiler能对运行时的应用程序进行内存分析，也能载入Java HotSpot虚拟机生成的堆内存转储。二进制堆转储是Java HotSpot虚拟机中所有对象在堆转储时生成的快照。Java 6 HotSpot虚拟机的新特性之一是在发生OutOfMemoryError错误时生成堆转储。这个新特性在诊断OutOfMemoryError错误根源时很有用。二进制堆转储可以通过Java 5和Java 6的jmap命令生成，也可以使用Java 6的JConsole，通过HotSpotDiagnostics MBean生成。另外，使用VisualVM也可以生成应用程序的二进制转储。第4章已经介绍过怎样配置Java HotSpot虚拟机在碰到OutOfMemoryError时生成堆转储以及怎样使用jmap、JConsole或VisualVM来生成二进制转储，这里不再赘述。

在NetBeans Profiler的主菜单中选择Profile> Load Heap Dump（载入堆转储）载入二进制堆转储。

> 提示
> 由于VisualVM含有NetBeans Profiler的一部分功能，VisualVM的用户习惯用VisualVM生成二进制堆转储文件后直接通过VisualVM载入生成的转储文件进行分析。

载入二进制堆转储后，你可以通过分析对象分配时机减少或避免不必要的对象分配。你可以将二进制堆转储视为一种离线的内存分析方式。

5.4　参考资料

AMD CodeAnalyst Performance Analyzer：http://developer.amd.com/cpu/CodeAnalyst/Pages/default.aspx AMD Corporation.

Intel VTune Amplifier XE 2013：http://software.intel.com/en-us/intel-vtune-amplifier-xe/Intel Corporation.

Itzkowitz，Marty. "Performance Tuning with the Oracle Solaris Studio Performance Tools." Oracle 全球技术与应用大会. 美国加州旧金山. 2010年9月.

Keegan，Patrick，et al. *NetBeans IDE field guide: developing desktop, web, enterprise, and mobile applications, Second Edition*. Sun Microsystems, Inc. Santa Clara, CA, 2006.

第6章

Java应用性能分析技巧

在第5章中，我们介绍了现代Java性能分析器的基本使用方法，并着重介绍了Oracle Solaris Studio Performance Analyzer和NetBeans Profiler，但是我们没有给出任何具体的使用技巧、也没有讨论如何使用这些工具定位性能问题、更没有告诉大家要如何解决那些发现的性能问题。本章将围绕这些主题一一展开。这一章中，我们将展示如何使用工具定位性能问题，以及如何采用正确的方法解决这些性能问题。本章还将分析几个典型性能问题的实例，这些实例都是我多年从事Java性能调优所遇到过的问题。

6.1 性能优化机会

大多数的Java性能优化都可以归纳到下面几类。

❑ **使用更高效的算法**。对应用程序进行性能调优能所获得的最大收益往往来自于算法效率的提高。高效的算法让应用程序使用更少的CPU指令、更短的执行路径实现程序功能。通常情况下，拥有更短执行路径的应用程序运行得更快。缩短执行路径的长度有很多种方法。从应用程序的最高层来看，使用更优的数据结构或者改进算法往往可以构造出更短的执行路径。很多应用程序的性能问题都源于使用了不合适的数据结构。使用恰当的数据结构及算法是提升程序性能最有效的方法。性能分析过程中，要充分注意程序使用的数据结构及算法，尽可能采用更优的方式，才能最大程度地提高程序性能。

❑ **减少锁争用**。对共享资源的竞争会限制应用程序的可扩展性。锁竞争频繁的应用程序的性能是无法随线程数和CPU数增加而提高的。调整应用程序，减少锁争用的频率，缩短锁持有的时长能够优化应用程序的可扩展性。

❑ **为算法生成更有效率的代码**。应用程序的每CPU指令时钟周期（Clocks Per Instruction，CPI）指的是执行一条CPU指令所消耗的CPU时钟滴答数。编译器将Java源程序编译成生成码，而CPI正是衡量生成码效率的指标。由于应用程序的最终执行基于生成码，调整应用程序、Java虚拟机或操作系统，缩短应用程序的CPI，让编译器生成更优的指令，都有助于提升应用程序的性能。

执行路径长度与CPI之间有微妙的差别：执行路径长度与应用程序的算法选择关系密切，而CPI与编译器生成更有效的代码有关。前者着眼于通过选择合理的算法生成最短的CPU指令序列，后者着眼于让编译器生成最高效的代码，减少每条CPU指令上消耗的CPU时钟周期数。为了说明二者的区别，我们假设这样的场景，执行某CPU指令（譬如载入操作）导致了CPU高速缓存未命中。由于CPU高速缓存未命中，CPU需要从内存（而不是缓存）读取这些数据，最终完成该指令可能要消耗数百个CPU时钟周期。如果在编译器生成的指令序列之前插入预取指令，提前将载入操作要访问的数据从内存读取到缓存，这个"额外"的预取指令将大大减少载入操作消耗的时钟周期数。载入指令执行时CPU可以直接从缓存中读取需要的数据。不过由于新增加了预取指令，程序的执行路径长度、CPU指令数都增加了。因此，有可能出现执行路径变长，CPU时钟周期利用却更高效的情况。

接下来的几节将介绍分析性能数据，寻找性能优化机会（Performance Opportunity）的几种策略。一般来说，大多数应用程序的性能优化机会都能够划归到前文介绍的这几个通用类别之中。

6.2　系统或内核态 CPU 使用

第2章中我们建议将系统或内核态CPU的使用情况作为监控指标之一。如果CPU时钟周期被用于执行操作系统或内核代码，这部分时钟周期就无法用于执行应用程序。因此，改善应用程序性能的策略之一是减少消耗在系统或内核CPU上的时钟周期数。但是，这一策略不适用于在系统或内核态上消耗时间极少的应用程序。监控操作系统在系统或内核态上CPU的使用情况能够为决策是否采用该策略提供依据。

系统或内核态CPU数据是Oracle Solaris Performance Analyzer收集的应用程序性能数据之一。在Performance Analyzer菜单中选择View > Set Data Presentation，然后选择Metrics（度量）选项卡可以设置如何显示采集到的系统态CPU使用情况，譬如你可以选择使用包含指标或独占指标。注意，包含指标不仅统计选定方法自身消耗的时间，还会统计该方法调用其他方法所消耗的时间；而独占指标只计算选定方法自身消耗的时间。

> **提示**
>
> 初次分析性能问题时，同时记录独占指标和包含指标是个很有效的方法。查看包含指标可以帮助我们了解应用程序的执行路径。通过查看应用程序的执行路径可能发现改善程序性能的更好的算法或数据结构。

图6-1是Performance Analyzer的Set Data Presentation窗口，这里我们设置同时显示System CPU的包含指标和独占指标。同时也请注意，通过这一配置将同时显示System CPU的原始时间和其所占的百分比。

点击OK按钮后，Performance Analyzer会按降序显示应用程序的System CPU的包含指标和独占指标。指标列头的箭头表示数据按什么指标排序。如图6-2所示，System CPU数据按独占指标排序（注意独占指标列头的箭头和标识独占指标的图标）。

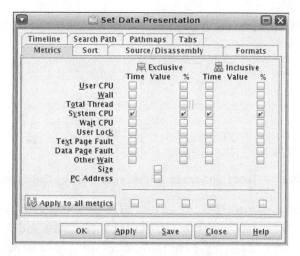

图6-1　设置"System CPU"数据呈现

　　图6-2展示了一个应用程序的性能数据，它的系统（内核）CPU使用率很高。我们看到该应用程序在java.io.FileOutputSteam.write(int)方法上消耗了大约33.5秒的系统CPU时间，在__write()方法上消耗了大约11.6秒，分别占总CPU使用率的65%和22.5%。由此你大概能了解降低系统态CPU的使用对这个应用程序的性能提升有多么重要的影响。理想情况下，应用程序使用的系统态CPU应该是0%。但是，对于大多数的应用程序而言，特别是需要进行I/O的情况，这一目标很难实现，因为I/O操作需要调用系统函数。对于需要进行I/O的应用程序而言，调优的目标是减少I/O系统调用的频率，例如对数据进行缓存，I/O操作时以大数据块的方式批量读取或写入。

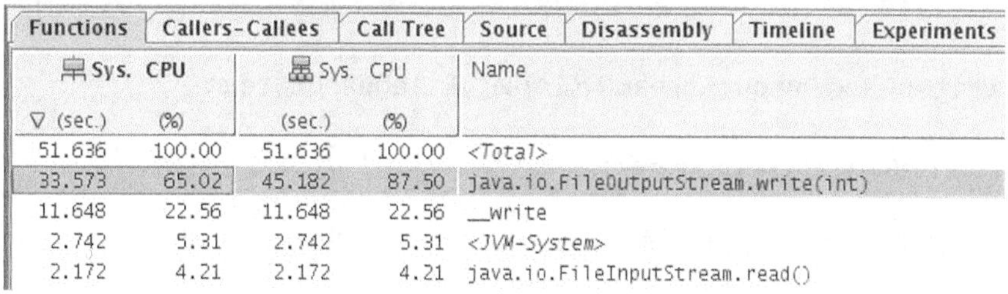

Functions	Callers-Callees	Call Tree	Source	Disassembly	Timeline	Experiments

Sys. CPU		Sys. CPU		Name
▽ (sec.)	(%)	(sec.)	(%)	
51.636	100.00	51.636	100.00	<Total>
33.573	65.02	45.182	87.50	java.io.FileOutputStream.write(int)
11.648	22.56	11.648	22.56	__write
2.742	5.31	2.742	5.31	<JVM-System>
2.172	4.21	2.172	4.21	java.io.FileInputStream.read()

图6-2　独占系统态CPU

　　图6-2的示例中，你可能已经注意到，方法java.io.FileOutputStream.write(int)和__write()这样的文件写（输出）操作消耗了大量的时间。为了判断程序是否对写操作进行了缓存，你可以使用Callers-Callees选项卡，沿着函数调用栈进行分析，查看哪些方法调用了FileOutputStream.write(int)和__write()。你可以在上方的面板中选择一个被调用函数，然后点击Set Center按钮回溯函数调用栈。图6-3显示了方法FileOutputStream.write(int)的Callers-Callees视图。

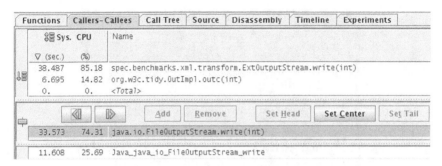

图6-3　FileOutputStream.write(int)的Callers-Callees视图

函数 FileOutputStream.write(int) 的 调 用 者 是 ExtOutputStream.write(int) 和 OutImpl.outc(int)。FileOutputStream.write(int)消耗的系统态CPU中有85.18%源于Ext-OutputStream.write(int)，14.82%源于OutImpl.outc(int)。ExtOutputStream. write(int)的实现如下：

```
public void write(int b) throws IOException {
    super.write(b);
    writer.write((byte)b);
}
```

查看super.write(b)的实现之后，我们发现该函数并没有调用FileOutputStream. write(int)。

```
public void write(int b) throws IOException {
    crc = crc * 33 + b;
}
```

但是，writer在ExtOutputStream中被声明为FileOutputSteam：

```
private FileOutputStream writer;
```

并且在初始化时没有做任何的缓存：

```
writer = new FileOutputStream(currentFileName);
```

currentFileName字段声明为String类型：

```
private String currentFileName;
```

这样，通过上面这些分析我们就找到了这个问题的优化方法：使用BufferedOutputSteam对写入ExtOutputSteam中FileOutputSteam的数据进行缓存。用BufferedOutputStream封装ExtOutputSteam中的FileOutputStream对象，就能简洁、高效地解决这个问题。下面是解决该问题的变更列表：

```
// 将writer的类型由FileOutputStream变更为BufferedOutputStream
// private FileOutputStream writer;
private BufferedOutputStream writer;
```

这之后在初始化时以BufferedOutputStream对FileOutputStream进行封装：

```
// 初始化BufferedOutputStream
// writer = new FileOutputStream(currentFileName);
writer = new BufferedOutputStream(
            new FileOutputStream(currentFileName));
```

改动之后，输出操作写入到BufferedOutputStream而不是FileOutputStream，更妙的是这个改动不需要修改ExtOutputStream.write(int b)方法，因为BufferOutputStream中原来就含有一个write()方法可以缓存写入的数据。ExtOutputStream.write(int b)方法的代码如下：

```
public void write(int b) throws IOException {
    super.write(b);
    // 这里不需要变更，
    // writer.write()方法将自动调用BufferedOutputStream.write()
    writer.write((byte)b);
}
```

为了确保BufferedOutputStream按照预期的行为工作，其他使用writer方法的地方也需要一一检查确认。例如在ExtStreamOutput中还有两个使用writer方法的地方，一个在名为reset()的方法内部，另一个是checkResult()方法。这两个方法的实现如下：

```
public void reset() {
    super.reset();
    try {
        if (diffOutputStream != null) {
            diffOutputStream.flush();
            diffOutputStream.close();
            diffOutputStream = null;
        }
        if (writer != null) {
            writer.close();
        }
    } catch (IOException e) {
        e.printStackTrace();
    }
}
public void checkResult(int loopNumber) {
    try {
        writer.flush();
        writer.close();
    } catch (IOException e) {
```

```
        e.printStackTrace();
    }
    check(validiationProperties.getProperty(propertyName));
    outProperties.put(propertyName, "" + getCRC());
    reset();
}
```

通过分析代码我们知道这两处对writer的调用与BufferedOutputStream期望的工作方式一致。BufferedOutputStream.close()在接口规范中规定，该方法先调用BufferedOutputStream.flush()方法，然后调用其包装的下层对象的close()方法，即该例子中的FileOutputStream.close()。因此，FileOutputStream不需要显式地关闭，也不需要在ExtOutputStream.checkResult(int)中显式地调用flush()方法。除此以外，还有一些值得考虑的改进建议。

(1) 创建BufferedOutputStream时，可以指定一个可选的缓存大小。Java 6中默认的缓存大小是8192。如果应用程序需要写比较大的对象，可以考虑显式指定使用更大的缓存。显式指定缓存大小时，尽量将其设置为操作系统页大小的整数倍，因为大小为系统页大小整数倍时，操作系统读取内存的效率最高。在Oracle Solaris上，使用pagesize命令可以查看默认页大小。Linux系统中通过getconf PAGESIZE命令也可以取得默认页大小。32位或者64位Windows系统上页面的默认大小都是4K（4096字节）。

(2) 将ExtOutputStream.writer字段由显式的BufferedOutputStream类型修改为OutputStream类型，即使用OutputStream writer = new BufferedOutputStream()而不是BufferedOutputStream writer = new BufferedOutputStream()。这一改动能带来OutputStream类型的灵活性，譬如返回的类型可以是ByteArrayOutputStream、DataOutputStream、FilterOutputStream、FileOutputStream或者BufferedOutputStream。

回顾图6-3，FileOutputStream.write(int)调用的第二个方法是org.w3c.tidy.OutImpl.outc(int)。这是一个第三方库提供的方法。要减少第三方库提供的方法所消耗的系统CPU，最好的方法是向第三方库的提供方提交缺陷报告或改进请求并附上性能分析的信息。如果该库使用开源协议并且你愿意遵守该协议，可以对该问题做进一步的研究，在缺陷报告或改进请求中加入更多的线索。

对ExtOutputStream中发现的这些问题使用上面的建议进行改进，即使用Buffered-OutputStream及其默认构造函数（不包含前面提到的两个额外改进）之后，我们重新收集了一次性能数据，结果表明系统态CPU的使用率大幅回落，优化结果显著。比较图6-4和图6-2，我们看到消耗在java.io.FileOutputStream上的包含系统态CPU时间从45.182秒降低到6.655秒（注：第二列为独占系统态CPU）。

这些改动之前，不通过性能分析器，在性能测试环境中独立运行该应用程序，应用程序的执行需要耗时427秒。修改版的应用程序使用BufferOutputStream，在同样的性能测试环境中，从开始运行到结束仅用了383秒。换句话说，从开始运行到结束，改进版的应用程序实现了10%的性能提升。

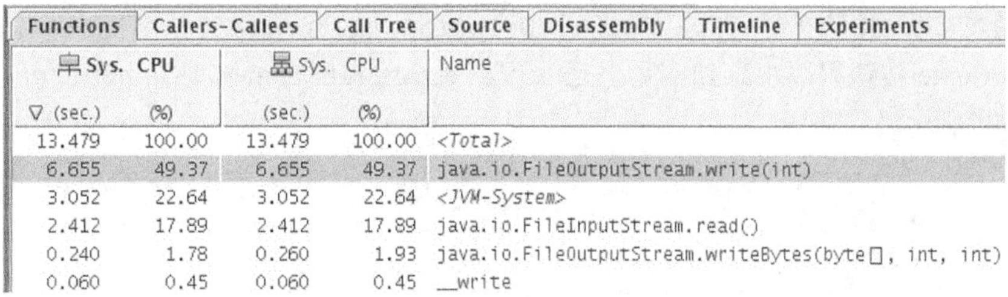

图6-4　系统态CPU使用率降低

如果查看java.io.FileOutputStream.write(int)的Callers-Callees选项卡，会发现修改之后FileOutputStream.write(int)的重要消费方只剩下org.w3c.tidy.OutImpl.outc(int)。FileOutputStream.write(int)方法的Callers-Callees关系如图6-5所示。

图6-5　修改之后的Callers-Callees

对比图6-5（修改 ExtStreamOutput 之后）与图6-3（修改之前），可以看到消耗在org.w3c.tidy.OutImpl.outc(int)上的时间几乎保持不变。这个结果并不意外，因为对ExtStreamOutput的唯一改动是使用了BufferedOutputStream封装FileOutputStream。但是BufferedOutputStream下层的缓冲区检测为满时，BufferedOutputStream.flush()方法被调用时，或者Buffered-OutputSteam.close()方法被调用时，BufferedOutputStream都会调用FileOutputStream方法。回顾图6-4，可以看到名为FileOutputStream.writeBytes(byte[], int, int)的方法。这就是ExtStreamOutput中BufferedOutputStream调用的方法。图6-6显示了FileOutputStream.writeBytes(byte[], int, int)的Callers-Callees选项卡。

图6-6　FileOutputStream.writeBytes(byte[],int,int)的Callers-Callees视图

在上方的Callee面板中选择java.io.FileOutputStream.write(byte[], int, int)方法，然后点击Set Center按钮可以观察到实际上是BufferedOutputStream.flushBuffer()调用了该函数，如图6-7所示。

图6-7　FileOutputStream.writeBytes(byte[],int,int)的Callers-Callees视图

图6-7中，在FileOutputStream.writeBytes(byte[], int, int)的Callers-Callees视图上方Callee面板中选中BufferedOutputStream.flushBuffer()方法，之后点击Set Center按钮可以观察到BufferedOutputStream.write(int)调用了方法java.io.BufferedOutputStream.flushBuffer()。图6-8显示了BufferedOutputStream.flushBuffer()的Callers-Callees视图。

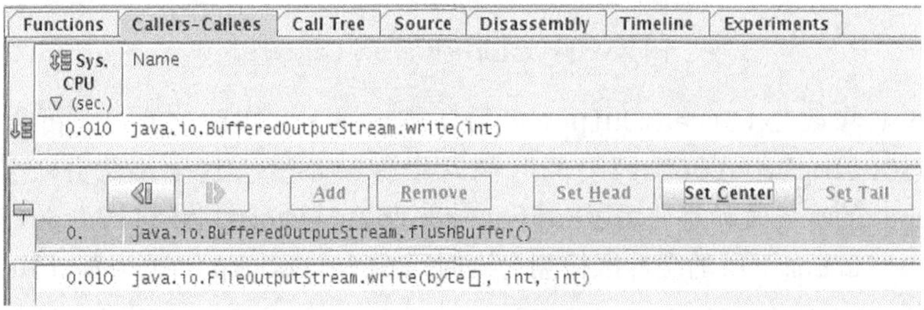

图6-8　BufferedOutputStream.flushBuffer()的Callers-Callees视图

图6-8中，在BufferedOutputStream.flushBuffer()的Callers-Callees视图上方的Callee面板中选中BufferedOutputStream.write(int)方法，之后点击“Set Center”按钮可以看到ExtOutputStream.write(int)调用了java.io.BufferedOutputStream.write(int)方法。图6-9显示了BufferedOutputStream.write(int)的Callers-Callees视图。

图6-9中是BufferedOutputStream.write(int)的Callers-Callees视图。正如前文所介绍的，降低该应用程序系统态CPU使用的下一步需要修改第三方库，该库实现了org.w3c.tidy.OutImpl.outc(int)方法。或许我们可以请第三方库的维护者在OutImpl.outc(int)中实现类似ExtOutputStream.write(int)的修改。但这个改动能够带来的性能提升不一定显著，因为性能分析显示ExtOutputStream.write(int)调用路径带来的系统态CPU消耗比OutImpl.outc(int)更大；参考图6-3可以了解调用FileOutputStream.write(int)方法的系统态CPU的使用情况。再者，消耗在OutImpl.outc(int)上的系统态CPU使用时间只有大约6.6秒，这相对

于应用程序的总运行时间（383秒）而言是个很小的数值，大约只占1.5%。修改`OutImpl.outc(int)`能带来的性能提升最多不过1%~2%。

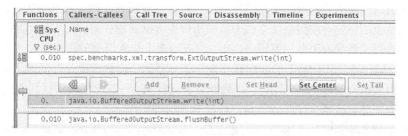

图6-9 `BufferedOutputStream.write(int)`的Callers-Callees视图

提示

利用类似的方法可以对需要网络I/O的应用程序进行优化。前文介绍的降低系统态CPU的方法此时也同样适用，即对数据的输入/输出流进行缓存。

对有大量网络I/O的应用程序，降低系统态CPU使用的另一个策略是使用Java NIO的非阻塞数据结构。Java NIO在Java 1.4.2中引入，Java 5及Java 6中有多个能大幅提高程序运行时性能的改进加入。Java NIO的非阻塞数据结构能够让应用程序在一次网络I/O（读或写）操作中读写更多的数据。我们知道每次网络I/O操作最终都会触发系统调用，导致系统态CPU的消耗。与Java NIO的阻塞式数据结构或者更传统的Java SE阻塞式数据结构（譬如`java.net.Socket`）相比，Java NIO的非阻塞数据结构面临的最大挑战是编程的难度较大。只要不超过操作系统的限制，在Java NIO的非阻塞输出操作中，可以随心所欲地写入任意数量的数据。但这需要检查输出操作的返回值以确定你要求写入的数据的确已经被写入了。只要有数据可读，一次Java NIO非阻塞输入操作中可以读取任意数量的数据，但是，你同样需要检查最终读取了多少数据。你需要实现复杂的程序逻辑，处理读取协议数据单元的一部分或者读取多个协议数据单元的情况。换句话说，一次读操作读到的数据可能不足以构造有意义的协议数据单元或消息。这一问题在阻塞式I/O中很简单，只需要等待，直到获取足够的数据构造完整的协议数据单元或消息即可。实际应用中，是否需要转向使用非阻塞I/O操作则要取决于应用程序对性能的需求。如果你想要利用非阻塞Java NIO带来的性能提升，应该考虑使用通用的Java NIO框架，尽量减少代码迁移的代价。目前比较流行的Java NIO框架有Grizzly（https://grizzly.dev.java.net）和Apache的MINA（http://mina.apache.org）。

导致系统态CPU使用过高的另一个方面是应用程序中可能存在严重的锁竞争。下一节将讨论如何在性能分析中定位锁竞争以及如何减少锁竞争。

6.3 锁竞争

早期JVM的实现中，对Java monitor对象的操作往往直接委托给操作系统的monitor对象或者互斥原语。这种设计导致一旦Java应用程序发生锁竞争，系统态CPU使用就很高，因为操作系统的互斥原语会触发系统调用。现代JVM对monitor对象的操作大多通过JVM自身的用户态代码来实现，不再直接把这些操作委托给操作系统原语。这种改变意味着使用现代JVM后，即使Java应用程序出现锁竞争也不一定会使用系统态CPU。应用程序尝试获取锁时，首先使用用户态CPU，直到最后才委托给操作系统原语使用系统态CPU，只有出现了非常严重的锁竞争时才会发生系统态CPU高的情况。运行在现代JVM上的应用程序发生锁竞争时，症状常常是扩展性不好，无法利用更多的工作线程和CPU处理更多的用户。找到锁竞争的源头，即在源代码中找到哪些Java monitor对象触发了竞争，并设法减少这些竞争是一件极具挑战的工作。

查找并定位竞争频繁的Java monitor对象是Oracle Solaris Performance Analyzer的长项。一旦Performance Analyzer收集好性能数据，查找竞争瓶颈就非常容易了。

Java monitor对象和锁在Performance Analyzer中被当做应用程序性能数据的组成部分。你可以通过设置Performance Analyzer，记录应用程序中的Java方法使用了哪些monitor对象及锁的信息。

> **提示**
>
> 使用Performance Analyzer可以查看JVM中锁的使用情况，要使用这个功能，需要将Performance Analyzer的视图模式切换到Machine Mode。

在Performance Analyzer中选择View > Set Data Presentation菜单，然后选择Metrics选项卡，设置Performance Analyzer显示锁的选项可以同时指定包含指标或独占指标。注意，锁的包含指标不仅包含指定方法消耗的锁的时间，也包含其调用的其他方法持有锁的时间。与之相反，独占指标只显示这个方法自身的锁的时间。

图6-10展示了Performance Analyzer的Set Data Presentation面板，这些选项将同时显示包含锁和独占锁的信息。另外，选择图示的配置会同时以时间值和百分比的方式报告锁消耗的时间。

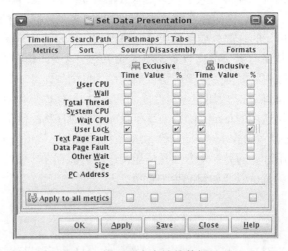

图6-10   设置用户态锁的数据呈现

点击OK按钮后，Performance Analyzer以降序显示性能数据中锁的包含指标和独占指标。指标列头的箭头表明数据按照什么指标排序。如图6-11所示，锁的数据按照独占指标排序（注意独占指标列头的箭头和标识独占指标的图标）。

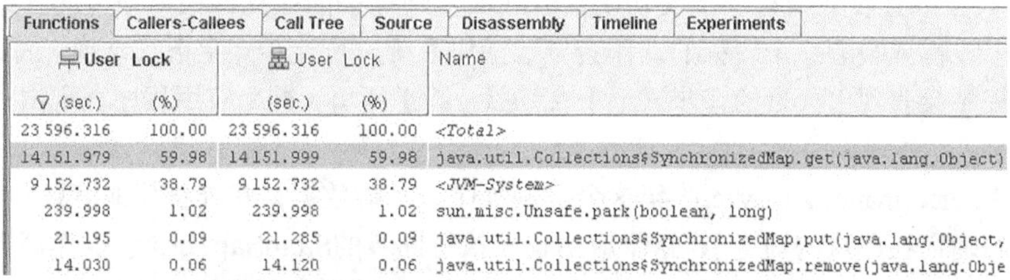

| Functions | Callers-Callees | Call Tree | Source | Disassembly | Timeline | Experiments |

🖳 User Lock		🖧 User Lock		Name
▽ (sec.)	(%)	(sec.)	(%)	
23 596.316	100.00	23 596.316	100.00	*<Total>*
14 151.979	59.98	14 151.999	59.98	java.util.Collections$SynchronizedMap.get(java.lang.Object)
9 152.732	38.79	9 152.732	38.79	*<JVM-System>*
239.998	1.02	239.998	1.02	sun.misc.Unsafe.park(boolean, long)
21.195	0.09	21.285	0.09	java.util.Collections$SynchronizedMap.put(java.lang.Object,
14.030	0.06	14.120	0.06	java.util.Collections$SynchronizedMap.remove(java.lang.Obje

图6-11　按独占指标排序的Java monitor对象/锁持有时间

提示

使用Performance Analyzer分析锁指标之前，请先确认应用程序的确有伸缩性方面的问题。在一个拥有更多CPU、CPU核数，或硬件线程的系统上，典型的伸缩性症状表现为以下几点：应用程序的性能，吞吐量与在更弱的硬件上运行的结果比起来并没有预期的增长，或者CPU的使用很低。换句话说，如果应用程序没有伸缩性问题，就没有必要分析应用程序的锁活动。

图6-11的截图是一个简单程序（这一章中示例的完整源码可以参考附录B）的分析结果。该程序使用java.util.HaspMap数据结果保存200万条虚拟的税单记录，还需要对该HashMap中的记录进行更新。针对HashMap的操作包括添加新纪录、删除记录、更新已有记录、查询已有记录。由于该程序是一个多线程程序，各线程对HashMap的访问都需要进行同步，即该HashMap是使用Collections.synchronizedMap()接口分配的一个同步映像。下面是该示例程序的详细信息。

- ❏ 创建200万条虚拟税单记录并将它们存放在内存数据区，java.util.HashMap使用税单号作为HashMap的键，税单记录作为其对应的值。
- ❏ 使用Runtime.availableProcessors()Java API查询底层系统，获得可用处理器的数目，并据此确定同时并发执行的Java线程数。
- ❏ 使用Runtime.availableProcessors()的返回值创建相应数目的java.util.concurrent.Callable对象，这些对象将在预分配的java.util.concurrent.ExecutorService对象池中并发执行。
- ❏ 所有的执行对象启动之后，执行线程会并发地查询、更新、删除、添加HashMap中的税单记录。由于存在HashMap的并发访问（比如：添加、删除、更新记录），对HashMap访问必须进行同步。采用Collections.synchronizedMap()API封装，使得该HashMap在创建的时候就是一个同步的映射。

通过上面的描述，我们了解了这个示例程序的行为。不出所料，当大量线程尝试并发地访问这个同步的HashMap时，程序就会产生锁竞争。例如，当这个程序运行在Sun SPARC Enterprise

T5120服务器（UltraSPARC T2处理器、64颗虚拟处理器，与Java API Runtime.available-Processors()返回的值相同）上时，应用程序的吞吐性能为每秒615 000次操作。由于存在严重的锁竞争，CPU的使用率仅为8%。Oracle Solaris的mpstat命令报告有大量让步式的线程切换。2.4节曾提到大量的让步式线程上下文切换是潜在大量锁竞争的征兆。根据该节的介绍，接到通知就挂起一个线程或唤醒一个线程的动作会导致操作系统进行让步式上下文切换。因此，锁竞争严重的应用程序会表现出大量的让步式上下文切换。综上所诉，这个应用程序表现出了锁竞争的症状。

我们使用Performance Analyzer收集这个示例程序的性能数据，并查看其锁信息（见图6-11），发现该程序的确存在严重的锁竞争。这个应用程序执行同步的HashMap.get()操作消耗了总锁时间的59%（大约14 000秒）。你可能注意到总锁时间的38%消耗在了标记为<JVM-System>的条目上。关于它的解释，通过侧边栏Understanding JVM-System Locking可以了解更多信息。你还可以查看同步HashMap中对put()和remove()的调用情况。

图6-12显示了SynchronizedMap.get()方法的Callers-Callees视图。它实际上是被Tax-PayerBailoutDBImpl.get()方法调用，而SynchronizedMap.get()最终调用了HashMap.get()方法。

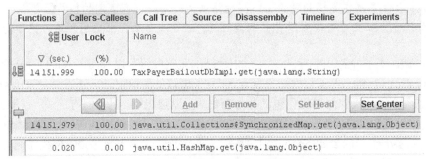

图6-12   同步HashMap.get()方法的Callers-Callees视图

理解JVM-系统锁

Performance Analyzer中标记为JVM-System条目代表JVM内部消耗的时间。查看锁竞争信息时，该条目代表消耗在JVM内部锁上的时间或时间百分比。图6-11中JVM-System所消耗的时间值有些大得出奇。

针对这一现象，我们会进一步解释，逐步澄清大家心中的谜团。第5章曾经提到数据呈现格式的切换，无论是从用户模式切换到专家模式或是机器模式，都会暴露（显示）JVM内部的操作并统计到用户模式下的JVM-System条目中。同样要注意的是，切换到专家模式或机器模式时，Java monitor对象会以__lwp_mutex、__lwp_cond_wait或__lwp_park的条目显示较高的竞争。图6-13显示了同样的性能数据，不过这次在Performance Analyzer中是从用户模式切换到专家模式。

Functions	Callers-Callees	Call Tree	Source	Disassembly	Timeline	Experiments

User Lock		User Lock		Name
▽ (sec.)	(%)	(sec.)	(%)	
23 596.316	100.00	23 596.316	100.00	<Total>
14 151.979	59.98	14 151.999	59.98	java.util.Collections$SynchronizedMap.get(java.lang.Object)
8 874.037	37.61	8 874.037	37.61	__lwp_cond_wait
279.726	1.19	279.726	1.19	__lwp_park

图6-13　用户模式切换到专家模式

比较图6-11和图6-13表明JVM-System条目划分为__lwp_condition_wait和__lwp_park操作。__lwp_condition_wait与__lwp_park之和与图6-11中的JVM-System基本相等。看到这个结果，你的第一印象可能是JVM内部也存在锁竞争。但选择__lwp_cond_wait条目，之后选择Callers-Callees选项卡，沿着调用栈分析，最后会发现锁活动的源头是__lwp_cond_wait，换句话说，这些锁活动都与JVM-System条目有关，如图6-14所示。

图6-14中显示的5个方法都为JVM的内部方法。我们注意到超过95%的归因锁时间消耗在GCTaskManager::get_task(unsigned)方法上。

Functions	Callers-Callees	Call Tree	Source	Disassembly	Timeline	Experiments

User Lock		Name
▽ (sec.)	(%)	
8 401.507	95.54	GCTaskManager::get_task(unsigned)
278.455	3.17	VMThread::loop()
112.078	1.27	CompileBroker::compiler_thread_loop()
1.411	0.02	WaitForBarrierGCTask::wait_for()
0.010	0.00	SafepointSynchronize::begin()

		◁▯	▯▷	Add	Remove	Set Head	Set Center
0.	0.	Monitor::wait(bool,long,bool)					
8 793.461	100.00	Monitor::IWait(Thread*,long)					

图6-14　逆溯__lwp_cond_wait的调用函数栈

这个方法是Java HotSpot虚拟机垃圾收集子系统的一部分。垃圾收集器子系统工作时，会阻塞等待在一个工作队列中。图6-14列出的方法代表了Java HotSpot虚拟机可能阻塞等待的各个工作队列。例如，VMThread::loop()方法代表Java HotSpot虚拟机阻塞在一个队列中等待接受工作。你可以将VMThread想像成Java HotSpot虚拟机的"内核线程"。CompilerBroker::compile_thread_loop()方法代表JIT编译子系统阻塞等待另一个队列，诸如此类。了解了这些之后，你应该就知道为什么我们要忽略用户模式下JVM-System条目下的内容，不将其统计在热点锁竞争的范围之内了。

下面继续分析这个示例程序。有经验Java程序员如果发现程序正使用同步HashMap或者同步HashMap的老版本java.util.Hashtable，第一个反应都是要将其迁移到java.util.concurrent.ConcurrentHashMap[①]。使用ConcurrentHashMap替代同步HashMap的最终运行结果表明，CPU使用率增加了92%。换句话说，之前采用同步 HashMap的实现方式最多只能利用8%的系统CPU，ConcurrentHashMap却可以达到100%的CPU利用率，而让步式的上下文切换则从几千减少到100以下。采用ConcurrentHashMap实现后，每秒能进行的操作数是原先HashMap的版本的两倍，从615 000增加到1 315 000。然而，与之前8%的CPU利用率相比，100%的CPU利用率只产生了2倍的性能提升，这个结果并不理想。

> **提示**
> 性能测试时，关注异常的结果或看起来比较奇怪的结果是研究性能问题或改进测试方法的重要线索，往往能发现性能提升的契机。

使用Performance Analyzer收集性能数据、分析查看性能结果的目的是为了调查究竟发生了什么。图6-15列出了调用频繁的方法，它们分别为java.util.Random.next(int)和java.util.concurrent.atomic.AtomicLong.compareAndSet(long, long)。

Functions	Callers-Callees	Call Tree	Source	Disassembly	Timeline	Experiments

⊟ User	CPU	Name
▽ (sec.)	(%)	
13 768.531	100.00	*<Total>*
5 253.455	38.16	java.util.concurrent.atomic.AtomicLong.compareAndSet(long, long)
5 137.324	37.31	java.util.Random.next(int)
837.496	6.08	java.util.concurrent.ConcurrentHashMap$Segment.get(java.lang.Obj

图6-15　ConcurrentHashMap中的热点方法

Callers-Callees 视图显示 java.util.concurrent.atomic.AtomicLong.compareAndSet(long, long)方法最频繁的调用者是java.util.Random.next(int)。因此最常用的两个方法都位于同一个调用栈中，如图6-16所示。

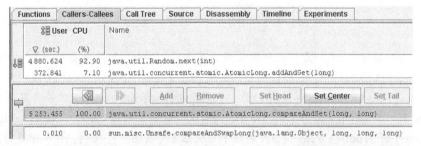

图6-16　AtomicLong.compareAndSet方法的调用者

---

① java.util.concurrent.ConcurrentHashMap最先在Java 5 SE的类库中引入，Java 5及之后版本的Java JDK/JRE都提供支持。

图6-17列出了逆溯Random.next(int)调用栈的结果。逆溯结果显示Random.next(int)被Random.nextInt(int)调用，而Random.nextInt(int)自身又分别被TaxCallable.updateTax-Payer(long, TaxPayerRecord)和BailoutMain类中的6个方法调用。大量的归因时间都消耗在方法TaxCallable.updateTaxPayer(long, TaxPayerRecord)上。

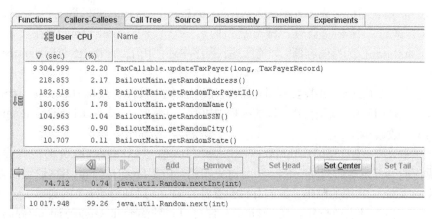

图6-17 Random.nextInt(int)的Callers-Callees视图

TaxCallable.updateTaxPayer（long, TaxPayerRecord）方法的实现如下：

```
final private static Random generator = BailoutMain.random;
// 这些类成员会在TaxCallable的构造函数中初始化
final private TaxPayerBailoutDB db;
private String taxPayerId;
private long nullCounter;
private TaxPayerRecord updateTaxPayer(long iterations,
                                      TaxPayerRecord tpr) {
    if (iterations % 1001 == 0) {
        tpr = db.get(taxPayerId);
    } else {
        // 更新TaxPayer的数据库记录
        tpr = db.get(taxPayerId);
        if (tpr != null) {
            long tax = generator.nextInt(10) + 15;
            tpr.taxPaid(tax);
        }
    }
    if (tpr == null) {
        nullCounter++;
    }
    return tpr;
}
```

TaxCallable.updateTaxPayer(long, TaxPayerRecord)的功能是根据纳税人交纳的税额更新数据库中纳税人的记录。支付的税额在数字15~25中随机生成。随机税额通过一行指令实现

long tax = generator.nextInt(10) + 15。声明在BailoutMain类中的final public static Random
类对象random（final public static Random random = new Random(Thread.currentThread().
getId()）赋给了静态Random类实例generator。换言之，所有使用BailoutMain和TaxCallable
类的实例都将共享BailoutMain.random的实例字段。在这个示例程序中BailoutMain.random
有多个功能。它负责随机生成填入纳税人数据库TaxPayerBailoutDB的数据，包括虚构的纳税
人ID，姓名，地址，社会安全号、城市及州的名字。TaxPayerBailoutDB在实现中使用了
ConcurrentHashMap作为存储容器。如前所述，程序中还使用了BailoutMain.random为纳税人
生成随机税额。

　　由于程序有多个TaxCallable实例同时运行，静态实例字段TaxCallable.generator在所有的
实例间共享。TaxCallable实例会在不同的线程中执行，共享同一个TaxCallable.generator，更
新同一个纳税人数据库。

　　这意味着执行TaxCallable.updateTaxPayer(long, TaxPayerRecord)的线程尝试更新
纳税人数据库时会并发地访问同一个Random对象实例。由于Java HotSport JDK通过名为src.zip的
压缩文件发布了Java SE库的源码，我们有机会查看java.util.Random类的实现。src.zip可以在
JDK安装目录的根类目录中找到。在src.zip中，你可以找到java.util.Random.java的源码。下面是
Random.next(int)方法的实现（图6-17中Random.next(int)调用了热方法java.util.concurrent.
atomic.AtomicLong.compareAndSet(int,int)）。

```
private final AtomicLong seed;
private final static long multiplier = 0x5DEECE66DL;
private final static long addend = 0xBL;
private final static long mask = (1L << 48) -1;
protected int next(int bits) {
    long oldseed, nextseed;
    AtomicLong seed = this.seed;
    do {
      oldseed = seed.get();
      nextseed = (oldseed * multiplier + addend) & mask;
    } while (!seed.compareAndSet(oldseed, nextseed));
    return (int)(nextseed >>> (48 - bits));
}
```

　　在Random.next(int)中有一个根据旧种子和新种子参数执行AtomicLong.compareAndSet
(int,int)的do/while循环（前面的代码示例中，这条语句已加粗标注）。AtomicLong是一个支持
原子并发的数据结构。从Java 5开始，JDK中加入了原子和并发数据结构这两个新特性。原子并发
数据结构通常依赖某种形式的"比较-设置"或"比较-交换"操作，也常称为CAS（发音为"kazz"）。

　　典型的CAS操作是通过一个或多个专用CPU指令支持实现的。一次CAS操作将使用三个操作
数，分别是：内存地址、原始值以及更新值。下面简单介绍典型CAS的工作流程。如果内存地址
上的值与预期的原始值一致，CPU自动更新该地址上的值（表明这是一个原子变量），否则就不
做任何的操作。更直白地讲，CAS操作之前，如果该内存地址保存的值与作为参数的原始值相匹

配，内存地址的值就更新为新值。某些CAS操作会返回一个代表内存更新操作结果的布尔值，如果内存地址发现的内容与原始值匹配，内存更新成功并返回true，如果原始值与内存地址的内容不匹配，内存地址不做更新，CAS返回false。

AtomicLong.compareAndSet(int, int)方法采用了后者这种布尔变量的方式。查看前文Random.next(int)方法的实现我们知道，do/while循环会一直运行，直到AtomicLong的CAS操作将新种子值成功地按原子方式设置到AtomicLong的内存地址中。而这一事件仅当AtomicLong内存地址中保存的当前值与原始种子值一致时才会发生。如果大量线程尝试并发调用Random.next(int)方法，运行同一个Random对象实例时，很多线程会检测到AtomicLong内存地址中保存了不同于自身期望的原始种子值，导致AtomicLong.compareAndSet(int, int)方法的CAS操作返回false。所以在do/while循环中发现，有大量的CPU时钟消耗在Random. next(int)方法上。这就是Performance Analyzer在本例中提供的分析结果。

该问题的解决方案是为每个线程生成自己的Random对象实例，这样各个线程就不会同时更新AtomicLong的同一个内存地址。就这个程序而言，为每个线程添加自己的线程本地Random对象实例不会改变程序的功能，通过java.lang.ThreadLocal可以非常容易地实现。例如，在BailoutMain中使用static ThreadLocal<Random>，而不是直接使用静态的Random对象，具体代码如下：

```
// 最初的实现使用静态Random
//final public static Random random =
//                    new Random(Thread.currentThread.getid());

// 这里我们替换为新的ThreadLocal<Random>
final public static ThreadLocal<Random> threadLocalRandom =
        new ThreadLocal<Random>() {
            @Override
            protected Random initialValue() {
                return new Random(Thread.currentThread().getId());
            }
        };
```

之后，所有对BailoutMain.random的使用或引用都应该替换为threadLocalRandom.get()方法。threadLocalRandom.get()方法将为每个使用BailoutMain.random的线程取得一个唯一的Random对象实例。这个改变使得Random.next(int)中AtomicLong的CAS操作能迅速完成，因为没有线程共享同一个Random对象实例。简言之，Random.next(int)函数中的do/while循环在其第一次循环迭代时就可以完成。

使用ThreadLocal<Random>替换BailoutMain中java.util.Random之后重新执行该程序，这时我们会发现性能得到显著提升。使用static Random时，程序每秒可以执行1 315 000次操作；使用static ThreadLocal<Random>之后，程序每秒执行的操作超过了32 000 000次，几乎是使用static random对象实例版本的25倍多。与同步HashMap的实现比起来，它也快很多，同步HashMap的实现每秒大约可以完成615 000次操作，ThreadLocal<Random>版本的实现比它快50多倍。

你可能会问，如果我们使用最初版本的实现，即使用同步HashMap，采用ThreadLocal <Random>方法能否实现同样的性能提升呢？这是一个值得探讨的好问题。实际的结果是，在同步HashMap版本上应用同样的方法,同步HashMap版本的程序性能提升并不大，CPU使用情况也没有改善，改动之后每秒操作数从615 000增加到了620 000。仔细想想，其实这也是意料之中的事情。我们再回顾下性能数据，从图6-11和6-12可以看到，初始版本中使用同步HashMap持有热锁的方法是同步HashMap.get()方法。换句话说，在使用ConcurrentHashMap的最初实现中，同步HashMap.get()持有的锁掩盖了Random.next(int)中的CAS问题。

在这个例子中，我们能吸取的教训之一是：原子并发数据结构并不是不可触碰的圣杯，它依赖CAS操作，而CAS一般也会利用某种同步机制。如果存在对原子变量高度竞争的情况，即使采用了并发技术或lock-free数据结构也不能避免糟糕的性能或伸缩性。

Java SE中有很多原子并发数据结构，在适当的场合，它们都是处理并发的不错选择。但是当合适的数据结构不存在时，还有另一个选择，那就是通过恰当的方法，合理设计应用程序，尽量降低多线程访问同一数据的频率、缩小并发访问的范围。换句话说，通过优化程序设计，最大程度地减少数据的同步访问（区间、大小或数据量）。为了说明这一点，我们假设Java中不存在ConcurrentHashMap, 即只有同步HashMap数据结构可用的场景。根据前面介绍的思想，我们可以将纳税人数据库切分到多个HashMap结构中分别存储，缩小数据锁的范围。一种方法是按照纳税人所属的州划分数据库，每个州的数据用一个HashMap存放。采用这种方式可以构造两级Map，第一层Map可以找到50个州中的一个。由于第一层Map中包含50个州的映射关系，不需额外添加或删除新的元素，所以不需要进行同步。但是基于州的第二级Map需要同步访问，因为存在添加、删除及更新纳税人记录的操作。换句话说，纳税人数据库将如下所示：

```
public class TaxPayerBailoutDbImpl implements TaxPayerBailoutDB {
    private final Map<String, Map<String,TaxPayerRecord>> db;
    public TaxPayerBailoutDbImpl(int dbSize, int states) {
        db = new HashMap<String,Map<String,TaxPayerRecord>>(states);
        for (int i = 0; i < states; i++) {
            Map<String,TaxPayerRecord> map =
                Collections.synchronizedMap(
                    new HashMap<String,TaxPayerRecord>(dbSize/states));
            db.put(BailoutMain.states[i], map);
        }
    }
...
```

在前面列出的源代码中，你可以看到第一级的Map通过一行代码db = new HashMap<String, Map<String, TexPayerRecord>>(dbSize)以HashMap的形式分配了空间。而代表50州中每个州的第二级Map则是通过循环，以同步HashMap的方式进行了分配。

```
            for (int i = 0; i < states; i++) {
            Map<String,TaxPayerRecord> map =
                Collections.synchronizedMap(
                    new HashMap<String,TaxPayerRecord>(dbSize/states));
```

```
        db.put(BailoutMain.states[i], map);
    }
```

这个示例程序通过分割途径优化后每秒可以进行12 000 000次操作，CPU的使用约为50%。虽然与使用ConcurrentHashMap数据结构时每秒32 000 000次的记录略差，但与使用单一同步HashMap的结果比起来已经有非常大的改善了，使用单一同步HashMap能达到的指标仅为每秒620 000次操作。考虑到系统中还有未使用的CPU资源，通过这种方法，对数据作进一步划分还能提升每秒操作数。总之，使用分割数据的方法，用富余的CPU周期换取了更多的执行路径；换句话说，通过缩小锁数据的范围，减少了因等待获取锁而浪费的CPU周期，争取到更多执行CPU指令的机会。

6.4　volatile 的使用

Java 5中引入的JSR-133解决了很多Java内存模型方面的问题。这些问题都有详细的文档，可以访问JSR-133专家组的网址http://jcp.org/jsr/detail?id=133查看；更进一步的细节可以参考Bill Pugh教授的网站http://www.cs.umd.edu/~pugh/java/memoryModel/。volatile关键字在Java中的使用规范是JSR-133解决的众多问题之一。Java对象中声明为volatile的字段常用于线程之间状态信息的同步。将JSR-133纳入Java 5及其后版本确保了volatile变量的一致性，即线程从对象中读取的volatile字段值就是上次写入该volatile变量中的值，不论该线程正在读还是写，也不论这些线程在什么地方运行，它们可以在不同的CPU插槽（CPU Socket）上，或者在不同的CPU核上。使用volatile也会带来一些副作用，它会限制现代JVM的JIT编译器对这个字段的优化，比如volatile字段必须遵守一定的指令顺序。简而言之，volatile字段值在应用程序的所有线程和CPU缓存中必须保持同步。例如，存放在CPU缓存中的volatile字段值被一个线程修改后，存有该volatile变量原始值在其他CPU的缓存中的线程，在线程读取本地CPU缓存中volatile字段之前必须对其更新，否则就只能强制指定从内存中读取更新过的volatile字段值。为了确保CPU缓存及时更新，即在各个线程之间保持同步，出现volatile字段的地方都会加入一条CPU指令：内存屏障（通常称为membar或fence)，一旦volatile字段值发生变化就会触发CPU缓存更新。

对一个拥有多CPU缓存，性能要求很高的应用程序，频繁更新volatile字段可能导致性能问题。然而，实际上很少会有Java应用程序依赖频繁更新的volatile字段，但是总有一些例外发生。如果你留意这一点：频繁更新，改变或写入volatile字段有可能导致性能问题（读取volatile字段不会造成性能问题），就不大容易碰到这类问题。

Performance Analyzer这类性能分析器，可以收集CPU高速缓存未命中的情况并将其与Java对象的访问关联起来，帮助定位性能问题是否源于volatile字段的使用。如果你观察到volatile字段上存在大量的CPU高速缓存未命中并且分析源码后发现有对volatile字段频繁的写操作，基本可以断定应用程序的性能问题源于不恰当地使用了volatile变量。这种情况的解决方案是尽量减少对volatile变量的写操作，或者对应用程序进行重构避免使用volatile字段。不要直接删除volatile字段，这可能会破坏程序的正确性或引入潜在的竞争条件。一个性能稍差的应用程序比一个错误的实现或有潜在竞争问题的程序要好得多。

6.5　调整数据结构的大小

Java 应用程序中经常大量使用 Java SE 的数据结构 StringBuilder 或 StringBuffer 对字符串进行组装，也经常使用 Java 容器对象（例如 Java SE Collection 类）。无论 StringBuilder 还是 StringBuffer，底层使用的数据存储都是 char[]。随着新元素不断加入 StringBuilder 或 StringBuffer，底层的数据存储 char[] 的大小也需要随之调整。大小调整的结果是字符数组 char[] 分配到了一块更大空间创建新的字符数组 char[]，老数组中的字符元素被复制到了新的数组之中，而原有的老数组则被丢弃，即这部分资源会进行垃圾收集。底层使用数组存储数据 Java SE Collection 类，也采用类似的方法管理内存。

本节将探讨数据结构大小调整的方法，重点讨论 StringBuilder、StringBuffer 以及 Java SE Collection 类数据结构的大小调整。

6.5.1　StringBuilder 或 StringBuffer 大小的调整

如果 StringBuilder 或 StringBuffer 扩大到超过了底层数据的存储能力时，就需要为它分配新的数组，OpenJDK 的实现（Java HotSport Java 6 JDK/JRE 中使用的方式）中是按 2 倍原 StringBuilder/StringBuffer 的大小为它分配新的数组，老字符数组中的元素会被复制到新数组中，老数组会被废弃。采用这种方式实现的 StringBuilder 和 StringBuffer 如下所示：

```
char[] value;
int count;

public AbstractStringBuilder append(String str) {
  if (str == null) str = "null";
    int len = str.length();
  if (len == 0) return this;
  int newCount = count + len;
  if (newCount > value.length)
     expandCapacity(newCount);
  str.getChars(0, len, value, count);
  count = newCount;
  return this;
}

void expandCapacity(int minimumCapacity) {
    int newCapacity = (value.length + 1) * 2;
    if (newCapacity < 0) {
        newCapacity = Integer.MAX_VALUE;
    } else if (minimumCapacity > newCapacity) {
      newCapacity = minimumCapacity;
    }
    value = Arrays.copyOf(value, newCapacity);
}
```

我们接着使用前一节虚构的纳税人程序示例来讨论（本节中涉及的所有源代码可以参看附录 B 中的"调整容量变化 1"）。使用 StringBuilder 对象组装代表纳税人姓名、地址、城市、州、社会保障号和纳税人编号的随机字符串。示例中还使用了不带参数的StringBuilder构造函数。因此，该程序有可能会受StringBuilder底层字符数组大小调整的影响。使用NetBeans Profiler性能分析器分析内存或堆，可以帮助确认程序运行时内存的实际情况。图6-18展示了使用NetBeans Profiler进行堆性能分析的结果。

Class Name – Live Allocated Objects	Live Bytes ▼	Live Bytes		Live Objects		Allocated Objects
char[]	███	118,792,912 B	(63.6%)	2,460,612	(44.9%)	2,926,057
java.lang.String	██	30,427,464 B	(16.3%)	1,267,811	(23.1%)	1,267,815
java.lang.StringBuilder	█	14,524,080 B	(7.8%)	907,755	(16.6%)	1,266,550
TaxPayerRecord	█	8,453,440 B	(4.5%)	211,336	(3.9%)	211,336
java.util.HashMap$Entry		5,067,552 B	(2.7%)	211,148	(3.9%)	211,148
java.util.concurrent.atomic.AtomicLong		3,380,416 B	(1.8%)	211,276	(3.9%)	211,276
StateAndId		3,378,960 B	(1.8%)	211,185	(3.9%)	211,185
java.util.HashMap$Entry[]		2,868,112 B	(1.5%)	37	(0%)	67
byte[]		11,416 B	(0%)	6	(0%)	8

图6-18 堆性能分析

在图6-18中，char[]、StringBuilder以及String是最常用分配的对象，它们的活动对象的数量也是最多的。在NetBeans Profiler中最左边一列中选择char[]类名，然后点击鼠标右键，可以显示所有char[]对象的分配栈跟踪，如图6-19所示。

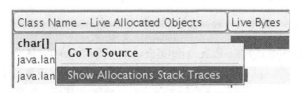

图6-19 显示分配栈跟踪

在char[]栈分配跟踪图中，有一个标记为java.lang.AbstractStringBuilder.expandCapacity(int)的方法，它被AbstractStringBuilder.append(char)和AbstractStringBuilder.append(String)方法调用。expandCapacity(int)方法调用了java.util.Arrays.copyOf(char[], int)。回顾前面的源代码，看看AbstractStringBuilder.append(String str)在什么地方调用了expandCapacity(int)，又在什么地方调用了Arrays.copyOf(char[] int)。

从图6-20中，我们发现超过11%的当前活跃char[]对象都源于重置大小的StringBuilder char[]。另外，总计分配了2 926 048个char[]对象，这其中390 988个char[]的分配是StringBuilder char[]重置大小导致的。换句话说，在所有的char[]分配中，大约13%（390 988/2 926 048）是由于StringBuilder重置大小导致的。消除这部分由于重置大小导致的char[]分配可以节省不必要的CPU指令（分配新的char[]、将字符从老的char[]复制到新的char[]、对不再使用的char[]进行垃圾收集），从而改善程序性能。

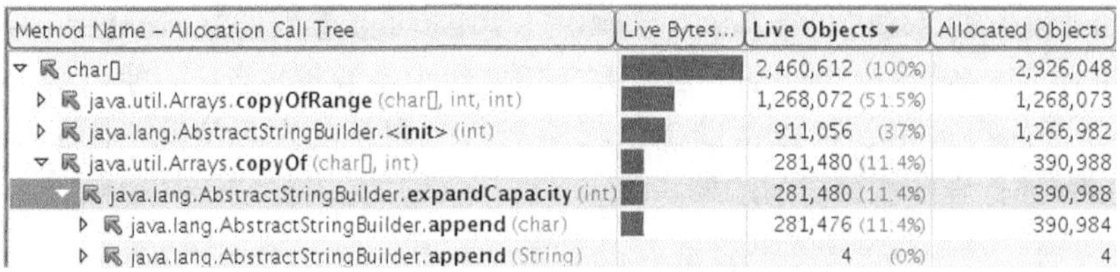

图6-20 扩展StringBuffer的字符串数组分配

Java HotSport JDK/JRE的发行版中的**StringBuilder**和**StringBuffer**都提供了无参构造函数，其底层存储默认使用大小为16的字符数组。我们的示例程序中也使用了这种无参的构造函数。在性能分析器中展开**java.lang.AbstractStringBuilder.<init>(int)**条目（见图6-20）可以看到调用它的**StringBuilder**的构造函数没有带任何参数（见图6-21）。

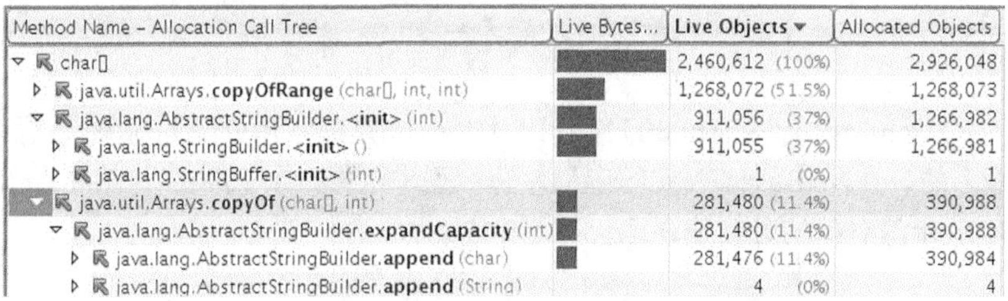

图6-21 使用StringBuilder的默认构造函数

虽然16是无参**StringBuilder**和**StringBuffer**构造函数中的默认大小，但在实际应用中极少出现**StringBuilder**或**StringBuffer**对象实例最后仅使用16个或更少字符数组元素的情况。为了避免调整**StringBuilder**或**StringBuffer**大小，最好在其构造函数中显式地指定大小。

下面是示例程序的修改版，现在我们在程序的构造函数中显式地指定了**StringBuilder**对象的大小。修改版代码的完整版可以在附录B "调整容量变化2" 中找到。

```java
public static String getRandomTaxPayerId() {
    StringBuilder sb = new StringBuilder(20);
    for (int i = 0; i < 20; i++) {
        int index =
            threadLocalRandom.get().nextInt(alphabet.length);
        sb.append(alphabet[index]);
    }
    return sb.toString();
}

public static String getRandomAddress() {
    StringBuilder sb = new StringBuilder(24);
    int size = threadLocalRandom.get().nextInt(14) + 10;
    for (int i = 0; i < size; i++) {
        if (i < 5) {
            int x = threadLocalRandom.get().nextInt(8);
            sb.append(x + 1);
```

```
        }
        int index =
            threadLocalRandom.get().nextInt(alphabet.length);
        char c = alphabet[index];
        if (i == 5) {
            c = Character.toUpperCase(c);
        }
        sb.append(c);
    }
    return sb.toString();
}
```

Java 6最近的优化中，Java HotSport虚拟机可以分析StringBuilder和StringBuffer的使用情况，并尝试针对特定的StringBuilder或StringBuffer对象优化字符数组的大小，减少由于StringBuilder或StringBuffer的增大所引起的不必要的char []对象分配。

解决StringBuilder或StringBuffer大小调整问题能带来多大的性能提升，这部分内容将在下一节与Java Collection类大小调整部分一起介绍。

6.5.2 Java Collection 类大小调整

Java Collection类为程序员的生产力带来了巨大的提升，其提供的接口容器，可以方便地在各种具体实现之间切换。例如，List接口提供了ArrayList和LinkedList两种具体实现。

Java Collection类的定义

截至Java 6，Java SE Collection类中有14个接口：

Collection、Set、List、SortedSet、NavigableSet、Queue、Deque、BlockingQueue、Blocking-Deque、Map、SortedMap、NavigableMap、ConcurrentMap以及ConcurrentNavigableMap。

下面是Java SE Collection类中最常用的实现列表：

HashMap、HashSet、TreeSet、LinkedHashSet、ArrayList、ArrayDeque、LinkedList、PriorityQueue、TreeMap、LinkedHashMap、Vector、Hashtable、ConcurrentLinkedQueue、LinkedBlockingQueue、ArrayBlockingQueue、PriorityBlockingQueue、DelayQueue、SynchronousQueue、LinkedBlockingDeque、ConcurrentHashMap、ConcurrentSkipListSet、ConcurrentSkipListMap、WeakHashMap、IdentityHashMap、CopyOnWriteArrayList、CopyOnWriteArraySet，EnumSet以及EnumMap。

Collection类的某些具体实现由于底层数据存储基于数组，随着元素数量的增加，调整大小的代价很大，典型的代表如ArrayList、Vector、HashMap及ConcurrentHashMap。另一些Collection类的实现，如LinkedList或TreeMap，常使用一个或多个对象引用将Collection类管理的各个元素串接起来。这些Collection类实现中的前者，使用数组作为底层的数据存储，随着Collection元素增长到某个上限，需要调整其大小时很容易出现性能问题。虽然这些Collection类也含有构造函数，可以接收优化的参数值作为Collection的大小，但构造函数并不经常使用；或者应用程序中提供的大小并没有针对该Collection类做优化。

以StringBuilder或StringBuffer为例，使用数组作为数据存储的Java Collection类需要消耗额外的CPU周期分配新数组，将老的元素从旧数组中复制到新数组中，在将来的某个时刻还需要对数组进行垃圾收集。此外，调整大小还会影响Collection类字段的访问时间及解引用字段的时间，因为作为一个新的底层数据存储（典型的即为数组），它可能被分配到JVM堆中的某个位置，与Collection类中其他的字段及对象引用不在同一块内存存储。Collection类发生大小调整后，访问调整后的字段可能会导致CPU高速缓存未命中，这是由现代JVM在内存中分配对象的方式导致的，尤其是对象在内存中如何分布决定的。不同的Java虚拟机实现中，对象及其字段在内存中的分布可能有所不同。然而，一般来说，由于对象及其字段常常需要同时引用，将对象及其字段尽可能放在内存中相邻的位置能够减少CPU高速缓存未命中。由此可见，Collection类大小调整的影响（这一点同样适用于StringBuffer或StringBuilder）已经远远不止大小调整所额外消耗的CPU指令，还会对JVM的内存管理器造成影响，由于改变了内存中Collection类字段相对于对象实例的布局，字段的访问时间将会变长。

定位 Java Collection类大小调整的方法与之前介绍过的定位 StringBuilder 或 StringBuffer大小调整的方法类似，使用性能分析器（譬如NetBeans Profiler）收集堆或内存的性能数据。查看该Java Collection类的源代码可以帮助定位进行了大小调整的方法名。

我们接着分析虚构的纳税人程序，纳税人记录先以纳税人居住的州作关键字填入多个HashMap中，再以纳税人的ID作索引插入到二级HashMap中。由于该程序变量中集合类可能发生大小调整，是一个不错的例子。这个变量的完整源代码列表参看附录B的"调整容量变化1"。TaxPayerBailoutDbImpl.java中分配HashMap的源代码如下：

```java
private final Map<String, Map<String,TaxPayerRecord>> db;

public TaxPayerBailoutDbImpl(int numberOfStates) {
    db = new HashMap<String,Map<String,TaxPayerRecord>>();
    for (int i = 0; i < numberOfStates; i++) {
        Map<String,TaxPayerRecord> map =
                Collections.synchronizedMap(
                    new HashMap<String,TaxPayerRecord>());
        db.put(BailoutMain.states[i], map);
    }
}
```

你可以看到这些HashMap使用的都是无参构造函数。因此，它依赖底层的映射数组的默认大小。下面是OpenJDK HashMap.java源代码的一部分，显示了HashMap底层数据存储的默认大小值。

```
static final int DEFAULT_INITIAL_CAPACITY = 16;
static final float DEFAULT_LOAD_FACTOR = 0.75f;

    public HashMap() {
        this.loadFactor = DEFAULT_LOAD_FACTOR;
        threshold =
                (int)(DEFAULT_INITIAL_CAPACITY * DEFAULT_LOAD_FACTOR);
        table = new Entry[DEFAULT_INITIAL_CAPACITY];
        init();
    }
    void init() {
    }
```

两个因素决定了HashMap数据存储区进行调整时机：数据存储区的容量以及加载因子（Load Factor）。容量指的是底层数据存储区的大小，即HashMap.Entry[]的大小。加载因子是HashMap的数据存储区Entry[]调整之前，允许达到的满溢程度的度量。HashMap大小的调整会分配新的Entry[]对象，大小为之前Entry[]的2倍，老Entry[]中的内容重建散列后再加入到新创建的Entry[]中。由于需要对Entry[]中的元素重建散列，调整HashMap消耗的CPU指令数要比调整StringBuilder和StringBuffer多一些。

在图6-18中，你可以看到一行java.util.HashMap$Entry[]。这行条目下，可以看到67个分配的对象，其中37个在性能快照的这段时间处于活动态。这表明大约55%（37/67)的对象还活着，同时还说明45%的Entry[]对象已经被垃圾收集了。换句话说，HashMap正在进行调整（大小）。注意HashMap.Entry[]对象消耗的总字节大小比char[]对象消耗得少多了。这也意味着减少对HashMap的调整产生的影响要比减少对StringBuilder的调整小得多。

图6-22展示了Hashmap.Entry[]的分配栈跟踪。你可以看到一些对HashMap.Entryp[]的分配源于HashMap.resize(int)方法调用。此外，还可以发现程序中使用了无参构造函数，它最终也分配了一个HashMap.Entry[]对象。

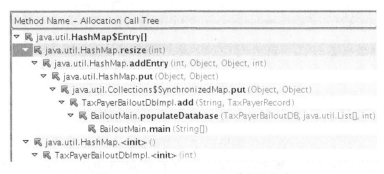

图6-22　HashMap.Entry[]分配栈跟踪

由于这个示例程序中有50个不同的HashMap，总共约2 000 000条虚拟记录，每个HashMap中大约要保存2 000 000 / 50 = 40 000条记录。很明显，40 000比无参HashMap构造函数的默认大小（16）要大多了。根据HashMap默认的加载因子0.75以及程序的实际情况（50个HashMap，每个需要保存约40 000条记录），可以设置HashMap的大小，避免调整开销（40 000 / 0.75约53 334）。或者将要存放的总记录数除以州的数目，再除以默认的加载因子，例如（2 000 000 / 50）/ 0.75，作为参数传递给保存记录的HashMap的构造函数。下面是经过修改，能减少HashMap调整开销的 `TaxPayerBailoutDbImpl.java`源代码：

```
private final Map<String, Map<String,TaxPayerRecord>> db;
private final int dbSize = 2000000;

public TaxPayerBailoutDbImpl(int dbSize, int numberOfStates) {
    final int outerMapSize = (int) Math.ceil(numberOfStates / .75);
    final int innerMapSize =
            (int) (Math.ceil((dbSize / numberOfStates) / .75));
    db =
        new HashMap<String,Map<String,TaxPayerRecord>>(outerMapSize);
    for (int i = 0; i < numberOfStates; i++) {
        Map<String,TaxPayerRecord> map =
                Collections.synchronizedMap(
                    new HashMap<String,TaxPayerRecord>(innerMapSize));
        db.put(BailoutMain.states[i], map);
    }
}
```

在这个示例程序中，StringBuilder和HashMap有多次调整，分别在程序的初始化阶段、填充虚拟映射关系阶段以及随机生成纳税人记录时。因此，为了评估减少StringBuilder和HashMap调整带来的性能影响，分别在程序的开头及填充完映射关系后加入时间戳。修改版的示例程序（使用无参构造函数，计算并报告填充2 000 000条记录的时间）可以在附录B的"调整容量变化1"找到。

这个程序运行在配备了64个虚拟处理器（与Runtime.availableProcessors()Java API返回的值相同）的Sun SPARC企业服务器T5120上时，完成初始化阶段消耗了48.286秒。

提示

由于填充记录使用的是单线程，Sun SPARC企业服务器T5120的时钟频率仅为1.2GHz，CPU核数少但主频更高的处理器可能花更少的时间就可以在HashMap中填充完这2 000 000条记录。

更新该应用程序，应用这一节中介绍的方法可以减少StringBuilder和HashMap的调整开销。在同样的Ultra-SPARC T5120系统上，用同样的JVM命令行选项，完成它的初始化阶段消耗了约46.019秒。从耗时上看，提高了约5%。改动的源代码可以参看附录B "调整容量变化2"。

应用数据调整策略可以降低应用程序的执行路径长度、减少执行程序总的CPU指令数，由于在内存中将频繁访问的数据结构字段相邻存储，降低了CPU高速缓存未命中的频率，潜在地提升了CPU周期的使用效率。

你可能已经注意到了，在这个示例程序中，初始化阶段是单线程的。但是运行这个程序的系统是多核的CPU，并且每个核上都支持多线程。运行这个程序的Sun SPARC企业服务器T5120拥有8个核心，每个核心又有8个硬件线程。T5120的CPU芯片是一种芯片多线程类型的CPU芯片，简写成CMT。换句话说，8核、每核8硬件线程意味着它拥有64个虚拟处理器。这也意味着通过System.available Processors() Java API返回的处理器数目是64。下一步改进该程序初始化阶段的性能就是要对程序进行重构，以充分利用所有这64颗虚拟处理器的能力。这是下一节的主题。

6.6 增加并行性

现代CPU架构将多核、多硬件执行线程技术摆到了程序员面前。这意味着我们可以利用更多的CPU资源做更多的工作。然而，要利用好这些额外的CPU资源，运行于其上的程序必须要能够并行工作。换句话说，这些程序需要按照多线程的方式构造或设计才能充分利用额外的硬件线程。

单线程的Java应用程序无法充分利用现代CPU架构上额外的硬件线程。那些单线程应用必须按照多线程的方式重构才能并行工作。此外，很多Java应用程序都有单线程阶段或操作，尤其是初始化或启动阶段。通过并行执行任务、同时利用多个线程，这些Java应用程序的初始化或启动性能将大幅提升。

前面小节（6.3节和6.5节）中的示例程序都有一个单线程的初始化阶段，创建随机虚构的纳税人记录并将其插入到Java HashMap中。这个单线程的初始化阶段通过重构可以转变为多线程。6.3节和6.5节那样单线程形式的程序，在Sun SPARC企业服务器T5120上执行，初始化阶段从开始到结束大概要消耗45~48秒。初始化阶段，由于Sun SPARC企业服务器T5120有64个虚拟处理器，64个CPU中的63个实际都处于空闲状态。如果可以重构初始化阶段，充分利用额外的63个虚拟处理器，初始化阶段消耗的时间将大幅降低。

将程序的单线程阶段重构成多线程的形式会受程序逻辑的限制。如果执行路径中有一个循环，并且那个循环中的大多数工作与每次的循环迭代无关，那么它可能是重构为多线程版本的一个良好候选。以虚构的纳税人程序为例，这个程序的功能是把映像记录加入到ConcurrentMap中。由于ConcurrentMap支持多线程，并且记录的创建之间并没有相互依赖，单线程循环的工作可以切分到多个线程中进行。使用Sun SPARC企业服务器T5120（拥有64个虚拟处理器）时，单线程循环中的工作就可以分散到64个虚拟处理器上执行。

下面是单线程循环逻辑的核心部分（完整的实现可以参见附录B "增加并发性的单线程实现"）。

```
// 初始化数据库
TaxPayerBailoutDB db = new TaxPayerBailoutDbImpl(dbSize);
// 初始化用于保存纳税人姓名的列表
List<String>[] taxPayerList = new ArrayList[numberOfThreads];
for (int i = 0; i < numberOfThreads; i++) {
    taxPayerList[i] = new ArrayList<String>(taxPayerListSize);
}
// 用随机记录填充数据库和纳税人列表
populateDatabase(db, taxPayerList, dbSize);

...

private static void populateDatabase(TaxPayerBailoutDB db,
```

```
                                        List<String>[] taxPayerIdList,
                                        int dbSize) {
    for (int i = 0; i < dbSize; i++) {
        // 构造随机的纳税人ID和纳税记录
        String key = getRandomTaxPayerId();
        TaxPayerRecord tpr = makeTaxPayerRecord();
        // 将纳税人ID和记录添加到数据库
        db.add(key, tpr);
        // 将纳税人ID添加到纳税人列表中
        int index = i % taxPayerIdList.length;
        taxPayerIdList[index].add(key);
    }
}
```

对 for 循环重构，使其多线程化的核心部分是创建可以通过 Runnables 或 Callables 接口执行 ExecutorService 的线程，与此同时还要保证 TaxPayerBailoutDB 和 taxPayerIdList 是线程安全的。即它们持有的数据不会因为多个线程的同时写入而被破坏。下面是多线程重构最相关的几段源代码（完整的实现可以参看附录 B "增加并发性的多线程实现"）。

```
// 初始化数据库
TaxPayerBailoutDB db = new TaxPayerBailoutDbImpl(dbSize);
List<String>[] taxPayerList = new List[numberOfThreads];
for (int i = 0; i < numberOfThreads; i++) {
    taxPayerList[i] =
            Collections.synchronizedList(
                new ArrayList<String>(taxPayerListSize));
}

// 创建由Callable对象组成的执行线程池
int numberOfThreads = System.availableProcessors();
ExecutorService pool =
    Executors.newFixedThreadPool(numberOfThreads);
Callable<DbInitializerFuture>[] dbCallables =
    new DbInitializer[numberOfThreads];
for (int i = 0; i < dbCallables.length; i++) {
    dbCallables[i] =
            new DbInitializer(db, taxPayerList, dbSize/numberOfThreads);
}

// 启动所有的db初始化线程
Set<Future<DbInitializerFuture>> dbSet =
    new HashSet<Future<DbInitializerFuture>>();
for (int i = 0; i < dbCallables.length; i++) {
    Callable<DbInitializerFuture> callable = dbCallables[i];
    Future<DbInitializerFuture> future = pool.submit(callable);
    dbSet.add(future);
}

// Callable对象将运行多线程的db初始化操作
public class DbInitializer implements Callable<DbInitializerFuture> {
    private TaxPayerBailoutDB db;
    private List<String>[] taxPayerList;
    private int recordsToCreate;
```

```
    public DbInitializer(TaxPayerBailoutDB db,
                         List<String>[] taxPayerList,
                         int recordsToCreate) {
        this.db = db;
        this.taxPayerList = taxPayerList;
        this.recordsToCreate = recordsToCreate;
    }

    @Override
    public DbInitializerFuture call() throws Exception {
        return BailoutMain.populateDatabase(db, taxPayerList,
                                            recordsToCreate);
    }
}
static DbInitializerFuture populateDatabase(TaxPayerBailoutDB db,
                                List<String>[] taxPayerIdList,
                                int dbSize) {
    for (int i = 0; i < dbSize; i++) {
        String key = getRandomTaxPayerId();
        TaxPayerRecord tpr = makeTaxPayerRecord();
        db.add(key, tpr);
        int index = i % taxPayerIdList.length;
        taxPayerIdList[index].add(key);
    }
    DbInitializerFuture future = new DbInitializerFuture();
    future.addToRecordsCreated(dbSize);
    return future;
}
```

应用重构将初始化阶段多线程化后，原来一个线程的工作被划分给了64个线程，Sun SPARC企业服务器T5120上初始化阶段消耗的时间从45秒骤降到了3秒；但是如果是在拥有更高时钟周期但CPU核数相对较少的系统（例如双核或四核）上，这样的改动不一定能观察到非常大的改进。例如，作者的四核桌面系统上仅实现了约4秒的性能提升，从16秒降低到了12秒。虚拟处理器的数目越多，并行处理工作的能力就越强，性能提升潜力越大。

这个简单的示例展示了采用多线程技术，充分利用系统中空闲的额外虚拟处理器带来的好处。

6.7 过高的 CPU 使用率

有些时候，虽然通过努力已经降低了系统态CPU使用率、解决了锁竞争以及尝试了其他各种性能优化方法，仍然无法满足服务级别的性能或扩展性要求。这种情况下，对程序的逻辑和使用的算法做一次分析则是有益的尝试。方法分析器，譬如Performance Analyzer或NetBeans Profiler在收集应用程序时间消耗等通用信息上做了很好的工作。

使用Performance Analyzer的Call Tree选项卡可以查看应用程序的调用栈树，了解应用程序的最频繁使用的用例。这些信息可以帮助我们回答一些比较抽象的问题，譬如应用程序完成一次工作、一次事务或者执行一次用例要多长时间，等等。如果查看性能数据的人对程序的实现足够了解，他可以从某个工作单元的开始、事务的开始、用例等映射到方法入口。通过这种方式分析性能数据让你可以回退一步，从更高的层次看问题，提问题，譬如使用的算法和数据结构是否已经是最优的，还有其他的替代算法或数据结构可能带来更好的性能或伸缩性吗？通常的趋势是，分析性能数据时主要关注独占指标时间最长的方法，即只关注本方法的内容而不在乎其上层单元的工作、事务、用例等。

6.8　其他有用的分析提示

另一个有用的策略是使用Performance Analyzer时在其图形用户界面中查看Timeline（时间线）视图（见图6-23）。

Functions
Callers-Callees
Call Tree
Source
Disassembly
Timeline
Experiments
sec.
16 32 48 64 80 96 112 128 144 160 176 192 208 224
Ex 1
1.2
1.51
1.52
1.53
1.54

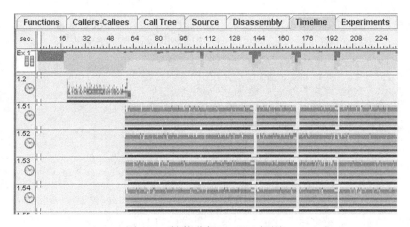

图6-23　性能分析Timeline视图

Timeline视图列出了所有的线程，列表中的每一行代表性能数据收集时一个已经开始运行的线程。在Timeline视图的顶部是时间线经历的秒数，从性能数据开始收集时开始计时。如果性能数据记录从Java程序启动就开始，那么时间线包含了启动Java应用程序的数据。每一个水平行代表应用程序中的一个线程，独特的颜色将其与取样时刻应用程序中的其他方法区分开来。选择一个线程，即彩色区域中的一行，就会显示其调用栈、它在调用栈中的方法名、选择的事件面板、取样时的执行时间。图6-24是指定事件面板中指定线程（见图6-23中的线程1.2）调用栈的屏幕截图。

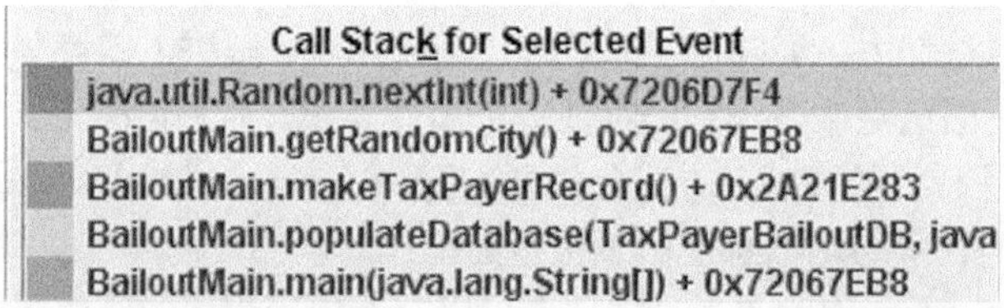

Call Stack for Selected Event
java.util.Random.nextInt(int) + 0x7206D7F4
BailoutMain.getRandomCity() + 0x72067EB8
BailoutMain.makeTaxPayerRecord() + 0x2A21E283
BailoutMain.populateDatabase(TaxPayerBailoutDB, java
BailoutMain.main(java.lang.String[]) + 0x72067EB8

图6-24　Performance Analyzer的Call Stack for Selected Event面板

因此，通过查看Timeline视图，你可以了解在某个特定的时间点程序中的哪些线程正在运行。

这一功能对于寻找将应用程序的单线程阶段或操作转换为多线程的机会非常有用。图6-23中显示了6.6节中单线程程序的时间线视图。在图6-23中，从时间线上你可以看到，从16秒到64秒之后，只有标记为1.2的线程在执行。图6-23中的时间线表明该程序可能正以单线程执行它的初始化或开始阶段。图6-24显示的是点击线程1.2的区域，即16秒至64秒之后所选事件的调用栈。图6-24是所选的线程，在选择的时间线内执行时的调用栈。正如在图6-24中所看到的，调用了名为`BailoutMain.populateDatabase()`的方法。这个方法就是在6.6节定位出可以多线程化的方法。至此，我们完成了利用Performance Analyzer查找应用程序中可能受益于并发的区域或阶段的介绍。

　　另一个有用的技巧，使用Timeline视图时，记下引起你注意的时间区间，之后使用过滤器缩小分析器载入性能数据的范围。应用过滤条件后，Functions和Callers-Callees视图中只会列出符合过滤区间的数据。换句话说，过滤器可以定位性能数据中关注时段内的信息。例如，图6-23中，16秒到64秒内只有1.2线程在运行。为了缩小关注的性能数据范围，将其限制在特定的时间区间，可以通过View > Filter Data（过滤数据）菜单，在"Filter Data"表单中的Sample字段指定"16-64"，如图6-25所示。

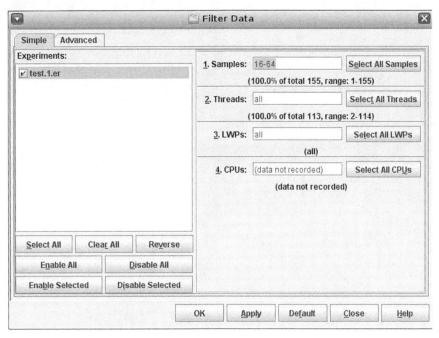

图6-25　使用Performance Analyzer过滤样本数据

　　过滤器可以帮助去除收集信息中你不关注的部分，由于只呈现关注的数据，分析的准确度会更加精确。

　　Performance Analyzer有很多的特性，由于篇幅原因这里仅介绍了Java应用程序性能分析中最常用（也是最有用）的功能。使用Performance Analyzer分析Java应用程序（包括Java企业级应用）的更多信息请参考性能分析器产品的官方网站：http://www.oracle.com/technetwork/server-storage/solarisstudio/overview/index.html。

6.9　参考资料

Keegan, Patrick, et al., *NetBeans IDE field guide: developing desktop, web, enterprise, and mobile applications, 2nd Edition*. Sun Microsystems, Inc., Santa Clara, CA, 2006.

Oracle Solaris Studio 12.2: Performance Analyzer：Oracle Corporation. http://docs.oracle.com/cd/E18659_01/html/821-1379/index.html.

JSR-133: Java Memory Model and Thread Specification. JSR-133 Expert Group. http://jcp.org/en/jsr/summary?id=133.

The Java Memory Model. Dr. Bill Pugh，http://www.cs.umd.edu/~pugh/java/memoryModel/.

## 第 7 章

JVM性能调优入门

现代Java虚拟机是一种非常复杂的软件，它能灵活地适应不同应用领域及多种应用程序的需要。虽然大多数应用程序使用JVM的默认设置就能很好地工作，仍然有不少应用程序需要对JVM进行额外的配置才能达到其期望的性能要求。现代JVM为了满足各种应用的需要，为程序运行提供了大量的JVM配置选项。不幸的是，针对一个应用程序进行的JVM调优（配置）可能并不适用于另一个应用程序。因此，理解如何进行JVM调优就变得非常有必要。

对现代JVM进行性能调优基本上是一门艺术，但也有一些基础性的理论和原则，理解这些理论并遵循这些原则会让你的性能调优任务更轻松。本章将介绍这些基础知识和Java HotSpot虚拟机（后文统称为HotSpot VM）调优的一般流程。为了更好地掌握本章的内容，你需要熟悉本书第3章中介绍的概念，特别是3.3节和3.4节的内容。

本章开篇对调优过程中采用的方法进行了抽丝剥茧的介绍，同时将调优过程中的推理假设穿插其中。紧接着介绍应用程序性能的需求分析（开始调优HotSpot VM之前你应该对这些需求成竹在心）、推荐的性能测试架构以及用于收集性能数据的垃圾收集命令行选项。这之后的几节将逐步展开调优HotSpot VM的流程，包括启动时间、内存使用、吞吐量以及延迟等。本章也提到了一些比较极端的例子，这些例子中JVM的最终配置与通用的调优准则和流程大相径庭。这些极端的例子是一些比较少见的场景，引入它们的目的在于让大家了解的确存在这样极端配置的情况，以及为什么在那样的环境中它们能很好地工作。本章的结尾还介绍了一些可能带来额外性能提升的HotSpot VM附加命令行选项。

> **提示**
> 密切关注与应用程序相关的变化非常重要，譬如操作的数据、性能测试时使用的硬件平台或者数量等，这些因素都可能对JVM调优的结果造成影响。

本章内容以调优的主题为线索进行组织，你可以根据需要（关注的调优方面），譬如延迟或吞吐量，切换到相应的小节。但是，掌握调优的总体流程对于性能调优工而言作是非常有帮助的。

7.1 方法

本章介绍的性能调优流程如图7-1所示。开始调优工作之前我们对应用程序的性能需求应该有一个清晰的了解，这些性能需求源于应用程序干系人所定义的优先级。对性能需求的这种分类称为系统需求。与功能需求不同，系统需求关注应用程序运行的特定方面，譬如吞吐量、响应时间、内存消耗、启动时间、可用性、可管理性，等等；功能需求关注的是应用程序按照什么方式运行，产生什么输出。

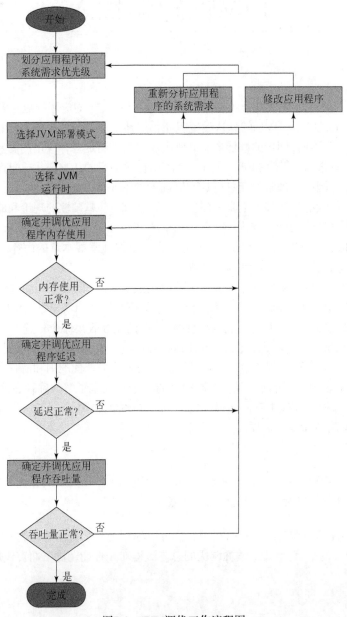

图7-1　JVM调优工作流程图

下一节我们会针对调优过程中每一个重要的系统需求分别做详细的介绍。

JVM性能调优涉及方方面面的取舍，常常牵一发而动全身，需要全盘考虑各方面的影响。关注某一个系统需求时，往往又会牺牲系统另一个方面的需求。譬如，减少内存消耗常常会影响系统的吞吐量以及系统延迟。又或者，为了改善系统的可管理性，减少了应用程序部署使用的JVM数量，然而这又牺牲了应用程序的可用性，因为运行更少的JVM实例意味着更高的风险，一旦出现异常，应用程序受影响的范围更大：出现异常时，有可能应用程序的大部分功能都无法为用户提供服务。由于决定系统调优重点时存在着这诸多的取舍，了解应用程序干系人更关注哪些性能指标，在JVM调优过程中至关重要。

一旦你明确了哪些是最重要的系统需求，下一步就是选择JVM部署模式。你需要抉择的是将应用程序部署到多个JVM上运行，还是在单个JVM上运行。可用性、可管理性以及内存使用都是选择JVM部署模式时需要考虑的因素。

接下来是选择JVM的运行时环境。HotSport VM提供了多种运行时环境选项供用户选择，包括32位的客户端虚拟机，这种运行时环境能够提供更短的启动时间和较小的内存使用；服务器虚拟机，它专注于提供更高的吞吐量，支持32位和64位虚拟机。系统需求在吞吐量、响应性、启动及初始化时间方面的要求主导了JVM运行时环境的选择。

接下来是流程中垃圾收集器调优的环节，通过优化垃圾收集，帮助应用程序达到内存使用、停顿时间/延迟、吞吐量的要求。调优一般是从调节垃圾收集器，满足程序的内存使用需求开始，之后是时间延迟的要求，最后是吞吐量的要求。

JVM调优是一个根据性能测试结果不断优化配置的多次迭代过程。在达到应用程序的系统需求指标之前，每个步骤都可能经历多次迭代。此外，为了达到某一个方面的指标，有可能需要对之前的性能参数进行调整，进而需要重做之前的调优步骤。假设发生这样的场景，经过几个迭代的垃圾收集器调节后，程序在延迟上的表现仍不能令人满意。这种情况下，改变JVM的部署模式就变得非常必要，否则就只能修改应用程序或者重新定义应用程序的系统需求。

为了达到应用程序的系统需求，可能需要进行多次迭代才能获得应用程序干系人满意的程序性能。

7.1.1 假设条件

逐步展开的调优过程中，我们假设应用程序的执行遵循下面几个阶段。

❑ 初始化阶段，应用程序在这个阶段中初始化重要的数据结构及其他必要的组件。

❑ 稳定态阶段，应用程序在这个阶段消耗了大多数的时间，核心的函数都在这个阶段中执行。

❑ 总结阶段（可选），总结性的工作在这个阶段进行，例如生成报告等，典型的场景是在应用程序执行停止前，运行基准测试，生成相应的报告。

应用程序在稳定态阶段消耗的执行时间最长，因此也是我们最关注的阶段。

7.1.2　测试基础设施需求

为了对应用程序的内存消耗、延迟、吞吐量以及启动时间等作出正确的判断，需要确认JVM初始运行时，环境的配置对应用程序是合适的，测试环境中获取的数据必须能够反映应用程序在实际生产环境中的情况。因此，构造期望的生产负荷，确保性能测试环境与生产环境尽可能相似就至关重要。测试环境一定要能够在理想的生产负荷下对理想的生产环境进行测试。性能测试环境中应该包括生产系统中运行应用程序需要的所有软硬件资源。

简言之，性能测试环境即使不能与生产环境完全一致，也应该尽量模仿生产环境，同时要有能力收集所关注的性能指标，即内存使用情况、延迟、吞吐量以及启动时间。测试环境与生产环境越接近，性能调优的结果越准确，效果也越好。

7.2　应用程序的系统需求

7.1节提到了系统需求的定义，它是应用程序运行时某方面的要求，譬如吞吐量、响应时间、内存消耗量、可用性、可管理性等。与之相对的是功能需求，它定义了应用程序如何工作及其产生的结果。

接下来的几节会介绍逐步调优的过程中能够优化的应用程序系统需求。

7.2.1　可用性

可用性是对应用程序处于可操作、可使用状态的度量。可用性需求指的是当应用程序的某些组件发生故障或失效时，应用程序或应用程序的一部分在多大程度上还可以继续提供服务。

Java应用程序的上下文中，利用应用程序组件化、在多个JVM中运行或在多个JVM上运行多个应用程序实例都可以实现高可用性。强调高可用性的代价之一是管理成本的增加。引入更多的JVM意味着要管理更多的JVM，从而导致复杂性增加以及随之而来的管理成本。

可用性需求的一个典型例子是，应用程序的部署应该确保即使软件组件发生了不可意料的失效，也不会导致整个程序无法使用。

7.2.2　可管理性

可管理性是对由运行、监控应用程序而产生的操作性开销的度量，同时也包含了配置应用程序的难易程度。可管理性需求用于衡量系统管理的难易程度。一般来说，应用程序使用的JVM数量越少，运行、监控应用程序的运营成本越低。与此同时，使用的JVM数目越少，配置也越容易，然而这将会牺牲应用程序的可用性。

可管理性需求的一个典型例子是，由于人力资源有限，应用程序的部署需要尽量减少JVM的使用数量。

7.2.3　吞吐量

吞吐量是对单位时间内处理工作量的度量。设计吞吐量需求时，我们一般不考虑它对延迟或者响应时间的影响。通常情况下，增加吞吐量的代价是延迟的增加或内存使用的增加。

吞吐量性能需求的一个典型例子是，应用程序每秒需要完成2500次事务。

7.2.4　延迟及响应性

延迟，或者响应性，是对应用程序收到指令开始工作直到完成该工作所消耗时间的度量。

定义延迟或响应性需求时并不考虑程序的吞吐量。通常情况下，提高响应性或缩小延迟的代价是更低的吞吐量、或者更多的内存消耗（或者二者同时发生）。

延迟或响应需求的一个典型例子是，应用程序应该在60毫秒内完成交易请求的处理工作。

7.2.5　内存占用

内存占用指在同等程度的吞吐量、延迟、可用性和可管理性前提下，运行应用程序所需的内存大小。内存占用通常以运行应用程序需要的Java堆大小或者运行应用程序需要的总内存大小来表述。一般情况下，通过增大Java堆的方式增加可用内存能够提高吞吐量、降低延迟或者兼顾二者。应用程序的可用内存减少时，吞吐量和延迟通常都会受到影响。应用程序的内存占用限制了固定内存的机器上能同时运行的应用程序实例数。

内存占用需求的一个典型例子是，应用程序需要在拥有8GB内存的系统上以单个实例方式运行或者在24GB内存的系统上以3个应用程序实例方式运行。

7.2.6　启动时间

启动时间是应用程序初始化所消耗的时间。此外，Java应用程序中另一个值得关注的指标是现代JVM完成应用程序热区（Hot Portion）优化，初始化所消耗的时间。Java应用程序初始化的完成时间取决于很多因素，包括（但不限于）：初始化时载入的类的数量、需要初始化的对象的数量、这些对象如何初始化以及HotSpot VM的运行时环境的选择，即Client模式还是Server模式。

撇开初始化时载入类的数量、初始化对象的数量以及对象初始化的方式，使用HotSpot VM的Client模式缩短启动时间，其代价是牺牲了生成更优生成码的机会，即更高的吞吐量更低延迟的机会。与之相反，选择HotSpot VM的Server模式运行时，JVM会消耗较多时间分析应用程序使用Java的情况，启动时间会更长，但该模式下能生成高度优化的机器码。

启动时间需求的一个典型例子是，应用程序的初始化需要在15秒内完成。

7.3　对系统需求分级

调优过程的第一步是划分应用程序的系统需求优先级，我们需要在一开始就与应用程序的重要干系人一起讨论，并就其优先级达成一致。由于这项工作明确定义了哪些是应用程序最重要的需求，所以应该作为应用程序架构设计的一部分。

调优过程中，从应用程序干系人的角度出发，依据重要性对系统需求进行排序是非常重要的。最重要的系统需求左右了刚开始的很多决定。譬如，如果对干系人而言可用性比可管理性更重要，那么JVM的部署模式很自然地就会选择使用多个JVM。相反，如果干系人认为可管理性比可用性更重要时，往往会选择使用单个JVM的部署模式。在接下来的两个小节中，我们会针对JVM部署模式及JVM运行时环境的选择做进一步的讨论。

7.4　选择 JVM 部署模式

JVM部署模式选择指的是将应用程序部署到单个JVM实例上，还是部署到多个JVM实例上。系统需求的优先级列表，以及潜在的约束，决定了最适宜的部署模式。假设这样的场景，为了使用更大的Java堆，你希望将应用程序部署到64位JVM上。但是，如果程序依赖的第三方本地代码组件不提供64位版本，可能你最终还是需要采用32位的JVM，使用较小的Java堆而不是理想中的大Java堆进行调优。

7.4.1　单 JVM 部署模式

将Java应用部署在单个JVM上时，由于不需要管理多个JVM，可以降低管理成本。此外每个部署的JVM都有相应的内存开销，使用单JVM避免了这部分资源使用，应用程序消耗的总内存数量会减少。采用单JVM部署应用程序的挑战是，当应用程序遭遇灾难性错误或JVM失效时，无法保证应用程序的可用性。所以采用单JVM部署模式的应用程序都存在单点故障的问题。

7.4.2　多 JVM 部署模式

将Java应用程序部署到多个JVM实例能够获得更好的可用性，以及更低延迟的可能性。采用多JVM部署模式时，单一应用程序或JVM实例的失效只会影响整个应用程序的部分功能，不会像单JVM部署模式那样，一旦发生JVM实例失效，整个应用程序都无法使用。同时，多JVM部署模式可能提供更低的延迟。这是因为多JVM部署模式下，Java堆通常比较小，较小的堆在垃圾收集时产生的停顿更小。通常情况下，垃圾收集所产生的停顿是影响应用程序延迟性的最主要因素。此外，如果应用程序存在扩展性瓶颈，采用多JVM部署模式也可以提高吞吐量。将负荷分发到多个JVM能够改善应用程序的扩展性，从而处理更高的负荷。

使用多JVM时，可以将不同JVM绑定到不同的处理器集。将JVM绑定到处理器集可以避免由于应用程序线程和JVM线程被分别绑定到不同的CPU缓存所引起的跨硬件线程的迁移。超出CPU缓存边界的线程迁移增大了缓存未命中和抖动的几率,对应用程序的性能有负面影响。

与单JVM部署比较起来,采用多JVM部署Java应用的挑战在于监控、管理以及维护多JVM的代价较大。

7.4.3 通用建议

实际上并不存在"最好"的JVM部署模式。根据系统需求(譬如可管理性、可用性等)选择最合适的JVM部署方式才是最重要的。

有一点需要注意,选择单JVM部署应用时,如果该应用程序比较消耗内存,甚至超过了32位JVM的处理能力,那就不可避免地需要使用64位的JVM。如果使用64位的JVM,你需要确认应用程序中使用的所有第三方模块是否都支持64位JVM。另外,如果程序中用到了JNI(Java Native Interface,Java本地接口),无论是第三方的软件组件中,还是应用程序的某些组件,你都需要确保使用64位编译器编译它们。

根据作者的经验,一般情况下,使用的JVM数目越少越好。使用的JVM越少,监控及管理的成本就越低,消耗的总内存也更少。

7.5 选择 JVM 运行模式

为Java应用程序选择JVM运行模式这件事本质上是在做选择题,你需要判断并选择一种更适合这个客户端类或服务器类应用程序的运行方式。

> 提示
> 关于HotSpot虚拟机运行时的更多内容可以参考3.2节。

7.5.1 Client 模式或 Server 模式

HotSpot VM时有2种JVM运行模式可以选择,分别是:Client模式或Server模式。Client模式的特点是启动快、占用内存少、JIT编译器生成代码的速度也更快。Server模式则提供了更复杂的生成码优化功能,这个功能对于服务器应用而言尤其重要。大多数Server模式的JIT编译优化都要消耗额外的时间以收集更多的应用程序行为信息、为应用程序运行生成更优的生成码。

第3种HotSpot虚拟机运行时被称为Tiered Server模式,还处于开发过程中[1],它结合了Client和Server运行模式的长处,即快速启动和高效的生成码。如果你使用的是Java 6 Update 25、Java 7或更新版本的JVM,可以考虑使用Tiered Server运行时取代Client运行时。通过`-server -XX:+TieredCompilation`命令行选项可以启用Tiered Server模式。

---

[1] Tiered Server模式已经在 Java 7中正式发布,具体的信息请参考如下链接 http://docs.oracle.com/javase/7/docs/technotes/guides/vm/performance-enhancements-7.html。——译者注

提示

如果初始时你不知道应该使用哪种运行模式，可以选择Server模式。如果启动时间或内存占用达不到要求，并且你使用的是Java 6 Update 25或更新的JVM，可以尝试使用Tiered Server运行时。如果你使用的JVM版本较老，或者Tiered Server运行时也不能满足启动时间或内存占用的要求，就切换到Client模式。

7.5.2   32 位/64 位 JVM

除了Client模式和Server模式，JVM部署时还有另一个选项：32位JVM或者64位JVM。HotSpot虚拟机默认使用32位JVM。使用32位JVM还是64位JVM是由应用程序的内存占用决定的，同时需要考虑应用程序中使用的第三方库是否支持64位JVM、Java应用程序中是否使用了本地组件。在64位JVM中，使用JNI的所有本地组件都必须用64位模式编译。本章下节会讨论运行Java应用需要的内存占用。

表7-1提供了一些指导原则，帮助大家判断何时使用32位或64位JVM。注意，64位HotSpot虚拟机中没有提供Client模式（客户端运行时）选项。

表7-1   32位或64位JVM的使用指导原则

操作系统	Java堆大小	32位或64位JVM
Windows	小于1300MB	32位JVM
Windows	介于1300MB与32GB之间*	使用-d64 -XX:+UseCompressedOops命令行选项的64位JVM
Windows	大于32GB	使用-d64选项的64位JVM
Linux	小于2GB	32位JVM
Linux	介于2GB与32GB之间*	使用-d64 -XX:+UseCompressedOops命令选项的64位JVM
Linux	大于32GB	使用-d64选项的64位JVM
Oracle Solaris	小于3GB	32位JVM
Oracle Solaris	介于3GB与32GB之间*	使用-d64 -XX:+UseCompressedOops命令选项的64位JVM
Oracle Solaris	大于32GB	使用-d64选项的64位JVM

* 对于使用-XX:+UseCompressedOops选项的64位HotSpot VM，最大Java堆小于等于26GB时性能最好。Java 6 Update 18之后的HotSpot VM能够根据最大Java堆的情况自动启用-XX:+UseCompressedOops。

7.5.3   垃圾收集器

进入到调优流程的下一步之前，我们需要选择初始的垃圾收集器。HotSpot VM提供了多个垃圾收集器：Serial收集器、Throughput收集器、Mostly-Concurrent收集器[1]及G1收集器（也称Garbage First收集器）。

---

① 也称并发收集器，或并发标记清除收集器（Concurrent Mark-Sweep，CMS收集器），参考3.3.7节。——译者注

提示

关于HotSpot VM垃圾收集器的更多内容请参考3.3节。

很多情况下使用Throughput收集器就能达到应用程序的停顿时间要求，所以我们可以从Throughput收集器入手，需要时再转向使用CMS收集器，即使的确有必要使用CMS收集器，这也只会作为应用程序延迟调优步骤的一部分，发生在调优过程的晚期。关于JVM的调优流程，请参考图7-1。

使用HotSpot VM的-XX:+UseParallelOldGC或-XX:+UseParallelGC命令行选项可指定使用Throughput收集器。如果你使用的HotSpot虚拟机不支持-XX:+UseParallelOldGC选项，可以使用-XX:+UseParallelGC。这两个命令行选项的区别是-XX:+UseParallelOldGC将同时启用多线程的新生代垃圾收集器和多线程的老年代垃圾收集器，即Minor GC和Full GC都采用多线程，而-XX:+UseParallelGC仅启用了多线程的新生代垃圾收集器。使用-XX:+UseParallelGC选项的老年代垃圾收集器仍采用单线程。使用-XX:+UseParallelOldGC将自动启用-XX:+UseParallelGC选项。因此，如果你需要同时启用多线程的新生代垃圾收集器和多线程的老年代垃圾收集器，请使用-XX:+UseParallelOldGC选项。

7.6 垃圾收集调优基础

这一节会介绍影响垃圾收集性能的三个主要的属性、垃圾收集调优的三个基本原则以及HotSpot VM垃圾收集调优时需要采集的信息。对于Java虚拟机调优而言，理解不同属性选择所带来的取舍、调优的原则以及收集什么信息都是非常重要的。

7.6.1 性能属性

❑ **吞吐量**：是评价垃圾收集器能力的重要指标之一，指不考虑垃圾收集引起的停顿时间或内存消耗，垃圾收集器能支撑应用程序达到的最高性能指标。

❑ **延迟**：也是评价垃圾收集器能力的重要指标，度量标准是缩短由于垃圾收集引起的停顿时间或完全消除因垃圾收集所引起的停顿，避免应用程序运行时发生抖动。

❑ **内存占用**：垃圾收集器流畅运行所需要的内存数量。

这其中任何一个属性性能的提高几乎都是以另一个或两个属性性能的损失作代价的。换句话说，某一个属性上的性能提高总会牺牲另一个或两个属性。然而，对大多数的应用而言，极少出现这三个属性的重要程度都同等的情况。很多时候，某一个或两个属性的性能要比另一个重要。

我们需要了解对应用程序而言哪些系统需求是最重要的，也需要知道对应用程序而言这三个性能属性哪些是最重要的。确定哪些属性最重要，并将其映射到应用程序的系统需求，对应用程序而言非常重要。

7.6.2 原则

谈到JVM垃圾收集器调优也有三个需要理解的基本原则。

□ 每次Minor GC都尽可能多地收集垃圾对象。我们把这称作"Minor GC回收原则"。遵守这
一原则可以减少应用程序发生Full GC的频率。Full GC的持续时间总是最长的，是应用程
序无法达到其延迟或吞吐量要求的罪魁祸首。

□ 处理吞吐量和延迟问题时，垃圾处理器能使用的内存越大，即Java堆空间越大，垃圾收集
的效果越好，应用程序运行也越流畅。我们称之为"GC内存最大化原则"。

□ 在这三个性能属性（吞吐量、延迟、内存占用）中任意选择两个进行JVM垃圾收集器调
优。我们称之为"GC调优的3选2原则"。

调优JVM垃圾收集的过程中谨记这三条原则能帮助你更轻松地调优垃圾收集，达到应用程序
的性能要求。

7.6.3　命令行选项及 GC 日志

在后面的调优过程中，我们要根据监控垃圾收集时获得的指标决定JVM的调优方案。根据我
们的经验，GC日志是收集调优所需信息的最好途径。这意味着我们需要通过命令行开启HotSpot
VM的GC统计信息采集功能。为了定位问题，即便在生产系统上开启GC日志也是个不错的主意。
开启GC日志对性能的影响极小，却可以提供丰富的数据，将应用层的事件与垃圾收集或JVM层
面的事件关联起来。譬如，应用程序运行的某些时刻出现很长时间停顿的情况。开启GC日志可以
帮助定位这种长时间停顿的源头，是垃圾收集，还是某些其他事件（例如程序自身的逻辑问题）。

如果你对"新生代""老年代""永久代""Eden""Survivor空间""晋升""提升"这些术语
不是很熟悉，请先阅读3.3节。理解这些术语是调优JVM的基础。

HotSpot VM提供了多个GC日志相关的命令行选项，我们推荐使用下面这些已经精简过的命
令行集：

```
-XX:+PrintGCTimeStamps -XX:+PrintGCDetails -Xloggc:<filename>
```

-XX:+PrintGCTimeStamps打印从HotSpot VM启动直到GC开始所经历的时间（以秒计时）。
-XX:+PrintGCDetails提供垃圾收集器相关的统计数据，该选项的输出与使用的垃圾收集器密
切相关，所以使用不同的垃圾收集器输出结果会有不同。-Xloggc:<filename>选项可以指定将
GC的日志信息记录到名为<filename>的文件中。

以下是使用前面介绍的3个GC日志命令行选项，在Throughput收集器[1]上实验的结果。这里使
用了从Java 6 Update 21上开始有的-XX:+UseParallelOldGC（或-XX:+UseParallelGC）选项。
（为了便于阅读，输出结果分成了多行。）

```
45.152: [GC
   [PSYoungGen: 295648K->32968K(306432K)]
   296198K->33518K(1006848K), 0.1083183 secs]
   [Times: user=1.83 sys=0.01, real=0.11 secs]
```

[1] 原文为Parallel Thoughput garbage collector，为保持一致，统一译为Throughput收集器。——译者注

45.152是从JVM启动直到垃圾收集发生所经历的时间。GC标签表明这是一次Minor GC，或者称之为新生代垃圾收集。

[PSYoungGen: 295648K->32968K(306432K)]提供了新生代空间的信息。PSYoungGen表示新生代使用的是多线程垃圾收集器Parallel Scavenge[①]。其他新生代垃圾收集器还有多线程的ParNew（可配合老年代并发收集器CMS使用）和单线程的DefNew（可配合老年代串行收集器Serial Old使用，也可以配合老年代并发收集器CMS使用）。在本书编写时，G1收集器仍然在开发中[②]，日志中还没有像其他3种垃圾收集器那样的识别标签。

箭头（->）左边的295648K代表的是垃圾收集之前新生代占用的空间。箭头右边代表的是垃圾收集之后新生代占用的空间。新生代空间又进一步细分成了一个Eden空间和两个Survivor空间。[③]Minor GC之后Eden空间为空，所以箭头右边的32968K就是Survivor占用的空间。

296198K->33518K(1006848K)提供了垃圾收集之前及收集之后Java堆的使用情况（同时包含了新生代和老年代）。除此之外，它还提供了Java堆的大小，即新生代和老年代大小的总和。箭头左边的296198K是垃圾收集之前Java堆占用的大小。箭头右边的33518K是垃圾收集之后Java堆占用的大小。括号内的数值（1006848K）代表的是Java堆的总大小。

由新生代和Java堆占用的大小，你可以很快推算出老年代占用的空间。例如，Java堆的大小是1006848K，新生代堆占用的空间是306432K，那么老年代堆占用的空间就是1006848K – 306432K = 700416K。垃圾收集之前，老年代占用的空间是296198K – 295648K = 550K。垃圾收集之后，老年代占用的空间是33518K – 32968K = 550K。在这个示例中，垃圾收集前后老年代的大小没有发生变化，意味着这个过程中没有对象从新生代提升到老年代。观察垃圾收集时，这是一个重要的发现，这些数据验证了Minor GC回收原则。如果一个提升到老年代的对象，之后变得不可达，那这时最多数目的对象就不能在Minor GC中获得回收，因此会违反Minor GC回收原则。关于如何查看GC日志的更多信息会在本章后面的内容中介绍。

0.1083183 secs表示垃圾收集过程所耗的时长。

[Times: user=1.83 sys=0.01, real=0.11 secs]提供了CPU使用及时间消耗的情况。user是用户模式垃圾收集消耗的CPU时间，即运行于JVM中的时间。本例中，垃圾收集消耗了1.83秒的用户态CPU时间。sys是垃圾收集器消耗的系统态CPU时间。本例中，垃圾收集器消耗了0.01秒系统态CPU时间。real指垃圾收集消耗的实际时间（以秒计数）。本例中，垃圾收集消耗了0.11秒。用户态（user）、系统态（sys）及实际消耗（real）都四舍五入并精确到0.01秒。

如果你需要用日历时间格式打印时间戳，可以使用-XX:PrintGCDateStamps命令行选项。使用-XX:PrintGCDateStamps之后输出的格式以年、月、日及垃圾收集发生时间的方式显示，这一命令行选项在Java 6 Update 4中引入。下面是一个使用-XX:+PrintGCDateStamps和

① 垃圾收集器之间的关系参见https://blogs.oracle.com/jonthecollector/entry/our_collectors。——译者注
② CMS全称为Concurrent Mark-Sweep GC，使用-XX:+UseParNewGC选项启用。——译者注
③ PrintGCDetails显示的YGC日志里，PSYoungGen的括号里显示的是GC后Eden+from space的capacity，不包括to space。后面的括号里显示的全堆容量也是只包含eden + survivor × 1 + old，而不是eden + survivor × 2 + old。
——审校者注

-XX:+PrintGCDetails输出的例子:

```
2010-11-21T09:57:10.518-0500: [GC
    [PSYoungGen: 295648K->32968K(306432K)]
    296198K->33518K(1006848K), 0.1083183 secs]
    [Times: user=1.83 sys=0.01, real=0.11 secs]
```

日期时间戳2010-11-21T09:57:10.518-0500使用了ISO8601的日期时间格式,按照 *YYYY-MM-DDTHH-MM-SS.mmm*-TZ的方式显示:

- ❏ *YYYY*: 年, 4位数字;
- ❏ *MM*: 月, 2位数字, 不足则高位补0;
- ❏ *DD*: 日, 2位数字, 不足则高位补0;
- ❏ *T*: 分隔符, 左边为日期, 右边为时间;
- ❏ *HH*: 小时, 2位数字, 不足则高位补0;
- ❏ *MM*: 分钟, 2位数字, 不足则高位补0;
- ❏ *SS*: 秒, 2位数字, 不足则高位补0;
- ❏ *mmm*: 毫秒, 3位数字, 不足则高位补0;
- ❏ TZ: 时区。

虽然输出中含时区,但时间是该时区的本地时间,而不是GMT时间。

针对高延迟问题调优HotSpot VM时,下面的这两个命令行选项很有用,通过它们可以获得应用程序由于执行VM安全点操作而阻塞的时间以及两个安全点操作之间应用程序运行的时间。

- · -XX:+PrintGCApplicationStoppedTime
- · -XX:+PrintGCApplicationConcurrentTime

安全点操作使JVM进入到一种状态: 所有的Java应用线程都被阻塞、执行本地代码的线程都被禁止返回VM执行Java代码。安全点操作常用于虚拟机需要进行内部操作时,此时所有的Java线程都被显式地置于阻塞状态且不能修改Java堆的情况。

> **提示**
> 关于安全点操作的详信息请参考3.2.9节。

由于安全点操作会阻塞Java代码的执行,了解应用程序的延迟与某安全点是否相关非常有帮助。应用程序线程由于安全点操作(阻塞时间可以通过-XX:+PrintGCApplicationStoppedTime获取)发生阻塞时,如果能够观察到其中情况并附有应用程序的日志信息,可以帮助确认超出应用程序要求的延迟是否源于VM 安全点操作、抑或源于应用程序或系统中的其他事件。使用命令行选项-XX:+PrintSafepointStatistics可以将垃圾收集的安全点与其他的安全点区分开来。

如果应用程序某些时段的响应时间超过了应用程序要求,使用命令行选项-XX:+PrintGC-ApplicationConcurrentTime可以帮助判定应用程序是否在运行,运行了多长时间。

表7-2总结归纳了本节中垃圾收集的命令行选项并提供了使用的建议。

表7-2 推荐的GC日志命令行选项

GC命令行选项	使用场景
-XX:+PrintGCTimeStamps -XX:+PrintGCDetails -Xloggc:<filename>	适用于所有应用程序的最小命令行选项集
-XX:PrintGCDateStamps	当需要显示日历日期和时间而非从JVM启动开始经历的秒数时，可以使用该选项。该选项从Java 6 Update 4之后开始支持
-XX:+PrintGCApplicationStoppedTime -XX:+PrintGCApplicationConcurrentTime -XX:+PrintSafepointStatistics	用于调优响应时间/延迟较高的应用程序，可以帮助区分是VM的安全点操作还是其他源头导致的停顿事件

7.7 确定内存占用

到目前为止，我们还没有测量任何性能数据，只讨论了一些初始选项，譬如JVM的部署模式、JVM的运行时环境、收集什么样的垃圾收集统计数据、应该遵守的垃圾收集原则。这一步的调优将为我们定义运行应用程序需要的Java堆的大小提供有力的依据。通过这步调优，我们可以知道应用程序有多少活跃数据。活跃数据的大小是确定运行应用程序所需Java堆大小的不错切入点。同时，它也决定了我们是否需要重新回顾应用程序的内存占用需求、或者是否需要修改应用程序以满足应用程序的内存占用需求。

> **提示**
> 活跃数据的大小是指，应用程序稳定运行时长期存活对象所占用的Java堆内存量。换句话说，它是应用程序运行于稳定态时，Full GC之后Java堆所占用的空间大小。

7.7.1 约束

这一步的输入是JVM可以使用的物理内存量。同时JVM部署模式的选择（单JVM部署模式或多JVM部署模式）也扮演了重要的角色。下面的列表可以帮助确定需要给各JVM分配多少物理内存。

❑ Java应用程序部署的机器上是否只有一个JVM并且只有该应用运行吗？如果采用这种方式，该机器的所有物理内存都可以分配给JVM。

❑ Java应用程序会部署到同一台机器的多个JVM上吗？或者该机器会有其他进程或Java应用共享吗？如果是这种情况，你必须为每个进程及JVM设定可以使用的物理内存量。

无论是上面提到的哪种场景，我们都需要为操作系统预留一部分内存。

7.7.2 HotSpot VM 堆的布局

开始度量内存占用之前，理解HotSpot VM中Java堆的布局非常重要。它可以帮助我们确定应用程序使用Java堆的大小、微调影响垃圾收集器性能的空间大小。

HotSpot VM有三个主要的空间，分别是：新生代、老年代以及永久代。这三块空间的分布如图7-2所示。

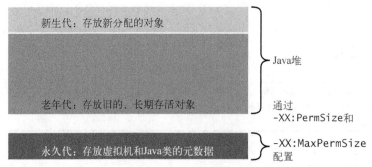

Java堆

通过
-XX:PermSize和

-XX:MaxPermSize
配置

图7-2　HotSpot VM堆布局

Java应用程序分配Java对象时，首先在新生代空间中分配对象。存活下来的对象，即经历几次Minor GC之后还保持活跃的对象会被提升进入老年代空间。永久代空间中存放VM和Java类的元数据以及驻留的Strings和类静态变量。

–Xmx和–Xms命令行选项指定了新生代和老年代空间大小的初始值和最大值。初始值及最大值也被称为Java堆的大小。–Xms设定了初始及最小值，–Xmx可以设定最大值。当–Xms指定的值小于–Xmx的值时，新生代及老年代空间的大小可以根据应用程序的需要动态地扩展或缩减。Java堆的扩展最大不会高于–Xmx设定的值，缩减也不会超过–Xms设定的值。关注吞吐量及延迟的Java应用程序应该将–Xms和–Xmx设定为同一值。这是因为无论扩展还是缩减新生代空间或老年代空间都需要进行Full GC，而Full GC会降低程序的吞吐量并导致更长的延迟。

新生代空间可以通过下面任何一个命令行选项设置。

❑ -XX:NewSize=<n>[g|m|k]
新生代空间大小的初始值，也是最小值。<n>为设定的大小。[g|m|k]指大小的度量单位，分别是GB（吉字节）、MB（兆字节）、或KB（千字节）。新生代空间不会小于该设定值。[1]
使用-XX:NewSize=<n>[g|m|k]选项时，应当同时指定-XX:MaxNewSize=<n>[g|m|k]选项。

❑ -XX:MaxNewSize=<n>[g|m|k]
新生代空间大小的最大值。<n>为设定的大小。[g|m|k]为大小的度量单位，分别是GB（吉字节）、MB（兆字节）、或者KB（千字节）。新生代空间大小不会超过该设定值。使用-XX:MaxNewSize=<n>[g|m|k]选项时，应当同时指定-XX:NewSize=<n>[g|m|k]。

❑ -Xmn<n>[g|m|k]
设置新生代空间的初始值、最小以及最大值。<n>为设定的大小。[g|m|k]为大小的度量单位，分别是GB（吉字节）、MB（兆字节）、或者KB（千字节）。新生代空间的大小会根据该值进行设定。

---

① 根据硬件平台的内存系统及操作系统不同，HotSpot VM实际分配的内存大小有细微的差别。这一点适用于这里列出的所有命令行。

通过-Xmn可以很方便地设定新生代空间的初始值和最大值。有一点需要特别注意，如果-Xms和-Xmx并没有设定为同一个值，使用-Xmn选项时，Java堆的大小变化不会影响新生代空间，即新生代空间的大小总保持恒定，而不是随着Java堆大小的扩展或缩减做相应的调整。因此，请注意，只有在-Xms与-Xmx设定为同一值时才使用-Xmn选项。

老年代空间的大小会根据新生代的大小隐式设定。老年代空间的初始值为-Xmx的值减去-XX:NewSize的值。老年代空间的最小值为-Xmx的值减去-XX:MaxNewSize的值。如果-Xms与-Xmx设置为同一值，同时使用了-Xmn，或者-XX:NewSize与-XX:MaxNewSize一样，则老年代的大小为-Xmx(或 -Xms)的值减去-Xmn。

永久代空间大小可以通过下面的命令行选项设置。

❑ -XX:PermSize=<n>[g|m|k]

　　永久代空间的初始值及最小值。<n>为设定的大小。[g|m|k]为大小的度量单位，分别是GB（吉字节）、MB（兆字节）、或者KB（千字节）。永久代空间的大小不会小于该设定值。

❑ -XX:MaxPermSize=<n>[g|m|k]

　　永久代空间的最大值。<n>为设定的大小。[g|m|k]为大小的度量单位，分别是GB（吉字节）、MB（兆字节）、或者KB（千字节）。永久代空间不会大于该设定值。

关注性能的Java应用程序应该将永久代大小的初始值与最大值（使用-XX:PermSize和-XX:MaxPermSize选项）设置为同一值，因为永久代空间的大小调整需要进行Full GC才能实现。

如果不显式指定Java堆大小，如初始值、最大值；新生代大小、永久代大小，HotSpot VM可以通过名为"自动调优"的自适应调优功能，依据系统配置自动选择合适的值。

提示

关于HotSpot VM自适应调优，包括Java堆大小默认值选择的更多信息可以参看3.5节。

新生代、老年代或永久代这三个空间中的任何一个不能满足内存分配请求时，就会发生垃圾收集，理解这一点非常重要。换句话说，这三个空间中任何一个被用尽，同时又有新的空间请求无法满足时就会触发垃圾收集。新生代没有足够的空间满足Java对象分配请求时，HotSpot VM会进行Minor GC以释放空间。Minor GC相对于Full GC而言，持续的时间要短。

经历过几次Minor GC之后仍然活跃的对象最终会被提升（复制）到老年代空间。老年代空间不足以容纳新提升的对象时，HotSpot VM就会进行Full GC。实际上，当HotSpot VM发现当前可用空间不足以容纳下一次Minor GC提升的对象时就会进行Full GC。与因空间问题导致的Minor GC过程中的对象提升失败比较起来，这种方式的代价要小得多。从失败的对象提升中恢复是一个很昂贵的操作。永久代没有足够的空间存储新的VM或类元数据时也会发生Full GC。

如果Full GC缘于老年代空间已满，即使永久代空间并没有用尽，老年代和永久代都会进行垃圾收集。同样，如果Full GC由永久代空间用尽引起，老年代和永久代也都会进行垃圾收集，无论老年代是否还有空闲空间。开启-XX:+UseParallelGC 或 -XX:+UseParallelOldGC时，如果关闭-XX:-ScavengeBeforeFullGC, HotSpot VM在Full GC之前不会进行Minor GC, 但Full GC过程中依然会收集新生代; 如果开启-XX:+ScavengeBeforeFullGC, HotSpot VM在Full GC前会先做一次Minor GC, 分担一部分Full GC原本要做的工作。

7.7.3   堆大小调优着眼点

为了开始堆大小调优, 我们需要一个着眼点。这一节介绍的示例使用了一个超过Java应用程序正常运行需要的更大的Java堆。通过这个例子, 我们希望演示如何收集初始数据以及如何随着调优过程逐步调整堆的大小值, 使之更为合理。

我们从Throughput收集器开始。之前在7.5节中提到过, 通过-XX:+UseParallelOldGC命令行选项可以指定使用Throughput收集器。如果你使用的HotSpot VM不接受-XX:+UseParallelOldGC选项, 可以使用-XX:+UseParallelGC代替。

如果你很清楚Java应用程序要使用多大的Java堆空间, 可以将Java堆大小作为调优的入手点, 使用-Xmx和-Xms设置Java堆的大小。如果你不清楚Java应用程序到底需要使用多大的Java堆, 可以利用HotSpot VM自动选取Java堆的大小。启动Java应用程序时不指定-Xmx或-Xms的值, HotSpot VM会自动设定Java堆大小的初始值。换句话说, 这是一个起始点。随着调优过程, 后面会逐渐调整Java堆的大小。

7.6.3节已经介绍过用于抓取GC日志的命令行选项。GC日志记录了应用程序使用的Java堆的大小。通过HotSpot命令行选项-XX:+PrintCommandLineFlags还可以查看堆的初始值及最大值。-XX:+PrintCommandLineFlags选项可以输出HotSpot VM初始化时使用-XX:InitialHeapSize=<n> -XX:MaxHeapSize=<m>指定的堆的初始值及最大值, 其中<n>是以字节为单位的初始Java堆大小, <m>是以字节为单位的堆的最大值。

无论是通过命令行选项显式指定Java堆的大小还是采用默认值, 目的都是希望将应用程序调整到其最典型的工作场景, 即它的稳定态阶段。你需要产生足够的负荷, 同时驱动应用程序处理这些根据生产环境模拟的负荷。

尝试将应用程序推进到稳定状态的过程中, 如果观察到GC日志中出现了OutOfMemoryErrors, 就要查看老年代或永久代空间是否已经用尽。下面的这个例子演示了这样的场景, 由于老年代空间太小, 最终发生了OutOfMemoryError:

```
2010-11-25T18:51:03.895-0600: [Full GC
    [PSYoungGen: 279700K->267300K(358400K)]
    [ParOldGen: 685165K->685165K(685170K)]
    964865K->964865K(1043570K)
    [PSPermGen: 32390K->32390K(65536K)],
    0.2499342 secs]
    [Times: user=0.08 sys=0.00, real=0.05 secs]
Exception in thread "main" java.lang.OutOfMemoryError: Java heap space
```

GC输出中的重要部分已经加粗显示。老年代的统计数据标记为ParOldGen。紧接在ParOldGen之后的字段685165K->685165K(685170K)分别表示Full GC之前老年代占用的空间和之后老年代占用的空间。根据输出的GC日志，很容易得出结论：老年代空间太小，因为Full GC之后老年代占用的空间，即箭头（->）右边的值与设定的老年代大小（括号中的值）非常接近。因此，JVM报告发生了OutOfMemoryError，表明Java堆空间已经用尽。与之相反，通过PSPermGen标签标识的永久代空间占用32 390K，与它的实际容量相比还富余很多。

下面的这个例子展示了永久代过小导致的OutOfMemoryError：

```
2010-11-25T18:26:37.755-0600: [Full GC
    [PSYoungGen: 0K->0K(141632K)]
    [ParOldGen: 132538K->132538K(350208K)]
    32538K->32538K(491840K)
    [PSPermGen: 65536K->65536K(65536K)],
    0.2430136 secs]
    [Times: user=0.37 sys=0.00, real=0.24 secs]
java.lang.OutOfMemoryError: PermGen space
```

同样，GC输出中的重要部分已经加粗显示。永久代统计数据标记为PSPermGen。PSPermGen之后的字段65536K->65536K(65536K)分别表示Full GC之前永久代占用的空间和之后永久代的占用的空间。我们很容易得出结论，永久代空间不够大，因为Full GC之后永久代占用的空间，即箭头（->）右边的值与设定的永久代大小（括号中的值）非常接近。因此，OutOfMemoryError表明PermGen空间内存用尽。与之相反，老年代空间占用远远小于其实际容量，一个是350 208K，另一个才132 538K。

如果GC日志中出现OutOfMemoryError，可以尝试通过增加JVM可用物理内存缓解，如将80%或90%的物理内存分配给JVM使用。尤其要关注引起OutOfMemoryError的堆空间，确保增加其大小。例如，对老年代引起的OutOfMemoryErrors，增加-Xms和-Xmx值；对永久代引起的OutOfMemoryErrors，增加-XX:PermSize和-XX:MaxPermSize值。牢记一点，Java堆大小受限于硬件平台以及使用的JVM（32位还是64位）。增加Java堆大小之后，检查GC日志中是否还有OutOfMemoryErrors。每个迭代中都重复这些操作，直到GC日志中不再出现OutOfMemoryErrors为止。

一旦应用程序运行于稳定态，不再发生OutOfMemoryError，下一步就该统计应用程序中的活跃数据大小了。

7.7.4 计算活跃数据大小

如前所述，活跃数据大小是应用程序运行于稳定态时，长期存活的对象在Java堆中占用的空间大小。换句话说，活跃数据大小是应用程序运行于稳定态，Full GC之后Java堆中老年代和永久代占用的空间大小。

Java应用的活跃数据大小可以通过GC日志收集。活跃数据大小包括下面的内容：

❑ 应用程序运行于稳定态时，老年代占用的Java堆大小；
❑ 应用程序运行于稳定态时，永久代占用的Java堆大小。

除了活跃数据大小，稳定态的Full GC也会对延迟带来严重影响。

为了更好地度量应用程序的活跃数据大小，最好在多次Full GC之后再查看Java堆的占用情况。另外，需要确保Full GC发生时，应用程序正处于稳定态。

如果应用程序没有发生Full GC或者不经常发生Full GC，你可以使用JVM监控工具VisualVM或JConsole人工触发Full GC。这两个工具都捆绑在HotSpot JDK发行版中，可以向监控的JVM发指令，触发Full FC。VisualVM可以通过jvisualvm命令启动，JConsole可以通过jconsole命令启动。VisualVM在Java 6 Update 7及之后的版本都有提供。

为了强制Full GC，可以通过VisualVM或JConsole监控应用程序，在VisualVM或JConsole窗口中点击"Perform GC"按钮即可。你也可以使用HotSpot JDK发行版中提供的jmap命令，通过命令行强制进行Full GC。为了实现这个目的，jmap需要使用-histo:live命令行选项及JVM进程号。JVM进程号可以通过JDK的jps命令获得。例如，Java应用程序的JVM进程号是348，使用jmap触发Full GC的命令行如下：

```
$ jmap -histo:live 348
```

jmap命令触发Full GC的同时也生成一份包含对象分配信息的堆分析文件。为了专注本步操作，你可以忽略生成的堆分析文件。

7.7.5　初始堆空间大小配置

本节将介绍如何根据统计的活跃数据大小，确定Java堆的初始大小。图7-3显示了标识应用程序活跃数据大小的字段。计算活跃数据大小时，比较明智的方法是多取几次Full GC数据，通过取平均值的方式计算Java堆占用及GC时间。收集的次数越多，对启动时Java堆大小的估算越准确。

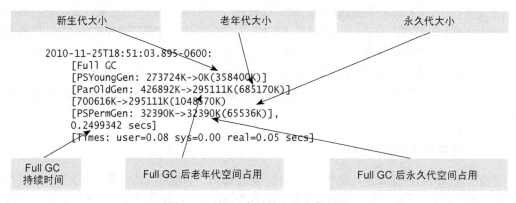

图7-3　Full GC之后的垃圾收集日志

根据活跃数据大小定义初始Java堆大小时，还需要考虑Full GC的影响，推荐的做法是基于最差延迟进行估算。

通用法则之一，将Java堆的初始值-Xms和最大值-Xmx设置为老年代活跃数据大小的3~4倍。图7-3的Full GC中，老年代空间占用了295 111KB（大约295MB），因此活跃数据约为295MB。所以，该应用程序建议堆的初始值和最大值应该介于885MB到1180MB（即4倍活跃数据大小）之间：

-Xms1180m -Xmx1180m。图7-3中，Java堆的大小为1 048 570KB，约为1048MB。该Java堆的大小已经接近于推荐值的上限了。

通用法则之二，永久代的初始值-XX:PermSize及最大值-XX:MaxPermSize应该是永久代活跃数据的1.2~1.5倍。图7-3所示的Full GC中，Full GC之后永久代空间为32390KB，约为32MB。因此，该应用程序的永久代建议使用的初始值和最大值为38MB~48MB，即-XX:PermSize=48m -XX:MaxPermSize=48m，约为永久代活跃数据大小的1.5倍。图7-3中，永久代的大小为65 536KB，约为65MB。虽然这一值已经超出建议值（38MB~48MB）17MB的额外空间，但是相对于1GB的堆空间而言，该值的影响犹如沧海一粟，完全没必要特别担心。

补充法则，新生代空间应该为老年代空间活跃数据的1~1.5倍。图7-3的Full GC的示例中，新生代为295MB，因此新生代的建议大小为295MB~442MB；新生代空间为358 400KB，约合358MB，刚好在推荐的大小范围内。

如果Java堆的初始值及最大值为活跃数据大小的3~4倍、新生代为活跃数据的1~1.5倍时，老年代应设置为活跃数据大小的2~3倍。

计算Java堆大小可以参考表7-3，该表基于GC数据区（见图7-3），综合了前文介绍的通用分级法则和对应的Java命令行。

```
$ java -Xms1180m -Xmx1180m -Xmn295m
       -XX:PermSize=48m -XX:MaxPermSize=48m
```

表7-3 Java堆大小计算法则

空　　间	命令行选项	占用倍数
Java堆	-Xms和-Xmx	3~4倍Full GC后的老年代空间占用量
永久代	-XX:PermSize -XX:MaxPermSize	1.2~1.5倍Full GC后的永久代空间占用量
新生代	-Xmn	1~1.5倍Full GC后的老年代空间占用量
老年代	Java堆大小减新生代大小	2~3倍Full GC后的老年代空间占用量

7.7.6　其他考量因素

这一节中，我们将介绍其他几个确定应用程序内存占用时需要特别注意的因素。有一点很重要，我们要意识到按照前一节中介绍的方法计算出来的Java堆大小并不代表Java应用程序的总内存占用。如果需要了解Java应用程序的总内存使用情况，更好的方法是使用操作系统提供的工具监控应用程序，譬如，Oracle Solaris上的prstat命令、Linux上的top命令或者Windows上的任务管理器。另外，Java堆不一定是最耗应用程序内存的。例如，应用程序的线程栈可能需要较多的内存。线程的数目越多，消耗在线程栈上的内存就越多。应用程序中，方法调用的层次越深，线程栈占用的空间也越大。还可能由于应用程序使用的第三方库分配内存及I/O缓存导致使用较多的内存。为应用程序估算内存占用时必须将这些因素一一包含在内。

谨记一点，调优过程中，这一步操作可能导致应用程序无法达到内存需求。如果出现这种情况，要么我们需要回顾或修改应用程序的内存占用需求，要么需要调整应用程序。进行Java堆的分析、修改应用程序，减少对象分配或对象保持，这些都是可以采用的处理方法。减少对象分配，或者更重要的，减少对象保持可以减少活跃数据的大小。

这一步中计算出的Java堆大小仅仅是一个出发点。后面的调优过程中，这些值可能会根据情况进行修改，具体的情况取决于应用程序需求。

7.8 调优延迟/响应性

这一步调优的目标是达到程序的延迟性需求，包括多个活动的迭代：优化Java堆大小的配置、评估GC的持续时间和频率、是否可能切换到不同的垃圾收集器以及发生垃圾收集器切换之后进一步的内存调优。

这一步调优有两个可能的结果。

- **应用程序的延迟性达到要求**。如果本步的调优结果达到了应用程序的延迟性要求，你可以继续下一步调优过程，即下一节的内容，调优确定应用程序的吞吐量。
- **应用程序的延迟性达不到要求**。如果本节介绍的调优活动达不到应用程序的延迟性要求，你需要回顾应用程序的延迟性要求，或者修改应用程序以改善延迟性。为了改善应用程序的延迟性，可能采取的活动包括：

  堆分析，修改应用程序，减少对象分配及对象保持；

  改变JVM的部署模式，减少单个JVM的负荷。

上面两个选项中的任何一个都可以减少JVM的对象分配率，并随之减少GC的频率。

这一步开始时，我们根据前一节中介绍的方法定义好初始Java堆大小，观察垃圾收集器对延迟性的影响。

评估垃圾收集器对延迟性影响的过程中将进行下面的活动：

- 测量Minor GC的持续时间；
- 统计Minor GC的次数；
- 测量Full GC的最差（最长）持续时间；
- 统计最差情况下，Full GC的频率。

测量GC的持续时间及频率对优化Java堆的大小至关重要。Minor GC的持续时间及频率决定了优化后新生代的大小。最差情况下的Full GC持续时间及频率决定了老年代的大小以及垃圾收集器的切换：是否需要从Throughput收集器（通过-XX:+UseParallelOldGC或-XX:+UseParallelGC选项启用）转向CMS收集器（通过-XX:+UseConcMarkSweepGC或-XX:+UseParNewGC选项启用）。如果Throughput收集器的Full GC的最差垃圾收集持续时间和频率远远不能满足应用程序的延迟性要求，那么就应该考虑切换到CMS。一旦发生切换，同样也需要针对CMS进行调优，本节后面会介绍这部分内容。上述介绍的每个活动都会在接下来的几个小节中详细介绍。在转入更细节的内容之前，这一步调优的几个输入有必要介绍一下。接下来的一节将介绍这部分内容。

7.8.1 输入

这一步调优有多个输入，都源于应用程序的系统性需求。

❑ **应用程序可接受的平均停滞时间**。平均停滞时间将与测量出的Minor GC持续时间进行比较。

❑ **可接受的Minor GC（会导致延迟）频率**。Minor GC的频率将与可容忍的值进行比较。对应用程序干系人而言，GC持续的时间往往比GC发生的频率更重要。

❑ **应用程序干系人可接受的应用程序的最大停顿时间**。最大停顿时间将与最差情况下Full GC的持续时间进行比较。

❑ **应用程序干系人可接受的最大停顿发生的频率**。最大停顿发生的频率基本上就是Full GC的频率。同样，对于大多数应用程序干系人而言，相对于GC的频率，他们更关心GC持续的平均停顿时间和最大停顿时间。

一旦这些要求（输入）清楚以后，GC持续的时间和频率可以根据上一节介绍的方法使用Throughput收集器（通过HotSpot虚拟机的-XX:+UseParallelOldGC或-XX:+UseParallelGC命令行选项指定）收集。根据统计数据，不断调整新生代及老年代的大小，直到满足应用程序的要求。接下来的两小节将介绍如何根据Minor GC的持续时间及频率、最差情况下Full GC的持续时间及频率调整新生代、老年代的大小。

7.8.2 优化新生代的大小

根据垃圾收集的统计数据、Minor GC的持续时间和频率可以确定新生代空间的大小。下面是通过垃圾收集统计数据设置新生代大小的一个示例。

Minor GC需要的时间与新生代中可访问的对象数直接相关，通常情况下，新生代空间越小，Minor GC持续的时间越短。不考虑这对于Minor GC持续时间的影响，减小新生代空间又会增大Minor GC的频率。这是因为以同样的对象分配频率，较小的新生代空间在很短的时间内就会被填满，增大新生代空间可以减少Minor GC的频率。

分析GC数据时，如果发现Minor GC的间隔时间过长，修正的方法是减少新生代空间。如果Minor GC频率太高，修正的方法是增加新生代空间。

为了更清晰地阐明这个问题，我们看一个示例，图7-4的Minor GC使用了下面的HotSpot VM命令行选项：

```
-Xms6144m -Xmx6144m -Xmn2048m
-XX:PermSize=96m -XX:MaxPermSize=96m -XX:+UseParallelodGC
```

图7-4中，Minor GC平均持续时间是0.054秒。Minor GC的平均频率为每2.147秒一次。计算平均持续时间和频率时，Minor GC的次数越多，平均持续时间及频率的估计越准确。另外，使用应用程序运行于稳定阶段时的Minor GC值也是非常重要的。

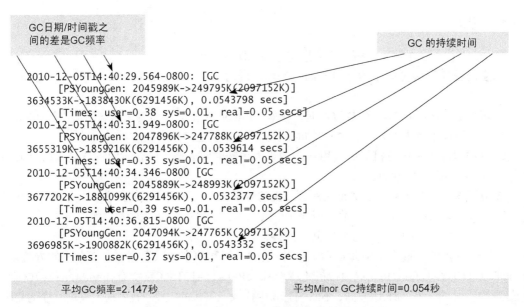

图7-4 一个Minor GC持续时间与频率的示例

下一步是比较观察到的Minor GC平均持续时间及应用程序的平均延迟要求。如果观测的平均GC持续时间大于应用程序的延迟性要求，可以适当减小新生代空间的大小，之后再运行测试。收集GC统计数据之后再次评估数据。

如果观测到的Minor GC频率大于应用程序的延迟性要求（发生得太频繁），增大新生代空间，之后再运行测试。收集GC统计数据之后再次评估数据。

真正达到应用程序的平均延迟要求之前可能要经历多次迭代。调整新生代空间大小时，尽量保持老年代空间大小恒定。下一节会介绍一个具体的例子。

使用图7-4中的垃圾收集数据，如果应用程序的延迟性要求是40毫秒，前面的示例中我们观察到平均Minor GC持续时间为54毫秒（0.054秒），大于应用程序的延迟要求。图7-4中用于生成数据的Java堆配置为-Xms6144m -Xmx6144m -Xmn2048m -XX:PermSize=96m -XX:MaxPermSize=96m。这意味着老年代的大小为4096MB（老年代的大小通过-Xmx的值减去-Xmn的值计算得出）。减少新生代大小10%的同时保持老年代大小不变，可以使用下面这条调整过的HotSpot VM命令行选项：

```
-Xms5940m -Xmx5940m -Xmn1844m
-XX:PermSize=96m -XX:MaxPermSize=96m -XX:+UseParallelOldGC
```

注意，-Xmn的值从2048m减小到了1844m，Java堆的大小（-Xmx和-Xms）从6144m减少到了5940m。新生代空间（-Xmn）和Java堆的大小（-Xmx和-Xms）都减少了204MB，约为之前新生代空间大小2048MB的10%。

如果应用程序能忍受的停顿时间比在垃圾收集数据中观测的值更长，可以适当增大新生代空间大小。同样，增大新生代空间时尽量保持老年代空间大小恒定。

　　无论扩展还是缩减新生代堆的大小，都需要采集垃圾收集时的统计数据、根据应用程序的延迟性要求重新计算Minor GC的平均持续时间。改变新生代的大小可能要经历几个迭代过程。

　　为了举例说明如何通过增大新生代空间，减少Minor GC频率，我们假设应用程序的Minor GC频率要求比实际观测计算的平均Minor GC频率低，假设应用程序的Minor GC频率要求是每5秒一次。图7-4的示例中，平均Minor GC的频率是每2.147秒一次。由于应用程序的Minor GC频率要求低于计算出的频率，我们可以增大新生代的空间大小。根据新生代空间的当前大小及平均Minor GC的频率，我们能够大致估算出可以增加多少新生代空间。在这个例子里，填充满（分配完）2048MB新生代空间平均耗时2.147秒。我们假设对象分配率是恒定的，那么需要增加2.3（5/2.147）秒。换句话说，如果2.147秒可以填满2048MB空间，那么5秒钟可以填满大约4700MB的空间。因此，为了达到5秒钟的Minor GC频率目标，新生代空间大小需要调整为4700MB。下面是根据前面的分析更新之后的HotSpot VM命令行选项：

```
-Xms8796m -Xmx8796m -Xmn4700m
-XX:PermSize=96m -XX:MaxPermSize=96m -XX:+UseParallelOldGC
```

　　注意，需要同时增大新生代（-Xmn）和Java堆（-Xmx和-Xms）的大小，其原来的值分别为2048MB和6144MB。

　　调整新生代空间时，需要谨记下面几个准则。

- □ 老年代空间大小不应该小于活跃数据大小的1.5倍。关于活跃数据大小的定义及老年代大小调整的准则请参考7.7节的内容。
- □ 新生代空间至少应为Java堆大小的10%，通过-Xmx和-Xms可以设定该值。新生代过小可能适得其反，会导致频繁的Minor GC。
- □ 增大Java堆大小时，需要注意不要超过JVM可用的物理内存数。堆占用过多内存将导致底层系统交换到虚拟内存，反而会造成垃圾收集器和应用程序的性能低下。

　　这个阶段中，如果只考虑Minor GC引起的延迟，而调整新生代的大小又无法满足应用程序的平均停顿时间或延迟性要求，就只能修改应用程序或者改变JVM的部署模式，在多个JVM上部署应用程序，或者修改应用程序的平均延迟性要求。

　　如果仅仅通过监控Minor GC就能达到应用程序的延迟性要求，你就可以直接进入到老年代空间的调整，调优应用程序的最差停滞时间和最差停滞频率。这是下一节要介绍的内容。

7.8.3　优化老年代的大小

　　这一步的目标是评估Full GC引入的最差停滞时间以及Full GC的频率。

　　同前一节一样，老年代的优化也需要采集垃圾收集的统计数据。我们关注的内容是Full GC持续的时间和频率。发生于稳定态的Full GC的持续时间是应用程序的最差Full GC停滞时间。如果多个Full GC在稳定态发生，就按平均最差停滞时间计算。往往取样的数据越多，预测的结果越好。

通过Full GC日期/时间戳之间的差计算出Full GC之间的时间间隔就是最差Full GC的频率。图7-5展示了一个示例，该例含有2个Full GC持续时间并计算了其频率。

```
                        Full GC 持续时间
2010-12-05T15:10:11.231-0800: [Full GC
        [PSYoungGen: 455832K->0K(2097152K)]
        [ParOldGen: 4194289K->1401197K(4194304K)]
4650121K->1401197K(6291456K)
        [PSPermGen: 66329K->59470K(98304K)],
1.3370216 secs]
        [Times: user=7.03 sys=0.11, real=1.34 secs]
... minor GC events omitted ...
2010-12-05T15:35:41.853-0800: [Full GC
        [PSYoungGen: 1555832K->0K(2097152K)]
        [ParOldGen: 4194196K->1402217K(4194304K)]
5750028->1402217K(6291456K)
        [PSPermGen: 61351K->59667K(98304K)],
1.4299125 secs]
        [Times: user=7.56 sys=0.09, real=1.43 secs]
```

```
Full GC   平均频率=25分30.622秒
*Full GC  的间隔时间
Full GC   平均持续时间=1.383秒
```

图7-5   一个Full GC平均持续时间和频率的示例

如果在GC日志中没有发现Full GC，可以参考7.7.4节。另外，对Full GC频率的预估应该依据对象提升率进行计算，即对象从新生代复制到老年代空间的比率。接下来详细介绍如何计算提升率。

> **提示**
> 紧接在Full GC之后的Minor GC不应该用于此计算，因为对象提升至少要经历15次Minor GC。15次Minor GC可能是对象老化的结果。本章后文会针对对象老化作详细介绍。

接下来是几个Minor GC的例子，用于说明如何计算Full GC的频率。

```
2010-12-05T14:40:29.564-0800: [GC
    [PSYoungGen: 2045989K->249795K(2097152K)]
    3634533K->1838430K(6291456K), 0.0543798 secs]
    [Times: user=0.38 sys=0.01, real=0.05 secs]
2010-12-05T14:40:31.949-0800: [GC
    [PSYoungGen: 2047896K->247788K(2097152K)]
    3655319K->1859216K(6291456K), 0.0539614 secs]
    [Times: user=0.35 sys=0.01, real=0.05 secs]
```

```
2010-12-05T14:40:34.346-0800 [GC
    [PSYoungGen: 2045889K->248993K(2097152K)]
    3677202K->1881099K(6291456K), 0.0532377 secs]
    [Times: user=0.39 sys=0.01, real=0.05 secs]
2010-12-05T14:40:36.815-0800 [GC
```

```
[PSYoungGen: 2047094K->247765K(2097152K)]
3696985K->1900882K(6291456K), 0.0543332 secs]
[Times: user=0.37 sys=0.01, real=0.05 secs]
```

从上面的GC日志，我们可以了解下面的内容：

- Java堆的大小为6 291 456KB或者6144MB（6 191 456 / 1024）；
- 新生代大小为2 097 152KB或2048MB（2 097 152 / 1024）；
- 老年代大小为6144MB – 2048MB = 4096MB。

从老年代中减去活跃数据的大小（活跃数据的计算参看7.7.4节）可以得到可用老年代空间大小。这个例子中，假设活跃数据大小为1370MB。老年代大小为4096MB，活跃数据大小为1370MB，意味着老年代中有2726MB的空闲空间（4096 – 1370 = 2726）。

需要多长时间才能填满老年代中这2726MB的空闲空间取决于新生代到老年代的提升率。提升率可以依据老年代空间占用的增长量以及每次Minor GC后新生代的空间占用计算得出。老年代的空间占用情况可以通过Minor GC之后Java堆的占用情况减去同一次Minor GC后新生代的空间占用得到。使用前面Minor GC的例子，每次Minor GC之后，老年代占用的空间分别为：

```
1588635K，第一次Minor GC
1611428K，第二次Minor GC
1632106K，第三场Minor GC
1653117K，第四次Minor GC
```

每次GC之后老年代的空间分别为：

```
22793K，第一次和第二次GC之间
20678K，第二次和第三次GC之间
21011K，第三次和第四次GC之间
```

每次Minor GC的平均提升为21 494KB，约为21MB。

除此之外，要计算提升率，我们还需要知道Minor GC的频率。前面的GC示例中，平均Minor GC的频率是每隔2.147秒一次。因此，提升率为21 494KB/2.147秒，或10 011KB（10MB）/秒。填充满2726M可用老年代空间的时间约为272.6秒（2726/10 = 272.6），大约是4.5分钟。

因此，根据前面的GC示例分析，该应用程序可以预期的最差Full GC频率是每4.5分钟一次。将应用程序运行于稳定态4.5分钟以上，观察Full GC的情况，可以很容易地验证这个预测。

如果预期或观测到Full GC的频率已经远远不能达到应用程序的最差Full GC频率要求，就应该增大老年代空间的大小。这个方法可以帮助降低Full GC的频率。增加老年代空间的大小时注意保持新生代空间大小恒定。

如果你发现日志中只有Full GC

如果修改老年代空间大小后，只观察到Full GC，很可能是老年代与新生代空间大小失去了平衡，导致应用程序只进行Full GC。这一情况通常缘于即使经过Full GC，老年代空间仍不足以容纳所有从新生代提升的对象。通过GC统计日志中的以下信息可以确认这种问题：

```
2010-12-06T15:10:11.231-0800: [Full GC
    [PSYoungGen: 196608K->146541K(229376K)]
    [ParOldGen: 262142K->262143K(262144K)]
    458750K->408684K(491520K)
    [PSPermGen: 26329K->26329K(32768K)],
    17.0440216 secs]
    [Times: user=11.03 sys=0.11, real=17.04 secs]
2010-12-05T15:10:11.853-0800: [Full GC
    [PSYoungGen: 196608K->148959K(229376K)]
    [ParOldGen: 262143K->262143K(262144K)]
    458751K->411102K(6291456K)
    [PSPermGen: 26329K->26329K(32768K)],
    18.1471123 secs]
    [Times: user=12.13 sys=0.12, real=18.15 secs]
2010-12-05T15:10:12.099-0800: [Full GC
    [PSYoungGen: 196608K->150377K(229376K)]
    [ParOldGen: 262143K->262143K(262144K)]
    458751K->412520K(6291456K)
    [PSPermGen: 26329K->26329K(32768K)],
    17.8130416 secs]
    [Times: user=11.97 sys=0.12, real=17.81 secs]
```

标识老年代空间不够大的一个线索是每次Full GC后，老年代中几乎没有任何空间被回收（ParOldGen标识右边的值）于此同时，新生代中总有大量的对象占用空间。当老年代中空间无法接纳从新生代中提升的对象时，正如我们在上面的输出中观察到的，这些对象会被"退还"（Back Up）到新生代空间中。

如果通过老年代空间大小调整的几次迭代之后，能满足应用程序的最差延迟性要求，JVM自身的调优步骤就已完成。你可以继续进入到调优过程的下一步"应用程序吞吐量调优"，这是下一节的主要内容。

如果由于Full GC持续时间过长，无法达到应用程序的最差延迟性要求，可以改用并行垃圾处理器。使用Throughput收集器时，增加老年代空间通常无法显著降低Full GC的时间。CMS收集器能在应用程序运行的同时以最大的并行度对老年代空间进行垃圾回收。通过下面的HotSpot命令行选项可以开启CMS。

```
-XX:+UseConcMarkSweepGC
```

CMS的微调方法将在下一节介绍。

7.8.4 为 CMS 调优延迟

使用CMS收集器时，老年代垃圾收集线程与应用程序线程能实现最大的并行度。这为我们同时降低最差延迟出现的频率以及最差延迟的持续时间，避免发生长时间的GC提供了机会。CMS并不进行压缩，所以这一效果主要是通过避免老年代空间发生Stop-The-World压缩式垃圾来收集实现的。一旦老年代溢出就会触发Stop-The-World压缩式垃圾收集。

提示

Stop-The-World这样的压缩式GC与Full GC之间存在着微妙的区别。在CMS中，如果老年代没有足够的空间处理来自新生代空间的对象晋升，只会在老年代空间触发一次Stop-The-World的压缩式GC。发生Full GC时，除非使用了-XX:-ScavengeBeforeFullGC选项，否则老年代和新生代的空间都会进行垃圾收集。

调优CMS收集器的目的是避免发生Stop-The-World的压缩式GC。然而，这实际上是件"说易行难"的事情。在某些应用部署下甚至是不可避免的，特别是内存占用有限制的情况，与其他HotSpot VM垃圾收集器比较起来，CMS收集器需要更细粒度的调优，尤其是对新生代空间大小进行更细致地调整，以及在需要时对何时启动老年代并行垃圾收集周期进行调整。

从Throughput收集器[①]迁移到CMS时，如果发生从新生代至老年代的对象提升，可能会经历较长的Minor GC持续时间，这是由于对象提升到老年代变得更慢了。

CMS在老年代空间从空闲列表中分配内存。与之相反，Throughput收集器只需要在线程本地分配的提升缓存中移动指针即可。另外，由于老年代垃圾收集线程能够与应用程序线程实现最大程度的并发执行，所以可以预期应用程序的吞吐量会更低。然而，发生这种最差延迟的几率并不是很大，因为应用程序运行时老年代中的不可达对象会进行垃圾收集，从而避免了老年代空间被填满。

使用CMS时，如果老年代空间用尽，就会触发一个单线程Stop-The-World压缩式的垃圾收集。相对于Throughput收集器的Full GC而言，CMS垃圾收集通常的持续时间更长。因此，采用CMS的绝对最差延迟要比Throughput收集器的最差延迟时间长。老年代空间耗尽并因此触发Stop-The-World压缩式垃圾收集时，由于应用程序长时间无法响应，会引起应用程序干系人的关注。因此，尽量避免用尽老年代空间是非常重要的。从Throughput收集器迁移到CMS收集器时需要遵守的一个通用原则是，将老年代空间增大20%~30%，这样才能更有效地运行CMS收集器。

几方面的因素使得CMS收集器的调优非常具有挑战性。一个是对象从新生代提升至老年代的速率。另一个是并行老年代垃圾收集线程回收空间的速率。第三个是由于CMS收集器回收位于对象之间的垃圾对象而造成老年代空间的碎片化。回收操作会在老年代的可达对象之间形成空洞，从而引起可用空间的碎片化。

有多种方法都可以解决碎片化问题。其中之一是压缩老年代空间。通过Stop-The-World压缩式GC对老年代空间进行压缩。如前所述，Stop-The-World压缩式GC耗时较长，是应该尽量避免的事件，因为对于应用程序的最差延迟时间，它很可能是最大也是最重要的贡献者。这个方法不能从根本上解决碎片化问题，但是它可以推迟老年代空间碎片化到必须进行压缩的时间。通常情况下，老年代空间的内存越多，处理碎片压缩的时间就越长。应用程序生命周期中努力达到的一个目标是，让老年代空间大到足以避免由堆内存碎片引起的Stop-The-World压缩。换句话说，就是"为GC申请最大内存原则"。处理碎片问题的另一个方法是减少对象从新生代提升至老年代的比率，即"Minor GC回收原则"。

[①] Parallel收集器，这里指的是使用-XX:+UseParallelOldGC选项的Throughput收集器。——译者注

晋升阈值控制新生代中的对象何时提升至老年代。晋升阈值在后文中会进一步地介绍，它是Hotspot VM根据新生代空间占用情况，更确切地说，是根据Survivor空间占用的大小内部计算的结果。接下来介绍Survivor空间，随后会讨论晋升阈值。

7.8.5　Survivor 空间介绍

Survivor空间是新生代空间（见图7-6）的一部分。关于Eden空间和Survivor空间的更多细节请参考3.3.2节。

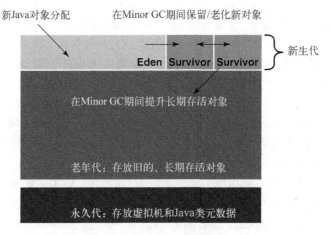

图7-6　Eden和Survivor空间

> **提示**
> 跟CMS收集器不同，Throughput收集器默认就开启了一个名为"自适应大小调整"（Adaptive Sizing）的功能，能够自动地调整Eden空间和Survivor空间的大小。但通用的操作，譬如对象如何分配，如何从Eden空间复制到Survivor空间，如何在Survivor空间之间复制，跟CMS收集器里的行为保持一致。

在所有的HotSpot垃圾收集器中，新生代空间都被划分成了一个Eden空间和2个Survivor空间。

2块Survivor空间中，一块标记为"From"Survivor空间，另一块空间标记为"To"Survivor空间。Survivor空间的角色和它们的标识非常直观明了。

Eden空间是分配新Java对象的空间。例如，一个Java程序中有下面的语句：

```
Map<String, Long> map = new HashMap<String, Long>();
```

这行语句会在Eden空间分配一个新的HashMap对象，HashMap构造器中的对象也会保存在Eden空间中。当Eden空间被填满时就会发生Minor GC。活跃对象会从Eden空间复制到标记为"To"的Survivor空间，同时"From" Survivor空间中存活下来的对象也会复制到"To" Survivor空间中。

一旦完成Minor GC，Eden空间会清空，"From" Survivor空间也变为空，而"To" Survivor空间中保存了还活跃的对象。之后，Survivor空间将相互交换标记为下一次的Minor GC作准备。现在已清空的"From" Survivor空间换上了"To"标识，而"To" Survivor空间换成了"From"标识。因此，Minor GC结束时，Eden空间和一块Survivor空间变为空，另一块Survivor空间中保存着经历了上次Minor GC存活下来的活跃对象。

如果Minor GC时，"To" Survivor空间不足以容纳所有从Eden空间和"From" Survivor空间中复制过来的活跃对象，超出的部分会提升至老年代空间。溢出至老年代空间会导致非计划的老年代空间消耗加速，最终导致Stop-The-World压缩式Full GC。再次提醒，针对Java应用程序的低延迟性要求进行调优时，我们要尽量避免Stop-The-World压缩式Full GC。换句话说，尽量遵守Minor GC回收原则。

调整Survivor空间的大小，让其有足够的空间容纳存活对象足够长的时间，直到几个周期之后对象老化，就能避免发生Survivor空间溢出。有效的老化方法可以使老年代中只保存长期活跃的对象。

> **提示**
> 老化是保持对象在新生代中直到它们变得不可达的一种方法，这样做的目的是将老年代空间保留下来用于保存长期活跃的对象。

Survivor空间的大小可以通过HotSpot的命令行选项调整：

```
-XX:SurvivorRatio=<ratio>
```

<ratio>的值必须大于0，-XX:SurvivorRatio=<ratio>表示单个Survivor空间同Eden空间的大小的比率。下面的等式可以用于计算Survivor空间的大小：

```
survivor 空间的大小 = -Xmn<value>/(-XX:SurvivorRatio=<ratio> + 2)
```

等式中加2的原因是有两个Survivor空间。ratio值越大，Survivor空间就越小。为了说明这一点，我们假设新生代空间通过-Xmn512m和-XX:SurvivorRatio=6设定。根据这两个设置，新生代空间会有2个大小为64MB的Survivor空间和一个大小为384MB的Eden空间。两个Survivor空间中的每一个大小均为512/(6+2)=64MB，剩下的384MB作为Eden空间。

对于给定的新生代，减少Survivor的比率会增大Survivor空间，同时减小Eden空间。同样，增大Survivor比率会减少Survivor空间，增大Eden空间。意识到减少Eden空间会导致更频繁的Minor GC是非常重要的。与之相反，增大Eden空间可以减少Minor GC的频率。同样非常重要的一点是，垃圾收集发生的频率越高，对象老化的速度就越快。

为了对Survivor空间大小做更细致的调整，优化新生代堆的大小，需要监控晋升阈值。晋升阈值决定了对象在新生代Survivor空间中保留的时间。如何监控晋升阈值以及如何根据监控的情况调整Survivor空间将在下面的内容中介绍。

7.8.6   解析晋升阈值

"晋升"与"提升"是同义词。换句话说,"晋升"意味着对象提升至老年代空间。

HotSpot VM在每次Minor GC时都会计算晋升阈值以决定什么时候对一个对象进行提升。或者说,晋升阈值就是对象的年龄。一个对象的年龄就是它所经历的Minor GC次数。对象首次分配时,它的年龄为0。下一次Minor GC之后,如果该对象还在新生代,其年龄变为1。如果它在第二次Minor GC之后又存活下来,它的年龄变为2,以此类推。新生代空间中年龄大于HotSpot VM计算出的晋升阈值的对象都会被提升到老年代空间。换句话说,晋升阈值决定了对象在新生代中保持(或老化)的时间。

> **提示**
> 新生代中的有效对象老化可以避免将不成熟的对象提升到老年代空间,减少了老年代空间的占用率增长。同时,它还降低了CMS垃圾收集的执行频率,同时也减少了可能的空间碎片。

晋升阈值计算的依据是Minor GC之后新生代要容纳的可达对象需要的空间大小以及目标Survivor空间占用的空间大小。CMS使用的新生代垃圾收集器(称为ParNew收集器[1])会计算晋升阈值。同时,你可以使用HotSpot VM的命令行选项-XX:MaxTenuringThreshold=<n>指定HotSpot VM在对象的年龄超过<n>值时将其提升到老年代空间。内部计算出的晋升阈值不会超过最大晋升阈值[2]。Java 5 Update 6之后最大晋升阈值可以设置在0到15之间,Java 5 Update 5之前可设置的区间为0到31之间。

> **提示**
> 不建议将最大晋升阈值设置为0,这会造成刚刚分配的对象在紧接着的Minor GC中直接从新生代提升到老年代,同时造成老年代空间的迅速增长,引起频繁的Full GC。
> 此外,我们也不建议将最大晋升阈值设置得远远大于实际可能的最大值。这会造成对象长期存在于Survivor空间,直到最后溢出。一旦发生溢出,对象将被全部提升至老年代,不再依据其实际年龄进行提升。这样会造成短期存在对象在长期存在对象之前被提升到老年代,严重影响对象老化机制的有效性。

当目标Survivor空间的占用等于或小于HotSpot VM期望维护的值时,HotSpot VM将使用最大晋升阈值作为其计算出的晋升阈值。参考7.8.8节中的框注"调优目标Survivor空间占用"可以获得与此相关的更多信息。如果HotSpot VM认为它无法维持Survivor空间的占用,它会使用一个低

---

① 使用-XX:+UseParNewGC选项可以显式地启用ParNew垃圾收集器。使用CMS收集器即-XX:+UseConcMarkSweepGC选项时,ParNew垃圾收集器默认开启。——译者注

② 原文为"Max Tenuring Threshold",发生不成熟提升事件的解决方案是使用SurvivorRatio增大Survivor空间,或者增大新生代空间,参考Stackoverflow上一篇关于Max Tenuring Threshold的讨论http://stackoverflow.com/questions/13543468/maxtenuringthreshold-how-exactly-it-works。——译者注

于最大值的晋升阈值来保证目标Survivor空间的占用。比晋升阈值年龄大的对象都会被提升到老年代。换句话说,当存活下来的对象占用的空间超过目标Survivor空间的容量时就会发生溢出。溢出会导致对象被迅速提升至老年代,造成老年代的增长也远快于预期,而这又会引起CMS被频繁调用,降低应用程序的吞吐量,增大了出现碎片的可能性。所有这些都可能导致更频繁的Stop-The-World压缩式垃圾收集。还记得吗?对老年代空间进行Stop-The-World压缩式垃圾收集是一件会引起较高延迟的垃圾收集事件。

发生溢出的情况下,需要提升哪些对象,应该根据其实际年龄与晋升阈值进行比较。超过晋升阈值的对象才可以提升进入老年代。因此,监控晋升阈值对避免Survivor空间溢出是件非常重要的任务,而这将是下一节的主题。

7.8.7 监控晋升阈值

如前所述,最大晋升阈值(请不要将它与内部计算出的晋升阈值相混淆)可以通过HotSpot VM的命令行选项-XX:MaxTenuringThreshold=<n>设置。使用HotSpot VM的命令行选项

```
-XX:+PrintTenuringDistribution
```

可以监控晋升的分布或者对象年龄分布,并以此为依据确定最优的最大晋升阈值值。

通过-XX:+PrintTenuringDistribution命令行选项可以观察Survivor空间中的对象是如何老化的。在-XX:+PrintTenuringDistribution生成的输出中,我们需要关注的是随着对象年龄的增加,各对象年龄上字节数减少的情况,以及HotSpot VM计算出的晋升阈值是否等于或接近设置的最大晋升阈值。

-XX:+PrintTenuringDistribution会输出每次Minor GC时晋升分布的情况。它也可以和其他的垃圾收集命令行选项,例如-XX:+PrintGCDateStamps、-XX:+PrintGCTimeStamps或-XX:+PrintGCDetails配合使用。对Survivor空间的有效对象老化进行微调时,应该使用选项-XX:+PrintTenuringDistribution在垃圾收集日志中包含晋升分布的统计信息。同样,如果需要在生产环境中判断一个应用程序事件是否源于一次Stop-The-World压缩式垃圾收集,往往也需要获取晋升分布的日志信息,使用该选项是非常有帮助的。

下面是使用-XX:+PrintTenuringDistribution输出的一个例子:

```
Desired survivor size 8388608 bytes, new threshold 1 (max 15)
 - age   1:   16690480 bytes,   16690480 total
```

这个例子中,最大晋升阈值设置为15,由(max 15)标识。通过new threshold 1可以知道虚拟机内部计算出的晋升阈值为1。Desired survivor size 8388608 bytes是Survivor空间的大小乘以目标存活率得到的空间大小。目标存活率是HotSpot VM预计目标空间在Survivor空间中占用的百分比。本章后续的内容将针对如何设置期望的Survivor空间大小进行更深入的介绍。标题信息之下是对象年龄的列表。每个年龄的对象及其占用的空间大小单独列为一行,本例中,年龄为1的对象大小为16 690 480字节。同时,在每一行中也会列出对象总的大小(字节数)。如果出现多年龄行

的情况，总大小是该年龄行及其之前所有行对象大小的累计之和。后面的例子中有若干个年龄行的
输出示例。

前文的示例中，期望Survivor空间大小（8 388 608）远小于总的存活对象大小（16 690 480），
导致Survivor空间溢出，即最终Minor GC将一些对象提升至老年代。Survivor空间溢出表明Survivor
空间过小。另外，由于最大晋升阈值为15，而HotSpot VM内部计算出的晋升阈值为1，这进一步
验证了Survivor空间过小的问题。

> **提示**
> 通常情况下，观察到新的晋升阈值持续小于最大晋升阈值，或者观察到Survivor空间大小小于
> 总的存活对象大小（即对象年龄最后最右列的值）都表明Survivor空间过小。

观察到Survivor空间过小时，要适当增大其容量。下面将介绍确定Survivor空间大小的流程。

7.8.8　调整 Survivor 空间的容量

调整Survivor空间容量一个应该谨记于心的重要原则：调整Survivor空间容量时，如果新生代
空间大小不变，增大Survivor空间会减少Eden空间；而减少Eden空间会增加Minor GC的频率。因
此，为了同时满足应用程序Minor GC频率的要求，就需要增大当前新生代空间的大小；即增大
Survivor空间大小时，Eden空间的大小应该保持不变。换句话说，每当Survivor空间增加时，新生
代空间都应该增大。如果可以增大Minor GC的频率，你可以选择用一部分Eden空间来增大Survivor
空间，或者直接增大新生代空间大小。如果内存足够，相对于减少Eden空间，增加新生代大小通
常是更好的选择。保持Eden空间大小恒定，Minor GC的频率就不会由于Survivor空间增大而发生
变化。

通过-XX:+PrintTenuringDistribution选项输出中的所有对象年龄的总大小以及目标生
存空间大小可以计算出应用程序需要的Survivor空间大小。我们还是使用前面的例子来介绍：

```
Desired survivor size 8388608 bytes, new threshold 1 (max 15)
- age   1:   16690480 bytes,   16690480 total
```

存活对象的总大小是16 690 480字节。CMS默认情况下会使用大约50%的目标Survivor空间。
根据这个原则，Survivor空间的大小应该设置为33 380 960字节，即16 690 480/50% = 33 380 960
字节。33 380 960字节约为32MB。使用这个公式估算出的Survivor空间大小能够更有效地老化对
象，避免溢出发生。为了更好地估算需要的Survivor空间，你应该让程序在稳定态运行一段时间，
监控这段时间内的晋升分布，使用总的存活对象大小作为Survivor空间估算的更优值。

对于本例中的应用程序，为了更有效地老化对象，Survivor空间应该至少增大到32MB。假设
前面示例中的晋升阈值输出是通过下面的HotSpot命令行生成的：

```
-Xmx1536m -Xms1536m -Xmn512m -XX:SurvivorRatio=30
```

　　同时，我们希望保持Minor GC的频率与之前一致，那么增大Survivor空间到32MB需要更新HotSpot命令行，如下所示：

```
-Xmx1568m -Xms1568m -Xmn544m -XX:SurvivorRatio=15
```

　　上例中新生代空间的大小增加了，Eden空间保持不变，Survivor空间增大。可以看到Java堆的大小（-Xmx和-Xms）以及新生代大小（-Xmn）都增大了32MB。另外，-XX:SurvivorRatio=15将两个Survivor空间的大小都设置为32MB（544/(15＋2)＝32）。无论是第一次的配置（512－16－16＝480），还是第二次的配置（544－32－32＝480）都保持了Eden空间的大小不变，恒定为480MB。

　　如果实际情况限制不允许增大新生代容量，那么增大Survivor空间就只能以减少Eden空间为代价。下面是一个例子，该例中新生代空间保持不变，每个Survivor空间从16MB增大到32MB，同时Eden空间从480MB减小到448MB，即512/(14＋2)＝32 和 512－32－32＝448。

```
-Xmx1536m -Xms1536m -Xmn512m -XX:SurvivorRatio=14
```

　　再次提醒，减少Eden空间大小会导致更频繁的Minor GC。但是与采用最初的方式分配的Java堆相比，由于增大了Survivor空间，对象在新生代保持的时间会更长。

　　假设保持Eden的大小不变，在修改过大小的堆上运行应用程序，即使用下面的HotSpot命令行选项：

```
-Xmx1568m -Xms1568m -Xmn544m -XX:SurvivorRatio=15
```

　　产生的晋升分布如下：

```
Desired survivor size 16777216 bytes, new threshold 15 (max 15)
- age   1:    6115072 bytes,    6115072 total
- age   2:     286672 bytes,    6401744 total
- age   3:     115704 bytes,    6517448 total
- age   4:      95932 bytes,    6613380 total
- age   5:      89465 bytes,    6702845 total
- age   6:      88322 bytes,    6791167 total
- age   7:      88201 bytes,    6879368 total
- age   8:      88176 bytes,    6967544 total
- age   9:      88176 bytes,    7055720 total
- age  10:      88176 bytes,    7143896 total
- age  11:      88176 bytes,    7232072 total
- age  12:      88176 bytes,    7320248 total
```

　　输出的晋升分布中，位于最后一行最后一列的总存活对象大小7 320 248字节小于期望的Survivor大小16 777 216字节，同时晋升阈值等于最大晋升年限，Survivor空间没有发生溢出，表明对象老化是有效的，没有发生Survivor溢出。

　　这个例子中，几乎没有对象的年龄超过3。你可能想要测试配置最大晋升年限为3的情况，即-XX:MaxTenuringThreshold=3。命令行选项如下所示：

```
-Xmx1568m -Xms1568m -Xmn544m -XX:SurvivorRatio=15
-XX:MaxTenuringThreshold=3
```

　　这个配置与前一个配置的取舍在于后一个配置可以避免每次Minor GC时，"From" Survivor空间与"To" Survivor空间之间非必要的对象复制。程序运行于稳定态时，跨Minor GC观察晋升分布可以了解对象是否最终提升到了老年代，抑或最终会进行垃圾收集。如果你观察到垃圾收集中晋升分布与之前介绍的模式十分相似，即它极少出现对象年龄为15的情况，并且也没有发生Survivor空间溢出，那么应该设置最大晋升阈值为其默认值15。这种场景下，对象都不是长期存活对象，在年龄很小的时候就被回收了，根本不会生存到最大晋升年限的年龄15。他们在新生代空间中时就被Minor GC收集了，不会被提升到老年代空间。使用CMS时，任何提升到老年代空间并最终被垃圾收集的对象都会增加内存碎片，或者导致Stop-The-World压缩式垃圾收集。这些都不是我们所希望的。通常情况下，即使在Survivor空间之间多次复制对象也比匆匆将对象提升到老年代要好。

　　在Minor GC引起的应用程序延迟达标之前，你可能需要多次重复上面的步骤，监控晋升分布、修改Survivor空间或者重新配置新生代空间。如果发现Minor GC持续的时间过长，就应该减少新生代空间的大小，持续调整，直到满足Minor GC的持续时间要求。如果无法达到应用程序Minor GC延迟或频率的要求，你需要回顾/修改应用程序的要求、或者对应用程序进行修改/调优、抑或改变JVM的部署模式，减少单JVM实例上的负荷。

　　如果能够达到应用程序Minor GC的延迟性要求（持续时间、频率），你可以继续下一步，调优CMS垃圾收集周期的初始化。调优CMS垃圾收集周期的初始化将在后面进行介绍。

调优目标Survivor空间占用

　　目标Survivor空间占用是HotSpot VM尝试在Minor GC之后仍然维持的Survivor空间占用。通过HotSpot VM的命令行选项-XX:TargetSurvivorRatio=<percent>可以对该值进行调整。通过命令行选项指定的参数实际上是Survivor空间占用的百分比而不是一个比率。它的默认值是50。

　　HotSpot VM研发团队对不同类型的应用程序进行了大量的负荷测试，结果表明50%的目标Survivor空间占用能适应大多数的应用程序，这是因为它能应对Minor GC时存活对象的急速增加。

　　极少发生需要对目标Survivor空间占用进行调优的情况。但是，如果应用程序有一个相对稳定的对象分配速率，可以考虑提高目标Survivor空间占用到80~90。这样可以减少用于老化对象的Survivor空间的数量。将-XX:TargetSurvivorRatio=<percent>设置得大于默认值会带来的问题是不能很好的适应迅速上涨的对象分配速率，导致提升对象的时机比预期更早。使用CMS时，如果对象提升过快会导致老年代占用增大，由于提升了一些非长期存活的对象，这些对象在将来的并发垃圾收集周期中一定会被回收，导致出现内存碎片的概率较高。碎片是我们要尽量避免的，因为它最终会导致Stop-The-World压缩式垃圾收集。

初始化CMS收集周期

一旦包含Eden空间和Survivor空间在内的新生代空间优化完成，Minor GC引入的延迟达到应用程序的要求之后，我们就可以把精力转向CMS收集器的调优上，减小最差情况的延迟并最小化最差延迟发生的频率。这一步的目标是维持空闲老年代空间的恒定，并由此避免发生Stop-The-World压缩式垃圾收集。

Stop-The-World压缩式垃圾收集是引入延迟的最大的垃圾收集。在一些应用程序中，这可能是无法完全避免的，但是这一节介绍的方法至少能降低它们发生的频率。

成功的CMS收集器调优要能以对象从新生代提升到老年代的同等速度对老年代中的对象进行垃圾收集。达不到这个标准则称之为"失速"（Lost the Race）。失速的结果就会发生Stop-The-World压缩式垃圾收集。避免失速的关键是要结合足够大的老年代空间和足够快地初始化CMS垃圾收集周期，让它以比提升速率更快的速度回收空间。

CMS周期的初始化基于老年代空间的占用情况。如果CMS周期开始得太晚，就会发生失速。如果它无法以足够快的速度回收对象，就无法避免老年代空间用尽。但是CMS周期开始得过早，又会引起无用的消耗，影响应用程序的吞吐量。通常，早启动CMS周期要比晚启动CMS好，因为启动太晚的结果比启动过早的结果要恶劣得多。

HotSpot VM会尝试自适应地计算在空间占用多大时开启CMS收集周期。但它做得并不是很好，某些情况下，无法避免Stop-The-World压缩式垃圾收集。

如果你碰到了Stop-The-World压缩式垃圾收集，可以尝试调节CMS周期启动的时间。CMS中发生的Stop-The-World压缩式垃圾收集在垃圾收集日志中可以通过查找并发模式失效（Concurrent Mode Failure）定位。下面是一个示例：

```
174.445: [GC 174.446: [ParNew: 66408K->66408K(66416K), 0.0000618 secs]174.446: [CMS
(concurrent mode failure): 161928K->162118K(175104K), 4.0975124 secs]
228336K->162118K(241520K)
```

输出字段中最重要的信息就是并发模式失效（concurrent mode failure）。如果你在垃圾收集日志中发现concurrent mode failures字样，可以通过下面的命令行选项通知HotSpot在更早的时间启动CMS垃圾收集周期。

```
-XX:CMSInitiatingOccupancyFraction=<percent>
```

设定的值是CMS垃圾收集周期在老年代空间占用达到多少百分比时启动。例如，如果你希望CMS周期在老年代空间占用达到65%时开始，可以设置-XX:CMSInitiatingOccupancyFraction=65。另一个可以与-XX:CMSInitiatingOccupancyFraction=<percent>一起使用另一个HotSpot命令行选项是

```
-XX:+UseCMSInitiatingOccupancyOnly
```

-XX:+UseCMSInitiatingOccupancyOnly告知HotSpot VM总是使用-XX:CMSInitiating-

OccupancyFraction设定的值作为启动CMS周期的老年代空间占用阈值。不使用-XX:+UseCMS-InitiatingOccupancyOnly，HotSpot VM仅在启动的第一个CMS周期里使用-XX:CMSInitiating-OccupancyFraction设定的值作为占用比率，之后的周期中又转向自适应地启动CMS周期，即第一次CMS周期之后就不再使用-XX:CMSInitiatingOccupancyFraction设定的值。

> **提示**
>
> 通过选项设置何时启动CMS周期时，最好同时使用-XX:CMSInitiatingOccupancyFraction=<percent>和-XX:+UseCMSInitiatingOccupancyOnly。

选项-XX:CMSInitiatingOccupancyFraction设定的空间占用值应该大于老年代占用空间和活跃数据大小之比。7.7节介绍过，应用程序的活跃数据大小就是一次Full GC之后堆所占用的空间大小。如果使用-XX:CMSInitiatingOccupancyFraction设置的值小于活跃数据的占用百分比，CMS收集器一直运行陷入死循环。因此-XX:CMSInitiatingOccupancyFraction设置的一个通用原则是老年代占用百分比应该至少应该是活跃数据大小的1.5倍。例如，按照下面使用的Java堆配置：

```
-Xmx1536m -Xms1536m -Xmn512m
```

那么老年代的大小是1024MB（1536 – 512 = 1024）。如果应用程序的活跃数据大小是350MB，那么应该在老年代空间占用达到约525MB，或空间百分比达到51%时（525/1024 = 51%）时启动CMS周期。这只是一个起点，后续还会根据监控的垃圾收集数据做进一步优化。下面是更新后的命令行，指定收集器在老年代空间占用达到51%时启动CMS周期：

```
-Xmx1536m -Xms1536m -Xmn512m
-XX:CMSInitiatingOccupancyFraction=51
-XX:+UseCMSInitiatingOccupancyOnly
```

何时（提前或推迟）启动CMS周期取决于对象从新生代提升至老年代的速率，即老年代空间的增长率。如果老年代空间消耗得比较慢，可以在稍晚的时候启动CMS周期。如果老年代空间消耗迅速，你应该在较早的时候启动CMS周期，但是也不应低于活跃数据的占用的比率。不应该将启动CMS周期的值设置得比活跃数据的大小低，解决这个问题更好的方法是增大老年代空间的大小。

通过垃圾收集的统计数据可以了解CMS周期是否启动得过早或过晚。下面是一个CMS周期的示例，该例中CMS周期启动得太晚。为了便于阅读，输出的内容调整成只显示垃圾收集的类型、堆占用情况及持续时间。

```
[ParNew 742993K->648506K(773376K), 0.1688876 secs]
[ParNew 753466K->659042K(773376K), 0.1695921 secs]
[CMS-initial-mark 661142K(773376K), 0.0861029 secs]
[Full GC 645986K->234335K(655360K), 8.9112629 secs]
[ParNew 339295K->247490K(773376K), 0.0230993 secs]
[ParNew 352450K->259959K(773376K), 0.1933945 secs]
```

请留意紧接在CMS-initial-mark之后的Full GC。CMS-initial-mark是CMS周期的几个阶段之一。在3.3.7节已经对CMS周期中的所有阶段做过介绍。

下面是一个CMS周期启动过早的例子。同样地，为了便于阅读，输出的内容调整成了只列出垃圾收集的类型、堆占用情况以及垃圾收集的持续时间。

```
[ParNew 390868K->296358K(773376K), 0.1882258 secs]
[CMS-initial-mark 298458K(773376K), 0.0847541 secs]
[ParNew 401318K->306863K(773376K), 0.1933159 secs]
[CMS-concurrent-mark: 0.787/0.981 secs]
[CMS-concurrent-preclean: 0.149/0.152 secs]
[CMS-concurrent-abortable-preclean: 0.105/0.183 secs]
[CMS-remark 374049K(773376K), 0.0353394 secs]
[ParNew 407285K->312829K(773376K), 0.1969370 secs]
[ParNew 405554K->311100K(773376K), 0.1922082 secs]
[ParNew 404913K->310361K(773376K), 0.1909849 secs]
[ParNew 406005K->311878K(773376K), 0.2012884 secs]
[CMS-concurrent-sweep: 2.179/2.963 secs]
[CMS-concurrent-reset: 0.010/0.010 secs]
[ParNew 387767K->292925K(773376K), 0.1843175 secs]
[CMS-initial-mark 295026K(773376K), 0.0865858 secs]
[ParNew 397885K->303822K(773376K), 0.1995878 secs]
```

CMS周期以CMS-initial-mark标记开始，以CMS-concurrent-sweep和CMS-concurrent-reset表示结束。我们可以看到首次CMS-initial-mark之后的堆占用是298 458KB。这之后，CMS-initial-mark和CMS-concurrent-reset之间的堆内存占用在ParNew Minor GC完成前后的变化很小。ParNew Minor GC完成之后的堆占用等于箭头（->）右边的值。本例中，正如CMS-initial-mark与CMS-concurrent-reset之间微小的堆占用变化所表明的，这个例子中，CMS周期几乎没有回收任何垃圾数据。改进的方法是使用-XX:CMSInitiatingOccupancyFraction和-XX:+UseCMSInitiatingOccupancyOnly调节老年代占用率，在老年代占用率超过时启动CMS周期。由于CMS-initial-mark表示的初始堆占用为298 458KB，同时Java堆大小为773 376KB，设置JVM在老年代空间占用达到35%至40%之间时启动CMS周期（298 458KB/773 376KB = 38.5%）比较合适。通过选项-XX:CMSInitiatingOccupancyFraction=50和-XX:+UseCMSInitiating-OccupancyOnly可以强制在更高的堆占用时启动CMS周期。

下面是另一个示例，该示例中CMS周期回收了大量的老年代空间，但是没有发生Stop-The-World压缩式垃圾收集，即没有出现并发模式失效。同样，为了便于阅读，输出调整成了只列出垃圾收集的类型、堆占用情况以及持续时间。

```
[ParNew 640710K->546360K(773376K), 0.1839508 secs]
[CMS-initial-mark 548460K(773376K), 0.0883685 secs]
[ParNew 651320K->556690K(773376K), 0.2052309 secs]
[CMS-concurrent-mark: 0.832/1.038 secs]
[CMS-concurrent-preclean: 0.146/0.151 secs]
[CMS-concurrent-abortable-preclean: 0.181/0.181 secs]
[CMS-remark 623877K(773376K), 0.0328863 secs]
[ParNew 655656K->561336K(773376K), 0.2088224 secs]
```

```
[ParNew 648882K->554390K(773376K), 0.2053158 secs]
[ParNew 489586K->395012K(773376K), 0.2050494 secs]
[ParNew 463096K->368901K(773376K), 0.2137257 secs]
[CMS-concurrent-sweep: 4.873/6.745 secs]
[CMS-concurrent-reset: 0.010/0.010 secs]
[ParNew 445124K->350518K(773376K), 0.1800791 secs]
[ParNew 455478K->361141K(773376K), 0.1849950 secs]
```

这个示例中，由CMS-initial-mark标记，表示CMS周期开始时老年代空间占用的值为548 460KB。从CMS周期开始直到CMS-concurrent-reset标识CMS周期结束，ParNew Minor GC中老年代的使用显著减少。特别是，在CMS-concurrent-sweep结束之前，有一个从561 336KB到368 901KB陡降。这表明有大约190MB的垃圾数据在CMS周期中被回收（561 336KB – 368 901KB = 192 435KB = 187.92MB）。同时也请留意，首次CMS-concurrent-sweep的ParNew Minor GC之后的老年代占用为350 518KB。这一结果证实了在CMS周期中有超过190MB的垃圾数据被回收（561 336KB – 350 518KB = 210 818KB = 205.88MB）。

如果你希望对CMS周期的启动进行细粒度的调优，请务必多尝试几个不同的老年代空间占用百分比。对垃圾收集日志进行监控和分析可以帮助你找到最适合你的应用程序的设置。

7.8.9　显式的垃圾收集

使用CMS时，如果你观察到由显式调用System.gc()触发的Full GC，有2种处理的方法。

(1) 可以使用如下的HotSpot VM命令行选项，指定HotSpot VM以CMS垃圾收集周期的方式执行

```
-XX:+ExplicitGCInvokesConcurrent
```

或者

```
-XX:+ExplicitGCInvokesConcurrentAndUnloadsClasses
```

前者需要Java 6及以上版本。后者需要Java 6 Update 4及以上版本。如果你的JDK版本支持，最好使用-XX:+ExplicitGCInvokesConcurrentAndUnloadsClasses选项。

(2) 也可以使用下面的命令行通知HotSpot VM忽略显式的System.gc()调用：

```
-XX:+DisableExplicitGC
```

要留意的是，使用这个命令行选项也会导致其他HotSpot VM的垃圾收集器忽略显式的System.gc()调用。

禁用显式的垃圾收集时应该慎重，它可能会对应用程序的性能造成较大影响。还有可能出现这样的场景，你需要及时对对象引用做处理，但与之对应的垃圾收集却跟不上其节奏。使用Java RMI的应用程序尤其容易碰到这种问题。我们建议除非有非常明确的理由，否则不要轻易地禁用显式的垃圾收集。与此同时，也建议只在有明确理由的情况下才在应用程序中使用System.gc()。

通过垃圾收集日志能非常容易地定位显式的垃圾收集。从垃圾收集输出的文字就能判断该Full GC是否由显式的System.gc()调用引起。下面是一个这种Full GC的例子：

```
2010-12-16T23:04:39.452-0600: [Full GC (System)
    [CMS: 418061K->428608K(16384K), 0.2539726 secs]
    418749K->4288608K(31168K),
    [CMS Perm : 32428K->32428K(65536K)],
    0.2540393 secs]
    [Times: user=0.12 sys=0.01, real=0.25 secs]
```

请留意Full GC之后的(System)标签，它表明System.gc()触发了本次Full GC。如果在垃圾收集日志中发现了显式的Full GC，你需要先判断为什么它会发生，之后再决定是否要禁用，是否要把该调用从代码中移除，或者是否有必要指定一个条件来触发CMS并发垃圾收集周期。

7.8.10 并发永久代垃圾收集

Full GC也可能源于永久代空间用尽。监控垃圾收集日志，在其中查找Full GC的信息，观察永久代空间的使用情况就能判断该Full GC是否由永久代空间耗尽所导致。下面是一个例子，该例中的Full GC即源于永久代空间用尽：

```
2010-12-16T17:14:32.533-0600: [Full GC
    [CMS: 95401K->287072K(1048576K), 0.5317934 secs]
    482111K->287072K(5190464K),
    [CMS Perm : 65534K->58281K(65536K)], 0.5319635 secs]
    [Times: user=0.53 sys=0.00, real=0.53 secs]
```

永久代的空间的占用通过CMS Perm标识。永久代空间的大小就是括号内的值，即65 536KB。箭头（->）左边的值代表Full GC之前永久代空间占用65 534KB；Full GC之后永久代的空间占用为箭头右边的值58 281KB。可以看到，Full GC之前永久代的空间占用（65 534KB）与永久代的大小（655 36KB）相差无几，这表明该Full GC是由永久代空间用尽触发的。同时能看到，老年代空间离用尽还早，也没有CMS周期活跃的证据，综合所有这些线索可以断定发生了失速。

虽然永久代空间在垃圾收集日志中会以CMS Perm标记出，但是在CMS中，Hotspot VM默认情况下不会对永久代空间进行垃圾回收。通过下面的HotSpot VM命令行选项，你可以开启CMS的永久代垃圾收集：

```
-XX:+CMSClassUnloadingEnabled
```

如果你使用的是Java 6 Update 3或更新的版本，也可以将下面的命令行选项与-XX:+CMSClassUnloadingEnabled一起使用：

```
-XX:+CMSPermGenSweepingEnabled
```

通过下面的选项可以控制在永久代空间占用百分比达到多少时启动CMS永久代垃圾收集：

```
-XX:CMSInitiatingPermOccupancyFraction=<percent>
```

该选项与-XX:CMSInitiatingOccupancyFraction一样用一个百分比作选项，选项代表的是启动CMS周期的永久代百分比。使用时，需要同时使用-XX:+CMSClassUnloadingEnabled选项。如果你希望将-XX:CMSInitiatingPermOccupancyFraction作为启动CMS周期的固定值，必须使用下面的选项：

```
-XX:+UseCMSInitiatingOccupancyOnly
```

7.8.11　调优 CMS 停顿时间

CMS周期中有2个阶段是Stop-The-World的阶段，处于这2个阶段的应用程序线程会被阻塞。这两个阶段分别是初始标记阶段和重新标记阶段。虽然初始标记阶段是单线程的，却极少占很长的时间，通常情况下远小于其他的垃圾收集停顿。重新标记阶段是多线程的。通过下面的HotSpot VM命令行选项可以控制重新标记阶段使用的线程数：

```
-XX:ParallelGCThreads=<n>
```

从Java 6 Update 23开始，如果Java API Runtime.availableProcessors()的返回值小于等于8，-XX: ParallelGCThreads默认等于这个值；否则，该值默认为8 + (Runtime.availableProcessors() - 8) * 5/8。多个应用程序运行于同一个系统的场景里，建议将CMS收集线程数设置得小于默认值，否则由于大量的垃圾收集线程同时执行，应用程序的性能会受到极大的影响。

重新标记阶段的持续时间在某些时候可以通过下面的选项设置：

```
-XX:+CMSScavengeBeforeRemark
```

该命令行选项强制HotSpot VM在进入CMS重新标记阶段之前先进行一次Minor GC。重新标记之前的Minor GC通过减少引用老年代空间的新生代对象数目，将重新标记阶段的工作量减到了最少。

如果应用程序有大量的引用对象或可终结对象要处理，使用下面的HotSpot VM命令行选项[1]可以减少垃圾收集的持续时间：

```
-XX:+ParallelRefProcEnabled
```

---

[1] 这个选项有bug：这个功能可以加速引用处理，但在JDK6u25和6u26上不要使用，有bug：Bug ID 7028845: CMS: 6984287 broke parallel reference processing in CMS。http://bugs.sun.com/bugdatabase/view_bug.do?bug_id=7028845。

　　　　　　　　　　　　　　　　　　　　　　　　　　　　　　——审校者注

这个选项可以与其他HotSpot VM垃圾收集器配合使用。它使用多个引用处理线程，但不会启动多个线程去执行方法的终结方法，实际上使用该选项后会启动多个线程去查找需要加入通知队列中的终结对象。

7.8.12　下一步

完成这一步之后，就可以知道使用Throughput或CMS处理器能否达到应用程序的延迟性要求了。如果无法达到应用程序的延迟性要求，可以考虑7.11节中建议的性能选项。否则，就只能重新回顾应用程序的延迟性要求，对应用程序进行修改，可能还需要进行一些性能分析以定位出问题域；或者考虑其他JVM部署模式，将负荷分担到多个JVM实例上。如果应用程序可以满足延迟性要求，则可以继续进行下一步，即"应用程序吞吐量调优"。

7.9　应用程序吞吐量调优

经过漫长的调优过程，我们终于进行到调优的最后一步。在这一步中，我们将对应用程序的吞吐量进行测量并根据结果对JVM进行微调以优化其性能。

吞吐量调优的主要输入是应用程序的吞吐量要求。应用程序的吞吐量通常在应用层面而不是在JVM的层面进行度量。因此，应用程序必定要有一些吞吐量的性能指标报告，或者根据应用程序进行的操作能衍生出某种吞吐量指标。之后再将观测的吞吐量与应用程序的吞吐量要求进行比较。当观测的应用程序吞吐量满足或超过预期的吞吐量要求时，整个调优过程就可以圆满结束。如果你需要进一步调优应用程序的吞吐量，那还需要进行额外的JVM调优工作。

本调优的另一个重要的输入是可用于部署Java应用程序的内存使用量。正如最大化GC内存原则所表述的，Java堆可用的内存越多，应用程序的性能越好。这一原则不仅适用于吞吐量的性能，也适用于延迟性能。

现实情况中有可能出现调优后仍无法达到应用程序的吞吐量要求的情况。这种情况下，我们有必要回顾应用程序的吞吐量要求，修改应用程序，或者改变JVM的部署模式。一旦采用了上面任何一个方案，都需要重新开始调优过程。

进行到这一步时，可以通过命令行选项-XX+UseParallelOldGC或-XX:+UseParallelGC选项使用Throughput收集器[①]；或者按照7.8节探讨的部分的内容，使用CMS。如果选择切换到CMS，可以参考接下来介绍的内容提高应用程序的吞吐量。如果使用Throughput收集器，我们也提供了相应的调优建议帮助提高吞吐量性能，这部分的内容将在CMS吞吐量调优之后介绍。

7.9.1　CMS 吞吐量调优

使用CMS收集器时，为了获得更大的吞吐量性能提升你需要使用一些配置选项，这些选项与下面的因素或者因素的组合密切相关。

---

① HotSpot VM中的Throughput收集器通常特指Parallel Scavenge收集器。——译者注

- 尝试使用7.11节介绍的附加命令行选项。
- 增加新生代空间大小。增加新生代空间大小可以降低Minor GC的频率，从而减少固定时间内Minor GC的次数。
- 增加老年代空间的大小。增加老年代空间的大小可以降低CMS周期的频率并减少内存碎片，最终减少并发模式失效以及Stop-The-World压缩式垃圾收集发生的几率。
- 按照7.8节中介绍的方法进一步优化新生代堆的大小。调整新生代中Eden空间和Survivor空间的大小以优化对象老化，减少由新生代提升到老年代的对象数目，最终减少CMS周期的发生数。7.8节曾提到过，调整Eden空间和Survivor空间的大小有其代价，我们需要在二者间作出取舍。
- 进一步优化CMS周期的启动条件，尽可能的在较晚的时候进行（参考7.8节）。在较晚的时候启动CMS周期能够降低CMS周期发生的频率。但是，更晚时候启动CMS的后果是出现并发模式失效，而且发生Stop-The-World压缩式垃圾收集的几率也会增大。

以上任何一个选项，或者几个选项的组合都可以减少垃圾收集器消耗的CPU周期数，从而将更多的CPU周期用于执行应用程序。对于提高吞吐量，同时又期望不触发Stop-The-World压缩式垃圾收集增大延迟的目标而言，前两个选项是更理想的方法。

一个指导原则是，CMS包括Minor GC所带来的开销应该小于10%。你可能将这个值减少到1%~3%。通常情况下，如果当前观察到CMS垃圾收集的开销在3%或更少，通过调优吞吐量性能提升的空间就极其有限了。

7.9.2 Throughput 收集器调优

对Throughput收集器进行吞吐量性能调优的目标是尽可能避免发生Full GC，或者更理想的情况下在稳定态时永远不发生Full GC。为了达到这个目标需要优化对象老化频率。通过显式地微调Survivor空间可以实现对象老化的优化。你可以将Eden空间变得更大，从而降低Minor GC的频率，确保老年代有足够的空间持有应用程序的活跃数据。如果对象没有理想的老化频率，一些非长期存活对象被提升到了老年代时，可以增加一些额外的老年代空间来应对这种情况。对象的老化是按照对象经历的Minor GC次数计算的。Java 5 Update 16及之后的JDK，对象的年龄上限是15，更早之前的JDK其对象年龄上限是31。假设不发生Survivor空间溢出，增大Eden空间可以降低Minor GC发生的频率，同时延长对象老化的时间。

Throughput收集器（通过-XX:+UseParalleloldGC和-XX:+UseParallelGC选项启用）提供的吞吐量性能是HotSpot VM诸多垃圾收集器中最好的。Throughput收集器默认启用了一个称为自适应大小调整的特性。自适应大小调整根据对象分配以及存活率自动地对新生代的Eden和Survivor空间进行调整以最优化对象老化频率。图7-6描述了Eden和Survivor空间的情况。自适应大小调整的初衷是要易于使用，即易于进行JVM调优，但是又要达到足够的吞吐量性能。对大多数的应用程序而言，自适应调优就已经够用。然而，有一些应用需要竭尽可能地寻找吞吐量性能提升的机会，对于这些应用禁用自适应大小调整，对Eden空间、Survivor空间以及老年代空间进行细粒度的调优就必不可少了。禁用自适应大小调整将会牺牲改变应用程序行为的灵活性，无论是运行应用程序的过程中，还是随着时间推移发生的应用程序数据变化。

使用下面的选项可以禁用自适应大小调整：

```
-XX:-UseAdaptiveSizePolicy
```

请留意-XX之后的-符号。该符号表明禁用由Use-AdaptiveSizePolicy描述的特性。该符号表明禁用由UseAdaptiveSizePolicy描述的特性。只有Throughput收集器（由-XX:+Use-ParallelOldGC或-XX:+UseParallelGC启用）支持自适应大小调整。尝试在非Throughput收集器上启用或禁用自适应大小调整都不会有任何效果，即这种操作是空操作。

通过一个附加HotSpot VM命令行选项-XX:+PrintAdaptiveSizePolicy可以生成更详细的Survivor空间占用日志，无论是Survivor空间溢出，还是对象从新生代提升进入老年代统统囊括其中。该选项通常与-XX:+PrintGCDetails、-XX:+PrintGCDateStamps或-XX:+PrintGCTimeStamps之一配合使用。下面是一个垃圾收集日志示例,该日志使用-XX:+PrintGCDateStamps、-XX:PrintGC-Details、-XX:-UseAdaptiveSizePolicy（关闭自适应大小调整）和-XX:+PrintAdaptiveSize-Policy选项控制生成：

```
2010-12-16T21:44:11.444-0600:
    [GCAdaptiveSizePolicy::compute_survivor_space_size_and_thresh:
        survived: 224408984
        promoted: 10904856
        overflow: false
        [PSYoungGen: 6515579K->219149K(9437184K)]
    8946490K->2660709K(13631488K), 0.0725945 secs]
    [Times: user=0.56 sys=0.00, real=0.07 secs]
```

使用-XX:+PrintAdaptiveSizePolicy选项增加的日志信息以GCAdaptiveSizePolicy开头。survived标签的右边是"To"Survivor空间中存活对象的大小。换句话说，它是Minor GC之后"To"Survivor空间的空间占用的空间大小。这个示例中，Survivor空间占用了224 408 984字节。promote标签右边是由新生代提升至老年代空间的对象大小（10 904 856字节）。overflow标签右边的文字表明是否有Survivor空间的对象溢出到了老年代空间；换句话说，"To"Survivor空间是否有足够的空闲空间容纳垃圾收集时Eden空间和"From"Survivor空间中的幸存对象。为了达到最优吞吐量性能，理想情况下，应用程序运行于稳定态时，Survivor空间不应该发生溢出。

在开始微调之前，请先禁用自适应大小调整，使用-XX:-UseAdaptiveSizePolicy和-XX:+PrintAdaptiveSizePolicy选项收集垃圾收集日志中的Survivor空间的统计信息。这些信息将作为初始数据为调优决策提供服务。举个例子，假设之前设置的命令行选项是：

```
-Xmx13g -Xms13g -Xmn4g -XX:SurvivorRatio=6
-XX:+UseParallelOldGC -XX:PrintGCDateStamps -XX:+PrintGCDetails
```

根据前面的介绍，我们应该更新该命令行以包含关闭自适应大小调整和收集Survivor空间详细统计信息的选项，如下所示：

```
-Xmx13g -Xms13g -Xmn4g -XX:SurvivorRatio=6
-XX:+UseParallelOldGC -XX:PrintGCDateStamps -XX:+PrintGCDetails
-XX:-UseAdaptiveSizePolicy -XX:+PrintAdaptiveSizePolicy
```

首先需要寻找的是应用程序稳定态时发生的Full GC。在日志中包含日期/时间戳对定位应用
程序何时从初始化阶段转入稳定态阶段非常有帮助。譬如，如果你知道应用程序完成初始化阶段
要花30秒，之后就进入稳定态阶段，那你可以直接查看应用程序启动30秒之后发生的垃圾收集。

稳定态时观察Full GC，可能发现有时短期存在的对象也被提升到了老年代空间。如果Full GC
发生在稳定态，请首先确认老年代空间的大小是否为活跃数据大小的1.5倍，即Full GC之后老年
代实际占用的空间大小的1.5倍。如有必要，增大老年代空间以满足1.5倍的通用原则。应用程序
经历无法预期的对象分配高峰时短期存在的对象也会被提升到老年代，或者其他一些无法预期的
事件可能导致对象被迅速地被提升到老年代，遵守这个原则可以确保你遭遇这些场景时仍有一定
量的峰值储备，可以使应用程序继续工作。有了这些额外的峰值储备空间可以推迟，或者能避免
应用程序在稳定态运行过程中发生Full GC。

确认有足够的老年代空间可用之后就可以开始着手分析稳定态发生的各个Minor GC了。首先
请查看Survivor空间是否发生了溢出。如果Survivor空间在Minor GC时发生了溢出，GC日志中
overflow字段会标记为true；否则overflow字段为false。Survivor空间发生溢出的示例如下：

```
2010-12-18T10:12:33.322-0600:
    [GCAdaptiveSizePolicy::compute_survivor_space_size_and_thresh:
        survived: 446113911
        promoted: 10904856
        overflow: true
        [PSYoungGen: 6493788K->233888K(9437184K)]
    7959281K->2662511K(13631488K), 0.0797732 secs]
    [Times: user=0.59 sys=0.00, real=0.08 secs]
```

如果Survivor空间在稳定态发生溢出，对象将在其达到极限年龄老化死去之前被提升到老年
代空间。换句话说，可能发生这样的情况：对象被急速地提升到老年代空间。频繁地Survivor空
间溢出会导致频繁的Full GC。如何调整Survivor空间的大小是我们接下来要讨论的话题。

7.9.3 Survivor 空间调优

调整Survivor空间大小的目标是在短期存活对象被提升到老年代空间之前，尽可能长时间地
保持/老化（Age）这些对象。我们可以从查看稳定态发生的Minor GC入手，尤其要注意存活的对
象大小。从初始态转入到稳定态，可能需要考虑忽略刚开始的几个Minor GC的数据，因为应用程
序在初始化阶段可能分配一些长期存在的对象，这些对象在提升进入老年代之前需要一些老化的
时间。对于大多数的应用，通常忽略应用程序达到稳定态之前5~10个Minor GC即可。

每次Minor GC中存活对象的大小可以作为附加信息通过-XX:+PrintAdaptiveSizePolicy
选项输出到日志中。下面是一个示例的输出，存活对象的大小为224 408 984字节：

```
2010-12-16T21:44:11.444-0600:
    [GCAdaptiveSizePolicy::compute_survivor_space_size_and_thresh:
        survived: 224408984
        promoted: 10904856
        overflow: false
        [PSYoungGen: 6515579K->219149K(9437184K)]
    8946490K->2660709K(13631488K), 0.0725945 secs]
    [Times: user=0.56 sys=0.00, real=0.07 secs]
```

通过存活对象的最大值结合目标Survivor空间的占用，就可以确定稳定态时，要最有效地老化对象所需要的最低Survior空间大小。如果目标Survivor空间占用没有通过-XX:Target-SurvivorRatio=<percent>选项显式设定，目标Survivor空间则使用默认值50%。

首先，对最差情况下的Survivor空间进行调优。忽略应用程序进入稳定态之前的5~10个Minor GC的数据，找到稳定态下Full GC之间的所有Minor GC中最大的存活对象大小，即可完成这一任务。通过编写awk或perl脚本处理数据，或者将数据插入电子表格可以简化寻找最大存活对象大小的工作。

不幸的是，为了有效地对象老化调整，调整Survivor空间的大小并不仅仅是将Survivor空间大小设置成某个值，或者调整为稍大于从GC日志中获得的最大存活对象的值那么简单。保持新生代不变的情况下增大Survivor空间会缩小Eden空间。减小Eden空间会增加Minor GC的频率。增加Minor GC的频率又缩短了对象在Survivor空间中老化的时间长度。结果是对象更容易被提升到老年代，导致老年代更快地被填满，最终触发Full GC。因此，在增大Survivor空间时应该保持Eden空间的大小恒定不变。你应该按照Survivor空间的增量，增大新生代空间，同时维持老年代空间大小不变。牺牲老年代来增大新生代空间同样也有其不良后果。如果活跃数据的大小超过了老年代空间大小，应用程序极可能不断地进行Full GC，还可能抛出OutOfMemoryError异常。出于上述原因，重新配置空间时请注意，不要从老年代中占用过多的空间。如果应用程序的内存占用条件允许，同时又有足够的内存，那么最好的选择是增大Java堆（通过-Xms和-Xmx选项）的大小，而不是从老年代空间中获取空间。

还要注意的是，HotSpot虚拟机Minor GC之后，目标Survivor空间的占用的默认值是50%。如果使用-XX:TargetSurvivorRatio=<percent>命令行选项，<percent>就是Survivor空间的占用值。如果Survivor空间的占用超过该设定值，对象在未到达它们的最大年龄之前就会被提升至老年代。为了计算有效老化最大存活对象所需的最小Survivor空间，最大存活对象大小必须除以目标Survivor空间占用百分比，即50%或者使用-XX:TargetSurvivorRatio=<percent>选项设置的百分比。

我们使用下面的命令行选项举例说明：

```
-Xmx13g -Xms13g -Xmn4g -XX:SurvivorRatio=6
-XX:+UseParallelOldGC -XX:-UseAdaptiveSizePolicy
-XX:PrintGCDateStamps -XX:+PrintGCDetails -XX:+PrintAdaptiveSizePolicy
```

JVM堆的总大小为13GB。新生代空间大小为4GB。老年代空间的大小为9GB（13－4＝9）。

每个Survivor空间均为512MB（4GB/(6 + 2) = 0.5 GB = 512 MB）。假设分析垃圾收集日志之后发现应用程序稳定态时的最大存活对象大小为495 880 312字节，大约473MB（495 880 312/(1024 * 1024) = 473）。由于设置命令行选项时没有显式使用-XX:TargetSurvivorRatio= <percent>选项，目标Survivor空间的占用为默认值50%。可以根据最差情况Survivor对象大小设置最小Survivor空间，或者将其设定得稍微高一些，在本例中是495 880 312/50% = 991 760 624字节，大约为946MB。

根据上面的初始命令行选项，一个4GB的新生代空间被划分成了两块各512MB字节大小的Survivor空间和一块3G字节大小（4 – (0.5 * 2) = 3）的Eden空间。对最差情况Survivor空间的分析表明每块Survivor空间的大小应该至少为946MB。1024MB的Survivor空间，即1GB的Survivor空间非常接近每块Survivor空间946MB的要求。为了保持对象老化的增长比率，也即Minor GC的频率，Eden空间的大小必须保持或接近3GB。因此，需要调整新生代空间，将每块Survivor空间的大小设置为1GB左右，同时保持Eden空间的大小约3GB，新生代空间的总大小为5GB。换句话说，新生代空间应该比初始配置的值大1024MB，即1GB。如果只是简单地将-Xmn4g选项替换成-Xmn5g将导致1GB的老年代空间减少。理想的配置是将Java堆的大小增大1GB（使用-Xmx和-Xms选项）。但是，如果内存占用要求或者系统可用内存不允许这样的设置，那么请确保调整之后的老年代空间远大于活跃数据大小。推荐的通用准则是老年代空间应该至少是活跃数据大小的1.5倍。

如果应用程序的内存占用要求不是问题，同时系统中有足够的可用内存，增大Survivor空间以应对稳定态最差情况下的存活对象大小，同时保持Eden空间和老年代大小不变的命令行选项如下：

```
-Xmx14g -Xms14g -Xmn5g -XX:SurvivorRatio=3
-XX:+UseParallelOldGC -XX:-UseAdaptiveSizePolicy
-XX:PrintGCDateStamps -XX:+PrintGCDetails -XX:+PrintAdaptiveSizePolicy
```

这些选项将老年代设置成与之前一样，大小为9GB（14 – 5 = 9）；新生代空间大小变成5GB，比之前增加了1GB（1024MB）；每块Survivor空间的大小均为1GB（5/(3 + 2) = 1）；Eden空间大小为3G字节（5 – (1 * 2) = 3）。

达到应用的吞吐量峰值之前，可能要经历多次空间调整，直到吞吐量在应用程序许可的内存占用范围内达到峰值。可以预期的是，当配置让Survivor空间中的对象老化对象最有效时就是吞吐量达到峰值的时刻。

一个通用原则是使用Throughput收集器时，垃圾收集的开销应该小于5%。如果可以将垃圾收集的开销减少到1%甚至更少，那基本上就已经到了极限，进一步优化需要进行除了本章介绍的这些调优方法之外的特殊的JVM调优，花费的代价很大。

如果你无法在维持Eden空间大小的同时增大新生代空间大小，要么无法保持老年代空间的大小不变，要么担心老年代的大小与活跃数据的大小过于接近，或者受制于可分配给Java堆的内存大小，我们还有一些其他的选择可以尝试。查看稳定态中每次Minor GC的最大存活对象大小时，计算下最小值、最大值、平均值标准偏差以及中位数的存活对象大小。这些计算提供了应用程序的对象分配率，即对象分配是否足够稳定；或者对象分配是否有大幅度的波动。如果不存在大幅波动，即最大值与最小值之间差距不大，或者标准差很小，可以尝试提高目标Survivor空间的占用百分比（-XX:TargetSurvivorRatio=<n>），将其用默认值从50%，提高到60%、70%、80%甚至90%。对于有内存限制的情况（由于应用程序内存占用要求，或者其他限制），这是一个可以考虑的选项。需要注意的是，如果应用程序的对象分配有大幅波动，将目标Survivor空间占用的大小设置成大于50会导致Survivor空间溢出。

7.9.4　调优并行垃圾收集线程

并行垃圾收集器[1]使用的线程数也应该依据系统上运行的应用程序数以及底层的硬件平台进行相应的调优。7.8.11节曾提到过，多个应用程序运行于同一个系统上时，建议通过命令行选项-XX:ParallelGCThreads=<n>将并行垃圾收集的线程数设置为小于其默认值。

否则，由于大量的垃圾收集线程同时运行，其他应用程序的性能将受到严重影响。截至Java 6 Update 23，默认情况下并行垃圾收集的线程数等于Java API Runtime.availableProcessors() 的返回值（如果该返回值小于等于8），否则其等于Runtime.availableProcessors()返回值的5/8[2]。多个应用程序运行于同一系统上时设置并行垃圾收集线程的一个通用原则是用虚拟处理器的数目（Runtime.availableProcessors()的返回值）除以该系统上运行的应用程序数。这里我们假设这些应用程序的负荷及堆大小的情况相差不大。如果应用程序的负荷及Java堆大小差异很大，那么为每个Java应用设置不同权重，并据此设置并行垃圾线程数是一个比较好的方法。

7.9.5　在 NUMA 系统上部署

如果应用程序需要在NUMA（非一致性内存架构）系统上部署，还有一个可以与Throughput收集器一起使用的Hotspot命令行选项是：

```
-XX:+UseNUMA
```

该命令行选项根据CPU与内存位置的关系在分配线程运行的本地内存中分配对象。这里依据的假设是分配对象的线程是近期最有可能访问该对象的线程。相对于远程的内存而言，在同一线程的本地内存中分配对象用更短的时间即能访问该对象的内容。

只有当JVM的部署跨CPU、不同CPU访问内存的拓扑有所不同[3]，导致访问时间也有所差别的环境下才选择使用-XX:+UseNUMA选项。例如，虽然JVM部署到NUMA系统的一个处理器集上，但是这个处理器集并不存在跨CPU访问内存的拓扑，没有访问时间的差别，那么就不应该使用-XX:+UseNUMA选项。

---

① 原文为Throughput garbage collector，实际指的是Parallel收集器。——译者注
② 这个地方有问题：这段描述也是错的。主要是后半句，不是ncpus * 5/8，而是8 +(ncpus – 8) * 5/8。——审校者注
③ 简而言之，支持NUMA的JVM会根据NUMA节点划分堆，线程创建新的对象时，只会在该线程运行所在核的NUMA节点上分配对象，后续该线程如果需要使用这个对象，就直接从本地内存中访问。通常情况下，如果没有使用命令，譬如RHEL下使用numactl，设置CPU的亲和性（Affinity），默认就跨多个内存节点，满足-XX:+UseNUMA的使用条件。——译者注

7.9.6 下一步

如果你已经到达JVM调优流程的这一步，却仍然无法达到应用程序的吞吐量要求，可以尝试使用7.11节中的选项。如果其中任何一个选项都无法满足你的应用程序的吞吐量要求，那就需要回顾应用程序的性能要求，修改应用程序，或者改变JVM的部署模式。一旦选择了一个方式，你就可以继续新一轮的调优了。

下一节我们将介绍一些极端示例，即一些不适用于通用JVM调优原则的场景。

7.10 极端示例

有些时候前面介绍的常规JVM调优原则并不适用。本节将探讨可能出现的极端场景。

有些应用程序大对象分配率很高，而长期存活对象的数目很少。这些应用程序需要比老年代空间大得多的新生代空间。这其中的一个示例就是SPEC benchmark SPECjbb2005。

另一些应用程序只有极少量的对象提升。这些应用程序不需要将老年代的空间设置的比活跃数据大小大太多，因为老年代的空间增长非常缓慢。

还有一些应用程序对延迟性要求很高，使用CMS收集器，只需要很小的新生代空间和一个大的老年代空间就可以将Minor GC引入的延迟控制得很小。这种配置下，对象很可能会被迅速提升至老年代，而不是在Survivor空间中有效地老化。CMS收集器在它们提升之后会再对这些对象进行垃圾收集。使用一个大的老年代空间可以减小老年代空间的碎片。

帮助应用程序改善性能的其他HotSpot命令行选项将在接下来的一节介绍。

7.11 其他性能命令行选项

还有一些命令行选项并没有在本章前面的内容中介绍，使用这些选项通过优化JIT编译生成码以及一些其他的方法可以提升、改善HotSpot VM及应用程序的性能。

7.11.1 实验性（最近最大）优化

新的性能优化集成至HotSpot VM时，常常首先在命令行选项-XX:+AggressiveOpts中引入。

该命令行选项经历时间考验、将稳定有效的性能调优方法与实验性的（最近引入且比较激进的）性能调优方法区分开来。如果你关注应用程序的稳定性甚于性能，建议不要使用这个选项，因为实验性的优化方法可能导致无法预期的JVM行为。对于希望压榨每一分性能的应用程序，启用这个新的优化选项能以一定的风险换来性能提升的机会。

如果新的优化选项经过证明足够稳定，就会被加入到默认配置中。在转变成默认值之前，常常要经历几个更新版本的周期。

如果应用程序的干系人为了提升性能，愿意接受由于启用实验性优化（最新的优化）带来的额外风险，就可以考虑使用-XX:+AggressiveOpts命令行选项。

7.11.2 逃逸分析

逃逸分析（Escape Analysis）是一种评估Java对象可见范围的技术。尤其是指由某个执行线程创建的Java对象在另一个线程中可以访问，此时我们称该对象"逃逸"了。如果Java对象不发生逃逸，可以采用其他方法进行调优。因此，这种优化技术被称为逃逸分析。

HotSpot VM的逃逸分析优化可以通过下面的命令行选项开启：

```
-XX:+DoEscapeAnalysis
```

该选项在Java 6 Update 14中引入，使用-XX:+AggressiveOpts选项时自动启用。Java 6 Update 23之后，该选项被默认开启，这之前的Java 6 Update版本中默认为关闭。

借助逃逸分析，HotSpot虚拟机的JIT编译器可以应用下面任何一种优化技术。

❑ **对象展开**。这是一种在可能直接回收的空间而非Java堆上分配对象字段的技术。例如，对象字段可以直接存放在CPU寄存器中，或者直接在栈上而不是在Java堆上分配对象。

❑ **标量替换**。这是一种减少内存访问的优化技术。假设我们通过下面的Java类保存矩形的长度和宽度值：

```
public class Rectangle {
    int length;
    int width;
}
```

通过直接在CPU寄存器中分配length和width字段而不是分配Rectangle对象，HotSpot VM可以优化非逃逸Rectangle类实例的分配和使用。优化之后，每次访问这些字段时，我们都不再需要通过解引用对象指针将length和width字段载入到CPU寄存器中。该优化的直接效果是减少内存访问次数。

❑ **栈上分配**。顾名思义，栈上分配是一种在线程的栈帧上而非Java堆上分配对象的优化技术。非逃逸对象由于不会被其他线程访问可以直接在线程栈帧上分配。线程栈帧上的分配可以减少对象在Java堆上分配的数目，从而减少垃圾收集的频率。

❑ **消除同步**。如果线程分配的对象不会发生逃逸，且该线程持有了该对象上的锁，由于其他线程不会访问该对象，这个锁可以通过JIT编译器移除。

❑ **消除垃圾收集的读/写屏障**。如果线程分配的对象不发生逃逸，该对象只能从线程本地的根节点访问，因此在其他对象中存储其地址时不需要执行读或写屏障。只有在对象可以被另一个线程访问时，才需要读/写屏障。这常常发生在分配的对象被赋给了另一对象中的字段，并因此能被另一线程访问时，也就是发生了"逃逸"。

7.11.3 偏向锁

偏向锁是一种偏向于最后获得对象锁的线程的优化技术。当只有一个线程锁定该对象，没有锁冲突的情况下，其锁开销可以接近lock-free。

偏向锁最初在Java 5 Update 6中被引入。通过HotSpot VM命令行选项-XX:+UseBiasedLocking可以开启该功能。

Java 5 HotSpot JDK中需要显式开启才能使用偏向锁功能。使用-XX:+AggressiveOpts选项时，Java 5 HotSpot VM将自动开启偏向锁功能。Java 6 HotSpot JDK中默认就已经开启偏向锁。经验表明，这个功能对于大多数的应用程序而言这个功能是有效的。然而，还是有一部分应用程序使用该选项的效果并不理想。例如，对存在锁切换的应用，即当前获取锁的线程并不持有该锁到最后，使用这个选项的效果就不好。典型的例子是锁活动由工作线程池和工作线程主导的应用程序。对于这一类的Java应用程序，为了避免发生Stop-The-World操作，有必要取消偏向。通过显式指定-XX:-UseBiasedLocking可以关闭偏向锁。如果不确定应用程序是否属于此类Java应用，可以分别在开启（使用-XX:+UseBiasedLocking选项）和关闭（使用-XX:-UseBiasedLocking选项）偏向锁的情况下测试一组性能数据进行比较。

7.11.4　大页面支持

计算机系统的内存被划分成称为"页"的固定大小的块。程序访问内存的过程中会将虚拟内存地址转换成物理内存地址。虚拟地址到物理地址的转换是通过页表完成的。为了减少每次内存访问时访问页表的代价，通常的做法是使用一块快速缓存，对虚拟地址到物理地址的转换进行缓存。这块缓存被称为转译快查缓存（TLB）。

使用TLB完成从虚拟地址到物理地址的映射比遍历整个页表的方式要快得多。TLB通常只能容纳固定数量的条目。TLB中的一条记录就是按页面大小统计的一块内存地址区间的映射。因此，系统的页面越大，每个条目能映射的内存地址区间越大，每个TLB能管理的空间也越大。TLB代表的地址区间越大，地址转译请求在TLB中失效的可能性就越小。当一个地址转译请求无法在TLB中找到匹配项时，我们称之发生了"TLB失效"。TLB失效事件发生时常常需要遍历内存中的页表，查找虚拟地址到物理地址的映射。与在TLB中查找地址映射比较起来，遍历页表是一项非常昂贵的操作。由此可见，使用大页面的好处是其减小了TLB失效的几率。

HotSpot虚拟机在Oracle Solaris（这之后称为Solaris）、Linux和Windows上都支持大页面。页面大小还可能随着处理器的不同有所不同。另外，为了使用大页面还可能需要对操作系统进行配置。

1. Solaris上的大页面支持

Solaris上的大页面支持是默认开启的。你也可以通过命令行选项-XX:+UseLargePages进行配置。Solaris上使用大页面时，不需要对操作系统做额外的配置。

Solaris操作系统配合SPARC处理器使用时，根据处理器的不同有多个不同的页面大小。所有的SPARC处理器上的默认页面大小是8KB。UltraSPARC-III和UltraSPARC-IV处理器也支持4MB的页面。UltraSPARC@IV+支持大于32MB的页面。截至本书写作时，SPARC T-系列处理器支持256MB的页面。

在Intel及AMD系统上，支持的页面大小也有多种：从4KB到2MB（x64系统）、到4MB（通过页面大小扩展），最新的AMD 64和Intel Xeon/Core系统页面大小可以达到1GB。

使用Solaris的`pagesize -a`命令可以获得该平台支持的页面大小列表。下面是在UltraSPARC T2处理器上执行Solaris命令`pagesize -a`的示例输出：

```
$ pagesize -a
8192
65536
4194304
268435456
```

`pagesize`命令的输出值以字节为单位。从该输出可以看到可能的页面大小分别为8KB、64KB，4MB以及256MB。

通过命令行选项-XX:LargePageSizeInBytes=<n>[g|m|k]也可以配置HotSpot VM使用固定页面大小。

<n>的值代表页面大小，后面的g、m、或k分别代表GB、MB和KB。如果要使用256MB的页面，你需要指定-XX:LargePageSizeInBytes=256m。当你需要显式的设定使用的页面大小时这条命令行选项非常有用。如果底层的硬件不支持所设定的页面大小，HotSpot VM将使用该平台上的默认页面大小。

2. Linux上的大页面支持

截至本书写作时，在Linux上使用大页面，除了需要使用-XX:+UseLargePages命令行选项，还需要修改操作系统的配置。根据Linux发行版和内核的不同，需要进行的修改也有所不同。在Linux上启用大页面时建议咨询Linux系统管理员或者参考Linux发行文档。一旦完成Linux操作系统的修改，务必使用-XX:+UseLargePages选项对页面大小进行配置。例如：

```
$ java -server -Xmx1024m -Xms1024m -Xmn256m -XX:+UseLargePages ...
```

如果Linux系统中的大页面没有设置正确，HotSpot VM仍然会接受-XX:+UseLargePages选项，但是它会报告无法获得大页面，最后回退到使用底层系统默认支持的页面大小。

3. Windows上的大页面支持

在Windows上使用大页面需要修改Windows的安全设定，为运行该Java应用的用户将页面锁定在内存中。这一任务可以通过Group Policy Editor（组策略编辑器）完成。启动组策略编辑器修改配置的步骤如下。

(1) 在开始菜单中选择Run，之后输入gedit.msc。这一步将打开Group Policy Editor。

(2) 在Group Policy Editor中展开Computer Configuration（计算机配置）。接着展开Windows Setting（Windwos设置）、Security Setting（安全设置）、Local Policy（本地策略），选择User Right Assignment（用户权限分配）目录。

(3) 在右边的面板中双击Lock page in memory（内存中的锁页面）。

(4) 在Local Security Policy Setting（本地安全策略设置）对话框中点击Add（添加）按钮。

(5) 在Select Users or Groups（选择用户或组）对话框中添加将要运行该Java应用程序的用户

账号名。

(6) 点击Apply和OK按钮应用这些修改。之后退出Group Policy Editor。

完成内存页面锁定配置之后，请重启系统激活策略的修改。

之后就可以使用-XX:+UseLargePages命令行选项运行该应用程序了：

```
$ java -server -Xmx1024m -Xms1024m -Xmn256m -XX:+UseLargePages ...
```

7.12 参考资料

"How to: Enable the Lock Pages in Memory Option"（Windows）：http://msdn.microsoft.com/en-us/library/ms190730.aspx.

Hohensee, Paul和David Dagastine Keenan. "High Performance Java Technology in a Multi-core World."JavaOne大会.美国加州旧金山，2007年.

"Dot-Com & Beyond." Sun Professional Services，Built to Last: Designing for Systemic Qualities. Sun Professional Services.com Consulting, 2001.

ISO 8601:2004. 国际标准化组织. http://www.iso.org/iso/catalogue_detail?csnumber=40874.

Masamitsu，Jon. "What the Heck's a Concurrent Mode?" https://blogs.oracle.com/jonthecollector/entry/what_the_heck_s_a.

## 第 8 章

Java应用的基准测试 8

对应用程序的性能进行评估或推算时，基准测试是比较常用的方法。基准测试是为了测量计算系统中一个或几个方面的性能而特别开发的程序。就Java软件而言，基准测试指的是为了测量Java应用程序运行期间一个或几个方面的性能所开发的Java程序。测量的对象可以囊括整个硬件和软件栈，也可以仅局限于Java程序功能的某个小的方面。后者由于关注的内容更狭窄也更专注，常常被称为微基准测试。而基准测试主要用于更宽泛的系统级的性能评估，即整个硬件及软件栈的性能，常常指工业标准级的基准测试，譬如由多个执业界牛耳的竞争企业一起合作发起的标准，SPEC[①]（Standard Performance Evaluation Corporation, 标准性能评估组织）就定义了很多这样的基准测试。微基准测试与之大相径庭，由于其针对的性能问题的特殊性，往往由开发者自己创建。

创建运行在现代JVM上的基准测试，尤其是微基准测试，是件非常有挑战的工作。由于现代JVM，譬如Java HotSpot VM进行的运行时优化，观测者或者开发者很容易被误导，得出不确切甚至是错误的结论。创建Java基准测试，包括微基准测试，在很大程度上可以说是一门艺术。本章将介绍创建基准测试及微基准测试时要特别注意的几个方面。此外，本章还会介绍如何通过实验设计判断性能的提升或是退化，并介绍用于提高结论可靠性的统计方法。在阅读本章之前，请先回顾3.4节的内容，了解现代JVM的JIT编译器能够在Java应用程序上执行哪些复杂优化选项。

8.1 基准测试所面临的挑战

本节将介绍创建Java基准测试或Java微基准测试时，程序员比较容易犯的几个无心之过。请注意基准测试与微基准测试的区别：基准测试测量的系统范围更广，而微基准测试主要围绕几个特定的功能或者功能的某一部分进行。

[①] SPEC（www.spec.org）是由计算机厂商、系统集成商、大学、研究机构、咨询等多家机构组成的非营利性组织，这个组织的目标是建立、维护一套用于评估计算机系统的标准。SPEC的成员包括AMD、苹果、Cisco、戴尔、EMC、富士通、日立、惠普、IBM、Intel、微软、NEC、Novell、NVIDIA、Oracle、Red Hat、SGI等软硬件厂商。SPEC现有的测试软件包括：CPU、图形/工作站应用、高性能计算（MPI/OMP）、Java客户端/服务器、邮件服务器、网络文件系统（NFS/CIFS）、电源功耗、虚拟化和Web服务器等方面。——译者注

8.1.1　基准测试的预热阶段

Java基准测试或微基准测试时最容易犯的无心之过是忽略了预热阶段，即完全未考虑预热阶段，或者设计的预热阶段时间过短，造成JVM的JIT编译器无法定位性能问题并优化程序代码。预热阶段为HotSpot VM提供了收集程序运行信息的机会，并能根据程序运行时的"热点"路径智能地进行动态优化。默认情况下，HotSpot Server VM在一段Java字节码运行累计超过10 000次时会为其生成本地机器码；HotSpot Client VM在一段代码累计运行超过1500次时就会为其生成本地机器码。由于HotSpot的Client及Server JIT编译器都需要在程序运行一段时间之后才生成本地机器码，有可能发生执行基准测试的同时，JIT编译器正在将Java字节码转化为本地机器码。此外，JIT编译器进行优化决策，生成本地机器码也会消耗一定的CPU时钟周期。因此，设计基准测试时，如果没考虑预热阶段，或者预热阶段时间不够，采集回来的样本报告的结果可能是极不准确的。

为了确保JIT编译器有足够的机会对Java字节码进行充分的优化，并生成相应的本地机器码，推荐的策略是在基准测试或微基准测试中包含预热阶段，并给予足够长的时间以确保基准测试/微基准测试和JIT编译器都能到达稳定状态。

> **提示**
>
> 保持预热阶段与实际采样阶段的代码执行路径一致是非常重要的。可以将运行时反馈用于优化常见情况，这是JIT编译器的优势之一。如果微基准测试有部分代码在预热阶段没有执行，那么JIT编译器可能会认为这段代码执行得不够频繁，从而将优化集中于其他部分。

执行基准测试时使用HotSpot VM命令行选项-XX:+PrintCompilation是一个好习惯，使用该命令行选项的输出可以判断JIT编译器何时完成了预热阶段，确保在HotSpot JIT编译器到达稳定态后，即已经完成它的优化工作（生成了适合基准测试的优化机器码）后再开始基准数据采样。-XX:+PrintCompilation选项通知JVM为每个它优化或逆优化的函数输出一条日志。下面是在一段微基准测试中使用-XX:+PrintCompilation选项输出的日志片段：

```
11        java.util.Random::nextInt (60 bytes)
12        java.util.Random::next (47 bytes)
13        java.util.concurrent.atomic.AtomicLong::get (5 bytes)
14        java.util.HashSet::contains (9 bytes)
15        java.util.HashMap::transfer (83 bytes)
16        java.util.Arrays$ArrayList::set (16 bytes)
17        java.util.Arrays$ArrayList::set (16 bytes)
18        java.util.Collections::swap (25 bytes)
19        java.util.Arrays$ArrayList::get (7 bytes)
20        java.lang.Long::<init> (10 bytes)
21        java.lang.Integer::longValue (6 bytes)
22        java.lang.Long::valueOf (36 bytes)
23        java.lang.Integer::stringSize (21 bytes)
24        java.lang.Integer::getChars (131 bytes)
```

　　-XX:+PrintCompilation选项输出内容的详细解释可以参考附录A。理解该选项的输出在基准测试时并不是那么重要,更关键的是留意这些信息什么时候开始输出。对基准测试而言,目标是在日志中不再出现-XX:+PrintCompilation相关的日志之后才开始采样基准数据。

> **提示**
> 预热阶段结束后,采样性能数据时使用-XX:+PrintCompilation选项可以帮助确认你正在运行的基准测试是否正在执行由JIT编译器优化的本地机器码。另外,使用不同长度的预热时间长度也可以提供一些额外的信息,帮助确认JIT编译器是否已经到达稳定态。

　　下面的例子中我们将介绍如何在微基准测试中使用预热阶段和采集数据。我故意略去了基准测试的对象。通过这个例子希望你了解在基准测试已经完成预热阶段、JIT编译器达到稳定态,即完成了它需要进行的代码优化后再进行采样数据所带来的便利。

```java
public static void main(String[] args) {
    int warmUpCycles = 1000000;
    int testCycles = 50000000;
    SimpleExample se = new SimpleExample();
    System.err.println("Warming up benchmark ...");
    long nanosPerIteration = se.runTest(warmupCycles);
    System.err.println("Done warming up benchmark.");
    System.err.println("Entering measurement interval ...");
    nanosPerIteration = se.runTest(testCycles);
    System.err.println("Measurement interval done.");
    System.err.println("Nanoseconds per iteration : +
                        nanosPerIteration);
}
private long runTest(int iterations) {
    long startTime = System.nanoTime();
    // 运行iterations次测试

    // 这里故意略去了这个基准测试中性能测试的细节

    long elapsedTime = System.nanoTime();
    return (elapsedTime - startTime)/iterations;
}
```

　　上面的这个示例中有一个潜在的问题:执行runTest()方法的时间可能不够长,导致少量的偏差(大约每个迭代几纳秒)。8.1.3节将围绕这一主题做进一步讨论。另外,如果你在采样数据的间隔发现输出日志中还含有-XX:+PrintCompilation相关的输出,表明JIT编译器还在工作中,基准测试暂时还没有到达JIT编译器的稳定态。通过增加预热阶段的时间或者加入多个预热阶段可以解决这一问题。

> **提示**
> 实施微基准测试的一个经验是在预热阶段与采样阶段执行相同的方法。

观察日志中已经不再有-XX:+PrintCompilation输出的信息（表明JIT编译器的优化工作已经完成）之后才正式开始采样数据。此外，基准测试还应该在不使用-XX:+PrintCompilation选项的情况下运行几次，比较其性能与使用-XX:+PrintCompilation选项的结果是否一致。如果二者不一致，可能在创建基准测试或微基准测试时受到了其他因素的影响。

8.1.2   垃圾收集

垃圾收集引起的停顿造成的影响在基准测试，特别是微基准测试中常常被忽略。由于垃圾收集会暂停应用程序线程或者并行地消耗CPU周期，基准测试中如果发生垃圾收集可能导致不正确的结论（除非该基准测试的目的即是评估垃圾收集的性能）。因此，调整垃圾收集器以及Java堆的大小对于基准测试而言非常重要。理想的情况下，基准测试的采样间隔内要避免发生垃圾收集。对某些基准测试，完全避免垃圾收集几乎是不可能完成的任务。无论是上面哪种情况，调整JVM垃圾收集器以适应基准测试的负荷，减少其对性能结果的影响都非常重要。对微基准测试而言，避免采样时出现垃圾收集很重要，因为通常微基准测试的执行时间较短，常常也不需要很大的Java堆。如果微基准测试中的垃圾收集无法避免，可以使用Serial收集器-XX:+UseSerialGC，显式地设置Java堆的初始值（-Xms）和最大值（-Xmx）为同一值，并设置新生代的大小（-Xmn）。

> **提示**
> 微基准测试中有一个惯例，即在开始采样间隔开始计时之前，先调用几次System.gc()。多次调用System.gc()的目的是希望通过Java对象的终结方法释放内存，而这往往需要进行多次垃圾收集才能完成。此外，当对象不可达，导致终结方法一直处于等待队列，或者部分执行队列中，调用System.runFinalization()接口可以请求JVM执行其finalize()方法，完成垃圾收集。

可以参照第7章的方法为基准测试调优JVM的垃圾收集器；由于微基准测试的采样间隔中可能发生垃圾收集，所以这些方法并不适用于微基准测试。

使用JVM命令行选项-verbose:gc观察基准测试中垃圾收集器的行为，了解垃圾收集对基准测试性能的影响。如前所述，最理想情况下，在性能采样间隔中不应该发生垃圾收集。在命令行中加入-verbose:gc，同时添加指令输出基准测试的阶段就可以很清楚地了解采样间隔中是否发生了垃圾收集。这个方法与前一节中介绍的方法大同小异。

8.1.3   使用 Java Time 接口

引入新的System.nanoTime()接口之前，大多数的Java基准测试或微基准测试都使用System.currentTimeMillis()接口获取采样间隔的开始和终止时间，根据终止时间与开始时间的间隔得到运行关注的代码所消耗的时间。

使用Java的System.currentTimeMillis()和System.nanoTime()接口都有一定程度的精度问题。虽然System.currentTimeMillis()的返回值是以毫秒计的当前时间，但毫秒级的精度却取决于操作系统。Java API Specification中对于System.currentTimeMillis()有明确的陈述：虽然该接口的返回值是毫秒，但返回值的粒度取决于底层的操作系统。这一规范为操作系统使用自身的毫秒级系统接口提供了方便，但是可能存在这样的情况，尽管使用的是毫秒计数器，但是更新间隔却过大，譬如每30毫秒更新一次。这个规范有意地规定得比较宽松，试图让Java API尽可能地支持更多的操作系统，其中就包含一些无法提供毫秒级时钟精度的操作系统。使用Java API System.nanoTime()也有类似的问题。虽然该方法提供了纳秒级的精度，但接口并不保证提供纳秒级的精度。System.nanoTime()的Java API Specification中明确提到不保证System.nanoTime()返回值的更新频度。

因此，使用System.currentTimeMillis()计算时间消耗时，采样的时间间隔应该足够大，尽量减少System.currentTimeMillis()精度带来的影响。也即是说，采样的时间间隔需要比毫秒大（譬如几秒、或者尽可能几分钟）。同样的原则也适用于System.nanoTime()。根据Java API Specification，System.nanoTime()依赖底层的操作系统，返回系统中可用的最精确时钟的当前值。然而，最精确的可用系统时钟可能也没有纳秒级的精度。进行基准测试时，建议首先摸清楚这两个Java API在对应平台或操作系统上的粒度或精度。如果你不是很清楚，但手里有源代码，可以通过查看这两个API的底层实现，了解其粒度和精度。如果你使用System.current-TimeMillis()或System.nanoTime()，而且采样时间间隔很短（相对于毫秒或纳秒来讲），要特别注意这个问题。

> **提示**
> 微基准测试时，使用System.nanoTime()获取启动和终止时间计算采样间隔是一种好方法。接着计算终止与启动的时间差就可以得到微基准测试的耗时，以及每次操作迭代所消耗的纳秒数或者每秒所发生的迭代次数。最重要的是要确保微基准测试运行的时间要足够长，确保应用程序运行已达稳定态且采样的时间也足够长。

8.1.4　剔除无效代码

通过静态分析、运行时检测以及一种轻量级的性能分析现代JVM能够定位出代码中从未被执行过的部分。因为微基准测试极少产生有意义的输出，所以它的部分代码常常被JVM的JIT编译器识别为死代码。在极端情况下，采样所关注的那部分代码可能在微基准测试创建人或执行人不知情的情况下被完全剔除。下面的这个微基准测试试图测量计算25次斐波那契数列[①]所花的时间，这个例子中JVM的JIT编译器会找到死代码并将其剔除。

[①] 13世纪时，斐波那契（也称为比萨的列奥纳多）在他的著作《计算之书》（*Liber abaci*）中提出了下面的这个问题：一公一母两只年幼的兔子被投放到了一个岛上。每对兔子直到两个月左右成年时才开始繁衍后代。两个月后，每对兔子又可以繁殖出另一对小兔子。假设没有任何兔子死亡，问采用什么样的等式可以对N个月之后岛上的兔子对数进行建模。这就是著名的"斐波那契数列"。

```java
public class DeadCode1 {

    final private static long NANOS_PER_MS = 1000000L;
    final private static int NUMBER = 25;

    // 非递归斐那契数计算器
    private static int calcFibonacci(int n) {
        int result = 1;
        int prev = -1;
        int sum = 0;
        for (int i = 0; i <= n; i++) {
            sum = prev + result;
            prev = result;
            result = sum;
        }
        return result;
    }

    private static void doTest(long iterations) {
        long startTime = System.nanoTime();
        for (long i = 0; i < iterations; i++)
            calcFibonacci(NUMBER);
        long elapsedTime = System.nanoTime() - startTime;
        System.out.println("    Elapsed nanoseconds -> " +
                            elapsedTime);
        float millis = elapsedTime / NANOS_PER_MS;
        float itrsPerMs = 0;
        if (millis != 0)
            itrsPerMs = iterations/millis;
        System.out.println("    Iterations per ms ---> " +
                            itrsPerMs);
    }

    public static void main(String[] args) {
        System.out.println("Warming up ...");
        doTest(1000000L);
        System.out.println("Warmup done.");
        System.out.println("Starting measurement interval ...");
        doTest(900000000L);
        System.out.println("Measurement interval done.");
        System.out.println("Test completed.");
    }
}
```

注意, 这个例子中包含了一个100万次迭代的预热阶段, 采样的间隔是每9亿次迭代采样一次。但是, doTest()中对calcFibonacci(int n)的调用被定位为无效代码, 并因此被优化到no-op队列中, 最终会被剔除。no-op指的是操作或操作序列对程序的输出状态没有任何影响。JIT编译器发现calcFibonacci()没有进行任何的数据处理, 就会跳过该方法的执行并最终剔除它。换句话说, JIT编译器能够判断calcFibonacci()是否为一个no-op的操作, 性能优化时会消除对no-op方法的调用。前面示例的微基准测试使用的硬件为2GHz的AMD Turion, 运行在Oracle Solaris 10

操作系统中，使用Java 6 HotSpot Server VM，输出结果如下：

```
Warming up ...
    Elapsed nanoseconds -> 282928153
    Iterations per ms -> 3546.0
Warmup done.
Starting measurement interval ...
    Elapsed nanoseconds -> 287452697
    Iterations per ms -> 313588.0
Measurement interval done.

Test completed.
```

比较预热阶段和实际采样阶段每毫秒的迭代次数可以看到HotSpot Server JIT编译器优化后，计算25次斐波那契数的性能提高了约9000%。但是9000%的性能提升并不合理。这表明在微基准测试的实施中存在一些问题。

采用下面的修改更新基准测试之后，每毫秒迭代数获得了显著提升：

(1) 修改doTest()方法，保存被调用方法calcFibonacci(int n)的返回值；

(2) 在doTest()完成计时之后，打印第一步中保存的被调方法calcFibonacci(int n)的返回值。

更新后的实现如下：

```
public class DeadCode2 {

    final private static long NANOS_PER_MS = 1000000L;
    final private static int NUMBER = 25;

    private static int calcFibonacci(int n) {
        int result = 1;
        int prev = -1;
        int sum = 0;
        for (int i = 0; i <= n; i++) {
            sum = prev + result;
            prev = result;
            result = sum;
        }
        return result;
    }

    private static void doTest(long iterations) {
        int answer = 0;
        long startTime = System.nanoTime();
        for (long i = 0; i < iterations; i++)
            answer = calcFibonacci(NUMBER);
        long elapsedTime = System.nanoTime() - startTime;
        System.out.println("    Answer -> " + answer);
        System.out.println("    Elapsed nanoseconds -> " +
                            elapsedTime);
        float millis = elapsedTime / NANOS_PER_MS;
```

```
        float itrsPerMs = 0;
        if (millis != 0)
            itrsPerMs = iterations/millis;
        System.out.println("    Iterations per ms ---> " +
                            itrsPerMs);
    }

    public static void main(String[] args) {
        System.out.println("Warming up ...");
        doTest(1000000L);
        System.out.println("Warmup done.");
        System.out.println("Starting measurement interval ...");
        doTest(900000000L);
        System.out.println("Measurement interval done.");
        System.out.println("Test completed.");
    }
}
```

运行更新版本的输出结果如下：

```
Warming up ...
    Answer -> 75025
    Elapsed nanoseconds -> 28212633
    Iterations per ms -> 35714.0
Warmup done.
Starting measurement interval ...
    Answer -> 75025
    Elapsed nanoseconds -> 1655116813
    Iterations per ms -> 54380.0
Measurement interval done.

Test completed.
```

现在预热阶段与采样阶段的每毫秒迭代次数差距大约是150%。相对于微基准测试早期版本中9000%的性能提升，150%的性能提升是一个更可信的数据。但是，如果这一版本的微基准测试使用了**-XX:+PrintCompilation**选项，会发现采样间隔中还伴随着一些编译的活动。

添加**-XX:+PrintCompilation**选项后运行更新的微基准测试，输出如下：

```
Warming up ...
  1        DeadCode2::calcFibonacci (31 bytes)
  1%       DeadCode2::doTest @ 9 (125 bytes)
  1%  made not entrant DeadCode2::doTest @ 9 (125 bytes)
    Answer -> 75025
    Elapsed nanoseconds -> 38829269
    Iterations per ms -> 26315.0
Warmup done.
Starting measurement interval ...
  2        DeadCode2::doTest (125 bytes)
  2%       DeadCode2::doTest @ 9 (125 bytes)
    Answer -> 75025
```

```
    Elapsed nanoseconds -> 1650085855
    Iterations per ms -> 54545.0
Measurement interval done.
Test completed.
```

通过添加二次预热阶段可以消除采样时段内的编译活动。比较二次预热阶段和最初采样阶段中的每毫秒迭代周期数还能帮助确认基准测试经过二次预热之后是否已经完全预热。即使二次预热中发生了编译活动，如果预热时间相对于编译活动的时间足够长，每毫秒迭代数应该与采样阶段的值相差不多。

下面是一个修改版的微基准测试，包含了与采样阶段同样长度的二次预热阶段。

```java
public class DeadCode3 {

    final private static long NANOS_PER_MS = 1000000L;
    final private static int NUMBER = 25;

    private static int calcFibonacci(int n) {
        int result = 1;
        int prev = -1;
        int sum = 0;
        for (int i = 0; i <= n; i++) {
            sum = prev + result;
            prev = result;
            result = sum;
        }
        return result;
    }

    private static void doTest(long iterations) {
        int answer = 0;
        long startTime = System.nanoTime();
        for (long i = 0; i < iterations; i++)
            answer = calcFibonacci(NUMBER);
        long elapsedTime = System.nanoTime() - startTime;
        System.out.println("    Answer -> " + answer);
        System.out.println("    Elapsed nanoseconds -> " +
                        elapsedTime);
        float millis = elapsedTime / NANOS_PER_MS;
        float itrsPerMs = 0;
        if (millis != 0)
            itrsPerMs = iterations/millis;
        System.out.println("    Iterations per ms ---> " +
                        itrsPerMs);
    }

    public static void main(String[] args) {
        System.out.println("Warming up ...");
        doTest(1000000L);
        System.out.println("1st warmup done.");
        System.out.println("Starting 2nd warmup ...");
```

```
        doTest(900000000L);
        System.out.println("2nd warmup done.");
        System.out.println("Starting measurement interval ...");
        doTest(900000000L);
        System.out.println("Measurement interval done.");
        System.out.println("Test completed.");
    }
}
```

使用-XX:+PrintCompilation运行修改版基准测试的输出如下：

```
Warming up ...
  1       DeadCode3::calcFibonacci (31 bytes)
  1%      DeadCode3::doTest @ 9 (124 bytes)
  1%  made not entrant  DeadCode3::doTest @ 9 (124 bytes)
     Answer -> 75025
     Elapsed nanoseconds -> 40455272
     Iterations per ms -> 25000.0
1st warmup done.
Starting 2nd warmup ...
  2       DeadCode3::doTest (124 bytes)
  2%      DeadCode3::doTest @ 9 (124 bytes)
     Answer -> 75025
     Elapsed nanoseconds -> 1926823821
     Iterations per ms -> 46728.0
2nd warmup done.
Starting measurement interval ...
     Answer -> 75025
     Elapsed nanoseconds -> 1898913343
     Iterations per ms -> 47418.0
Measurement interval done.
Test completed.
```

通过添加二次预热阶段可以避免采样阶段中的编译活动。此外，比较二次预热阶段和采样阶段的每毫秒迭代数可以看到，二次预热阶段中的编译活动的消耗非常小，每毫秒不到700个迭代，大约仅有1.5%的影响。

为了避免微基准测试中的代码被定性为无效代码，引发过度简化的问题，可以采用下面的编程实践：

❑ 让该方法变得必不可少；

❑ 在采样阶段结束时直接输出计算的结果，或者保存该计算结果，在采样阶段结束后输出该值。

要使计算有意义，就要向被测方法传入参数，并从被测方法返回计算结果。此外，在基准测试采样阶段内或在多个不同的基准测试采样阶段间变换迭代次数也是一个不错的方法，然后比较每毫秒内发生的迭代次数，判断迭代次数是否保持恒定，同时使用-XX:+PrintCompilation选项追踪记录JIT编译器的状态。

8.1.5　内联

　　HotSpot VM的Client和Server JIT编译器都能对方法进行内联。这意味着调用过程中，目标方法会被展开到调用方法中。这个过程是由JIT编译器完成的，JIT编译器通过降低方法调用的开销，提升执行性能。此外，内联的代码可能提供更多的优化机会，整合后的代码可能更简单，或者消除了无效调用，而这些在不内联的情况下是无法实现的。内联在微基准测试中还可能实现让人眼前一亮的性能提升。这一节中将提供一个示例，通过这个例子，我们将看到HotSpot Client JIT编译器采用内联优化后对微基准测试产生的影响。

　　在下面的微基准测试中，我们比较了在String对象相同的情况下，String.equals(Object o)的性能指标：

```java
public class SimpleExample {

    final private static long ITERATIONS = 5000000000L;
    final private static long WARMUP = 10000000L;
    final private static long NANOS_PER_MS = 1000L * 1000L;

    private static boolean equalsTest(String s) {
        boolean b = s.equals(s);
        return b;

    }

    private static long doTest(long n) {
        long start = System.nanoTime();
        for (long i = 0; i < n; i++) {
            equalsTest("ABC");
        }
        long end = System.nanoTime();
        return end - start;
    }

    private static void printStats(long n, long nanos) {
        float itrsPerMs = 0;
        float millis = nanos/NANOS_PER_MS;
        if (millis != 0) {
            itrsPerMs = n/(nanos/NANOS_PER_MS);
        }
        System.out.println("    Elapsed time in ms -> " + millis);
        System.out.println("    Iterations / ms ----> " + itrsPerMs);
    }

    public static void main(String[] args) {
        System.out.println("Warming up ...");

        long nanos = doTest(WARMUP);
        System.out.println("1st warm up done.");
```

```
        printStats(WARMUP, nanos);

        System.out.println("Starting 2nd warmup ...");
        nanos = doTest(WARMUP);
        System.out.println("2nd warm up done.");
        printStats(WARMUP, nanos);

        System.out.println("Starting measurement interval ...");
        nanos = doTest(ITERATIONS);
        System.out.println("Measurement interval done.");
        System.out.println("Test complete.");
        printStats(ITERATIONS, nanos);
    }
}
```

根据前一小节的介绍，doTest()函数内的for循环中调用的SimpleExample.equalsTest ("ABC")可以优化移除到无效代码中，这是因为因为其调用结果没有传出SimpleExample. doTest(long n)。但是，使用Java 6 HotSpot Client VM执行前述的微基准测试，结果却并不是这样。下面是使用Java 6 HotSpot VM及-XX:+PrintCompilation选项进行微基准测试的输出：

```
Warming up ...
  1       java.lang.String::hashCode (60 bytes)
  2       java.lang.String::charAt (33 bytes)
  3       java.lang.String::equals (88 bytes)
  4       SimpleExample::equalsTest (8 bytes)
  1%      SimpleExample::doTest @ 7 (39 bytes)
1st warm up done.
Elapsed time in ms -> 96
Iterations / ms ----> 104166
  5        java.lang.String::indexOf (151 bytes)
Starting 2nd warmup ...
  6        SimpleExample::doTest (39 bytes)
2nd warm up done.
    Elapsed time in ms -> 95
    Iterations / ms ----> 105263
Starting measurement interval ...
Measurement interval done.
Test complete.
    Elapsed time in ms -> 42870
    Iterations / ms ----> 116631
```

根据上面的输出可以看到，第一个预热阶段与第二个预热阶段及采样阶段的每毫秒迭代次数提升很小（小于20%）。同时，我们看到JIT编译器已经对String.equals()、SimpleExample. equalsTest()及SimpleExample.doTest()进行了优化。虽然JIT编译器已经对这些方法进行了优化，不过它可能并没对微基准测试进行无效代码优化。为了进一步地理解微基准测试及JIT编译过程中发生了什么，可以使用HotSpot Debug VM。HotSpot Debug VM提供了一些附加工具，通过这些工具我们可以了解JVM执行程序过程中发生的事件。

提示

支持Java 6及更新版本的HotSpot Debug VM可以从java.net上OpenJDK的开源项目http://openjdk.java.net下载。

通过HotSpot Debug VM，我们可以观察到JIT编译器优化及决策的详细过程。例如，采用-XX:+PrintInlining选项在HotSpot Debug VM上运行微基准测试时，可以看到哪些方法被编译器进行了内联优化。下面是一个使用-XX:+PrintInlining命令行在HotSpot Debug VM上运行微基准测试的示例，我们可以看到由于String.equals(Object o)方法太大，编译器并没有对其进行内联优化。

```
 - @ 2   java.lang.String::equals (88 bytes)  callee is too large
   @ 16    SimpleExample::equalsTest (8 bytes)
 - @ 2   java.lang.String::equals (88 bytes)  callee is too large
```

该输出表明由于String.equals(Object o)太大（88字节）超出了内联函数的大小限制，只有增大内联函数的大小限制，才能对String.equals(Object o)进行内联优化。下面的示例中，展示了如何将内联函数大小限制增大到100字节（使用-XX:MaxInlineSize=100选项）完成对String.equals(Object o)方法的内联。正如下面的示例中所示，微基准测试在改动前后有显著的变化。

```
Warming up ...
  1        java.lang.String::hashCode (60 bytes)
  2        java.lang.String::charAt (33 bytes)
  3        java.lang.String::equals (88 bytes)
  4        SimpleExample::equalsTest (8 bytes)
  1%       SimpleExample::doTest @ 7 (39 bytes)
1st warm up done.
Elapsed time in ms -> 21
Iterations / ms ----> 476190
  5        SimpleExample::doTest (39 bytes)
2nd warm up done.
  6        java.lang.String::indexOf (151 bytes)
Elapsed time in ms -> 18
Iterations / ms ----> 555555
Test complete.
Elapsed time in ms -> 8768
Iterations / ms ----> 570255
```

从输出中我们看到同样的方法经历了JIT编译。但是，比较执行预热阶段和采样阶段所消耗的时间，是否使用-XX:MaxInlineSize=100选项的结果差别相当大。这个例子中，不使用-XX:MaxInlineSize=100选项时一次预热、二次预热及采样阶段实际消耗的时间分别为96毫秒、95毫秒以及42 870毫秒；使用-XX:MaxInlineSize=100选项之后，实际消耗的时间分别降低为21毫秒、18毫秒以及8768毫秒。太神奇了，到底发生了什么？内联真的能这样大幅提升程序性能吗？

在 HotSpot Debug VM上通过 -XX:+PrintInlining选项运行微基准测试可以确认使用
-XX:MaxInlineSize=100之后String.equals(Object o)方法进行了内联。从下面的输出中我
们可以看到String.equals(Object o)的确进行了内联；而不显式地设置-XX:MaxInlineSize=
100选项时，该方法并没有进行内联优化。

```
@ 2    java.lang.String::equals (88 bytes)
@ 16   SimpleExample::equalsTest (8 bytes)
  @ 2  java.lang.String::equals (88 bytes)
```

根据收集的实际消耗时间及每毫秒迭代次数，微基准测试看起来像是一个现代VM JIT编译
器的候选（就像前一节介绍的一样），它能够找出程序中的"无效代码"并对其进行优化，剔除
无效部分。设置让String.equals(Object o)能够进行内联优化的合适的内联函数的大小，让
JIT编译器最终在微基准测中成功地定位了无效代码并将其剔除。分别针对使用
-XX:MaxInlineSize=100选项和不使用该选项的配置收集性能数据，使用性能分析器对性能数
据进行分析（譬如Solaris Studio Performance Analyzer生成的汇编代码），可以看到HotSpot Client
JIT编译器找到了无效代码并对其进行了优化，消除了对String.equals(Object o)的调用。关
于如何使用Solaris Studio Performance Analyzer收集性能数据、查看由HotSpot JIT编译器生成的汇
编代码的内容请参考第5章及第6章。也可以通过添加-XX:+PrintOptoAssembly选项，借助
HotSpot Debug VM查看生成的汇编代码。默认情况下，生成的汇编代码会打印到标准输出中，通
过重定向可以将结果保存到文件中。

如果同样的微基准测试运行在HotSpot Server VM上，其性能结果与显式设置-XX:
MaxInlineSize=100的HotSpot Client VM的运行结果相差不大。这是因为HotSpot Server VM的
JIT编译器使用的内联策略更加激进，所以使用默认的配置就能对该微基准测试进行内联优化，
定位出无效代码。然而，这并不是说你的应用应该一直使用HotSpot Server VM或是每次都经历从
HotSpot Debug VM中收集内联数据，然后再尝试设置一个优化的-XX:MaxInlineSize的过程。
HotSpot Server和HotSpot Client VM都经历严格的测试，包括大量的基准测试和负荷测试。只有仔
细分析性能数据之后才能选择出恰当的默认内联大小值。

显然，为了更精确地度量String.equals(Object o)的性能（这里比较的对象与前一节一
样，都是String对象），本节使用的微基准测试需要进行一些修改。但这并不是重点。本节想要
说明的是内联优化对微基准测试可能造成的潜在影响。使用HotSpot Debug VM观察HotSpot的内
联优化决策可以帮助避免一些由HotSpot JIT编译优化造成的陷阱。此外，使用Oracle Solaris Studio
Performance Analyzer收集性能数据以及查看汇编代码可以帮助确认JIT编译器是否找到了无效代
码并对其进行了优化。

开发微基准测试为更大的基准测试或应用程序进行建模时需要特别留意内联优化对微基准
测试实现结果的影响。如果微基准测试对关注的目标操作建模不足，微基准测试中的方法可能无
法得到目标应用程序同样的内联优化结果，甚至得出一些错误的结论。

8.1.6 逆优化

JIT编译器以其执行优化的能力而著称于世。但是，某些场景下JIT编译器也会进行"逆优化"。譬如， Java应用一旦开始运行，方法调用变得频繁；JIT编译器就可以根据从程序过程中了解到的信息做出优化决策。有些时候，优化的决策在后续可能被证明是错误的。当JIT编译器发现之前的优化作了错误的优化决策时就会进行逆优化。很多时候，在JIT编译器逆优化不久之后（一旦达到一定的执行次数阈值）就会接着再次进行优化。忽视发生的逆优化可能得出错误的性能结论。这一节我们提供了一个例子，HotSpot Server JIT编译器先进行了优化，然后进行了逆优化，最后又进行了再次优化。

下面声明了一个Shape接口，其中定义了area()方法。Shape接口定义的下面是Square、Rectangle以及RightTriangle类的声明，这3个类都实现了Shape接口。

```java
// Shape接口
public interface Shape {
    public double area();
}

// Square类
public class Square implements Shape {

    final private double side;

    public Square(double side) {
        this.side = side;
    }

    private Square(){side = 0;}

    public double area() {
        return side * side;
    }
}

// Rectangle类
public class Rectangle implements Shape {

    final private double length, width;

    public Rectangle(double length, double width) {
        this.length = length;
        this.width = width;
    }
    private Rectangle(){length = width = 0;}

    public double area() {
        return length * width;
    }
}
```

```
}

// RightTriangle类
public class RightTriangle implements Shape {

    final private double base, height;

    public RightTriangle(double base, double height) {
        this.base = base;
        this.height = height;
    }

    private RightTriangle(){base = height = 0;}

    public double area() {
        return .5 * base * height;
    }
}
```

下面是示例微基准测试的实现，该基准测试的目标是比较每个Shape实现类中（Square、Rectangle及RightTriangle）计算面积的函数所消耗的时间。

```
public class Area {
    final static long ITERATIONS = 5000000000L;
    final static long NANOS_PER_MS = (1000L * 1000L);
    final static StringBuilder sb = new StringBuilder();

    private static void printStats(String s, long n,
                                   long elapsedTime){
        float millis = elapsedTime / NANOS_PER_MS;
        float rate = 0;
        if (millis != 0) {
            rate = n / millis;
        }
        System.out.println(s + ": Elapsed time in ms -> " + millis);
        System.out.println(s + ": Iterations per ms --> " + rate);
    }

    private static long doTest(String str, Shape s, long n) {
        double area = 0;
        long start = System.nanoTime();
        for (long i = 0; i < n; i++) {
            area = s.area();
        }
        long elapsedTime = System.nanoTime() - start;
        sb.append(str).append(area);
        System.out.println(sb.toString());
        sb.setLength(0);
        return elapsedTime;
    }

    public static void main(String[] args) {
```

```
        String areaStr = "    Area: ";
        Shape s = new Square(25.33);
        Shape r = new Rectangle(20.75, 30.25);
        Shape rt = new RightTriangle(20.50, 30.25);

        System.out.println("Warming up ...");
        long elapsedTime = doTest(areaStr, s, ITERATIONS);
        printStats("    Square", ITERATIONS, elapsedTime);
        elapsedTime = doTest(areaStr, r, ITERATIONS);
        printStats("    Rectangle", ITERATIONS, elapsedTime);
        elapsedTime = doTest(areaStr, rt, ITERATIONS);
        printStats("    Right Triangle", ITERATIONS, elapsedTime);
        System.out.println("1st warmup done.");

        System.out.println("Starting 2nd warmup ...");
        elapsedTime = doTest(areaStr, s, ITERATIONS);
        printStats("    Square", ITERATIONS, elapsedTime);
        elapsedTime = doTest(areaStr, r, ITERATIONS);
        printStats("    Rectangle", ITERATIONS, elapsedTime);
        elapsedTime = doTest(areaStr, rt, ITERATIONS);
        printStats("    Right Triangle", ITERATIONS, elapsedTime);
        System.out.println("2nd warmup done.");

        System.out.println("Starting measurement intervals ...");
        elapsedTime = doTest(areaStr, s, ITERATIONS);
        printStats("    Square", ITERATIONS, elapsedTime);
        elapsedTime = doTest(areaStr, r, ITERATIONS);
        printStats("    Rectangle", ITERATIONS, elapsedTime);
        elapsedTime = doTest(areaStr, rt, ITERATIONS);
        printStats("    Right Triangle", ITERATIONS, elapsedTime);
        System.out.println("Measurement intervals done.");
    }
}
```

这个实现中使用了两个预热阶段和一个计算 Square、Rectangle 及 RightTriangle 的面积的采样阶段。每个采样间隔的消耗时间（毫秒）和每毫秒迭代次数都会记录下来。正如下面的输出中所展示的，使用 Java 6 HotSpot Server VM 运行该微基准测试产生了一些令人意外的结果。比较首次预热阶段和二次预热阶段的消耗时间、每秒迭代次数时，计算 Square 面积的性能降低了大约 29%。此外，首次预热阶段与采样阶段比较，消耗时间与每毫秒迭代次数也显示大约降低了 29%。

```
Warming up ...
    Area: 641.6089
    Square: Elapsed time in ms -> 11196
    Square: Iterations per ms --> 446588
    Area: 627.6875
    Rectangle: Elapsed time in ms -> 17602
    Rectangle: Iterations per ms --> 284058
    Area: 310.0625
    Right Triangle: Elapsed time in ms -> 33894
    Right Triangle: Iterations per ms --> 147518
```

```
1st warmup done.
Starting 2nd warmup ...
    Area: 641.6089
    Square: Elapsed time in ms -> 15766
    Square: Iterations per ms --> 317138
    Area: 627.6875
    Rectangle: Elapsed time in ms -> 17679
    Rectangle: Iterations per ms --> 282821
    Area: 310.0625
    Right Triangle: Elapsed time in ms -> 33339
    Right Triangle: Iterations per ms --> 149974
2nd warmup done.
Starting measurement intervals ...
    Area: 641.6089
    Square: Elapsed time in ms -> 15750
    Square: Iterations per ms --> 317460
    Area: 627.6875
    Rectangle: Elapsed time in ms -> 17595
    Rectangle: Iterations per ms --> 284171
    Area: 310.0625
    Right Triangle: Elapsed time in ms -> 33477
    Right Triangle: Iterations per ms --> 149356
Measurement intervals done.
```

　　我们观察到的性能降低源于JIT编译器进行了一些初始优化决策，而这些优化后续证明是不合适的。例如，当现代JIT编译器发现只有一个类实现了某个接口，它就可以进行一些优化动作。运行这个微基准测试时，JIT编译器首先会进行比较激进的优化，认为只有Square类实现了Shape接口。当微基准测试开始计算Rectangle的面积时，JIT编译器不得不取消之前在计算Square面积时实施的激进优化。这样，逆优化就发生了，接着又进行了再次优化。使用-XX:+PrintCompilation选项可以帮助确定是否发生了逆优化。-XX:+PrintCompilation选项的输出中如果包含 "made not entrant"，即表明之前的编译优化被丢弃了，方法将通过解释器运行，直到该方法执行足够的次数再触发优化。

　　下面是使用-XX:+PrintCompilation选项在Java 6 HotSpot Server VM上运行Area微基准测试的输出：

```
Warming up ...
  1       com.sun.example.Square::area (10 bytes)
  1%      Area::doTest @ 11 (78 bytes)
   Area: 641.6089
   Square: Elapsed time in ms -> 11196
   Square: Iterations per ms --> 446588
  2       Area::doTest (78 bytes)
  1%  made not entrant  Area::doTest @ 11 (78 bytes)
  2%      Area::doTest @ 11 (78 bytes)
  3       com.sun.example.Rectangle::area (10 bytes)
   Area: 627.6875
   Rectangle: Elapsed time in ms -> 17602
```

```
      Rectangle: Iterations per ms --> 284058
  2    made not entrant  Area::doTest (78 bytes)
  4        com.sun.example.RightTriangle::area (14 bytes)
      Area: 310.0625
      Right Triangle: Elapsed time in ms -> 33894
      Right Triangle: Iterations per ms --> 147518
1st warmup done.
Starting 2nd warmup ...
      Area: 641.6089
      Square: Elapsed time in ms -> 15766
      Square: Iterations per ms --> 317138
      Area: 627.6875
      Rectangle: Elapsed time in ms -> 17679
      Rectangle: Iterations per ms --> 282821
      Area: 310.0625
      Right Triangle: Elapsed time in ms -> 33339
      Right Triangle: Iterations per ms --> 149974
2nd warmup done.
Starting measurement intervals ...
      Area: 641.6089
      Square: Elapsed time in ms -> 15750
      Square: Iterations per ms --> 317460
      Area: 627.6875
      Rectangle: Elapsed time in ms -> 17595
      Rectangle: Iterations per ms --> 284171
      Area: 310.0625
      Right Triangle: Elapsed time in ms -> 33477
      Right Triangle: Iterations per ms --> 149356
Measurement intervals done.
```

执行Area微基准测试的过程中发生了多次逆优化。从前面的输出可以看出逆优化实际是Square、Rectangle及RightTriangle实现的Shape.area()的3个虚调用与微基准测试实现的紧耦合所导致的。虽然逆优化有可能与虚调用有关，但是本例的要点并不是建议软件开发者避免在软件开发中使用接口或者不要为一个接口实现多个类。我们希望通过这个例子说明创建微基准测试时可能碰到的陷阱，以及理解JIT编译器在尝试优化应用性能时做了什么的难度。

> **提示**
> 软件开发者应该专注于优秀的软件架构、设计以及实现，没有必要过度担忧现代JIT编译器的影响。如果对软件架构、设计或实现的修改是为了克服JIT编译器的一些性质，就应该考虑这是JIT编译器的缺陷或不足。

这个微基准测试还可以加以改进，即在预热阶段后马上调用Square、Rectangle及RightTriangle的area()方法而不是再单独为每个Shape的area()方法预热。这样JIT编译器在采用激进优化举措之前就能看到Shape.area()接口的所有3个实现，从而避免发生逆优化。

8

8.1.7　创建微基准测试的注意事项

JIT编译器对基准测试进行的优化，导致为性能度量创建微基准测试，进行性能建模成为了一个困难的任务。JIT编译器能进行多种优化，远远不止本章中提到的这有限的几种。实际上，这个主题可以用一整本书的篇幅来专门讲述。此外，不仅仅是优化的类型，甚至连优化的时刻对于Java应用程序的干系人来讲往往也是透明的。虽然这对于JIT编译器是一个非常好的特性，但是它也使得为关注的指标创建有效的微基准测试变得相当复杂。虽然如此，仍然有一些通用的原则，可以帮助避免一些创建微基准测试时的常见陷阱。下面列举了这些原则。

(1) 明确你需要了解的性能指标是什么，设计相应的实验回答你需要解决的问题。不要受一些无关痛痒的因素影响而忽略了你真正需要解决的问题。

(2) 确保采样阶段中每次使用同样的工作量。

(3) 计算并收集多种性能指标，譬如消耗时间、单位时间迭代次数或每次迭代的消耗时间。用在预热阶段之后，采样阶段期间记录的性能指标。留意度量时间的精度和粒度，特别是使用了 System.currentTimeMillis() 和 System.nanoTime() 的情况。多次运行试验，并变换采样的周期数或采样的持续时间。之后再比较其所消耗的时间，密切注意单位时间迭代次数或每迭代消耗时间指标的变化。微基准测试经历了足够的预热、达到稳定态时，后一个指标几乎应该与采样阶段持续时间的变化保持一致。

(4) 开始采样之前确认微基准测试已经到达稳定态。可遵循的一条通用原则是，确保微基准测试至少运行10秒以上。使用HotSpot的 -XX:+PrintCompilation 选项通过插入表示微基准测试执行阶段的工具可以帮助确认基准测试已经到达稳定态。这一步的目的是确保在开始采样之前，微基准测试经过充分预热，在采样阶段不会发生进一步的优化或逆优化事件。

(5) 多次运行基准测试以确保观测的结果是可重复的。多次运行可以为你最终的结论提供有力支持。

(6) 运行实验及观测结果时特别要留意得到的结果是否合理。如果碰到无法解释或可疑的结果，要花时间去研究、回顾实验的设计，确保观察的结果合理。

(7) 通过传递随时变化的参数到关注的方法中、返回关注方法的执行结果、在采样周期之外打印输出计算结果使计算更有意义，避免在微基准测试中创建无效代码。

(8) 留意内联可能对微基准测试产生的影响。如果对结果存疑，可以通过 -XX:+PrintInlining 和 -XX:+PrintCompilation 命令行选项，利用HotSpot Debug VM观察HotSpot JIT编译器进行内联决策的过程。

(9) 确保执行微基准测试时其他的应用程序不会对系统造成影响。执行微基准测试时即使向桌面窗口管理器中添加很小或者很简单的应用程序（譬如天气应用或者股票行情记录软件），都会对系统性能造成影响。

(10) 当你需要很明确地了解JIT编译器生成了什么样的优化代码时，可以使用Oracle Solaris Studio Performance Analyzer或者HotSpot Debug VM（使用 -XX:+PrintOptoAssembly 选项）查看生成的汇编代码。

(11) 采用小数据集或数据结构的微基准测试受缓存的影响很大。微基准测试的结果可能每次执行都不一样，在不同的机器上运行结果也差别很大。

(12) 对于采用多线程的微基准测试需要意识到线程调度可能不是确定性的，特别是在负荷较重的情况下。

8.2 实验设计

设计一个用于观察、度量或评估性能的实验是建立基准测试、进行性能测试的关键。这也是经常被忽视、导致投入时间严重不足的一步。实验设计决定了我们对性能的判断。不正确或不完整的设计会导致我们无法回答最初设置的问题。

实验设计中必须清晰地陈述需要解决的问题。例如，问题可能最初是确认是否可以通过增加100MB HotSpot VM的新生代堆空间达到特定的基准测试要求。但是，这个问题并不完整。譬如，你可能被问什么因素影响了性能的提升？无论需要回答的问题范围如何变化，是否发生了可以观察到的变化？是否需要了解并预估改进影响的范围。有多少性能提升会对干系人产生重要影响？1%或更多的性能提升很重要吗？还是5%或更多的提升重要？有人关注潜在的性能退步么？或者了解性能有所提升就已经足够，不需要再继续关注性能退化？定位性能提升与定位性能退化或者同时定位二者是完全不同的问题。

因此，陈述实验要解决的问题时，对重要的部分尽量量化是非常重要的。我们继续使用增大HotSpot VM 100MB新生代空间的例子。需要解决的问题可以重新陈述如下：在Oracle X4450系统（配置有2颗双核Intel Xeon 7200处理器芯片、16GB主频为PC205300 667 MHz的ECC全缓冲DDR2 DIMMs内存）上运行Solaris 10 64位 Update 4，使用HotSpot VM 1.6.0-b105，将新生代堆空间增大100MB，根据SPECjbb2005基准测试能够提高至少1%的性能。

> **提示**
> 问题陈述越明确，就越容易构造假设、搭建测试假设的实验并据此回答陈述的问题得到理想的结论。

一旦问题陈述清楚，下一步就需要为回答问题陈述中的问题构造假设。构造一个好的假设对于进行推断非常重要。我们继续使用示例的问题，一个可能的问题陈述是：采用这样的改变能至少提升1%的性能吗？第一步可能是使用基准新生代堆空间的配置，执行SPECjbb2005基准测试。之后修改新生代空间基准，将其增大100MB，再次运行SPECjbb2005基准测试。接着计算比较这两组测试的评分。如果观测的结果恰好大于或等于基线值的1%，那么我们可以认为假设成立。否则即可认为假设不成立。在前面的问题陈述及假设中，我们希望了解无论SPECjbb2005的得分是多少，是否都可以通过增大100MB新生代空间的方式实现性能的提升，为此我们将对这个示例假设与问题陈述及假设进行比较。后面问题陈述的假设可以根据观测的得分进行判断。如果二者的差异大于零，那么假设为真，否则假设为假。这两种可能性我们都需要考虑，譬如，先入为主地将一个给定的假设认为正确，而实际上它是错误的。此外，我们还需要考虑错误地否决一个正确假设的可能性；考虑各种可能导致评分偏差大于0以及结果大于等于1%的可能性。很明显，评分结果大于等于1%的概率要比结果大于0的结果小得多。由此可见，正确的结论极大地倚赖问题陈述与假设。这说明了对问题陈述中重要的性能提升进行量化的重要性。

为了提高推断及实验结论的合理性，可以使用统计方法。

8.3   使用统计方法

统计方法尝试结合统计数学的方法（避免出现双关语），帮助围绕需要回答的问题设计实验、得出结论或者根据收集到的数据进行一些推断。在基准测试环境中，使用统计方法可以加强实验设计，最终增强实验结果和推断的合理性。

有一点非常重要，需要谨记于心，有的实验不使用统计方法也能让干系人确信实验的结果或结论，而另一些，通过统计方法可以更有力的支持实验结果数据。然而，需要注意的是，即便使用统计方法也无法保证假设绝对正确。实际上，统计方法只能在一定程度上量化结果数据，即假设成立的可能性。

这一节中会提供一些对Java应用进行性能测试，使用统计方法时我们认为有帮助的通用建议，并不会对统计方法进行深入的介绍、也不会覆盖统计分析所有方方面面的细节。这一节中介绍的统计知识在统计学的教材中可能需要占用3~4章或更多的篇幅。

8.3.1   计算均值

性能测试和性能调优的挑战之一就是对应用程序的某些部分进行调整后，能够定位出是否有性能的改进或者退化，这些改动可能是应用程序层面的、JVM层面的、操作系统层面的或者是硬件层面的。为了定位出性能的改进或退化，性能工程师常常需要多次执行基准测试并为基线（改动之前）及样本数据（改动之后）计算性能指标的平均值。这个平均值，也称为均值，标记为 $\overline{X}$，可以通过下面的公式计算得出：

$$\overline{X} = \frac{1}{n} \cdot \sum_{i=1}^{n} X_i$$

由此可见，基线的平均值就是执行基线时所有观测值的和除以基线的运行次数。同样的，样本的平均值就是执行样本时所有观测值的和除以样本的运行次数。基线及样本的平均值计算出来后，就可以计算出基线平均值与样本平均值之间的差异，估算出基线与样本之间的偏差。这两个平均值之间的差异值也被称为平均偏差。

8.3.2   计算标准差

除了计算基准和样本的平均值之外，基准或样本的变化可以通过计算采样标准差进行度量。采样标准差可以使用下面的公式计算，其中s为i次采样标准偏差，n为采样中测量进行的次数，X

是第 i 次测量结果， $\overline{X}$ 是平均值。

$$s = \sqrt{\frac{1}{n-1}\sum_{i=1}^{n}(X_i - \overline{X})^2}$$

同一个测量单元中，采样标准偏差值为度量基准或样本得分的观测值与平均值的变化提供了一个量化的比较方式。

8.3.3 计算置信区间

有了采样标准差和平均值，按照某种概率或置信水平，就可以对一定区间内，基准或样本的实际平均值进行预估，这个区间称为置信区间。对特定的采样标准差和平均值，置信水平越高，置信区间或预估的真实均值的范围就越宽。同样的，置信水平越低，置信区间越窄。这是一个相当直观的结论，在给定的区间内，增大置信级别，可以用更高的概率处理更大范围的值。估算真实均值的区间时，另一个缩小置信区间、提高置信水平的策略是增加观测或执行实验的次数。显然，通过增加实验中观测的次数可以收集更多的被度量的数据，由此，估算基准或样本所能达到的真实均值就更有说服力。看看计算均值、采样标准差及置信区间的计算公式，就可以知道，增加观测次数的确可以缩小置信区间的范围。

> **提示**
> 无论选用什么样的统计方法，样本的数量、观测的次数越多，实验及分析能使用的信息也越多。

置信水平的选择取决于干系人或实验设计者。大多数的统计学家选择将置信水平设置在90%、95%或99%。应该指出的是，置信水平的选择没有对错之分。

估算真实均值的置信区间可以使用下面的公式计算，其中： $\overline{X}$ 为均值， s 为采样标准差， n 为样本大小，对指定的 α ， $t_{\alpha/2}$ 是 $n-1$ 自由度的 t 值，即 $1-$ 选择的置信水平（譬如95%）。

$$\overline{X} \pm t_{\alpha/2} \cdot \left(\frac{s}{\sqrt{n}}\right)$$

> **提示**
> 含有不同的水平的 α 样本大小对应的 t 值的表可以在统计学教材或互联网上找到。

定位性能提升或退化时，另一种使用统计方法增强数据可信性的途径是，比较基准及样本的预估真实值的置信区间。如果置信区间不存在重叠，那么可以得出结论：在指定的置信水平上，基准与样本之间的确存在性能差异。对基准与样本的均值差异进行精确评估需要计算不同均值下基准与样本的置信区间。

估算基准及样本的真实差异的置信区间可以通过下面的公式计算，其中 $\bar{X}_1$ 是样本1的均值，$\bar{X}_2$ 是样本2的均值，s 是样本1和样本2的合并采样标准差，n_1 为样本1的样本容量，n_2 为样本2的样本容量，$t_{\alpha/2}$ 为给定 α，自由度为 $n_1 + n_2 - 2$ 时的 t 值，即 1 - 选择的置信水平（譬如：95%）。

$$(\bar{X}_1 - \bar{X}_2) \pm t_{\alpha/2} \cdot s \cdot \sqrt{\frac{1}{n_1} + \frac{1}{n_2}}$$

正早先面提到的，前面公式中的 s 是样本1和样本2标准差的合并标准差。合并标准差的定义如下：

$$s = \sqrt{\frac{(n_1 - 1) \cdot s_1^2 + (n_2 - 1) \cdot s_2^2}{(n_1 + n_2 - 2)}}$$

s_1 和 s_2 分别是样本1和样本2的采样标准差，n_1 和 n_2 分别是样本1和样本2的样本容量。

置信区间在真实均值上的差异为估算提供了一定的数据支持，即基准与样本的真实差异通过置信区间计算后是落在一定区间范围内的。谨记，对于干系人而言，性能的真实差异可能并没有那么重要，他可能只关心是否有足够的证据表明平均性能的差异等于或者大于某个数值，而不是平均差异的真实值。定义标准时，明确目的是估算真实差异的精确值，还是判断是否有差异、差异是否大于某个值是非常重要的，这应该在实验设计的早期就明确下来。

8.3.4　使用假设测试

根据问题（你希望了解的东西）构造假设的更正式的名称是"空假设"。收集完数据后，根据收集到的观察数据计算 t 统计量。将 t 统计量与特定 α 及自由度对应的 t 分布进行比较。将你可以接受的错误的空假设作为"真"的风险等级，统计学上也称为类型 I 错误（Type I Error）。统计学家最常用的级别是 0.05。其他比较常见的级别还有 0.10 和 0.01。比较基准与样本时，自由度是两个样本总的观测次数 - 2，因为计算 t 统计同时使用了基准及样本的观测数据。为了举例说明这个方法，我们假设你希望知道能否通过将 JVM 的最大堆从 1500MB 增大到 1800MB，让应用程序每秒处理的消息数提升至少 1%。这个示例可能的一个假设是基准（JVM 的最大堆为 1500MB）与样本（JVM 的最大堆为 1800MB）的每秒吞吐量的均数差是否大于基准吞吐量（每秒处理的消息数）的 1%。

> **提示**
> 如果基准与样本的均数差没有区别或者相等，构造"空假设"通常不是个明智的决定。大多数的统计方法是为均数差与偶然观测结果差别很大的场景设计的。声称基准与样本之间不存在差异与声称信息不足无法计算或知晓差异存在是完全不同的。简而言之，统计方法很难用在均数差不存在区别的情况下。

一旦确定了空假设，就可以开始搜集样本，在基准及样本上运行同样的负荷。接着使用下面的公式就可以计算基准和样本的均值、标准差及均数差。

$$t = \frac{\overline{X}_1 - \overline{X}_2}{S_{\overline{X}_1 - \overline{X}_2}} \text{ 其中：} S_{\overline{X}_1 - \overline{X}_2} = \sqrt{\frac{(n_1 - 1) \cdot s_1^2 + (n_2 - 1) \cdot s_2^2}{(n_1 + n_2 - 2)} \cdot \left(\frac{1}{n_1} + \frac{1}{n_2} \right)}$$

公式中 $\overline{X}_1$ 和 $\overline{X}_2$ 分别是样本1和样本2的均值，s_1 和 s_2 是样本1和样本2的样本标准差，n_1 和 n_2 是样本1和样本2的样本容量。

使用 t 表（可以在统计学教材或者网上找到），在 t 表中找到风险分级 α 为0.05及对应自由度的 t 值（即2个样本中观测的总次数减去2）。你也可以根据你的实验干系人愿意接受的情况，选择不同的风险分级，譬如0.01。如果使用前面的公式计算出的 t 值大于 t 表中查出来的 t 值，那么得出结论，将JVM的最大堆从1500MB增大到1800MB，在每秒处理的消息数方面能够以 $1-\alpha$ 置信度实现至少1%的性能提升。

继续使用前面的示例，假设这个实验中你选择的风险分级 α 是0.05，总共收集到了20个观测结果，其中10个是基准测试的结果，另外10个是样本测试的结果，使用前文的公式可以计算得出 t 为3.44。t 表中，当风险分级 α 为0.05，自由度为18（20个观测结果减去2）时，对应的 t 值为1.734。由于计算出的 t 统计值3.44大于 α 为0.05时从 t 表中查出的值，可以得出结论：将JVM的最大堆从1500MB增大到1800MB能够至少提升1%的消息吞吐量性能。如果你发现计算出的 t 值小于或等于 t 表中查出的值时，有两种可能的解释。要么消息吞吐量的性能提升确实达不到1%，要么是由于你没有足够的信息证明确实有大于1%的性能提升。后面这种可能在统计学上被称为"第二类错误"（Type II Error）。引起第二类错误的主要因素是观测中大量的变化以及过少的取样数据。如果实验中变化因素很少，同时进行了大量的采样就很少会发生"第二类错误"。另一个重要的注意事项是，如果这个例子中的假设稍有不同，变为你希望知道是否有1%或更大的性能提升或者性能退化，而不是单纯的1%或更多的性能提升时，应该选用风险分级 α 为0.05的一半0.025去查 t 表，而不是直接使用0.05，这是因为假设将同时反映性能提升或者性能退化。换句话说，假设需要采用所谓的双尾检测。当你希望知道的只是性能的提升或者退化时，可以选择单侧检测。

一些软件包或者库，譬如Apache Commons能够进行统计计算，包括基于观测值计算P值的能力。P值是"空假设"实际为真时，否定"空假设"的概率。如前所述，空假设是依据你希望从实验或问题陈述中了解的东西而构造的。用统计学的术语来说，P值代表的是发生所谓的"第一类错误"的概率。当"空假设"被接受为真，而实际其为假时，就会发生"第一类错误"。1–P值得到的数值就是"空假设"实际为真，同时"空假设"也被认定为真的概率。为了举例说明这个概念，我们假设计算出的P值为0.03。那么发生"第一类错误"的概率就是0.03。换句话说，有3%的可能性"空假设"被接受为真，而实际其为假。此外，有97%（1–P值）的概率，或者有97%的概率表明，应用程序通过将Java的最大堆由1500MB增大到1800MB，每秒消息的吞吐量性能至少有1%的提升，甚至会更多。

8

> **提示**
>
> 重要的是要意识到你无法声称，或者作出推断说你有97%的把握性能提升的量就是计算出来的均数差。这并不是假设测试的范畴。相反，假设测试的是消息吞吐量是否能达到1%或者更大的性能提升。换句话说，1%更多的数量是测试的对象，而不是均数差的量。如果需要对真实均数差进行估算，可以通过本节前面介绍的置信区间进行计算。

使用统计软件包或者软件库时，对计算出的结果进行手工演算复核是一个好习惯。通常软件包或软件库会提供了多个类似的统计函数，选择使用哪一个函数才能更好地适用你的分析，很容易导致困惑。此外，有的软件包或软件库只提供单侧检测的函数。你可能不得不根据软件的假设（双尾检测或单侧检测）调整传递给这些函数的α值。

8.3.5　使用统计方法的注意事项

识别下面这些因素是非常重要的：很小的样本容量、样本内的高变异、希望观测到微量的性能提升或退化以及使用很小的α都会影响数据的展示，即统计上确实有显著的证据表明改进或退化存在，或者没有任何的改进或退化。换句话说，样本容量越小，变化越大，你关注的性能提升或退化的幅度越小，或者对实验结果期望的置信级别越高，就越可能得到不充分的结论信息，无法从统计上达成一个重要的结论。同样的，样本的容量越大，样本的变化越少，你关注的性能改进或退化的幅度越大，或者对性能改进或退化的置信级别越低，你就越可能从统计上得出正确的结论。

下面的列表提供了使用统计方法的一些额外的建议。

(1) 统计方法让你能够在一定程度上量化你的发现，但是统计方法并不能提供100%的证据表明假设为真或者假。

(2) 确保你清晰地定义了希望了解的东西，这将帮助你选择合适的统计方法进行分析。

(3) 并不存在某个统计方法或者分析方法能够适用于每一个实验。很多时候，多个方法能够得出同样的结论。不要过分纠缠于方法的细节。选择一个最适合回答你的问题的方法。

(4) 尽量使用简单的统计分析。方法及分析技术越复杂，就越难将结果解释给其他关心这个结果的人。

(5) 样本容量越大或取样的观测次数越多，就越不容易得出错误的结论。

(6) 询问自己：经过分析之后得到的结果和结论是否合理。如果它们不合理，请复核数据，确认你看到的的确是正确的，确认你使用的方法是合理的，验证你所作的每一个假设。运行实验时可能会发生一些意想不到的事件，并由此导致你得到错误的结论。

(7) 有些实验并不需要统计方法就能得到合适的结论。例如，如果实验的目的是判断经过一些改动之后，性能至少提升1%；而单次基准与样本的观测结果表明性能提升了10%，那么就没有必要再使用统计方法了。需要牢记的是，如果10%的性能提升可疑，你应该复核数据、系统配置以及其他的因素，确认没有异常事件发生。并因此可能需要多次运行基准和样本测试，在不依赖统计方法的情况下，提供证据支持。

8.4 参考文献

[1] Rosen, Kenneth H. *Discrete Mathematics and Its Applications*, First Edition. Copyright AT&T Information Systems, Inc., publisher McGraw-Hill, Inc., 1988.

8.5 参考资料

Apache Commons. http://commons.apache.org/. The Apache Software Foundation. Forest Hill, MD.

Snedecor, George W.和William G. Cochran. *Statistical Methods*, Eighth Edition. Iowa State University Press, Ames, IA, 1989.

8

## 第 9 章

多层应用的基准测试

分布式多层企业应用广泛部署在Java Enterprise Edition（以下称Java EE）平台上。这类应用通常是企业在互联网上的公众形象，所以设计精良、用户友好的在线应用对于商业的成功至关重要。它必须具备全天候支持大量并发用户的基本能力，任何QoS（Quality of Service）的中断或者糟糕表现都可能永久失去客户。为了提供良好的用户体验，在企业应用程序的设计和开发过程中，应该一并考虑性能、扩展性和可靠性。

应用程序的性能可以通过基准测试来研究。本章将讨论多层应用基准测试的一般性原则。第一部分考察多层应用的一些特点，以及如何设计基准测试模拟复杂的用户交互。第二部分介绍如何对多层应用进行性能分析，以及如何监控和调优部署这些应用的Java EE容器。

9.1 基准测试难题

第8章讨论了制定Java SE基准测试所面临的难题。企业级应用的分布性和复杂性为基准测试带来了更多挑战。以下是企业级应用的一些特性，需要在制定基准测试时加以注意。

- **架构的多层性**。企业级应用通常都是多层架构，分为展现层、应用层和持久层，并且部署在物理或逻辑上分离的系统中。这类应用的分布式特性使得识别性能瓶颈变得更加困难，制定和部署基准测试也变得更为复杂。在分布式系统基准测试中还需要考虑另外一个因素，即不同组件之间的网络连通性。

- **用户负载的可扩展性**。应用保持整体QoS的同时，还需要可靠地支持大量并发。随着业务的增长，用户负载也会持续上升，服务这些客户的应用必须能适应用户负载的增长。术语"用户量的可扩展性"即指系统随用户负载增长而扩展的能力。重要的是，必须对用户负载增长时的应用行为有清晰的认识，找出应用性能急剧下降的极限点。例如，某个应用在数据量小的数据库上运行良好，数据库增大之后，就会表现得很糟糕。大规模用户负载的扩展性研究难以展开，因为这涉及大量的资源（大量用高速网络连接的机器）、时间及人力。

- **系统的垂直和水平扩展性**。企业级应用通常分布在多个JVM甚至硬件节点上。应用的扩展性强是指它的每一层都可独立扩展，从而满足客户需求的增长。系统的负载可以通过硬件或软件负载均衡器在不同的系统节点之间平衡。依据硬件资源的添加方式，应用的扩展模式主要分为两种，垂直和水平。垂直扩展是指单个应用实例可以充分利用增加的CPU和内存资源，从而满足需求的增长。水平扩展是指在已有系统或者添加的硬件节点上增加应用实例，以此满足客户需求的增长。了解应用的可扩展性非常重要，应该作为性能分析中不可或缺的一环。和用户负载扩展性一样，大规模的水平、垂直扩展性研究需要大量资源，代价昂贵。不过在多数情况下，可以通过对一定数量节点的研究来了解应用的扩展性，从而推演到更大的机器集群。

❑ **客户端访问方式的多样性。** 可以通过各种不同的客户端访问应用，包括手机、PDA、浏览器、独立客户端程序和Web Service客户端等，不一而足，它们使用的通信协议也各不相同。基准测试中模拟不同客户端是一个重要的考量，特别是不同客户端走不同代码路径的时候。这些客户端和服务器之间存在的各种缓存（浏览器缓存、代理缓存等）也加大了建立客户端访问模型的难度。

❑ **交互的安全性。** 应用通常需要同时支持安全和非安全的访问方式。理解安全机制对于应用整体性能的影响很重要。如何在定义基准测试时配置适当比例的安全和非安全业务，需要对应用的使用模式有深刻的洞察力，所以并不总能如愿。

❑ **会话的可维护性。** 为了避免系统失败时的数据丢失，用户状态作为维护数据的一部分，有时候需要长时间保存。一个众所周知的例子是，在持久化HTTP会话中维护购物车信息。会话持久化是性能代价高昂的操作，值得重点研究。影响这些高可用应用性能的因素，也增加了基准测试的复杂性。

❑ **服务的可用性。** 应用的可用性是指它的正常运行时间所占的百分比，通常用几个9的度量来表示。例如，可用性2个9相当于正常运行时间占99%（或者说停机时间8.76小时/年），可用性5个9转换过来就是正常运行时间达99.999%（或者停机时间5分钟/年）。依据应用的重要程度，服务和数据的可用性需求有着天壤之别。不同应用场景的基准测试中加入失败条件，可以评估应用的可用性。由于大量组件常常分布在多个层上，准确测算企业级应用的可用性可谓复杂而困难。

❑ **有效负载大小的差异性。** 处理或传送的有效负载大小是影响企业级应用性能的最重要因素之一。即便请求类似，如果参数不同，返回的有效负载也会有很大差别。例如，一个获取发货单的请求，返回的可能是只有一个货物的小单子，也可能是包含了成千上万个货物的大单子。基准测试设计很重要的一点是，即便只改变有效负载的大小，也能很容易地研究应用行为的变化。

❑ **请求的异步性。** 商业应用在为现有用户提供服务时，常常需要处理异步请求（例如提交到消息队列中的用户请求、异步Web Service调用等）。处理这些异步请求需要额外的系统资源，可能会影响其他用户请求的响应时间。在基准测试中加入模拟的异步请求很重要，可以研究这些交互带来的影响。

❑ **防火墙的影响性。** 出于安全性考虑，通常会在不同的层之间设置防火墙，而这会影响系统的整体性能。在性能分析的开始阶段，我们通常关注于找出软件的性能瓶颈，此时的性能测试通常没有防火墙。一种很好的做法是，在上线前系统先部署到有防火墙的环境中，评估防火墙对性能的影响。

❑ **对外部系统实体的依赖性**。有些企业级应用处理请求时需要与外部系统实体进行通信。Web 2.0中Mashup应用通过外部Web Service获取部分数据就是一例。由于依赖基准测试环境之外的系统，这类基准测试所面临的挑战是结果数据缺乏可预见性。为解决这个问题，通常需要在建立基准测试时部署模拟器替换外部系统实体。

应该注意的是，对大多数应用来说，只需要考虑上述特性中的一部分。既然基准测试的目的是为了尽可能地研究应用行为，基准测试就应该涵盖应用的所有相关方面。

9.2 企业级应用基准测试的考量

本节介绍制定企业级应用基准测试时的一些重要考量。虽然讨论以Web应用的基准测试为例，但这些原则也适用于其他企业级应用的基准测试。本章暂时不考虑企业级应用的性能，这些将在后续章节中讨论。

9.2.1 定义被测系统

需要重点考虑如何定义被测系统（System Under Test，SUT，通常念成sut）的边界。这看似很明显，却常常被视而不见。定义被测系统之所以重要，是因为它能确保我们测量的是真正重要的东西。在基准测试及多层应用的一个或多个组件时，这点尤为重要。

> **提示**
> SUT应该只包括需要进行性能测量的组件，而排除那些虽然依赖但并不作为性能评估组成部分的外部系统。基准测试所测量的整体系统性能应该只受限于SUT中的组件，而不是任何外部系统。

以访问数据库的Web应用为例。依据基准测试的范围，数据库可以是也可以不是SUT的一部分。如果设计的基准测试是分析包括数据库交互在内的Web应用性能，数据库就应该考虑作为SUT的一部分。在这种情况下，系统的整体性能可能受到应用服务器或者数据库的限制。

考虑另外一种基准测试的场景，比较部署在不同应用服务器上的应用程序性能。由于这类研究是为了评估应用服务器的性能，所以SUT只包括应用服务器，而数据库则应被视为SUT的外部系统。这种情况下，限定于应用服务器而不是数据库的整体性能才是有效的基准测试结果。如果数据库成为瓶颈，在数据库调优之后，需要重新运行基准测试，避免数据库成为限制因素。

9.2.2 制定微基准测试

研究复杂分布式多层企业级应用的性能时，经常需要混合使用微基准测试和宏基准测试。微基准测试的目的是评估应用某一小段的性能特性，而宏基准测试则用于分析整个系统的性能。

微基准测试关注特定的用户场景，这类基准测试的优点在于：容易制定、范围有限、容易找到性能瓶颈。对于最常见的用例来说，制定微基准测试最为有效。不过请注意，微基准测试有时候会误报瓶颈，这些瓶颈可能是基准测试自身所造成的，（例如，基准测试中多个并发用户同时访问同一个Web页面而导致锁竞争，而真实场景中不会如此，用户执行的活动不同，所以并发访问很有限。）或者从整个应用的角度来看，这个瓶颈问题对整体造成的影响微乎其微。换句话说，微基准用例可能只占所有交互的一小部分，不会对全局有太大影响。

> **提示**
> 为了找出性能瓶颈，应该为最常见的用例制定微基准测试。对于微基准测试所报出的性能问题，在投入大量资源分析和修正前，最好的做法是先对它的影响进行全面评估。

微基准测试是性能评估的第一步。但这种基准测试在同一时间点上通常只处理单次交互，所以在评估多组件交互类应用的整体性能时，就没有用武之地了。这种情况需要更为复杂的宏基准测试，才能真实地评估整个应用的性能。接下来将讨论制定宏基准测试的步骤。

9.2.3 定义用户交互模型

为了了解应用的性能，我们用宏基准测试模拟真实的用户负载。制定基准测试的第一步是定义用户交互模型。交互模型描述了用户使用应用的活动路径。通常用马尔可夫链（Markov Chain）模拟真实的交互过程。

以下是维基百科对马尔可夫链的解释，简单明了。

> 马尔可夫链是指具有马尔可夫特性的离散时间随机过程。马尔可夫特性是指，随机过程的未来状态只与给定的当前状态相关，而与过去的状态无关。换句话说，当前状态包含了所有可能影响过程将来演变的信息。因此，对于给定的当前状态，未来状态有条件地独立于过去状态。在每个时间点，依据一定的概率分布，系统可以从当前状态转变为另一个状态，或者保持相同状态。状态的变化称为转移，与不同状态改变相关的概率术语上称为转移概率。

用例子可以更容易地解释马尔可夫链。图9-1是一个简单在线商店的交互模型，支持商品浏览和购买。在交互模型中，顾客作为客户首先访问主页面（交互动作:访问主页），然后浏览特价商品，访问销量榜，或者搜索某个商品并在结果页面上翻页（交互动作：前一页、下一页）浏览。一部分顾客会将商品添加到购物车。在购物车页面，顾客可以决定返回到查询结果、购买或者返回到主页面。通常只有少量顾客会将商品添加到购物车里，而最终购买商品的顾客则更少。为了完整捕捉顾客使用该应用的模式，需要构造更精细的模型。制定这样的模型通常比较困难，因为需要分析用户的访问模式、获取业务专家的建议，等等。

市场上有一些可捕获交互路径的工具，其中大部分可以捕获用户在Web站点上浏览的按键点击，并能在之后回放模拟交互过程。Apache软件基金会的开源负载测试工具JMeter（http://jakarta.apache.org/jmeter/）是其中最受欢迎的工具之一。其他可选的包括Firefox插件

Live HTTP Headers和Firebug，或是Chrome的开发者工具。制定这类模型最大的困难在于如何精确估计状态转移概率。估计现有系统的转移概率或许简单一些，因为可以用Web分析工具搜集交互数据。最好的做法是，将不同的转移概率作为可配置的参数从而模拟不同的交互场景。

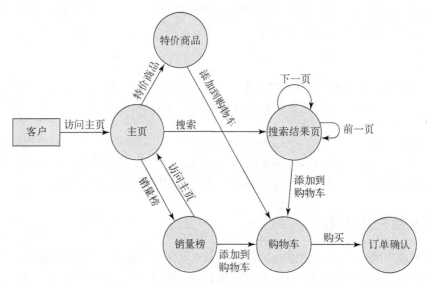

图9-1   马尔可夫链描述的用户交互模型

提示
制定基准测试的第一步是定义用户交互模型。实践中可以用马尔可夫链模拟交互过程。

　　如果应用支持多种客户端，如Web浏览器、RMI以及Web Service客户端、移动设备等，它的行为会因请求客户端的不同而有所差别，模型应该体现这些不同的交互。至于转移概率，将各种不同客户端请求所占的比例作为配置参数是个不错的主意，研究某种类型客户端的性能时，只需要将它的请求比例设置为100%而其他为0%即可。

　　制定Web基准测试时需要考虑浏览器/代理缓存的文件（脚本、样式表和图片）和不同的客户端类型。没有缓存资源的客户端需要发起后续的请求以获取必要的资源，而有缓存的客户端只需要获取动态内容。无缓存用户受负载的影响要大于有缓存的用户，所以两类用户在基准测试中应该区别对待。Yahoo!的性能结果显示，大约一半Yahoo!用户的缓存为空。为了获得Web应用缓存使用的精确比率，需要进行一些试验。

提示
在基准测试中需要考虑客户端的访问模式，以及浏览器/代理的缓存。

　　实际上，用户浏览Web站点时，请求之间会有延迟，通常记为思考时间（Think Time）。依据访问的资源，思考时间可能相差很大，例如用户填表单所花费的时间要比浏览简单页面的时间长。

在企业基准测试中，思考时间是指从请求完成到下一个请求开始之间的流逝时间。在整个基准测试过程中，这种时间延迟可以是固定值，也可以依据概率密度函数计算，从而将一定量的随机性注入到基准测试中。例如，思考时间的值可以从均匀分布的集合中随机选取，该集合的最小值为 min，最大值为 max，平均值为（$min + max$）/2。建议使用负指数分布，它更接近Web交互模型。

> **提示**
> 在连续的请求之间包含思考时间，可以模拟用户延迟。关于思考时间的概率密度函数，推荐使用负指数分布。

前面提到的思考时间是Web用户的重要参数。然而，对于异步交互来说，如Web Service或JMS客户端，注入速率（Injection Rate，即消息注入到系统中的速率）是更为重要的指标。异步应用的性能通常是指它最高支持的无错注入速率。注入速率通常用周期时间表示，如下所示：

注入速率=1/周期时间

周期时间是指请求开始到下一个请求开始之间的流逝时间。周期时间包括请求调用时间（请求开始和响应结束之间的流逝时间）和延迟时间（响应完成和下一个请求开始之间的流逝时间）。所以延迟时间是周期时间和调用时间的差值，因调用开销的不同而不同。如果调用时间大于周期时间，说明客户端可以无延迟地发起下一个请求。如果调用时间总是高于定义的周期时间，那很显然应用不能与当前的注入速率相匹配，意味着基准测试失败。因此，周期时间可以使客户端请求注入系统的速率尽可能接近预期。与思考时间一样，延迟时间可以依据预定义的概率分布随机注入到系统中。

> **提示**
> 异步交互模型中推荐使用注入速率，即应用处理请求的最大速率。

如果应用还有高可用性要求，基准测试则会变得更复杂。如果指定了服务和数据的可用性要求，应该在基准测试中加入一些失败条件。如何计算可用性比较复杂，超出了本书的范围。

应用程序通常使用HTTP会话或者状态会话Bean维护当前活动会话中的用户数据。常见的做法是将会话信息存储在内存中，不过一旦JVM中止信息就会丢失。而大多数应用和Web服务器（包括GlassFish Server开源版，以下称GlassFish）则采用了高可用的做法，即将这些会话保存在持久存储上，即便服务器崩溃，会话中的用户数据也不会丢失。有几种因素会影响会话持久化的性能（参见第10章），在制定高可用应用的基准测试时需要考虑。

> **提示**
> 衡量会话持久化性能的基准测试应该考虑影响会话复制的各种不同因素。

例如，高可用系统的性能受会话中保存数据量的影响很大。因此在研究这些系统的性能时，可以考虑在基准测试中引入会话数据量这个参数。

9.2.4　定义性能指标

制定基准测试接下来需要做的是找出重要的性能指标，下面是这些指标的定义。

- ❑ **请求**。从服务器获取单个资源的调用。
- ❑ **往返时间**。请求开始到该请求响应完成之间的流逝时间。
- ❑ **思考时间**。请求完成到新请求开始之间的流逝时间。
- ❑ **页面浏览**。一组用以显示单个 Web 页面的请求，这些请求除了获取特定页面之外，也包括其他相关的构件（样式表、脚本文件及图片等）。
- ❑ **用户事务**。一组页面请求。
- ❑ **响应时间**。页面渲染完成直到能进行交互所花费的时间。
- ❑ **吞吐量**。响应请求的能力。

请求、往返时间、思考时间等术语比较容易理解，而其他指标比较复杂，需要进一步讨论。接下来将详细解释后面的术语。

1. 页面浏览

页面浏览是指显示页面上的所有内容，可能要跨多个请求。单个请求是最简单的情况。

> **提示**
>
> 通常，请求单个页面时也会请求该页面所引用的其他构件，包括样式表、JavaScript 文件、图片等。

例如，作者用浏览器访问 http://java.sun.com/ 总共会产生 65 个请求。应该注意的是，因为有缓存和内容分发网络（Content Delivery Networks，CDN），实际需要后端应用服务器处理的请求数会有所减少。

如何判断请求是否成功？一种简单的方法是检查响应中的状态码，如果是 400 或者更高，则说明请求失败。其他方法还有，检查响应数据的大小或者解析响应数据直接验证有效性。不管采用何种验证方法，重点是在基准测试结果中记下测试过程中遇到的所有失败。

2. 用户事务

用户事务是指一组相关的页面请求。定义用户事务的目的是为了将应用划分成可管理的片段，每个片段是一组关联的用户交互。在最简单的情况下，用户事务只涉及一个页面请求（例如访问主页面），其他情况下，用户事务则包含若干个页面请求。以下的用户事务可以用来描述图 9-1 中的在线商店。主页面是所有用户事务的入口点，但为简单起见，在下列除第一个以外的其他用户事务中并没有包括它。

- ❑ **访问主页**。只访问主页面（10%）。
- ❑ **特价商品**。访问特价商品页面（20%）。
- ❑ **搜索**。在商品目录中搜索商品。搜索结果可以进一步导航，2 个向前、1 个往后（40%）。
- ❑ **销量榜**。访问销量榜中的商品列表，包括从搜索结果转来的浏览（30%）。

❑ **加入购物车**。从搜索结果中添加 n（平均数）个商品到购物车。从购物车中删除1个商品。（30%来自搜索、20%来自特价商品、10%来自销量榜）。

❑ **购买**。购买购物车中的商品，确认购买的商品列表（10%）。

接下来是定义用户事务所占的概率（如上述列表括号中所示），这些数据通常由Web分析工具、请求日志收集而来，或者基于业务预测。在这个例子中，模型定义如下，所有用户中，10%访问了主页面而没有进一步的交互就返回了，而40%访问了搜索页面（包括搜索结果的导航），30%挑选了销量榜，20%选择了特价商品。然后一部分搜索页面的用户（30%）继续添加 n（平均数）个商品到购物车。接下来10%的用户进一步选择了购买。一旦定义好用户交互模型，基准测试框架就可以沿着这些不同的路径访问应用，模拟真实世界的用户负载。建议将这些转移概率设为可配置参数，易于研究不同的用户交互场景，以及单独研究某个用户事务的性能。

3. 响应时间

从最终用户的角度来看，这是指页面渲染完成并能交互时所花费的总时间。测算最终用户的页面装载时间很重要，但如果基准测试关注的是服务端的性能，那么生成HTML页面并分发到客户端的时间就是很重要的指标了，不过它只是全部渲染时间的一部分。本书关注的是服务器端的性能，所以讨论仅限于制定测量服务器性能的基准测试。

在基准测试运行的过程中，一个页面可能被请求多次。每轮请求/响应的响应时间都需要保存。运行结束后，可用于分析每个页面请求响应时间，计算如下：

❑ 最大值

❑ 平均值

❑ 第90或第99百分位

❑ 标准差

响应时间的平均值和第99百分位是两个最常用的测量指标。平均响应时间是所有成功请求响应时间的算术平均值，第99百分位响应时间是指使所有成功请求中99%得以完成的时间[①]。在Web基准测试中，响应时间长尾并不少见，即少量请求的响应时间长，大多数请求的响应时间短。这些异类请求可能是由Full GC、数据库检查、网络故障等引起的。对于响应时间有严格要求的应用来说，最大响应时间可以作为首要的指标。

用户事务的成功完成，通常需要它的每个组件请求都能完成，并符合特定的成功条件。常见的成功条件是第99百分位响应时间加上数据完整性。对于之前所提的用户事务搜索来说，成功的条件可以定义为每个页面请求的第99百分位响应时间不超过1秒。此外，数据完整性约束可以定为搜索结果至少返回10条记录。

4. 吞吐量

通常可以用吞吐量描述系统的性能，即响应用户请求的能力。吞吐量有多种定义，如每秒成功完成的事务数、每秒执行的操作数、每秒处理的数据处理量（字节/秒）等。图9-2显示了用户负载增长时的吞吐量变化。对于运行良好的系统来说，开始时，吞吐量随着并发用户数的增长而

---

① 换句话说，第99百分位响应时间是指，所有请求中99%的响应时间小于该值。——译者注

增长,而请求的响应时间仍然保持相对平缓(见图9-3)。这是因为在开始阶段系统资源还没有充分利用,系统可以容纳用户负载的增长。然而,一旦系统达到容量峰值(图9-4中的100% CPU使用率),系统吞吐量基本稳定而响应时间随着负载线性增长。

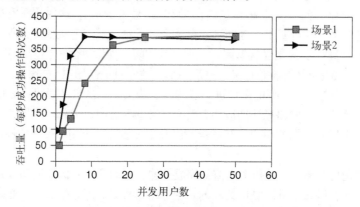

图9-2   吞吐量随负载增长的变化态势

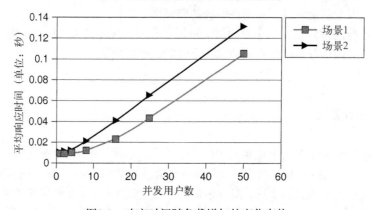

图9-3   响应时间随负载增加的变化态势

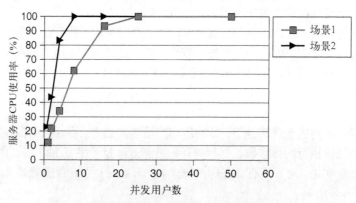

图9-4   服务器CPU使用率随负载增长的变化态势

对于部署在特定硬件配置上的应用来说，吞吐量可作为首要的性能衡量指标。如果所有用户事务的权重相同，这条准则很奏效。但现实往往不是这样，比方说我们在线商店的例子，由于使用安全通信，购买的代价要高于简单的搜索操作，因此购买的平均响应时间超过搜索。这使得有必要为不同的用户事务设定不同的响应时间，也就是将基准测试定义成一组用户事务，每个用户事务都有一个及格响应时间（通常是第99百分点）。任何响应时间不达标的用户事务都视为失败。整体的基准测试指标从而可以定义为没有任何用户事务失败时的最大负载。

9.2.5　扩展基准测试

扩展基准测试通常是指增加应用的用户负载（即并发请求数）。可以用压力生成器框架生成并发请求，并测量每个请求的响应时间。市场上有一些开源的压力生成器框架（例如Apache JMeter、Faban），也有一些商业产品。大多数压力生成器框架都可以归结为以下两种类型。

- □ **多线程单测试客户端进程**。每个线程模拟一个真实用户，多线程并行。由于所有线程都在一个JVM中，所以容易控制和同步这些模拟用户。这种测试方法也容易收集数据并生成报表。这种类型的测试客户端易于开发和设置。然而有以下不足：受限于JVM内存的大小，所以超过一定数量的用户后，就难以扩展；由于测试客户端内部的瓶颈，性能度量值可能被扭曲，例如测试客户端Full GC引起的长时间停顿可能会被误认为是服务器程序糟糕的性能所致；这种方法的另一个缺陷是，用户负载受制于测试客户端可用资源的不足。进行基准测试时，企业级应用通常部署在多核服务器上，通常有多个网卡。如果指望单个测试客户端JVM就能使服务器饱和，可能需要用性能相当强劲的机器来产生负载。
- □ **集中控制的分布式多线程测试客户端**。在这种情况下，用户负载由一组测试客户端进程产生，每个进程都和上一条类似。这些测试客户端可以在一台机器或者多台机器上。有一个集中控制器控制每个测试客户端的生命周期。这种方法有以下优点：可以产生无限的用户负载；增加并发用户很容易，只需要添加更多的测试客户端进程即可；分布式框架可以用大量低配置客户端机器生成让服务器饱和的负载，而不受客户端资源的限制。这种方法最主要的缺点是，建立和配置大量测试客户端系统比较复杂。我们测试用的分布式基准测试框架是Oracle提供的开源框架Faban（http://java.net/projects/faban/）。

应用数据库的大小通常与应用所支持的用户数成正比。有些应用数据库的用户数和应用的活跃访问用户数相同，还有些应用在任何时刻的活跃用户都只占很小比例。后者的典型例子是社交网络类的应用，注册的用户数非常多，但任何时候都只有一小部分是活跃的。增加基准测试数据库的大小是扩展基准测试考虑的重点之一。随着基准测试并发用户数的增加，最好也增加数据库的大小以应对用户量的增加。

基准测试的其他方面也可能需要扩展。比如，为了了解高可用性应用的会话数据量对性能的影响，基准测试需要在一系列不同的会话数据量下运行，以扩展会话的方式扩展基准测试。为了完整了解应用的性能，最好是进行所有必要的扩展性实验。

9.2.6　用利特尔法则验证

在基准测试中，压力生成器框架[1]负责产生适当的压力并测量各种性能指标，如吞吐量和响应时间。压力生成器框架能否提供精确的基准测试结果，这在选择框架时需要重点考虑。许多时候，由于疏于检查自动化测试框架[2]（Test Harness）的有效性，导致压力生成器产生的只是表面上的而不是实际的压力。

为了说明这一点，考虑以下示例，一个测量Web应用服务性能的基准测试。测试的目的是找出在平均响应时间为300毫秒时，应用所能支持的最大并发客户数。基准测试包含以下两种场景：

- 场景1。测试客户端厚重，提交请求、读取响应，处理完数据之后再继续提交下一个请求；
- 场景2。测试客户端轻量，提交请求、读取响应，在提交下一个请求之前不对接收到的数据进行任何处理。

图9-2、图9-3和图9-4显示了在两种场景下，应用吞吐量、响应时间和服务器CPU使用率随并发用户数增加而变化的曲线。两种场景测算出的最大吞吐量基本相同。两种情况下服务器也都达到了饱和。但请注意，场景1（重测试客户端）需要比场景2（轻测试客户端）更多的并发用户才能使服务器饱和。

两种场景的最大吞吐量相近，但响应时间不同。图9-3显示，对于给定的并发用户数，场景1的响应时间要小于场景2。表9-1是平均响应时间为300毫秒时应用在两种场景下所支持的并发用户数。

表9-1　应用支持的并发用户数

场　　景	并发用户数	场　　景	并发用户数
场景1	133	场景2	115

很显然，数据出了点问题——因为自动化测试框架所测试的服务器的最大容量（最大并发用户数）并不会改变。哪个才是正确的呢？我们可以用利特尔法则[3]来验证这两个数据集。

利特尔法则陈述如下：稳定系统的稳态平均客户数L，等于客户的稳态到达速率λ乘以单个客户在系统中的稳态平均停留时间W，或写成：

$$L = \lambda * W \text{[4]}$$

在我们的基准测试中应用此法则，L是并发用户数，λ是吞吐量，W是平均响应时间。因此，给定吞吐量和响应时间，利特尔法则可以计算出活跃并发用户数。为了验证两种场景的结果是否正确，我们用测量的吞吐量和响应时间来计算各自的并发用户数。表9-2是两种场景实际计算出

[1] 关于压力生成器框架，还可以参见http://faban.org/1.0/docs/guide/driver/architecture.html。——译者注
[2] 依据维基百科，自动化测试框架是指一组配置好的软件和测试数据，可以在不同条件下测试程序单元、监控它的运行并输出监控结果。它包括测试执行引擎和测试脚本库。参见http://en.wikipedia.org/wiki/Test_harness。
　　　　　　　　　　　　　　　　　　　　　　　　　　　　　　　　——译者注
[3] 关于利特尔法则，可以参见《编程珠玑（续）》（Jon Bentley著，钱丽艳、刘田译，人民邮电出版社）。——译者注
[4] 即单位时间内进入系统的用户数。——译者注

来的并发用户数。场景2设定的并发用户数和实际计算的值相匹配。然而场景1不是这样，计算值大体上要比压力生成器框架设定的值少20%。

表9-2　场景设定的并发用户数与实际计算的并发用户数

设定的用户数	场景1计算得出的用户数	场景2计算得出的用户数
1	0.44	0.95
2	0.84	1.95
4	1.32	3.92
8	2.92	8.07
16	8.32	15.81
25	16.66	24.94
50	40.71	49.97

这解释了图9-3中响应时间的不寻常之处。场景1响应时间偏短的原因是应用实际承载的并发用户数偏少。图9-5是响应时间与计算并发用户数（而不是压力生成器框架设定的并发用户数）的关系曲线，验证了上述观点。这些数据证实，过高估计场景1的并发用户数是我们性能度量产生偏差的原因。一旦数据得到修正，服务器的最大容量就和压力生成器框架指定的相吻合了。

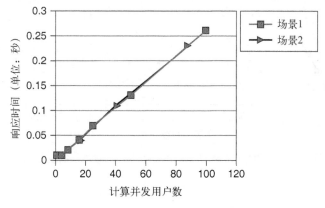

图9-5　实际计算并发用户数的响应时间

上述例子凸显了验证测试框架结果的重要性，特别是涉及扩展性分析的测试。

提示
用利特尔法则（$L=\lambda*W$；L是并发用户数，λ是吞吐量，W是平均响应时间）验证产生负载的实际并发用户数和压力生成器框架报告的并发用户数是否真的相等。

9.2.7　思考时间

思考时间是指用户接收到信息之后处理（例如浏览网页、填写表单等）所花费的时间。基准测试中的思考时间表示在相邻请求之间引入的延迟。延迟类型和延迟量取决于应用，请求和请求之间也有所不同（例如阅读页面花费的时间要少于填写表单的时间）。基准测试中加入思考时间有多种方法，包括在请求之间引入固定的时间，记录真实用户浏览网站时的思考时间后再回放，或者依据概率分布选择思考时间。可采用的分布有，随机分布（在某个最大最小值之间）或负指数分布（上限最大值为平均值的5倍）。对于Web应用来说，最佳选择是将请求视为泊松过程中的事件，而事件之间的延迟时间服从负指数分布。 应该注意的是，这里的延迟是指相继两个页面请求之间的延迟，而不是页面请求中获取如CSS、JavaScript文件、图片的延迟。

图9-6是一个简单Web应用的吞吐量随活动用户数增长的变化态势，不同的曲线代表了不同的用户思考时间（单位：毫秒）。图例中tt是思考时间的缩写。图9-7是同一个测试中平均响应时间的变化态势。起初，吞吐量（每秒成功操作的次数）随着用户数的增长而增加，达到最大值后保持稳定。如图所示，思考时间300毫秒时，系统吞吐量的峰值大约为150个并发用户。

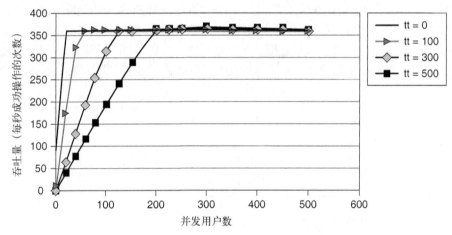

图9-6   不同的思考时间，吞吐量随用户负载增长的变化态势

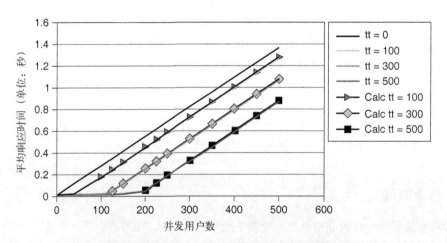

图9-7   不同的思考时间，响应时间随用户负载增长的变化态势

如图9-8所示，系统的整体负载取决于服务器正在处理的活跃请求数，这个数是并发用户数和思考时间的函数。对于同样的用户负载，增加思考时间会减少服务器的活跃请求数，从而支持更多的用户。

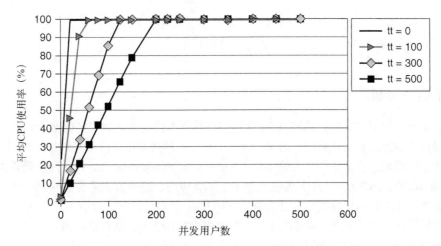

图9-8　不同的思考时间，服务器CPU使用率随用户负载增长的变化态势

到底思考时间是如何影响服务器性能的呢？服务器的性能主要受制于并发处理的请求数，一定程度上受制于总的打开连接数（一旦连接数变得很大，例如大于10 000，情况可能就不同了）。引入思考时间意味着，当一些活跃用户没有从服务器请求资源时，他们就处于非激活状态。换句话说，服务器处理的活跃用户数小于总的用户数。

如前所述，一种常用的性能度量是在平均响应时间不超过某个特定值时，应用所支持的最大用户数。要确定这个性能度量在不同思考时间下的值，可以针对每种思考时间进行多次测量，得出响应时间随用户负载增长的态势，如之前图9-7中所示。假如我们把实验应用的响应时间限定为500毫秒，不考虑思考时间的话，应用可以支持大约180个用户，而一旦引入300毫秒思考时间，这个数字就增长到约290个。

不考虑思考时间的性能测试数据，能否用来推断在不同的思考时间下，应用性能的变化？回答是：当然可以。我们仍然还是用利特尔法则。引入思考时间后，并发用户数 N、到达率 λ、平均响应时间 W 和平均思考时间 T 之间的关系如下：

$$\lambda = N / (W + T)$$

到达率是指请求到达服务器的速率。在不考虑思考时间的情况下运行测试并测量吞吐量的峰值，就可以估算出到达率的最大值。所以，在指定吞吐量峰值的情况下，我们可以计算出特定思考时间和响应时间时的并发用户数，反之，我们也可以计算平均思考时间 T 秒，特定并发用户数时的平均响应时间。前面图9-7中显示了在3种不同思考时间的情况下，实测的响应时间和计算得出的响应时间。从图中可以看出，计算值与实测值非常接近。在我们的测试中，证明到达率峰值大约为362。运用之前所列的等式，实验显示思考时间300毫秒时最大可以支持290个并发用户，平均响应时间为500毫秒（$N = 362*[0.5 + 0.3] = 290$）。

> **提示**
>
> 到达率等式$\lambda = N/(W + T)$提供了一种方式，使得我们可以基于不考虑思考时间的少量实验数据结果，计算出系统在不同思考时间和响应时间时的容量。

9.2.8 扩展性分析

随着企业级应用用户负载的增加，服务器端对计算资源的需求量也与日俱增。可以通过垂直、水平或者混合扩展方式满足日益增长的用户需求。垂直扩展是给单个应用实例提供更多资源，从而满足吞吐量的增加。通常是在更大的SMP（Symmetric Multiprocessiong，对称多处理器）或者CMT（Chip Multithreading，芯片多线程）系统上部署应用。这种方法适合能够充分利用所有资源，不受应用设计、JVM垃圾收集、锁竞争、网络和磁盘I/O等限制的应用。

水平扩展是在更多的系统（通常较小）上部署更多应用实例，从而满足需求的增长。通常会在多个系统的前面部署负载均衡器，以便将用户负载分摊到不同的应用实例上。这种弹性扩展应用的方法可以支持相当大的用户负载。这种扩展模型的主要缺点是管理和维护大量的部署应用、Java EE容器和硬件系统比较困难。

混合扩展模型综合了垂直和水平模型，在单个SMP系统里，应用被部署成多个应用服务实例，通过添加更多系统可以进一步扩展。在水平扩展时，需要负载均衡器将请求路由到适当的实例上。

为了找到应用的最佳部署配置，通常需要进行扩展性分析，特别是在大型SMP或CMT系统上部署应用的情况。由于种种原因，应用可能无法充分利用所有可用的资源，通过垂直扩展性研究（测量吞吐量与硬件线程数的最大比值），可以找到扩展性的瓶颈，然后进一步修正。这种方法也能让我们找到资源利用最大化的配置。例如核数超过一定量之后，过度的锁竞争可能会阻碍应用的进一步扩展。这种情况最好选择混合部署模型，可以在单个系统上运行多个应用服务实例，从而优化资源利用。

导致企业级应用难以扩展的因素有锁竞争、磁盘或网络I/O瓶颈、JVM垃圾收集、应用服务器调优不当（主要是进程池的大小不正确）以及缓慢的外部依赖系统（数据库、Web服务等）。9.3.2节将介绍如何监控上述因素。

9.2.9 运行基准测试

本节考察一些建立和运行多层基准测试的最佳实践，以及一组用于查找潜在问题的监控工具。

1. 隔离SUT
尽可能隔离SUT（被测系统）。9.2.1节讲述了需要找出SUT，以确保基准测试结果的精确性。

提示

对于多层应用的基准测试，最好的做法是将SUT尽可能地隔离到易于监控的环境中。

在理想情况下，压力生成器、SUT、数据库和外部系统可以部署在不同的机器上，每个系统都能分别监控。但是，缺少机器和其他限制可能使得这种部署成为泡影。常用的折中办法是，将SUT单独部署在一个系统上，而其他所有组件（压力生成器、数据库等）则部署到另外一台机器上。

提示

性能调优中有个很好的做法，即在建立基准测试的过程中进行网络吞吐量和延迟测试，从而对不同通信通道的容量有所了解，也能找到并消除高延迟的通信链路。

最好在设立和配置基准测试时，考虑操作系统的能力，例如处理器分组、系统分区，使得它们可以作为独立的系统，如虚拟化或者Oracle Solaris Zone[①]。为进程创建处理器组，可以将Java应用的JVM运行在一组处理器上，从而改善CPU高速缓存的利用率。CPU高速缓存利用率能否改善，取决于分配给处理器的虚拟处理器和底层的CPU芯片架构，特别是它的缓存大小和缓存边界，即CPU高速缓存横跨多少个虚拟处理器，或多少个虚拟处理器共享相同的CPU高速缓存。由于虚拟化或Oracle Solaris Zone将系统分隔开，所以可以将应用进一步隔离成域。

应用经常会通过网络依赖外部第三方组件，比如Web 2.0 Mashup应用通过Web Service调用从外部数据源获得数据。对于这种情况，即便应用响应请求的时间包括了从外部数据源访问数据的时间，在基准测试中，也最好将外部资源视作SUT的外部系统。

基准测试的可重复性很重要，所以不建议依赖基准设置范围以外的系统。此类场景中常用的方法是在基准测试设置中包含一个模仿外部服务的模拟器。

2. 监控资源

对于CPU受限的应用来说，研究应用峰值能力的基准测试应该能充分利用SUT的CPU资源。在多数情况下，不希望在基准测试中出现没有充分利用CPU资源的情况，因为这通常意味着软件或硬件遇到了瓶颈（除非基准测试在负载减少的情况下运行）。

提示

因为企业级应用的多层性，所以很重要的一点是，监视基准测试中所有系统的资源利用率，并确保基准测试不受SUT外部系统资源缺乏的影响。

需要监控以下内容：
- CPU使用率
- 内核和用户内存使用率

---

① Oracle Solaris Zones软件分区技术将操作系统服务虚拟化，为应用程序的运行提供安全的隔离环境。——译者注

- 网络I/O使用率
- 磁盘I/O使用率
- JVM

第2章和第4章以及后面的9.3.2节描述了如何监控上述不同的组件。

3. 预热和稳态间隔

第8章讲述了Java程序的基准测试需要预热，这对企业级应用的基准测试同样适用。此外，还值得考虑以下需求。

- **预热时间**。指负载增加到所设限制时的流逝时间。最好是逐步增加负载，而不是同时开启所有的测试客户端。在负载逐步加大的过程中，依据某种预定义函数逐渐增加测试客户端的数目，到这个过程结束时，所有的测试客户端就都启动了。这个时间也是SUT系统JVM的热身时间。
- **稳态时间**。指测量基准测试所流逝的时间。这段时间应该足够长，足以收集有意义的结果，也能有足够多的数据使得测试数据的比例符合需求。稳定状态也应该保持足够长的时间，从而涵盖应用生命周期中的重要场景，比如，Full GC、数据库检查点等。
- **收尾时间**。在这个阶段负载逐渐减少。

4. 管理可重复性

对于任何基准测试来说，确保生成可重复、一致的结果非常重要。由于企业级应用的组件分布在多层上，所以可重复性是一种挑战。在各轮次运行之间，基准测试的性能度量变化很大，即便使用第8章中的统计方法，要想评估到底是改进还是退化仍然比较困难。虽然有大量不确定因素，但测试前仍然可以通过一系列步骤将所有组件重置到特定的状态，一定程度上缓解难以重复的问题。以下是一些可以考虑的步骤，并非每个基准测试都需要遵循所有的步骤。

- 重启所有系统。
- 重启所有JVM。
- 将数据库恢复到原始状态（可能需要重新载入数据）。
- 将文件系统恢复到原始状态。
- 将消息队列恢复到原始状态。
- 同步所有系统的时钟。

5. 运行异步基准测试

到目前为止，本章讨论的是同步基准测试，事务的响应时间可以用客户端完成请求/响应周期的往复时间来衡量。然而，一旦进行基准测试的应用涉及异步请求（JMS或单向Web Service请求），情况就变得不同了。在这种情况下，由于请求的单向性，客户端无法测量请求处理的时间，所以应用性能的衡量需要别的方法。一种可行的办法是，在请求发送时，将时间戳作为请求负荷（Payload）的一部分进行打包，或者如果可行，也可以打包在消息的首部。消息的消费者记录消息到达的时间，并用打包的时间信息计算消息传递所花费的时间。如果生产者和消费者部署在同一台机器，消息传递的开始和结束时间是同步的。如果部署在多台机器上，要是两个系统的时钟不同步，则计算的时间是错的。

> **提示**
>
> 在多层异步基准测试中，最好在基准测试运行前同步所有系统的时钟。可以通过网络时间协议（Network Time Protocal，NTP）或者Oracle Solaris和Linux上的rdate工具同步时钟。

对于涉及多个系统的基准测试，随着基准测试的运行，不同系统之间的时钟相差会越来越大，建议在基准测试之后的审计过程中比较系统时钟，废弃系统时间相差很大的基准测试数据。

6. 使用统计方法

基准测试中如何使用统计方法的详细讨论，建议读者参考8.3节的内容。由于企业级应用基准测试涉及多个组件，反复运行基准测试的结果可能会有天壤之别。从8.3节中得来的一个值得注意的重要原则是，无论采取何种统计方法，样本数或观察的次数越多，可供实验和分析的信息就越多。

9.3　应用服务器监控

在典型的多层企业级应用部署中，客户端、应用服务器实例、数据库以及应用依赖的外部系统会部署在不同的系统中。每个系统都会影响应用的整体性能，所以监控和调优每个组件的性能非常重要。实际部署中通常不会监控客户端，即便如此，基准测试场景中监控客户端的性能仍然很重要。那些没有检测出来的客户端瓶颈可能会给应用性能增加不必要的麻烦。

监控的操作系统属性通常包括：CPU、内核和用户内存使用率以及网络和磁盘I/O使用率。JVM需要监控：垃圾收集、锁竞争和类装载。第2章和第4章介绍了如何在不同的操作系统上监控这些属性，并为如何识别潜在的问题给出了一组通用准则。

对于密切依赖数据库交互的应用来说，数据库性能的调优非常重要。有许多数据库或者其他第三方工具可以监控和分析数据库的性能。详细介绍数据库监控已经超出了本书的范围，此处不再细述。

本节讨论如何通过系统、JVM和应用服务器的监控查找一些分布式应用中常见的问题。第10章和第12章将介绍监控和分析JSP/Servlet、EJB性能的不同参数。不过让我们先简单地了解下GlassFish（Oracle提供的开源Java EE服务器）中的监控框架。不使用GlassFish的读者可以直接跳到9.3.2节。

9.3.1　GlassFish 监控

GlassFish内建了监控框架，用户可以监控不同的容器以及部署在应用服务器中的应用。客户端可以通过多种方式连接应用服务器，监控服务器实例。

- ❏ 管理控制台
- ❏ 管理命令行（admin CLI）
- ❏ JConsole、VisualVM或其他JMX客户端

1. 管理控制台

GlassFish提供基于浏览器的管理界面，用户可以管理和监控域中的服务器实例。可以通过 http://<host name>:<admin port>/（默认admin port: 4848）访问管理GUI。本节中的例子基于Glass Fish V3。

从左边Common Tasks（日常任务）面板上点击Monitoring（监视），可以打开默认的监控页面。监控默认为关闭。可以点击Configure Monitoring（配置监视）链接为各种组件或者服务开启监控。图9-9是Configure（配置）面板的截图。每个组件的监控级别都可以独立修改。设置监控级别为LOW（低）或者HIGH（高）就可以开启监控。这两者的差别与组件有关。比如HTTP服务，LOW和HIGH提供相同的数据集，而EJB容器，只有级别设置为HIGH时才会提供应用特定的监控数据。

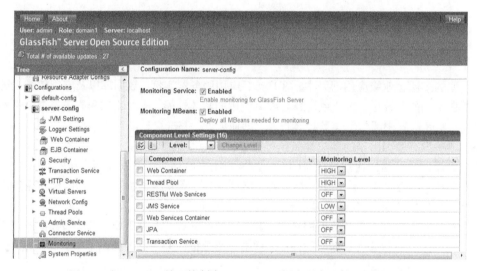

图9-9   在GlassFish管理控制台Configure面板中开启监控不同的组件

开启监控的代价取决于开启模块的数量。监控一到两个模块，性能预期下降约5%~8%。由于监控的侵入性，生产环境中应该只在数据收集时才开启监控。

页面上的监控数据可分为几类。Runtime（运行时）选项卡[①]可以监控各种子系统，包括JVM、服务器、HTTP服务、线程池等。在左边工具条上选择Subsystems（子系统）就可以查看相应的数据。Application（应用程序）选项卡可以获取单个应用的性能统计信息，Resource（资源）选项卡提供部署资源的信息。

2. JConsole/VisualVM

可以用JConsole监控应用服务器内部的各种MBean，研究应用服务器的行为。JConsole是JMX（Java Management eXtensions，Java管理扩展）兼容的GUI工具，可以连接5.0或以上的JVM进程。

更多关于如何启动JConsole以及用它监控JVM的详细信息请参见第4章。本节介绍如何用JConsole监控应用服务器的统计信息。

　　JConsole可以连接本地或远程的应用服务器实例。连接本地系统时，选择名字为ASMain的服务器实例。注意，如果有多个应用服务器实例运行，可能会列出好几个。JConsole进程相当占资源，由于CPU资源共享，在本地运行时会影响应用服务器的性能。从管理控制台可以连接远程服务器实例的JMX服务URL。左边工具条上选择Configurations（配置）>Server-Config>Admin Service（管理服务），就能看到JMX Connector的设置信息，包括JMX端口，如图9-10所示。在JConsole的远程连接对话框中填入<host>:<JMXPort>就可以连接了。

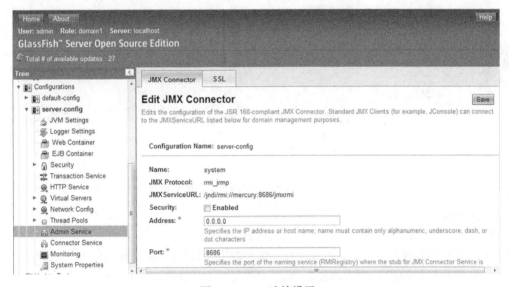

图9-10　JMX连接设置

　　一旦建立好连接，JConsole就可以监控JVM的性能以及其他用MBean方式暴露出来的应用服务器属性了。第4章介绍了JVM的性能监控和分析，此处不再赘述。

　　点击MBean选项卡，可以查看应用服务器特定的MBean，在导航树上选择amx节点，amx包括配置参数以及监控值。监视的性能度量按-mon划分。例如图9-11中request-mon节点显示请求的统计信息。从导航树上选择感兴趣的属性并在右边面板中双击值字段，就可以查看监控值了。也可以添加自定义的MBean将应用特定的数据暴露出来，参见第10章。

　　也可以用JVM（需要JDK 6 Update 7或更高版本）中的可视化图形工具VisualVM监控GlassFish。VisualVM可以连接本地或远程的应用服务器实例。监控GlassFish的特定属性，需要安装VisualVM的GlassFish插件。最新的插件可以从https://visualvm.dev.java.net/plugins.html下载。服务器实例开启监控后，GlassFish插件就可以监控各种属性了。更多如何使用VisualVM的详细信息参见第4章。

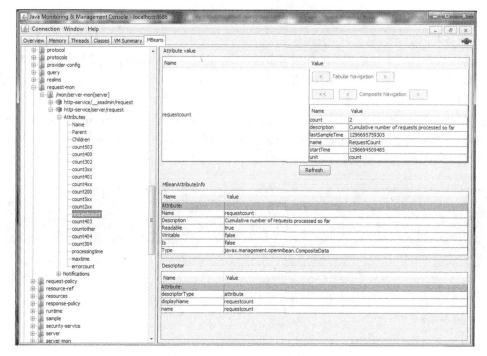

图9-11   用JConsole查看应用服务器统计信息

3. asadmin CLI

GlassFish提供了监控各种服务器组件性能的命令行工具，可以罗列所有可监控的组件、设置重要条目的监控级别以及从本地或远程运行系统获取性能数据。GlassFish安装目录bin里的管理命令asadmin（或是Windows中的asadmin.bat）可以完成上述任务。用asadmin --help了解详细用法。

默认为关闭监控，所以先要开启组件的监控。以下命令可以列出所有可监控的服务：

```
asadmin --host <host> --port <port> get
"<server-name>.monitoring-service.module-monitoring-levels.*"
<host> and <port> are the host name and port of the DAS, resptively.
<server-name> is the name of the server to be monitored (default: server).
```

下面是一个例子：

```
asadmin --host host1 --port 4848 get
server.monitoring-service.module-monitoring-levels.*
server.monitoring-service.module-monitoring-levels.connector-connection-pool=OFF
server.monitoring-service.module-monitoring-levels.connector-service=OFF
server.monitoring-service.module-monitoring-levels.ejb-container=OFF
server.monitoring-service.module-monitoring-levels.http-service=HIGH
server.monitoring-service.module-monitoring-levels.jdbc-connection-pool=OFF
server.monitoring-service.module-monitoring-levels.jersey=OFF
```

```
server.monitoring-service.module-monitoring-levels.jms-service=OFF
server.monitoring-service.module-monitoring-levels.jpa=OFF
server.monitoring-service.module-monitoring-levels.jvm=OFF
server.monitoring-service.module-monitoring-levels.orb=OFF
server.monitoring-service.module-monitoring-levels.security=OFF
server.monitoring-service.module-monitoring-levels.thread-pool=OFF
server.monitoring-service.module-monitoring-levels.transaction-service=OFF
server.monitoring-service.module-monitoring-levels.web-container=HIGH
server.monitoring-service.module-monitoring-levels.web-services-container=OFF
Command get executed successfully.
```

用asadmin set可以更改单个组件的监控级别：

```
asadmin set
<server-name>.monitoring-service.module-monitoring-levels.<service>=<level>
<server-name> is the name of the server to be monitored (default: server).
<service> is service module of interest.
<level> can be OFF, LOW or HIGH.
```

例如运行以下命令，可以开启http-service的监控：

```
asadmin set server.monitoring-service.module-monitoring-levels.http-service=HIGH
```

一旦开启模块监控，asadmin就可以添加特殊参数--monitor（或-m），以便列出所需要的性能数据。以下命令可以列出服务中所有可监控的节点：

```
asadmin --host <host> --port <port> list -m "<server-name>.<module>*"

<module> is the service of interest (eg: network).
```

以下get命令可以获取监控节点所有属性的值：

```
asadmin --host <host> --port <port> get -m "<server-name>.<module>.<service>.*"

<service> is the specific service within the module that is of interest
(eg: server.network.http-listener-1)
```

上述命令可以列出所有的属性，有可能太多了。如果指定属性的完整名称，就可以只获取指定属性的数据。例如监控HTTP请求处理线程的忙碌程度，可以使用属性server.network.http-listener-1.thread-pool.currentthreadsbusy-count。

get加上参数--interval和--iterations可以按照间隔定期收集数据。

另一个可以显示各种组件统计数据变化的命令是asadmin monitor，使用方法如下：

```
asadmin monitor --type monitor_type
```

其中type是以下值之一：httplistener、jvm或webmodule。-help可以获得监控命令的详细信息。

9.3.2   监控子系统

性能监控有助于找到可能影响应用性能的潜在问题。本节介绍一些应该监控的重要参数。

1. JVM

Java EE容器的JVM性能是决定企业级应用整体性能的最重要因素，监控JVM是性能分析的重要部分。第4章详细介绍了各种JVM的性能监控工具。本节详细讨论如何用这些工具监控应用服务器的运行实例。

Java类的企业级应用受垃圾收集性能的影响。Java EE容器除了要为应用的业务方法处理分配对象外，还需要为Web、EJB、Web Service或者JMS消息处理创建对象。收集应用服务器生成的对象看起来对性能影响比较小。然而，由于建立大资源池和大处理线程池会增加垃圾收集的开销，所以会对性能产生不利的影响。此外，维护会话信息（通过HTTP Session对象或状态会话Bean）也会增加内存占用，所以对应用服务器实例内的各种容器进行适当调优就比较重要了。关于Java HotSpot VM的调优建议可以参考第7章。

> **提示**
>
> 监控和调优Java EE容器JVM的性能很重要，大家应该用本书其他部分介绍的性能调优技巧和最佳实践改善应用服务器内嵌JVM的性能。

可以用GlassFish服务器实例的Administration Console或asadmin添加JVM命令行选项。以下示例演示如何在GlassFish中开启GC监控。

❑ JVM命令行选项-verbose:gc、-XX:+PrintGCDetails或-XX:+PrintGCTimeStamps。登录管理控制台之后，选择关注的应用服务器实例，选择JVM Setting（JVM设置）->JVM Options（JVM选项）。点击Add JVM Options（添加JVM选项），在新增加的文本框中输入所需的参数，保存然后重启服务器实例。

❑ 命令行asadmin：

```
asadmin create-jvm-options \\-verbose\\:gc
asadmin create-jvm-options \\-XX\\:+PrintGCDetails
asadmin create-jvm-options \\-XX\\:+PrintGCTimeStamps
```

输出写入到<path to server instance>/logs/server.log。

❑ 命令行工具jstat监控本地或远程实例（远程监控需要安装和配置jstatd）。在jps的输出中依据类名ASMain可以找到服务器实例的vmid。第4章介绍了如何使用jstat、jps以及配置jstatd。

```
#jps
19151 ASMain
20190 Jps
```

❑ JConsole或VisualVM（如何连接参见9.3.1节）。

2. 线程转储

用线程转储可以很容易地抓取某个时间点的线程运行状态快照，快速了解应用的执行状况，包括各种有用的信息：锁竞争、各种池的使用情况、I/O活动，并对系统的负载有个实时的体会。以下是几种从服务器运行实例中生成线程转储的方法。

- ❑ JDK 6附带的jstack（Oracle Solaris和Linux上的JDK 5也提供该工具）可以收集任意Java应用的线程转储，以及本地或远程的应用服务器。可以先用jps按照类名ASMain找到本地GlassFish服务器进程的id，然后用jstack连接进程实例。更多可用参数和如何连接远程实例可参考http://java.sun.com/javase/6/docs/technotes/tools/share/jstack.html。
- ❑ JConsole的Threads（线程）选项卡。
- ❑ 使用VisualVM的Threads Inspector插件。如何使用该插件的详细信息请参考https://visualvm.dev.java.net/plugins.html。
- ❑ 使用asadmin命令，asadmin generate-jvm-report --type thread。

虽然线程转储只是执行状态的快照，但它易于使用，常常能提供有用的信息，而且侵入性最小。第4章讨论了如何用这些信息找出应用中阻碍扩展性的锁竞争。通过分析还能得到各种额外的信息，包括意料之外的文件系统交互以及与外部慢系统包括数据库（本节后续详细介绍）之间的交互。

3. 网络I/O

网络性能对于分布式系统来说非常关键，确保网络设计符合应用的要求非常重要。两种重要的度量是吞吐量和延迟。吞吐量是指在指定时间段内有多少数据流过通道。有两个术语的含义接近吞吐量，但并不相同，分别是网络速度和带宽。速度是指技术上网络的额定速率（例如千兆以太网的额定速率是每秒1Gbit），带宽是指理论上数据传输的能力。网络吞吐量是指实际通过通信通道的数据传输量。网络带宽可以用Java版本的Test TCP（TTCP，http://www.netcordia.com/files/java-ttcp.zip）测量，或者用uperf（http://www.uperf.org/），它支持各种网络模式的建模和回放。

另一个重要性能是网络延迟，它是指数据请求发出之后多久能到达。网络延迟对请求响应时间的影响很大，建立基准测试时应该考虑。Oracle Solaris、Linux及Windows上可用ping工具衡量两个系统之间的网络延迟。接下来介绍各种平台上ping的用法和相应输出。

9.3.3 Solaris

Solaris中ping的用法和输出：

```
# ping -s webcache.east.sun.com 32 5
PING webcache.east.sun.com: 32 data bytes
40 bytes from cache3bur.East.Sun.COM (129.148.13.2): icmp_seq=0.
time=78.0 ms
40 bytes from cache3bur.East.Sun.COM (129.148.13.2): icmp_seq=1.
time=77.6 ms
...
----webcache.east.sun.com PING Statistics----
```

```
5 packets transmitted, 5 packets received, 0% packet loss
round-trip (ms)  min/avg/max/stddev = 77.5/77.7/78.0/0.18
```

9.3.4 Linux

Linux中ping的用法和输出:

```
# ping -c 5 -s 32 webcache.east.sun.com
PING webcache.east.sun.com (129.148.9.2) 32(60) bytes of data.
40 bytes from cache1bur.East.Sun.COM (129.148.9.2): icmp_seq=0 ttl=239 time=79.1 ms
40 bytes from cache1bur.East.Sun.COM (129.148.9.2): icmp_seq=1 ttl=239 time=78.4 ms
...
--- webcache.east.sun.com ping statistics ---
5 packets transmitted, 5 received, 0% packet loss, time 4039ms
rtt min/avg/max/mdev = 78.261/78.628/79.103/0.456 ms, pipe 2
```

9.3.5 Windows

Windows中ping的用法和输出:

```
D:\>ping webcache.east.sun.com

Pinging webcache.east.sun.com [129.148.13.2] with 32 bytes of data:

Reply from 129.148.13.2: bytes=32 time=78ms TTL=240
Reply from 129.148.13.2: bytes=32 time=78ms TTL=240
...

Ping statistics for 129.148.13.2:
    Packets: Sent = 4, Received = 4, Lost = 0 (0% l
Approximate round trip times in milli-seconds:
    Minimum = 77ms, Maximum = 78ms, Average = 77ms
```

提示
在设立基准测试的过程中,最好进行网络吞吐量和延迟测试,了解各种通信通道的容量,找到并消除高延迟的通信链接。

2.5节介绍了操作系统中系统网络使用率的监控工具,以及改善应用网络交互性能的最佳实践。对于有大量用户的Web应用来说,由于网络I/O很高,系统CPU使用时间占整体CPU使用时间的比例就会很高。

企业级应用在请求处理周期中常常通过网络与外部应用交互。应用会为每个请求创建新的套接字连接或者重用已有的连接。创建和关闭套接字是昂贵的操作,这种开销甚至会占网络通信成本的很大一部分,特别是传输数据量比较小的情况。怎样通过运行时监控发现正在创建的新连接是否太多呢？Solaris、Windows及Linux上可以用netstat工具。netstat -a可以提供活跃连接的状态（下面是Solaris上的输出样本，与其他平台上的稍有不同，但都会指示连接的状态）。状态为TIME_WAIT的连接意味着套接字已经关闭，这类数量很多的话，通常就意味着新连接的创建和关闭过多。其他可以留意的信息是客户端端口号，不断改变的端口号暴露出有新连接创建。

```
#netstat -a
<edited>
Local Address          Remote Address          <edited>    State
-------------          --------------------    --------    ------
jes-x4600-1.10000      jes-x4600-1.42850       ...         TIME_WAIT
jes-x4600-1.10000      jes-x4600-1.42851       ...         TIME_WAIT
jes-x4600-1.42860      jes-x4600-1.10000       ...         TIME_WAIT
jes-x4600-1.42883      jes-x4600-1.10000       ...         ESTABLISHED
jes-x4600-1.10000      jes-x4600-1.42883       ...         ESTABLISHED
```

提示

最好创建套接字连接池，适当地重用这些连接而不是每个请求创建一个新连接。设立适当的超时时间，一旦这些资源占用不频繁，就可以释放了。

9.3.6 外部系统的性能

如前所述，多层企业级应用会通过网络与其他外部系统（包括数据库）进行交互。如果请求处理过程中需要进行网络交互，缓慢的外部系统就会影响请求的响应时间，例如数据库交互。有些成熟的数据库分析工具可以找出数据库性能差的原因。某些情况下，简单的线程转储就能很快帮你找到问题，我经常会首先考虑这种简单方法，查找慢速网络或者数据库性能。应该注意的是，这只是一种粗略的方法，不应该是最终的决定因素，所以即便测试中没有找到任何问题，也可能需要实施更复杂的技术。

如以下显示的栈信息片段，查找等待响应的线程，就可以找到外部慢速系统。大量处于网络I/O状态的线程和应用层可用的空闲CPU周期，清楚地表明应用的性能被缓慢的网络或者外部系统拖累。

```
"httpSSLWorkerThread-8081-62" daemon prio=3 tid=0x00c84c00 nid=0xcf runnable
[0x3bc7e000..0x3bc7faf0]
   java.lang.Thread.State: RUNNABLE
      at java.net.SocketInputStream.socketRead0(Native Method)
      at java.net.SocketInputStream.read(SocketInputStream.java:129)
      at com.mysql.jdbc.util.ReadAheadInputStream.
      fill(ReadAheadInputStream.java:113)
      ..
      at com.mysql.jdbc.Connection.execSQL(Connection.java:3283)
      ..
      at javax.servlet.http.HttpServlet.service(HttpServlet.java:831)
```

```
..
"httpSSLWorkerThread-8081-61" daemon prio=3 tid=0x01102000 nid=0xce runnable
[0x3bd7fe000..0x3bd7fa70]
   java.lang.Thread.State: RUNNABLE
        at java.net.SocketInputStream.socketRead0(Native Method)
   java.lang.Thread.State: RUNNABLE
        at java.net.SocketInputStream.socketRead0(Native Method)
        at java.net.SocketInputStream.read(SocketInputStream.java:129)
        at com.mysql.jdbc.util.ReadAheadInputStream.
        fill(ReadAheadInputStream.java:113)
..
"httpSSLWorkerThread-8081-60" daemon prio=3 tid=0x01101000 nid=0xcd runnable
[0x3be7e000..0x3be7fbf0]
   java.lang.Thread.State: RUNNABLE
        at java.net.SocketInputStream.socketRead0(Native Method)
        at java.net.SocketInputStream.read(SocketInputStream.java:129)
```

动态Java追踪工具BTrace（http://kenai.com/projects/btrace/pages/Home）可以找到慢速数据库交互。下面的样例是测量所有查询JDBC语句的执行时间。更复杂的JDBC查询追踪脚本（JdbcQueries.java）可以显示每条SQL语句的执行时间，可以从BTrace项目网站的BTrace示例中找到。

```java
package com.sun.btrace.samples;

import static com.sun.btrace.BTraceUtils.*;
import java.sql.Statement;
import java.util.Map;
import com.sun.btrace.AnyType;
import com.sun.btrace.BTraceUtils;
import com.sun.btrace.aggregation.*;
import com.sun.btrace.annotations.*;

/**
 * BTrace脚本打印查询中所有已执行JDBC语句的用时。用参数--full显示直方图。
 */
@BTrace
public class JdbcAnyQuery {
    private static Map<Statement, String> preparedStatementDescriptions
        = newWeakMap();
    private static Aggregation histogram =
        newAggregation(AggregationFunction.QUANTIZE);
    private static Aggregation average =
        newAggregation(AggregationFunction.AVERAGE);
    private static Aggregation max =
        newAggregation(AggregationFunction.MAXIMUM);
    private static Aggregation min =
        newAggregation(AggregationFunction.MINIMUM);
    private static Aggregation count =
        newAggregation(AggregationFunction.COUNT);
    private static boolean full = $(2) != null &&
        strcmp("--full", $(2)) == 0;
    @TLS
    private static long timeStampNanos;

    @OnMethod(clazz = "+java.sql.Statement", method = "/execute.*/")
```

```
    public static void onExecute(AnyType[] args) {
        timeStampNanos = timeNanos();
    }
    @OnMethod(clazz = "+java.sql.Statement", method = "/execute.*/",
location = @Location(Kind.RETURN))
    public static void onExecuteReturn() {
      AggregationKey key = newAggregationKey("Generic Query");
        int duration = (int) (timeNanos() - timeStampNanos) / 1000;
        addToAggregation(count, key, duration);
        addToAggregation(average, key, duration);
        addToAggregation(histogram, key, duration);
        addToAggregation(max, key, duration);
        addToAggregation(min, key, duration);
    }

    @OnEvent(value="reset")
    public static void onReset() {
        println ("Data reset");
        clearAggregation(count);
        clearAggregation(min);
        clearAggregation(max);
        clearAggregation(average);
        clearAggregation(histogram);
    }

    @OnEvent()
    public static void onEvent() {
        println("Results. All times are in microseconds");
        println("-------------------------------------------");
        printAggregation("Count", count);
        printAggregation("Min", min);
        printAggregation("Max", max);
        printAggregation("Average", average);
        if (full) {
            printAggregation("Histogram", histogram);
        }
        println("-------------------------------------------");
    }
}
```

运行脚本可以得到以下输出：

```
# /home/binu/Utils/btrace/bin/btrace `jps |grep ASMain  | awk '{print $1}'`
/home/binu/Utils/btrace/samples/JdbcAnyQuery.java

^CPlease enter your option:
        1. exit
        2. send an event
        3. send a named event
2
Results. All times are in microseconds
-------------------------------------------
Count
  Generic Query                                              32
```

```
Min
  Generic Query                                          922
Max
  Generic Query                                       146336
Average
  Generic Query                                        13341
---------------------------------------------
```

基于查询执行时间，可以判断出应用性能是否被慢数据库拖累。

9.3.7　磁盘 I/O

2.6节曾描述了在各种操作系统上如何收集磁盘使用情况的统计数据。除了应用会使用磁盘，Java EE容器的部分代码也会涉及磁盘交互。下面列出了应用服务器实例产生的各种磁盘活动，活动因请求类别和应用服务器配置而有所不同。

- 访问静态文件（HTML、CSS、图片、Javascript文件），这是Web请求的一部分。
- 写入访问和服务器日志。
- 写入事务日志，这是分布式事务的一部分。
- 写入持久化JMS消息以及JMS事务日志。

通常获取静态内容的Web请求会使得Web容器先从文件系统读取需要的资源，然后再通过网络传回。在典型的Web使用模式中，用户请求主要是HTTP GET，如果数据没有缓存在内存中，就会转换成大量的涉及磁盘I/O的系统读取调用。然而，随着Web 2.0的出现，用户与系统的交互需要时常上传各种内容，包括图片、音频和视频。这些事务会在本地或者分布式文件系统中存储，写操作非常密集。所以磁盘/文件交互是Web应用性能的关键。

通常要开启访问日志（GlassFish默认关闭访问日志），收集用户的请求数据。访问日志文件调优的详细信息参见第10章。

GlassFish支持多种日志级别，可以为不同的子系统单独设定。从默认的INFO开始，日志的粒度越来越细，写活动也越来越多，这会导致磁盘瓶颈。过多的日志会导致扩展性问题，也会影响应用的性能。下面列出一些有关日志的最佳实践。

- 服务器日志设置为所需的最小级别。
- 调试时，设定需要提高日志级别的组件。
- 应用代码中设定适当的日志级别。如果组件的日志级别为INFO或更高，在标准输出和错误监控台上打印的信息则会写入日志文件。万一应用无法修改，则可以将日志级别降低到WARNING，减少日志输出。

在事务处理过程中，事务管理器会在事务日志文件中写入信息，这可能导致磁盘瓶颈。磁盘忙，服务时间就会变长，系统性能就会变得很糟糕、扩展性降低，最差时会导致事务失败。如果磁盘性能成为问题，建议将应用服务器实例的事务日志文件配置到快速磁盘上（最佳选择是称为SSD的固态硬盘）或者是有写缓存的磁盘阵列。可以用管理控制台（左侧导航条，选择

Configuration>Transaction Service（事务服务）[①]，然后在Transaction Log Location（事务日志位置）中指定新位置）或者用如下asadmin配置事务日志目录的位置：

```
asadmin set server.transaction-service.tx-log-dir=<PATH LOCATION>
```

JMS消息的持久化或者事务化处理是磁盘密集操作。持久化JMS消息需要保存，由于默认消息存储基于文件，所以会写入文件系统。（DB存储也支持，但似乎文件存储的性能更好。）JMS事务（单事务或两阶段事务）涉及事务日志，会导致磁盘活动。在分布式事务日志中，为了优化性能，建议配置JMS文件/事务存储到快速磁盘或开启写缓存的磁盘阵列上。

> **提示**
> 事务日志和JMS消息存储最好使用SSD或有写缓存的磁盘阵列。

线程转储分析也有助于找到意料之外的系统交互。这方面的例子是装载XML工厂类，这要查找各种jar文件以找到合适的实例加载。重复加载这些工厂类的代价是昂贵的（详情参见第11章），应该避免。下面显示的是装载javax.xml.transform.TransformerFactory.newInstance时的栈追踪片段，线程转储分析通常是识别这类问题的有效途径。

```
"p: thread-pool-1; w: 9" daemon prio=3 tid=0x09f1ac00 nid=0xe2 runnable
[0x2dc43000..0x2dc44bf0]
    java.lang.Thread.State: RUNNABLE
        at java.util.zip.ZipFile.getEntry(Native Method)
        at java.util.zip.ZipFile.getEntry(ZipFile.java:149)
        - locked <0x3f8a30b0> (a java.util.jar.JarFile)
        at java.util.jar.JarFile.getEntry(JarFile.java:206)
        at java.util.jar.JarFile.getJarEntry(JarFile.java:189)
        at sun.misc.URLClassPath$JarLoader.getResource(URLClassPath.java:754)
        .... <deleted> ...
        at javax.xml.transform.FactoryFinder.newInstance(FactoryFinder.java:147)
        at javax.xml.transform.FactoryFinder.find(FactoryFinder.java:233)
        at javax.xml.transform.TransformerFactory.
        newInstance(TransformerFactory.java:102)
```

值得注意的是，线程转储分析是一种粗粒度的方法，无法识别所有可能的问题。Solaris中另外一种I/O监控工具是iosnoop DTrace脚本，详细用法请参看第2章。

9.3.8　监控和调优资源池

企业级应用调优中的一个重要步骤是正确配置各种资源池。例如，应用与数据库交互中JDBC连接池的调优。外部交互通常都会涉及网络I/O，这会导致线程因等待外部资源完成交互而被阻

---

① GlashFish Server Open Source Edition 3.1.1上为Configuration>default-config>Transaction Service或Configuration>server-config>Transaction Service。——译者注

塞。被阻塞的线程占用了池中的连接，从而减少了可为其他处理线程使用的连接。如果池太小，其他等待可用连接的线程会导致CPU资源不能被充分利用。设置的池太大，会导致应用服务器和数据库资源的浪费。大多数应用服务器提供3个调优参数：最小、稳定状态和最大连接数。

> **提示**
>
> 一个通用的调优准则是，将稳定态池的大小设置为硬件线程的数目，池的最大值则等于HTTP Worker线程池的最大值。（如果调用远程EJB或MDB，则加上ORB线程池的大小。）

监控服务器的负载，并依据检测结果进行修正，可以进一步调优连接池。

GlassFish监控框架可以检查不同的资源，包括JMSConnectionFactory、资源适配器和JDBC连接池。监控这些系统资源可以设置较高的日志级别。用以下命令可以列出所有可用的资源：

```
asadmin list -m "*resources*"
server.resources
server.resources.SpecJPool
server.resources.__TimerPool
server.resources.jms/QueueConnectionFactory
```

单个资源的数据可以用asadmin get -m获得，如下例所示：

```
asadmin get -m "server.resources.SpecJPool.*""
```

监控JDBC连接池的各类统计数据，可以让我们了解池的大小是否合适。你需要检查两个最重要的属性，它们是numconnfree-current和waitqueuelength-count。如果numconnfree-current一直为0，而waitqueuelength-count大于0，说明池的大小小于应用的需要。这通常会导致服务器CPU资源没有被充分利用，可以通过加大池的最大值来修正，前提是外部资源（例如数据库）能够处理增加的连接。

监控连接池有助于找到潜在的连接泄漏。属性numconnacquired-count和numconnreleased-count分别表示已获得和已释放的连接数。在稳定状态下，已获得的连接数应该等于已释放的连接数。如果不相等，说明可能有连接泄漏。属性numpotentialconnleakcount不为0时，也可能有连接泄漏。

9.4　企业级应用性能分析

部署在GlassFish应用服务器中的应用与其他Java应用类似，Java应用中所用的性能分析技术这里也可以使用。第5章和第6章分别介绍了现代Java性能分析器的使用，以及识别Java应用性能问题的技巧。建议读者阅读这两章以便对如何改善企业级应用的性能有所了解。本节将介绍如何关联性能分析器和收集性能数据，以便从内部检测部署在GlassFish应用服务器上的企业级应用。一旦收集到数据，就可以运用第5章和第6章中介绍的技术分析应用的性能了。

如第5章所述，Oracle Solaris Studio Performance Analyzer可以用命令行工具collect（常称为Collector）将性能信息收集到样本文件中。Oracle Solaris Studio Performance Analyzer运行在Solaris（包括SPARC和x86/x64）上。Windows平台上的性能分析可以用NetBeans Profiler。本节涵盖这两种方法，先介绍Performance Analyzer。阅读本节前，可以先阅读第5章，有助于了解如何使用Performance Analyzer和NetBeans Profiler。

GlassFish应用服务器中没有asadmin命令可以让Performance Analyzer收集必要的性能分析数据。用户需要使用Performance Analyzer的collect启动Java应用才能生成性能分析数据。由于GlassFish使用命令行启动应用服务器进程，所以需要添加一些必要的脚本用Performance Analyzer的collect启动应用服务器。

可以用Performance Analyzer的GUI程序Analyzer或者命令行工具er_print查看收集的样本文件，第5章中介绍了如何使用这两个工具查看收集的样本文件。

其他Java语言实现的应用服务器也可以使用Performance Analyzer的collect在Solaris和Linux上收集性能数据，参见第5章的介绍。然后可以用Analyzer GUI或者er_print查看和分析收集的性能数据。

NetBeans Profiler也可以对GlassFish进行性能分析。NetBeans Profiler支持许多流行的应用服务器和Web服务器，并不限于GlassFish、Tomcat、Weblogic及JBoss。它提供简单而直接的向导连接性能分析器。回顾一下第5章中NetBeans Profiler的使用方法，可以了解如何捕获应用服务器中应用的性能数据以及如何查看这些数据。

9.5 参考资料

Tharakan, Royans. "What is scalability?" http://www.royans.net/arch/what-is-scalability/.

Beltran, Vicenç, Jordi Guitart, David Carrera, Jordi Torres, Eduard Ayguadé和Jesus Labarta. "Performance Impact of Using SSL on Dynamic Web Applications." http://www.bsc.es/media/389.pdf.

Hines, Bill, Tom Alcott, Roland Barcia和Keys Botzum. "IBM WebSphere Session Management." http://www.informit.com/articles/article.aspx?p=332851.

"Markov Chain." 维基百科. http://en.wikipedia.org/wiki/Markov_chain. Halili, Emily H. "Functional Testing with Jmeter." http://www.packtpub.com/article/functional-testing-with-jmeter.

Theurer, Tenni. "Performance Research, Part 1: What the 80/20 Rule Tells Us about Reducing HTTP Requests." http://yuiblog.com/blog/2006/11/28/performance-research-part-1/.

Theurer, Tenni. "Performance Research, Part 2: Browser Cache Usage–Exposed!" http://www.yuiblog.com/blog/2007/01/04/performance-research-part-2/.

King, Andy和Konstantin Balashov. Speed Up Your Site: Web Site Optimization. New Riders Publishing, Indianapolis, IN, 2003.

Standard Performance Evaluation Corporation (unknown author). SPECjms2007设计文档 http://www.spec.org/jms2007/docs/DesignDocument.html.

Little，John D. C.和Stephen C. Graves. "Little's Law." http://web.mit.edu/sgraves/www/papers/Little%27s%20Law-Published.pdf.

bmwiz. "Estimating Max. Concurrent Users Supported." http://testnscale.com/blog/performance/estimating-max-users/.

Oracle. "Oracle GlassFish Server 3.0.1管理手册." http://download.oracle.com/docs/cd/E19798-01/821-1751/821-1751.pdf.

Infoblox. "Java TTCP." http://www.netcordia.com/community/files/folders/tools/entry103.aspx.

Sun Microsystems, Inc. Performance Applications Engineering Group. "uperf–A Network Performance Tool." http://www.uperf.org/.

Sun Microsystems, Inc. "BTrace–Dynamic Tracing Utility for Java." http://kenai.com/projects/btrace.

## 第 10 章

Web应用的性能调优

在最近十年中，Web应用已经变得异常复杂。它们不断地添加复杂的特性，每天还要处理几十万甚至上百万的请求。在Java EE容器中部署这些应用，已经变得司空见惯。为了达到最理想的性能，构建适当的应用架构并对运行它的容器进行调优就显得非常重要。本章讨论如何监控和调优Web容器，从而获得最佳性能，以及一些值得在应用中推广的最佳实践。

在深入讨论之前，先界定一下本章的范围。关于开发高性能Web网站的讨论早已是汗牛充栋，Web上的博客和文章也不计其数，还有专注这个领域的Web站点。这个主题涵盖面实在太广，所以在讨论之前，有必要设定适当的预期，下面列举一些本章不会涉及的主题。

大规模Web网站的架构复杂，涉及许多硬件和软件。产生内容的Web容器是其中最重要的部分之一，不过它仍然只是一部分而已 。本章不包括如何用组件或网络布局搭建高性能站点，讨论范围仅限于如何调优Web容器（基于Java EE）使得性能达到最佳。不熟悉Web架构设计的读者可以参考这方面主题的书籍[①]。

多个因素都会影响Web站点的性能，包括服务器分发页面的时间、网络延迟以及浏览器显示页面的时间。有据可查，糟糕的页面设计会延长页面的显示时间并导致最终用户的不满。所以，生成高效的Web页面,是Web应用设计中最重要的步骤之一。Steve Souders在他的*High Performance Web Sites*和*Even Faster Web Sites*两本书中讨论了一些Web页面的优化技术。建议大家在页面生成过程中综合使用这些优化技术。服务器分发页面的性能也是整体性能中重要的一环。本章特别为Java EE Web应用给出了一组低延迟和高扩展性的最佳实践。

Java EE包含一些特定规范和各种Web容器相关的技术。本章不会讨论所有的技术，像JSF和Jersey这两例就没有讨论。本章将粗略介绍如何监控Web应用的性能，并为一些最常用的技术提供一组最佳实践准则。

本章按以下方式组织。10.1节强调一些在制定Web基准测试时需要重点考虑的因素。10.2节简要介绍Web容器中的不同组件。10.3节介绍如何监控和调优Web容器，以达到最佳性能。10.4节考察一些Web应用的最佳实践。

[①] 关于高性能站点的搭建可以参考郭欣编写的《构建高性能Web站点》一书。——译者注

10.1　Web 应用的基准测试

第9章介绍了制定企业基准测试背后的基本原则。本节我们将强调一些针对Web应用的原则。

❑ 对于页面访问模式复杂的应用，可以基于马尔可夫链制定基准测试。对于各页面访问彼此无关的应用，可依据每个页面的预期访问量，在基准测试中设定相应的访问比例，以此降低复杂性。

❑ 回放访问日志可以很好地模拟生产负载。在生产环境中，Web服务器接收请求时通常也会记录在访问日志中。关于GlassFish服务器访问日志的详细情况请参考10.4.4中的"访问日志"。可以在基准测试中回放日志，以便尽可能地模拟生产负载。需要特别留意那些更改数据的请求（POST、PUT、DELETE）。基准测试需要某个生产环境的数据副本（可以很容易地重新生成），然后在此基础之上回放数据更改请求，从而保证生产数据的一致性不会被破坏。此外，需要增强日志机制，以便收集POST和PUT的数据。

❑ 本章关注的重点虽然是服务器分发页面的时间，但用户感知的页面装载时间也很重要，因为研究显示，90%以上的时间都花费在客户端上。

❑ 如果页面有多个Ajax请求，衡量包含所有相关请求的页面整体性能就很重要了。

❑ 如果应用的行为因人而异，会使基准测试的制定变得更为困难。这类应用的例子是社交网络，它分发的内容与请求用户有关。非登录用户的请求通常由缓存分发，这些请求相当于给缓存进行负载测试。即便是登录用户，不同用户的应用逻辑也有很大差别。比如，对于只有少量朋友的用户与有许多朋友的用户，应用性能相差很大。为这类应用制定精确的基准测试模型是件非常棘手的事情，因为请求分发除了需要基于页面URL之外，还需要基于用户。

10.2　Web 容器的组件

本节简要介绍Web容器实例里的各种组件。讨论基于GlassFish Server开源版（以下称为GlassFish），它是Java EE 6的参考实现。虽然本节以GlassFish为例，但该Web容器的架构与市场上许多其他容器类似。

GlassFish的部署基于域管理服务器所控制的若干个域。一个域可以包含若干个集群，一个集群是一个服务器实例组，每个组有若干个独立的服务器实例。依照本章讨论的目的，我们只关注容器里与性能相关的组件。

如图10-1所示，容器由一组嵌套的组件所构成。服务器包含若干个连接器，它们共享一个引擎组件。引擎包括若干个虚拟主机，每个虚拟主机又包括若干个应用环境（Context）。每个应用里是Java Servlet和JSP。某些组件会共享一些概念。连接器和引擎都使用流水线（Pipeline）和阀（Valve）的概念。流水线是指接收到的请求在处理周期中所经历的一系列步骤。流水线包含一组默认阀或任务，但可以配置，可以添加新阀以提供更多功能。

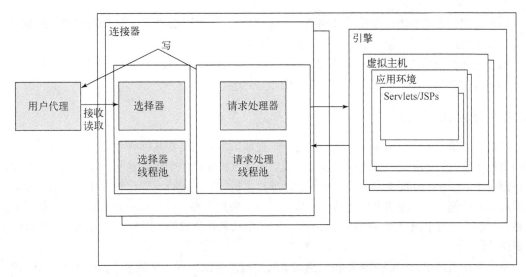

图10-1   Web容器里的各种组件

10.2.1   HTTP 连接器

从版本V2开始，GlassFish Web容器使用Grizzly NIO框架（http://grizzly.java.net/），这个框架可以扩展服务器以支持大量并发客户端。Grizzly的入口点是Selector模块，在这里创建NIO Selector。Selector线程池允许多个并行的Selector，扩展性更好。Selector是基于任务的模块，能够创建以下任务：

❑ Accept处理新连接（NIO OP_ACCEPT事件）；
❑ Read处理读取请求（NIO OP_READ事件）；
❑ Processor处理请求。

Read负责请求的预处理，从流中读取数据，确保开始处理请求时有足够的数据。需处理的请求准备好后，就会创建Processor，并由请求处理线程池（见图10-1）调度执行。

请求处理线程池中的线程负责处理接收到的请求，并将响应传回客户端。除了Servlet 3.0规范中定义的异步处理场景，在其他场景中，请求处理中的每条指令都是在一个线程中执行，包括所有的I/O操作（数据库交互、外部Web Service调用等）。Processor包含一组流水线操作，包括流处理和协议解析。除此以外，流水线还包括特定的处理程序（如HTTP文件缓存），如果开启，就可以从Grizzly文件缓存分发静态文件，从而改善静态文件的分发性能。

除了基于NIO的Grizzly连接器，GlassFish还支持称为Coyote的阻塞式连接器。阻塞式连接器基于Java I/O，遵循每请求一线程的模型。在这个模型中，创建新连接时，会分配一个线程处理该连接上的所有请求。请求处理完后，如果客户端没有关闭连接，处理线程就会被阻塞，等待其他请求直到连接超时。处理来自单客户端的多个请求时，阻塞式连接器可以工作得很好，但是每个打开的连接专用一个线程，会导致扩展性问题。因此连接器通常最多处理几千个连接。这个问题在用户发起请求的速度比较慢时特别突出。这种情况下，因为缺少可用的处理线程，即便服务器的计算能力还有余量，服务器也不得不拒绝新的连接。

由于基于NIO的连接器用有限的工作线程处理所有连接，所以它能扩展到几千个连接。GlassFish的性能测试显示，它能处理的连接超过1万个。

10.2.2　Servlet 引擎

连接器将请求传递给Servlet引擎以便进一步处理。多个连接器共享一个引擎，引擎由多个嵌套的组件构成，最外层是一个或多个虚拟主机。虚拟主机允许单个服务器支持多个域。可以在管理控制台中为GlassFish配置多个虚拟主机。以虚拟主机的方式进行配置比较方便，也不会影响所部署应用的性能。一个主机可以支持多个应用，每个应用由唯一的context root标识。引擎管道由一系列阀组成，每个阀负责一项特定的操作。阀的层次是可配置的，用户可以添加自己的阀以实现定制特性。

每个应用通过单独的类加载器相互隔离。每个应用可以包含一个或多个Java Servlet和JSP。容器在部署和卸载过程中控制应用的生命周期。在应用环境初始化和销毁的过程中，可以添加监听器，也可以在Servlet创建和销毁（init()方法和destroy()方法）的过程中调用客户代码。除了用户定义的Servlet外，容器内建了两个Servlet，DefaultServlet和JspServlet。Default-Servlet负责处理作为应用的组成部分而部署的静态文件（html、css、JavaScript、图片等）。

默认情况下，GlassFish支持动态修改JSP，即不需要重新部署，应用的改动就可以立即反映出来。如果请求映射为JSP页面，则由JspServlet处理。它首先会检查该JSP页面从上次编译之后是否有改动。如果有改动，则会编译该JSP页面并调用service方法。支持动态修改对性能有些影响，10.4节会详细讨论。

10.3　Web 容器的监控和性能调优

第9章讨论了如何监控应用服务器内的各种容器，找出可能的性能瓶颈，并用观察数据进行容器的性能调优。通过容器的适当调优，我们希望能够充分地利用系统资源。对大多数Web应用来说，目标是消除性能瓶颈，并随着用户负载的增加，应用能够进行垂直扩展和水平扩展。

讨论各种监控参数之前，先讨论一些容器中涉及的性能配置。值得注意的是，这里讨论的内容适合大多数应用服务器，下面以GlassFish为例，演示各种参数是组合在一起如何工作的。

10.3.1　容器的开发和生产模式

容器的配置会影响它的性能。选择适当的容器配置，对于性能优化非常重要。例如，GlassFish Web容器支持两种不同的模式——开发模式和生产模式。两种模式下，容器处理已部署JSP页面发生变动的方式有所不同。开发模式下，JSP自动重新加载，容器会检查每个页面，查看是否有任何变化。这种模式允许开发者不用重新部署应用程序就能看到更改产生的效果。开发模式提供了灵活性，也带来性能上的损失。容器保存JSP文件最近的编译时间，每次请求时，都会将这个值与文件系统中该文件的最近修改时间进行对照。如果文件比内存中的编译版本新，就会重新加载该文件，使得变化立即可见。除了检查文件时间戳（因为是系统调用）引入的代价之外，这一检查操作的同步特性降低了多线程并发访问同一JSP文件时容器的处理能力，导致应用扩展性降低。生产模式下，自动重新加载是关闭的，这意味着，要想应用的任何修改可见，需要重新部署。

　　默认情况下，开发者配置下的GlassFish会把容器设置成开发者模式。为了使生产环境达到最好的性能，容器需要配置成生产模式。把GlassFish配置成生产模式，可在<DOMAIN_DIR>/config/default-web.xml>文件JspServlet的定义处，添加以下几行：

```
<init-param>
    <param-name>development</param-name>
    <param-value>false</param-value>
</init-param>
<init-param>
    <param-name>genStrAsCharArray</param-name>
    <param-value>true</param-value>
</init-param>
```

　　default-web.xml只在应用部署时读取。所以这个改动要生效，必须重新部署。

　　即使在生产模式，通过checkInterval属性也能定期检查页面的更新情况。默认时，checkInterval为0，这导致后台编译关闭。设置一个大于0的值，容器可以在生产模式下检查更新。但是为了最好的性能，checkInterval应该设为0。

10.3.2　安全管理器

　　Java安全管理器负责安全策略的管理，决定代码是否有权访问受保护的资源。基于安全策略文件，安全管理器允许已加载的代码从特定位置、特定实体签名和用户角色访问受保护的资源。只有当应用程序运行不受信任的代码时，才需要开启安全管理器，运行可信代码时，可以关闭。

　　GlassFish中，Java安全管理器默认为关闭，开启非常容易，可以在Administration Console上添加系统属性java.security.manager作为JVM参数，或者用asadmin命令。开启安全管理器会影响所有部署在该应用服务器实例上的应用。

　　开启安全管理器会有性能代价。在程序执行过程中，Java运行时系统会追踪方法的调用序列。当调用请求需要访问受保护资源时，运行时系统默认会评估整个调用栈，判断是否允许该请求。这种安全检查的代价是昂贵的，增加了所有访问受保护资源（例如文件和网络I/O）操作的整体执行时间。我们在一个简单的在线交易应用的性能测试中得出结论，开启安全管理器（用默认的security.policy文件）会减少33%的吞吐量。

　　值得注意的是，关闭安全管理器并不会影响应用服务器提供的认证和授权功能。

10.3.3　JVM 调优

　　Web容器性能调优最重要的一项是对运行容器的JVM进行调优，包括JVM编译器的选择，以

10

及与应用相匹配的垃圾收集设置。

第3章详细介绍了Client JIT编译器和Server JIT编译器。大多数生产环境的Web容器在两次重启之间会运行很长一段时间。Server JIT编译器的最佳性能是这种情况的理想之选。除非指定Client JIT编译器（GlassFish的默认行为），否则JVM会自动为服务器型机器选择合适的JIT编译器。

> **提示**
>
> 生产模式的Java EE容器应该选择Server JIT编译器。对于服务器类机器，除非设定了-client（GlassFish在开发模式下的默认值），否则JVM通常会自动选择Server JIT编译器。Server JIT编译器可以用JVM参数-server开启。

如前所述，GlassFish默认指定-client而选择Client编译器。这是因为默认情况下，服务器配置成开发模式供应用开发人员使用。这种模式下的服务器会经常重启，较短的启动时间比最佳性能更重要，所以Client编译器更适合这种用途。

另外一个生产部署中需要调优的JVM子系统是垃圾收集。垃圾收集器的选择和各种调优参数在容器的整体性能中扮演了重要的角色。如何选择合适的垃圾收集器以及GC的调优，建议大家回顾第7章。

Web容器垃圾收集的特性取决于容器，也取决于部署的应用。虽然Web应用千差万别，但是绝大多数情况下，对象只在请求的处理过程中得以保留。典型的场景是，当容器处理请求时，它会创建许多String和char数组，这些对象在响应提交时符合垃圾收集条件。这些短时存活对象经常在新生代空间中被回收。如果新生代空间小，会导致一部分对象提升到老年代空间，这是不必要的。从JDK 1.4开始，新生代的大小取决于Java HotSpot VM的NewRatio，默认值随硬件的不同而有差别（Server VM：SPARC=2，x86=8）。 NewRatio设置了新生代空间与老年代的比率。GlassFish 设置 NewRatio 为 2。不过一般而言，Web 容器运行在 x86 的 系统上，通过设置-XX:NewSize=<size>和-XX:MaxNewSize=<size>（size为Java堆最大值的1/3，-XmX设置堆最大值）可以增加新生代空间，从而改善性能。

如何选择垃圾收集器，取决于应用需求。因为Web容器部署在多CPU的服务器类机器上，并且被设计成支持大量并发请求，所以Throughput收集器可以提供最大的整体系统吞吐量。但这种垃圾收集器有负面效应，它在Full GC时会产生大量的停顿，这会导致糟糕的用户体验。所以对于需要低停顿时间的Web应用来说，CMS收集器是更好的选择。

GlassFish和其他Web容器内嵌了RMI服务器以响应客户请求。对RMI的垃圾收集进行调优，控制定期的Full GC，就变得很重要。默认时，RMI每60秒调用一次分布式垃圾收集。通过调用System.gc()完成分布式垃圾收集。垃圾收集的频率可以用以下两个属性进行调优，-Dsun.rmi.dgc.client.gcInterval和-Dsun.rmi.dgc.server.gcInterval。这两个属性接受数字。默认值为3 600 000毫秒，也就是1小时。将这两个属性设为Long.MAX_VALUE，实际上就是将分布式垃圾收集的间隔设为无穷大。此外，JVM的-XX:+DisableExplicitGC关闭分布式垃圾收集。分布式垃圾收集调优的重点是，如果应用程序需要及时进行引用处理，就不建议将间隔设置为Long.MAX_VALUE或者关闭分布式垃圾收集。否则就可以启用分布式垃圾收集并设置Long.MAX_VALUE。你需要分析应用程序，判断它是否有频繁的引用处理。

10.3.4　HTTP 服务和 Web 容器

本节讨论重要的Web容器监控参数。虽然示例基于GlassFish V3应用服务器，但是基本原则也可以应用到其他应用服务器。应该注意，经常需要综合监控一些参数才能找到问题。GlassFish监控的详细描述，包括如何为不同容器开启监控，请参见第9章。

Web容器重要的监控数据分为两类：HTTP服务和Web容器。这些组件的监控级别需要改为low（设置为high有同样的效果），以开启数据搜集。本节中的例子都基于GlassFish V3。

10.3.5　HTTP 监听器

HTTP监听器可以提供连接队列、线程池、文件缓存和keep-alive的数据。如下例所示，http-listener-x下面是可被监控的不同节点。可以在Administration Console中查看，点击服务器实例的Monitor标签页，选择Server标签页，从下拉菜单中选择http-listener-x。下例是http-listener-1下可监控的元素列表：

```
asadmin list -m "server.*http-listener-1.*"
server.network.http-listener-1.keep-alive
server.network.http-listener-1.file-cache
server.network.http-listener-1.thread-pool
server.network.http-listener-1.connection-queue
```

1. 线程池

影响性能的最重要参数是请求处理线程池的大小。如10.2节所描述，每个监听器配置一个请求处理线程池，处理接收到的请求。默认情况下，GlassFish设置线程池的最大值为5。这对于包含1个或2个CPU的开发类机器来说，通常就足够了。然而，对大服务器上的生产部署来说，就应该修改这个值。

调优线程池配置最好先依据一些基本原则设置一组初始值，在给定负载下监控线程池，然后依据监控结果决定是否有必要更改这些值。表10-1给出了一组合理的线程池初始值。

表10-1　线程池的线程数设置

属　　性	初始值	属　　性	初始值
初始线程数	硬件线程数	线程数	2 × 硬件线程数

可以用asadmin或者Administration Console（选择Configuration>Server-config>Thread Pools。面板上选择http-thread-pool，点击编辑值）更改请求处理线程池（http-thread-pool）。以下示例演示了如何用asadmin为一个4核服务器设置：

```
asadmin set "configs.config.server-config.thread-pools.thread-pool.http-thread-pool.
min-thread-pool-size=4"
asadmin set "configs.config.server-config.thread-pools.thread-pool.http-thread-pool.
min-thread-pool-size=8"
```

一旦线程开始处理请求，该线程就会执行所有的应用逻辑，直到响应完成返回。任何包含I/O的应用（例如，调用远程EJB、数据库交互、与慢速客户端的通信、文件系统交互），都会导致线程I/O等待，使得CPU资源可以让给其他线程运行。对这类应用而言，线程池配置太小会导致虽然请求在排队等待处理，但实际上CPU资源是可用的。监控请求处理线程池以及CPU使用率，可以决定是否需要扩大线程池。但在用这个方法调优之前，需要先找到并排除系统其他部分锁竞争或资源竞争导致的低CPU使用率。如何识别性能瓶颈，详情可参考第2章和第4章。

监控属性currentthreadsbusy-count可以了解HTTP线程池使用率，它显示了服务器在收集统计数据时的状态。另一个重要属性maxthreads-count是配置的静态设置。表10-2给出了更多信息。

表10-2　线程池调优技巧

属　　性	描　　述	调优技巧
maxthreads-count	线程池允许的最大线程数	依据CPU使用率和currentthreadsbusy-count调整该值。如果所有线程持续被占用而CPU资源仍然可用，增加该值。池大小设置过高会对性能有不利影响，因为增加了上下文切换，CPU高速缓存未命中等
currentthreadsbusy-count	当前在监听器线程池中正用于处理请求的线程数	如果该值一直等于maxthreads-count，意味着系统负载足够，处理请求的线程被充分利用。

提示

适当地对处理HTTP请求的线程池进行调优，对于获得最佳性能来说非常重要。http-service.request-processing.thread-count比较好的初始值，非CMT类型的CPU时，为核数的2倍，而CMT类型的CPU时，为虚拟处理器数的2倍。需要监控currentthreadsbusy-count以检验设置的有效性，然后可以进一步修改。

2. Acceptor线程、连接队列和keep-alive

GlassFish V2的连接队列统计信息由HTTP监听器维护，V3与它不一样，由传输层TCP来维护。连接队列里是那些等待响应的连接请求。从队列中取出的请求由一个可用的线程处理。预计随着等待响应的请求的增加，这些请求的响应时间也会增加。此外，如果队列中的请求数达到了配置的最大值（默认为4096），服务器就会拒绝新的请求。传输层可以配置一些参数，以下是连接队列和默认值：

```
asadmin get "configs.config.server-config.*tcp.*"
configs.config.server-config.network-config.transports.transport.tcp.acceptor-threads=1
```

```
configs.config.server-config.network-config.transports.transport.tcp.buffer-size-bytes=8192
configs.config.server-config.network-config.transports.transport.tcp.max-connections
-count=4096
```

acceptor-thread是Selector线程数。由于Selector线程为服务器处理读请求任务，而服务器需要处理大量连接，所以默认的一个线程是不够的。为了达到最佳性能，可以设置该值等于系统处理器的数目。表10-3总结了这些信息。

表10-3   Acceptor线程调优技巧

属　　性	描　　述	调优技巧
acceptor-threads	Selector线程数	对多处理器系统而言，该值可以设置为可用的处理器数

max-connections-count用来设定连接队列的最大长度。一旦队列长度达到最大容量，服务器就会拒绝新请求。buffer-size-bytes设定发送和接收缓冲区的大小。对于多数应用而言，默认的性能已经满足优化要求，所以没有必要更改发送和接收缓冲区的大小。对于处理大量进出负荷的应用来说，可能需要增加该值。随着这个值的改动，操作系统的TCP缓冲区也应该相应变动。

监控连接队列可以评估系统的负荷，当负载增加超过某个水平时，需要采取适当的行动。在管理CLI或者Administration Console上，可以用GlassFish的监控框架检查各种连接队列的统计数据。

```
asadmin get -m "server.network.http-listener-1*connection-queue.*"
```

表10-4是一些重要参数的描述和值的解释。

表10-4   连接队列调优技巧

属　　性	描　　述	说　　明
countqueued-count	当前队列中的连接数	当处理线程可用时，会处理队列中的请求。如果该值一直很大，说明系统的负载很高、线程池优化不到位或者应用中存在锁竞争
countqueued*minuteaverage-count	最近1、5或15分钟内平均的排队连接数	可以过滤出短期负载的峰值
countoverflows-count	因队列满而拒绝连接的次数	拒绝客户端连接会导致糟糕的用户体验。如果客户端可以忍受更长的响应时间,增加队列长度可以减少连接拒绝的次数。高负载系统可以采用的解决方案是垂直扩展或水平扩展应用服务器层

HTTP/1.1默认使用持久化连接，一个连接中客户端可以发起多个请求。服务器维护keep-alive的连接，使得用户代理[①]可以在同一个连接中连续发起请求，而不用每个请求都创建一个连接（HTTP/1.0）。如果符合下列某个条件，服务器则关闭连接。

❑ 当前请求与上一个之间的流逝时间超过timeout-in-seconds。

---

① 比如浏览器。——译者注

❑ 一个连接中的请求数超过max-connections[①]。

当使用Coyote阻塞式连接器时，max-connections可以防止恶意客户端无限制地霸占线程。如果实例使用Grizzly NIO连接器或者实例只有可信客户端才能访问，那就可以取消这个限制，设置为-1即可。

以下是keep-alive的默认值：

```
asadmin get -m server.network.http-listener-1.keep-alive.*
server.http-service.keep-alive.maxrequests-count = 250
server.http-service.keep-alive.secondstimeouts-count = 30
```

在管理CLI或Administration Console上，可以用GlassFish监控框架检查各种keep-alive统计数据。

```
asadmin get -m server.network.http-listener-1.keep-alive.*
server.network.http-listener-1.keep-alive.countconnections-count = 1869
server.network.http-listener-1.keep-alive.countflushes-count = 0
server.network.http-listener-1.keep-alive.counthits-count = 359873
server.network.http-listener-1.keep-alive.countrefusals-count = 1428
server.network.http-listener-1.keep-alive.counttimeouts-count = 0
server.network.http-listener-1.keep-alive.maxrequests-count = 250
server.network.http-listener-1.keep-alive.secondstimeouts-count = 30
```

表10-5解释了一些重要的参数和它们的取值。所有参数的原始值都是自监控开始以来的累计值，单调递增。要想获取所关注时间段内统计量的相关数据，可以用测量区间的末尾值减去起始值。表10-5展现的是测量区间内所搜集的统计数据。

表10-5　keep-alive调优技巧

属　　性	描　　述	说　　明
countconnections-count	keep-alive模式下的连接数	如果值一直偏高（每核几百个），可以考虑减少最大请求数或缩短超时时间
counthits-count	命中缓存的次数	命中率（keep-alive.counthits-count/request.countrequests-count）高，说明当前设置运转良好
countrefusals-count	因超出每个连接最大请求数而被拒绝的keep-alive连接数	keep-alive.max-requests可以限制每个连接的请求数。客户端必须为后续的请求开启新连接。如果HTTP连接器以阻塞方式运行，建议保留默认值。当HTTP连接器运行在非阻塞模式或可信客户端时，可以设置为-1（意味着请求数不受限）
counttimeouts-count	已经超时的keep-alive连接数	keep-alive默认为30秒。如果返回客户端花费的时间多数超过该范围，可以提高该值。如果该值很大，会导致许多不必要存活的连接从而降低性能

3. 请求处理

检查各种请求的处理数量可以进一步审视服务器正在处理的请求类型，这些数据可以用来改

[①] max-connections的实际含义与名字含义不太一致，是指通过一个keep-alive的连接所能发送的最大请求数。参见 http://docs.oracle.com/cd/E26576_01/doc.312/e24936/tuning-glassfish.htm#abeft。——译者注

善应用的性能。可以用asadmin获取所处理请求的各种指标，显示如下（为了更易读，输出已经过编辑）：

```
asadmin get -m "server.http-service.server.request.*" | grep'count.*\-count'
server.http-service.server.request.count200-count = 1
server.http-service.server.request.count302-count = 0
server.http-service.server.request.count304-count = 0
server.http-service.server.request.count404-count = 0
server.http-service.server.request.count5xx-count = 0
server.http-service.server.request.countrequests-count = 1
```

表10-6描述了一些重要参数，并说明了取值的含义。

表10-6　响应代码及说明

属　　性	描　　述	说　　明
countrequests-count	自服务器启动以来处理的请求总数	
count200-count	状态码为200 OK的响应数	count200-count/countrequests-count表示正常处理的请求比例
count302-count	重定向的请求数	重定向会产生两个浏览器请求而不是一个。详情参见后续讨论
count304-count	上次访问之后资源没有变化的请求数	这类响应所占比例大说明可能需要资源缓存。也可以通过设置适当的HTTP缓存首部减少这类请求。HTTP缓存的详细信息请参考http://www.w3.org/Protocols/rfc2616/rfc2616-sec13.html
count404-count	服务器无法找到与URL匹配的资源的次数	这个值高表示应用内部有不正确的资源引用，需要纠正。详情参见后续讨论
count5xx-count	服务器错误的报告次数	对于健康的应用来说，这个值应该为0。评估服务器错误的原因很重要，既然它们让用户感觉不爽，那就该修复它们

count302-count需要详细分析，以便搞清楚修改应用能否改善性能。Servlet可以在处理结束的时候将请求转发或者重定向到一个新的URL上，如下列代码片段所示：

```
public void processRequest (HttpServletRequest request,
        HttpServletResponse response)
        throws ServletException, IOException {
    ...
    request.getRequestDispatcher(url).forward (request, respsonse);
}
public void processRequest (HttpServletRequest request,
        HttpServletResponse response)
        throws ServletException, IOException {
    ...
    response.sendRedirect(url);
}
```

10

转发是Servlet容器内部转送请求，浏览器不会觉察到URL的变化。如果重新加载浏览器页面，请求仍然会发送到原来的URL。重定向从另一个角度来说包含两步。首先，Servlet容器将响应发回客户端，附带状态码302 Moved Temporarily，并在Location首部字段中指定了新的URL。然后，浏览器将请求发送到该指定URL。由于浏览器知道新的URL，因而重新加载页面会导致从新的地址获取内容。因为重定向涉及额外的往复通信，所以会比转发慢一些。不过，依据应用的状况，有些情况下重定向是更好的选择。一个例子是POST请求处理结束之后的重定向，因为更改了应用程序的状态，重定向可以避免因用户不经意刷新页面而产生的重复提交。（有许多方法可以检测重复提交并采取补救动作，这超出了本节讨论的范围。）

> **提示**
>
> 将请求转发到新地址的性能可能比重定向要好一些。除了性能以外，也需要考虑其他应用特定的因素，从而决定该用转发还是重定向。

状态码404表示请求的资源无法找到 。count404-count数值高通常表明应用的资源引用不正确。查找不存在的资源代价昂贵，应该避免。虽然这类信息可以从访问日志中查明，但监控框架无法为产生此错误的资源提供任何信息。（注意：开发模式下的GlassFish默认不会开启访问日志。）

404错误的一个常见原因是网站缺少favicon.ico。大多数现代浏览器都会请求该文件。有一种方法可以减少这类错误，即创建一个1×1像素的空白图片作为favicon.ico。设置正确的缓存首部，使得图片可以缓存，这样就可能减少之后对该图片的请求。

4. 应用程序

将Web容器的监控级别设为LOW或者HIGH，就能获取各个应用的性能统计数据。

```
asadmin set server.monitoring-service.module-monitoring-levels.web-container=LOW
```

和EJB容器不同，Web容器的LOW和HIGH在显示输出上没有什么差别。监控框架提供了各种应用级别的统计数据，包括单个Servlet的响应时间和HTTP会话的详细信息。asadmin list -m 可以获取所有可用的Servlet，如下例所示：

```
asadmin list -m "server.applications.TestWebapp*"
server.applications.TestWebapp.server.ControlServlet
server.applications.TestWebapp.server.default
server.applications.TestWebapp.server.jsp
```

默认情况下，所有JSP的时间统计数据在JspServlet（标识为jsp）下，静态内容的分发在default下。合并单个节点下所有JSP的服务时间，对于变化的应用来说用处不大。然而，当前的GlassFish实现有一个限制，唯一的临时解决方法是重新部署应用，同时更改web.xml文件，并将JSP映射为Servlet，然后指定适当的URL模式，如下例中的web.xml片段所示：

```
<servlet>
    <servlet-name>ElTesterJsp</servlet-name>
    <jsp-file>/elTester.jsp</jsp-file>
</servlet>
<servlet-mapping>
    <servlet-name>ElTesterJsp</servlet-name>
    <url-pattern>/elTester.jsp</url-pattern>
</servlet-mapping>
```

一旦重新部署应用，设定的JSP（/elTester.jsp）就会作为一个Servlet（`server.applications.`
`TestWebapp.server.ElTesterJsp`）而被监控。下列命令演示如何为Web应用TestWebapp中的
某个Servlet获取一些重要的请求处理的统计信息。

```
asadmin get -m
server.applications.TestWebapp.server.ControlServlet.maxtime-count
server.applications.TestWebapp.server.ControlServlet.processingtime-count
server.applications.TestWebapp.server.ControlServlet.requestcount-count
server.applications.TestWebapp.server.ControlServlet.maxtime-count = 112
server.applications.TestWebapp.server.ControlServlet.processingtime-count = 1173395
server.applications.TestWebapp.server.ControlServlet.requestcount-count = 3746651
```

重要的数据包括处理的请求数、请求花费的最大时间和累计处理时间。请求平均响应时间可
以由累计处理时间除以响应请求数获得。由于所有值都是自监控开启以来的累计值，需要通过一
些数值计算（保存请求数和处理时间的基线值，然后从观察值中减去该值）来评估特定时间段内
的时间响应性。

从前面的示例可以看出，这个Web应用监控框架有些局限，只能用于粗粒度的监控。而大多
数Web应用需要更精细的监控。方法是为应用添加一些性能统计指标并用JMX暴露出来。这个方
法的优点是开发者可以进行各种类型的性能统计，包括请求数、各种调用的流逝时间（例如数据
库的查询执行时间）、缓存的命中/未命中率（如果使用缓存）等。基于JMX的监控不仅限于性能
统计，还可以展示任何有用的应用特性信息。

由于应用要运行很长时间，建议用基于计数或时间的采样窗口进行性能统计。这个方法有一
个固定样本数据集大小或范围的移动采样窗口，不断去除老数据并添加新数据。在基于计数的窗
口中，样本的数量是固定的，而基于时间的窗口中，保存的是在某个时间区间里的所有样本。
Apache Commons Math项目中的Statistics包是一个描述统计学框架，可作此用。这个包的更多信
息请参见http://commons.apache.org/math/userguide/stat.html#a1.2_Descriptive_statistics。下面介绍
如何在Web应用中添加应用级别的监控。在这个示例中，开发了一个示例MBean用于捕获单个
Servlet的请求计数和响应时间统计信息。为简单起见，忽略请求路径或请求方法，将所有类型的
请求数据聚合到一起。在真实的生产部署中，大家可能想为不同类型的请求适当地添加拆分数据
的逻辑（如GET与POST）。

首先，定义需要暴露的MBean接口。示例如下：

10

```java
/**
 * 描述通过JMX暴露的数据
 */
public interface StatsMBean {
    /**
     * @return 请求数
     */
    public int getCount();

    /**
     *@return 统计对象的名称
     */
    public String getName();

    /**
     * @return 统计对象的描述
     */
    public String getDescription();

    /**
     * @return 响应时间（毫秒）
     */
    public double getMean();

    /**
    * @return 响应时间的标准偏移（毫秒）
    */
    public double getStandardDeviation();

    /**
     * @return 最短响应时间（毫秒）
     */
    public double getMin();

    /**
     * @return 最长响应时间（毫秒）
     */
    public double getMax();
    /**
     * @return 第50百分位数响应时间（毫秒）
     */
    public double getTP50();
    /**
     * @return 第90百分位数响应时间（毫秒）
     */
    public double getTP90();
    /**
     * @return 第99百分位数响应时间（毫秒）
     */
    public double getTP99();

    /**
    *清除样本数据
    */
```

```
        public void reset();
}
```

下一步实现这个MBean。下面的示例代码采用基于计数的采样窗口。为了简洁，已经移除Javadoc。

```
import org.apache.commons.math.stat.descriptive.DescriptiveStatistics;
import org.apache.commons.math.stat.descriptive.SynchronizedDescriptiveStatistics;
import java.util.concurrent.atomic.AtomicInteger;
public class Stats implements StatsMBean {
        private static final int DEFAULT_ITEM_COUNT = 1000;
        private String description;
        private String name;
        private AtomicInteger count;

        private DescriptiveStatistics stats;

        public Stats(String name, String description) {
                this (name, description, DEFAULT_ITEM_COUNT);
        }

        public Stats(String name, String description, int sampleCount) {
                this.name = name;
                this.description = description;
                stats = new SynchronizedDescriptiveStatistics(sampleCount);
                count = new AtomicInteger();
        }

        public void addValue (double v) {
                stats.addValue(v);
                count.incrementAndGet();
        }

        public int getCount() {
                return count.get();
        }

        public double getMin() {
                return stats.getMin();
        }

        public double getMax() {
                return stats.getMax();
        }

        public double getTP50() {
                return stats.getPercentile(50.0);
        }

        public double getTP90() {
                return stats.getPercentile(90.0);
        }
```

10

```
    public double getTP99() {
        return stats.getPercentile(99.0);
    }

    public double getStandardDeviation() {
        return stats.getStandardDeviation();
    }

    public String getName() {
        return name;
    }

    public String getDescription() {
        return description;
    }

    public double getMean() {
        return stats.getMean();
    }

    // 重设统计数据
    public void reset() {
        stats.clear();
        count.set(0);
    }
}
```

　　MBean需要先注册用户才能使用。一种方法是在Servlet上下文监听器（Context Listener）中添加注册和注销的逻辑，在Servlet生命周期的初始化和销毁过程中就会调用这些逻辑。下面是上下文监听器和web.xml配置的示例片段。StatsExporter是工具类，用于注册和注销这个应用中的各种MBean。请注意，为了简单起见，没有包括特定的错误处理代码。

```
import javax.servlet.ServletContextListener;
import javax.servlet.ServletContextEvent;
import javax.servlet.ServletContext;

public class ControlServletContextListener
    implements ServletContextListener {
    public void contextInitialized(
        ServletContextEvent servletContextEvent) {
        //注册该Servlet的MBean
        ServletContext context =
            servletContextEvent.getServletContext();
        String path = context.getContextPath();
        StatsMBean statsMBean = new Stats(path, "ServletRequest stats");
        String statName =
            "javaperfbook.web.sample:name=ServletRequest ("+path+" )";
        StatsExporter.getInstance().export(statName, statsMBean);
        context.setAttribute("statsMBean", statsMBean);
    }
    public void contextDestroyed(
```

```
        ServletContextEvent servletContextEvent) {
        StatsExporter.getInstance().unExportAll();
    }
}

import javax.management.*;
import java.lang.management.ManagementFactory;
import java.util.Set;
import java.util.HashSet;
import java.util.Iterator;
import java.util.logging.Logger;

public class StatsExporter {
    private static StatsExporter instance = new StatsExporter();
    private Set<ObjectName> exportBeans = new HashSet<ObjectName>();
    private static Logger logger =
        Logger.getLogger(StatsExporter.class.getName());

    public static StatsExporter getInstance() {
        return instance;
    }

    public void export (String name, StatsMBean bean) {
        try {
            ObjectName oName = new ObjectName(name);
ManagementFactory.getPlatformMBeanServer()
                            .registerMBean(bean, oName);
            exportBeans.add(oName);
        } catch (MalformedObjectNameException e) {
            handleException(e);
        } catch (NotCompliantMBeanException e) {
            handleException(e);
        } catch (MBeanRegistrationException e) {
            handleException(e);
        } catch (InstanceAlreadyExistsException e) {
            handleException(e);
        }
    }

    private void unexport (ObjectName oName) {
        try {
            ManagementFactory.getPlatformMBeanServer()
                            .unregisterMBean(oName);
        } catch (MBeanRegistrationException e) {
            handleException(e);
        } catch (InstanceNotFoundException e) {
            handleException(e);
        }
    }

    public void unExportAll() {
        Iterator<ObjectName> iter = exportBeans.iterator();
        while (iter.hasNext()) {
            unexport(iter.next());
        }
```

```
        exportBeans.clear();
    }

    private void handleException (Exception e) {
        logger.warning(e.getMessage());
        e.printStackTrace();
    }
}
```

```
<web-app xmlns="http://java.sun.com/xml/ns/javaee"...
    ...
    <listener>
        <display-name>ContextListener</display-name>
        <listener-class>
            javaperfbook.web.sample.ControlServletContextListener
        </listener-class>
    </listener>
</web-app>
```

最后是计算流逝时间并添加到Stats对象中。通常可以用Servlet的filter来实现，参见以下代码示例。这个例子只是计算响应时间和请求数。如果需要响应数据的长度，可以在上述filter中将响应数据大小添加到Stats中，通过MBean暴露出来。

```
import javax.servlet.*;
import java.io.IOException;
public class StatsFilter implements Filter {
    private FilterConfig config;

    public void doFilter(ServletRequest req,
                         ServletResponse resp,
                         FilterChain chain)
        throws ServletException, IOException {
        long start = System.nanoTime();
        chain.doFilter(req, resp);
        double elapsed = (System.nanoTime()-start)/1e6;
        Stats stat = (Stats) config.getServletContext().
                                    getAttribute("statsMBean");
        if (stat ! = null) {
            stat.addValue(elapsed);
        }
    }

    public void init(FilterConfig config) throws ServletException {
        this.config = config;
    }

    public void destroy() {
    }
}
```

图10-2是JConsole查看客户自定义的MBean。选择MBean标签页，点击左边导航树上的javaperfbook.web.sample节点，就可以查看应用的特定数据了。

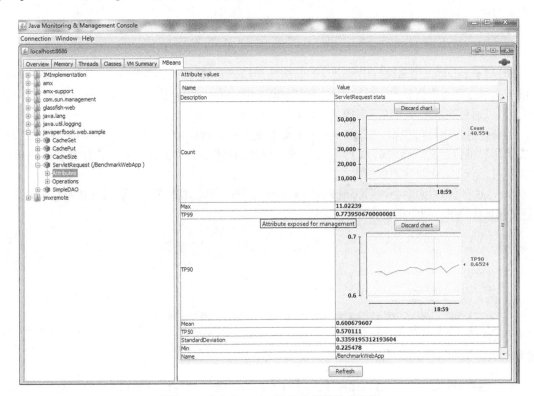

图10-2　自定义MBean监控应用的特定数据

10.4　最佳实践

本节将探讨在Web应用程序的开发和部署过程中应该考虑的最佳性能实践。10.4.1节包括可以增强Servlet和JSP性能的调优技巧。随后会介绍一组性能调优技术，可以应对许多常见的Web应用程序中的问题：数据压缩、内容缓存、会话的持久化和静态文件分发。10.4.4节介绍了一种捕获性能指标的方法，可以用它来改善已部署的应用程序。

10.4.1　Servlet 和 JSP 最佳实践

这个小节介绍在开发Servlet和JSP过程中应该考虑的最佳实践。

1. 使用 init 方法和 ContextListener

Servlet和JSP的 init 方法可用来缓存静态数据和资源引用。Web容器在响应请求之前，会先初始化Servlet。这个操作在Servlet的生命周期中只执行一次。

```
public class SampleServlet extends HttpServlet {
      public void init() {
           ....
      }
      ...
}
```

所以init()可以用来执行代价昂贵的一次性操作，包括静态内容的创建和缓存，比如在J2EE 1.4的应用中，读取配置信息、初始化和缓存资源引用（包括JNDI查找DataSource）。而在Java EE 5中，可以通过注入的方式访问资源，所以init()不再需要用作此目的。

与Servlet的init()类似，在JSP页面的初始化过程中，jspInit()方法也只调用一次。在JSP中提供用户可自定义的jspInit()，可以生成一次性的操作。最常见的用途是创建和缓存静态数据。不过，jspInit()并不常用。

Servlet的生命周期中会调用ContextListener，可用于应用程序特定数据的初始化和清扫。如下所示，在web.xml中指定监听器：

```
<webapp ..>
  ..
  <listener>
     <display-name>ContextListener</display-name>
     <listener-class>
        javaperfbook.web.sample.ControlServletContextListener
     </listener-class>
  </listener>
</webapp>
```

监听器在Servlet上下文初始化和销毁时调用。如何用ContextListener初始化应用特定的JMX MBean，参见10.3.5节。

2. 使用恰当的JSP include机制

JSP支持两种在页面中包含资源内容的方法。

❑ include指令。<%@ include file="relativeURL" %>将被包含文件的文本添加到页面中。这个包含过程是静态的，意味着文本会在JSP页面编译时合并进来。如果被包含的文件是JSP页面，它的JSP元素会被转换并包含到这个页面中。带来的副作用是，被包含文件的任何改动都不会反映到包含它的页面中，即便开启了动态重新加载JSP也如此。只有当顶层页面发生变化重新生成被包含内容时，这些变化才可见。

❑ include标签。<jsp:include page="relativeURL" /> 支持为页面添加静态或动态的资源。如果是静态资源，它的内容（通过默认Servlet的调用获得）就会包含在调用页面中。如果是动态资源，调用的结果会包含在调用页面中。属性flush="true"|"false"可用来指定在包含资源前调用页面的内容是否需要刷新。这个属性的默认值为false。<jsp:param>语句可以将一个或多个名/值对作为参数传递给被包含的资源。include标签的动态性可以不依赖顶层页面的改动，就能使被包含页面的更改可见。

由于在编译时，include声明包含引用资源的内容，这个机制可以改善包含HTML和其他静态内容的性能。另一方面，include标签应该用于这样的场景，即需要包含的内容是引用资源的动态响应。

> **提示**
>
> 如果是静态引用资源，可以用include指令，而包含资源动态生成的响应，可以用include标签。

3. 剔除空格

JSP页面模板中的空格，无论有没有意义，都会被保留。这意味着一些无关紧要的字符，即便浏览器显示内容时不需要，也仍然会被Web容器处理并传送。

JSP页面模板中保留的空格，会导致渲染输出中有成块的空格，降低HTML源文件的可读性。编码并传递这些无关字符还会产生性能开销。JSP 2.1规范提供了以下示例。比如下面这些代码片段（α代表行尾结束符）：

```
<%@ taglib prefix="c" uri="http://java.sun.com/jsp/jstl/core" %>α
<%@ taglib prefix="x" uri="http://java.sun.com/jsp/jstl/xml" %>α
Hello World!
```

会生成以下输出：

```
α
α
Hello World!
```

剔除指令<%@ page trimDirectiveWhitespaces="true" %>可以消除多余的字符。声明需要加到所有需要剔除空格的页面中。另外，一组JSP的行为可以通过web.xml来配置，下面示例剔除了所有JSP的空格。

```
<web-app ...>
<jsp-config>
 <jsp_property-group>
  <url-pattern>
   *.jsp
  </url-pattern>
  <trim-directive-whitespaces>
   true
  </trim-directive-whitespaces>
 </jsp_property-group>
</jsp-config>
<web-app>
```

在域default-web.xml中的JSP Servlet元素（<servlet-name>jsp</servlet-name>）下添加下列行，可以在整个域中剔除空格：

```
<init-param>
      <param-name>trimSpaces</param-name>
      <param-value>true</param-value>
</init-param>
```

　　应该注意，上述指令只会消除模板中的空格而不会移除其他类型的空格，例如用户为了可读性加入的缩进。

　　在某些情况下，你不希望多余的字符增加传送成本，例如在低带宽网络上分发内容，服务器应该以最大压缩的形式生成内容，剥掉所有不必要的空格。一种选择是包含从输出中移除额外空格的Servlet filter（例如http://coldjava.hypermart.net/servlets/trimflt.htm）。值得注意的是，添加filter会在请求处理的过程中增加额外处理成本。第二种选择是在部署前使用外部工具压缩JSP。因为GlassFish没有内置这样的工具，用户必须自己写压缩器。

　　如果应用程序包括CSS和JavaScript，很重要的一点就是CSS和JavaScript要尽可能小，可以采取压缩的方式减少需要网络传递的整个文件大小。市场上有一些可用的CSS/JavaScript瘦身器，比如来自Yahoo基于Java的压缩器YUICompressor（http://developer.yahoo.com/yui/compressor/）。此外，如果Web容器可以配置成发送压缩版CSS和JavaScript，且用户代理（例如浏览器）支持压缩，那么开启压缩就能减少负荷了。

提示

剔除空格可以减少需要通过网络传递的文件大小，从而改善性能，特别是对通过慢速网络连接的客户端。CSS和JavaScript的瘦身以及压缩，可以进一步降低文件的传输成本。

---

4. 使用jsp:useBean

　　jsp:useBean依据指定的名字和范围定位或初始化某个Bean。这个标签支持两类初始化，beanName和class，还包括具有多种值的scope属性。重点是为这些属性选择适当的值，从而提供所需的功能和最佳的性能。

　　JSP 2.1语法指南（http://jcp.org/aboutJava/communityprocess/final/jsr245/index.html）描述了<jsp:useBean>定位或初始化Bean所采用的步骤：

　　(1) 尝试用你指定的范围和名称定位bean。

　　(2) 用你指定的名称定义一个对象引用变量。

　　(3) 如果找到了Bean，就将指向它的引用保存在上面的变量中。如果你指定了类型，则把该类型赋予那个Bean。

　　(4) 如果没有找到Bean，依据你指定的类型初始化一个实例，将该实例的引用保存在新变量中。如果类名表示序列化模板，则用java.beans.Beans.instantiate初始化该Bean。

　　(5) 如果jsp:useBean已经初始化（不是定位到的）Bean，并且它有body标签或者元素（在<jsp:useBean>和</jsp:useBean>之间），则执行body标签。

　　Bean的初始化取决于是否指定了class或beanName属性。如果指定class="package.

class",则Bean用关键字new初始化。如果指定beanName="{package.class | <%= expression %>}",则Bean从类、序列化模板、类或序列化模板的求值表达式初始化。用beanName可以为初始化需要的Bean提供灵活性（可以在运行时计算需要加载的类）。这种情况下，类由方法java.beans.Beans.instantiate初始化。如果beanName指定的值代表类或者序列化模板,则Bean的初始化包括Classloader加载资源。图10-3显示了在调用下列简单JSP页面过程中的一个片段。

```
<jsp:useBean beanName="perfbook.SimpleBean" type="perfbook.SimpleBean" id="sbean"
scope="page"/>
<html>
    <body>
bean value = ${sbean.value}
    </body>
</html>
```

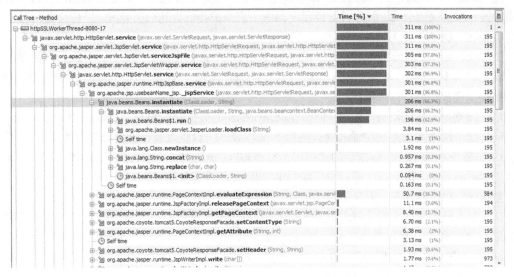

图10-3　使用beanName属性时Bean初始化的成本

如图10-3所示，Bean的初始化占去2/3的调用成本。（注意：Bean初始化的影响有些夸张，因为一般的JSP不会这么用。[1]）用beanName属性，虽然带来了很大的灵活性，但比用className属性的代价要高得多。

提示
只在绝对需要时使用beanName，其他所有情况下使用className。

[1] 此处指大多数JSP页面都是普通的页面，较少用useBean标签，所以说Bean初始化的影响没有图中显示的那么大。
——译者注

scope属性是指Bean存活的范围。它的值包括`page`、`request`、`session`及`application`，默认为`page`。这些值的含义如下所示。

- □ **page**。Bean可用在封闭的JSP页面中，或者任何该页面静态包含的文件中，直到该页面将响应返回给客户端或者转发请求到另外的资源。
- □ **request**。Bean可用在任何处理同一个请求的JSP中，直到某个JSP将响应返回给客户端或者转发请求到另外的资源。
- □ **session**。Bean可用在与创建该Bean处于同一个会话中的所有JSP页面中。Bean存在于整个会话，任何参与到该会话中的页面都可以使用它。
- □ **application**。Bean可用在与创建该Bean的JSP处在同一个应用中的所有JSP页面中。

你选择的`scope`值会影响性能。`application`范围，Bean只创建一次，初始化的代价分摊到应用的整个生命周期。然而，"长寿"的Bean会增加应用程序的内存占用。

使用`session`范围，只要会话是活跃的，Bean会一直维护在内存中，也会增加内存占用。万一用户没有主动关闭会话，服务器就得在内存中一直维护会话直到会话超时。维护会话对性能影响的更多细节请参考10.4.3节。

使用`request`或`page`范围时，页面调用时会创建新对象。在这些模式里，对象的存活期相对短，垃圾收集可以很快。然而，我们之前讨论过，Bean初始化的代价很高，会降低应用整体性能。

5. 表达式语言

JSP 2.0支持表达式语言（EL），使得访问JavaBean的数据比较容易。Bean可以用`${name}`语法访问，这个语法可以用在接受表达式的静态文本或任何自定义或标准的标签属性中。EL可以用在JSP的Scriptlet（用`<% %>`指定的代码段）或者JSP的表达式（基于表达式的计算可以生成值，用语法`<%= expression %>`指定）中。JSP EL以及JSP标准标签库（JSTL）和自定义标签库使得开发复杂JSP要比用Scriptlet更容易。

从开发人员的角度来看，EL是比Scriptlet更好的选择。然而，从性能视角看，EL增加了解析变量名为对象和计算表达式的开销。而Scriptlet在编译阶段，就将必要的代码直接注入生成的Servlet中，不需要变量查找和复杂的表达式计算。由于引入EL带来的开销，EL JSP页面的渲染时间通常比同样功能基于Scriptlet的页面略长。

性能上的差别取决于表达式的计算量和生成输出所涉及的其他工作量。例如，如果大部分时间花在列表生成上（例如从数据库中查找），渲染对象列表所带来的性能影响就会比较小。从另一方面说，如果生成列表的代价不高，变量的计算代价就会凸显出来，从而导致EL的性能要比Scriptlet差。为了显示性能差异，剖析一个列出一组用于图形生成的简单JSP。此处显示的是JSP Scriptlet页面的HTML片段：

```
<tbody>
    <% List<Shape> list = sc.getRandomShapes();
    for (Shape shape: list) {
    %>
    <tr style="background-color: <% = shape.getColor() %>">
        <td><%= shape.getType() %></td>
```

```
            <td><%= shape.getAreaStr() %></td>
            <td><%= shape.getPerimeterStr() %></td>
        </tr>
    <% } %>
</tbody>
```

接下来是JSP EL页面的HTML片段。这个例子中，为了强调表达式计算的花费，用基于Scriptlet的代码获取图形列表：

```
<tbody>
    <% List<Shape> list = sc.getRandomShapes();
    for (Shape shape: list) {
    pageContext.setAttribute("shape", shape);
    %>
    <tr style="background-color: ${shape.color}">
     <td>${shape.type}</td>
        <td>${shape.areaStr}</td>
        <td>${shape.perimeterStr}</td>
        </tr>
    <% } %>
</tbody>
```

图10-4是对100个图形，两个页面执行时间的性能分析。

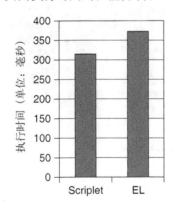

图10-4　Scriptlet和EL性能比较示例

图10-5和图10-6是两个页面执行过程中生成的性能数据。比较两者在jspService方法内的执行时间，很明显，基于EL的JSP由于增加了表达式计算而性能较差。两个页面的String.format方法消耗大约105毫秒。然而，EL计算表达式值和解析值时增加了开销。由于每个表达式计算都会导致性能略微退化，随着表达式数目的增加，两种实现的性能差距也会增加。

10

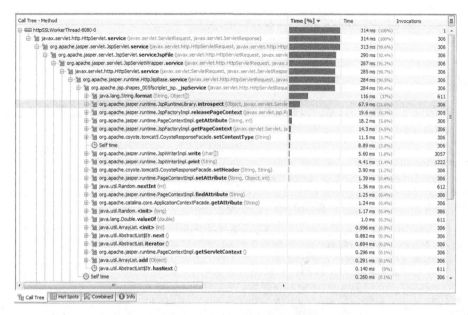

图10-5 JSP Scriptlet页面的性能分析

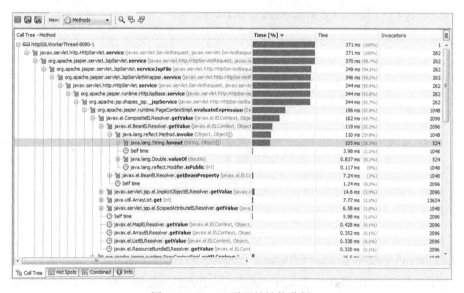

图10-6 JSP EL页面的性能分析

提示

虽然使用表达式语言使得JSP开发更容易,但是JSP内许多表达式的计算会降低性能。需要最佳性能时,请在页面上使用Scriptlet。

6. HTTP压缩

HTTP压缩有助于减少文本数据从服务器传送到客户端的大小。如果浏览器支持压缩（Accept-Encoding首部中指定），服务器可以配置成传送压缩数据，然后在浏览器端解压。压缩量各有不同。Andy King和Konstantin Balashov已经表明HTML和CSS文件通常可以压缩到约20%，JavaScript文件平均压缩到30%。

目前GlassFish支持运行中压缩，内容压缩作为响应每个请求过程中的一步。另外一种方法是应用中同时部署压缩和非压缩版本的静态文件（例如index.html和index.html.gz），而压缩filter依据客户端能接收的编码而分发相应的文件。但是GlassFish没有内建对这种模式的支持。运行中压缩是低带宽与高CPU、内存使用率之间的权衡，客户端和服务器都是如此。负荷越小，传送的成本就越低，从而用户响应时间得以改善。对于通过慢速网络连接的客户端，传输延迟占据整个响应时间的比例很高，因而压缩可以改善这类客户端的性能。然而，压缩数据所消耗的CPU资源会降低Web容器的整体吞吐量。开启压缩时，客户端解压增加的成本也需要考虑。

GlassFish支持gzip压缩，将表10-7所列的属性添加到http-listener中配置即可。

表10-7 http-listener中的压缩属性

属 性	值	说 明
Compression	on|off|force	on和off分别开启和关闭压缩；force压缩所有类型的文件包括图片
compressableMimeType	text/Html, text/css/, text/javascript, ...	应该压缩的MIME类型列表，以逗号分开
compressionMinSize	<min value>	只有数据大小比该值大时，才使用压缩

使用Administration Console（configs > config > server-config > Network Listener > http-listener-X）或asadmin可以更改这些值。

```
asadmin get "configs.config.server-config.network-config.protocols.protocol.http-
listener-1.http.*" | grep compress
configs.config.server-config.network-config.protocols.protocol.http-listener-1.http.
compressable-mime-type=text/html,text/xml,text/plain
configs.config.server-config.network-config.protocols.protocol.http-listener-1.http.
compression=off
configs.config.server-config.network-config.protocols.protocol.http-listener-1.http.
compression-min-size-bytes=2048
```

我们做了一个简单的性能测试，以便了解压缩对性能的影响。测试将java.sun.com页面（非压缩时大约40KB）的副本发送给两个不同的客户端，一个通过高速网络连接，另一个通过慢速DSL连接。对单个请求来说，当客户端通过高速网络连接时，压缩版页面和非压缩版页面发送所费时间基本相同。而当客户端是慢速网络连接（笔记本通过VPN连接）时，压缩版本的延迟明显更低，压缩版280毫秒而非压缩版510毫秒。不过请求速率低时服务器可以正常处理，而负载增加时，开始抛出OutOfMemoryErrors，使得这个配置在生产环境中不可用。这个问题可能会在GlassFish将来的版本中修复。值得注意的是，压缩是CPU密集型任务，开启压缩会增加资源消耗，

10

从而降低系统整体的吞吐量。

另外一种压缩技术是Servlet filter，可以在所有应用服务器上工作。filter拦截所有请求并对响应进行适当压缩。

> **提示**
> 对于通过慢速网络连接的客户端，开启HTTP压缩可以减少页面的发送时间。

10.4.2　内容缓存

现代Web应用的生成内容可以分成两大类：针对浏览用户的一般性页面和针对已知用户的定制页面。随着网站越来越受欢迎，支持的用户也达到几十万，这就需要为这么多用户制定不同的缓存策略。一种常规的性能优化是缓存经常使用的内容。本节我们要讨论Web应用与分布式缓存（如Memcached）交互时，影响性能的因素。

在讨论之前，需要强调几点。本节重点是交互时不同组件之间的影响，而不是不同方案之间的性能比较。数据是基于综合负载量而生成的，单个应用程序的性能可能与此处显示的不同。强烈建议用户运行自己的性能测试，找到可以为应用程序提供最佳性能的方案。

分布式缓存在多个应用实例间共享，用来存储各种应用内容，包括全部HTML页面（例如发送给非登录用户的页面）、页面片段（例如排名前十的HTML片段）或是数据库慢查询的结果（例如用户的照片列表），等等。我们考察一个用Memcached（最受欢迎的分布式缓存解决方案http://memcached.org/）的Web应用示例，Memcached用来存储列表中的前100个元素。值得关注的是那些影响Java数据对象存储性能的因素 。

图10-7是该应用与缓存进行交互，存储并获取这些对象所涉及的各种组件。缓存中存储对象，先要创建对象的二进制展现。这个功能由图10-7中的"序列化"组件实现。选择序列化器要考虑一些因素，包括易用性、扩展性，当然还有性能。市场上有各种序列化技术，每种技术都有各自的支持者。值得重申的一点是，本节不会试图比较所有序列化技术的性能，而是选择其中一些，以便展示这些组件如何影响应用程序的整体性能。开发者应该尝试市场上不同的序列化（和压缩）技术，然后选择最适合整体需求的技术。

为了便于讨论，我们选择了Jackson序列化框架[①]，它支持JSON和JAXB for XML。两种包都能从Object中提取二进制数据生成Object的文本展现。当序列化框架接收到Object二进制负荷（Payload）数据时，它可以选择是否压缩以减少尺寸。压缩有利也有弊，稍后讨论。由于存储时的任何数据压缩在取回时都需要解压，保存所用的压缩类型就很重要，如果可以，应该作为数据的一部分而保存。然后，二进制负荷数据就通过网络转交给分布式缓存。在数据取回过程中，组件顺序反转，如果需要，就得解压缩，再反序列化从而得到保存的Object。我们测试用的两个压缩库是JDK的GZIP和开源的LZF（https://github.com/ning/compress）。

---

① http://jackson.codehaus.org/。——译者注

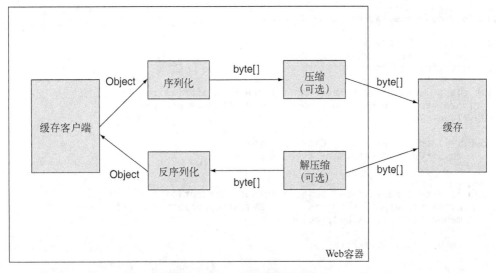

图10-7　Web应用与缓存的交互

　　有一些与性能相关的因素会影响序列化和压缩组件的选择，包括压缩和非压缩负荷的生成大小、操作的延迟以及在存储、取回过程中对CPU、网络资源的要求。负荷越大，网络传送的代价越大，而且对于给定的缓存大小，能存储的条目就越少，从而降低缓存的效能。其他重要的因素还有，每个组件的整体效能（从单独操作带来的延迟来看）以及处理请求的并发能力 。

　　为了演示序列化和压缩技术的选择如何影响性能，我们写了一个示例基准测试程序。以下代码片段显示了缓存的示例类、基于Jackson的JSON序列化器和基于LZF的压缩器。为简洁起见，没有显示XML序列化器和GZIP压缩器。

```
public class SimpleDataContainer implements Serializable {
    private String name;
    private long lastUpdatedTime;
    private List<SimpleData> dataList;
    private Date createdDate;
...
```

```
public class SimpleData implements Serializable {
    private long id;
    private long createdTime;
    private long lastUpdatedTime;
    private String author;
    private String description;
...
```

```
import org.codehaus.jackson.map.ObjectMapper;
import org.codehaus.jackson.map.type.TypeFactory;
```

```java
import org.codehaus.jackson.type.JavaType;

import java.io.IOException;
import java.io.ByteArrayOutputStream;
import java.io.ByteArrayInputStream;

public class JsonDataSerializer<T> implements DataSerializer<T> {
    private static ObjectMapper mapper = new ObjectMapper();
    JavaType type;

    public JsonDataSerializer(Class<T> type) {
        this.type = TypeFactory.type(type);
    }

    public byte[] serialize(T object) throws IOException {
        ByteArrayOutputStream bos = new ByteArrayOutputStream();
        mapper.writeValue(bos, object);

        return bos.toByteArray();
    }

    public T deSerialize(byte[] buf) throws IOException {
        ByteArrayInputStream bis = new ByteArrayInputStream(buf);
        T obj = (T) mapper.readValue(bis, type);
        return obj;
    }

    public SerializationMode getSerializationMode() {
        return SerializationMode.JSON_SERIALIZATION;
    }
}
import com.ning.compress.lzf.LZFOutputStream;
import com.ning.compress.lzf.LZFInputStream;

import java.io.IOException;
import java.io.ByteArrayOutputStream;
import java.io.ByteArrayInputStream;

public class LZFCompressor extends Compressor {
    public byte[] compress(byte[] buf) throws IOException {
        ByteArrayOutputStream bos = new ByteArrayOutputStream();
        LZFOutputStream os = new LZFOutputStream(bos);
        os.write(buf);
        os.close();
        return bos.toByteArray();
    }

    public byte[] uncompress(byte[] buf) throws IOException {
        LZFInputStream is = new LZFInputStream(new ByteArrayInputStream(buf));
        byte[] data = new byte[8192];
        int count;
        ByteArrayOutputStream bos = new ByteArrayOutputStream();
        while ((count=is.read(data)) != -1) {
            bos.write(data, 0, count);
        }
        is.close();
```

```
        return bos.toByteArray();
    }

    public CompressionMode getCompressionMode() {
        return CompressionMode.LZF;
    }
}
```

一个基准测试操作包括PUT和GET一个缓存对象。通常来说，GET的次数要大大超过PUT。但在这个基准测试中，为了研究两种操作对性能的影响，单个请求包括一个PUT然后接一个GET。给定一组并发请求，以操作完成的次数来衡量系统的整体性能。图10-8是8个并发请求时，各种负荷大小的吞吐量。正如预期，整体吞吐量随负荷大小的增加而降低。从整体来说，Jackson JSON序列化器的性能要比JAXB XML序列化器好一些。

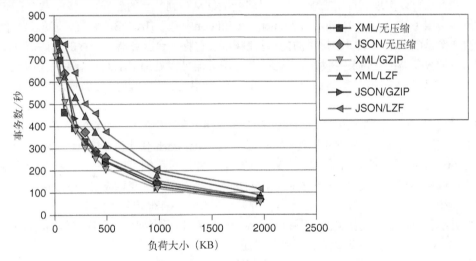

图10-8 使用缓存时，各种序列化器和压缩器的性能对比

对于小的负荷，增加压缩可能对性能有不利影响。所以，最好设定尺寸阈值，超过时再使用压缩。此外，压缩带来的性能提升取决于所用的压缩器类型。在高并发时，JDK的gzip压缩器表现很糟糕。主要原因是这个实现的本地代码在分配内存时有锁竞争，从而缺少扩展性。使用malloc库的替代品（例如Oracle Solaris上的libumem）可以改善扩展性。而负荷很大时，LZF压缩器则表现出巨大的优势。减少需要在网络中传送的数据量，从而降低延迟，减少带宽要求，也增强了缓存的能力。

压缩效率是指压缩后的尺寸与没有压缩时的比率。有些因素会影响压缩率。由于这个测试案例的基准测试数据是由大量重复元素综合而成，所以测量它的压缩率会有误导。整体而言，从压缩大小的角度看，gzip要好于LZF，虽然LZF压缩率不高，但它的压缩速度非常快。

可供使用的序列化器有多种，而每种又有多个实现方案。面对大量可选的解决方案，要找到最优的谈何容易。要找到针对你的应用程序的最佳选择，最好的方法是进行试验。

10

10.4.3　会话持久化

　　HTTP会话对象经常用来存储特定用户的应用信息。Web容器负责维护会话，应用程序可通过HttpServletRequest或从JSP中访问会话对象。默认时，大多数容器包括GlassFish只在内存中维护会话的副本，这意味着如果服务器崩溃，会话信息就会丢失。然而对于某些应用程序，这种数据的丢失是不可接受的，它们需要持久化会话方案，即便服务器崩溃了，数据仍然可用。

　　有一些方法可以实现高可用需求。一种是将会话信息写到共享的数据存储中，数据存储可以被两个或多个服务器访问。GlassFish V2 Enterprise Edition中基于HA-DB的解决方案就是一例。另一个解决方案是GlassFish V3.1中提供的内存复制模式，它将一台服务器上保存的会话信息复制并维护到备份的服务器中。如果主服务器失败，备份服务器可以处理请求而不会丢失任何数据。这两种模式的实现细节超出了本书的范围。本节主要介绍在开启会话持久化时影响性能的各种因素。

　　在分布式缓存中，需要采用某种序列化机制将保存在会话中的Java对象转换成字节流，然后在容器间传输或保存在公共数据存储中。GlassFish使用 `ObjectOutputStream` 和 `ObjectInputStream`序列化Java对象。另外，负荷的尺寸通过压缩可以进一步减少。会话持久化的全部成本包括某些固定成本（身份复制、传输初始化等）和一些变化成本（这取决会话中存储的内容）。影响后者的因素有两个：传递负荷的大小和会话中存储内容的复杂性。

　　对象大小和成本是直接相关的，因为对象越大，序列化/反序列化以及网络传输的花费越大。例如，`String`对象越大，序列化和传输的代价越大。

　　对象的复杂性会大大影响整体性能。继承层次多的对象序列化的代价昂贵，生成的负荷也更大。为了性能优化，保存在会话中的对象要尽可能简单。向会话中添加条目前，检验一下这些数据是否都有必要维护在会话中。

　　举些复杂数据对象的例子，比如数据库的用户设置对象，需要保存在会话中。一旦会话中无法找到该对象，就会重新创建。对于这种情况，最好将这些属性用关键字`transient`标识为非持久，这些属性在会话内存中维护而不会作为会话持久化的一部分而序列化，从而改善性能。万一出现失败，`transient`属性可以在新会话中重建。

10.4.4 HTTP 服务器文件缓存

Java EE容器的设计适合用来分发动态内容而不太适合处理静态内容。然而大多数Web应用多少都需要分发一些静态文件到客户端。应用服务器通常会提供静态文件的优化处理机制。本节我们讨论HTTP服务器文件缓存和GlassFish服务器改善静态内容分发性能的缓存特性。虽然本节的细节内容与特定产品相关，但在其他应用服务器上也有类似的优化选项。

HTTP服务器中的文件缓存会将经常使用的静态文件缓存在内存中，避免每次请求时都要从文件系统读取资源。

一个文件被加到缓存需要满足以下条件。

- ❑ 获取静态资源的请求由默认Servlet处理。URI映射到自定义Servlet的文件不会被缓存。
- ❑ 缓存文件的总数应该小于最大文件数。
- ❑ 只有当缓存空间足够时，文件才会被加到缓存中。

文件保留在缓存中的时间取决max-age-in-seconds。文件在缓存中的年龄是由当前时间与文件加入缓存时的差值计算得来。当文件年龄大于max-age-in-seconds时，它就会从缓存中移走。系统会依据文件大小，将它读入JVM堆或内存映射。

文件缓存减少了每个请求因读取文件而产生的磁盘IO，从而改善了性能。然而文件缓存增加了服务器实例的内存占用量。缓存在JVM堆中的小文件增加了垃圾收集的成本，而映射为内存的大文件则增加了进程的常驻内存。

将http-service的监控级别设成too high可以监控文件缓存的统计信息。下例显示了用asadmin get -m查看各种文件缓存统计数据。

```
asadmin get -m "server*http-listener-1.file-cache*" | grep '\-count'
server.network.http-listener-1.file-cache.contenthits-count = 0
server.network.http-listener-1.file-cache.contentmisses-count = 0
server.network.http-listener-1.file-cache.heapsize-count = 0
server.network.http-listener-1.file-cache.hits-count = 0
server.network.http-listener-1.file-cache.infohits-count =0
server.network.http-listener-1.file-cache.infomisses-count = 0
server.network.http-listener-1.file-cache.mappedmemorysize-count = 0
server.network.http-listener-1.file-cache.maxheapsize-count = 0
server.network.http-listener-1.file-cache.maxmappedmemorysize-count = 0
server.network.http-listener-1.file-cache.misses-count = 0
```

依据缓存命中率hits-count / (hits-count + misses-count)可以对它进行调优。命中率很高意味着缓存工作良好，不需要进一步调优。命中率低意味着需要进一步调优——增加max-age或缓存的大小。

调优文件缓存时，需要考虑以下因素：文件的数量和大小、请求文件的频率、实例配置的堆空间和可用的内存量。

- ❑ 依据经常被访问的文件数设置需要被缓存的文件数。多数情况下，默认值1024就足够了。
- ❑ 依据客户端访问特定资源的频度设置缓存文件的最大年龄。建议设置足够大，使得文件从缓存中移除前，能够命中若干次。因为即便系统底层资源更改，缓存中的条目依然有效，所以对于经常修改的文件不建议设置很高的年龄。如果该值设置很高，也会导致储存了不常使用的文件，这会给性能带来负面影响。

❑ 依据堆和整体可用内存量设置缓存大小。建议设置足够大，足以容纳经常被访问的文件。如果该值占用堆的比例过大，会导致频繁的垃圾收集，降低整体性能。由于超过一定大小的文件会作为内存映射，因此这部分与缓存相关的内存是在JVM堆之外。存储这些文件会增加进程内存，而确保整体内存没有超过进程的可用内存（32位JVM为4GB）非常重要。如果系统的物理内存有限，建议减少分配的内存，使得整体进程内存小于可用的物理内存。

访问日志

Web容器会将处理的请求记录成详细的日志。分析这些日志可以提供丰富的信息，找到性能表现糟糕的请求路径，了解应用程序的使用模式，并为制定基准测试提供基线数据。能够回放访问日志的基准测试负载生成器是最好的基准测试工具之一，可以在测试环境中模拟生产负载。重要的属性包括：请求速率、用户代理、客户端IP地址、请求类型、路径、响应状态、响应长度、响应时间，referrer以及特定的请求或响应的首部。

开发模式下的GlassFish默认关闭访问日志，可以通过asadmin或Administration Console在http-server级别上配置开启访问日志。Administration Console上配置访问日志，可以先点击左边导航树上的Configurations链接，选择适合服务器的配置，然后选择http-service，勾选Access Logging开启日志。以下asadmin命令可以从命令行获取或设置访问日志的属性。

开启访问日志可以使用以下命令：

```
asadmin set configs.config.server-config.http-service.access-log.rotation-enabled=true
```

开启访问日志增加了写磁盘的操作。GlassFish中，请求信息会先缓存在内存中，缓冲区充满时（可配置成基于时间，定期写日志）再写到磁盘。大多数情况下，访问日志对性能的影响可以忽略。然而，对于负载非常高的系统，如果同一组磁盘同时用于保存内容、事务日志或持久化存储消息，定期的磁盘写操作可能就会干扰其他请求的处理。在这些情况下，最好为访问日志配置专用的磁盘组、SSD或带写缓存的磁盘阵列，这样它就不会干扰其他操作了。

GlassFish V3的访问日志目录是install_dir/domains/domain_name/logs/access。依据日志轮转间隔（默认1天），新的日志文件形如server_access_log_.txt 会写到访问日志目录下。默认的后缀为时间，形如yyyy-MM-dd，也可以依据需要而更改。日志文件保留的数量依据max-history-files的值。默认为-1，所有文件永久保留。长时间运行的服务器会产生大量的文件，所以建议设置max-history-files为日志要保留的天数，保留若干份日志即可。日志行保存在内存中，当缓冲区满或者到写间隔点时，写入磁盘。用户也可以依据需要，用asadmin set配置这些值。

format定义每个日志行要写入哪些值，asadmin set设置如下：

```
asadmin set "configs.config.server-config.http-service.access-log.format=%datetime%
%user.agent% %referer% %session.userId% %response.header.TRACE% %http-uri% %query-str%
%http-method% %status% %response.length% %time-taken%"
```

上述format设置产生的日志如下：

```
"02/Jan/2011:10:47:24 -0800" "Mozilla/5.0 (Macintosh; U; Intel Mac OS X 10.5; en-US;
rv:1.9.2.13) Gecko/20101203 Firefox/3.6.13" "NULL-REFERER" "1293993380"
"1bc8bedf-d87d-4309-9dce-37787cddf9e4" "/BenchmarkWebApp/main/session"
"listSize=10&stringSize=10000" "GET" 200 137 "2"
```

其中大多数属性可以不言自明，例如response.length指响应数据的大小（字节），time-taken
是响应时间。可以用%header.<headerName>%获取请求的首部信息，同样，%session.session-
Attribute%和%response.header.header Name%分别用来获取会话属性和响应首部。

session.userId和response.header.TRACE这两个属性需要进一步解释。第一个是针对需
要用户登录才能与网站某些部分交互的应用。追踪登录用户的一种方法是在会话中维护用户id。
访问日志中的这个信息有多种用途，包括追踪每个会话的请求数、识别与每个请求相关的请求路
径和响应时间。如果应用的性能依据用户而不同，这些日志信息就很珍贵了，可以找出是哪些用
户导致系统性能变差以及性能瓶颈。

response.header.TRACE可用于Restful服务处理用户请求的应用。在这些场景中，一个用户
请求会产生多个HTTP请求到多个后端服务，每次接收请求都会记录到日志中。为了在分布式系
统中追踪单个请求，找到性能问题，需要某种形式的请求追踪。一种方法是在请求入口处为每个
请求分配一个唯一标识，然后传播到通信管道的每个服务。访问日志可以依据追踪标识分组，从
而辨别出与每个前端请求关联的所有请求路径和响应时间。有许多方法可以实现上述追踪。这里
介绍一种简单的基于Filter的方法。

Servlet Filter检查每个请求，如果在请求首部没有发现追踪标识就添加一个。Filter进一步将
追踪标识设置为处理线程中的一个线程局部变量，使得它可以一路传给后续与当前请求处理周期
相关的HTTP请求。不过，因为使用线程局部变量，使得该方法仅限于同步请求处理模型[①]。
TraceFilter和TraceManager的示例代码如下：

```java
import javax.servlet.*;
import javax.servlet.http.HttpServletRequest;
import javax.servlet.http.HttpServletResponse;
import java.io.IOException;

public class TraceFilter implements Filter {
    public void doFilter(ServletRequest req,
                         ServletResponse resp,
                         FilterChain chain)
        throws ServletException, IOException {
        // 建立追踪管理器。
        TraceManager traceManager = null;
        if (req instanceof HttpServletRequest &&
            resp instanceof HttpServletResponse) {
```

10

———————————
① 不要与关键字synchronized混淆，这里是指每请求一线程的模型，即每个请求都是由一个线程处理完成。

———译者注

```
            HttpServletRequest hreq = (HttpServletRequest) req;
            HttpServletResponse hres = (HttpServletResponse) resp;
            traceManager = new TraceManager();
            traceManager.setTrace(hreq, hres);
        }

        chain.doFilter(req, resp);

        if (traceManager ! = null)
            traceManager.removeTrace();
    }
...
}
import javax.servlet.http.HttpServletRequest;
import javax.servlet.http.HttpServletResponse;
import java.util.UUID;

public class TraceManager {
    private static ThreadLocal<String> traceTLS = new ThreadLocal<String>();
    public static final String TRACE_HEADER = "TRACE";

    public String getTrace() {
        String trace = traceTLS.get();
        if (trace = = null)
            trace = UUID.randomUUID().toString();
        return trace;
    }

    public void setTrace (HttpServletRequest req,
                          HttpServletResponse res) {
        String trace = req.getHeader(TRACE_HEADER);
        if (trace = = null) {
            trace = UUID.randomUUID().toString();
            req.setAttribute(TRACE_HEADER, trace);
        }
        res.setHeader(TRACE_HEADER, trace);
        traceTLS.set(trace);
        logger.fine("Trace set to " + trace);
    }

    public void removeTrace() {
        traceTLS.remove();
    }
}
```

　　最后，我们讨论一下访问日志文件的聚合。随着Web网站越来越受欢迎，每天有几十万PV，需要几百台服务器处理请求。集结分布在这么多异构机器上的日志文件变成了一种挑战。一种可能的解决方案是用开源的日志聚合器，例如Scribe（https://github.com/facebook/scribe），结合collector这种开源的Java scribe客户端（https://github.com/pierre/collector）将日志聚合在Hadoop分布式文件系统（http://hadoop.apache.org/hdfs/）中，从而可以很容易地查找和整理。为了让GlassFish

与这些解决方案无缝集成，需要写一个特定的日志追加阀，它的实现细节已经超出了本书的范围。

10.5 参考资料

Exceptional Performance团队，多位作者. "Best Practices for Speeding Up Your Web Site". http://developer.yahoo.com/performance/rules.html.

"Web Performance Best Practices." http://code.google.com/speed/page-speed/docs/rules_intro.html.

Souders，Steve. *High Performance Web Sites*. O'Reilly Media. September 2007. ISBN: 978-0-596-52930-7.

Souders，Steve. *Even Faster Web Sites*. O'Reilly Media. June 2009. ISBN: 978-0-596-52230-8.

JSR 316: JavaTM Platform，Enterprise Edition 6 (Java EE 6) 规范. http://jcp.org/en/jsr/detail?id=316.

Chetty, Damodar. "An Overview of Tomcat 6 Servlet Container: Part 1." http://www.packtpub.com/article/an-overview-of-tomcat-6-servlet-container-1.

Chetty, Damodar. "An Overview of Tomcat 6 Servlet Container: Part 2." http://www.packtpub.com/article/an-overview-of-tomcat-6-servlet-container-2.

Oracle GlassFish Server 3.0.1管理手册：http://download.oracle.com/docs/cd/E19798-01/821-1751/821-1751.pdf.

"Apache Commons Math, Statistics." http://commons.apache.org/math/userguide/stat.html.

"Trim Filter." http://www.servletsuite.com/servlets/trimflt.htm.

"YUI Compressor." http://developer.yahoo.com/yui/compressor/.

"Jackson Java JSON-processor." http://jackson.codehaus.org/.

10

## 第 11 章

Web Service的性能

面向服务的架构（Service Oriented Architecture, SOA）是一种新型架构方式，它能通过分布在网络上的多个较小规模的单一服务构建复杂的业务应用。它已经成为工业界构建、部署灵活业务方案的事实标准，从而满足业务伙伴和客户的需求。Web Service是实现面向服务架构最广泛采用的技术，它不偏重于任何的编程语言平台，是一种支持跨网络机器交互的软件系统，通过一系列互联网通信协议提供标准接口；在典型的场景中，我们使用Web Service描述语言（Web Services Description Language，WSDL）描述提供的服务。Web Service通过简单对象访问协议（Simple Object Access Protocol，SOAP）和可扩展标记语言（eXtensible Markup Language，XML）描述交互的消息。

随着面向服务的架构（SOA）日益被业界认可，越来越多的新老企业应用开始采用Web Service的方式。SOA的松耦合特性让企业能有效地利用现有的服务。然而，由于服务可能会同时被大量客户端访问，这也带来一些新的挑战，尤其是性能和伸缩性方面。在设计、实现以及部署Web Service时，性能和伸缩性都需要着重考虑。这一章里，我们将对Web Service性能所涉及的各个方面一一探究，譬如：如何度量Web Service的性能，影响Web Service性能的重要因素以及常见问题的推荐（最佳）解决方案。

本章内容的组织如下。因为XML是Web Service底层的数据交换格式，Web Service依赖XML，所以我们首先会围绕XML的性能展开。我们将介绍XML文档处理生命周期的各个阶段，以及相应的性能优化建议。之后将讨论Web Service的性能，从XML Web Service的Java应用程序接口（JAX-WS）入手，简略介绍其实现。紧接着围绕Web Service的基准测试展开讨论，然后介绍影响Web Service性能的各种因素。最后，以常见问题的最佳解决方案作结。

11.1 XML 的性能

XML是Web Service赖以进行底层数据交换的格式，因此XML的处理是Web Service栈的核心元素之一。Java平台通过XML处理API（JAXP）和XML绑定API（JAXB）支持XML的处理。

JAXP为应用程序提供了一套XML处理接口函数，实现对XML文档的解析、转换和查询。JAXP是Java平台的标准组件，Java SE 6中就提供了以JAXP 1.4作参考的实现。JAXP支持多种XML文档处理的工业标准，包括：XML简单应用程序接口（SAX）、文档对象模型（DOM）以及XML流处理应用程序接口（StAX）。

JAXP让Java开发者可以像访问Java对象一样访问XML文档。使用JAXP的第一步是将XML文档编译为描述XML文档结构的XML Schema，并生成一套与之对应的Java类。JAXP提供了一个运行时，可以将XML文档转换成Java类对象（称为"解编组"，unmarshalling），或者将Java类对象转换成XML文档（称为"编组"，marshalling）。由于JAXP编译器的使用通常只是一次性的活动，这里不特别讨论编译器的性能，而是围绕编组和解编组的性能展开讨论。

这一节涉及的性能调优与使用的解析器和序列化器密切相关。我们从典型XML处理生命周期涉及的步骤开始介绍，接着讨论影响XML处理性能的因素以及对应的最佳实践，最后会针对特定的使用目的推荐合适的解析器。

11.1.1   XML 处理的生命周期

常见XML文档的处理包含下面的步骤：解析/解编组、访问、修改以及序列化/编组，如图11-1所示。这些都是从逻辑上定义的处理单元，可能只需要一步（譬如使用SAX）或者几步（譬如使用DOM）就可以完成。此外，根据用例以及你选择的分析器，这4个步骤可能不会都执行到。

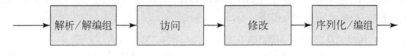

图11-1   典型的XML文档处理流程

- **解析/解编组**。扫描XML文档，处理元素和属性，如果使用DOM分析器，就有可能在内存中构建一棵树；如果使用JAXB，则会构建一个Java对象。解析是处理所有XML文档的前提条件。
- **访问**。从元素或属性中提取数据，并将其导入应用程序中。譬如，处理一个表示发票的XML文档时，应用程序可能需要获取发票中每个商品的价格。
- **修改**。修改元素或者属性的文本内容，或者是通过插入或删除元素改变文档的结构。这一操作不适用于SAX。例如，应用程序可能需要更新发票中某些商品的价格，或者插入或删除某些商品。
- **序列化/编组**。将内存的内容转换成文本形式写入到磁盘文件中，或者转发到网络数据流中。SAX解析器不支持这一功能。

11.1.2   解析/解编组

如果使用JAXP，解析文档的第一步就是创建解析器，根据你选择的应用程序接口（SAX、StAX或者DOM），可能使用SAXParser、XMLStreamReader或者DocumentBuilder。这一工作可以通过恰当的工厂对象完成，譬如下面的代码片段：

```
// SAX解析器
import javax.xml.parsers.SAXParserFactory;
```

11

```
import javax.xml.parsers.SAXParser;
SAXParserFactory spf = SAXParserFactory.newInstance();
SAXParser sp = spf.newSAXParser();

// StAX XMLStreamReader
import javax.xml.stream.XMLInputFactory;
import javax.xml.stream.XMLStreamReader;
XMLInputFactory xif = XMLInputFactory.newInstance();
XMLStreamReader reader = xif.createXMLStreamReader (inputStream);

// DOM解析器
import javax.xml.parsers.DocumentBuilderFactory;
import javax.xml.parsers.DocumentBuilder;
DocumentBuilderFactory dbf=DocumentBuilderFactory.newInstance();
DocumentBuilder db = dbf.newDocumentBuilder();
```

采用工厂模式时开发者可以在运行时选择使用的解析器。然而，定位要载入的工厂实现会触发搜索文件系统，所以Factory对象的初始化是个非常昂贵的操作。

根据DocumentBuilderFactory.newInstance()的Java文档，它使用以下查找过程决定载入哪个DocumentBuilderFactory实现。

- 使用javax.xml.parsers.DocumentBuilderFactory系统属性。
- 使用JRE目录中的属性文件lib/jaxp.properties。该配置文件是标准的java.util.Properties格式，包含了前面系统属性中定义的键及实现类的完全限定名。
- 使用Services应用程序接口（JAR规范中有详细的介绍）确定类名。Services应用程序接口会在jar文件的META-INF/services/javax.xml.parsers.DocumentBuilderFactory中查找运行时可以访问的类。
- 使用平台默认的DocumentBuilderFactory实例。

SAXParserFactory和XMLInputFactory工厂的查找过程与DocumentBuilderFactory的查找过程很相似。在系统属性或者lib/jaxp.properties文件中指定默认的实现类，能够缩短工厂的载入时间。表11-1中展示了Oracle Java 6中的各种默认工厂实现类。

表11-1　解析工厂的默认实现类

工　厂	属　　性	默认实现类
SAXParserFactory	javax.xml.parsers. SAXParserFactory	com.sun.org.apache. xerces.internal.jaxp. SAXParserFactoryImpl
DocumentBuilderFactory	javax.xml.parsers. DocumentBuilder Factory	com.sun.org.apache. xerces.internal.jaxp. DocumentBuilderFactoryImpl
XMLInputFactory	javax.xml.stream. XMLInputFactory	com.sun.xml.internal. stream.XMLInputFactoryImpl

JAXP并未强制要求所有的工厂实例都保证线程安全。虽然JDK中的某些默认工厂实现在创

建解析器时是线程安全的，我们仍然建议尽量避免以多线程方式并发地使用JAXP工厂。只在实现代码能保证线程安全时才在多线程间共享Factory对象（譬如：Woodstox StAX分析器，JDK默认的DocumentBuilderFactory）。

> **提示**
> 由于创建Factory实例的代价高昂，建议尽量重用现有的Factory对象。对线程安全的实现，可以共享一个单例的Factory实例。否则，建议在多个线程时使用多个实例，或者将其作为ThreadLocal变量存储。

　　JAXP采用了一种可插拔的架构，允许用户选择不同的插件实现。有时使用第三方的实现甚至比JAXP默认的实现性能还好。这种情况下，选择性能更好的实现更为明智。（本节末尾附有相应的性能数据）。Woodstox是这类情况的一个例子，这个开源的StAX解析器（http://woodstox.codehaus.org/）就超越了JAXP中默认的StAX解析器——Oracle的Java流XML解析器（SJSXP）。有多种方法都可以配置JAXP使用新的实现。

- ❑ 将包含解析器的jar文件添加到classpath中（在jar文件的META-INF/services/<ParserProperty>中指定实现的类，其中ParserProperty即为表11-1中定义的属性）。例如，要使用Woodstox，就需要将该jar文件添加到classpath中。
- ❑ 使用对应的系统属性指定Factory类。例如，使用Woodstax分析器时，需要设置下面的系统属性：

```
javax.xml.stream.XMLInputFactory=com.ctc.wstx.stax.WstxInputFactory
```

- ❑ 在JRE目录的属性文件lib/jaxp.properties中设定Factory类。

　　通过工厂实例SAXParser、XMLStreamReader或者DocumentBuilder创建的解析器实例都不是线程安全的，不能在多个线程间共享。创建解析器是个消耗巨大的操作，在XML处理的开销中占据了重要的一块，特别是文档较小的情况。SAX和DOM解析器都提供了一个重置的方法，允许重置解析器以便将来重用。因此，有大量小文档需要处理时，创建一个可重用的解析器实例池是个不错的方法。每个线程可以从实例池中获取一个解析器，使用它解析文档，之后重置解析器，完成解析操作之后再将其返还给解析器实例池。然而，当前的StAX规范还没有提供重置XMLStreamReader的标准机制。

> **提示**
> 使用SAX或DOM解析小文档时，创建可重用的解析器实例池能获得较好的性能。

　　如下面的代码片段所示，使用JAXB处理文档时，需要提前创建解编组器（Unmarshaller）。

```
// JAXB解编组器
import javax.xml.bind.JAXBContext;
```

11

```
import javax.xml.bind.Unmarshaller;
JAXBContext jc = JAXBContext.newInstance("mypackage");
Unmarshaller u = jc.createUnmarshaller();
```

创建JAXBContext是代价昂贵的操作，应该尽可能避免创建多个实例。JAXBContext是线程安全的，可在多个线程之间共享。为了获得最佳性能，可以为整个应用程序创建一个共享的实例。然而，解编组器不是线程安全的，不应该在多个线程间并发使用。但是解编组器可以池化和重用。处理小文档时使用解编组器对象池是比较推荐的方法。

提示
使用JAXB时，重用JAXBContext实例是个很好的方法。而解编组小文档时，最好创建可以复用的解编组器实例池。

11.1.3   访问

参考图11-1，文档处理的下一步是访问文档中的元素和属性。对于流解析器来说，这一步与解析流程密切相关，而对于DOM或者JAXB而言，这已经是解析阶段第二次访问内存中创建的文档对象树或Java对象了。流解析器在内容可用时就会向应用程序提供，同时丢弃之前内容。解析器不会在内存中缓存任何的内容，如果有内容需要在将来使用，应用程序需要负责存储这部分内容。与此相反，DOM和JAXB在内存中保存了文档内容，支持随机访问文档中的任何元素。由于流解析器不会在内存中存储整个文档的内容，它所创建的对象都是临时的。

提示
JAXB和DOM的内存使用比流解析器（SAX和StAX）高，特别是处理大文档的情况。

11.1.4   修改

基于内存的解析器支持直接修改文档。由于JAXB解编组会在内存中创建与文档对应的Java对象集合，访问、修改文档不需要特别的JAXB应用程序接口就可以完成。与此不同的是，访问、修改文档对象模型需要使用DOM的应用程序接口。为了优化性能，使用DOM应用程序接口时，下面几点需要特别注意。

- ❑ 获取属性列表之前，应该先使用hasAttributes方法检查该Node是否具有该属性。对每一个Element节点调用getAttributes方法都会创建AttributeMap对象，即使该元素没有该属性。
- ❑ getElementsByTagName和getElementsByTagNameNS都是代价昂贵的操作，因为它们会遍历整棵DOM树，查找匹配名字和名字空间URI的节点。应用程序应该考虑通过优化遍历的方法只搜索整棵树的一部分。

❑ 在DOM标准2上，重命名节点以及文档间的节点移动的代价都是很大的，因为这些操作涉及创建新节点，复制老节点的内容到新节点、以及将节点插入到树中恰当的位置。需要重命名节点或者将一个节点从一个文档移动到另一个文档时可以考虑使用DOM标准3规范中定义的**renameNode**和**adoptNode**接口。大多数情况下，**renameNode**只是改变指定节点的名称。然而，在一些特殊情况下，这个应用程序接口的调用也需要创建新的节点，复制所有内容，并将新的节点插入到树中合适的位置。这种罕见的情况通常发生在尝试将区分命名空间和不区分命名空间的节点合并到同一个文档时。**adoptNode**能够将另一个文档中的节点迁移到当前的文档中。这使得应用程序不需要复制子树就可以将子树从一个文档搬到另一个文档中。

❑ 如果应用程序在DOM上的所有的操作都是合法的，就可以尽量减少不必要的出错检查。DOM 标准3上加入了**setStrictErrorChecking**属性，用于指定是否需要强制进行出错检查。当该值设置为**false**时，实现可以自由决定是否要对DOM操作中的每个可能出错的用例进行检查。

❑ 默认情况下DOM开启了推迟节点展开（defer-node-expansion）模式，该模式下文档组件初始时以压缩格式呈现，随着节点的遍历，整个DOM树逐渐展开。对于大型文档这个模式能提供更好的性能，然而对于小型文档（0KB~10KB）它可能导致很差的性能以及大量的内存消耗。因此，对于小型文档，关闭由URI http://apache.org/xml/features/dom/defer-node-expansion标识的推迟节点展开功能可以获得更好的性能。

11.1.5　序列化/编组

　　XML文档处理的最后一步是序列化或者称为编组，将文档写入输出流。StAX、DOM以及JAXB都提供了完成这个任务的API。跟使用工厂创建解析器或者使用JAXB创建JAXBContext对象一样，我们可以通过类似的方式创建序列化器**XMLStreamWriter**（StAX）、**Transformer**（DOM）以及**Marshaller**（JAXB）。重用工厂对象实例能带来巨大的性能收益，因为工厂对象的创建是非常昂贵的。处理小文档时，创建输出器（Writer）池或者编组器（Marshaller）池能够提升性能。

11.2　验证

　　对XML文档的验证有时会作为业务流程的一部分以确保应用程序的可靠性。验证是确认XML文档是特定XML Schema的一个实例的流程。XML Schema定义了实例文档呈现的内容模型（也被称之为语法或者词汇）。比较流行的XML Schema包括文档类型声明（Document Type Declaration，DTD）、W3C XML Schema和RELAX NG。默认情况下，解析器的设置是不进行验证，但也可以配置成强制验证模式。虽然Web Service基于XML Schema并且不支持文档类型声明，但处理基于DTD的XML文档仍然有广泛需求，出于完整性的考虑，我们这里也会进行讨论。

　　验证是个昂贵的流程，因为解析器不仅需要解析XML文档，同时还需要解析Schema文档，构造Schema在内存中的表现形式，之后再使用这个内部的Schema表现形式验证XML文档。

11

提示

开启验证功能将严重降低解析器的性能。

进行验证时，下面这些因素需要特别考虑。

- ❑ 依据DTD进行处理和验证通常比依据W3C Schema进行处理和验证代价低。
- ❑ 避免过多使用外部实体（外部的DTD或者导入的Schema），因为外部实体文件都需要打开和读入，并由此降低处理的性能。
- ❑ 避免使用过多的默认属性，因为这也会增加验证的代价。

如果希望验证的XML文档只依赖有限的Schema集合，可以考虑编译（解析这些Schema并构造其内存表现形式）并缓存这些Schema，这将大大提升应用程序的性能。尤其是当应用程序处理的大多数XML文档相对较小，Schema编译在总的XML文档处理时间中将消耗极大一部分的情况。JAXP提供的API允许应用程序重用Schema，从而提升解析器的验证性能。

提示

如果应用程序中需要验证的XML文档仅依赖有限的Schema，尽量考虑缓存这部分Schema。

为了使用Schema缓存，需要做的第一步是像下面的代码片段一样用SchemaFactory对象对Schema进行编译。跟我们前面讨论的ParserFactory对象不同，SchemaFactory对象不是线程安全的，因此不能在多个线程间共享。Java SE6中SchemaFactory的实现支持W3C XML Schema 1.0和RELAX NG 1.0。由于XML文档对象模型描述（DTD）与解析流程结合紧密，对解析流程的影响很大，不大可能定义独立于解析流程的DTD验证。因此，JAXP并没有定义XML DTD缓存的语义。

SchemaFactory对象被用于编译Schema，创建Schema类，即Schema的内存表现形式。之后Schema类可以用于创建为验证文档特别优化的解析器，或者创建验证器，验证不同XML输入源（SAX、DOM或者流）的文档。下面的代码片段展示了如何使用验证器验证一个SAX文档。

```
//实例化SchemaFactory
import javax.xml.validation.SchemaFactory;
import javax.xml.validation.Schema;
import javax.xml.transform.stream.StreamSource;
import javax.xml.validation.Validator;
import javax.xml.transform.sax.SAXResult;
SchemaFactory sf =
  SchemaFactory.newInstance(XMLConstants.W3C_XML_SCHEMA_NS_URI);

StreamSource ss1 = new StreamSource("schema1.xsd");
StreamSource ss2 = new StreamSource("schema2.xsd");

//编译schemas
Schema schemas = sf.newSchema (new Source[] {ss1, ss2});

//创建验证器
Validator validator = schemas.newValidator();
```

```
//配置验证器
validator.setErrorHandler (errorHandler);

//创建SAXSource
SAXSource saxSource = new SAXSource (inputSource);

//验证输入，并将验证结果返回给处理程序.
validator.validate (saxSource, new SAXResult(contentHandler));
```

11.3　解析外部实体

影响解析性能的另一个因素是外部实体或者XML文档中引用的DTD。外部实体，包含外部的DTD子集，一般会从文件系统或者网络中载入，随后进行解析。如果这些外部实体只能通过比较慢的网络来访问，载入和解析这些外部实体将严重影响应用程序的性能。

改善性能的一个方法是使用实体解析器将实体载入内存。编写一个实体解析器缓存第一次需要载入的实体内容。缓存的内容会在随后的调用中用于实体解析。甚至可以在应用程序启动时预先载入这些缓存，从而降低第一次请求时处理XML的代价。

有些时候，应用程序可能希望将DTD或Schema绑定到应用程序中，直接从本地文件系统而不是通过网络读取。XML编目（Catalog）提供了一种方式，将外部的引用映射到本地资源，使得应用程序不用修改XML实例文档就能使用这些对象（Artifact）的本地副本。应用程序接着可以使用一个解析器查询编目，解析对外部的引用。你可以使用Apache XML通用解析包（Apache Common Resolver），它是Apache xml-comms项目的一部分。关于解析器的更多信息，可以在http://xml.apache.org/commons/components/resolver/找到，安装包可以从http://www.axint.net/apache/xml/commons/xmlcommons-resolver-1.2.zip下载。下面的代码展示了如何搭建一个同时使用了缓存和编目解析器的实体解析器。

```
public class Processor {
    public void parse() {
        //构造使用实体解析器的Parser
        SAXParser parser =
            SAXParserFactory.newInstance().newSAXParser();
        XMLReader reader = parser.getXMLReader();

        //设置reader
        reader.setContentHandler (myHandler);
        reader.setEntityResolver (new CustomEntityResolver());
        reader.parse (...);
    }
}

//构造特定的实体解析器
import org.xml.sax.EntityResolver;
import javax.xml.parsers.SAXParser;
import org.xml.sax.InputSource;
import org.xml.sax.XMLReader;
```

```
import org.apache.xml.resolver.tools.CatalogResolver;

public class CustomEntityResolver implements EntityResolver {
    //用于保持实体的缓存
    private ConcurrentHashMap<String, InputSource> entityCache =
        new ConcurrentHashMap<String, InputSource>();
    CatalogResolver cResolver = new CatalogResolver();
    public InputSource resolveEntity (String publicId,

    String systemId) throws SAXException, IOException {
    //简化起见，对publicId的检查这里省略了
    if (systemId != null) {
        InputSource is = entityCache.get(systemId);
        if ( is != null) {
            //返回缓存的版本
            return is;
        }
        else {
            //使用编目解析实体
            is = cResolver.resolveEntity (publicId, systemId);
            entityCache.put (systemId, is);
            return is;
        }
    }

    //使用默认解析器解析实体
    return null;
    }
}
```

编目解析器使用若干个编目文件解析它碰到的引用。一个编目文件又由一定数量的编目项构成。下面是一个简单的编目文件。关于编目文件的更多内容请参考http://www.oasis-open.org/committees/entity/specs/cs-entity-xml-catalogs-1.0.html。

```
<?xml version="1.0" encoding="UTF-8"?>
<catalog xmlns="urn:oasis:names:tc:entity:xmlns:xml:catalog">
    <public publicId="-//Sun Microsystems, Inc.//DTD Enterprise JavaBeans
2.0//EN" uri="dtds/ejb-jar_2_0.dtd"/>
    <system systemId="http://java.sun.com/dtd/ejb-jar_2_0.dtd" uri="dtds/
ejb-jar_2_0.dtd/>
    </catalog>
```

通过两个方法可以设置编目解析器如何查找需要的编目文件。设置系统属性`xml.catalog.files`为由分号分隔的编目文件列表（譬如：-Dxml.catalog.files=catalogs/cat1.xml; catalogs/cat2.xml）或者将`CatalogManager.properties`文件添加到`classpath`中。编目解析器使用的编目管理器会在`classpath`中查找前面提到的文件。下面是一个属性文件的示例：

```
# 编目与该属性文件相关
relative-catalogs=false
```

```
# 编目列表
catalogs=catalogs/cat1.xml;catalogs/cat2.xml
```

属性relative-catalogs看起来可能不是那么直观，值true代表路径没有被修改，相对路径将以JVM启动时的路径作为基准。另一方面，如果该值为false，代表文件将以CatalogManager.properties文件定义的路径作为基准。

> **提示**
> 如果你的文档引用了外部DTD或者包含外部实体的引用，可以考虑构造实体解析器，缓存外部实体的内容，避免重复载入外部资源带来的性能影响。通过XML编目可以将外部引用映射到本地的文件存储。

SAX提供了两个功能，用于跳过处理外部实体，详情可参考下面的链接：http://xml.org/sax/features/external-general-entities和http://xml.org/sax/features/external-parameter-entities。如果使用这些功能，SAX分析器在遭遇外部实体引用时将不再报告实体的内容，而是将实体的名字传递给内容处理程序的skippedEntity回调函数。

11.4 XML 文档的局部处理

有些时侯，面对一个庞大的XML文档，我们不需要完整处理所有的内容，处理其中的一小部分即可。这种情况下，使用流解析器是不错的选择。流解析器支持应用程序在任意时刻终止处理。就SAX解析器而言，这是通过内容处理程序抛出一个SAXException异常来实现的。需要注意的是，内容可以访问之前，解析器只能以顺序的方式解析XML内容。类似的信息，使用流解析器处理时，如果它位于文档刚开始时的位置就比深入处理流的位置代价小得多。对常驻内存解析器（in-memory parser）而言，无论待访问元素位于什么位置，访问内容之前，整个文档流都必须完整解析。

> **提示**
> 如果要访问的内容位于整个文档的开始部分，与常驻内存解析器比较起来，使用流解析器能获得更好的性能。

DOM和JAXB都支持对文档的局部处理：DOM通过DOM标准3的载入和保存API实现，而JAXB则通过接受不同形式（DOM、SAX或StreamSource）的XML信息集达到这一目的。如果需要随机访问庞大文档的某一部分内容，使用内存解析器进行局部处理是一个比较高效的方案。下一节将介绍如何在DOM和JAXB中做到这一点。

DOM标准3的载入及保存规范提供了一套API，支持应用程序载入、保存及过滤文档内容。解析过程中，通过控制解析器在结果树中接受、跳过或者拒绝一个节点及其子节点，我们可以对文档

11

进行审核或修改其结构。使用过滤API，应用程序还可以中断解析，或者仅载入部分文档内容。因此，这些API让你可以在内存中存储更小的文档，减少DOM树占用的内存。下面的代码片段展示了如何使用载入和保存API将选择的节点载入到DOM树中。这个例子中，发票文档包含多个节点，包括一个解析的Summary节点。我们设置了一个过滤条件，跳过除了Summary节点外的所有节点。

```
//使用载入及保存API
import org.w3c.dom.DOMConfiguration;
import org.w3c.dom.DOMImplementation;
import org.w3c.dom.Document;
import org.w3c.dom.Element;
import org.w3c.dom.Node;
import org.w3c.dom.bootstrap.DOMImplementationRegistry;
import org.w3c.dom.ls.DOMImplementationLS;
import org.w3c.dom.ls.LSParser;
import org.w3c.dom.ls.LSParserFilter;
import org.w3c.dom.traversal.NodeFilter;

public class PartialDOM {
    public void processPartial (String docLocation) {
        System.setProperty (DOMImplementationRegistry.PROPERTY,
 "com.sun.org.apache.xerces.internal.dom.DOMImplementationSourceImpl");
        try {
            DOMImplementationRegistry registry =
                DOMImplementationRegistry.newInstance();
            DOMImplementation domImpl =
                registry.getDOMImplementation("LS 3.0");
            DOMImplementationLS implLS =
                (DOMImplementationLS)domImpl;
            LSParser parser =
            implLS.createLSParser(
                DOMImplementationLS.MODE_SYNCHRONOUS,
                "http://www.w3.org/2001/XMLSchema");

            //取得DOMConfiguration对象，需要时可以对解析器进行配置
            //设置过滤器
            parser.setFilter(new InputFilter());
            Document document = parser.parseURI("`invoice.xml");
        }
        catch (ClassCastException ex) {
            ex.printStackTrace();
        }
        catch (InstantiationException ex) {
            ex.printStackTrace();
        }
        catch (IllegalAccessException ex) {
            ex.printStackTrace();
        }
        catch (ClassNotFoundException ex) {
            ex.printStackTrace();
        }
    }
```

```java
private static class InputFilter implements LSParserFilter {
        private boolean skip = true;
        public InputFilter () {}

        public short acceptNode(Node node) {
                return NodeFilter.FILTER_ACCEPT;
        }

        public int getWhatToShow() {
                return NodeFilter.SHOW_ELEMENT;
        }

        public short startElement(Element element) {
                if (element.getTagName().equals("Summary") || !skip) {
                        System.out.println ("accepted element - " +
                                                element.getTagName());
                        skip = false;
                        return NodeFilter.FILTER_ACCEPT;
                }
                else
                        return NodeFilter.FILTER_SKIP;
        }

        public short EndElement (Element element) {
                if (element.getTagName().equals("Summary")) {
                        skip = true;
                        return NodeFilter.FILTER_ACCEPT;
                }
                else
                        return NodeFilter.FILTER_SKIP;
        }
    }
}
```

与DOM类似，JAXB也提供了一组API，允许应用程序将解编组一部分文档内容解编组成JAXB对象。JAXB解编组器接受SAX、DOM或Stream源作为XML信息集。下面的代码片段展示了如何使用JAXB和SAX解析器对文档中的部分内容进行绑定。这个示例中，我们将解析发票文档，并只对Summary元素进行绑定。

```java
import java.io.File;
import javax.xml.bind.JAXBContext;
import javax.xml.bind.JAXBException;
import javax.xml.bind.Unmarshaller;
import javax.xml.parsers.SAXParserFactory;
import org.xml.sax.XMLReader;
import com.sun.xmltest.genjaxb20.ubl07.InvoiceSummaryType;

public class JAXBPartialUnmarshaller {

    public static void main(String[] args) throws Exception {
```

11

```
        JAXBContext jc =
            JAXBContext.newInstance("com.sun.xmltest.genjaxb20.ubl");
        Unmarshaller unmarshaller = jc.createUnmarshaller();
        //在Summary实例上设置回调函数
        unmarshaller.setListener(new Unmarshaller.Listener() {
                public void beforeUnmarshall(Object target,
                                             Object parent) {}
                public void afterUnmarshall(Object target,
                                            Object parent) {
                    if(target instanceof InvoiceSummaryType) {
                        InvoiceSummaryType ist =
                        (InvoiceSummaryType) target;
                        //获取到对象之后，访问其中的一个字段
                        System.out.println ("value = " +
                            ist.getSubtotalAmount().
                                getValue().floatValue());
                        //需要时，抛出一个异常
                        //停止对XML的解析
                    }
                }
        });
        //创建新的XML解析器
        SAXParserFactory factory = SAXParserFactory.newInstance();
        factory.setNamespaceAware(true);
        XMLReader reader = factory.newSAXParser().getXMLReader();
        reader.setContentHandler
            (unmarshaller.getUnmarshallerHandler());
        for (String arg : args) {
        //解析通过命令行指定的所有文档
        reader.parse(new File(arg).toURI().toString());
    }
}
```

11.5　选择合适的 API

前面几节讨论过，多种候选API都能处理XML。易用性通常是选择API最重要的因素。这也是大家选择使用JAXB的最重要的原因，对程序员而言，JAXB隐藏了从XML到Java映射的复杂性，让他们能直接操作Java对象。DOM的最重要的优势之一是它提供的灵活性，易于应用程序支持Schema经常发生变化的文档。此外，性能也是选择过程中重要的考虑因素。

图11-2、图11-3和图11-4这三张图表对比了解析一张大小为900KB的发票文档的访问其中元素时的性能。数据收集使用了修改版的XMLTest（http://java.net/projects/xmltest/），这是由Sun Microsystems开发的一个XML微基准测试工具。根据测试类型，基准测试会启动多个并发线程，每个线程分别创建SAXParser、XMLStreamReader、DocumentBuilder或Unmarshaller，解析预载入内存的文档流，访问元素集合（访问元素的比率可配置），并将结果输出到内存缓冲区中（可选）。基准测试会统计指定时间段内，所有线程完成的事务次数。所有的用例中，每个线程只

能创建一次工厂对象，但是解析器和解编组器在每次迭代中都会创建。为了掌握解析器/解编组器的创建时间，我们并没有创建解析器/解编组器池。这个测试基于JDK6 Update 4的SAX、DOM、StAX及JAXB实现以及Woodstox解析器（3.2.5版本）。

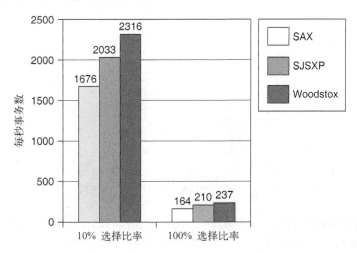

图11-2　SAX、Oracle的SJSXP及Woodstox流解析器的性能比较

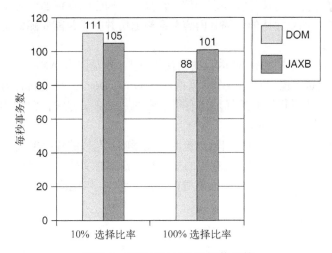

图11-3　DOM和JAXB的性能比较

　　图11-2比较了访问不同比率的文档时，SAX、Oracle的SJSXP以及Woodstox StAX解析器的性能。当选择的比率为10%时，解析器在访问完10%内容后退出，而选择100%时，整个文档都会被扫描处理。两种情况下StAX解析器都比SAX表现好，而Woodstox在所有的情况下都显示了最好的性能。正如我们预期的，相对于遍历整个文档，访问部分文档时的吞吐量更高。

11

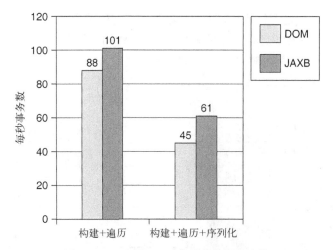

图11-4   DOM及JAXB序列化的性能比较

图11-3显示了使用DOM和JAXB完成图11-2同样的操作时的性能数据。DOM和JAXB的性能明显低于SAX和StAX，即使扫描整个文档结果也不理想。只对文档的部分内容进行遍历时，这种差异甚至更加显著。内存解析器的有效性通过这张图表可以清晰地看到。由于流解析器不支持双向遍历，访问非顺序元素时往往需要多个解析周期。与构建内存树的代价比起来，内存解析器遍历的代价要低得多。如果文档的大部分内容都会被遍历并且常常需要随机访问元素，内存解析器可能是更合适的选择。

这两种内存解析器中，JAXB构建内存树的代价更大，这是因为JAXB的绑定开销更大。然而，一旦JAXB对象创建完成，遍历它的各个元素的代价远小于DOM。在我们的例子中，由于需要访问整个文档，JAXB似乎是更好的选择。还有很重要的一点需要注意，DOM和JAXB的性能比较结果取决于文档的大小和Schema。

图11-4展示了将内存文档序列化到输出流的性能影响。左边的柱状集代表了构建文档的内存表示以及遍历整个文档所需要的开销。右边的柱状集包括了将文档序列化到一个内存输出流的额外开销。JAXB序列化比DOM序列化的性能更好。需要将内存对象转换回XML时，使用JAXB是更好的选择。

> **提示**
>
> 使用流解析器处理大文档或者仅需要访问文档的部分内容时，默认的StAX解析器通常比默认的SAX解析器性能好。如果需要随机访问元素，可以使用内存解析器。创建JAXB对象比创建等价的DOM树代价更大，但是一旦JAXB对象创建完成，访问JAXB对象的代价更小。如果需要随机访问元素，可以使用JAXB。JAXB编组的性能比DOM序列化的性能好。

11.6　JAX-WS 参考实现栈

Java平台通过基于XML的Web Service Java API（JAX-WS）支持Web Service。在JCP[①]中它已经被定义为JSR 224。JAX-WS 2.X是Java SE 5、Java SE 6及Java EE 5的组成部分。JAX-WS规范定义了下面这些内容：WSDL 1.1和Java之间的映射，客户端及服务API，SOAP绑定的元注释及规范集合。虽然使用Java SE 5或者Java SE 6就能部署基于JAX-WS的Web Service，但Web Service仍然需要Web或应用服务器提供企业级的功能（譬如可扩展的HTTP连接处理，事务支持，等等）。这一章中所有的例子都基于JAX-WS参考实现（JAXWS RI），它是GlassFish服务器开源版本的一部分（下面简称为GlassFish）。用户可以从https://glassfish.java.net/下载GlassFish。

JAX-WS参考实现（JAX-WS RI）提供了一套工具，帮助开发者开发Web Service，并能在运行时部署这些服务。开发者可以选择将一个Java类作为Web Service提供出来，或是从预定义好的WSDL中生成需要的组件。之后可以将Web Service部署到支持JAX-WS运行时的环境中，通常情况下这会是一个Java EE的容器。这一节中，我们将研究已部署的Web Service的性能特性，不会深入分析与Web Service开发工具相关的性能问题。

JAX-WS RI构建于多个标准组件之上，包括：XML处理Java API（JAXP）、XML流处理API (StAX)、XML绑定Java API(JAXB)以及具备携带附件功能的SOAP Java API（SAAJ）。图11-5展示了客户端和服务端JAX-WS运行时内不同的分层。典型的SOAP请求—响应消息交换中，客户端触发部署在服务端的Web Service服务终端，接收来自服务端的响应。客户端上应用程序代理了Web Service对JAX-WS实现的触发职责。JAX-WS运行时创建SOAP封装，使用JAXB实现从Java对象到XML的编组，最后将负载写入网络缓冲区，并发送到服务器端。

服务器端数据以相反的顺序经历了类似的步骤: 从网络读取SOAP消息内容，之后触发对应的终端操作。服务器首先从网络流中读入消息，根据消息类型选择对应的解码器，譬如消息为SOAP类型，就选择使用SOAP解码器，解码消息内容，根据需要处理SOAP头，将SOAP的主体的内容传递给JAXB，后者将XML解编组为对应的Java对象，最后调用由应用程序实现的终端方法。服务端发回客户端的响应在栈中也遵循类似的路径，只是方向相反。

由此我们可以看到从客户端调用服务端的Web Service涉及多个组件，每个组件都会影响该调用的处理开销。对于使用HTTP协议的Web Service，Web容器处理HTTP请求的性能以及网络自身的性能都将极大地影响Web Service的性能。其余的调用开销受多个因素的共同影响，包括输入输出端JAX-WS栈引入的数据处理开销、服务端处理消息时应用程序代码消耗的时间。应用程序代码影响很小时，Web Service的性能将完全由JAX-WS的实现主导。消息类型、消息大小等多个因素都会影响这一层的性能。我们将在11.8节更详细地探讨这部分内容。

[①] JCP（Java Community Process)是一个开放的国际组织，主要由Java开发者以及被授权者组成，职能是发展和更新Java技术规范、参考实现（RI）以及技术兼容包（TCK）。Java技术和JCP两者的原创者都是SUN Microsystems公司。然而，1995年创造了非正式的Java监督程序以来，JCP如今已经发展到由数百名来自世界各地的成员一同监督Java发展的正式程序。JCP维护的规范包括J2ME、J2SE、J2EE、XML、OSS、JAIN等。——译者注

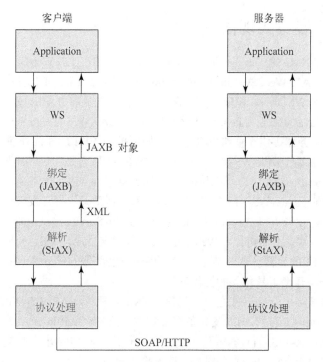

图11-5　JAX-WS RI栈

有时，服务端的数据处理实现非常复杂而耗时，这种场景下Web Service的总体性能受应用程序自身性能的影响远大于其他的因素。为了区分Web Service的性能与应用程序的性能，本章后面统一假设应用程序的代码很少，不会产生大的性能影响。要了解应用Web Service的性能特征，必须进行基准测试。下一节我们将介绍如何建立以精确度量Web Service性能的Web Service微基准测试。

11.7　Web Service 基准测试

为Web Service创建微基准测试或宏基准测试时常常需要理解它的性能特征。基准测试对定位性能瓶颈、比较应用程序的不同设计、评估不同提供商的JAX-WS实现都非常有用。第9章中我们讨论过创建多层应用的基准测试背后的通用原则，创建Web Service基准测试时也应该考虑这些原则。这一节中，围绕Web Service基准测相关的问题我们将再次展开讨论。

前一节介绍过，服务端应用程序代码的执行是典型的"请求–响应"消息交换方式，这贯穿了整个方法调用的响应时间。

> **提示**
>
> 如果Web Service基准测试的目的是比较不同供应商的实现性能，应该尽量使用最简单应用程序，这样才能比较精确地比较Web Service架构的性能。

这一节中，我们将关注以下3个重要的Web Service基准测试参数：

❑ 负载消息；

❑ 操作类型；

❑ 客户端驱动。

与应用程序基准测试类似，Web Service的基准测试也要使用Schema类型和消息定义。然而，消息有时非常复杂，使用这种复杂的消息创建微基准测试可能不是一个好的途径，因为构建能产生符合需求的消息的客户端往往比较困难。（譬如，客户端需要能生成发票或者购买订单，而这些往往又来源于外部的供应商的情况。）这种情况下，基准测试不得不使用一些简化的消息。需要注意的是，使用不具代表性、过分简化的消息可能无法准确评估应用程序的性能特征。

定义服务时另一个需要考虑的因素是测试负载的大小，因为负载大小将对Web Service的性能产生极大的影响。

> **提示**
>
> 设计消息时一个好的实践是将消息的大小设置得易于调整。常见的方法是将消息定义为一个 **MessageTypes** 的列表。负载的大小可以通过增加列表的元素进行调整。

Web Service经常需定义不同的操作类型，譬如，接收简单的请求、在响应中发送大量的负载；或者接收大量的负载之后发送一个简单的确认作为应答。第三类操作是接收大量的负载并响应同等规模的负载。Web Service栈中不同的层分别负责处理传入的请求和传出的响应信息。

> **提示**
>
> 对应用程序使用的各个可操作特性分别进行测试是个不错的方法。"回放"（echo）操作常常作为一个好的测试用例：应用程序处理接到的消息并返回同样的消息。

构造Web Service客户端最容易的方法是使用JAX-WS客户端API，我们称之为"胖客户端"。图11-6显示了使用胖客户端进行的基准测试。从胖客户端发出的Web Service调用将遍历客户端和服务器的JAX-WS栈，该调用的总响应时间同时包括客户端和服务器的处理时间。这个用例中，客户端和服务器都应该作为"被测系统"（Sysem Under Test，SUT）的一部分。

胖客户端测试场景具有下述几个优点：

❑ 易于实现；

❑ 可以同时在客户端和服务器端测量JAX-WS实现的性能；

❑ 能够处理出错情况；

❑ 能模拟真实世界的场景，在该场景下客户端和服务器都是作为应用程序部署的组成部分。

但是，它也有明显的缺陷。在客户端–服务器测试中，要在服务器上产生足够的负荷需要有足够强大的客户端系统。当需要在大型多核系统中研究Web Service的性能及伸缩性特征时，这一挑战让人尤其沮丧。这种情况下，接下来介绍的瘦客户端可能更适合。

11

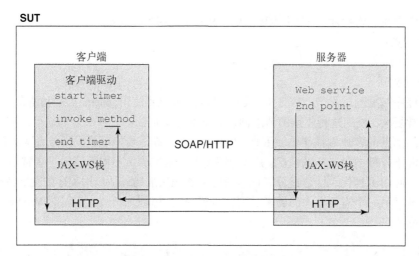

图11-6 使用JAX-WS客户端进行Web Service基准测试

如图11-7,瘦客户端模式使用一个简单的HTTP驱动向Web Service端发送SOAP消息。这个HTTP驱动是一个非常简单的客户端,它的工作仅仅是向服务器发送消息同时接收响应。在最简单的形式下,驱动假设Web Service工作完全正常,只检查HTTP响应代码,直接丢弃返回的消息,因此它无法处理特定的Web Service出错条件。更复杂形式的HTTP驱动也许能对输出的内容进行分析诊断。

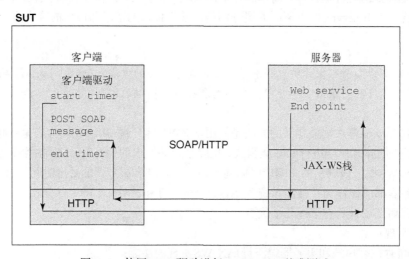

图11-7 使用HTTP驱动进行Web Service基准测试

由于HTTP驱动内的处理时间非常短,服务器端Web Service的处理时间构成了交互过程中响应时间的主要部分,让它成为了纯服务器的基准测试。与胖客户端模式不同,客户端系统需要的处理能力仅需服务器的一小部分,这使得该模式成为大型多核系统上Web Service可伸缩性分析最理想的选择。

瘦客户端测试场景的挑战之一是其载入正确SOAP消息给HTTP驱动使用的能力。解决这个问题的一个简单方法是使用中介工具，譬如使用Apache的TCPMon录制请求并将其保存在文件中。HTTP驱动可以在初始化时将这些内容从文件读入内存，在接下来的请求中重用这些内容。该方法的主要不足在于需要为每一个测试用例录制消息。更复杂的场景需要使用JAX-WS处理程序在驱动启动时动态录制请求。实现了SOAPHandler<SOAPMessageContext>的JAX-WS处理程序LoggingHandler被作为第一个应用程序加入到客户端绑定处理程序列表中。驱动初始化过程中，首先创建一个胖客户端，所以要进行的操作都将由这个客户端触发。这会调用LoggingHandler的handleMessage()方法，这样LoggingHandler就有机会将请求的负载保存到内存。载入内存中的负载会被HTTP驱动用于后续的请求。

Web Service性能评估要测量的两个主要基准测试指标是吞吐量和响应时间。吞吐量定义了指定时间段内完成的操作次数，而响应时间定义了成功地完成一次操作所花费的时间。参考8.1.3节可以了解如何准确地度量基准测试的时间。

测量单个请求的响应时间是非常有价值的，但这通常并不是Web Service性能分析中最重要的指标。典型的Web Service应该具有良好的伸缩性，同时能处理大量的并发请求。将吞吐量或者可支撑的最大并发客户端的数目作为度量整个系统性能的指标最为合适，对多核大吞吐量的系统，这一点尤其重要。

11.8　影响 Web Service 性能的因素

有多种因素都影响Web Service的性能，包括：

❑ 消息的大小；
❑ Schema元素的复杂度；
❑ 终端实现的质量；
❑ 是否使用了处理程序。

Web Service应用也可以使用WS规范定义的其他技术。JAX-WS参考实现支持这些规范中的相当一部分，包括WS-Security、WS-Policy、WS-Addressing、WS-ReliableMessaging以及WS-Transactions，等等。这些附加功能也会影响Web Service应用的总体性能。开启不同的特性造成的性能影响差别迥异，譬如启用WS-Addressing功能带来的性能影响很小，而开启WS-Security功能之后影响巨大。不过，分析各个规范对性能的影响已经超出了本书的讨论范围。

这一章中展示的性能数据都是通过WS-Test生成，它是Sun Microsystems开发的一个Web Service基准测试。WS-Test是一个基于胖客户端的基准测试，对了解Web Service栈的性能很有用。它包含了度量发送和接收性能的测试用例，能处理从简单文档到复杂文档在内的多种负载。

11.8.1　消息大小的影响

消息的大小会显著影响Web Service的性能。随着消息的增大，处理消息所消耗的时间也会增加。图11-8展示了使用WS-Test基准测试集中的echoDoc测试用例，度量吞吐量随消息大小变化的情况。这个例子中，带有多行条目的发票文档（基于URL指定发票的Schema）从客户端传送到服务端。通过增加发票中行的条目，负载的大小增大了。吞吐量以每秒完成的事务数进行度量，这里，一次事务的定义是一个完整的"请求–响应"周期。

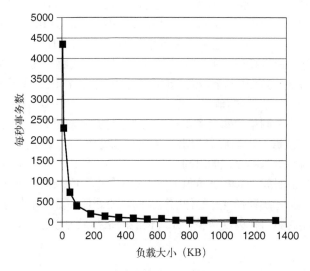

图11-8 随消息大小发生的性能变化

如图11-8中所示，随着消息的增大吞吐量出现了下降。对这种行为的解释是当负载增大时，Web Service栈中每层上的处理开销都会增加，最终导致了这样的结果。参考图11-5中客户端的情况，随着消息的增大，绑定层需要处理更多的元素，将更多的数据写入底层的网络数据流。传输层的代价高是由于需要复制和处理更大的缓冲区，同时在网络中传输更多的数据也带来了额外开销。服务器端，由于有大量的字符需要扫描、解编组，因此解析和绑定层的开销也增大了。

随着内存分配和垃圾收集成本的增大，JVM的内存使用是另一个需要特别考虑的因素。极端的情况下，负载很大、内存不足，可能导致性能显著降低，甚至让Web Service变得不可用。11.9.2节将介绍一些处理大负载的最佳实践。

> **提示**
> 使用较小的消息能改善Web Service的性能。

一个经常会被问起的重要问题是服务的粒度，采用怎样的服务粒度才恰当呢？是通过单次调用处理大量的消息吗？还是分多次调用，每次处理少量的消息？图11-9展示了将消息大小标准化之后，吞吐量的变化。刚开始时随着负载大小的增加性能在不断提升，直到它达到一个峰值。这之后进一步增大负载就会导致性能下降。这个例子中，当负载的大小为450KB时，性能达到顶峰。因此，传送数据时，发送大的消息要比分多次发送小的消息效率高。每次进行服务调用（譬如连接处理、头元素处理等）都会产生一笔启动开销。对于短小的消息，这种开销构成了总体处理开销的很大一部分；而对于大的消息，数据处理开销将远远大于调用过程产生的开销。增加消息的大小后，垃圾收集的开销会增大，吞吐量会因此降低。

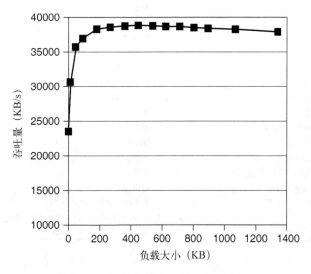

图11-9　随着消息大小变化的吞吐量

> **提示**
> 负载大小是Web Service设计时需要考虑的一个重要方面。为应用程序确定最优的消息大小是非常重要的。

　　Web Service调用的粒度应该依据最优消息的大小。尽可能将多个过小的消息合并成一个更大的（最优消息大小的）消息，用一次调用替代多次小负载的请求。同样，对于过大的消息调用，也可以将它分割成多个稍小的调用。

11.8.2　不同 Schema 类型的性能特征

　　Web Service描述语言（WSDL）用于描述Web Service能提供的功能。它定义了一种语法将服务描述为能相互交换信息的通信终端的集合。在WSDL内部，类型元素包含了与交换信息相关的数据类型定义。XML Schema被定义为默认的类型系统。XML Schema类型的映射委派给了JAX-WS栈内的JAXB。表11-2展示了JAX-WS 2.0中XML Schema向Java类型映射的部分列表。

11

表11-2　XML Schema到Java类型的映射

XML Schema类型	Java数据类型
xsd:string	java.lang.String
xsd:integer	java.math.BigInteger
xsd:int	int
Xsd:long	long
xsd:short	short
xsd:float	float
xsd:double	double
xsd:decimal	java.math.BigDecimal
xsd:boolean	boolean
xsd:byte	byte
xsd:base64Binary	byte[]
xsd:hexBinary	byte[]
xsd:unsignedInt	long
xsd:unsignedShort	int
xsd:unsignedByte	short
xsd:time	javax.xml.datatype.XMLGregorianCalendar
xsd:date	javax.xml.datatype.XMLGregorianCalendar
xsd:dateTime	javax.xml.datatype.XMLGregorianCalendar

Web Service的性能受消息Schema选择的影响很大。图11-10展示了回放一个由100个元素组成的数组的性能对比，数组中的元素都属于单Schema类型，观察改变数组Schema类型产生的影响。

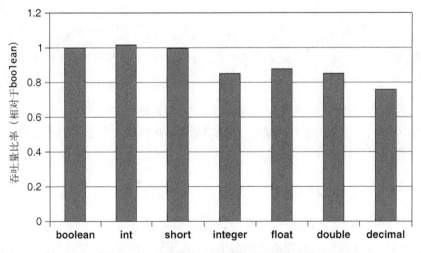

图11-10　不同数值Schema类型的性能比较

boolean、short和int的Schema类型表现出的性能不相上下，是所有类型中最好的。float和double相对于这三种类型，表现出来的性能要低很多，他们相互之间则相差很小。注意，使用xsd:int和xsd:integer Schema类型时，二者之间存在显著的性能差异。编组和解编组的开销是各个数据类型之间性能差异的主要原因。所有的数字类型中，decimal的效率最差。

> **提示**
> 如果这些类型能够满足应用程序的需求,尽量使用更高性能的数据类型。譬如,如果数据值处于某个区间内,可以通过对应的Java基本类型,尽量使用xsd:int或者xsd:long,而不要使用xsd:integer。

所有日期、时间相关的XML Schema类型都映射到一个Java类型javax.xml.datatype.XMLGregorianCalendar。虽然不同的Schema类型映射到同一个Java类型,但是不同类型的性能也并不一样。图11-11展示了三个不同Schema类型: time、date和dateTime的性能。使用dateTime最昂贵,其次是date。编组和解编组的代价以及序列化后XML消息变化的大小是性能最高的Schema类型。同数字类型一样,在满足应用程序需求的前提下,你应该尽量使用最高性能的模式。只在同时需要日期和时间的情况下使用dateTime类型。

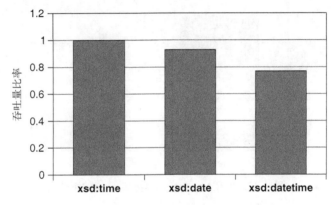

图11-11 日期/时间Schema类型的性能比较

11.9.1节将深入详细介绍二进制数据类型base64Binary和hexBinary。本节介绍的最后一个Schema类型是any类型。对any的映射取决于processContents属性。带processContents="skip"属性的any元素让用户可以绑定任何合规的XML到DOM的Element接口。表11-3展示了一个模式和它关联映射的例子。

表11-3 对any类型进行Schema到Java类型的映射

```
<xsd:element name="person">              import org.w3c.dom.Element;
  <xsd:complexType>                      @XmlRootElement
    <xsd:sequence>                         class Person {
      <xsd:element name="name"             public String getName();
type="xsd:string"/>                        public void setName(String);
      <xsd:any processContents="skip"
maxOccurs="unbounded" minOccurs="0" />     @XmlAnyElement
    </xsd:sequence>                        public List<Element> getAny();
  </xsd:complexType>                     }
</xsd:element>
```

如果any的属性processContents="strict"(这是processContents属性缺失时的默认

值），意味着这里放置的任何XML元素必须有相应的Schema定义。JAXB会将这种元素绑定到对象，解编组时，所有的元素都会转换成相应的JAXB对象（如果需要，`JAXBElements`也会被转换）放置到这个字段中。如果解编组器碰到无法解编组的元素，就会生成一个DOM元素做替代。选项`processContents="lax"`意味着这里可以替换成任何XML元素，但是如果它们的元素名与Schema中的定义匹配，就必须是一个有效值。

如前所述，`any`可以用于Schema中尚未定义的XML元素。JAXB会将这样的元素绑定到DOM的`Element`接口，从而允许应用程序对XML片段或文档进行处理。但是，使用`any`也有代价。图11-12比较了发送和接受100KB URL发票文档的性能，其中一个JAXB对象映射使用了Schema，另一个使用`any`映射到了DOM的`Element`接口。这个例子中，吞吐量测试的结果显示使用`any`定义对象的吞吐量仅有使用Schema定义对象的35%。

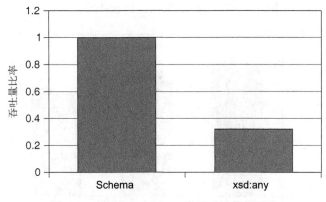

图11-12   使用any Schema类型对性能的影响

提示

只要可能，尽量使用Schema绑定元素，避免使用any类型来满足特定的需求。

消息Schema的复杂度在Web Service性能中也扮演着重要的角色。编组和解编组嵌套数组的文档或者含有深层嵌套元素的文档，都会引起非常大的处理开销。总之，为了获得最好的性能，应该尽量保持消息轻量、简单。

11.8.3   终端服务器的实现

基于JAX-WS的Web Service可以通过EJB或者Servlet终端服务器实现。由于调用任何一个服务在JAX-WS栈中都要经历同样的解析和绑定层，可以预期它们的性能差异不大。但是，GlassFish第二版中的JAX-WS RI的实现却并非如此。EJB终端调用引入了额外的开销，这使得其性能相对于Servlet终端服务器显著降低。图11-13比较了两个相似的Web Service的性能，一个通过EJB终端实现，而另一个使用终端服务器Servlet实现。EJB终端实现的性能大概只有终端服务器Servlet的三分之二。

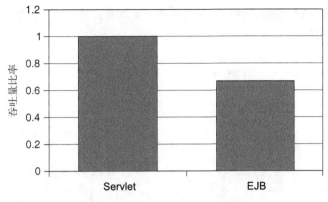

图11-13　Servlet与EJB的性能比较

性能差异源于EJB容器内安全处理程序引入的额外处理开销。JAX-WS RI团队正在研究解决方案，后续版本可能会修复该问题。

提示
GlassFish V2的JAX-WS RI中，通过Servlet实现的Web Service比通过EJB终端的实现性能好。性能差异在后续发布的JAX-WS中会消除。

11.8.4　处理程序的性能

处理程序（Handler）是能很容易地插入JAX-WS运行时的消息拦截器。JAX-WS定义了两种类型的拦截器，分别是逻辑处理程序和协议处理程序。协议处理程序针对特定的协议，可能访问或改变消息中协议相关的字段。逻辑处理程序与协议完全无关，无法处理消息中协议相关的部分（譬如消息头）。逻辑处理程序仅对消息的负载进行处理。图11-14展示了一次请求/响应中，逻辑处理程序和协议处理程序的触发流程。

处理程序提供了一种简单的机制访问、修改输入\输出的消息。创建处理程序非常容易，最简单的处理程序只需实现三个方法：`handleMessage()`，该方法在处理输入/输出消息时都会被调用；`handleFault()`，负责处理出错的情况；`close()`，在消息结束时调用。处理程序通过`MessageContext`接口访问消息。

JAX-WS规范定义了针对SOAP绑定的协议处理程序`javax.xml.ws.handler.soap.SOAPHandler`，它接收SOAPMessage对象。SOAPMessage基于DOM，这意味着整个消息将作为一棵DOM树被载入到内存中。而JAX-WS RI没有工作在流方式（能提供更好性能）下的处理程序。

逻辑处理程序派生自`javax.xml.ws.handler.LogicalHandler`接口，通过数据源`LogicalMessage`接口或JAXB对象访问消息负载。在JAX-WS RI中，由于负载数据被作为`DOMSource`访问，因而需要创建负载的DOM表示。这将导致性能骤降，如图11-15所示。如果采

11

用JAXB对象方式读取负载数据，性能衰退的程度将更严重，这是由于从DOMSource中编组和解编组都会增加额外的开销。

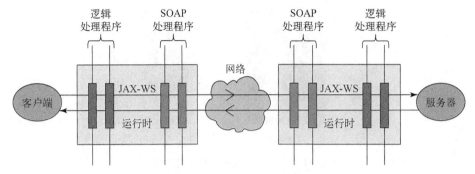

图11-14   JAX-WS中的处理程序机制

提示

处理程序机制提供了一种简单的途径让应用程序可以访问输入/输出的消息。但要注意的是，引入处理程序会显著降低系统的整体性能。

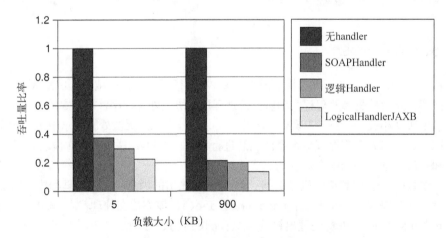

图11-15   处理程序对性能的影响

总之，Web Service的性能受消息大小、消息复杂度以及是否使用处理程序影响。Web Service的响应时间随着负载大小的增大而增大。但是，如果度量Web Service性能的指标是每个事务传输的字节数，其性能将随着负载大小的增大而增大，在达到最优负载大小后，继续增大，这时性能反而会降低。不同的Schema类型表现出的性能特征也各不相同，设计Web Service时应该将这些因素考虑在内。如果有多种类型可以满足应用程序的功能要求，尽量选择具有更高性能的数据类型。使用处理程序将降低系统的整体性能，这一点在处理大文档时尤其明显。

11.9 最佳性能实践

支持复杂业务的Web Service常常需要为各种操作提供服务。除了要支持请求–响应简单的消息，它们往往还需要处理数MB大小的大型XML文档，或者处理图像、声音这种二进制文件。

我们以一个简单的订单处理服务为例。客户端提交了一个包含多行条目的购买订单。服务对这个订单（可能比较大）进行处理，遍历每一行订单条目，接着向客户端发回确认信息。过一段时间，客户端可能需要查询订单的状态（简单的请求/响应消息）了解该项工作是否完成，或者发起一个获取发票的请求（可能性非常大）。最后客户端以图片方式提交给服务端一份带签字的扫描版发票，处理过程告以结束。我们看到完整的工作流程包含多个步骤，每一步都涉及不同的消息交换模型。示例的订单服务在设计实现时如果采用一些最佳实践，将比目前这个简单虚拟的实现优化很多。这一节将介绍这些最佳实践。

11.9.1 二进制负载的处理

XML是一种文本格式，它要求包括二进制数据在内所有的元素在嵌入到XML文档时，都要以字符表示。使用XML Schema base64Binary和hexBinary可以将指定的二进制数据通过Base64编码转换为文本格式，这一操作将遍历二进制数据流，使用64个字符（[a-z]-[A-Z]-[0-9]+/）创建数据的文本表示。编码之后的文本比原始的二进制文件大约大1/3。因此传输包含二进制数据的SOAP文档时，在发送端需要将二进制数据编码为文本数据，在接收端需要将文本数据解编码为二进制数据。编码/解编码以及膨胀的消息大小都使得二进制数据的传输，特别是大型二进制数据（譬如图片和声音文件），变得非常昂贵。

为了解决SOAP文档中二进制数据传输的低效问题，人们提出了SOAP消息传递优化机制（Message Transmission Optimization Mechanism，MTOM）和XML二进制优化打包（XML-binary Optimized Packaging，XOP）。W3C XOP规范中对XOP的描述如下：

> 它是对含有特定类型内容的XML信息集进行序列化的一种更高效的方法。将序列化好的XML信息集添加到可扩展包格式内（譬如MIME Multipart相关的格式[①]）就可以创建XOP包。Base64编码过的二进制数据内容将选出一部分，进行再次编码（譬如，数据由Base64解码），之后再放入包中。这些选中部分会通过一个特殊的元素在XML文件中标识，标识元素通过URI链接对应的包数据。对于重要的XOP应用程序二进制数据甚至没有必要进行Base64格式的编码。如果需要包含的数据已经是二进制流，应用程序或其他软件可以根据需要直接将该数据复制到XOP包中，同时准备合适的链接元素以便从根部进行寻址；解析XOP包时，应用程序可以直接访问二进制数据，或者由二进制数据计算其Base64编码的表示。

11

---

① 譬如Multipart/mixed、Multipart/alternative、Multipart/digest、Multipart/parallel，详情请参考http://www.w3.org/Protocols/rfc1341/7_2_Multipart.html。——译者注

　　MTOM基于XOP选择编码，为SOAP节点间交换信息提供优化。这使得base64Binary或hexBinary类型的二进制大对象（Binary Blobs）能独立于应用程序，以MIME附件的形式进行传输。由于二进制数据是附件，而不是XML负载的一部分，所以不需要再对二进制数据进行base64编码。

　　JAX-WS 2.0支持MTOM进行的二进制数据优化传输有：

- ❏ 二进制附件以MIME multipart消息的形式打包；
- ❏ 使用<xop:include>元素标记二进制数据的位置；
- ❏ 实际的二进制数据保存在不同的MIME部分。

　　接下来的两个示例中将使用如下Schema的Base64编码及MTOM消息：

```
<xsd:complexType name="Synthetic">
    <xsd:sequence>
            <xsd:element name="barray" type="xsd:base64Binary" />
    </xsd:sequence>
</xsd:complexType>
```

1. Base64编码的内嵌消息

```
Content-Type: text/xml;charset="utf-8"
...
<?xml version="1.0" ?>
 <S:Envelope xmlns:S="http://schemas.xmlsoap.org/soap/envelope/">
  <S:Body>
   <echoSynthetic
xmlns="http://www.sun.com/wstest/testcases/test/wsdltypes">
    <synthetic>
     <barray>AAAAAAAAAAAAAA==</barray>
    </synthetic>
   </echoSynthetic>
  </S:Body>
 </S:Envelope>
```

2. MTOM消息

```
--uuid:e18b7da7-8169-44a0-9465-cd9d2694850d
Content-Id: <rootpart*e18b7da7-8169-44a0-9465-cd9d2694850d@example.jaxws.sun.com
>
Content-Type: application/xop+xml;charset=utf-8;type="text/xml"
Content-Transfer-Encoding: binary
<?xml version="1.0" ?>
 <S:Envelope xmlns:S="http://schemas.xmlsoap.org/soap/envelope/">
  <S:Body>
   <echoSynthetic xmlns="http://www.sun.com/wstest/testcases/test/wsdltypes">
    <synthetic>
     <barray>
     <Include xmlns="http://www.w3.org/2004/08/xop/include" href="cid:3fa1ce96-
3f3e-4db9-bee8-c04e85b852a4@example.jaxws.sun.com"/>
     </barray>
    </synthetic>
   </echoSynthetic>
  </S:Body>
```

```
</S:Envelope>
--uuid:e18b7da7-8169-44a0-9465-cd9d2694850d
Content-Id: <3fa1ce96-3f3e-4db9-bee8-c04e85b852a4@example.jaxws.sun.com>
Content-Type: application/octet-stream
Content-Transfer-Encoding: binary
```

如果消息中包含二进制数据，推荐使用MTOM对负载传输进行优化。

提示
使用MTOM对大型二进制负载进行传输优化。

接下来，我们将介绍如何在JAX-WS RI的服务端和客户端启用MTOM。在服务端启用MTOM有多种途径。下面列出了其中的两种。

☐ 像下面的代码片段一样，使用@MTOM注解服务接口：

```
@javax.xml.ws.SOAP.MTOM
@javax.xml.ws.WebService
public class TestServiceImpl implements TestService {
    ...
}
```

☐ 在 Web Service 部署描述文件（webservice.xml）的 port-component 元素中设置 enable-mtom。

```
<webservices ..>
  <port-component>
    ...
    <enable-mtom>true</enable-mtom>
  </port-component>
</webservice>
```

☐ 客户端上，如果服务的WSDL宣称其支持MTOM，就会自动开启MTOM支持。
☐ 你也可以通过下面编程的方式启用MTOM。

```
import javax.xml.ws.soap.MTOMFeature;

TestServicePortType test =
    new TestService().getTestServicePort ( new MTOMFeature());
```

启用MTOM伴随着一定的性能损失：即以MIME包的形式打包消息的代价。这一代价能由其带来的好处弥补吗？会不会出现使用MTOM比Base64编码代价还高的情况？这些问题没有很直接的答案，因为它取决于负载的大小以及MTOM的具体实现。Base64编码/解码的代价与数据的大小成一定的比例关系，编码负载越大，其引入的消息传输代价越大。由于MTOM不需要进行消息处理，建立MTOM的代价是固定的，不依赖二进制数据的大小。因此，对于小型的消息而言，建立MTOM的代价可能远大于编码内联文本进行数据传输的代价。实验表明，这个限制大约在

5KB~6KB。这个值根据服务器类型、容器类型以及使用的MTOM实现也会有所差异。如果你需要处理的是小型二进制数据，一个好的实践是，在你自己的环境中通过实验决定是否启用MTOM，以获得更优的性能。同时，JAX-WS还提供了一个接口，让用户可以设置在某一个阈值之上才开启MTOM。这一功能在服务器端可以通过@MTOM(threshold = <value in bytes>)注解设置。

　　客户端可以将阈值作为参数传递给MTOM的构造函数（譬如getTestServicePort (new MTOMFeature (6000)）。此外，也可以通过在RequestContext对象中设置MTOM_THRESHOLD_VALUE属性达到同样的目的，下面是对应的代码片段：

```
TestServicePortType proxy = new TestService().getTestServicePort();
java.util.Map<String, Object> requestContext =
((BindingProvider)proxy).getRequestContext();
requestContext.put (
com.sun.xml.ws.developer.JAXWSProperties.MTOM_THRESHOLD_VALUE, 6000);
```

　　由于附件比较大，JVM的内存限制和较高的垃圾收集代价就成为一个重要的影响因素，因为所有的数据都需要读入内存。JAX-WS RI实现的Metro 1.2为附件处理机制进行了优化，让应用程序可以处理较大的负载（数MB）。如果MIME部分的大小超过预定义的值（1MB），附件在处理过程中将被写到一个临时文件中，仅有部分数据被载入内存。这样可以让JAX-WS使用更少的内存。但是，需要注意的是，降低内存使用又会增大文件I/O的开销。

　　使用JAX-WS RI对应的数据处理程序StreamingDataHandler能够进一步提升附件的处理性能。StreamingDataHandler是应用程序使用的一种专用数据处理程序，如果附件为顺序处理，通过readOnce()方法就可以消除前面提到的文件I/O操作。通常单文档或应用程序按照附件添加的顺序处理MIME部分时都是这种情况。StreamingDataHandler甚至能够用处理小负载同样的效率处理更大的附件，而且占用的内存还少。该处理程序内另一个非常有用的方法是moveTo，它能够让应用程序将下载的附件移动到新的位置。下面的代码片段展示了如何在客户端和服务器端使用StreamingDataHandler。

```
import javax.xml.ws.soap.MTOMFeature;
import com.sun.xml.ws.developer.StreamingAttachmentFeature;
import com.sun.xml.ws.developer.JAXWSProperties;

public EchoDocPortType initProxy() {
    MTOMFeature feature = new MTOMFeature();
    //配置程序尽早地对整个MIME消息的内容进行处理
    //小于4兆的附件将保持在内存中
    StreamingAttachmentFeature stf =
        new StreamingAttachmentFeature(null, true, 4000000L);
    EchoDocPortType proxy =
        new EchoDocService().getEchoDocPort(feature, stf);
    java.util.Map<String, Object> ctxt =
        ((BindingProvider)proxy).getRequestContext();

    //启用HTTP分块传输模式（chunking mode），另一个选择是使用HttpURLConnection缓冲区
    ctxt.put(JAXWSProperties.HTTP_CLIENT_STREAMING_CHUNK_SIZE, 8192);
    return proxy;
}
```

在客户端，`StreamingAttachmentFeature`允许用户设置一个阈值，低于该阈值时，附件将保持在内存中而不写到文件系统。重点是要启用HTTP分块传输，这样数据可以按照分块进行传输，发送请求之前不用在连接缓冲区中对整个附件进行缓存。

在服务器端使用`StreamingDataHandler`可以指定当附件大小低于某个阈值时，直接以块的方式读入内存，不再写到文件系统中。

```
import com.sun.xml.ws.developer.StreamingDataHandler;

public void echoDoc (EchoOctetDocAttachIn ecd) {
    DataHandler dh = ecd.getDoc();
    try {
            java.io.InputStream is;
            if (dh instanceof StreamingDataHandler) {
                    is = ((StreamingDataHandler)dh).readOnce();
            }
            else {
                    is = dh.getInputStream();
            }

            //使用InputStream处理数据
            //关闭输入流和数据句柄
            is.close();
            dh.close();
    }
    catch (Exception e) {
            e.printStackTrace();
    }
}
```

提示

传输大的附件时，使用针对JAX-WS RI的`StreamingDataHandler`可以降低内存使用。

11.9.2　处理 XML 文档

JAX-WS提供了一个抽象层，开发者可以不再困扰于由XML生成Java对象的复杂过程，直接操作Java对象。虽然实现上的复杂性开发者不需要关注，应用程序还是要为不同层的数据绑定付出代价。大多数情况下，这是最佳的途径，但是如果你需要处理大型文档（大于500KB），可能这就不是最适合的选择了。在这种场景下，负载可能导致非常高的内存使用，进而导致服务器频繁进行代价昂贵的垃圾收集，无法有效地工作。这一节将详细介绍处理大型文档的一些备选方案。

11.9.3　使用 MTOM 发送 XML 文档

前面介绍用MTOM可以传送二进制BLOB对象。MTOM也可以用于传送XML文档。JAX-WS提供了一个工具可以将特定的MIME类型映射到Java类型，使应用程序可以比较容易地发送和接收不同的数据类型。`base64Binary`类型的Schema元素可以选择使用`xmime:expectedContentTypes`属性元注释，表示使用Java映射该元素。JAXB 2.0支持的`xmime:expectedContentTypes`到Java类型的映射可以参考表11-4。

表11-4　MIME类型到Java类型的映射

MIME类型	Java类型
image/gif	java.awt.Image
image/jpeg	java.awt.Image
text/plain	Java.lang.String
text/xml 或 application/xml	Java.xml.transform.Source
/	Javax.activation.DataHandler

为了以附件方式发送XML负载，你需要指定元素类型为base64Binary，同时设置 xmime:expectedContentTypes为text/xml、application/xml或application/octetstream。根据MIME类型，wsimport将数据映射到java.xml.transform.Source或javax.activation. DataHandler。表11-5展示了使用StAX解析器解析文档需要的Schema定义以及相关的代码。需要注意的是，创建XMLInputFactory是个比较昂贵的操作，我们应该尽可能使用缓存。同时，也请牢记于心，JDK中默认的XMLInputFactory实现不是线程安全的，在多线程环境中使用时，我们需要维持一个工厂池或者将其作为一个线程本地变量存储。

使用StAX解析器可以降低内存使用，同时消除了JAXB解编组的代价。该方法的缺点是用户将不再能使用JAX-WS提供的绑定功能，而不得不自行编写XML消息处理。该方法的一个有效使用场景是文档中仅有少部分内容需要解析。

表11-5　附加XML文档的Schema定义及代码片段

```
<xsd:element name="echoDocAttachIn">
  <xsd:complexType>
    <xsd:sequence> <xsd:element
      name="doc"
      type="xsd:base64Binary"
      xmime:expectedContentTypes=
        "text/xml"/>
    </xsd:sequence>
  </xsd:complexType>
</xsd:element>
```

```
public String echoDocAttach
(EchoDocAttachIn ecd) {
    Source source = ecd.getDoc();
    try {
        XMLInputFactory sFactory =
XMLInputFactory.newInstance();
        XMLStreamReader reader =
sFactory.createXMLStreamReader (source);
    }
    catch (Exception e) {
        ...
    }
}
```

```
//<xsd:element name="echoDocAttachIn">
  <xsd:complexType>
    <xsd:sequence> <xsd:element
      name="doc"
      type="xsd:base64Binary"
      xmime:expectedContentTypes=
        "application/octet-stream"/>
    </xsd:sequence>
  </xsd:complexType>
</xsd:element>
```

```
public String echoDocAttach
(EchoDocAttachIn ecd) {
    DataHandler dh = ecd.getDoc();
    try {
        XMLInputFactory sFactory =
XMLInputFactory.newInstance();
        XMLStreamReader reader =
sFactory.createXMLStreamReader
(dh.getInputStream());
    }
    catch (Exception e) {
        ...
    }
}
```

假设这样的场景，一个提供折扣计算的Web Service接受了一份发票，从中提取出消费者ID，查询该用户可以享受的折扣率，最后将折扣值返回给用户。应用程序要能处理大量负载（发票可能包含大量的条目），但是只需要处理文档的部分内容，从中抽取出关注的数据。通常以Java为核心的方法中，JAX-WS会在内存中创建一份发票对象，调用应用程序的方法，该方法从对象中抽取出消费者ID。除了解析和绑定的代价，应用程序的内存消耗也会随着XML消息的读取和内存中对象的创建而增大。这种情况下，直接操作XML消息可能是更好的选择。将负载以附件的方式发送，服务器可以直接访问XML文档。图11-16展示了一个测试用例的数据，该例中服务器从发票中抽取了一个元素（该元素位于文档开头位置）。和我们所预期的一样，使用附件模式处理部分数据所表现出的性能要优于使用JAX-WS。负载增大，JAX-WS就需要解析和绑定更多的数据以创建其依赖的JAXB对象，所以二者性能的差异也会随着负载的增长而变大。

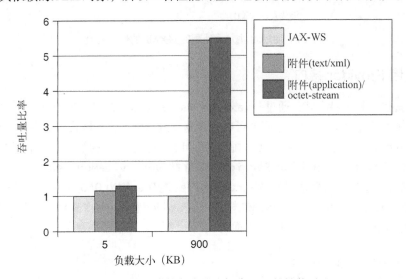

图11-16　使用附件方式处理部分XML的性能对比

以附件方式发送XML文档不应该只局限于前面介绍的示例场景。它也可以用在其他的场景，如果使用客制化的流解析器效率比JAX-WS绑定框架更高，就应该用它。图11-17展示了客户端直接发起Web Service调用请求与按附件方式发送文档（整个文档使用StAX解析器遍历）的性能对比。测试采用了两种不同大小的发票文档，一种为5KB，另一种为900KB。使用小负载时，三种方式的性能不相上下；改到使用大负载时，附件方式的性能优势就逐渐体现出来。

提示

有的情况下直接操作XML负载更加高效，这时以附件方式发送XML文档是一个好的选择。以附件方式发送XML文档，你需要设置元素类型为base64Binary，同时指定属性xmime:expectedContentTypes为application/octet-stream。

11

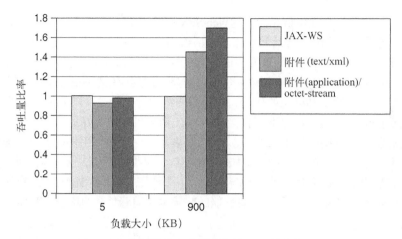

图11-17   使用附件方式处理完整XML的性能对比

11.9.4   使用 Provider 接口

JAX-WS提供了另一种方式，通过javax.xml.ws.Provider接口在XML消息层面进行工作。Provider是一种底层通用API，通过它服务可以处理消息或负载。服务接收到的每条消息都会触发服务实例的invoke()方法调用。我们可以配置Provider实例，让它接收完整的协议消息或者只是消息的负载。设置Provider实例的ServiceMode注解为@ServiceMode(value=MESSAGE)指定实例接收和发送完整的协议消息。指定@ServiceMode(value=PAYLOAD)表明Provider实例只对消息负载感兴趣。对于SOAP绑定，在MESSAGE模式下，Provider能访问整个SOAP消息；而在PAYLOAD模式下，它只能访问SOAP主体的内容。下面的代码示例展示了处理消息负载的一个Web Service。

```
import javax.xml.ws.Provider;
import javax.xml.transform.Source;
import javax.xml.ws.Service;
import javax.xml.ws.ServiceMode;
import javax.xml.ws.WebServiceProvider;

@WebServiceProvider
@ServiceMode(value=Service.Mode.PAYLOAD)
public class InvoiceProcessService implements Provider<Source> {
    //需要时对工厂进行缓存
    private XMLInputFactory sFactory = XMLInputFactory.newInstance();
    public InvoiceProcessService() {}
    public Source invoke (Source request) {
        //从工厂中获取一个StAX Reader对Source的数据进行处理
        try {
            XMLStreamReader reader =
                staxFactory.createXMLStreamReader(request);
        }
        catch (XMLStreamException ex) {
            return processError();
```

```
        }
            return processPayload (reader);
    }
}
```

消息到达时，`InvoiceProcessorService`的`invoke()`方法被调用。由于我们已经设置了`ServiceMode`为PAYLOAD，SOAP主体会传递给方法进行处理（如果`ServiceMode`为MESSAGE，将传递整个SOAP消息）。一旦负载作为`Source`可用，前面一节中介绍的XML解析器就开始解析工作。

除了基于`Source`的`Provider`，JAX-WS也定义了基于SOAP消息的`Provider`，消息将以`SOAPMessage`（基于DOM）的方式传递给应用程序。这种`Provider`仅支持MESSAGE `ServiceMode`，通过`getSOAPBody()`方法可以取得SOAP主体。

此外，JAX-WS RI提供了基于特定消息实现的`Provider`。`Message`对象是个优化的结构，可以高效访问消息流。以`SOAPMessage Provider`为例，它只能处理MESSAGE `ServiceMode`的消息。应用程序可以通过其他的方式访问SOAP封装或者负载，譬如`readEnvelopeAsSource()`、`readAsSOAPMessage()`、`readPayload()`、`readPayloadAsJAXB()`、`readPayloadAsSource()`。重要的是，`Message`对象只允许读取一次数据。因此，如果需要多次解析流，就需要创建消息的副本（使用`message.copy()`方法）。基于`Message`的`Provider`实现如下：

```
import import com.sun.xml.ws.api.message.Message;

public class CustomMessageProvider implements Provider<Message> {
    ..
    public Message invoke(Message message) {..}
}
```

默认情况下，`Provider`支持SOAP绑定，但通过配置，使用`@BindingTypeAnnotation`也可以支持HTTP绑定，如下所示：

```
@WebServiceProvider()
@ServiceMode(value=Service.Mode.PAYLOAD)
@BindingType (value=HTTPBinding.HTTP_BINDING)
public class SourceProviderDocService implements Provider<Source> { .. }
```

通过配置`ServiceMode=PAYLOAD`和`BindingType=HTTP_Binding`，`Provider`可以接收通过HTTP发送的XML消息，而不再像默认模式下那样，`Provider`只接收SOAP消息。

由于`Provider`允许应用程序直接访问XML负载，下面的问题便值得探讨了：通过创建定制的`Provider`，而不是直接使用JAX-WS，有没有可能获得更好的性能？使用XML/HTTP，而不是SOAP，能不能更有效率？答案取决于应用程序如何处理接收的消息。如果像前一节中介绍的示例一样，文档中仅有一小部分需要进行解析，使用定制的`Provider`可能比使用JAX-WS的性能更好。然而，大多数情况下，使用定制`Provider`可能反而导致应用程序性能比使用JAX-WS的性能还差。

图11-18将JAX-WS的性能与不同类型`Provider`进行了比较：SourceSOAP是一种基于Source

11

的Provider，使用SOAP绑定，`ServiceMode`设置为PAYLOAD；SourceHTTP也是一种基于Source的Provider，`ServiceMode`设置为PAYLOAD，`BindingType`设置为HTTPBinding；SOAPMessage是一种基于SOAP消息的Provider；`Message`是一种基于消息的Provider。性能比较的结果依据`echoMessage`测试，该测试中，服务端接收绑定到JAXB对象的发票文档并将它返回给客户端。使用SOAPMessage Provider的情况下，应用程序可以直接使用SOAPMessage，不用创建JAXB对象。SOAPMessage Provider恶劣的性能是可以预期的，因为Provider需要将负载转换为基于DOM的SOAPMessage。然而，基于Source的Provider表现的性能如此糟糕仍不禁让人大跌眼镜。这主要的原因是编码、解析以及绑定层上低效的交互。JAX-WS栈构建在基于消息的Provider之上，有几个优化选项，包括在不同的层之间交互时使用独创的内部API、在StAX与JAXB间共享符号表信息以及高效地对JAXB对象编组，将结果输出到输出流。另一方面，Provider必须使用基于标准的分层方式，这极大地增大了消息处理的整体开销。这里展示的结果基于一个相对复杂的Schema。如果使用更简单、更小的文档，性能降低可能比这里看到的小。

图11-18也比较了处理SOAP的Provider（SourceSOAP）和处理POX（Plain Old XML）的Provider（SourceHTTP）的性能。数据显示两种消息类型在性能上没有差异。（对于SOAP消息，假设其没有附加头。）额外的性能开销可能源于SOAP消息头（譬如，用于消息加密/数字签名的WS-Security）需要额外进行处理。如前所述，处理SOAP封装的代价远远小于其他组件的开销，因此，使用POX带来的性能改进并不明显。

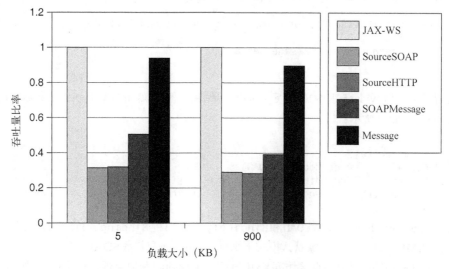

图11-18   使用不同Provider对性能影响

11.9.5   快速信息集

SOAP 1.2规范中把SOAP消息定义为XML信息集（XML infoset）。虽然XML 1.0是最常使用的序列化方式，还是有许多其他的二进制编码可以改善性能。11.9.1节和11.9.3节曾介绍过，MTOM

和XOP都能优化用SOAP 1.2封装的XML内容中的二进制编码。这些规范用MIME主体的方式对XML内容进行编码，用SOAP 1.2对这些内容进行封装。

　　JAX-WS RI也支持基于快速信息集技术的二进制编码。快速信息集规范（ITU-T Rec. X.891 | ISO/IEC 24824-1）定义了使用二进制编码表示W3C XML信息集实例的方法。使用ASN.1符号和ASN.1编码控制元注释（ECN）可以对这些二进制编码进行设定。简单地说，这意味着可以使用快速信息集（FI）以二进制方式对XML文档进行编码。通常情况下，快速信息集文档的序列化和解析都更快，与此同时，与等价的XML文档相比，这种文档更小。因此，当XML的大小及处理速度成为瓶颈时，可以尝试使用快速信息集文档。Java平台绑定了支持SAX、StAX及DOM接口的快速信息集解析器及序列化器。

　　快速信息集使用表和索引对XML信息集中的字符串进行压缩。重复出现的字符串可能替换为一个指向表中字符串的索引（一个整型值）。序列器会将第一次遭遇的字符串添加到字符串表中，之后再碰到该字符串时直接使用表中的索引引用该字符。这种压缩让快速信息集的大小小于等价的XML文档。快速信息集文档的大小与XML文档中重复的信息数相关。小型的XML文档重复信息往往很少，因此其快速信息集文档与XML文档的大小相差不大。大型XML文档的大小缩减效果要好很多，因为其出现重复信息的几率高。（譬如，大型发票文档可能有多行重复条目。）根据我们的经验，依据XML文档的大小及类型，文档缩减的大小千差万别。对于大型发票文档，快速信息集文档的大小可能只有等价XML文档大小的20%。

　　JAX-WS RI支持能提升Web Service性能的快速信息集技术。在服务端，你需要初始化快速信息集处理程序，声明其内容类型为application/fastinfoset，除此之外，应用程序层不需要做任何其他的改动就可以享受到快速信息集带来的性能提升。然而，你还需要在客户端参照表11-6中的值设置系统属性，才能使用快速信息集。

表11-6　快速信息集客户端内容协商的属性

系统属性	注　　释
com.sun.xml.ws.client.ContentNegotiation=none	停止使用快速信息集
com.sun.xml.ws.client.ContentNegotiation=optimistic	启用快速信息集
com.sun.xml.ws.client.ContentNegotiation=pessimistic	客户端与服务端通过协商决定是否使用快速信息集（参考下面的内容）

　　如果属性设置为pessimistic，客户端会尝试与服务器进行自动协商，仅当服务器支持快速信息集时才启用快速信息集。客户端将以XML的方式发送第一个请求，并在XML中指定application/fastinfoset为其支持的类型。服务器以二进制消息的形式向接受快速信息集客户端发送响应，对于其他类型的客户端，则发送XML响应消息。一旦握手完成，客户端与服务器所有后续的通信都会采用该协商模式。默认情况下，内容协商的属性值为pessimistic。

　　由于快速信息集解析器和序列器的处理速度都优于与其等价的XML解析器和序列器，因而使用快速信息集能提高Web Service的整体性能。图11-19对回放不同大小的发票文档，使用与不使用快速信息集的情况进行了比较。吞吐量百分比大于一意味着基于快速信息集的Web Service

的性能要优于不使用快速信息集的Web Service。启用快速信息集处理小型文档，吞吐量可以提升大约60%，随着负载的增加，性能提升的程度也会增大。

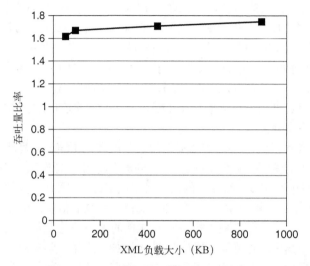

图11-19　使用快速信息集带来的性能提升

快速信息集能带来的性能提升也有其局限性，原因是它只能在解析层改善性能，而这仅仅是Web Service整个处理流程的一部分。对于仅有有限重复元素的文档，以及绑定开销比解析开销大得多的文档（譬如，文档基于复杂的嵌套模式），采用快速信息集能提升的性能有限。

快速信息集主要的局限是缺乏与其他服务互操作的能力，因为这并不是一个广泛采用的标准。然而，对于局域网应用程序，与其他系统的互操作性并不需要特别考虑，这时使用快速信息集可以提升服务的性能。

> **提示**
> 由于快速信息集文档比XML文档小，使用它可以改善Web Service的性能。基于快速信息集的Web Service适用于网络带宽低的场景。启用自动协调功能后，服务能同时支持基于快速信息集的客户端和基于非快速信息集的客户端，与它们进行通信。

11.9.6　HTTP 压缩

使用HTTP绑定的Web Service可以开启数据压缩，在传输层减少传输数据的大小。HTTP压缩可以减少负载的大小，使得数据传输的开销更小。然而，启用数据压缩的同时会增加客户端和服务器的CPU负荷。压缩对网络带宽受限的客户端非常有用。JAX-WS客户端通过BindingProxy中的RequestContext对象设置恰当的HTTP头启用HTTP压缩。

如下所示，客户端通过设置Accept-Encoding头通知服务器它能接受压缩消息。即使服务器不支持压缩，譬如服务器返回非压缩数据，这个设置也不会引入任何的副作用。

```
Map<String, List<String> httpHeaders = new HashMap<String, List<String>>();
httpHeaders.put("Accept-Encoding", Collections.singletonList("gzip"));
Map<String, Object> reqContext =
((bindingProvider)proxy).getRequestContext();
requestContext.put(MessageContext.HTTP_REQUEST_HEADERS, httpHeaders);
```

如果客户端知道服务器支持压缩（譬如GlassFish ），通过设置附加头Content-Encoding，客户端就能发送和接收压缩数据。

```
Map<String, List<String> httpHeaders = new HashMap<String, List<String>>();
httpHeaders.put("Content-Encoding", Collections.singletonList ("gzip"));
httpHeaders.put("Accept-Encoding", Collections.singletonList ("gzip"));
Map<String, Object> reqContext =
((bindingProvider)proxy).getRequestContext();
requestContext.put(MessageContext.HTTP_REQUEST_HEADERS, httpHeaders);
```

11.9.7　Web Service 客户端的性能

客户端通过客户端代理访问Web Service。客户端应用可以为每个请求创建新的代理，也可以只创建一个代理，之后的每个请求都复用该代理。创建服务及获取端口的步骤就涉及设置代理，这是一个昂贵的操作，需要访问远程部署的WSDL。因此，重用现有的代理对优化性能非常重要的。大多数情况下，JAX-WS RI内部的代理就已经是线程安全的，可以通过多线程并发访问。然而，有一点也需要注意，代理内的RequestContext对象在各个线程间是共享的。因此，复用代理的唯一局限是：如果RequestContext对象需要修改，应该采用线程安全的方式。

> 提示
> 创建客户端代理并在后续的请求中进行复用是值得推荐的性能实践。

如前所述，创建客户端代理需要访问部署在远程服务器上的WSDL和Schema文档。出于性能考虑，为了消除网络访问，转而使用与应用程序绑定的组件的本地副本有时是更明智的作法。这和XML实体解析器的例子一样，使用XML编目是达到这个目的的最佳途径。下面是一个示例的编目文件jas-ws-catalog.xml：

```
<catalog xmlns="rn:oasis:names:tc:entity:xmlns:xml:catalog" prefix="system">
      <system systemId="http://javaperf.sun.com/wstest?wsdl"
uri="DocumentService.wsdl"/>
</catalog>
```

JAX-WS运行时将定位如下的编目文件。
❏ 基于服务器Servlet或基于JSR 109的Web模块。WEB-INF/jax-ws-catalog.xml。

❑ **基于JSR 109的EJB模块。** META-INF/jax-ws-catalog.xml。

❑ **客户端。** 在执行路径上查找的META-INF/jax-ws-catalog.xml。

处理大型负载时，在客户端启用HTTP分块传输可以提升性能。HTTP分块传输使得连接可以按块的方式发送数据，避免在内存中缓存整个消息。11.9.3节已经就如何在客户端启用HTTP分块传输进行了详细的介绍。

11.10　参考资料

Litani，Elena和Michael Glavassevich. "Improve performance in your XML applications, Part 1." http://www.ibm.com/developerworks/xml/library/x-perfap1.html.

JAXB Architecture.http://www.oracle.com/technetwork/articles/javase/index-140168.html.

Sandoz, Paul，Alessando Triglia和Santiago Pericas-Geertsen. "FastInfoset." http://www.oracle.com/technetwork/cn/testcontent/fastinfoset.html.

"Java Web Services Performance Analysis and Benefits of Fast Infoset." http://www.oracle.com/technetwork/java/javase/tech/java-fastinfoset-150244.pdf.

Mundlapudi, Bharath. "Implementing High Performance Web Services Using JAX-WS 2.0." http://www.oracle.com/technetwork/articles/javase/index-142960.html.

第12章

Java持久化及Enterprise Java Bean的性能

12

Enterprise Java Bean（EJB）是一种基于组件的架构，适用于大型、分布式、面向事务的企业级应用。这种架构中，Enterprise Bean属于服务器端组件，在应用服务器的EJB容器中运行。Enterprise Bean实例的最显著特性包括：可以由EJB容器在运行时动态地创建、管理；可以在部署时定制；能够在兼容的EJB容器间移植；可以利用容器提供的服务（譬如安全性和事务支持），所有这些都可以与业务逻辑隔离，由容器进行控制。

EJB容器提供了一些基础性和企业级应用中常见的服务，譬如Bean的生命周期管理、事务管理、安全性、对象持久化以及消息管理。这些服务能够帮助开发者快速创建和部署Enterprise Bean。EJB规范定义了标准的钩子函数，运行时通过这些钩子函数提供相应的服务；采用这种方式提供服务的Enterprise Bean能够在遵守EJB规范的容器之间移植。EJB容器还提供一些供应商专有的扩展服务，但这些服务很难在不同的容器之间移植，应该尽量避免使用。

EJB规范中定义了三类组件：会话Bean、消息驱动Bean及持久化实体。（注：JPA规范是一个独立的规范，EJB3.0中引用了该规范。）会话Bean通常用于实现企业级应用中的核心业务逻辑，代表客户端与服务器的交互会话。虽然所有客户端共享同一份会话Bean的实现，在某一个时刻，会话Bean却只代表一个客户端。事实上，有两种类型的会话Bean：无状态会话Bean和有状态会话Bean。无状态会话Bean提供同步的无状态服务，也可以作为实现Web Service终端的方式。有状态会话Bean提供同步的有状态服务，此外也用于维护客户端调用的会话状态。持久化实体代表了业务对象的持续状态，通过对象关系映射，在注解（Annotation）或部署描述中映射到关系数据库。客户端往往是通过持久化实体与会话Bean交互的。消息驱动Bean提供异步的无状态服务，它由接收到的消息驱动，并不直接暴露给客户端接口。在下面的讨论中，提到客户端接口默认只针对实体Bean和会话Bean。

截至本书编写时，EJB规范的版本号是3.0，从EJB 2.1到EJB 3.0，编程模型经历了巨大的变化。EJB 3.0中访问会话Bean简化了很多。现在通过注解和部署描述符就能够定制Enterprise Bean的属性以及它们与容器的交互。之前为使用持久化实体而特别定义的那些神秘接口已被移除，取而代之的是基于持久化模型的简单Java对象（Plain Old Java Object，POJO）。接下来的小节将围绕这两种编程模型的性能分别展开讨论。虽然EJB规范发生了巨大的变化，但是变动基本上都发生在如何访问和使用这些企业组件，在此前提下，Enterprise Bean的功能并没有发生变化，它依然提供同样的服务。到底选择使用哪一个EJB版本取决你的编程模型，而不是性能。然而，由于EJB 3.0对编程模型进行了大量简化，使用EJB 3.x而不是EJB 2.1是一个更加务实的选择。本书中的例子同时适用于运行在GlassFish Server Open Source Edition V2.1（后文中也称为GlassFish）的EJB 2.1和EJB 3.0。Java EE 6规范中EJB 3.1的性能特性与这里描述的EJB 3.0的基本类似。

12.1 EJB 编程模型

遵循EJB 2.1的组件包含Home接口、Business接口以及Bean的实现。会话Bean和实体Bean都满足这一规定，然而消息驱动Bean只有Bean的实现。Home接口主要由客户端使用，用于创建Bean的实例。Business接口代表了Bean的实现中可用的业务方法。客户端创建Bean实例时，由EJB容器返回Business接口的实例。客户端接着调用该Business接口实现中提供的业务方法。

EJB 3.0规范是EJB 2.1规范的修订版。EJB 3.0规范简化了EJB 2.1的编程模型，主要通过以下几种方式：

- □ 使用元数据注解减少了与容器服务交互的代码量，不再需要使用部署描述符；
- □ 以"异常配置"的方式，设置适用于大多数场景的默认值（可以编程设定）；
- □ 去除了EJB组件接口，减少了异常检测；
- □ 通过简单Java对象简化了实体持久化模型。（我们将在12.5.3节详细讨论这部分内容。）

12.2 Java 持久化 API 及其参考实现

Java持久化API（JPA）规范定义了对象/关系型数据库的映射，采用Java领域模型的应用程序可以通过该映射与关系型数据库交互。JPA规范是对EJB 2.1持久化实体编程模型的简化。它通过消除实体依赖的接口，以及大量使用可以编程设定的默认值，实现了"异常配置"模式。

JPA 1.0规范通过以下方式定义了一些重要的概念。它将实体定义为一种轻量级的持久化领域对象。实体是JPA编程模型中基础性的编程元素。EntityManager实例用于在持久化环境中管理实体的生命周期。本质上，持久化环境就是由实体管理器（EntityManager）管理的持久化实体集合，譬如，假设只有一个实体，在持久化环境中仅有该实体的一个实例。JPA实现中的持久化环境类似于一级缓存（L1 cache）的作用。

缓存将存储于数据库中的实体保存在内存中，加快了实体访问的速度。持久化环境（一级缓存）是JPA规范中必不可少的一部分。我们可以将持久化环境事务化（Transactional），也可以对其进行扩展。事务化的持久化环境将横跨一次事务生命周期，而扩展的持久化环境将横跨多次事务生命周期。

从GlassFish V3.0开始，EclipseLink（http://www.eclipse.org/eclipselink/jpa.php）成为了JPA 2.0规范的推荐实现。而在之前的版本中，ToplinkEssentials一直是JPA 1.0的参考实现，从GlassFish V2.1开始，EclipseLink就能无缝地运行在GlassFish之中。我们接下来要讨论的JPA实现就围绕EclipseLink展开。

二级缓存

虽然JPA 1.0规范并没有强制要求提供二级缓存（L2 cache）的实现，大多数的JPA实现，包括EclipseLink都提供了二级缓存。EclipseLink中的二级缓存被称为会话缓存（Session Cache）。企业级应用的单实例部署场景下，通常每个客户端会话都有一个一级缓存，而二级缓存在同一个JVM中跨会话共享。执行业务操作、将事务提交的实体修改保存到数据库并写入共享的L2缓存时，每个客户端会话都使用自己单独的持久化环境。图12-1展示了持久化环境与会话缓存之间的交互。

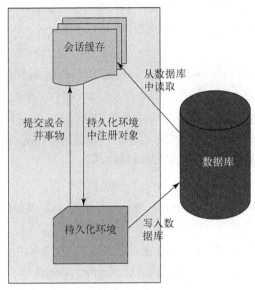

图12-1　JPA会话缓存

二级缓存的容量会影响应用程序的性能。二级缓存将数据库中取到的数据保持在内存中，能显著提升实体的访问速度，然而，对于频繁使用的应用程序，这也会产生大量的内存对象。这反过来会迫使JVM频繁地进行垃圾收集，回收不用的内存，导致很长的停顿时间，严重降低应用程序的性能。这反而抵消了使用缓存带来的性能提升。另一方面，缓存分配过小可能导致对象被频繁地从内存中逐出，导致更频繁地数据库访问，让缓存带来的好处变得微乎其微，甚至完全不起作用。因此，了解怎样为JPA实现配置合理的二级缓存是非常重要的。

合理地配置缓存是一个迭代的过程，要进行前期的预配置，紧接着观察一个或多个周期，监控缓存命中和未命中的情况，根据观察结果调整缓存的配置。本章后面的监控EclipseLink会话缓存一节将围绕如何进行JPA缓存监控的问题展开讨论。

EclipseLink提供了使用、设置缓存容量的选项。由于EclipseLink采用HashMap实现，天生满足对象标识的要求（每个实体标识对应一个唯一的对象）。下面提供了可用的缓存类型（Cache Type）以及如何使用EclipseLink的JPA扩展在persistence.xml中设置这些选项的例子。

12

❑ **全标识映射**（Full Identity Map）。除非删除对象，否则对象将一直保持在缓存中。这一类型适用于有大量的内存分配但仅有一小部分持久化对象的应用程序。

```
<properties>
    <property name="eclipselink.cache.type.default" value="Full"/>
</properties>
```

❑ **弱标识映射**（Weak Identity Map）。对象通过弱引用保存，这样当对象在应用程序中没有其他引用时，JVM可以对其进行垃圾收集。相对于全标识映射，跨事务时，采用这种类型无法提供可靠的缓存，但是内存的使用将更有效率。

```
<properties>
    <property name="eclipselink.cache.type.default" value="Weak"/>
</properties>
```

❑ **软标识映射**（Soft Identity Map）。对象通过软引用保存，当可用内存很低时，JVM可以对这种类型的对象进行垃圾收集。它具有弱标识映射同样的优点，此外，采用这种类型时，JVM将在内存低时对缓存中的对象发起垃圾收集。

```
<properties>
    <property name="eclipselink.cache.type.default" value="Soft"/>
</properties>
```

❑ **软缓存弱标识映射**（Soft Cache Weak Identity Map）。软缓存弱标识映射与弱标识映射功能类似，但是这个类型除了维护标识映射缓存之外，还额外维护了一个最常使用子缓存。该选项中，子缓存是一个软引用组成的链接列表，当JVM发现可用内存低时就会释放回收其中的对象。子缓存的容量是固定的，等于初始标识映射缓存的容量。标识映射初始容量为一个指定的大小，随着应用程序的使用，其容量可能逐步增长，直到标识映射中的对象进行垃圾收集。标识映射缓存被垃圾收集后，应用程序仍然可以从缓存中受益，因为在JVM的空闲内存变低之前，固定容量的最常使用子缓存中的对象仍然是可以访问的。

```
<properties>
 <property name="eclipselink.cache.type.default"
    value="SoftWeak"/>
</properties>
```

提示

计算缓存的容量时，建议容量至少设置成事务使用的同类对象之和。

❑ **硬缓存弱标识映射**（Hard Cache Weak Identity Map）。硬缓存弱标识映射与弱标识映射类似，但是这个选项将额外维护一个最常使用子缓存，该缓存是由硬引用构成的链接列表。

本质上，它与软缓存弱引用类似，但由于一些JVM的实现并不区分弱引用和软引用，导致每次垃圾收集时子缓存都会进行垃圾收集，这个选项确保子缓存有效，应用程序还可以受益于该缓存。

```
<properties>
        <property name="eclipselink.cache.type.default"
            value="HardWeak"/>
</properties>
```

❑ 无标识映射（No Identity Map）。这个选项不提供对象缓存，也不会保持任何标识。不推荐使用这个选项，这里提到只是为了表述的完整性。如果由于某些原因不希望使用缓存，请使用隔离缓存。

```
<properties>
 <property name="eclipselink.cache.type.default" value= "None"/>
</properties>
```

软缓存弱标记映射是EclipseLink的默认缓存类型，它还带有一个容量等于标识映射的子缓存。弱标记映射缓存的默认容量为100。这个默认容量可以显式地指定，取代默认值。例如，可以显式地设定弱标记映射缓存的大小为1500。这表明应用程序访问过的1500个对象都会保存在子缓存中，其余的将保存在标识映射中，直到JVM对这部分内容进行垃圾收集。

```
<properties>
    <property name="eclipselink.cache.size.default " value="1500"/>
 </properties>
```

前面已经提到弱标记映射缓存的容量默认值为100。该缓存容量同时也设置了持久化单元管理的所有实体公用的全局缓存容量。EclipseLink也提供了设置单个实体缓存容量的选项。通过以下方式能以更细的粒度控制缓存容量。

```
<properties>
    <property name="eclipselink.cache.size.Order" value="1000"/>
 </properties>
```

12.3　监控及调优 EJB 容器

第9章中讨论了如何监控应用服务器中的各种容器以定位潜在的性能瓶颈，以及如何使用观测值调整容器从而获更优的性能。通过恰当地调优容器，我们希望最大程度地利用资源。这一节将讨论EJB容器中应该监控的重要参数。例子基于GlassFish应用服务器，但是通用的原则同样也适用于其他的应用服务器。参考9.3.1节了解在GlassFish中启用不同容器的监控方法。将EJB容器的监控级别设置成HIGH会导致严重的性能下降（在我们的实验中性能损失高达20%）。除非是出

12

于调试目的, 否则不建议在生产系统上使用这个级别。这一节的例子基于GlassFish V2.1服务器, 而不是GlassFish V3服务器。

12.3.1　线程池

用于处理EJB实例业务逻辑的线程池取决于调用模式。以本地Bean（适用于所有的Bean类型——无状态的、有状态的或者实体Bean）为例, 处理将由调用Bean中该方法的线程执行。Web应用的例子中, Servlet调用了本地Bean的业务方法。该方法的执行包括在HTTP处理线程上进行的所有数据库交互。在这个例子中, 为了优化性能, 我们需要监控和调优HTTP工作线程池。参考10.3.5节了解更多信息。

另一方面, 远程EJB调用是由一个不同的线程池（ORB线程池）处理的。接收到新的请求时, 这个线程池中的一个线程被选中去处理该请求, 如果有需要还要与数据库进行交互, 最后将响应提交给客户端。消息驱动Bean也使用同一个线程池进行处理, 有新的JMS消息到达时, 该线程池就被唤醒。监控和调整ORB线程池对于应用程序性能优化是非常重要的。

默认情况下, `min-thread-pool-size`属性设定的ORB线程池的最小线程数目被设置为0, 最大线程数（`max-threadpool-size`）被设置为200。这些参数值需要根据应用程序的实际情况调整。表12-1提供了设置这些值的一些通用指导原则。

表12-1　ORB线程池设置

属　　性	初　始　值
线程池的最小容量	硬件线程数或虚拟处理器的数目
线程池的最大容量	硬件线程数或虚拟处理器数目的两倍

对GlassFish而言, 可以通过管理控制台或`asadmin`命令行接口（CLI）查看和修改这些值。

```
asadmin get "server.thread-pools.thread-pool.thread-pool-1.*"
server.thread-pools.thread-pool.thread-pool-1.max-thread-pool-size = 8
server.thread-pools.thread-pool.thread-pool-1.min-thread-pool-size = 4
```

最大最小值可以使用`asadmin set`命令修改。大多数情况下, 这些值都需要根据应用程序的特性做进一步的调整。由于典型情况下, 数据库交互在EJB中处理, 一些线程可能需要等待I/O操作结束, 因此可以释放这部分CPU资源来处理新的请求。监控运行时池的统计数据可以帮助确定是否需要调整池的容量。这其中有两个需要监控的重要属性, 分别是`numberofavailablethreads-count`和`numberofworkitemsinqueue-current`, 如下所示:

```
asadmin get -m "server.thread-pools.orb\.threadpool\.thread-pool-
1.numberofavailablethreads-count" "server.thread-
pools.orb\.threadpool\.thread-pool-1.numberofworkitemsinqueue-current"
server.thread-pools.orb\.threadpool\.thread-pool-
1.numberofavailablethreads-count = 0
```

```
server.thread-pools.orb\.threadpool\.thread-pool-
1.numberofworkitemsinqueue-current = 6
```

表12-2描述了我们关注的属性，以及一些调优的注意事项。

表12-2　调优线程池可监控的属性

属　　性	描　　述	调优提示
numberofavailablethreadscount	可用于处理请求的线程数	如果该值一直为0，表明系统的负载已经大到足够耗尽线程池的程度
numberofworkitemsinqueuecurrent	等待处理的请求数	如果该值持续维持在高位，表明系统负载过重，或线程池需要进行调优。如果系统已经充分利用了CPU资源，就没有必要做进一步的调整。如果仍有CPU资源空闲，而线程池中没有可以用于处理请求的线程，则需要考虑增大线程池的容量

提示

为了获取最大性能，对线程池进行调优是非常必要的。max-thread-pool-size的推荐初始值是处理器核数目（SPARC T-系列CPU的虚拟处理器数目）的两倍。通过监控numberofavailablethreadscount的值验证设置的效率，并根据需要进行调整。

通过采用专用的线程池处理EJB的方式，GlassFish实现了对请求分区（Request Partition）的支持。譬如，应用程序有两个无状态的会话Bean，一个的业务方法比较轻量级，可以在很短的时间内完成。另外一个需要处理繁重的事务，需要数秒的时间才能完成。默认情况下，这两个调用将由一个线程池处理。负载重时，轻量级的方法调用可能需要排队，直到有空闲线程去处理该请求，这导致该调用出现较长的调用响应时间。解决这个问题的方法是在某个处理Bean线程池的容器中启用请求分区功能。在我们的例子中，用户可以创建一个单独的线程池处理轻量级的Bean，而使用默认的线程池处理其他的EJB请求。例子的描述符片段展示了如何在sun-ejb-jar.xml中建立Bean与线程池的关联。

```
<ejb>
   <ejb-name>SimpleBean</ejb-name>
   <jndi-name>ejb/SimpleBean</jndi-name>
   <use-thread-pool-id>session-pool-1</use-thread-pool-id>
   <bean-cache>
      <max-cache-size>1000</max-cache-size>
      <resize-quantity>512</resize-quantity>
      <cache-idle-timeout-in-seconds>7200</cache-idle-timeout-in-seconds>
      <victim-selection-policy>nru</victim-selection-policy>
   </bean-cache>
</ejb>
```

如前所述，默认线程池也用于处理消息驱动Bean，因此分配单独的线程池分别处理远程EJB和消息驱动Bean是有帮助的。

12

> **提示**
> 线程池分区是将资源专用于处理不同代价请求的有效方法。

12.3.2　Bean 池和缓存

12.1节讨论了创建，维护Bean有关的各种事件。EJB容器使用各种池和缓存来提高服务器的性能。选择使用池还是使用缓存取决于EJB的类型：它是无状态会话、有状态会话、实体Bean，还是消息驱动Bean。区分由池化的实例或缓存的实例或者由客户端通过资源注入，或者EJBHome.create，或是通过JNDI（Java Naming and Directory Interface，Java命名与目录服务）获得的Bean引用是非常重要的。所有的客户端交互都会利用Bean引用，容器将截取方法调用，从池或者缓存中取得适当的Bean实例，执行需要的业务逻辑，再将它们归还到池中（执行完业务方法或事物提交/回滚后）。这一节将介绍如何调整池和缓存来优化性能。

1. Bean池

可以通过多种方式配置Bean池的属性。设置EJB容器级的属性可以应用到所有部署的EJB。下面的asadmin命令可以列出不同EJB容器的属性：

```
asadmin get server.ejb-container.*
```

个别的属性可以使用asadmin set命令单独修改。通过在部署描述符sun-ejb-jar.xml中单独设定EJB配置，应用程序中的EJB可以重置默认的行为。这一节中，我们将介绍单个EJB的配置方式，这将帮助我们以粒度更细的方式控制缓存设置。

无状态会话Bean、实体Bean以及消息驱动Bean都使用Bean池。对于无状态会话Bean，调用Bean时，将从池中取出一个Bean的实例用于执行业务方法。完成方法调用后，Bean又会归还到池中。而对于消息驱动Bean，消息到达时，从池中取出Bean的一个实例，onMessage()方法执行完成后，将该实例归还到池中。实体Bean池包含的实体Bean实例没有主键关联。池中的实例主要用于执行查找方法。

简单的Bean创建和销毁的代价都不大，为它们配置Bean池价值不大。但是，对另一些场景，池化可以改善性能，譬如，有的Bean需要使用JNDI查找资源并将结果保存下来以备将来使用。

通过部署描述符sun-ejb-jar.xml可以定制Bean池的属性。Bean池的重要属性包括steadypool-size、max-pool-size以及pool-idle-timeout-in-seconds，这些属性都可以进行调整。池Steady-pool-size指定了池中可以维护的最小的Bean实例数，而max-pool-size指定了池中最大的Bean实例数。pool-idle-timeout-in-seconds指定了无状态会话Bean或消息驱动Bean在池中的允许空闲时间。超过这个时间，Bean将会钝化（Passivate）到备份存储中。

GlassFish的监控框架可以查看Bean池的统计信息，下面是一个例子：

```
asadmin get -m
server.applications.SPECjAppServer.mfg_jar.LargeOrderSes.bean-pool.*count
server.applications.SPECjAppServer.mfg_jar.LargeOrderSes.bean-
```

```
pool.totalbeanscreated-count = 5
server.applications.SPECjAppServer.mfg_jar.LargeOrderSes.bean-
pool.totalbeansdestroyed-count = 5
```

如前所述，是否要进行池的调优取决于实例创建和销毁的代价。主要的调优选项包括同时增大max-pool-size和pool-idle-timeout-in-seconds或者二者之一。使用该调优方法时请注意，增大池的容量，即在池中保持大量的实例，会增大内存的压力，可能反而降低系统的性能。

2. Bean缓存

除了Bean池，容器也维护了几块用于保持Bean实例的缓存。其中用户可见的两块主要缓存分别是有状态的会话Bean缓存以及实体Bean缓存。

有状态的会话Bean缓存中保存了与状态会话Bean关联的数据。一旦有状态的会话Bean创建成功，在其销毁之前，它的状态要么保存在缓存中，要么保存在永久性存储中。缓存中的Bean实例的生命周期如下：创建新的有状态会话Bean时，会创建一个Bean实例，同时将其添加到缓存中。后续任何对Bean中方法的调用，容器都直接从缓存中取得Bean实例，执行方法，再将实例归还到缓存中。

将实例归还到缓存中时，如果实例的数目超过了最大缓存容量，那么缓存池中的一个现有的实例将从池中释放，为归还的实例腾出空间（回收策略的细节在后面详细介绍）。缓存中有状态会话Bean实例的回收和重新载入都是非常昂贵的操作，会对应用程序的性能造成较大影响。实例的回收导致Bean钝化，最终Bean将序列化保存到持久化存储中。任何对已经回收Bean中方法的调用都将触发Bean从永久性存储中重新载入，结果导致该次交互的响应时间较长。因此，合理地设置有状态的会话Bean缓存容量对于优化性能而言是非常重要的。

实体Bean有两种类型的缓存，分别是事务缓存和就绪缓存。事务缓存是一种内部缓存，对用户是不可见的。然而，用户可以监控和调整就绪缓存。对实体的缓存取决于请求是否为事务的一部分，具体原因请参考下面段落。

事务缓存是一种中间缓存，一次事务中所有的实体都会保存其中。用于标识缓存中的一个实例的键是一个元组，包含事务ID和实体的主键。当实体Bean中的方法作为事务的一部分被调用时，容器首先在事务缓存中查找是否有该Bean的实例。如果找到，那么就使用该实例继续处理。如果没有找到，容器会在就绪缓存中查找是否有该Bean的实例，（这个场景下键就是实体的主键。）如果找到与该主键对应的Bean实例，就将它从就绪缓存中移除，调用ejbLoad()从数据库中更新该Bean，并把它加入到事务缓存中，用于进一步的处理。就绪缓存中如果找不到与主键对应的实体Bean，容器就会把Bean实体从实体Bean池中移除，调用ejbLoad()，将Bean实例添加到事务缓存中，在将来的处理中使用它。

事务结束时，容器将会把与事务相关的实体Bean从事务缓存中移除，将它们添加到就绪缓存中。如果就绪缓存已经到达缓存容量上限，那么将选择一个实体从缓存中回收钝化事务。对于由容器管理的Bean来说，钝化不是一个昂贵的操作，但是对有些由Bean管理的实体而言，又并非如此。

如果事务启动时就绪缓存中的实例需要与数据库进行同步，那使用就绪缓存有什么好处呢？如果所有实体请求都是事务型的，那么在就绪缓存中保持一份实体的实例就几乎没有什么好处。这种情况下，使用commit的C选项可以跳过就绪缓存，不再对实例进行缓存，直接归还到Bean

池中。另外，如果带有主键的实体只会使用一次时，（譬如，每个请求都创建一个新的实例，实例不会重用。）也可以使用 commit 的 C 选项。通过 sun-ejb-jar.xml 的 ejb 元素可以设置 commit-option 为 C（<commit-option>C</commit-option>）。

> **提示**
>
> 使用 GlassFish，如果实体 Bean 只在事务中使用，或者只会使用 1~2 次（缓存效用不大）时，建议部署时使用 commit 的 C 选项。

就绪缓存能够提升非事务型实体的性能。这种情况下，容器将查看就绪缓存，如果找到合适的实例，就将其从缓存中移除，直接使用，不再额外调用 ejbLoad()，因此能改善性能。缓存中找不到实例时，就需要从 Bean 池中取用实例，接着调用 ejbLoad() 方法。

我们在前文中讨论过，缓存满时，容器将采用回收策略选取要淘汰的 Bean 实例。GlassFish 支持 3 种回收策略，分别是：先进先出（FIFO）、最近最少使用（LRU）以及最近未使用（NRU）。我们推荐使用最近未使用策略，它是一种类似最近最少使用的优化选择策略，能提供更好的性能，尤其是在高负载的情况下。在 sun-ejb-jar.xml 中指定 victim-selection-policy 元素可以设置回收选择策略。

将 EJB 容器的监控级别设置为 LOW 可以针对个体 Bean 的缓存进行监控。使用 asadmin list -m 命令可以列出所有的缓存，下面是一个例子（示例应用为 SPECjAppServer2004benchmark）：

```
asadmin list -m "server*bean-cache*"
server.applications.SPECjAppServer.corp_jar.CustomerEnt.bean-cache
server.applications.SPECjAppServer.orders_jar.ItemBrowserSes.bean-cache
...
```

使用 asadmin get -m <cache>.* 命令可以得到某个 Bean 缓存的统计信息，其中 cache 是下面例子中列出的缓存之一。

```
asadmin get -m
server.applications.SPECjAppServer.corp_jar.CustomerEnt.bean-cache.*
```

调优有状态会话 Bean 缓存的第一步是确定容器使用的活跃的有状态会话 Bean 的数目。通过查看创建和移除的实例数可以获取这些数据，如下所示：

```
asadmin get -m beanName.createcount-count beanName.removecount-count
```

其中 beanName 是 Bean 的名字（使用 list 命令可以获得）。下面是一个例子：

```
asadmin get -m
server.applications.SPECjAppServer.orders_jar.ItemBrowserSes.createcount
-count
server.applications.SPECjAppServer.orders_jar.ItemBrowserSes.removecount
-count
server.applications.SPECjAppServer.orders_jar.ItemBrowserSes.createcount
-count = 20492
```

```
server.applications.SPECjAppServer.orders_jar.ItemBrowserSes.removecount
-count = 19087
```

活跃有状态会话Bean的数目确定后，下一步需要了解缓存的命中率和钝化数目。通过查看Bean缓存可以达到这一目的，如下所示：

```
asadmin get -m
server.applications.SPECjAppServer.orders_jar.ItemBrowserSes.bean-cache.
cachehitscurrent
server.applications.SPECjAppServer.orders_jar.ItemBrowserSes.bean-cache.
cachemissescurrent
server.applications.SPECjAppServer.orders_jar.ItemBrowserSes.bean-cache.
numpassivationscount
server.applications.SPECjAppServer.orders_jar.ItemBrowserSes.bean-cache.
numbeansincache-current
```

缓存命中率高说明缓存的配置合理，工作良好。另一方面，如果缓存未命中率或者钝化数（Number of Passivation）很高，则表明有改进的空间。前文曾提到，活跃有状态会话Bean存储在缓存中，它们在满足下面的条件之一时会钝化到永久性存储中：实例为了挪出缓存空间而被回收或者空闲超时过期。

如果发现池的当前容量与最大容量很接近，并且活跃有状态会话Bean的数目超过了最大池的容量，那么我们建议增大池的最大容量，至少应该与最大活跃有状态会话Bean的数目一致。另一方面，如果池中的实例数小于最大容量，那么钝化是缘于空闲超时过期。这种情况下，改进性能的一个选项是增大空闲超时的值，让实例可以在缓存中保持更长时间。

一个通用的原则是，增大池容量时要特别谨慎。将其设置过高会由于增大了内存消耗，以及随之而来的垃圾收集开销，而降低系统性能。

监控实体Bean缓存的步骤与前面介绍的有状态会话Bean类似。需要监控的主要属性是缓存命中率和未命中率。命中率高表明缓存调优良好，同时该Bean频繁地被访问。对于这样的实体，看看是否有可能将其设置为只读是很有价值的。12.5.2节将深入介绍如何将一个实体Bean设置为只读。

缓存未命中率高要么意味着缓存容量过小，要么是调用对象为新的实体，在缓存中不存在。如前文所述，如果一个实体应用程序仅仅使用一两次，对这样的调用对象，最好使用commit的C选项。对频繁使用的实体，缓存未命中率高时，由于回收现存Bean实例以及重新激活这些Bean的开销，程序的性能将严重降低。这种情况下，增大缓存容量能改善程序的性能。

对于有状态的会话Bean，如果该实例空闲超时过期，实例将会从Bean缓存中移除，最好根据实体的使用情况调整空闲超时的值。对于频繁使用的Bean，增加空闲超时的值可以让它们在缓存中保持更长时间，并由此提升缓存命中率，同时，缩短不常使用的Bean的超时值，可以减少缓存中Bean的实例数。

12.3.3 EclipseLink 会话缓存

EclipseLink是JPA 2.0规范的参考实现，它提供了一个二级缓存用于缓存实体和JPA QL查询结

12

果。缓存的目的是通过减少对数据库实体的频繁访问，提供更快的实体访问速度。然而，如果缓存过大，JVM将消耗大量的时间进行垃圾回收，如果缓存过小，对于经常访问的实体，EclipseLink可能需要多次访问数据库；这两个场景都对应用程序的性能有负面的影响。为了优化缓存，了解实体在缓存中的命中和未命中数据是非常重要的。

EclipseLink在persistence.xml中提供了配置选项，可以输出缓存的统计信息。

```
<property name="eclipselink.profiler" value="QueryMonitor"/>
```

在EclipseLink的性能分析器中，配置QueryMonitor通知实现，以固定的间隔在日志中输出运行时每个实体缓存命中和缓存未命中的统计信息。运行基准测试结束时，生成结果的示例输出如下：

```
Cache Hits:[#{com.orangerepublic.entity.Customer-findByPrimaryKey=310,
com.orangerepublic.entity.Order-findByPrimaryKey=698}#] Cache
Misses:[#{com.orangerepublic.entity.Customer-
findByPrimaryKey=4510,com.orangerepublic.entity.Order-
findByPrimaryKey=2398}#]
```

根据前面的数据分析，我们可以得出结论，Customer和Order实体的缓存未命中率都远远高于命中率，增大缓存容量可以改善程序的性能。然而，真正的挑战是在提升缓存命中率的同时又不会由于增大垃圾收集时间降低程序的性能，找出最优的缓存容量。找到最优缓存容量需要一系列的实验，需要同时监控缓存和垃圾收集的统计数据。关于JVM调优的更多内容，请参考第7章。

改变单个实体的缓存容量可以通过修改persistence.xml的如下属性实现：

```
<properties>
    <property name="eclipselink.cache.size.Order" value="1000"/>
</properties>
```

上述的修改，将Order实体缓存的容量设置成了合适的值。

提示
使用缓存和垃圾收集的统计数据可以推断出对象及查询结果的最优缓存容量。

12.4 事务隔离级

事务隔离级用于在并发事务中维持数据的完整性。大部分数据库都支持下面的事务隔离级，按照对性能的影响，以降序列出：

- ❑ 未提交读[①]（READ_UNCOMMITED）;
- ❑ 提交读（READ_COMMITED）;
- ❑ 重复读（REPEATABLE_READ）;

[①] 未提交读，或者"脏读"是指未提交的数据被读取了。——译者注

❑ 序列化（SERIALIZABLE）。

未提交读（READ_UNCOMMITED）允许一个事务，在另一个事务写数据的同时去读取可能改变或删除的数据。这一选项提供了最好的性能，因为它不需要进行任何序列化，但风险是可能会读到脏数据（或称"鬼读"，Ghost Read）。提交读（READ_COMMITED）只允许读取已经提交的数据。

重复读（REPEATABLE_READ）要求一次事务中，对同一份实体的多次读操作返回的数据相同。这个目标可以通过悲观锁（Pessimistic Lock）或乐观锁（Optimistic Lock）实现。使用悲观锁时，数据库中对应的行被锁住，任何访问该行的事务都被阻塞，直到该事务结束。乐观锁中，实体不持有任何的锁，数据的完整性通过其他的途径（譬如版本号）保证。如果数据库中的版本号大于内存中的版本号，就产生了过期数据，表明实体的状态被另一个事务改变了，这时，应用程序可以回滚该事务，从数据库中重新读取实体状态，重新运行该事务。由于事务回滚的代价昂贵，对于高并发的应用程序而言，它的数据会被频繁地修改，乐观锁可能并不是最好的选择。重复读隔离级会发生"幻读"（Phantom Read）。

序列化（SERIALIZABLE）要求系统中所有的事务在一个隔离级中发生，效果就像顺序执行一样。数据库可以通过乐观锁或悲观锁的方式保证正确的序列化。采用悲观锁方式时，会对表的一部分或者全表进行锁定。乐观锁方式下，需要能够发现破坏序列化的并发事务。

> **提示**
>
> 数据极少修改的场景中，使用乐观锁方式可能帮助应用程序获得更好的性能。但是，对于高并发，并且存在频繁数据修改的应用程序，由于伴随可能发生的回滚代价，乐观锁并不是最好的选择，这种场景下，悲观锁也许能提供更好的性能。

12.5 Enterprise Java Bean 的最佳实践

这一节中将讨论使用EJB的一些最佳实践。我们要使用基准测试生成的数据，在正式开始之前，先简单介绍本节将要使用的基准测试。

12.5.1 简要说明使用的 EJB 基准测试

我们以一个生产商的在线系统为例，进行微基准建模，介绍最佳实践以及采用不同方式的性能差异。由于EJB 2.1和EJB 3.0/JPA在编程模型上存在一些本质差异，此外为了强调各个不同的点，我们使用了不同的用例，所以它们的建模也有一些区别。

EJB 2.1基准测试中有一个名为OrderSession的无状态会话Bean，它是主要的客户端接口，业务逻辑的基准测试都通过它实现。EJB 2.1规范中有两种实体Bean，分别是Order和OrderLine，它们代表了业务数据对象。基准测试的驱动客户端使用Servlet访问服务器组件和数据，在EJB容器和Web容器间传输实体的状态。

12

EJB 3.0/JPA基准测试中，有两类会话Bean，分别为OrderSessionBean和ShippingSession-Bean，前者是最主要的客户端接口，后者代理了OrderSessionBean的各种操作。

12.5.2　EJB 2.1

这一节中介绍的最佳实践适用于EJB 2.1。请注意，这些最佳实践中的一些也适用于EJB 3.0。这里讨论的调优机制主要针对EJB 2.1，EJB 3.0的调优将在本章后续部分介绍。

1. 使用容器管理的事务还是使用Bean管理的事务

使用容器管理事务，Enterprise Bean的开发者将事务的管理交给了EJB容器。EJB容器负责事务的启动、提交和回滚。Enterprise Bean的开发者采用部署描述符，通过预定义的事务属性为Enterprise Bean的事务定制属性。Bean管理的事务中，应用程序负责管理事务，Enterprise Bean开发者需要编写代码操控事务的范围。采用Bean管理事务的优点是开发者可以控制事务的起止。如果很大的实现里只有一小部分需要事务，或满足某些条件才需要事务，那么使用Bean管理事务非常有帮助。另一方面，采用容器管理事务，事务的范围是整个方法，没有任何其他机制可以控制事务的范围。

> **提示**
> 如果需要更灵活地控制事务的作用范围，或者有的事务仅在某些条件下才能触发，应该选择使用Bean管理事务。

2. 选择正确的事务属性

Enterprise Bean开发者通过如下所示的部署描述符中的6个事务属性定制事务的特性：

- ❑ Required
- ❑ Requires New
- ❑ Mandatory
- ❑ Not Supported
- ❑ Supports
- ❑ Never

使用容器管理事务时，所有的EJB默认都使用Required属性。有时，为了改善性能，重新设置事务的默认类型非常有必要。譬如，某个事务不是必须的，但Bean的方法支持该事务，可以将方法的属性设置为Supports，否则由于事务的默认属性为Required，每次容器启停时都会调用该方法。

> **提示**
> 通过设置合适的事务属性可以避免不必要的事务。

3. 控制序列化

为了高效利用有状态会话Bean池的容量，EJB容器有可能需要临时将空闲的有状态会话Bean

实例的状态转移到二级存储中。这种将有状态会话Bean实例转存到二级存储的事件被称为钝化（Passivation）。发生钝化时，有状态会话Bean的字段以及所有可以从有状态会话Bean通过Java引用访问的对象都会被序列化。序列化和反序列化都是非常昂贵的操作，不需要钝化的属性都应该使用transient关键字标记出来，尽量避免不必要的序列化/反序列化开销。接下来的一节将介绍为缓存资源引用使用transient的例子。

远程EJB调用是另一个使用Bean序列化的例子。从客户端调用EJB时，调用中的每个对象参数都将在客户端进行序列化，在服务器端反序列化。同样的序列化和反序列化过程在返回对象时也不断重复发生。如前所述，序列化/反序列化的对象包括通过Java引用从参数对象中所有可达的对象。就EJB钝化而言，进行远程调用时，将不需要进行序列化的字段标记为transient非常重要。序列化的开销取决于对象的复杂度和大小。我们在10.4.3节讨论过影响序列化的因素。

> **提示**
> 用transient标记不需要序列化的会话Bean的成员字段。尽可能把需要序列化的属性的大小和复杂度限制到最小。

4. 缓存静态资源引用

由于Enterprise Bean经常需要引用外部资源，譬如数据源、Java消息服务（JMS）的对象、或者通过JNDI查询的会话Bean。使用JNDI查询资源是非常昂贵的，应该尽量减少这样的查询。因此，静态资源最好只查询一次，通过缓存来提高性能。在会话Bean的ejbCreate()方法中可以创建资源引用，该方法会由容器在执行业务方法之前调用。

有状态会话Bean中，资源引用应该按transient字段类型缓存，在它的ejbPassivate()方法中释放。将资源引用标记为transient可以避免钝化，钝化在之前的介绍中已经提到，它是一种代价昂贵的操作。应该在ejbActivate()方法中查找引用。下面的示例代码展示了如何缓存静态的数据库引用。Enterprise Bean获取和缓存的资源引用最终都将在ejbRemove()方法中释放。

下面的例子展示了将一个远程无状态会话Bean的EJBObject实例Handle缓存到一个有状态会话Bean中的过程。

```
public class CartSessionBean implements SessionBean{
    transient OrderSessionRemote session;
    transient OrderSessionHome sessionHome;
    javax.ejb.Handle handle;
    javax.ejb.HomeHandle homeHandle;
    SessionContext ctx;

    /**
     *创建Bean.
     * @exception 抛出CreateException, RemoteException异常
     */
    public void ejbCreate() throws CreateException {
        session=getOrderSession();
    }
```

12

```java
/**
 *删除Bean. EJB规范要求。
 */
public void ejbRemove() {}

/**
 *从二级存储中载入Bean的状态
 * EJB规范要求。
 */
public void ejbActivate() {
    session = getOrderSession();
}

/**
 *将Bean的状态保存到二级存储
 * EJB规范要求.
 */
public void ejbPassivate() {}

/**
 *设置会话上下文。EJB规范要求。
 * @param sc是一个 SessionContext对象。
 */
public void setSessionContext(SessionContext sc) {
    this.ctx=sc;
}

private OrderSessionRemote getOrderSession() {
    try {
        if (sessionHome == null && homeHandle == null) {
            sessionHome = (OrderSessionHome) ctx.lookup(
                    "java:comp/env/ejb/OrderSession");
            homeHandle = sessionHome.getHomeHandle();
        } else if (sessionHome == null) {
            sessionHome =
                (OrderSessionHome) homeHandle.getEJBHome();
        }
        if (session == null && handle == null) {
            session = sessionHome.create();
            handle = session.getHandle();
        } else if (session == null) {
            session = (OrderSessionRemote) handle.getEJBObject();
        }
        return session;
    } catch (Exception ex) {
        ex.printStackTrace();
        return null;
    }
}
}
```

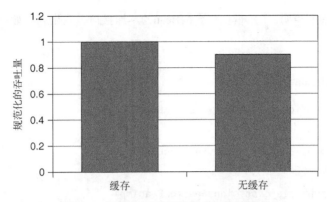

图12-2　缓存资源引用能带来的性能提升

前面的例子中，有状态会话Bean在Bean的ejbCreate()方法中创建了一个OrderSession对象的引用，并缓存了一个OrderSession对象的Handle。javax.ejb.Handle是一个指向客户端保持的EJBObject的序列化引用。这个Handle用于唯一的标识一个EJB对象（会话Bean或者实体Bean），它可以序列化到持久化存储，之后可以通过反序列化获得指向同一个EJB对象的引用。然而，对于会话Bean而言，如果EJB对象由于显式调用remove() API销毁，或者超时，或服务器崩溃，那么该Bean对象在内存中不再存在，Handle变为无效。EJBHome对象也提供了一个接口用于获取指向EJBHome对象的序列化Handle（javax.ejb.HomeHandle）。

图12-2展示了缓存远程无状态会话Bean的Handle能带来的性能提升。相对于不使用缓存的测试用例，使用缓存的测试用例在吞吐量上高出10%。每次业务方法调用过程中资源查找的次数越多，这个差异就越明显。

5. 使用本地接口取代远程接口

EJB规范中为会话Bean和实体Bean同时提供了本地和远程接口。所有传递给远程接口的参数都采用传值方式，由此导致一些由于参数复制、序列化和反序列化，以及跨网络与服务器通信的额外开销。与之相反，使用本地接口采用传引用（Pass-By-Reference）的方式，方法调用都在同一JVM内部，速度更快。进行Enterprise Bean方法调用时建议尽量使用本地接口。

Web应用中，对本地接口的引用在web.xml中定义，下面是一个例子：

```
<ejb-local-ref>
    <description>EJB Session</description>
    <ejb-ref-name>ejb/Session</ejb-ref-name>
    <ejb-ref-type>Session</ejb-ref-type>
    <local-home>
      com.orangerepublic.ejb.session.SessionLocalHome
    </local-home>
    <local>
      com.orangerepublic.ejb.session.SessionLocal
    </local>
    <ejb-link>SessionBean</ejb-link>
  </ejb-local-ref>
```

12

通过ejb-jar.xml中的声明，EJB模块将会话Bean的本地接口暴露出来，如下所示：

```
<enterprise-beans>
 <session>
   <ejb-name>SessionBean</ejb-name>
   <local-home>
     com.orangerepublic.ejb.session.SessionLocalHome
   </local-home>
   <local>
     com.orangerepublic.ejb.session.SessionLocal
   </local>
   <ejb-class>
     com.orangerepublic.ejb.session.SessionBeanImpl
   </ejb-class>
   <session-type>Stateless</session-type>
...
 </session>
</enterprise-beans>
```

GlassFish应用服务器提供了一种扩展，可以通过传引用方式传递方法的参数，即使客户端调用的是Enterprise Bean的远程接口，只要Bean同时存在于同一个JVM中，就可以传引用。这种方式的性能与本地调用不相上下。但是使用这种性能优化方式也有一些局限。使用时，被调用方法不能修改作为参数传递的对象，这种方法也无法移植到其他的应用服务器。指定Enterprise Bean的本地接口调用使用传引用是无效的。

为单独的 Enterprise Bean 设置传引用是通过sun-ejb-jar.xml配置文件实现的。例如，ServletDriver要调用位于同一JVM中的Enterprise Bean OrderSessionBean的远程方法，如果我们想通过传引用而非传值的方式传递参数，可以在sun-ejb-jar.xml中使用下面的配置：

```
<ejb>
 <ejb-name>Session</ejb-name>
 <jndi-name>ejb/Session</jndi-name>
 <pass-by-reference>true</pass-by-reference>
 ....
</ejb>
```

避免复制参数和返回对象可以极大地改善了程序的性能。图12-3中是一个测试结果，该测试中一个会话Bean用于查找并返回Order实体。本地场景中，创建了一个本地会话Bean，所有的参数和返回值都通过传引用的方式。远程场景中，创建了一个远程会话Bean，所有的参数和返回值都使用传值方式传递。Order实体平均有50行条目，所有OrderLine对象的实例都被Order实体引用，使用远程接口时，也会被复制一份。

从图12-3的图中，我们看到使用本地和远程接口的性能相差11%。随着参数数目及复杂度的增加，性能差异不断增大。

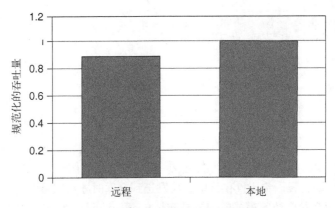

图12-3　本地与远程调用的性能比较

6. 粗粒度访问

访问会话Bean时,使用粗粒度访问模型可以降低远程调用的性能开销,也即大家更熟悉的"会话外观设计模式"(Session Facade Design Pattern)。会话外观设计模式中服务器将多个小型任务包装成一个业务操作。客户端不再需要发起多个远程调用,仅仅需一次调用就可以完成业务操作。下面的代码展示了如何使用粗粒度访问模型。

```
public interface CheckoutSessionLocal extends javax.ejb.EJBLocalObject {
    public void placeOrder(String cartID);
}

/**
 *采用会话外观模式(Session Facade)
 *封装与下订单相关的多个更小的子任务
 */
public class CheckoutSession implements javax.ejb.SessionBean {
    public OrderDAO placeOrder(String cartID){
        ShoppingCart cart = getShoppingCart(cartID);
        //根据购物车中的内容创建订单
        Order order = createOrder(cartID);
        //从银行账户扣款
        charge(order.getTotal(), cart.getChargeDetails());

        //向仓库发送订单并更新库存
        String whsID = scheduleWarehouseMessage(order);

        //安排送货
        ship(whsID);

        //更新历史订单记录
        updateOrderHistory(order, cart.getPerson());

        //发送确认邮件
        sendEmailConfirmation(order);
```

12

```
    //创建数据访问对象
    OrderDAO odao = createOrderDAO(order);

    //删除购物车
    ...
    return odao;
  }
}
```

例子中，类 **CheckoutSession** 实现了会话外观模式。业务方法 placeOrder() 中封装了多个操作，使客户端不必发起多个方法调用就能完成一次订单。这个例子中，采用会话外观模式同时还简化了事务管理，因为我们希望仅在订单成功发送到仓库时才从银行账户中扣款。

另一个可以应用粗粒度访问模式的地方是实体 Bean 的访问。如果客户端直接访问实体 Bean 的状态，实体 Bean 属性的每次访问都需要一次远程调用，客户端将经受不必要的网络延迟以及序列化、反序列化开销。更好的方式是通过会话外观模式访问实体 Bean 状态，使用数据访问对象（Data Access Object，DAO）返回实体的状态。由于 DAO 不是 Enterprise Bean，所有对它的访问都是本地访问。在前面的例子中，placeOrder() 返回的对象实例 OrderDAO 就是 Order 实体 Bean 状态的一份副本。

7. 使用延迟载入或预取载入

容器管理持久化（Container-Managed Persistence，CMP）让企业开发者可以定义实体 Bean 之间的关系。延迟载入是很多持久化实现采用的策略，仅在实体 Bean 被显式访问时才将其载入。这种方式让底层的持久化实现能够快速创建请求的实体 Bean，而不用创建它相关的所有实体 Bean。延迟载入在 JEB 2.1 中通过供应商专有的描述符设定。

预取（Prefetching）与之恰恰相反，允许相关的实体随着父实体一起载入。GlassFish 中，预取可以通过在 sun-cmp-mappings.xml 部署描述符中设定启用实体预取组（Fetech Group）。下面是一个例子，展示了如何在 suncmp-mappings.xml 文件中设定预取组：

```xml
<?xml version="1.0" encoding="UTF-8"?>
<sun-cmp-mappings>
  <sun-cmp-mapping>
    <schema>EJB21</schema>
    <entity-mapping>
      <ejb-name>Order</ejb-name>
      <table-name>ORORDER</table-name>
      ...
      <cmr-field-mapping>
        <cmr-field-name>lines</cmr-field-name>
        <column-pair>
          <column-name>ORORDER.ID</column-name>
          <column-name>ORDERLINE.ORDER_ID</column-name>
        </column-pair>
        <fetched-with>
          <default/>
        </fetched-with>
```

```
      </cmr-field-mapping>
      ...
   </sun-cmp-mapping>
</sun-cmp-mappings>
```

前面的片段是从sun-cmp-mappings.xml截取的一部分，定义了Order实体到数据库ORORDER表的映射以及Order实体与OrderLine实体之间的关系。<fetched-with> subelement <none/>指定lines字段延迟载入。持久化实现将创建一个Order实体的实例，这个实例中只有OrderLine实例的空壳对象（shell object），仅当显式访问那些实例时才将对象载入。它使得实现能够创建Bean的实例，但在相关的实体Bean被访问之前，却不再进行代价昂贵的多个跨表联合操作。

另一方面，如果相关的实体Bean在载入时就可能被访问，就应该加入到<default/>预取载入组中，否则实现就需要进行多次Java数据库连接（Java Database Connectivity，JDBC）调用。前文的例子中，Order实体Bean与OrderLine实体Bean存在一对多的关系，由于我们预期Order的行条目在Order实体载入时就会被访问，因而将其设定为默认预取载入组，这将通知底层的CMP实现使用SQL在一次SQL联合中同时载入Order和OrderLine实体Bean。

图12-4展示了延迟载入（Lazy Fetch）与预取载入（Eager Fetch）的性能比较。延迟载入的场景中，Order-OrderLine关系有一个fetched-with子元素<none/>，因此查询Order时OrderLines并没有载入。预取载入场景中，Order-OrderLine关系有一个fetched-with的子元素<default/>，因此OrderLines在Order查询时也一起载入了。预取载入场景的吞吐量是延迟载入场景吞吐量的38%。因此，如果OrderLine实体不会在Order实体查询之后立刻访问，使用延迟载入类型能获得显著的性能提升。

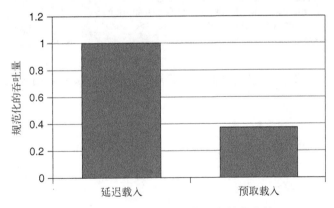

图12-4　预取载入与延迟载入的性能比较

提示

访问父实体时，如果相关的实体Bean并未被访问，可以延迟载入相关的实例。相反，如果访问父实体时，相关的实体Bean也会被访问，那就需要使用预取载入。

12

8. 选择正确的数据库锁策略

为了确保数据的完整性,可以选择两个最常用的策略之一:乐观锁或悲观锁。使用悲观锁时,对应数据库表的一行被锁定,其他任何对该行进行访问的事务都将被阻塞,直到该事务完成。悲观锁假设很可能发生数据修改,因此要避免并发访问。

乐观锁与此相反,认为并发修改数据是不常发生的事件,它使用乐观锁异常和事务回滚处理数据修改。

如果你的应用有大量用户,访问的数据会被频繁更新,那就不大可能通过乐观锁获得性能提升。这种情况下,乐观锁可能引起大量事务回滚,而这些都是代价昂贵的操作。这种场景下,相较于乐观锁,悲观锁能带来更好的性能。

锁策略一般都在提供商的部署描述符中设置。GlassFish应用服务器的CMP 2.1实现中,实体Bean的乐观锁是通过版本一致性实现的。这种方法在将实体Bean的数据写入数据库之前先检查版本列,判断其状态是否过期,再决定下一步的动作。

设定实体Bean的乐观锁步骤如下所述。

(1) 在主表中创建类型为数字的版本列,代表数据库中的实体Bean状态。

(2) 为版本列创建触发器,这样每次数据库的行更新时,该行的版本列也随之递增。

(3) 在sun-cmp-mappings.xml文件的<consistency>元素下设定下面的内容:

```
<entity-mapping>
    <ejb-name>Order</ejb-name>
    ....
    <consistency>
      <check-version-of-accessed-instances>
          <column-name>ORORDER.version</column-name>
      </check-version-of-accessed-instances>
    </consistency>
</entity-mapping>
```

CMP 2.1中的悲观锁要求数据库支持行锁。悲观锁可以在sun-cmp-mappings.xml中按照下面的方式设定:

```
<entity-mapping>
   <ejb-name>Order</ejb-name>
   ....
   <consistency>
      <lock-when-loaded/>
   </consistency>
</entity-mapping>
```

提示

如果数据不会被并发事务频繁修改,那么推荐使用乐观锁。如果数据会频繁地被并发事务修改,推荐使用悲观锁。

9. EJB查询语言

EJB查询语言（QL）使定制查询（Custom Query）成为可能。有些情况下，使用EJB QL的`select`查询比使用`findByPrimaryKey`更适合。下面的例子中，只要给出一个`orderID`就可以返回标记打折的订单条目组成的集合（`ArrayList<OrderLines>`）。

```
public ArrayList<OrderLine> getDiscountedLines(String orderID);
```

下面的代码片段展示了使用`findByPrimaryKey`的实现：

```
public ArrayList<OrderLines> getDiscountedLines(String orderID){
    ArrayList<OrderLine> dLines = new ArrayList();
    try {
        InitialContext ic = new InitialContext();
        OrderHome oh =
            (OrderHome)ic.lookup("java:comp/env/ejb/local/Order");
        Order order = oh.findByPrimaryKey(orderID);
        ArrayList<OrderLine> lines = order.getLines();
        for (int i = 0; i < lines.size(); i++) {
            OrderLine ol = (OrderLine)lines.get(i);
            if(ol.getDiscount() > 0){
                dLines.add(ol);
            }
        }
    } catch (NamingException nex) {
        ....
    } catch (FinderException fex) {
        ...
    }
    return dLines;
}
```

在上面的实现中，`getLines()`将订单的所有行载入内存，通过每个条目上的条件过滤，选出适当的条目。这种基于内存的过滤方法既消耗CPU也消耗内存。将这一工作交给数据库代理是非常更合适的，因为数据库为处理这样的操作进行过优化。EJB QL让我们有机会设置数据库将要执行的SQL。这样，我们可以采用EJB的`select`查询完成这个工作，如下所示：

```
public interface OrderLineLocalHome extends javax.ejb.EJBLocalHome {
    ...
    public Collection findByDiscountedLines(String id)
        throws javax.ejb.FinderException;
}
```

对应的ejb-jar.xml如下所示：

```
<entity>
    <description/>
    <display-name>OrderLine</display-name>
```

```
    <ejb-name>OrderLine</ejb-name>
    ...
    <query>
        <description>Find discounted line items from order</description>
        <query-method>
            <method-name>findByDiscountedLines</method-name>
            <method-params>
                <method-param>java.lang.String</method-param>
            </method-params>
        </query-method>
        <ejb-ql>
            SELECT OBJECT(l) FROM OrderLine AS l WHERE l.discount > 0 AND
l.orderInfo.id = ?1
        </ejb-ql>
    </query>
    ...
</entity>

public ArrayList<OrderLine> getDiscountedLinesByQuery(String orderID){
    ArrayList<OrderLine> dLines = null;
    try {
        InitialContext ic = new InitialContext();
        OrderLineLocalHome olh = (OrderLineLocalHome) ic.lookup(
                "java:comp/env/ejb/OrderLine");
        Collection<OrderLine> lines = olh.findByDiscountedLines(orderID);

        if(lines==null){
            System.out.println("Lines: " + orderID+" is null!");
        }

        dLines = new ArrayList<OrderLine>(lines);
    }
    catch (NamingException nex) {
        nex.printStackTrace();
    }
    catch(FinderException fex){
        fex.printStackTrace();
    }
    return dLines;
}
```

上面的客户端代码通过调用OrderLine实体的findByDiscountedLines方法在一个SQL语句中获得了打折项目的列表。

图12-5比较了使用驻留内存过滤方式和使用SQL方式选择合适的项目的性能。这个例子中，使用findByPrimaryKey的性能仅有使用EJB QL的22%。

提示

使用合适的EJB QL查询性能比使用驻留内存过滤的性能更好。

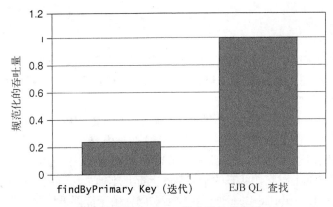

图12-5 使用EJB QL带来的性能提升

10. 只读实体Bean

对实体Bean属性的每次访问，只要不在同一次会话中就会触发一次数据库访问。如果数据库表中实体对应的行不常被改动，或者如果应用程序能够接受过期的数据，那么实体Bean实例状态的同步就既昂贵又多余。大多数的应用服务器，包括GlassFish都可以将实体Bean配置为只读实体。

在CMP中，这种只读实体只会从数据库中读取一次，之后每次需要使用实体Bean时就直接复制缓存的数据。在Bean管理持久化（Bean-Managed Persistence，BMP）中，实体只会读取一次，事务中的每次实体访问使用的都是它的缓存值。然而，在事务之外使用时，每次使用实体Bean都会重新从数据库载入其状态。因此，CMP实体和事务中的BMP实体都能获得只读配置的最大收益。下面的示例展示了如何为一个极少发生变化的实体Bean配置只读属性。

```
<sun-ejb-jar>
  <enterprise-beans>
  ...
  <ejb>
      <ejb-name>BookCatalog</ejb-name>
      <jndi-name>ejb/BookCatalog</jndi-name>
      <is-read-only-bean>true</is-read-only-bean>
      <refresh-period-in-seconds>600</refresh-period-in-seconds>
  </ejb>
  ...
  </enterprise-beans>
</sun-ejb-jar>
```

参数refresh-period-in-seconds代表的是在重新从数据库载入实体Bean实例状态之前需要等待的秒数。前面的例子里BookCatalog Bean被标记为只读实体Bean，在事务中访问其属性不会触发数据库访问，实体Bean的状态在600秒之后会过期并更新。

> **提示**
> 对于值不会发生变化，或者可以忍受过期数据的实体，推荐使用只读实体Bean。

12.5.3 EJB 3.0

前一节我们介绍了EJB 2.1，EJB 3.0的一些优化方法与EJB 2.1是通用的。然而，这两种EJB类型的实现细节各有不同，我们先介绍这部分内容。这之后将介绍EJB 3.0特有的优化方法。

1. EJB 2.1中的最佳实践

虽然EJB 2.1和EJB 3.0在编程模型上存在巨大差异，EJB 2.1中的大多数最佳实践仍然适用于EJB 3.0，但是它们的实现方法迥异。这一节将讨论这部分内容。

使用DAO进行粗粒度访问的最佳实践在EJB 3.0中并不适用，因为EJB 3.0中的实体本质上都是简单Java对象，客户端上对它们状态的访问基本上都是本地方法调用。另一方面，通过会话外观模式使用远程接口对Enterprise Bean进行粗粒度访问，由于能降低网络延迟，依然适用。这一点上EJB 3.0与EJB 2.1保持一致，EJB 2.1中建议无论如何，尽可能使用本地接口而不是远程接口。

> **提示**
>
> EJB 2.1建议无论什么时候尽可能使用本地接口取代远程接口。如果只有远程接口可用，那么建议在共存的模块中使用传引用的方式避免代价高昂的参数复制。

EJB 3.0支持在Enterprise Bean中进行资源注入，从而避免进行JNDI查询。使用资源注入时，将由容器确保每次使用的都是可用的有效引用。

> **提示**
>
> EJB 3.0的容器能高效管理注入资源的生命周期，开发人员不需要额外缓存资源引用。

持久化相关的最佳实践，譬如延迟载入、数据库锁策略等将在12.6节讨论。

2. 业务方法拦截器

拦截器是Enterprise Bean开发者定义的方法，它可以拦截对业务方法的调用。拦截器方法可以用于各种目的，包括数据验证和预处理等。拦截器方法可以在Enterprise Bean类的内部定义，或者直接定义一个单独的类。每个类只能有一个拦截器方法。

默认情况下，当拦截器定义在Bean类内部时，任何提供给客户端调用的Enterprise Bean的方法都会触发拦截器。对于频繁调用的方法，这是一种不必要的开销，特别是，由于拦截器代价高昂，不需要对每个方法进行拦截的情况。

如果拦截方法定义在外部类中，至少有三个层次（Level）可以以将其绑定到Enterprise Bean类。

❑ Default。部署单元中，所有会话Bean的所有会话Bean调用都会触发默认拦截器方法。默认的拦截器只能在部署描述符中指定。

```
<assembly-descriptor>
<!-- Default interceptor-->
<interceptor-binding>
 <ejb-name>*</ejb-name>
```

```
        <interceptor-class>
com.orangerepublic.ejb.session.interceptor.AuthorizationInterceptor
        </interceptor-class>
        <interceptor-class>
com.orangerepublic.ejb.session.interceptor.ValidationInterceptor
        </interceptor-class>
        <interceptor-class>
           com.orangerepublic.ejb.session.interceptor.AuditInterceptor
        </interceptor-class>
        <interceptor-class>
           com.orangerepublic.ejb.session.interceptor.LoggingInterceptor
        </interceptor-class>
    </interceptor-binding>
    ...
</assembly-descriptor>
```

❑ **类层**。类层的拦截器方法在调用它们绑定的会话Bean方法时触发。类层的拦截器可以在
Enterprise Bean类中设定，也可以在部署描述符中指定。

```
@Stateless
@Interceptors({com.orangerepublic.ejb.session.interceptor.
AuthorizationInterceptor.class})
public class ShoppingCart{
    ...
}

<assembly-descriptor>
<!-- Class interceptor-->
    <interceptor-binding>
        <ejb-name>OrderSessionBean</ejb-name>
        <interceptor-class>

com.orangerepublic.ejb.session.interceptor.AuthorizationInterceptor
        </interceptor-class>
        <interceptor-class>

com.orangerepublic.ejb.session.interceptor.ValidationInterceptor
        </interceptor-class>
        <interceptor-class>
           com.orangerepublic.ejb.session.interceptor.AuditInterceptor
        </interceptor-class>
        <interceptor-class>
           com.orangerepublic.ejb.session.interceptor.LoggingInterceptor
        </interceptor-class>
    </interceptor-binding>
    ...
</assembly-descriptor>
```

❑ **方法层**。方法层的拦截器方法在Enterprise Bean的方法中设定，该方法在会话Bean中被调
用时将触发拦截器。

12

```
@Interceptors({com.orangerepublic.ejb.session.interceptor.
AuthorizationInterceptor.class})
      public void getItem(){
            ...
      }

<assembly-descriptor>
   <!-- Method interceptor-->
   <interceptor-binding>
      <ejb-name>OrderSessionBean</ejb-name>
      <interceptor-class>
com.orangerepublic.ejb.session.interceptor.AuthorizationInterceptor
      </interceptor-class>
      <interceptor-class>
com.orangerepublic.ejb.session.interceptor.ValidationInterceptor
      </interceptor-class>
      <interceptor-class>
         com.orangerepublic.ejb.session.interceptor.AuditInterceptor
      </interceptor-class>
      <interceptor-class>
         com.orangerepublic.ejb.session.interceptor.LoggingInterceptor
      </interceptor-class>
      <method>
         <method-name>getItem</method-name>
      </method>
   </interceptor-binding>
   ...
</assembly-descriptor>
```

　　如果类层或方法层的拦截器会引入额外的开销，可以考虑使用默认拦截器。对开销大的拦截器方法，这一点尤其重要。如果拦截器方法中只有一些轻量级的操作（包括用于调用拦截器的Java反射在内），这部分开销带来的影响可以忽略不计。

　　规范中还提供了一些机制将Bean排除在默认拦截器作用范围之外，或者将某些方法排除在Bean的类拦截器作用范围之外。这些例外可以通过声明（Annotation）或者部署描述符实现。

　　为了避免使用默认拦截器，可以在Bean的类或者方法中使用@javax.ejb.ExcludeDefault Interceptors声明。使用@javax.ejb.ExcludeClassInterceptors声明可以避免类拦截器对Bean方法的调用。同样，这种"例外"也可以在部署描述符中进行设定，如下所示：

```
<assembly-descriptor>
   <!-- Method interceptor-->
   <interceptor-binding>
      <ejb-name>OrderSessionBean</ejb-name>
      <exclude-default-interceptors>true</exclude-default-interceptors>
      <exclude-class-interceptors>true</exclude-class-interceptors>
      <method>
         <method-name>getItem</method-name>
      </method>
   </interceptor-binding>
```

```
...
</assembly-descriptor>
```

提示
使用拦截器时,要选择恰当的粒度等级。不恰当地使用类或者默认拦截器会降低应用的性能。

12.6 Java 持久化最佳实践

这一节将讨论使用Java持久化API的一些最佳实践。这一节中讨论的最佳实践大多数都与JPA的实现无关。给出的例子及其实现基于EclipseLink JPA。EclipseLink JPA遵循JPA 1.0规范。这里不会介绍更新版本的规范,譬如JPA 2.0,但是我们鼓励读者研究是否可以通过标准方式实现这一节中介绍的供应商特有功能。我们讨论的基于Java EE的容器环境,但同样的概念也适用于Java SE环境中的EclipseLink。

12.6.1 JPA 查询语言中的查询

JPA 1.0规范定义了下面几类查询:
❑ 命名查询(NamedQuery);
❑ 本地命名查询(NamedNativeQuery);
❑ 动态查询(DynamicQuery);
❑ 本地查询(NativeQuery)。

命名查询定义为实体元数据信息的一部分,是一种静态JPA查询语句。由于这些查询不会发生变化,大多数的JPA实现在部署时就对这些查询进行了预编译。这些查询支持参数绑定。下面是一个例子,展示了根据客户ID查找订单的命名查询。

```
@NamedQuery(name="ordersByCustomer",
        query="SELECT o FROM OROrder o WHERE o.customer.id=:id")

Query q = em.createNamedQuery("ordersByCustomer");
q.setParameter("id", nid);
List<Order> o = q.getResultList();
```

本地命名查询是实体元数据信息的一部分,也是一种静态SQL查询语句。查询支持参数绑定,此外还可以将查询结果映射到实体中。下面是一个例子,它是前面NamedQuery示例的NamedNativeQuery版,使用一个resultClass将查询返回的结果映射到Order实体中。另外,你还可以使用resultSetMapping,它是一个字符串,包含了从数据库字段到实体属性的映射。

```
@NamedNativeQuery(name="ordersByCustomerNative",
   query="SELECT t1.ID, t1.DESCRIPTION, t1.TOTAL, t1.STATUS,"+
   "t1.CUSTOMER_ID FROM CUSTOMER t0, ORORDER t1 " +
   "WHERE ((t0.ID = t1.CUSTOMER_ID) AND (t0.ID = ?))",
   resultClass=Order.class)

Query q = em.createNamedQuery("ordersByCustomerNative");
q.setParameter(1, nid);
List<Order> o = q.getResultList();
```

动态查询是运行时创建的JPA查询语句。这些查询将在运行时编译。但是，有些实现，譬如EclipseLink会在缓存中保持一份编译过的查询，这样做的好处是如果查询已经参数化，之后对同样的查询进行调用就不需要再次进行编译了。前面介绍的查询通过客户ID实现了参数化。

然而，如果动态查询没有实现参数化，譬如我们下面的代码片段，每次调用时，实现仍然需要编译JPA QL查询。

```
Query q = em.createQuery(
            "SELECT o FROM OROrder o WHERE o.customer.id="+id);
List<Order> o = q.getResultList();
```

由于每次查询的字符串都是唯一的，对该查询的每次调用都需要JPA的实现对其进行重新编译。

由于本地SQL查询可能无法移植，应该尽量避免使用，只有在JPA QL无法满足要求的特殊情况下才使用。下面是一个例子，说明了如何使用本地SQL查询以及resultClass将返回的查询结果映射到订单实体中。

```
public class Order {
    ...
    public static final String nativeQuery = "SELECT t1.ID, "+
        "t1.DESCRIPTION, t1.TOTAL, t1.STATUS, t1.CUSTOMER_ID"+
        "FROM CUSTOMER t0, ORORDER t1 " +
        "WHERE ((t0.ID = t1.CUSTOMER_ID) AND (t0.ID = ?))";
    ...

    }

    Query q = em.createNativeQuery(Order.nativeQuery,
                com.orangerepublic.entity.Order.class);
    q.setParameter(1, nid);
    List<Order> o = q.getResultList();
    ...
}
```

图12-6比较了命名查询、本地命名查询、动态参数化查询以及动态非参数化查询的性能。从图中可以看到，无论何时，使用命名查询或者动态参数化查询都有显著的性能优势，因为JPA组件（Provider）可以在运行时跳过编译阶段，直接使用缓存中预编译的查询。

　　JPA规范也通过javax.persistence.Query接口支持分页。有了分页机制,应用程序可以控制一次从数据库中读取多少数据,如果需要从数据库中读取大量数据集,采用这一技术能显著地改善程序性能。

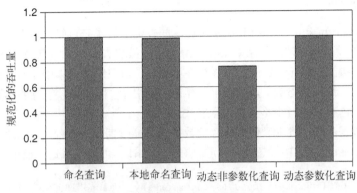

图12-6　各种查询类型的性能比较

　　通过下面的查询接口可以完成这一任务:

```
// 设置结果集的最大记录条数
public Query setMaxResults(int maxResult);

// 设置从哪条记录开始查询结果集
public Query setFirstResult(int startPosition);
```

12.6.2　查询结果缓存

　　大多数的JPA实现都支持对命名查询结果的缓存。如果使用同样的参数执行命名查询,并且启用了查询结果缓存,持久化组件将直接返回查询结果缓存中的对象,不再进行数据库的访问。如果没有开启查询结果缓存,EclipseLink仍然会执行数据库查询,检查结果集中的对象是否已经在它的对象缓存中存在,如果存在就不再创建对象,直接返回缓存中的对象。

　　EclipseLink中查询结果缓存可以通过对象关系映射文件orm.xml设定。下面是在orm.xml文件中为订单实体配置查询结果缓存的一个例子。

```
<?xml version="1.0" encoding="UTF-8"?>
<entity-mappings xsi:schemaLocation="http://www.eclipse.org/eclipselink/
xsds/persistence/orm xsd/eclipselink_orm_1_0.xsd" xmlns="http://www.
eclipse.org/eclipselink/xsds/persistence/orm" xmlns:xsi="http://www.
w3.org/2001/XMLSchema-instance" version="1.0">

  <named-query name="findByStatus">
    <query>SELECT o FROM OROrder o WHERE o.status=:status</query>
    <hint name="eclipselink.query-results-cache" value="true"/>
```

12

```
        <hint name="eclipselink.query-results-cache.size" value="200"/>
    </named-query>

    <entity name="OROrder" class="com.orangerepublic.entity.Order"/>
</entity-mappings>
```

前面的例子中，orm.xml为名为findByStatus的查询配置了查询结果缓存，它为每个不同的参数保存最新的200条记录；默认的结果集容量为100条。虽然查询结果缓存是会话缓存的一部分，但是它与我们之前提到的EclipseLink对象缓存并不一样，对象缓存的索引是对象的主键，而查询结果缓存的索引是查询及其参数。查询结果缓存使用强引用，因此像软缓存弱标识映射对象缓存一样，JVM的可用内存减少时也不会被垃圾收集。

虽然缓存可以提高程序性能，但是缓存的数据有可能过期无效。EclipseLink提供了一种消除无效缓存的机制，在orm.xml中设置query元素的子元素hint可以完成这一设置：

```
<hint name="eclipselink.query-results-cache.expiry" value="1800000"/>
```

这一配置后缓存每隔30分钟就会过期，强制进行数据库查询。默认情况下，查询的结果不会直接更新EclipseLink的共享会话缓存；如果需要改变这一行为可以通过下面的hint进行配置：

```
<hint name="eclipselink.query-results-cache.refreshOnlyIfNewer " value="true"/>
```

这一设置将强制所有数据库的查询更新缓存的内容，根据乐观锁的字段，只要从数据库查询获取的数据比缓存中的数据新就会进行更新。

> **提示**
> 使用命名查询是个很好的性能实践方法。通过分页可以限制每次从数据库取得的实体数目。应该为命名查询设置查询结果缓存。

12.6.3 FetchType

FetchType设定了持久化组件从数据库中抓取数据的策略。FetchType用于@Basic声明、@LOB声明以及关系声明，譬如@OneToMany、@ManyToMany、@ManyToOne和@OneToOne。除了@ManyToMany和@OneToMany的情况（默认值为LAZY），FetchType的默认值为EAGER。FetchType为EAGER意味着持久化组件抓取实体实例时，不管它们的关系是basic还是entity，都会载入实体的所有属性，而当FetchType为LAZY时，对于组件而言，意味着抓取实体时，它的属性不需要一同载入。

对于持久化组件，FetchType置为EAGER是一项强制要求，而LAZY类型的FetchType仅仅只是一个提示。因此，即使你设定实体属性的FetchType为LAZY，持久化组件也可能选择预先载入属性。以EclipseLink为例，在Java EE环境中，设定FetchType为LAZY，实体属性将提前载入，因为字节码增加（Bytecode Enhancement）在部署的JPA实体中已经完成了。然而，如果在Java SE环

境中，默认情况下，LAZY的FetchType在下述的声明类型中会被忽略：@OneToOne、@ManyToOne
和@Basic。

　　LAZY类型的FetchType对于一对多或多对多关系的实体是有利的，这些实体的关系基数
（Cardinality）比较高，实体载入时，不会立即访问属性。图12-7展示了按1：M关系载入Order实
体和OrderLine实体的性能比较。关系的平均基数大约是50。

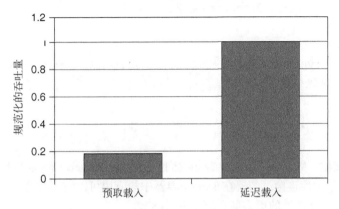

图12-7　预取载入与延迟载入类型的性能比较

　　Order实体和OrderLine实体之间的预取载入关系标记如下：

```
@OneToMany(cascade=CascadeType.ALL, mappedBy="order",
fetch=FetchType.EAGER)
    private Collection<OrderLine> lines;
```

　　如果使用延迟取，Order实体与OrderLine实体之间的关系标记如下：

```
@OneToMany(cascade=CascadeType.ALL, mappedBy="order",
fetch=FetchType.LAZY)
        private Collection<OrderLine> lines;
```

　　实体关系上的单个fetchType可能无法适用于应用程序中所有用例。虽然大多数情况下使用
延迟载入能解决问题，但在有些场合下，使用预取载入可能更好。最好是通过注解或者部署描述
符在关系上将fetchType设定为LAZY，这样默认就使用延迟载入，对于需要预取载入的用例，可
以使用JPA联合预取查询实现预取载入。

```
@NamedQuery(name="selectByStatus",
      query="SELECT DISTINCT o FROM Order o LEFT JOIN FETCH o.lines
WHERE o.status = :status")
@Entity
@Table(name = "`ORORDERS")
public class Order implements Serializable {
    ...
```

12

```
    @OneToMany(cascade=CascadeType.ALL, mappedBy="order")
    private Collection<OrderLine> lines;
    ...
}
```

上例中，命名查询执行时取回相关的OrderLine对象、Order对象及其状态。LEFT关键字设定，即使Order不含任何相关的OrderLine对象，也返回。

提示

根据关系选择fetchType。当实体需要同时载入时使用预取载入。如果相关的实体不需要一起载入时，可以使用延迟载入。

12.6.4　连接池

有了JDBC连接池，数据库客户端（譬如我们例子中的EclipseLink）能直接复用现有的连接，而不必再创建新的数据库连接。部署在Java EE容器中的应用可以使用容器提供的JDBC连接池。关于监控和调整JDBC连接池的更多信息请参考9.3.8节。

在Java SE环境中，可以通过EclipseLink特有的JPA扩展，在persistence.xml中配置EclipseLink的连接池。Java EE环境中，EclipseLink可以通过预定义的DataSource使用应用服务器提供的连接池。下面是一个例子，介绍如何在Java EE环境中通过persistence.xml为EclipseLink设置DataSource。

```
<?xml version="1.0" encoding="UTF-8"?>
<persistence xmlns="http://java.sun.com/xml/ns/persistence"
xmlns:xsi="http://www.w3.org/2001/XMLSchema-instance" >
    <persistence-unit name="ejb30">
        <provider>org.eclipse.persistence.jpa.PersistenceProvider </provider>
        <jta-data-source>jdbc/ejb30</jta-data-source>
    </persistence-unit>
</persistence>
```

这个例子里，ejb30的持久化单位使用EclipseLink组件进行了配置，JTA启用了DataSource及名为jdbc/ejb30的JNDI。DataSource使用了JDBC连接池，池的最大容量应该与需要服务的请求线程数保持一致。如果应用程序完全基于Web，那么该值应该设置为HTTP请求处理的线程数。如果应用程序使用ORB，通过直接客户端连接访问应用程序，譬如直接通过客户端连接访问会话Bean，会话Bean访问了数据库，那么最大连接池的容量同时也应该包含ORB的线程数。

将这个值设置成小于请求处理的线程数，可能造成JPA实现阻塞对可用数据库连接的访问，降低应用程序整体的吞吐量。为了说明连接池容量的影响，我们将图12-8中的命名查询分别采用连接池容量为4和连接池容量为12进行比较。GlassFish应用服务器的HTTP请求处理线程数设置为12。

如图12-8所示，连接池容量为4的吞吐量仅有连接池容量为12的76%。这是由于当连接池的容量为4时，请求处理的线程需要等待从连接池中获取连接。

> **提示**
> 连接池容量值至少应该等于处理请求的线程数。

可以参考9.3节了解在GlassFish中监控JDBC连接池的详细信息。

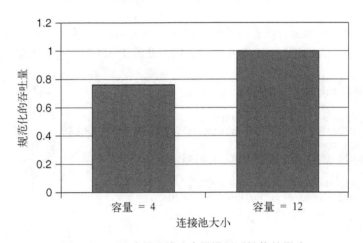

图12-8　不正确的连接池容量设置对性能的影响

用于访问数据库的JDBC驱动一般都由数据库厂商提供。大多数情况下，每个驱动都有能提供最优性能的调优参数集。例如，使用Oracle的JDBC驱动时，最好开启语句缓存，如下所示：

```
ImplicitCachingEnabled=true
MaxStatements=200
```

> **提示**
> 应用JDBC驱动对应的调优来获取最佳性能。

12.6.5　批量更新

JPA QL可以对单个实体类以及它的子类的实体进行批量更新或删除。批量更新或删除时，只能指定一个抽象模式。使用JPA QL查询执行批量更新能够减少数据库中执行的SQL语句数。下面是一个例子，通过批量更新取消某个用户的所有订单。

```
} public cancelOrder(String customerID){
   Query q = em.createQuery("'ordersByCustomer");
```

```
    q.setParameter("`customerID", customerID);
    Collection<Order> orders = q.getResultList();

    for(Order o:orders){
        o.setStatus(Order.OrderStatus.CANCELLED);
        em.merge(o);
    }
}
```

采用上面的实现，查询运行所返回的结果集中的每一笔订单都会生成一条SQL语句。或者，我们可以使用JPA QL查询，通过一条SQL查询语句，更新订单状态，完成同样的功能。

```
@Entity(name="OROrder")
@NamedQueries(
    @NamedQuery(name="bulkUpdateStatus",
        query="UPDATE order c SET c.status = 'cancelled' WHERE
c.customer.id=:customerID"))
public class Order implements Serializable{
    ...
    public cancelOrder(String customerID){
    Query q = em.createQuery("bulkUpdateStatus");
    q.setParameter("customerID", customerID);
    q.executeUpdate();
}
```

图12-9以平均订单为10的客户为样本，分别采用递归更新和批量更新，比较二者的性能。结果表明，递归更新方式的吞吐量仅有JPA QL批量更新方式的20%。非常重要的一点是，持久化环境与批量更新或删除的结果并不同步，因此批量更新可能导致数据库与持久化环境不一致。常用的安全方式是，在不同的事务中进行批量更新或删除，或者在事务开始时，在可能受此操作影响的实体被访问之前进行操作。

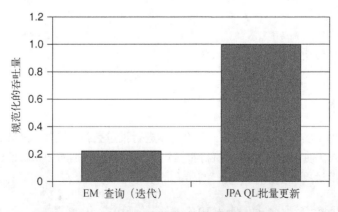

图12-9　使用批量更新带来的性能提升

12.6.6 选择正确的数据库锁策略

12.5.2节提到过，为了维护应用程序中数据的一致性，同时又不牺牲程序的性能，使用乐观锁是很好的策略，但是如果数据会被频繁修改，由于事务回滚的代价，应用程序有可能无法获得最好的性能。这种情况下，悲观锁可能提供更好的性能。Java持久化中，乐观锁通过版本一致性实现。使用这种策略的实体需要有数字版本属性，在数据库表中要有对应的版本列。下面的例子介绍了如何使用乐观锁。

```
public class Order implements Serializable {
    ...
    @Version(column="version")
    private Long version;

    public Long getVersion() {
        return version;
    }
}
```

12.6.7 不带事务的读取

Java持久化规范允许不使用事务执行只读的实体管理操作。非事务性的读操作没有开始和停止事务的开销，当实体状态不发生修改时，推荐使用这种操作。

```
@TransactionAttribute(TransactionAttributeType.SUPPORTS)
public Order getOrder(String id) {
    return em.find(Order.class, id));
}
```

前面的例子中，如果客户端代码没有在事务中调用getOrder()方法，em.find()查找对应的订单实例时就不会使用事务。

12.6.8 继承

Java持久化规范允许从另一个实体或非实体继承。Java持久化规范1.0中提供了3种将继承关系映射到数据库表的策略。

- ❑ SINGLE_TABLE。使用一张表记录所有的类，通过差异列区分实例类型之间的不同。
- ❑ JOINED。基类使用一张表，每个子类使用一张表，子类的表中包含了子类专有的属性。
- ❑ TABLE_PER_CLASS。每个实体类使用一张表。这是一种可选的策略，并不强制要求持久化组件实现。

JOINED表策略需要在一张或多张表上使用SQL的联合（join）操作，看上去性能较差。然

12

而，JOINED继承策略并不一定会导致性能下降。典型情况下，SQL联合语句的表扫描或索引扫描性能会比单表查询性能更差。随着联合基数的增大，性能随之降低。然而，使用JOINED策略继承时，关系的基数总是1，大多数数据库默认使用主键查询记录，通过主键在各个表的索引中查找单一记录不会有显著的性能差异。

12.7　参考资料

Enterprise JavaBean 3.0规范：http://jcp.org/aboutJava/communityprocess/final/jsr220/index.html.

Enterprise JavaBeans 2.1规范：http://jcp.org/en/jsr/detail?id=153.

Biswas，Rahul和Ed Ort. "The Java Persistence API—A Simpler Programming Model for Entity Persistence." http://www.oracle.com/technetwork/articles/javaee/jpa-137156.html.

Java Persistence 2.0：http://jcp.org/aboutJava/communityprocess/final/jsr317/index.html.

EclipseLink：http://www.eclipse.org/eclipselink/："Oracle Database Concepts: Data Concurrency and Consistency." http://download.oracle.com/docs/cd/B28359_01/server.111/b28318/consist.htm.

重要的HotSpot VM选项

本附录包含了重要的Java HotSpot VM（以下简称HotSpot VM）性能选项，以及本书中提到的所有选项，描述了每个选项的含义以及最适用的场合。

形如-XX:<+|->FeatureName的HotSpot VM选项，表示开启或关闭某项特性或属性，+代表开启，-代表关闭。

形如-XX:FeatureName=<n>的选项表示需要带有数字，n即数字。一些控制属性大小值的数字后面还可以接后缀k、m、g，表示KB、MB或GB。其他带数字的选项则表示比率或百分比。

-client

指示HotSpot VM把应用当成客户端类程序进行优化。目前来说，该选项使HotSpot VM将运行时环境设置为client JVM。该选项应该在应用启动时使用，对这类应用程序而言，内存占用是最重要的性能标准，远比高吞吐量重要。

-server

指示HotSpot VM把应用当成服务器类程序进行优化。目前来说，该选项使HotSpot VM将运行时环境设置为server JVM。该选项适用于高吞吐量比启动时间和内存占用更重要的应用程序。

-d64

加载64位HotSpot VM而不是默认的32位HotSpot VM。

需要比32位HotSpot VM更大的Java堆时可以使用该选项。-Xmx和-Xms小于32GB时，该选项要与-XX:+UseCompressedOops联合使用。Java 6 Update 23 之后的HotSpot默认开启-XX:+UseCompressedOops。

参见-XX:+UseCompressedOops。

-XX:+UseCompressedOops

开启压缩指针特性。oops（Ordinary Object Pointer）是指普通对象指针，HotSpot VM内部以它来引用Java对象。

Java引用的长度从32位增加到了64位，这给64位JVM带来了性能损失。长度的增加使得缓存行中可容纳的oops变少了，CPU高速缓存的效率也因此降低。64位JVM上CPU高速缓存效率的降低常常导致64位JVM的性能比32位JVM降低8%~20%。

开启-XX:+UseCompressedOops,使得64位JVM不但有更大的堆,而且还有32位JVM的性能。有些Java应用在64位HotSpot VM上开启压缩指针后,性能比32位HotSpot VM更好。压缩指针之所以能改善性能,是因为它可以将64位指针转换为相对于Java堆基地址的32位偏移。

如果Java堆超过了32位HotSpot VM的限制,但又不想牺牲32位VM性能,可以使用该选项。如果Java堆上限不超过32GB(-Xmx32g)时,应该使用该选项,不过上限大约为26GB(-Xmx26g)时的性能最好。

参见:-d64。

-Xms<n>[g|m|k]

Java堆的初始和最小尺寸是新生代和老年代的总和。<n>是尺寸大小,[g|m|k]表示尺寸的单位GB、MB或KB。Java堆永远不会小于-Xms设定的值。

如果-Xms小于-Xmx,Java堆的大小会依据应用的需要而扩展或缩减。Java堆的扩展或缩减需要Full GC,所以注重延迟或吞吐量性能的应用程序通常应把-Xms和-Xmx设置成相同的值。

-Xmx<n>[g|m|k]

Java堆的最大尺寸是新生代和老年代的总和。<n>是尺寸大小,[g|m|k]表示尺寸的单位是GB、MB或KB。Java堆永远不会超过-Xmx设定的值。

如果-Xmx大于-Xms,Java堆的大小会依据应用的需要而扩展或缩减。Java堆的扩展或缩减需要Full GC,所以注重延迟或吞吐量性能的应用程序通常应把-Xmx和-Xms设置成相同的值。

-XX:NewSize=<n>[g|m|k]

新生代的初始和最小尺寸。<n>是尺寸大小,[g|m|k]表示尺寸的单位是GB、MB或KB。新生代永远不会小于这个值。

如果-XX:NewSize小于-XX:MaxNewSize,新生代的大小会依据应用的需要而扩展或缩减。新生代的扩展或缩减需要Full GC,所以注重延迟或吞吐量性能的应用程序通常把-XX:NewSize和-XX:MaxNewSize设置成相同的值。

-XX:MaxNewSize=<n>[g|m|k]

新生代的最大尺寸。<n>是尺寸大小,[g|m|k]表示尺寸的单位是GB、MB或KB。新生代永远不会超过这个值。

如果-XX:MaxNewSize大于-XX:NewSize,新生代的大小会依据应用的需要而扩展或缩减。新生代的扩展或缩减需要Full GC,所以注重延迟或吞吐量性能的应用程序通常把-XX:MaxNewSize和-XX:NewSize设置成相同的值。

-Xmn<n>[g|m|k]

同时设置新生代的初始、最小和最大尺寸。<n>是尺寸大小,[g|m|k]表示尺寸的单位是GB、MB或KB。新生代的尺寸设定为这个值。

如果期望将-XX:NewSize和-XX:MaxNewSize设置成相同值,这是一个便利的命令行选项。

-XX:NewRatio=<n>

新生代和老年代的尺寸比。例如，n为3，则比率为1∶3，即新生代占新生代与老年代大小总和的1/4。如果Java堆扩展或缩减，HotSpot VM将依据此比率调整新生代和老年代的大小。

如果-Xms和-Xmx不同，并且希望新生代和老年代的大小维持特定比率时，这是个便利的命令行选项。

-XX:PermSize=<n>[g|m|k]

永久代的初始和最小尺寸。<n>是尺寸大小，[g|m|k]表示尺寸的单位是GB、MB或KB。永久代永远不会小于这个值。

如果-XX:PermSize小于-XX:MaxPermSize,永久代的尺寸会随着应用的需要而扩展或缩减，特别是需要加载类或存储intern String的情况。永久代的扩展或缩减需要Full GC，所以注重延迟或吞吐量性能的应用程序通常应把-XX:PermSize和-XX:MaxPermSize设置成相同的值。

-XX:MaxPermSize=<n>[g|m|k]

永久代的最大尺寸。<n>是尺寸大小，[g|m|k]表示尺寸的单位是GB、MB或KB。永久代永远不会超过这个值。

如果-XX:MaxPermSize大于-XX:PermSize,永久代的尺寸会随着应用的需要而扩展或缩减，特别是在需要加载类或存储intern String时。永久代的扩展或缩减需要Full GC，所以注重延迟或吞吐量性能的应用程序通常应把-XX:MaxPermSize和-XX:PermSize设置成相同的值。

-XX:SurvivorRatio=<n>

单块Survivor区与Eden区的大小比率，<n>是比率。依据-XX:SurvivorRatio=<n>指定的比率，可用以下等式计算Survivor区的大小：

```
survivor size = -Xmn<n>/(-XX:SurvivorRatio=<n> + 2)
```

-Xmn<n>是新生代的尺寸，而-XX:SurvivorRatio=<n>是比率值。等式中的+2是因为有两块Survivor区，指定的比率越大，Survivor区的尺寸越小。

在使用CMS收集器或Throughput收集器，并且自适应尺寸调整关闭（-XX:-UseAdaptive-SizePolicy）时，如果你想显式调整Survivor区从而控制对象的老化，那就应该使用-XX:SurvivorRatio=<n>。

在使用Throughput收集器，并且自适应尺寸调整开启时，不要使用-XX:Survivor-Ratio=<n>。通过-XX:+UseParallelGC或-XX:+UseParallelOldGC选择的Throughput收集器[1]，默认开启自适应尺寸调整。如果想为Throughput收集器的自适应尺寸调整设定初始Survivor比率，则可使用选项-XX:InitialSurvivorRatio=<n>。

---

① 即Parallel Scavenge收集器。——译者注

-XX:InitialSurvivorRatio=<n>

Survivor区初始比率应与Throughput收集器配合使用，<n>是比率。它只是初始时候的Survivor区比率。这个选项通常是在Throughput收集器开启自适应尺寸调整时使用。自适应调整Survivor区大小使得应用可以正常运行 。

对于给定的-XX:InitialSurvivorRatio=<n>比率，以下等式可以计算Survivor区的初始尺寸：

initial survivor size = -Xmn<n>/(-XX:InitialSurvivorRatio=<n> + 2)

-Xmn<n>是新生代的大小，-XX:InitialSurvivorRatio=<n>是比率。等式中的+2是因为有两块Survivor区。初始比率越大，Survivor区的初始尺寸就越小。

在使用Throughput收集器，并且开启自适应尺寸调整时，如果你想指定Survivor区的初始大小，应该使用-XX:InitialSurvivorRatio=<n>。通过 -XX:+UseParallelGC或 -XX:+UseParalle-lOldGC为Throughput收集器[1]默认开启自适应尺寸调整。

在自适应尺寸调整关闭，或使用的是CMS垃圾收集器时，如果你想显式调整Survivor区，从而控制整个应用执行过程中的对象老化，应该使用-XX:SurvivorRatio=<n>。

-XX:TargetSurvivorRatio=<percent>

在HotSpot VM Minor GC之后，Survivor区被占用的最大值。值是Surivor区被占用的百分数，而不是比率，默认为50% 。

这个选项很少需要调优。HotSpot VM工程团队针对大量各种不同类型应用程序的负载做过测试，发现大多数应用程序在设置Survivor区占用上限为50%时，运行得最好，因为对于许多类型的Java应用来说，这个百分比有助于应对Minor GC中出现的存活对象数突然上升的情况 。

如果应用经过细致的调优，对象分配速率相对稳定，提高Survivor区占用上限也是可以接受的，比如-XX:TargetSurvivorRatio=80或-XX:TargetSurvivorRatio=90。这样做的好处是，有助于提高Survivor区的使用率 。-XX:TargetSurvivorRatio<percent>设置过高的风险在于，当出现对象分配速率突升时，HotSpot VM不能很好地适应对象老化 ，而这很快就会导致你所不期望看到的对象晋升。对象晋升太快，老年代的占用量就会增加，但因为某些晋升对象的存活期并不长，必定会在将来的并发垃圾收集周期中被回收，所以这更容易导致空间碎片化。应该避免碎片化，因为它使得HotSpot VM离Full GC又近了一步。

-XX:+UseSerialGC

开启单线程、Stop-The-World的新生代和老年代垃圾收集器[2]。它是HotSpot VM中最古老而成熟的垃圾收集器。

一般来说，只在Java堆比较小（如-Xmx256m或更小）时才使用-XX:+UseSerialGC。堆比较大时，可优先使用Throughput收集器或者CMS垃圾收集器，而不是-XX:+UseSerialGC。

---

① 即Parallel Scavenge收集器。——译者注
② 新生代是Serial收集器，老年代是Serial Old收集器。——译者注

-XX:+UseParallelGC

开启HotSpot VM的多线程、Stop-The-World的Throughput收集器。不过只是新生代使用多线程垃圾收集器[1]，而老年代还是使用单线程、Stop-The-World垃圾收集器[2]。

如果所用的HotSpot VM版本支持-XX:+UseParallelOldGC，可优先使用-XX:+UseParalle-lOldGC，而不是-XX:+UseParallelGC。

参见-XX:ParallelGCThreads。

-XX:+UseParallelOldGC

开启HotSpot VM的多线程、Stop-The-World的Throughput收集器。与-XX:+UseParallelGC不同，新生代和老年代用的都是多线程垃圾收集器[3]。

设定-XX:+UseParallelOldGC时会自动开启-XX:+UseParallelGC。

如果所用的HotSpot VM版本不支持-XX:+UseParallelOldGC，可以迁移到最新的HotSpot VM或者使用-XX:+UseParallelGC。

参见-XX:ParallelGCThreads。

-XX:-UseAdaptiveSizePolicy

关闭(注意-XX:和UseAdaptiveSizePolicy之间的"-")自适应调整新生代Eden区和Survivor区尺寸的特性。只有Throughput收集器支持自适应尺寸调整。开启或关闭自适应尺寸调整在CMS收集器或Serial收集器时不起作用。

用-XX:+UseParallelGC和-XX:+UseParallelOldGC设定Throughput收集器时，会自动开启自适应尺寸调整。

应该只有在自适应尺寸调整所能提供的性能吞吐量不能满足要求的情况下，才关闭自适应尺寸调整。

参见-XX:+PrintAdaptiveSizePolicy。

-XX:+UseConcMarkSweepGC

开启HotSpot VM的CMS收集器 。它会自动开启-XX:+UseParNewGC，新生代使用多线程垃圾收集器，老年代使用CMS收集器[4]。

当Throughput收集器无法满足应用的延迟需求时，可使用CMS收集器。使用CMS收集器时，通常需要对新生代大小、Survivor区大小和CMS垃圾收集周期的初始阶段进行细致调优。

-XX:+UseParNewGC

开启多线程、Stop-The-World的新生代垃圾收集器，需要配合以并发为主的老年代垃圾收集

---

[1] 即Parallel Scavenge收集器。——译者注
[2] 即Serial Old收集器。——译者注
[3] 新生代是Parallel Scavenge收集器，老年代是Parallel Old收集器。——译者注
[4] 新生代是ParaNew收集器，老年代是CMS收集器，如果老年代发生并发模式错，则为Serial Old收集器。——译者注

器CMS[①]。

设定-XX:+UseConcMarkSweepGC时，会自动开启-XX:+UseParNewGC。

参见-XX:ParallelGCThreads。

-XX:ParallelGCThreads=<n>

控制多线程垃圾收集器垃圾收集线程的并行数，<n>是运行的线程数。

从Java 6 Update 23开始，如果Java API Runtime.availableProcessors()小于等于8，则<n>默认为这个值，否则默认为8 + (Runtime.availableProcessors() - 8) * 5/8。

如果同一个系统上运行了多个应用，建议用-XX:ParallelGCThreads显式设置垃圾收集线程的并行数，该数应该小于HotSpot VM的默认值。运行在一个系统上的垃圾收集线程，总数不应该超过Runtime.availableProcessors()。

-XX:MaxTenuringThreshold=<n>

设置最大晋升阈值为<n>。

HotSpot VM将这个值用作对象的最大年龄，它会将达到这个阈值的对象从新生代提升到老年代。

使用CMS收集器时，为了使对象老化的算法更有效，可使用-XX:MaxTenuring- Threshold细调Survivor区。

参见-XX:+PrintTenuringDistribution。

-XX:CMSInitiatingOccupancyFraction=<percent>

老年代占用达到该百分比时，就会引发CMS的第一次垃圾收集周期。后续CMS垃圾收集周期的开始点则由HotSpot自动优化计算得到的占用量而决定。

如果还设定了-XX:+UseCMSInitiatingOccupancyOnly，则每次老年代占用达到该百分比时，就会开始CMS的垃圾收集周期。

一般来说，建议同时使用-XX:CMSInitiatingOccupancyFraction=<percent>和-XX:+ UseCMSInitiatingOccupancyOnly。

-XX:+UseCMSInitiatingOccupancyOnly

表示只有在老年代占用达到-XX:CMSInitiatingOccupancyFraction设定的值时，才会引发CMS的并发垃圾收集周期。

一般来说，建议同时使用-XX:CMSInitiatingOccupancyFraction=<percent>和-XX:+ UseCMSInitiatingOccupancyOnly。

参见 -XX:CMSInitiatingPermOccupancyFraction 和 -XX:CMSInitiatingOccupancy- Fraction=<percent>。

---

① 新生代是Par New收集器，老年代是Serial Old收集器。——译者注

-XX:CMSInitiatingPermOccupancyFraction=<percent>

永久代占用达到该百分比时,就会引发CMS的第一次垃圾收集周期。后续CMS垃圾收集周期的开始点则由HotSpot自动优化计算得到的占用量而决定。

如果还设定了-XX:+UseCMSInitiatingOccupancyOnly,则每次永久代占用达到设定的百分比时,就会开始CMS的垃圾收集周期。

一般来说,建议同时使用-XX:CMSInitiatingPermOccupancyFraction=<percent>和-XX:+UseCMSInitiatingOccupancyOnly。

参见-XX:+UseCMSInitiatingOccupancyOnly。

-XX:+CMSClassUnloadingEnabled

开启永久代的并发垃圾收集。

希望永久代使用CMS进行垃圾收集时,应该开启-XX:+CMSClassUnloadingEnabled。如果使用Java 6 Update 3或更早的版本,还需要开启-XX:+CMSPermGenSweepingEnabled。

-XX:+CMSPermGenSweepingEnabled

开启永久代的CMS垃圾清除。

只用在Java 6 Update 3或更早的JDK上,并且需要开启-XX:+CMSClassLoadingEnabled。

-XX:+CMSScavengeBeforeRemark

指示HotSpot VM在执行CMS重新标记之前,进行Minor GC。

在CMS重新标记之前进行Minor GC,可以缩小扫描老年代到新生代可达对象的查找范围,从而尽量减少重新标记阶段的工作。

如果想减少完成CMS周期的持续时间,特别是CMS重新标记阶段所花费的时间时,可以使用该选项。 参见-XX:+UseConcMarkSweepGC。

-XX:+ScavengeBeforeFullGC

开启-XX:+UseParallelGC或-XX:+UseParallelOldGC的情况下,指示HotSpot VM在执行Full GC之前,进行Minor GC。

这是HotSpot VM的默认设置。

开启-XX:+ScavengeBeforeFullGC,HotSpot VM在Full GC前会先做一次Minor GC,分担一部分Full GC原本要做的工作,在这两次独立的GC之间,Java线程有机会得以运行,从而缩短最大停顿时间,但也会拉长整体的停顿时间。

-XX:+ParallelRefProcEnabled

开启多线程引用处理。

这个选项可以缩短HotSpot VM处理Reference对象和finalizer所花费的时间。

-XX:+ExplicitGCInvokesConcurrent

请求HotSpot VM显式地并发执行GC,也就是System.gc()调用,使用CMS而不是Stop-The-

World式GC。

希望避免显式的Stop-The-World式Full GC时，可以使用该选项。

一般来说，建议使用-XX:+ExplicitGCInvokesConcurrentAndUnloadsClasses而不是 -XX:+ExplicitGCInvokesConcurrent。

参见-XX:+ExplicitGCInvokesConcurrentAndUnloadsClasses。

-XX:+ExplicitGCInvokesConcurrentAndUnloadsClasses

除了是从永久代卸载类以外，其他与-XX:+ExplicitGCInvokesConcurrent相同。

一般来说，建议使用-XX:+ExplicitGCInvokesConcurrentAndUnloadsClasses而不是 -XX:+ExplicitGCInvokesConcurrent。

-XX:+DisableExplicitGC

禁止因显式调用System.gc()而引起的Full GC。

应用中调用System.gc()显式请求Full GC，却没有明确或合理的理由时，可以使用该选项。

参见-XX:+ExplicitGCInvokesConcurrentAndUnloadsClasses和-XX:+ExplicitGCIn-vokesConcurrent。

-XX:+CMSIncrementalMode

开启增量式CMS收集器，即CMS的并发阶段为增量方式，定期暂停并发，将处理器让步给 应用线程。

一般不建议在多核系统或者Java堆比较大时使用。

-XX:+CMSIncrementalPacing

允许增量式CMS收集器在放弃处理器前，依据应用程序的行为，自动控制工作量。

只能与-XX:+CMSIncrementalMode一起使用。

-verbose:gc

报告每次垃圾收集时的基本GC信息。

建议使用-XX:+PrintGCDetails而不是-verbose:gc。

-XX:+PrintGC

报告每次垃圾收集时的基本GC信息。

报告的信息与-verbose:gc相同。

建议使用-XX:+PrintGCDetails而不是-XX:+PrintGC。

-Xloggc:<filename>

将垃圾收集的统计信息打印到文件中，文件名为<filename>。

推荐的做法是，至少结合-XX:+PrintGCTimeStamps（或-XX:+PrintGCDateStamps）和 -XX:+PrintGCDetails将输出捕获到日志文件中。

-XX:+PrintGCDetails

开启新生代、老年代和永久代垃圾收集统计信息的详细报告。

推荐使用-XX:+PrintGCDetails而不是-verbose:gc，并用-Xloggc:<filename>将数据捕获到日志文件中。

-XX:+PrintGCTimeStamps

在每次垃圾收集时打印时间戳，指示自JVM启动以来的流逝时间。

推荐结合使用-XX:+PrintGCTimeStamps（或-XX:+PrintGCDateStamps）和-XX:+Print-GCDetails，可以输出垃圾收集发生时的时间信息。

-XX:+PrintGCDateStamps

在每次垃圾收集时打印本地日期和时间戳，指示当时的日期和时间。

如果想看到垃圾收集所花费时间而不是自JVM启动以来的时间戳，应该用-XX:+Print-GCDateStamps而不是-XX:+PrintGCTimeStamps。

推荐结合使用-XX:+PrintGCTimeStamps（或-XX:+PrintGCDateStamps）和-XX:+Print-GCDetails，可以输出垃圾收集发生时的时间信息。

-XX:+PrintTenuringDistribution

报告与对象晋升相关的统计数据，包括Survivor区的占用量以免过早将对象从Survivor提升到老年代，HotSpot VM计算的晋升阈值、当前最大的晋升阈值以及显式当前Survivor中对象年龄的直方图。

为了控制对象老化而调优新生代Survivor区时，或者用CMS或Serial收集器晋升对象到老年代时，可以用这个选项获取晋升信息和对象年龄信息。

建议在强调低延迟和需要持续细调对象老化的应用中使用，或者当对象从Survivor区提升到老年代时使用。

-XX:+PrintAdaptiveSizePolicy

报告Throughput收集器GC的详细统计信息，包括Minor GC后的字节数、Minor GC中提升的字节数、Survivor区是否溢出、Minor GC开始时的时间戳、主要成本、赋值函数成本、吞吐量目标、存活空间的字节数、空闲空间的字节数、前一次提升的大小、前一次Eden区大小、期望的提升大小，期望的Eden区大小以及当前Survivor区的大小。

用-XX:-UseAdaptiveSizePolicy关闭自适应尺寸调整时，只会报告Minor GC后的字节数、Minor GC中提升的字节数以及Survivor区是否溢出。

需要关闭自适应尺寸调整时，可以使用-XX:-UseAdaptiveSizePolicy。为了使对象老化和Survivor晋升对象到老年代变得更有效，需要直接对新生代的Eden和Survivor区进行仔细调优，此时可以利用这些生成的统计数据。

参见-XX:-UseAdaptiveSizePolicy。

-XX:+PrintGCApplicationStoppedTime

打印由HotSpot VM内部操作使得应用线程停止所持续的时间，这些操作包括Stop-The-World垃圾收集、CMS收集器的Stop-The-World阶段和任何其他的安全点操作。

这个选项适用于强调低延迟的应用程序，如果想让应用程序的延迟事件与HotSpot VM 安全点操作引起的延迟相关联，这个选项就有用了。

参见-XX:+PrintGCApplicationConcurrentTime和-XX:+PrintSafepointStatistics。

-XX:+PrintGCApplicationConcurrentTime

打印应用线程随HotSpot VM内部线程并发执行所用的时间。换句话说，是应用线程在HotSpot VM停止应用线程的操作之间所运行的时间。

这个选项适用于强调低延迟的应用程序，如果想让应用的延迟事件与HotSpot VM安全点操作所引起的延迟相关联，这个选项就有用了。

参见-XX:+PrintGCApplicationStoppedTime和-XX:+PrintSafepointStatistics。

-XX:+PrintSafepointStatistics

打印HotSpot VM已经发生的安全点操作和发生的时间。在HotSpot VM退出时打印这些统计数据。发生的每个安全点在输出中都占有一行。每行包括自HotSpot VM启动该安全操作以来的时间、HotSpot VM操作类型、当前HotSpot VM中的活跃线程数、当前线程数、当前开始运行的线程数、当前阻塞等待的线程数、线程自旋的时间（毫秒）、线程阻塞的时间（毫秒）、线程同步的时间（毫秒），线程清除的时间（毫秒），VM操作的毫秒时间和页面中断数。

最后打印的是总计，包括不同安全点操作的总数、最长同步时间（毫秒）和用时最多的安全点操作。

有些应用强调低延迟，如果想让应用的延迟事件与HotSpot VM 安全点操作所引起的延迟相关联，就可以使用这个选项。

参见-XX:+PrintGCApplicationStoppedTime和-XX:+PrintGCApplicationConcurrentTime。

-XX:+BackgroundCompilation

指示JIT编译器作为后台任务运行，以解释模式运行方法直到后台编译完成。

HotSpot VM默认开启该选项。

在写微基准测试时，可用-XX:-BackgroundCompilation关闭后台编译，这会使JIT编译器的行为更加明确，微基准测试的结果也更可靠。

关闭后台编译除了-XX:-BackgroundCompilation之外，也可以用-Xbatch。

参见-Xbatch。

-Xbatch

关闭JIT编译器的后台编译，等价于-XX:-BackgroundCompilation。通常HotSpot VM以后台任务方式编译代码，用解释器模式运行代码直到后台编译完成。-XX:-Background-Compilation和-Xbatch可以关闭后台编译，使得JIT的代码编译以前台任务方式执行，直到完成。

在写微基准测试时，可以关闭后台编译，这会使JIT编译器的行为更加明确，微基准测试的结果也更可靠。

-Xbatch关闭后台编译，也可以用-XX:-BackgroundCompilation实现。

参见-XX:+BackgroundCompilation。

-XX:+TieredCompilation

开启（多层）JIT编译策略，先是进行快速的JIT编译，类似HotSpot VM的-client运行时环境所作的优化，然后是更高级的JIT编译，接近HotSpot VM的-server运行时环境为程序中频繁调用的Java方法所作的优化。

简单来说，该策略汲取了-client运行时环境和-server运行时环境的精华，先快速编译，再为高频度Java方法进行高级优化。

在写作本书时，还不推荐用此选项替代-server运行时环境，因为-server运行时环境可以提供更好的峰值性能。随着多层编译的增强，这个建议在将来或许会不适用。

运行在Java 6 Update 25或更高版本上的客户端应用，可以考虑用此选项结合-server运行时环境（-server -XX:+TieredCompilation）替代-client运行时环境。建议你测量应用的启动性能和响应能力，以评估-server运行时环境结合-XX:+TieredCompilation是否比-client运行时环境更合适。

-XX:+PrintCompilation

打印HotSpot VM JIT编译器优化过的所有方法的JIT编译信息。

如果想了解JIT编译活动的更多信息，或者在创建或评估微基准测试，就可以使用这个选项。

输出结果的描述如下：

`<id> <type> <method name> [bci] <(# of bytes)>`

其中id可以为以下值。

编译活动的id（至少占3列）。

---：说明编译的是本地方法。

type可以为空或以下一个或多个值。

%：以栈上替换（On Stack Replacement，OSR）方式编译。

*|n：编译的是本地方法。

s：编译的是同步方法。

!：编译的方法有异常处理器。

b：解释器被阻塞直到编译结束。

1：编译没有做完整优化，只是第1层编译。

made not entrant：逆优化方法。

made zombie：编译的方法不再有效。

method name是：

不带签名的方法名。

bci可以为以下值。

　　@ ##：是osr编译，osr的字节码索引。

# of bytes可以为以下值。

　　(## bytes)：方法字节码的字节数。

　　关于made not entrant和made zombie的补充信息：made not entrant和made zombie都是JIT编译方法生命周期中的状态。当程序执行陷入了生成（机器）代码中的"罕见陷阱时"，此时的JIT编译方法称为made not entrant。"罕见陷阱"用来处理已卸载类的引用，以及从某些乐观优化的回退，这些优化先前做的假设后来被证明是无效的。更正式地说，报告为made not entrant的JIT编译方法可能仍然有活动，但是不再允许进行新的活动了。报告为made zombie的JIT编译方法是之后的生命周期状态。它意味着编译方法不再活动了。如果某个类被卸载，而且知道所有引用这个类的方法不再存活，那这个JIT编译方法就可以直接变成"僵尸状态"。在JIT编译器检测到JIT编译方法不再有任何活动之后，它的状态就会从made not entrant转换到made zombie。一旦JIT编译器确信没有其他的编译方法引用made zombie方法，这个方法就被释放了。这就是说，它就从存储生成代码的HotSpot VM代码缓存中释放了。

　　-XX:+PrintCompilation可能会提示某个频繁执行的方法已经被"逆优化"了，但输出却没有反映出该方法已经被"重新优化"，这种情况是可能的。这种情况的发生是由于JIT编译器方法内联的副作用。如果一个频繁执行的方法被报告为"逆优化"而它早已经内联，-XX:+Print-Compilation可能不会报告这个方法已经"重新优化"。

-XX:+PrintInlining

报告已经或试图内联的方法，以及方法字节码的字节长度。

使用-XX:+PrintInlining需要HotSpot debug VM的虚拟机版本。

-XX:+PrintInlining输出的信息可用来仔细对-XX:MaxInlineSize=<n>进行调优。

-XX:MaxInlineSize=<n>

除非有足够的证据，例如性能分析信息表明这个方法是热方法，否则字节码长度超出这个最大值的方法不会被内联。

不建议使用该选项。几乎没有应用能从显示设定-XX:MaxInlineSize中得到什么好处。

这个选项在第8章说明微基准测试中的意外现象时有所提及，这里只为列举目的。

参见-XX:+PrintInlining。

-XX:+PrintOptoAssembly

打印HotSpot Server JIT编译器所作的优化决策，包括生成的汇编码。

需要HotSpot debug Server VM（只在HotSpot debug VM开启-server时有效）。

可用于理解和评估Server JIT编译器所作的优化决策，特别是在微基准测试中。

一般来说，性能分析工具，例如Oracle Solaris或Linux上的Oracle Solaris Studio Performance Analyzer，为比微基准测试规模还大的应用程序提供了更好的方法，可以观察编译器的生成代码。

但在Performance Analyzer显示的汇编码中，无法提供任何关于编译器优化策略的信息。

-XX:+HeapDumpOnOutOfMemoryError
在OutOfMemoryError发生时，生成JVM堆的转储文件。

堆的转储文件创建在启动JVM的目录里，文件名形如java_pid<JVM process id>.hprof，<JVM process id>是执行Java程序的JVM进程的进程id。

如果你想在Java程序发生OutOfMemoryError时进行内存使用情况分析，可以用此选项。

参见-XX:HeapDumpPath=<path>。

-XX:HeapDumpPath=<path>
设置堆转储文件的生成目录路径为<path>。

可以将堆转储文件直接生成到指定的目录位置。

参见-XX:+HeapDumpOnOutOfMemoryError。

-XX:OnOutOfMemoryError=<command or set of commands>
允许HotSpot VM遇到OutOfMemoryError时可以运行一个或者一组命令。

在发生OutOfMemory时希望能执行指定的命令，可以使用该选项。

参见-XX:+HeapDumpOnOutOfMemoryError和-XX:HeapDumpPath。

-XX:+ShowMessageBoxOnError
允许HotSpot VM退出前显示对话框（GUI），表明它遇到了致命错误。

这个选项是为了避免HotSpot VM直接退出而设计的，你有机会用调试器连接HotSpot VM，调查致命错误的原因。

如果想在HotSpot VM遇到致命错退出前进行诊断，可以使用该选项。

-XX:OnError=<command or set of commands>
允许应用程序遇到HotSpot VM意外退出时调用一组命令。

如果你想搜集特定的系统信息或者立即调用调试器（例如Oracle Solaris或Linux上的dbx或Windows上的Winddbg）检查VM的意外退出，可以使用该选项。

-Xcheck:jni
允许用了JNI的Java程序使用另一组调试接口，帮助调试与Java程序本地代码相关的错误或引入的错误。这个选项使用的JNI方法会严格地验证JNI调用的选项，也会执行额外的内部一致性检查。

如果你想确认JVM执行遇到的问题是否由于JNI方法调用中的问题引起，可以使用该选项。

-XX:+AggressiveOpts
允许使用最新的HotSpot VM性能优化。

想在Java程序上尝试一切能找到的性能优化时，可以使用该选项。

性能优化第一次引入HotSpot VM中时，常常在这个选项下。发布了若干优化后，才会成为默认优化。

对于稳定性或可用性高于性能的应用程序，不建议使用该选项。

-XX:+AggressiveHeap

建议使用-XX:+AggressiveOpts而不是-XX:+AggressiveHeap。

参见-XX:+AggressiveOpts。

-XX:+UseBiasedLocking

开启偏向锁特性。

Java 5 HotSpot VM引入了该特性，开启时，HotSpot VM会偏向先前保持该锁的线程。在没有锁竞争的情况下，几乎没有锁开销。

在Java 5 HotSpot VM中，使用该特性必须显式开启-XX:+UseBiasedLocking。在Java 6 HotSpot VM中，这个特性默认自动开启。如果不希望在Java 6 HotSpot VM上使用该特性，必须显式关闭-XX:-UseBiasedLocking。

一般来说，对大多数Java应用程序都适用。

有些应用程序中，获取锁的线程与刚获取锁的线程不同。例如锁主要是在Worker线程池和Worker线程之间轮换的应用，对于这类Java应用程序来说，撤销偏向锁需要HotSpot VM 安全点操作，关闭偏向锁-XX:-UseBiasedLocking会更有利。

-XX:+DoEscapeAnalysis

开启逃逸分析的优化特性。某个执行线程分配的对象，如果能为其他某个线程所见，那它就是"逃逸"了。如果一个对象没有逃逸，HotSpot VM Server JIT编译器就可以执行以下优化。

- ❑ 对象爆炸：对象的字段分配在不同的地方，可能会消除对象分配。
- ❑ 标量替换：在CPU寄存器中存储标量字段。
- ❑ 线程栈分配：在栈帧中存储对象字段。
- ❑ 同步消除。
- ❑ 消除垃圾收集的读写屏障。

-XX:+DoEscapeAnalysis随-XX:+AggressiveOpts自动开启，但在Java 6 Update 23之前的Java 6中默认关闭。

自Java 6 Update 14引入。

参见-XX:+AggressiveOpts。

-XX:+UseLargePages

允许HotSpot VM使用大内存分页。

Oracle Solaris平台自动开启该选项，Linux或Windows不会自动开启。

使用该选项可以减少TLB（分页缓存）的未命中率。

32位Intel和AMD x86支持4MB分页。

64位Intel和AMD x86支持2MB分页。

最新的64位Intel和AMD x86支持1GB分页。

SPARC T系列支持最多256MB分页，最新的T系列支持最多2GB分页。

Oracle Solaris的pagesize -a命令可以报告底层硬件系统支持的分页尺寸。Oracle Solaris上的大分页不需要更改操作系统的其他配置。

Linux的getconf PAGESIZE或getconf PAGE_SIZE报告当前配置的分页尺寸。Linux需要其他的操作系统配置。所需的更改依据Linux发行版和Linux内核的不同而有所不同。建议向Linux管理员咨询或者查阅你的Linux发行文档，以便了解相应的改动。

Windows也需要其他的操作系统配置，参见第7章中的指导。并非所有的Windows操作系统都支持大分页。

参见-XX:LargePageSizeInBytes和-XX:+AlwaysPreTouch。

-XX:LargePageSizeInBytes=<n>[g|m|k]

允许HotSpot VM使用指定尺寸的大内存分页。底层硬件平台必须支持<n>[g|m|k]大小的分页尺寸，否则就使用默认的分页尺寸。

你还可以指定的分页尺寸，例如AMD或Intel平台支持1GB分页，可以指定1GB，又比如SPARC T系列的256MB分页，或最新SPARC T系列平台的2GB分页。

参见-XX:+UseLargePages和-XX:+AlwaysPreTouch。

-XX:+AlwaysPreTouch

HotSpot VM在初始化时会提交所有内存分页，该选项强制HotSpot VM在初始化过程中，触碰所有这些归JVM使用的内存分页[①]。默认情况下，内存分页只在需要它们的时候才会被提交。换句话说，这个选项确保在JVM堆空间填充时，内存分页已被提交了。

垃圾收集要复制对象到Survivor区或提升对象到老年代，就必须使用新内存页，由但于新内存页要清零和提交，从而拉长垃圾收集的停顿时间。注意，这个额外的开销只是在首次需要该内存页时才有。

如果HotSpot VM使用大内存分页而不开启这个选项，那么在垃圾收集过程中，新内存页清零和提交带来的额外开销就会相当可观。因此，在使用大内存分页时，应该开启-XX:+AlwaysPreTouch。

虽然开启-XX:+AlwaysPreTouch增加了应用程序的启动时间，但在Java堆消耗过程就不会出现因页面清零和提交而导致的漫长的垃圾收集停顿时间了。

参见-XX:+UseLargePages和-XX:LargePageSizeInBytes。

-XX:+UseNUMA

开启（NUMA）Java堆分配策略，在NUMA系统上，借助处理器和内存节点的关系，将对象分配在处理器本地的内存节点上，减少从内存获取数据的时间。

---

① 以确保这些内存分页确实已提交。——译者注

Java 6 Update 2开始引入。

在撰写本书时，只在Throughput收集器上可用-XX:+UseParallelOldGC和-XX:+UsePara-llelGC。

如果Oracle Solaris上的多份JVM部署横跨了多个处理器/内存节点，应该在/etc/system中设置`lgrp_mem_pset_aware=1`。

Linux上还需要使用命令numacntl。一份JVM部署一次`numacntl --interleave`。如果多份JVM部署横跨多个处理器/内存节点，使用`numacntl --cpubind=<node number> --memnode=<node number>`。

如果是一份JVM部署，AMD上的Windows还需要开启BIOS的`node-interleaving`。对所有的Windows而言，如果多份JVM部署横跨多个处理器/内存节点，应该用命令SET AFFINITY [mask]设置处理器关联。

如果在NUMA系统上，JVM部署横跨处理器/内存节点，那就可以使用该选项。

如果JVM不能横跨处理器/内存节点，不要在JVM部署中使用-XX:+UseNUMA。

-XX:+PrintCommandLineFlags

打印HotSpot VM依据命令行设定选项经过自动优化之后的设置。

可以了解HotSpot VM自动优化选择的值，例如JVM堆尺寸和选择的垃圾收集器。

参见-XX:+PrintFlagsFinal。

-XX:+PrintFlagsFinal

打印所有product类型的HotSpot VM命令行选项，包括名字和相应的值，这些值由HotSpot VM依据命令行显式指定的选项设置，如果没有指定，则采用HotSpot VM的默认值。

Java 6 Update 21 开始引入。

可以了解某个Java应用程序正在使用的HotSpot VM选项配置。

与-XX:+PrintCommandLineFlags相比，-XX:+PrintFlagsFinal可以打印所有的HotSpot VM选项以及它们相应由HotSpot VM设定的值，而不仅是自动优化设定的值。

参见-XX:+PrintCommandLineFlags。

性能分析技巧示例源代码

本附录是第6章示例的源代码，包括减少锁竞争、调整Java 集合的初始容量、增加并发性。

本附录中的例子用以说明扩展性问题。由于桌面系统很少配置大量虚拟处理器，所以在桌面系统上运行这些程序时可能观察不到扩展性问题。此外，为了避免大量的垃圾收集，运行这些程序至少需要2GB的Java堆。所以，要想观察这些示例的扩展性问题，应该在大量虚拟处理器和大量内存的系统上运行它们。一般来说，虚拟处理器数目越多，越容易观察到扩展性问题。

B.1　锁竞争实现 1

实现1使用同步HashMap。

```
BailoutMain.java
/**
 * An example program to illustrate lock contention.
 */
import java.text.DecimalFormat;
import java.text.NumberFormat;
import java.util.ArrayList;
import java.util.HashSet;
import java.util.List;
import java.util.Random;
import java.util.Set;
import java.util.concurrent.Callable;
import java.util.concurrent.ExecutionException;
import java.util.concurrent.ExecutorService;
import java.util.concurrent.Executors;
import java.util.concurrent.Future;
import java.util.logging.Level;
import java.util.logging.Logger;

public class BailoutMain {

    final public static int TEST_TIME = 240 * 1000;
    final public static Random random =
        new Random(Thread.currentThread().getId());
    private static char[] alphabet = {'a', 'b', 'c', 'd', 'e', 'f',
        'g', 'h', 'i', 'j', 'k', 'l', 'm', 'n', 'o', 'p', 'q', 'r',
```

```
        's', 't', 'u', 'v', 'w', 'x',
        'y', 'z'};
    private static String[] states = {"Alabama", "Alaska", "Arizona",
        "Arkansas", "California", "Colorado", "Connecticut",
        "Delaware", "Florida", "Georgia", "Hawaii", "Idaho",
        "Illinois", "Indiana", "Iowa", "Kansas", "Kentucky",
        "Louisiana", "Maine", "Maryland", "Massachusetts", "Michigan",
        "Minnesota", "Mississippi", "Missouri", "Montana", "Nebraska",
        "Nevada", "New Hampshire", "New Jersey", "New Mexico",
        "New York", "North Carolina", "North Dakota", "Ohio",
        "Oklahoma", "Oregon", "Pennsylvania", "Rhode Island",
        "South Carolina", "South Dakota", "Tennessee", "Texas",
        "Utah", "Vermont", "Virginia", "Washington", "West Virginia",
        "Wisconsin", "Wyoming"};

    public static void main(String[] args) {
        final int numberOfThreads =
                        Runtime.getRuntime().availableProcessors();
        final int dbSize = TaxPayerBailoutDB.NUMBER_OF_RECORDS_DESIRED;
        final int taxPayerListSize = dbSize / numberOfThreads;

        System.out.println("Number of threads to run concurrently : " +
                        numberOfThreads);
        System.out.println("Tax payer database size: " + dbSize);

        // 往数据库填充记录
        System.out.println("Creating tax payer database ...");
        TaxPayerBailoutDB db = new TaxPayerBailoutDbImpl(dbSize);
        List<String>[] taxPayerList = new ArrayList[numberOfThreads];
        for (int i = 0; i < numberOfThreads; i++) {
            taxPayerList[i] = new ArrayList<String>(taxPayerListSize);
        }
        populateDatabase(db, taxPayerList, dbSize);
        System.out.println("\tTax payer database created.");

        System.out.println("Allocating (" + numberOfThreads +
                        ") threads ...");
        // 创建executors池, 执行Callable
        ExecutorService pool=
                Executors.newFixedThreadPool(numberOfThreads);

        Callable<BailoutFuture>[] callables =
                new TaxCallable[numberOfThreads];
        for (int i = 0; i < callables.length; i++) {
            callables[i] = new TaxCallable(taxPayerList[i], db);
        }

        System.out.println("\tthreads allocated.");

        // 启动线程运行
        System.out.println("Starting (" + callables.length +
                        ") threads ...");
        Set<Future<BailoutFuture>> set =
                new HashSet<Future<BailoutFuture>>();
```

```java
        for (int i = 0; i < callables.length; i++) {
            Callable<BailoutFuture> callable = callables[i];
            Future<BailoutFuture> future = pool.submit(callable);
            set.add(future);
        }

        System.out.println("\t(" + callables.length +
                            ") threads started.");
        // 阻塞并等待所有Callable完成
        System.out.println("Waiting for " + TEST_TIME / 1000 +
                            " seconds for (" + callables.length +
                            ") threads to complete ...");

        double iterationsPerSecond = 0;
        long recordsAdded = 0, recordsRemoved = 0;
        long nullCounter = 0;   int counter = 1;
        for (Future<BailoutFuture> future : set) {
            BailoutFuture result = null;
            try {
                result = future.get();
            } catch (InterruptedException ex) {
                Logger.getLogger(
                    BailoutMain.class.getName()).log(
                        Level.SEVERE, null, ex);
            } catch (ExecutionException ex) {
                Logger.getLogger(
                    BailoutMain.class.getName()).log(
                        Level.SEVERE, null, ex);
            }
            System.out.println("Iterations per second on thread[" +
                            counter++ + "] -> " +
                            result.getIterationsPerSecond());
            iterationsPerSecond += result.getIterationsPerSecond();
            recordsAdded += result.getRecordsAdded();
            recordsRemoved += result.getRecordsRemoved();
            nullCounter = result.getNullCounter();
        }
        // 打印总数
        DecimalFormat df = new DecimalFormat("#.##");
        System.out.println("Total iterations per second -> " +
                            df.format(iterationsPerSecond));
        NumberFormat nf = NumberFormat.getInstance();
        System.out.println("Total records added ---------> " +
                            nf.format(recordsAdded));
        System.out.println("Total records removed -------> " +
                            nf.format(recordsRemoved));
        System.out.println("Total records in db ---------> " +
                            nf.format(db.size()));
        System.out.println("Total null records encountered: " +
                            nf.format(nullCounter));

        System.exit(0);
    }
```

```
public static TaxPayerRecord makeTaxPayerRecord() {
    String firstName = getRandomName();
    String lastName = getRandomName();
    String ssn = getRandomSSN();
    String address = getRandomAddress();
    String city = getRandomCity();
    String state = getRandomState();
    return new TaxPayerRecord(firstName, lastName, ssn,
            address, city, state);
}

private static void populateDatabase(TaxPayerBailoutDB db,
                List<String>[] taxPayerIdList, int dbSize) {
    for (int i = 0; i < dbSize; i++) {
        String key = getRandomTaxPayerId();
        TaxPayerRecord tpr = makeTaxPayerRecord();
        db.add(key, tpr);
        int index = i % taxPayerIdList.length;
        taxPayerIdList[index].add(key);
    }
}

public static String getRandomTaxPayerId() {
    StringBuilder sb = new StringBuilder();
    for (int i = 0; i < 20; i++) {
        int index = random.nextInt(alphabet.length);
        sb.append(alphabet[index]);
    }
    return sb.toString();
}

public static String getRandomName() {
    StringBuilder sb = new StringBuilder();
    int size = random.nextInt(8) + 5;
    for (int i = 0; i < size; i++) {
        int index = random.nextInt(alphabet.length);
        char c = alphabet[index];
        if (i == 0) {
            c = Character.toUpperCase(c);
        }
        sb.append(c);
    }
    return sb.toString();
}

public static String getRandomSSN() {
    StringBuilder sb = new StringBuilder();
    for (int i = 0; i < 11; i++) {
        if (i == 3 || i == 6) {
            sb.append('-');
        }
        int x = random.nextInt(9);
        sb.append(x);
    }
```

```java
            return sb.toString();
    }

    public static String getRandomAddress() {
        StringBuilder sb = new StringBuilder();
        int size = random.nextInt(14) + 10;
        for (int i = 0; i < size; i++) {
            if (i < 5) {
                int x = random.nextInt(8);
                sb.append(x + 1);
            }
            int index = random.nextInt(alphabet.length);
            char c = alphabet[index];
            if (i == 5) {
                c = Character.toUpperCase(c);
            }
            sb.append(c);
        }
        return sb.toString();
    }

    public static String getRandomCity() {
        StringBuilder sb = new StringBuilder();
        int size = random.nextInt(5) + 6;
        for (int i = 0; i < size; i++) {
            int index = random.nextInt(alphabet.length);
            char c = alphabet[index];
            if (i == 0) {
                c = Character.toUpperCase(c);
            }
            sb.append(c);
        }
        return sb.toString();
    }

    public static String getRandomState() {
        int index = random.nextInt(states.length);
        return states[index];
    }
}
```

TaxPayerRecord.java

```java
import java.util.concurrent.atomic.AtomicLong;

public class TaxPayerRecord {
    private String firstName, lastName, ssn, address, city, state;
    private AtomicLong taxPaid;

    public TaxPayerRecord(String firstName, String lastName, String ssn,
                          String address, String city, String state) {
        this.firstName = firstName;
        this.lastName = lastName;
        this.ssn = ssn;
```

```
        this.address = address;
        this.city = city;
        this.state = state;
        this.taxPaid = new AtomicLong(0);
    }

    public String getFirstName() {
        return firstName;
    }

    public void setFirstName(String firstName) {
        this.firstName = firstName;
    }

    public String getLastName() {
        return lastName;
    }

    public void setLastName(String lastName) {
        this.lastName = lastName;
    }

    public String getSsn() {
        return ssn;
    }

    public void setSsn(String ssn) {
        this.ssn = ssn;
    }

    public String getAddress() {
        return address;
    }

    public void setAddress(String address) {
        this.address = address;
    }

    public String getCity() {
        return city;
    }

    public void setCity(String city) {
        this.city = city;
    }

    public String getState() {
        return state;
    }

    public void setState(String state) {
        this.state = state;
    }
```

```
    public void taxPaid(long amount) {
        taxPaid.addAndGet(amount);
    }

    public long getTaxPaid() {
        return taxPaid.get();
    }
}
```

TaxPayerBailoutDB.java

```
public interface TaxPayerBailoutDB {

    static final int NUMBER_OF_RECORDS_DESIRED = 2 * 1000000;

    /**
     * 依据tax payer的id从数据库获取记录。
     *
     * @param id - tax payer的id
     * @return tax payer记录
     */
    TaxPayerRecord get(String id);

    /**
     * 往数据库中添加新的tax payer。
     *
     * @param id     - tax payer的id
     * @param record - tax payer记录
     * @return 刚添加到数据库中的tax payer记录
     */
    TaxPayerRecord add(String id, TaxPayerRecord record);

    /**
     * 从数据库中删除一条tax payer记录。
     *
     * @param id - tax payer的id
     * @return tax payer记录, 如果数据库中不存在该id则为null
     */
    TaxPayerRecord remove(String id);

    /**
     * 数据库的大小, 例如记录数。
     *
     * @return 数据库中记录的数目
     */
    int size();
}
```

TaxPayerBailoutDbImpl.java

```
import java.util.Collections;
import java.util.HashMap;
import java.util.Map;
```

```java
public class TaxPayerBailoutDbImpl implements TaxPayerBailoutDB {
    private final Map<String,TaxPayerRecord> db;

    public TaxPayerBailoutDbImpl(int size) {
        db = Collections.synchronizedMap(
                new HashMap<String,TaxPayerRecord>(size));
    }

    @Override
    public TaxPayerRecord get(String id) {
        return db.get(id);
    }

    @Override
    public TaxPayerRecord add(String id, TaxPayerRecord record) {
        TaxPayerRecord old = db.put(id, record);
        if (old != null) {
            // 恢复旧的TaxPayerRecord
            old = db.put(id, old);
        }
        return old;
    }

    @Override
    public TaxPayerRecord remove(String id) {
        return db.remove(id);
    }

    @Override
    public int size() {
        return db.size();
    }
}
```

TaxCallable.java

```java
import java.util.List;
import java.util.Random;
import java.util.concurrent.Callable;

public class TaxCallable implements Callable<BailoutFuture> {

    private static long runTimeInMillis = BailoutMain.TEST_TIME;
    final private static Random generator = BailoutMain.random;
    private long nullCounter, recordsRemoved, newRecordsAdded;
    private int index;
    private String taxPayerId;
    final private List<String> taxPayerList;
    final private TaxPayerBailoutDB db;

    public TaxCallable(List<String> taxPayerList,
                       TaxPayerBailoutDB db) {
        this.taxPayerList = taxPayerList;
        this.db = db;
```

```
        index = 0;
}

@Override
public BailoutFuture call() throws Exception {
    long iterations = 0L, elapsedTime = 0L;
    long startTime = System.currentTimeMillis();
    double iterationsPerSecond = 0;
    do {
        setTaxPayer();
        iterations++;
        TaxPayerRecord tpr = null;
        // 万一iterations溢出
        if (iterations == Long.MAX_VALUE) {
            long elapsed = System.currentTimeMillis() - startTime;
            iterationsPerSecond =
                    iterations / ((double) (elapsed / 1000));
            System.err.println(
                    "Iteration counter about to overflow ...");
            System.err.println(
                    "Calculating current operations per second ...");
            System.err.println(
                    "Iterations per second: " + iterationsPerSecond);
            iterations = 0L;
            startTime = System.currentTimeMillis();
            runTimeInMillis -= elapsed;
        }
        if (iterations % 1001 == 0) {
            tpr = addNewTaxPayer(tpr);
        } else if (iterations % 60195 == 0) {
            tpr = removeTaxPayer(tpr);
        } else {
            tpr = updateTaxPayer(iterations, tpr);
        }

        if (iterations % 1000 == 0) {
            elapsedTime = System.currentTimeMillis() - startTime;
        }
    } while (elapsedTime < runTimeInMillis);

    if (iterations >= 1000) {
        iterationsPerSecond =
                iterations / ((double) (elapsedTime / 1000));
    }
    BailoutFuture bailoutFuture =
            new BailoutFuture(iterationsPerSecond, newRecordsAdded,
                            recordsRemoved, nullCounter);
    return bailoutFuture;
}
private TaxPayerRecord updateTaxPayer(long iterations,
                                    TaxPayerRecord tpr) {
    if (iterations % 1001 == 0) {
        tpr = db.get(taxPayerId);
    } else {
```

```
            // 更新数据库中的TaxPayer记录
            tpr = db.get(taxPayerId);
            if (tpr != null) {
                long tax = generator.nextInt(10) + 15;
                tpr.taxPaid(tax);
            }
        }
        if (tpr == null) {
            nullCounter++;
        }
        return tpr;
    }

    private TaxPayerRecord removeTaxPayer(TaxPayerRecord tpr) {
        // 从数据库中删除tax payer
        tpr = db.remove(taxPayerId);
        if (tpr != null) {
            // 从TaxPayerList中删除记录
            taxPayerList.remove(index);
            recordsRemoved++;
        }
        return tpr;
    }

    private TaxPayerRecord addNewTaxPayer(TaxPayerRecord tpr) {
        // 往数据库中添加新的TaxPayer
        String tmpTaxPayerId = BailoutMain.getRandomTaxPayerId();
        tpr = BailoutMain.makeTaxPayerRecord();
        TaxPayerRecord old = db.add(tmpTaxPayerId, tpr);
        if (old == null) {
            // 添加到（本地）列表
            taxPayerList.add(tmpTaxPayerId);
            newRecordsAdded++;
        }
        return tpr;
    }

    public void setTaxPayer() {
        if (++index >= taxPayerList.size()) {
            index = 0;
        }
        this.taxPayerId = taxPayerList.get(index);
    }
}
```

BailoutFuture.java

```
public class BailoutFuture {
    private double iterationsPerSecond;
    private long recordsAdded, recordsRemoved, nullCounter;

    public BailoutFuture(double iterationsPerSecond, long recordsAdded,
                         long recordsRemoved, long nullCounter) {
        this.iterationsPerSecond = iterationsPerSecond;
```

```
            this.recordsAdded = recordsAdded;
            this.recordsRemoved = recordsRemoved;
            this.nullCounter = nullCounter;
        }

    public double getIterationsPerSecond() {
        return iterationsPerSecond;
    }

    public long getRecordsAdded() {
        return recordsAdded;
    }

    public long getRecordsRemoved() {
        return recordsRemoved;
    }

    public long getNullCounter() {
        return nullCounter;
    }
}
```

B.2　锁竞争实现 2

实现2将同步HashMap替换成用ConcurrentHashMap。

BailoutMain.java
```
/**
 * 锁竞争示例程序。
 */
import java.text.DecimalFormat;
import java.text.NumberFormat;
import java.util.ArrayList;
import java.util.HashSet;
import java.util.List;
import java.util.Random;
import java.util.Set;
import java.util.concurrent.Callable;
import java.util.concurrent.ExecutionException;
import java.util.concurrent.ExecutorService;
import java.util.concurrent.Executors;
import java.util.concurrent.Future;
import java.util.logging.Level;
import java.util.logging.Logger;

public class BailoutMain {
    final public static int TEST_TIME = 240 * 1000;
    final public static Random random =
        new Random(Thread.currentThread().getId());
    private static char[] alphabet = {'a', 'b', 'c', 'd', 'e', 'f',
        'g', 'h', 'i', 'j', 'k', 'l', 'm', 'n', 'o', 'p', 'q', 'r',
        's', 't', 'u', 'v', 'w', 'x',
        'y', 'z'};
```

```java
private static String[] states = {"Alabama", "Alaska", "Arizona",
    "Arkansas", "California", "Colorado", "Connecticut",
    "Delaware", "Florida", "Georgia", "Hawaii", "Idaho",
    "Illinois", "Indiana", "Iowa", "Kansas", "Kentucky",
    "Louisiana", "Maine", "Maryland", "Massachusetts", "Michigan",
    "Minnesota", "Mississippi", "Missouri", "Montana", "Nebraska",
    "Nevada", "New Hampshire", "New Jersey", "New Mexico",
    "New York", "North Carolina", "North Dakota", "Ohio",
    "Oklahoma", "Oregon", "Pennsylvania", "Rhode Island",
    "South Carolina", "South Dakota", "Tennessee", "Texas",
    "Utah", "Vermont", "Virginia", "Washington", "West Virginia",
    "Wisconsin", "Wyoming"};

public static void main(String[] args) {
    final int numberOfThreads =
                    Runtime.getRuntime().availableProcessors();
    final int dbSize = TaxPayerBailoutDB.NUMBER_OF_RECORDS_DESIRED;
    final int taxPayerListSize = dbSize / numberOfThreads;

    System.out.println("Number of threads to run concurrently : " +
                    numberOfThreads);
    System.out.println("Tax payer database size: " + dbSize);

    // 往数据库填充记录
    System.out.println("Creating tax payer database ...");
    TaxPayerBailoutDB db = new TaxPayerBailoutDbImpl(dbSize);
    List<String>[] taxPayerList = new ArrayList[numberOfThreads];
    for (int i = 0; i < numberOfThreads; i++) {
        taxPayerList[i] = new ArrayList<String>(taxPayerListSize);
    }
    populateDatabase(db, taxPayerList, dbSize);
    System.out.println("\tTax payer database created.");

    System.out.println("Allocating (" + numberOfThreads +
                    ") threads ...");

    // 创建executors池，执行Callable
    ExecutorService pool =
            Executors.newFixedThreadPool(numberOfThreads);

    Callable<BailoutFuture>[] callables =
            new TaxCallable[numberOfThreads];
    for (int i = 0; i < callables.length; i++) {
        callables[i] = new TaxCallable(taxPayerList[i], db);
    }

    System.out.println("\tthreads allocated.");

    // 启动线程运行
    System.out.println("Starting (" + callables.length +
                    ") threads ...");
    Set<Future<BailoutFuture>> set =
            new HashSet<Future<BailoutFuture>>();
    for (int i = 0; i < callables.length; i++) {
```

```
            Callable<BailoutFuture> callable = callables[i];
            Future<BailoutFuture> future = pool.submit(callable);
            set.add(future);
        }

        System.out.println("\t(" + callables.length +
                        ") threads started.");
        // 阻塞并等待所有Callable完成
        System.out.println("Waiting for " + TEST_TIME / 1000 +
                        " seconds for (" + callables.length +
                        ") threads to complete ...");

        double iterationsPerSecond = 0;
        long recordsAdded = 0, recordsRemoved = 0;
        long nullCounter = 0;   int counter = 1;
        for (Future<BailoutFuture> future : set) {
            BailoutFuture result = null;
            try {
                result = future.get();
            } catch (InterruptedException ex) {
                Logger.getLogger(
                    BailoutMain.class.getName()).log(
                        Level.SEVERE, null, ex);
            } catch (ExecutionException ex) {
                Logger.getLogger(
                    BailoutMain.class.getName()).log(
                        Level.SEVERE, null, ex);
            }
            System.out.println("Iterations per second on thread[" +
                            counter++ + "] -> " +
                            result.getIterationsPerSecond());
            iterationsPerSecond += result.getIterationsPerSecond();
            recordsAdded += result.getRecordsAdded();
            recordsRemoved += result.getRecordsRemoved();
            nullCounter = result.getNullCounter();
        }

        // 打印总数
        DecimalFormat df = new DecimalFormat("#.##");
        System.out.println("Total iterations per second -> " +
                        df.format(iterationsPerSecond));
        NumberFormat nf = NumberFormat.getInstance();
        System.out.println("Total records added ---------> " +
                        nf.format(recordsAdded));
        System.out.println("Total records removed -------> " +
                        nf.format(recordsRemoved));
        System.out.println("Total records in db ---------> " +
                        nf.format(db.size()));
        System.out.println("Total null records encountered: " +
                        nf.format(nullCounter));

        System.exit(0);
    }
    public static TaxPayerRecord makeTaxPayerRecord() {
```

```
        String firstName = getRandomName();
        String lastName = getRandomName();
        String ssn = getRandomSSN();
        String address = getRandomAddress();
        String city = getRandomCity();
        String state = getRandomState();
        return new TaxPayerRecord(firstName, lastName, ssn,
                address, city, state);
    }

    private static void populateDatabase(TaxPayerBailoutDB db,
                    List<String>[] taxPayerIdList, int dbSize) {
        for (int i = 0; i < dbSize; i++) {
            String key = getRandomTaxPayerId();
            TaxPayerRecord tpr = makeTaxPayerRecord();
            db.add(key, tpr);
            int index = i % taxPayerIdList.length;
            taxPayerIdList[index].add(key);
        }
    }

    public static String getRandomTaxPayerId() {
        StringBuilder sb = new StringBuilder();
        for (int i = 0; i < 20; i++) {
            int index = random.nextInt(alphabet.length);
            sb.append(alphabet[index]);
        }
        return sb.toString();
    }

    public static String getRandomName() {
        StringBuilder sb = new StringBuilder();
        int size = random.nextInt(8) + 5;
        for (int i = 0; i < size; i++) {
            int index = random.nextInt(alphabet.length);
            char c = alphabet[index];
            if (i == 0) {
                c = Character.toUpperCase(c);
            }
            sb.append(c);
        }
        return sb.toString();
    }

    public static String getRandomSSN() {
        StringBuilder sb = new StringBuilder();
        for (int i = 0; i < 11; i++) {
            if (i == 3 || i == 6) {
                sb.append('-');
            }
            int x = random.nextInt(9);
            sb.append(x);
        }
        return sb.toString();
```

```
    }

    public static String getRandomAddress() {
        StringBuilder sb = new StringBuilder();
        int size = random.nextInt(14) + 10;
        for (int i = 0; i < size; i++) {
            if (i < 5) {
                int x = random.nextInt(8);
                sb.append(x + 1);
            }
            int index = random.nextInt(alphabet.length);
            char c = alphabet[index];
            if (i == 5) {
                c = Character.toUpperCase(c);
            }
            sb.append(c);
        }
        return sb.toString();
    }

    public static String getRandomCity() {
        StringBuilder sb = new StringBuilder();
        int size = random.nextInt(5) + 6;
        for (int i = 0; i < size; i++) {
            int index = random.nextInt(alphabet.length);
            char c = alphabet[index];
            if (i == 0) {
                c = Character.toUpperCase(c);
            }
            sb.append(c);
        }
        return sb.toString();
    }

    public static String getRandomState() {
        int index = random.nextInt(states.length);
        return states[index];
    }
}
```

TaxPayerRecord.java

```
import java.util.concurrent.atomic.AtomicLong;

public class TaxPayerRecord {
    private String firstName, lastName, ssn, address, city, state;
    private AtomicLong taxPaid;

    public TaxPayerRecord(String firstName, String lastName, String ssn,
                          String address, String city, String state) {
        this.firstName = firstName;
        this.lastName = lastName;
        this.ssn = ssn;
        this.address = address;
        this.city = city;
        this.state = state;
```

```java
        this.taxPaid = new AtomicLong(0);
    }

    public String getFirstName() {
        return firstName;
    }

    public void setFirstName(String firstName) {
        this.firstName = firstName;
    }

    public String getLastName() {
        return lastName;
    }

    public void setLastName(String lastName) {
        this.lastName = lastName;
    }

    public String getSsn() {
        return ssn;
    }

    public void setSsn(String ssn) {
        this.ssn = ssn;
    }

    public String getAddress() {
        return address;
    }

    public void setAddress(String address) {
        this.address = address;
    }

    public String getCity() {
        return city;
    }

    public void setCity(String city) {
        this.city = city;
    }

    public String getState() {
        return state;
    }

    public void setState(String state) {
        this.state = state;
    }

    public void taxPaid(long amount) {
        taxPaid.addAndGet(amount);
    }
```

```java
    public long getTaxPaid() {
        return taxPaid.get();
    }
}
```

TaxPayerBailoutDB.java

```java
public interface TaxPayerBailoutDB {

    static final int NUMBER_OF_RECORDS_DESIRED = 2 * 1000000;

    /**
     * 依据tax payer的id从数据库获取记录。
     *
     * @param id - tax payer的id
     * @return tax payer记录
     */
    TaxPayerRecord get(String id);

    /**
     * 往数据库中添加新的tax payer。
     *
     * @param id     - tax payer的id
     * @param record - tax payer记录
     * @return 刚添加到数据库中的tax payer记录
     */
    TaxPayerRecord add(String id, TaxPayerRecord record);

    /**
     * 从数据库中删除一条tax payer记录。
     *
     * @param id - tax payer的id
     * @return tax payer记录，如果数据库中不存在该id则为null
     */
    TaxPayerRecord remove(String id);

    /**
     * 数据库的大小，例如记录数。
     *
     * @return 数据库中记录的数目
     */
    int size();
}
```

TaxPayerBailoutDbImpl.java

```java
import java.util.Map;
import java.util.concurrent.ConcurrentHashMap;

public class TaxPayerBailoutDbImpl implements TaxPayerBailoutDB {
    private final Map<String,TaxPayerRecord> db;

    public TaxPayerBailoutDbImpl(int size) {
```

```
            db = new ConcurrentHashMap<String,TaxPayerRecord>(size);
    }

    @Override
    public TaxPayerRecord get(String id) {
        return db.get(id);
    }

    @Override
    public TaxPayerRecord add(String id, TaxPayerRecord record) {
        TaxPayerRecord old = db.put(id, record);
        if (old != null) {
            // 恢复旧的TaxPayerRecord
            old = db.put(id, old);
        }
        return old;
    }

    @Override
    public TaxPayerRecord remove(String id) {
        return db.remove(id);
    }

    @Override
    public int size() {
        return db.size();
    }
}
```

TaxCallable.java

```
import java.util.List;
import java.util.Random;
import java.util.concurrent.Callable;

public class TaxCallable implements Callable<BailoutFuture> {

    private static long runTimeInMillis = BailoutMain.TEST_TIME;
    final private static Random generator = BailoutMain.random;
    private long nullCounter, recordsRemoved, newRecordsAdded;
    private int index;
    private String taxPayerId;
    final private List<String> taxPayerList;
    final private TaxPayerBailoutDB db;

    public TaxCallable(List<String> taxPayerList,
                    TaxPayerBailoutDB db) {
        this.taxPayerList = taxPayerList;
        this.db = db;
        index = 0;
    }

    @Override
```

```
public BailoutFuture call() throws Exception {
    long iterations = 0L, elapsedTime = 0L;
    long startTime = System.currentTimeMillis();
    double iterationsPerSecond = 0;
    do {
        setTaxPayer();
        iterations++;
        TaxPayerRecord tpr = null;
        // 万一iterations溢出
        if (iterations == Long.MAX_VALUE) {
            long elapsed = System.currentTimeMillis() - startTime;
            iterationsPerSecond =
                    iterations / ((double) (elapsed / 1000));
            System.err.println(
                    "Iteration counter about to overflow ...");
            System.err.println(
                    "Calculating current operations per second ...");
            System.err.println(
                    "Iterations per second: " + iterationsPerSecond);
            iterations = 0L;
            startTime = System.currentTimeMillis();
            runTimeInMillis -= elapsed;
        }
        if (iterations % 1001 == 0) {
            tpr = addNewTaxPayer(tpr);
        } else if (iterations % 60195 == 0) {
            tpr = removeTaxPayer(tpr);
        } else {
            tpr = updateTaxPayer(iterations, tpr);
        }

        if (iterations % 1000 == 0) {
            elapsedTime = System.currentTimeMillis() - startTime;
        }
    } while (elapsedTime < runTimeInMillis);

    if (iterations >= 1000) {
        iterationsPerSecond =
                iterations / ((double) (elapsedTime / 1000));
    }
    BailoutFuture bailoutFuture =
            new BailoutFuture(iterationsPerSecond, newRecordsAdded,
                                recordsRemoved, nullCounter);
    return bailoutFuture;
}

private TaxPayerRecord updateTaxPayer(long iterations,
                                        TaxPayerRecord tpr) {
    if (iterations % 1001 == 0) {
        tpr = db.get(taxPayerId);
    } else {
        // 更新数据库中的TaxPayer记录
        tpr = db.get(taxPayerId);
        if (tpr != null) {
```

```
                long tax = generator.nextInt(10) + 15;
                tpr.taxPaid(tax);
            }
        }
        if (tpr == null) {
            nullCounter++;
        }
        return tpr;
    }

    private TaxPayerRecord removeTaxPayer(TaxPayerRecord tpr) {
        // 从数据库中删除tax payer
        tpr = db.remove(taxPayerId);
        if (tpr != null) {
            // 从TaxPayerList中删除记录
            taxPayerList.remove(index);
            recordsRemoved++;
        }
        return tpr;
    }

    private TaxPayerRecord addNewTaxPayer(TaxPayerRecord tpr) {
        // 往数据库中添加新的TaxPayer
        String tmpTaxPayerId = BailoutMain.getRandomTaxPayerId();
        tpr = BailoutMain.makeTaxPayerRecord();
        TaxPayerRecord old = db.add(tmpTaxPayerId, tpr);
        if (old == null) {
            // 添加到（本地）列表
            taxPayerList.add(tmpTaxPayerId);
            newRecordsAdded++;
        }
        return tpr;
    }

    public void setTaxPayer() {
        if (++index >= taxPayerList.size()) {
            index = 0;
        }
        this.taxPayerId = taxPayerList.get(index);
    }
}
```

BailoutFuture.java
```
public class BailoutFuture {
    private double iterationsPerSecond;
    private long recordsAdded, recordsRemoved, nullCounter;

    public BailoutFuture(double iterationsPerSecond, long recordsAdded,
                         long recordsRemoved, long nullCounter) {
        this.iterationsPerSecond = iterationsPerSecond;
        this.recordsAdded = recordsAdded;
        this.recordsRemoved = recordsRemoved;
```

```
            this.nullCounter = nullCounter;
    }

    public double getIterationsPerSecond() {
        return iterationsPerSecond;
    }

    public long getRecordsAdded() {
        return recordsAdded;
    }

    public long getRecordsRemoved() {
        return recordsRemoved;
    }

    public long getNullCounter() {
        return nullCounter;
    }
}
```

B.3　锁竞争实现 3

实现3将静态java.util.Random替换成ThreadLocal的java.util.Random。

BailoutMain.java
```
/**
 * 锁竞争示例程序。
 */
import java.text.DecimalFormat;
import java.text.NumberFormat;
import java.util.ArrayList;
import java.util.HashSet;
import java.util.List;
import java.util.Random;
import java.util.Set;
import java.util.concurrent.Callable;
import java.util.concurrent.ExecutionException;
import java.util.concurrent.ExecutorService;
import java.util.concurrent.Executors;
import java.util.concurrent.Future;
import java.util.logging.Level;
import java.util.logging.Logger;

public class BailoutMain {

    final public static int TEST_TIME = 240 * 1000;
    final public static ThreadLocal<Random> threadLocalRandom =
            new ThreadLocal<Random>() {
                @Override
                protected Random initialValue() {
```

```
                    return new Random(Thread.currentThread().getId());
                }
        };
    private static char[] alphabet = {'a', 'b', 'c', 'd', 'e', 'f',
        'g', 'h', 'i', 'j', 'k', 'l', 'm', 'n', 'o', 'p', 'q', 'r',
        's', 't', 'u', 'v', 'w', 'x',
        'y', 'z'};
    static String[] states = {"Alabama", "Alaska", "Arizona",
        "Arkansas", "California", "Colorado", "Connecticut",
        "Delaware", "Florida", "Georgia", "Hawaii", "Idaho",
        "Illinois", "Indiana", "Iowa", "Kansas", "Kentucky",
        "Louisiana", "Maine", "Maryland", "Massachusetts", "Michigan",
        "Minnesota", "Mississippi", "Missouri", "Montana", "Nebraska",
        "Nevada", "New Hampshire", "New Jersey", "New Mexico",
        "New York", "North Carolina", "North Dakota", "Ohio",
        "Oklahoma", "Oregon", "Pennsylvania", "Rhode Island",
        "South Carolina", "South Dakota", "Tennessee", "Texas",
        "Utah", "Vermont", "Virginia", "Washington", "West Virginia",
        "Wisconsin", "Wyoming"};

    public static void main(String[] args) {
        final long start = System.nanoTime();
        final int numberOfThreads =
                        Runtime.getRuntime().availableProcessors();
        final int dbSize = TaxPayerBailoutDB.NUMBER_OF_RECORDS_DESIRED;
        final int taxPayerListSize = dbSize / numberOfThreads;

        System.out.println("Number of threads to run concurrently : " +
                        numberOfThreads);
        System.out.println("Tax payer database size: " + dbSize);

        // 往数据库填充记录
        System.out.println("Creating tax payer database ...");
        TaxPayerBailoutDB db = new TaxPayerBailoutDbImpl(dbSize);
        List<String>[] taxPayerList = new ArrayList[numberOfThreads];
        for (int i = 0; i < numberOfThreads; i++) {
            taxPayerList[i] = new ArrayList<String>(taxPayerListSize);
        }
        populateDatabase(db, taxPayerList, dbSize);
        final long initDbTime = System.nanoTime() - start;
        System.out.println("\tTax payer database created & populated " +
                        "in (" + initDbTime/(1000*1000) + ") ms.");

        System.out.println("Allocating (" + numberOfThreads +
                        ") threads ...");
        // 创建executors池, 执行Callable
        ExecutorService pool =
                Executors.newFixedThreadPool(numberOfThreads);

        Callable<BailoutFuture>[] callables =
                new TaxCallable[numberOfThreads];
        for (int i = 0; i < callables.length; i++) {
            callables[i] = new TaxCallable(taxPayerList[i], db);
        }
```

```
System.out.println("\tthreads allocated.");

// 启动线程运行
System.out.println("Starting (" + callables.length +
                   ") threads ...");
Set<Future<BailoutFuture>> set =
        new HashSet<Future<BailoutFuture>>();
for (int i = 0; i < callables.length; i++) {
    Callable<BailoutFuture> callable = callables[i];
    Future<BailoutFuture> future = pool.submit(callable);
    set.add(future);
}

System.out.println("\t(" + callables.length +
                   ") threads started.");
// 阻塞并等待所有Callable完成
System.out.println("Waiting for " + TEST_TIME / 1000 +
                   " seconds for (" + callables.length +
                   ") threads to complete ...");

double iterationsPerSecond = 0;
long recordsAdded = 0, recordsRemoved = 0, nullCounter = 0;
int counter = 1;
for (Future<BailoutFuture> future : set) {
    BailoutFuture result = null;
    try {
        result = future.get();
    } catch (InterruptedException ex) {
        Logger.getLogger(
            BailoutMain.class.getName()).log(
                Level.SEVERE, null, ex);
    } catch (ExecutionException ex) {
        Logger.getLogger(
            BailoutMain.class.getName()).log(
                Level.SEVERE, null, ex);
    }
    System.out.println("Iterations per second on thread[" +
                       counter++ + "] -> " +
                       result.getIterationsPerSecond());
    iterationsPerSecond += result.getIterationsPerSecond();
    recordsAdded += result.getRecordsAdded();
    recordsRemoved += result.getRecordsRemoved();
    nullCounter = result.getNullCounter();
}

// 打印总数
DecimalFormat df = new DecimalFormat("#.##");
System.out.println("Total iterations per second --> " +
                   df.format(iterationsPerSecond));
NumberFormat nf = NumberFormat.getInstance();
System.out.println("Total records added ----------> " +
                   nf.format(recordsAdded));
System.out.println("Total records removed --------> " +
                   nf.format(recordsRemoved));
```

```
        System.out.println("Total records in db ----------> " +
                            nf.format(db.size())));
        System.out.println("Total null records encountered: " +
                            nf.format(nullCounter));

        System.exit(0);
    }

    public static TaxPayerRecord makeTaxPayerRecord() {
        String firstName = getRandomName();
        String lastName = getRandomName();
        String ssn = getRandomSSN();
        String address = getRandomAddress();
        String city = getRandomCity();
        String state = getRandomState();
        return new TaxPayerRecord(firstName, lastName, ssn,
                address, city, state);
    }

    private static void populateDatabase(TaxPayerBailoutDB db,
            List<String>[] taxPayerIdList,
            int dbSize) {
        for (int i = 0; i < dbSize; i++) {
            String key = getRandomTaxPayerId();
            TaxPayerRecord tpr = makeTaxPayerRecord();
            db.add(key, tpr);
            int index = i % taxPayerIdList.length;
            taxPayerIdList[index].add(key);
        }
    }

    public static String getRandomTaxPayerId() {
        StringBuilder sb = new StringBuilder();
        for (int i = 0; i < 20; i++) {
            int index =
                threadLocalRandom.get().nextInt(alphabet.length);
            sb.append(alphabet[index]);
        }
        return sb.toString();
    }

    public static String getRandomName() {
        StringBuilder sb = new StringBuilder();
        int size = threadLocalRandom.get().nextInt(8) + 5;
        for (int i = 0; i < size; i++) {
            int index =
                threadLocalRandom.get().nextInt(alphabet.length);
            char c = alphabet[index];
            if (i == 0) {
                c = Character.toUpperCase(c);
            }
            sb.append(c);
        }
        return sb.toString();
    }
```

```java
    public static String getRandomSSN() {
        StringBuilder sb = new StringBuilder();
        for (int i = 0; i < 11; i++) {
            if (i == 3 || i == 6) {
                sb.append('-');
            }
            int x = threadLocalRandom.get().nextInt(9);
            sb.append(x);
        }
        return sb.toString();
    }

    public static String getRandomAddress() {
        StringBuilder sb = new StringBuilder();
        int size = threadLocalRandom.get().nextInt(14) + 10;
        for (int i = 0; i < size; i++) {
            if (i < 5) {
                int x = threadLocalRandom.get().nextInt(8);
                sb.append(x + 1);
            }
            int index =
                threadLocalRandom.get().nextInt(alphabet.length);
            char c = alphabet[index];
            if (i == 5) {
                c = Character.toUpperCase(c);
            }
            sb.append(c);
        }
        return sb.toString();
    }

    public static String getRandomCity() {
        StringBuilder sb = new StringBuilder();
        int size = threadLocalRandom.get().nextInt(5) + 6;
        for (int i = 0; i < size; i++) {
            int index =
                threadLocalRandom.get().nextInt(alphabet.length);
            char c = alphabet[index];
            if (i == 0) {
                c = Character.toUpperCase(c);
            }
            sb.append(c);
        }
        return sb.toString();
    }

    public static String getRandomState() {
        int index = threadLocalRandom.get().nextInt(states.length);
        return states[index];
    }
}
```

TaxPayerRecord.java

```java
import java.util.concurrent.atomic.AtomicLong;

public class TaxPayerRecord {
    private String firstName, lastName, ssn, address, city, state;
    private AtomicLong taxPaid;

    public TaxPayerRecord(String firstName, String lastName, String ssn,
                          String address, String city, String state) {
        this.firstName = firstName;
        this.lastName = lastName;
        this.ssn = ssn;
        this.address = address;
        this.city = city;
        this.state = state;
        this.taxPaid = new AtomicLong(0);
    }

    public String getFirstName() {
        return firstName;
    }

    public void setFirstName(String firstName) {
        this.firstName = firstName;
    }

    public String getLastName() {
        return lastName;
    }

    public void setLastName(String lastName) {
        this.lastName = lastName;
    }

    public String getSsn() {
        return ssn;
    }

    public void setSsn(String ssn) {
        this.ssn = ssn;
    }

    public String getAddress() {
        return address;
    }

    public void setAddress(String address) {
        this.address = address;
    }

    public String getCity() {
        return city;
    }
```

```java
    public void setCity(String city) {
        this.city = city;
    }

    public String getState() {
        return state;
    }

    public void setState(String state) {
        this.state = state;
    }

    public void taxPaid(long amount) {
        taxPaid.addAndGet(amount);
    }

    public long getTaxPaid() {
        return taxPaid.get();
    }
}
```

TaxPayerBailoutDB.java

```java
public interface TaxPayerBailoutDB {

    static final int NUMBER_OF_RECORDS_DESIRED = 2 * 1000000;

    /**
     * 依据tax payer的id从数据库获取记录。
     *
     * @param id - tax payer的id
     * @return tax payer记录
     */
    TaxPayerRecord get(String id);

    /**
     * 往数据库中添加新的tax payer。
     *
     * @param id     - tax payer的id
     * @param record - tax payer记录
     * @return 刚添加到数据库中的tax payer记录
     */
    TaxPayerRecord add(String id, TaxPayerRecord record);

    /**
     * 从数据库中删除一条tax payer记录。
     *
     * @param id - tax payer的id
     * @return tax payer记录, 如果数据库中不存在该id则为null
     */
    TaxPayerRecord remove(String id);

    /**
     * 数据库的大小, 例如记录数。
```

```
     *
     * @return 数据库中记录的数目
     */
    int size();
}
```

TaxPayerBailoutDbImpl.java

```java
import java.util.Map;
import java.util.concurrent.ConcurrentHashMap;

public class TaxPayerBailoutDbImpl implements TaxPayerBailoutDB {
    private final Map<String,TaxPayerRecord> db;

    public TaxPayerBailoutDbImpl(int size) {
        db = new ConcurrentHashMap<String,TaxPayerRecord>(size);
    }

    @Override
    public TaxPayerRecord get(String id) {
        return db.get(id);
    }

    @Override
    public TaxPayerRecord add(String id, TaxPayerRecord record) {
        TaxPayerRecord old = db.put(id, record);
        if (old != null) {
            // 恢复旧的TaxPayerRecord
            old = db.put(id, old);
        }
        return old;
    }

    @Override
    public TaxPayerRecord remove(String id) {
        return db.remove(id);
    }

    @Override
    public int size() {
        return db.size();
    }
}
```

TaxCallable.java

```java
import java.util.List;
import java.util.Random;
import java.util.concurrent.Callable;

public class TaxCallable implements Callable<BailoutFuture> {

    private static long runTimeInMillis = BailoutMain.TEST_TIME;
    final private static ThreadLocal<Random> generator =
            BailoutMain.threadLocalRandom;
```

```
private long nullCounter, recordsRemoved, newRecordsAdded;
private int index;
private String taxPayerId;
final private List<String> taxPayerList;
final private TaxPayerBailoutDB db;

public TaxCallable(List<String> taxPayerList,
                   TaxPayerBailoutDB db) {
    this.taxPayerList = taxPayerList;
    this.db = db;
    index = 0;
}


@Override
public BailoutFuture call() throws Exception {
    long iterations = 0L, elapsedTime = 0L;
    long startTime = System.currentTimeMillis();
    double iterationsPerSecond = 0;
    do {
        setTaxPayer();
        iterations++;
        TaxPayerRecord tpr = null;
        // 万一iterations溢出
        if (iterations == Long.MAX_VALUE) {
            long elapsed = System.currentTimeMillis() - startTime;
            iterationsPerSecond =
                    iterations / ((double) (elapsed / 1000));
            System.err.println(
                    "Iteration counter about to overflow ...");
            System.err.println(
                    "Calculating current operations per second ...");
            System.err.println(
                    "Iterations per second: " + iterationsPerSecond);
            iterations = 0L;
            startTime = System.currentTimeMillis();
            runTimeInMillis -= elapsed;
        }
        if (iterations % 1001 == 0) {
            tpr = addNewTaxPayer(tpr);
        } else if (iterations % 60195 == 0) {
            tpr = removeTaxPayer(tpr);
        } else {
            tpr = updateTaxPayer(iterations, tpr);
        }

        if (iterations % 1000 == 0) {
            elapsedTime = System.currentTimeMillis() - startTime;
        }
    } while (elapsedTime < runTimeInMillis);

    if (iterations >= 1000) {
        iterationsPerSecond =
                iterations / ((double) (elapsedTime / 1000));
    }
    BailoutFuture bailoutFuture =
            new BailoutFuture(iterationsPerSecond, newRecordsAdded,
```

```
                                          recordsRemoved, nullCounter);
        return bailoutFuture;
    }

    private TaxPayerRecord updateTaxPayer(long iterations,
                                          TaxPayerRecord tpr) {
        if (iterations % 1001 == 0) {
            tpr = db.get(taxPayerId);
        } else {
            // 更新数据库中的TaxPayer记录
            tpr = db.get(taxPayerId);
            if (tpr != null) {
                long tax = generator.get().nextInt(10) + 15;
                tpr.taxPaid(tax);
            }
        }
        if (tpr == null) {
            nullCounter++;
        }
        return tpr;
    }

    private TaxPayerRecord removeTaxPayer(TaxPayerRecord tpr) {
        // 从数据库中删除tax payer
        tpr = db.remove(taxPayerId);
        if (tpr != null) {
            // 从TaxPayerList中删除记录
            taxPayerList.remove(index);
            recordsRemoved++;
        }
        return tpr;
    }

    private TaxPayerRecord addNewTaxPayer(TaxPayerRecord tpr) {
        // 往数据库中添加新的TaxPayer
        String tmpTaxPayerId = BailoutMain.getRandomTaxPayerId();
        tpr = BailoutMain.makeTaxPayerRecord();
        TaxPayerRecord old = db.add(tmpTaxPayerId, tpr);
        if (old == null) {
            // 添加到（本地）列表
            taxPayerList.add(tmpTaxPayerId);
            newRecordsAdded++;
        }
        return tpr;
    }

    public void setTaxPayer() {
        if (++index >= taxPayerList.size()) {
            index = 0;
        }
        this.taxPayerId = taxPayerList.get(index);
    }
}
```

BailoutFuture.java
```java
public class BailoutFuture {
    private double iterationsPerSecond;
    private long recordsAdded, recordsRemoved, nullCounter;

    public BailoutFuture(double iterationsPerSecond, long recordsAdded,
                         long recordsRemoved, long nullCounter) {
        this.iterationsPerSecond = iterationsPerSecond;
        this.recordsAdded = recordsAdded;
        this.recordsRemoved = recordsRemoved;
        this.nullCounter = nullCounter;
    }

    public double getIterationsPerSecond() {
        return iterationsPerSecond;
    }

    public long getRecordsAdded() {
        return recordsAdded;
    }

    public long getRecordsRemoved() {
        return recordsRemoved;
    }

    public long getNullCounter() {
        return nullCounter;
    }
}
```

B.4　锁竞争实现 4

实现4将java.util.Random替换成ThreadLocal的java.util.Random，并恢复使用同步HashMap。

BailoutMain.java
```java
/**
 * 锁竞争示例程序。
 */
import java.text.DecimalFormat;
import java.text.NumberFormat;
import java.util.ArrayList;
import java.util.HashSet;
import java.util.List;
import java.util.Random;
import java.util.Set;
import java.util.concurrent.Callable;
import java.util.concurrent.ExecutionException;
import java.util.concurrent.ExecutorService;
import java.util.concurrent.Executors;
import java.util.concurrent.Future;
import java.util.logging.Level;
```

```
import java.util.logging.Logger;

public class BailoutMain {
    final public static int TEST_TIME = 240 * 1000;
    final public static ThreadLocal<Random> threadLocalRandom =
            new ThreadLocal<Random>() {
                @Override
                protected Random initialValue() {
                    return new Random(Thread.currentThread().getId());
                }
            };
    private static char[] alphabet = {'a', 'b', 'c', 'd', 'e', 'f',
        'g', 'h', 'i', 'j', 'k', 'l', 'm', 'n', 'o', 'p', 'q', 'r',
        's', 't', 'u', 'v', 'w', 'x',
        'y', 'z'};
    private static String[] states = {"Alabama", "Alaska", "Arizona",
        "Arkansas", "California", "Colorado", "Connecticut",
        "Delaware", "Florida", "Georgia", "Hawaii", "Idaho",
        "Illinois", "Indiana", "Iowa", "Kansas", "Kentucky",
        "Louisiana", "Maine", "Maryland", "Massachusetts", "Michigan",
        "Minnesota", "Mississippi", "Missouri", "Montana", "Nebraska",
        "Nevada", "New Hampshire", "New Jersey", "New Mexico",
        "New York", "North Carolina", "North Dakota", "Ohio",
        "Oklahoma", "Oregon", "Pennsylvania", "Rhode Island",
        "South Carolina", "South Dakota", "Tennessee", "Texas",
        "Utah", "Vermont", "Virginia", "Washington", "West Virginia",
        "Wisconsin", "Wyoming"};

    public static void main(String[] args) {
        final int numberOfThreads =
                        Runtime.getRuntime().availableProcessors();
        final int dbSize = TaxPayerBailoutDB.NUMBER_OF_RECORDS_DESIRED;
        final int taxPayerListSize = dbSize / numberOfThreads;

        System.out.println("Number of threads to run concurrently : " +
                        numberOfThreads);
        System.out.println("Tax payer database size: " + dbSize);

        // 往数据库填充记录
        System.out.println("Creating tax payer database ...");
        TaxPayerBailoutDB db = new TaxPayerBailoutDbImpl(dbSize);
        List<String>[] taxPayerList = new ArrayList[numberOfThreads];
        for (int i = 0; i < numberOfThreads; i++) {
            taxPayerList[i] = new ArrayList<String>(taxPayerListSize);
        }
        populateDatabase(db, taxPayerList, dbSize);
        System.out.println("\tTax payer database created.");

        System.out.println("Allocating (" + numberOfThreads +
                        ") threads ...");

        // 创建executors池，执行Callable
        ExecutorService pool =
                Executors.newFixedThreadPool(numberOfThreads);
```

```
Callable<BailoutFuture>[] callables =
        new TaxCallable[numberOfThreads];
for (int i = 0; i < callables.length; i++) {
    callables[i] = new TaxCallable(taxPayerList[i], db);
}

System.out.println("\tthreads allocated.");

// 启动线程运行
System.out.println("Starting (" + callables.length +
                   ") threads ...");
Set<Future<BailoutFuture>> set =
        new HashSet<Future<BailoutFuture>>();
for (int i = 0; i < callables.length; i++) {
    Callable<BailoutFuture> callable = callables[i];
    Future<BailoutFuture> future = pool.submit(callable);
    set.add(future);
}

System.out.println("\t(" + callables.length +
                   ") threads started.");
// 阻塞并等待所有Callable完成
System.out.println("Waiting for " + TEST_TIME / 1000 +
                   " seconds for (" + callables.length +
                   ") threads to complete ...");

double iterationsPerSecond = 0;
long recordsAdded = 0, recordsRemoved = 0, nullCounter = 0;
int counter = 1;
for (Future<BailoutFuture> future : set) {
    BailoutFuture result = null;
    try {
        result = future.get();
    } catch (InterruptedException ex) {
        Logger.getLogger(
            BailoutMain.class.getName()).log(
                Level.SEVERE, null, ex);
    } catch (ExecutionException ex) {
        Logger.getLogger(
            BailoutMain.class.getName()).log(
                Level.SEVERE, null, ex);
    }
    System.out.println("Iterations per second on thread[" +
                       counter++ + "] -> " +
                       result.getIterationsPerSecond());
    iterationsPerSecond += result.getIterationsPerSecond();
    recordsAdded += result.getRecordsAdded();
    recordsRemoved += result.getRecordsRemoved();
    nullCounter = result.getNullCounter();
}

// 打印总数
DecimalFormat df = new DecimalFormat("#.##");
System.out.println("Total iterations per second --> " +
                   df.format(iterationsPerSecond));
```

```java
        NumberFormat nf = NumberFormat.getInstance();
        System.out.println("Total records added ----------> " +
                        nf.format(recordsAdded));
        System.out.println("Total records removed --------> " +
                        nf.format(recordsRemoved));
        System.out.println("Total records in db ----------> " +
                        nf.format(db.size()));
        System.out.println("Total null records encountered: " +
                        nf.format(nullCounter));

        System.exit(0);
    }

    public static TaxPayerRecord makeTaxPayerRecord() {
        String firstName = getRandomName();
        String lastName = getRandomName();
        String ssn = getRandomSSN();
        String address = getRandomAddress();
        String city = getRandomCity();
        String state = getRandomState();
        return new TaxPayerRecord(firstName, lastName, ssn,
                address, city, state);
    }

    private static void populateDatabase(TaxPayerBailoutDB db,
                List<String>[] taxPayerIdList, int dbSize) {
        for (int i = 0; i < dbSize; i++) {
            String key = getRandomTaxPayerId();
            TaxPayerRecord tpr = makeTaxPayerRecord();
            db.add(key, tpr);
            int index = i % taxPayerIdList.length;
            taxPayerIdList[index].add(key);
        }
    }

    public static String getRandomTaxPayerId() {
        StringBuilder sb = new StringBuilder();
        for (int i = 0; i < 20; i++) {
            int index =
                threadLocalRandom.get().nextInt(alphabet.length);
            sb.append(alphabet[index]);
        }
        return sb.toString();
    }

    public static String getRandomName() {
        StringBuilder sb = new StringBuilder();
        int size = threadLocalRandom.get().nextInt(8) + 5;
        for (int i = 0; i < size; i++) {
            int index =
                threadLocalRandom.get().nextInt(alphabet.length);
            char c = alphabet[index];
            if (i == 0) {
                c = Character.toUpperCase(c);
            }
            sb.append(c);
        }
```

```
            return sb.toString();
    }

    public static String getRandomSSN() {
        StringBuilder sb = new StringBuilder();
        for (int i = 0; i < 11; i++) {
            if (i == 3 || i == 6) {
                sb.append('-');
            }
            int x = threadLocalRandom.get().nextInt(9);
            sb.append(x);
        }
        return sb.toString();
    }

    public static String getRandomAddress() {
        StringBuilder sb = new StringBuilder();
        int size = threadLocalRandom.get().nextInt(14) + 10;
        for (int i = 0; i < size; i++) {
            if (i < 5) {
                int x = threadLocalRandom.get().nextInt(8);
                sb.append(x + 1);
            }
            int index =
                threadLocalRandom.get().nextInt(alphabet.length);
            char c = alphabet[index];
            if (i == 5) {
                c = Character.toUpperCase(c);
            }
            sb.append(c);
        }
        return sb.toString();
    }

    public static String getRandomCity() {
        StringBuilder sb = new StringBuilder();
        int size = threadLocalRandom.get().nextInt(5) + 6;
        for (int i = 0; i < size; i++) {
            int index =
                threadLocalRandom.get().nextInt(alphabet.length);
            char c = alphabet[index];
            if (i == 0) {
                c = Character.toUpperCase(c);
            }
            sb.append(c);
        }
        return sb.toString();
    }

    public static String getRandomState() {
        int index = threadLocalRandom.get().nextInt(states.length);
        return states[index];
    }
}
}
```

TaxPayerRecord.java

```java
import java.util.concurrent.atomic.AtomicLong;

public class TaxPayerRecord {
    private String firstName, lastName, ssn, address, city, state;
    private AtomicLong taxPaid;

    public TaxPayerRecord(String firstName, String lastName, String ssn,
                          String address, String city, String state) {
        this.firstName = firstName;
        this.lastName = lastName;
        this.ssn = ssn;
        this.address = address;
        this.city = city;
        this.state = state;
        this.taxPaid = new AtomicLong(0);
    }

    public String getFirstName() {
        return firstName;
    }

    public void setFirstName(String firstName) {
        this.firstName = firstName;
    }

    public String getLastName() {
        return lastName;
    }

    public void setLastName(String lastName) {
        this.lastName = lastName;
    }

    public String getSsn() {
        return ssn;
    }

    public void setSsn(String ssn) {
        this.ssn = ssn;
    }

    public String getAddress() {
        return address;
    }

    public void setAddress(String address) {
        this.address = address;
    }

    public String getCity() {
        return city;
    }
```

```
    public void setCity(String city) {
        this.city = city;
    }

    public String getState() {
        return state;
    }

    public void setState(String state) {
        this.state = state;
    }

    public void taxPaid(long amount) {
        taxPaid.addAndGet(amount);
    }

    public long getTaxPaid() {
        return taxPaid.get();
    }
}
```

TaxPayerBailoutDB.java
```
public interface TaxPayerBailoutDB {

    static final int NUMBER_OF_RECORDS_DESIRED = 2 * 1000000;

    /**
     * 依据tax payer的id从数据库获取记录。
     *
     * @param id - tax payer的id
     * @return tax payer记录
     */
    TaxPayerRecord get(String id);

    /**
     * 往数据库中添加新的tax payer。
     *
     * @param id      - tax payer的id
     * @param record - tax payer记录
     * @return 刚添加到数据库中的tax payer记录
     */
    TaxPayerRecord add(String id, TaxPayerRecord record);

    /**
     * 从数据库中删除一条tax payer记录。
     *
     * @param id - tax payer的id
     * @return tax payer记录, 如果数据库中不存在该id则为null
     */
    TaxPayerRecord remove(String id);

    /**
```

```
    *  数据库的大小，例如记录数。
    *
    *  @return 数据库中记录的数目
    */
    int size();
}
```

TaxPayerBailoutDbImpl.java

```
import java.util.Collections;
import java.util.HashMap;
import java.util.Map;

public class TaxPayerBailoutDbImpl implements TaxPayerBailoutDB {
    private final Map<String,TaxPayerRecord> db;

    public TaxPayerBailoutDbImpl(int size) {
        db = Collections.synchronizedMap(
                new HashMap<String,TaxPayerRecord>(size));
    }

    @Override
    public TaxPayerRecord get(String id) {
        return db.get(id);
    }

    @Override
    public TaxPayerRecord add(String id, TaxPayerRecord record) {
        TaxPayerRecord old = db.put(id, record);
        if (old != null) {
            // 恢复旧的TaxPayerRecord
            old = db.put(id, old);
        }
        return old;
    }

    @Override
    public TaxPayerRecord remove(String id) {
        return db.remove(id);
    }

    @Override
    public int size() {
        return db.size();
    }
}
```

TaxCallable.java

```
import java.util.List;
import java.util.Random;
import java.util.concurrent.Callable;

public class TaxCallable implements Callable<BailoutFuture> {

    private static long runTimeInMillis = BailoutMain.TEST_TIME;
```

```
final private static ThreadLocal<Random> generator =
                            BailoutMain.threadLocalRandom;
private long nullCounter, recordsRemoved, newRecordsAdded;
private int index;
private String taxPayerId;
final private List<String> taxPayerList;
final private TaxPayerBailoutDB db;

public TaxCallable(List<String> taxPayerList,
                TaxPayerBailoutDB db) {
    this.taxPayerList = taxPayerList;
    this.db = db;
    index = 0;
}


@Override
public BailoutFuture call() throws Exception {
    long iterations = 0L, elapsedTime = 0L;
    long startTime = System.currentTimeMillis();
    double iterationsPerSecond = 0;
    do {
        setTaxPayer();
        iterations++;
        TaxPayerRecord tpr = null;
        // 万一iterations溢出
        if (iterations == Long.MAX_VALUE) {
            long elapsed = System.currentTimeMillis() - startTime;
            iterationsPerSecond =
                    iterations / ((double) (elapsed / 1000));
            System.err.println(
                    "Iteration counter about to overflow ...");
            System.err.println(
                    "Calculating current operations per second ...");
            System.err.println(
                    "Iterations per second: " + iterationsPerSecond);
            iterations = 0L;
            startTime = System.currentTimeMillis();
            runTimeInMillis -= elapsed;
        }
        if (iterations % 1001 == 0) {
            tpr = addNewTaxPayer(tpr);
        } else if (iterations % 60195 == 0) {
            tpr = removeTaxPayer(tpr);
        } else {
            tpr = updateTaxPayer(iterations, tpr);
        }

        if (iterations % 1000 == 0) {
            elapsedTime = System.currentTimeMillis() - startTime;
        }
    } while (elapsedTime < runTimeInMillis);

    if (iterations >= 1000) {
        iterationsPerSecond =
                iterations / ((double) (elapsedTime / 1000));
    }
```

```
        BailoutFuture bailoutFuture =
                new BailoutFuture(iterationsPerSecond, newRecordsAdded,
                                recordsRemoved, nullCounter);
        return bailoutFuture;
    }

    private TaxPayerRecord updateTaxPayer(long iterations,
                                        TaxPayerRecord tpr) {
        if (iterations % 1001 == 0) {
            tpr = db.get(taxPayerId);
        } else {
            // 更新数据库中的TaxPayer记录
            tpr = db.get(taxPayerId);
            if (tpr != null) {
                long tax = generator.get().nextInt(10) + 15;
                tpr.taxPaid(tax);
            }
        }
        if (tpr == null) {
            nullCounter++;
        }
        return tpr;
    }

    private TaxPayerRecord removeTaxPayer(TaxPayerRecord tpr) {
        // 从数据库中删除tax payer
        tpr = db.remove(taxPayerId);
        if (tpr != null) {
            // 从TaxPayerList中删除记录
            taxPayerList.remove(index);
            recordsRemoved++;
        }
        return tpr;
    }

    private TaxPayerRecord addNewTaxPayer(TaxPayerRecord tpr) {
        // 往数据库中添加新的TaxPayer
        String tmpTaxPayerId = BailoutMain.getRandomTaxPayerId();
        tpr = BailoutMain.makeTaxPayerRecord();
        TaxPayerRecord old = db.add(tmpTaxPayerId, tpr);
        if (old == null) {
            // 添加到（本地）列表
            taxPayerList.add(tmpTaxPayerId);
            newRecordsAdded++;
        }
        return tpr;
    }

    public void setTaxPayer() {
        if (++index >= taxPayerList.size()) {
            index = 0;
        }
        this.taxPayerId = taxPayerList.get(index);
    }
}
```

BailoutFuture.java
```java
public class BailoutFuture {
    private double iterationsPerSecond;
    private long recordsAdded, recordsRemoved, nullCounter;

    public BailoutFuture(double iterationsPerSecond, long recordsAdded,
                         long recordsRemoved, long nullCounter) {
        this.iterationsPerSecond = iterationsPerSecond;
        this.recordsAdded = recordsAdded;
        this.recordsRemoved = recordsRemoved;
        this.nullCounter = nullCounter;
    }

    public double getIterationsPerSecond() {
        return iterationsPerSecond;
    }

    public long getRecordsAdded() {
        return recordsAdded;
    }

    public long getRecordsRemoved() {
        return recordsRemoved;
    }

    public long getNullCounter() {
        return nullCounter;
    }
}
```

B.5　锁竞争实现 5

实现5将taxpayer数据库分成50个HashMap，每州一个，同时使用ThreadLocal的Random。

BailoutMain.java
```java
/**
 * Java性能优化书中的锁竞争示例程序。
 */
import java.text.DecimalFormat;
import java.text.NumberFormat;
import java.util.ArrayList;
import java.util.HashSet;
import java.util.List;
import java.util.Random;
import java.util.Set;
import java.util.concurrent.Callable;
import java.util.concurrent.ExecutionException;
import java.util.concurrent.ExecutorService;
import java.util.concurrent.Executors;
import java.util.concurrent.Future;
import java.util.logging.Level;
```

```java
import java.util.logging.Logger;

public class BailoutMain {

    final public static int TEST_TIME = 240 * 1000;
    final public static ThreadLocal<Random> threadLocalRandom =
            new ThreadLocal<Random>() {
                @Override
                protected Random initialValue() {
                    return new Random(Thread.currentThread().getId());
                }
            };
    private static char[] alphabet = {'a', 'b', 'c', 'd', 'e', 'f',
                                      'g', 'h', 'i', 'j', 'k', 'l',
                                      'm', 'n', 'o', 'p', 'q', 'r',
                                      's', 't', 'u', 'v', 'w', 'x',
                                      'y', 'z'};
    static String[] states = {"Alabama", "Alaska", "Arizona",
        "Arkansas", "California", "Colorado", "Connecticut",
        "Delaware", "Florida", "Georgia", "Hawaii", "Idaho",
        "Illinois", "Indiana", "Iowa", "Kansas", "Kentucky",
        "Louisiana", "Maine", "Maryland", "Massachusetts", "Michigan",
        "Minnesota", "Mississippi", "Missouri", "Montana", "Nebraska",
        "Nevada", "New Hampshire", "New Jersey", "New Mexico",
        "New York", "North Carolina", "North Dakota", "Ohio",
        "Oklahoma", "Oregon", "Pennsylvania", "Rhode Island",
        "South Carolina", "South Dakota", "Tennessee", "Texas",
        "Utah", "Vermont", "Virginia", "Washington", "West Virginia",
        "Wisconsin", "Wyoming"};

    public static void main(String[] args) {
        final int numberOfThreads =
                Runtime.getRuntime().availableProcessors();
        final int dbSize =
                TaxPayerBailoutDB.NUMBER_OF_RECORDS_DESIRED;
        final int taxPayerListSize = dbSize / numberOfThreads;

        System.out.println("Number of threads to run concurrently : " +
                            numberOfThreads);
        System.out.println("Tax payer database size: " + dbSize);

        // 往数据库填充记录
        System.out.println("Creating tax payer database ...");
        TaxPayerBailoutDB db =
                new TaxPayerBailoutDbImpl(dbSize, states.length);
        List<StateAndId>[] taxPayerList =
                new ArrayList[numberOfThreads];
        for (int i = 0; i < numberOfThreads; i++) {
            taxPayerList[i] =
                    new ArrayList<StateAndId>(taxPayerListSize);
        }
        populateDatabase(db, taxPayerList, dbSize);
        System.out.println("\tTax payer database created.");
```

```
System.out.println("Allocating (" + numberOfThreads +
                   ") threads ...");
// 创建executors池, 执行Callable
ExecutorService pool =
        Executors.newFixedThreadPool(numberOfThreads);

Callable<BailoutFuture>[] callables =
        new TaxCallable[numberOfThreads];
for (int i = 0; i < callables.length; i++) {
    callables[i] = new TaxCallable(taxPayerList[i], db);
}

System.out.println("\tthreads allocated.");

// 启动线程运行
System.out.println("Starting (" + callables.length +
                   ") threads ...");
Set<Future<BailoutFuture>> set =
        new HashSet<Future<BailoutFuture>>();
for (int i = 0; i < callables.length; i++) {
    Callable<BailoutFuture> callable = callables[i];
    Future<BailoutFuture> future = pool.submit(callable);
    set.add(future);
}

System.out.println("\t(" + callables.length +
                   ") threads started.");
// 阻塞并等待所有Callable完成
System.out.println("Waiting for " + TEST_TIME / 1000 +
                   " seconds for (" + callables.length +
                   ") threads to complete ...");

double iterationsPerSecond = 0;
long recordsAdded = 0, recordsRemoved = 0, nullCounter = 0;
int counter = 1;
for (Future<BailoutFuture> future : set) {
    BailoutFuture result = null;
    try {
        result = future.get();
    } catch (InterruptedException ex) {
        Logger.getLogger(
            BailoutMain.class.getName()).log(
                        Level.SEVERE, null, ex);
    } catch (ExecutionException ex) {
        Logger.getLogger(
            BailoutMain.class.getName()).log(
                        Level.SEVERE, null, ex);
    }
    System.out.println("Iterations per second on thread[" +
                    counter++ + "] -> " +
                    result.getIterationsPerSecond());
    iterationsPerSecond += result.getIterationsPerSecond();
    recordsAdded += result.getRecordsAdded();
    recordsRemoved += result.getRecordsRemoved();
```

```java
            nullCounter = result.getNullCounter();
        }

        // 打印总数
        DecimalFormat df = new DecimalFormat("#.##");
        System.out.println("Total iterations per second --> " +
                            df.format(iterationsPerSecond));
        NumberFormat nf = NumberFormat.getInstance();
        System.out.println("Total records added ----------> " +
                            nf.format(recordsAdded));
        System.out.println("Total records removed --------> " +
                            nf.format(recordsRemoved));
        System.out.println("Total records in db ----------> " +
                            nf.format(db.size()));
        System.out.println("Total null records encountered: " +
                            nf.format(nullCounter));

        System.exit(0);
    }

    public static TaxPayerRecord makeTaxPayerRecord() {
        String firstName = getRandomName();
        String lastName = getRandomName();
        String ssn = getRandomSSN();
        String address = getRandomAddress();
        String city = getRandomCity();
        String state = getRandomState();
        return new TaxPayerRecord(firstName, lastName, ssn,
                address, city, state);
    }

    private static void populateDatabase(TaxPayerBailoutDB db,
                            List<StateAndId>[] taxPayerList,
                                        int dbSize) {
        for (int i = 0; i < dbSize; i++) {
            String taxPayerId = getRandomTaxPayerId();
            TaxPayerRecord tpr = makeTaxPayerRecord();
            db.add(taxPayerId, tpr);
            StateAndId stateAndId =
                    new StateAndId(taxPayerId, tpr.getState());
            int index = i % taxPayerList.length;
            taxPayerList[index].add(stateAndId);
        }
    }

    public static String getRandomTaxPayerId() {
        StringBuilder sb = new StringBuilder();
        for (int i = 0; i < 20; i++) {
            int index =
                threadLocalRandom.get().nextInt(alphabet.length);
            sb.append(alphabet[index]);
        }
        return sb.toString();
    }
```

```java
public static String getRandomName() {
    StringBuilder sb = new StringBuilder();
    int size = threadLocalRandom.get().nextInt(8) + 5;
    for (int i = 0; i < size; i++) {
        int index =
            threadLocalRandom.get().nextInt(alphabet.length);
        char c = alphabet[index];
        if (i == 0) {
            c = Character.toUpperCase(c);
        }
        sb.append(c);
    }
    return sb.toString();
}

public static String getRandomSSN() {
    StringBuilder sb = new StringBuilder();
    for (int i = 0; i < 11; i++) {
        if (i == 3 || i == 6) {
            sb.append('-');
        }
        int x = threadLocalRandom.get().nextInt(9);
        sb.append(x);
    }
    return sb.toString();
}

public static String getRandomAddress() {
    StringBuilder sb = new StringBuilder();
    int size = threadLocalRandom.get().nextInt(14) + 10;
    for (int i = 0; i < size; i++) {
        if (i < 5) {
            int x = threadLocalRandom.get().nextInt(8);
            sb.append(x + 1);
        }
        int index =
            threadLocalRandom.get().nextInt(alphabet.length);
        char c = alphabet[index];
        if (i == 5) {
            c = Character.toUpperCase(c);
        }
        sb.append(c);
    }
    return sb.toString();
}

public static String getRandomCity() {
    StringBuilder sb = new StringBuilder();
    int size = threadLocalRandom.get().nextInt(5) + 6;
    for (int i = 0; i < size; i++) {
        int index =
            threadLocalRandom.get().nextInt(alphabet.length);
        char c = alphabet[index];
```

```
            if (i == 0) {
                c = Character.toUpperCase(c);
            }
            sb.append(c);
        }
        return sb.toString();
    }

    public static String getRandomState() {
        int index = threadLocalRandom.get().nextInt(states.length);
        return states[index];
    }
}
```

TaxPayerRecord.java
```
import java.util.concurrent.atomic.AtomicLong;

public class TaxPayerRecord {
    private String firstName, lastName, ssn, address, city, state;
    private AtomicLong taxPaid;

    public TaxPayerRecord(String firstName, String lastName, String ssn,
                          String address, String city, String state) {
        this.firstName = firstName;
        this.lastName = lastName;
        this.ssn = ssn;
        this.address = address;
        this.city = city;
        this.state = state;
        this.taxPaid = new AtomicLong(0);
    }

    public String getFirstName() {
        return firstName;
    }

    public void setFirstName(String firstName) {
        this.firstName = firstName;
    }

    public String getLastName() {
        return lastName;
    }

    public void setLastName(String lastName) {
        this.lastName = lastName;
    }

    public String getSsn() {
        return ssn;
    }

    public void setSsn(String ssn) {
```

```java
        this.ssn = ssn;
    }

    public String getAddress() {
        return address;
    }

    public void setAddress(String address) {
        this.address = address;
    }

    public String getCity() {
        return city;
    }

    public void setCity(String city) {
        this.city = city;
    }

    public String getState() {
        return state;
    }

    public void setState(String state) {
        this.state = state;
    }

    public void taxPaid(long amount) {
        taxPaid.addAndGet(amount);
    }

    public long getTaxPaid() {
        return taxPaid.get();
    }
}
```

TaxPayerBailoutDB.java

```java
public interface TaxPayerBailoutDB {

    static final int NUMBER_OF_RECORDS_DESIRED = 2 * 1000000;

    /**
     * 依据tax payer的id和家乡州从数据库获取记录。
     *
     * @param taxPayersId - tax payer的id
     * @param state       - tax payers的家乡州
     * @return tax payer记录
     */
    TaxPayerRecord get(String id, String state);

    /**
     * 往数据库中添加新的tax payer。
     *
```

```
 * @param id      - tax payer的id
 * @param record  - tax payer记录
 * @return 刚添加到数据库中的tax payer记录
 */
TaxPayerRecord add(String id,  TaxPayerRecord record);

/**
 * 从数据库中删除一条tax payer记录。
 *
 * @param taxPayersId    - tax payer的id
 * @param taxPayersState - tax payer的家乡州
 * @return tax payer记录, 如果数据库中不存在该id和州对应的记录则为null
 */
TaxPayerRecord remove(String id, String state);

/**
 * 数据库的大小, 例如记录数。
 *
 * @return 数据库中记录的数目
 */
int size();
}
```

TaxPayerBailoutDbImpl.java

```java
import java.util.Collections;
import java.util.HashMap;
import java.util.Iterator;
import java.util.Map;

public class TaxPayerBailoutDbImpl implements TaxPayerBailoutDB {
    private final Map<String, Map<String,TaxPayerRecord>> db;

    public TaxPayerBailoutDbImpl(int dbSize, int numberOfStates) {
        db = new HashMap<String,Map<String,TaxPayerRecord>>(dbSize);
        for (int i = 0; i < numberOfStates; i++) {
            Map<String,TaxPayerRecord> map =
                    Collections.synchronizedMap(
                        new HashMap<String,TaxPayerRecord>(
                            dbSize/numberOfStates));
            db.put(BailoutMain.states[i], map);
        }
    }

    @Override
    public TaxPayerRecord get(String id, String state) {
        Map<String,TaxPayerRecord> map = getStateMap(state);
        if (map == null) {
            System.out.println("Unable to find state: " + state);
        }
        return map.get(id);
    }

    @Override
```

```
    public TaxPayerRecord add(String id, TaxPayerRecord record) {
        Map<String,TaxPayerRecord> map = getStateMap(record.getState());
        // 如果找到tax payer，则更新该记录
        TaxPayerRecord old = map.put(id, record);
        if (old != null) {
            // 没有找到，恢复旧的TaxPayerRecord
            old = map.put(id, old);
        }
        return old;
    }

    @Override
    public TaxPayerRecord remove(String id, String state) {
        Map<String,TaxPayerRecord> map = getStateMap(state);
        TaxPayerRecord tmpRecord = null;
        if (map != null)
            tmpRecord = map.remove(id);
        return tmpRecord;
    }

    @Override
    public int size() {
        int size = 0;
        Iterator<Map<String,TaxPayerRecord>> itr =
                                db.values().iterator();
        while (itr.hasNext()) {
            Map<String,TaxPayerRecord> m = itr.next();
            if (m != null)
                size += m.size();
        }
        return size;
    }

    private Map<String, TaxPayerRecord> getStateMap(String state) {
        Map<String,TaxPayerRecord> map = db.get(state);
        if (map == null) {
            throw new UnsupportedOperationException(
                    "State (" + state + ") " +
                    "not found in tax payer database.");
        }
        return map;
    }
}
```

TaxCallable.java

```
import java.util.List;
import java.util.Random;
import java.util.concurrent.Callable;

public class TaxCallable implements Callable<BailoutFuture> {

    private static long runTimeInMillis = BailoutMain.TEST_TIME;
    final private static ThreadLocal<Random> generator =
```

```
                                BailoutMain.threadLocalRandom;
private long nullCounter, recordsRemoved, newRecordsAdded;
private int index;
private StateAndId stateAndId;
final private List<StateAndId> taxPayerList;
final private TaxPayerBailoutDB db;

public TaxCallable(List<StateAndId> taxPayerList,
                   TaxPayerBailoutDB db) {
    this.taxPayerList = taxPayerList;
    this.db = db;
    index = 0;
}

@Override
public BailoutFuture call() throws Exception {
    long iterations = 0L, elapsedTime = 0L;
    long startTime = System.currentTimeMillis();
    double iterationsPerSecond = 0;
    do {
        setTaxPayer();
        iterations++;
        TaxPayerRecord tpr = null;
        if (iterations == Long.MAX_VALUE) {
            long elapsed = System.currentTimeMillis() - startTime;
            iterationsPerSecond =
                    iterations / ((double) (elapsed / 1000));
            System.err.
                println("Iteration counter about to overflow ...");
            System.err.println(
                    "Calculating current operations per second ...");
            System.err.println("Iterations per second: " +
                                iterationsPerSecond);
            iterations = 0L;
            startTime = System.currentTimeMillis();
            runTimeInMillis -= elapsed;
        }
        if (iterations % 1001 == 0) {
            tpr = addNewTaxPayer(tpr);
        } else if (iterations % 60195 == 0) {
            tpr = removeTaxPayer(tpr);
        } else {
            tpr = updateTaxPayer(iterations, tpr);
        }

        if (iterations % 1000 == 0) {
            elapsedTime = System.currentTimeMillis() - startTime;
        }
    } while (elapsedTime < runTimeInMillis);

    if (iterations >= 1000) {
        iterationsPerSecond =
                iterations / ((double) (elapsedTime / 1000));
    }
```

```
        BailoutFuture bailoutFuture =
                new BailoutFuture(iterationsPerSecond, newRecordsAdded,
                                  recordsRemoved, nullCounter);
        return bailoutFuture;
    }

    private TaxPayerRecord updateTaxPayer(long iterations,
                                          TaxPayerRecord tpr) {
        if (iterations % 1001 == 0) {
            tpr = db.get(stateAndId.getId(), stateAndId.getState());
        } else {
            // 更新数据库中的TaxPayer记录
            tpr = db.get(stateAndId.getId(), stateAndId.getState());
            if (tpr != null) {
                long tax = generator.get().nextInt(10) + 15;
                tpr.taxPaid(tax);
            }
        }
        if (tpr == null) {
            nullCounter++;
        }
        return tpr;
    }

    private TaxPayerRecord removeTaxPayer(TaxPayerRecord tpr) {
        // 从数据库中删除tax payer
        tpr = db.remove(stateAndId.getId(), stateAndId.getState());
        if (tpr != null) {
            // 从TaxPayerList中删除记录
            taxPayerList.remove(index);
            recordsRemoved++;
        }
        return tpr;
    }

    private TaxPayerRecord addNewTaxPayer(TaxPayerRecord tpr) {
        // 往数据库中添加新的TaxPayer
        String tmpTaxPayerId = BailoutMain.getRandomTaxPayerId();
        tpr = BailoutMain.makeTaxPayerRecord();
        TaxPayerRecord old = db.add(tmpTaxPayerId, tpr);
        if (old == null) {
            // 添加到（本地）列表
            StateAndId sai =
                    new StateAndId(tmpTaxPayerId, tpr.getState());
            taxPayerList.add(sai);
            newRecordsAdded++;
        }
        return tpr;
    }

    private void setTaxPayer() {
        if (++index >= taxPayerList.size()) {
            index = 0;
        }
```

```
        this.stateAndId = taxPayerList.get(index);
    }
}
```

BailoutFuture.java
```java
public class BailoutFuture {
    private double iterationsPerSecond;
    private long recordsAdded, recordsRemoved, nullCounter;

    public BailoutFuture(double iterationsPerSecond, long recordsAdded,
                         long recordsRemoved, long nullCounter) {
        this.iterationsPerSecond = iterationsPerSecond;
        this.recordsAdded = recordsAdded;
        this.recordsRemoved = recordsRemoved;
        this.nullCounter = nullCounter;
    }

    public double getIterationsPerSecond() {
        return iterationsPerSecond;
    }

    public long getRecordsAdded() {
        return recordsAdded;
    }

    public long getRecordsRemoved() {
        return recordsRemoved;
    }

    public long getNullCounter() {
        return nullCounter;
    }
}
```

StateAndId.java
```java
final public class StateAndId {
    private String id;
    private String state;

    public StateAndId(String id, String state) {
        this.id = id; this.state = state;
    }

    public String getState() {
        return state;
    }

    public void setState(String state) {
        this.state = state;
    }

    public String getId() {
```

```
        return id;
    }

    public void setId(String id) {
        this.id = id;
    }
}
```

B.6 调整容量变化 1

这个实现在之前B.5上略有改动，它将taxpayer数据库分成50个HashMap，每州一个，使用了ThreadLocal的Random，并增加了计算和报告时间的功能，这时间是指它以默认初始容量的HashMap分配和创建2 000 000条记录所花费的时间。

BailoutMain.java

```
/**
 * Java性能优化书中Java Collections容量大小的调整对性能影响的示例程序。
 */
import java.text.DecimalFormat;
import java.text.NumberFormat;
import java.util.ArrayList;
import java.util.HashSet;
import java.util.List;
import java.util.Random;
import java.util.Set;
import java.util.concurrent.Callable;
import java.util.concurrent.ExecutionException;
import java.util.concurrent.ExecutorService;
import java.util.concurrent.Executors;
import java.util.concurrent.Future;
import java.util.logging.Level;
import java.util.logging.Logger;

public class BailoutMain {

    final public static int TEST_TIME = 240 * 1000;
    final public static ThreadLocal<Random> threadLocalRandom =
        new ThreadLocal<Random>() {
            @Override
            protected Random initialValue() {
                return new Random(Thread.currentThread().getId());
            }
        };
    private static char[] alphabet = {'a', 'b', 'c', 'd', 'e', 'f',
                                      'g', 'h', 'i', 'j', 'k', 'l',
                                      'm', 'n', 'o', 'p', 'q', 'r',
                                      's', 't', 'u', 'v', 'w', 'x',
                                      'y', 'z'};
    static String[] states = {"Alabama", "Alaska", "Arizona",
        "Arkansas", "California", "Colorado", "Connecticut",
```

```
                "Delaware", "Florida", "Georgia", "Hawaii", "Idaho",
                "Illinois", "Indiana", "Iowa", "Kansas", "Kentucky",
                "Louisiana", "Maine", "Maryland", "Massachusetts", "Michigan",
                "Minnesota", "Mississippi", "Missouri", "Montana", "Nebraska",
                "Nevada", "New Hampshire", "New Jersey", "New Mexico",
                "New York", "North Carolina", "North Dakota", "Ohio",
                "Oklahoma", "Oregon", "Pennsylvania", "Rhode Island",
                "South Carolina", "South Dakota", "Tennessee", "Texas",
                "Utah", "Vermont", "Virginia", "Washington", "West Virginia",
                "Wisconsin", "Wyoming"};

    public static void main(String[] args) {
        final long start = System.nanoTime();
        final int numberOfThreads =
                Runtime.getRuntime().availableProcessors();
        final int dbSize =
                TaxPayerBailoutDB.NUMBER_OF_RECORDS_DESIRED;
        final int taxPayerListSize = dbSize / numberOfThreads;

        System.out.println("Number of threads to run concurrently : " +
                            numberOfThreads);
        System.out.println("Tax payer database size: " + dbSize);

        // 往数据库填充记录
        System.out.println("Creating tax payer database ...");
        TaxPayerBailoutDB db =
                new TaxPayerBailoutDbImpl(dbSize, states.length);
        List<StateAndId>[] taxPayerList =
                new ArrayList[numberOfThreads];
        for (int i = 0; i < numberOfThreads; i++) {
            taxPayerList[i] =
                    new ArrayList<StateAndId>(taxPayerListSize);
        }
        populateDatabase(db, taxPayerList, dbSize);
        final long initDbTime = System.nanoTime() - start;
        System.out.println("\tTax payer database created & populated" +
                            " in (" + initDbTime/(1000*1000) + ") ms.");

        System.out.println("Allocating (" + numberOfThreads +
                            ") threads ...");
        // 创建executors池, 执行Callable
        ExecutorService pool =
                Executors.newFixedThreadPool(numberOfThreads);

        Callable<BailoutFuture>[] callables =
                new TaxCallable[numberOfThreads];
        for (int i = 0; i < callables.length; i++) {
            callables[i] = new TaxCallable(taxPayerList[i], db);
        }

        System.out.println("\tthreads allocated.");

        // 启动线程运行
        System.out.println("Starting (" + callables.length +
```

```
                                    ") threads ...");
Set<Future<BailoutFuture>> set =
        new HashSet<Future<BailoutFuture>>();
for (int i = 0; i < callables.length; i++) {
    Callable<BailoutFuture> callable = callables[i];
    Future<BailoutFuture> future = pool.submit(callable);
    set.add(future);
}

System.out.println("\t(" + callables.length +
                    ") threads started.");
// 阻塞并等待所有Callable完成
System.out.println("Waiting for " + TEST_TIME / 1000 +
                    " seconds for (" + callables.length +
                    ") threads to complete ...");

double iterationsPerSecond = 0;
long recordsAdded = 0, recordsRemoved = 0, nullCounter = 0;
int counter = 1;
for (Future<BailoutFuture> future : set) {
    BailoutFuture result = null;
    try {
        result = future.get();
    } catch (InterruptedException ex) {
        Logger.getLogger(
            BailoutMain.class.getName()).log(
                        Level.SEVERE, null, ex);
    } catch (ExecutionException ex) {
        Logger.getLogger(
            BailoutMain.class.getName()).log(
                        Level.SEVERE, null, ex);
    }
    System.out.println("Iterations per second on thread[" +
                        counter++ + "] -> " +
                        result.getIterationsPerSecond());
    iterationsPerSecond += result.getIterationsPerSecond();
    recordsAdded += result.getRecordsAdded();
    recordsRemoved += result.getRecordsRemoved();
    nullCounter = result.getNullCounter();
}

// 打印总数
DecimalFormat df = new DecimalFormat("#.##");
System.out.println("Total iterations per second --> " +
                    df.format(iterationsPerSecond));
NumberFormat nf = NumberFormat.getInstance();
System.out.println("Total records added ----------> " +
                    nf.format(recordsAdded));
System.out.println("Total records removed --------> " +
                    nf.format(recordsRemoved));
System.out.println("Total records in db ----------> " +
                    nf.format(db.size()));
System.out.println("Total null records encountered: " +
                    nf.format(nullCounter));
```

```java
        System.exit(0);
    }

    public static TaxPayerRecord makeTaxPayerRecord() {
        String firstName = getRandomName();
        String lastName = getRandomName();
        String ssn = getRandomSSN();
        String address = getRandomAddress();
        String city = getRandomCity();
        String state = getRandomState();
        return new TaxPayerRecord(firstName, lastName, ssn,
                address, city, state);
    }

    private static void populateDatabase(TaxPayerBailoutDB db,
                            List<StateAndId>[] taxPayerList,
                                        int dbSize) {
        for (int i = 0; i < dbSize; i++) {
            String taxPayerId = getRandomTaxPayerId();
            TaxPayerRecord tpr = makeTaxPayerRecord();
            db.add(taxPayerId, tpr);
            StateAndId stateAndId =
                    new StateAndId(taxPayerId, tpr.getState());
            int index = i % taxPayerList.length;
            taxPayerList[index].add(stateAndId);
        }
    }

    public static String getRandomTaxPayerId() {
        StringBuilder sb = new StringBuilder();
        for (int i = 0; i < 20; i++) {
            int index =
                threadLocalRandom.get().nextInt(alphabet.length);
            sb.append(alphabet[index]);
        }
        return sb.toString();
    }

    public static String getRandomName() {
        StringBuilder sb = new StringBuilder();
        int size = threadLocalRandom.get().nextInt(8) + 5;
        for (int i = 0; i < size; i++) {
            int index =
                threadLocalRandom.get().nextInt(alphabet.length);
            char c = alphabet[index];
            if (i == 0) {
                c = Character.toUpperCase(c);
            }
            sb.append(c);
        }
        return sb.toString();
    }

    public static String getRandomSSN() {
```

```
        StringBuilder sb = new StringBuilder();
        for (int i = 0; i < 11; i++) {
            if (i == 3 || i == 6) {
                sb.append('-');
            }
            int x = threadLocalRandom.get().nextInt(9);
            sb.append(x);
        }
        return sb.toString();
    }

    public static String getRandomAddress() {
        StringBuilder sb = new StringBuilder();
        int size = threadLocalRandom.get().nextInt(14) + 10;
        for (int i = 0; i < size; i++) {
            if (i < 5) {
                int x = threadLocalRandom.get().nextInt(8);
                sb.append(x + 1);
            }
            int index =
                threadLocalRandom.get().nextInt(alphabet.length);
            char c = alphabet[index];
            if (i == 5) {
                c = Character.toUpperCase(c);
            }
            sb.append(c);
        }
        return sb.toString();
    }

    public static String getRandomCity() {
        StringBuilder sb = new StringBuilder();
        int size = threadLocalRandom.get().nextInt(5) + 6;
        for (int i = 0; i < size; i++) {
            int index =
                threadLocalRandom.get().nextInt(alphabet.length);
            char c = alphabet[index];
            if (i == 0) {
                c = Character.toUpperCase(c);
            }
            sb.append(c);
        }
        return sb.toString();
    }

    public static String getRandomState() {
        int index = threadLocalRandom.get().nextInt(states.length);
        return states[index];
    }
}
```

TaxPayerRecord.java
```
import java.util.concurrent.atomic.AtomicLong;

public class TaxPayerRecord {
```

```
private String firstName, lastName, ssn, address, city, state;
private AtomicLong taxPaid;

public TaxPayerRecord(String firstName, String lastName, String ssn,
                      String address, String city, String state) {
    this.firstName = firstName;
    this.lastName = lastName;
    this.ssn = ssn;
    this.address = address;
    this.city = city;
    this.state = state;
    this.taxPaid = new AtomicLong(0);
}

public String getFirstName() {
    return firstName;
}

public void setFirstName(String firstName) {
    this.firstName = firstName;
}

public String getLastName() {
    return lastName;
}

public void setLastName(String lastName) {
    this.lastName = lastName;
}

public String getSsn() {
    return ssn;
}

public void setSsn(String ssn) {
    this.ssn = ssn;
}

public String getAddress() {
    return address;
}

public void setAddress(String address) {
    this.address = address;
}

public String getCity() {
    return city;
}

public void setCity(String city) {
    this.city = city;
}
```

```
    public String getState() {
        return state;
    }

    public void setState(String state) {
        this.state = state;
    }

    public void taxPaid(long amount) {
        taxPaid.addAndGet(amount);
    }

    public long getTaxPaid() {
        return taxPaid.get();
    }
}
```

TaxPayerBailoutDB.java

```
public interface TaxPayerBailoutDB {

    static final int NUMBER_OF_RECORDS_DESIRED = 2 * 1000000;

    /**
     * 依据tax payer的id和家乡州从数据库获取记录。
     *
     * @param taxPayersId - tax payer的id
     * @param state       - tax payers的家乡州
     * @return tax payer记录
     */
    TaxPayerRecord get(String id, String state);

    /**
     * 往数据库中添加新的tax payer。
     *
     * @param id     - tax payer的id
     * @param record - tax payer记录
     * @return 刚添加到数据库中的tax payer记录
     */
    TaxPayerRecord add(String id,  TaxPayerRecord record);

    /**
     * 从数据库中删除一条tax payer记录。
     *
     * @param taxPayersId    - tax payer的id
     * @param taxPayersState - tax payer的家乡州
     * @return tax payer记录, 如果数据库中不存在该id和州对应的记录则为null
     */
    TaxPayerRecord remove(String id, String state);

    /**
     * 数据库的大小, 例如记录数。
     *
     * @return 数据库中记录的数目
```

```
      */
    int size();
}
```

TaxPayerBailoutDbImpl.java

```java
import java.util.Collections;
import java.util.HashMap;
import java.util.Iterator;
import java.util.Map;

public class TaxPayerBailoutDbImpl implements TaxPayerBailoutDB {
    private final Map<String, Map<String,TaxPayerRecord>> db;

    public TaxPayerBailoutDbImpl(int dbSize, int numberOfStates) {
        db = new HashMap<String,Map<String,TaxPayerRecord>>(dbSize);
        for (int i = 0; i < numberOfStates; i++) {
            Map<String,TaxPayerRecord> map =
                    Collections.synchronizedMap(
                        new HashMap<String,TaxPayerRecord>(
                            dbSize/numberOfStates));
            db.put(BailoutMain.states[i], map);
        }
    }

    @Override
    public TaxPayerRecord get(String id, String state) {
        Map<String,TaxPayerRecord> map = getStateMap(state);
        if (map == null) {
            System.out.println("Unable to find state: " + state);
        }
        return map.get(id);
    }

    @Override
    public TaxPayerRecord add(String id, TaxPayerRecord record) {
        Map<String,TaxPayerRecord> map = getStateMap(record.getState());
        // 如果找到tax payer，则更新该记录
        TaxPayerRecord old = map.put(id, record);
        if (old != null) {
            // 没有找到，恢复旧的TaxPayerRecord
            old = map.put(id, old);
        }
        return old;
    }

    @Override
    public TaxPayerRecord remove(String id, String state) {
        Map<String,TaxPayerRecord> map = getStateMap(state);
        TaxPayerRecord tmpRecord = null;
        if (map != null)
            tmpRecord = map.remove(id);
        return tmpRecord;
    }
```

```
    @Override
    public int size() {
        int size = 0;
        Iterator<Map<String,TaxPayerRecord>> itr =
                              db.values().iterator();
        while (itr.hasNext()) {
            Map<String,TaxPayerRecord> m = itr.next();
            if (m != null)
                size += m.size();
        }
        return size;
    }

    private Map<String, TaxPayerRecord> getStateMap(String state) {
        Map<String,TaxPayerRecord> map = db.get(state);
        if (map == null) {
            throw new UnsupportedOperationException(
                    "State (" + state + ") " +
                    "not found in tax payer database.");
        }
        return map;
    }
}
```

TaxCallable.java

```
import java.util.List;
import java.util.Random;
import java.util.concurrent.Callable;

public class TaxCallable implements Callable<BailoutFuture> {

    private static long runTimeInMillis = BailoutMain.TEST_TIME;
    final private static ThreadLocal<Random> generator =
                              BailoutMain.threadLocalRandom;
    private long nullCounter, recordsRemoved, newRecordsAdded;
    private int index;
    private StateAndId stateAndId;
    final private List<StateAndId> taxPayerList;
    final private TaxPayerBailoutDB db;
    public TaxCallable(List<StateAndId> taxPayerList,
                    TaxPayerBailoutDB db) {
        this.taxPayerList = taxPayerList;
        this.db = db;
        index = 0;
    }

    @Override
    public BailoutFuture call() throws Exception {
        long iterations = 0L, elapsedTime = 0L;
        long startTime = System.currentTimeMillis();
        double iterationsPerSecond = 0;
        do {
```

```
        setTaxPayer();
        iterations++;
        TaxPayerRecord tpr = null;
        if (iterations == Long.MAX_VALUE) {
            long elapsed = System.currentTimeMillis() - startTime;
            iterationsPerSecond =
                    iterations / ((double) (elapsed / 1000));
            System.err.
                println("Iteration counter about to overflow ...");
            System.err.println(
                    "Calculating current operations per second ...");
            System.err.println("Iterations per second: " +
                            iterationsPerSecond);
            iterations = 0L;
            startTime = System.currentTimeMillis();
            runTimeInMillis -= elapsed;
        }
        if (iterations % 1001 == 0) {
            tpr = addNewTaxPayer(tpr);
        } else if (iterations % 60195 == 0) {
            tpr = removeTaxPayer(tpr);
        } else {
            tpr = updateTaxPayer(iterations, tpr);
        }

        if (iterations % 1000 == 0) {
            elapsedTime = System.currentTimeMillis() - startTime;
        }
    } while (elapsedTime < runTimeInMillis);

    if (iterations >= 1000) {
        iterationsPerSecond =
                iterations / ((double) (elapsedTime / 1000));
    }
    BailoutFuture bailoutFuture =
            new BailoutFuture(iterationsPerSecond, newRecordsAdded,
                            recordsRemoved, nullCounter);
    return bailoutFuture;
}

private TaxPayerRecord updateTaxPayer(long iterations,
                                    TaxPayerRecord tpr) {
    if (iterations % 1001 == 0) {
        tpr = db.get(stateAndId.getId(), stateAndId.getState());
    } else {
        // 更新数据库中的TaxPayer记录
        tpr = db.get(stateAndId.getId(), stateAndId.getState());
        if (tpr != null) {
            long tax = generator.get().nextInt(10) + 15;
            tpr.taxPaid(tax);
        }
    }
    if (tpr == null) {
        nullCounter++;
```

```
        }
        return tpr;
    }

    private TaxPayerRecord removeTaxPayer(TaxPayerRecord tpr) {
        // 从数据库中删除tax payer
        tpr = db.remove(stateAndId.getId(), stateAndId.getState());
        if (tpr != null) {
            // 从TaxPayerList中删除记录
            taxPayerList.remove(index);
            recordsRemoved++;
        }
        return tpr;
    }

    private TaxPayerRecord addNewTaxPayer(TaxPayerRecord tpr) {
        // 往数据库中添加新的TaxPayer
        String tmpTaxPayerId = BailoutMain.getRandomTaxPayerId();
        tpr = BailoutMain.makeTaxPayerRecord();
        TaxPayerRecord old = db.add(tmpTaxPayerId, tpr);
        if (old == null) {
            // 添加到（本地）列表
            StateAndId sai =
                    new StateAndId(tmpTaxPayerId, tpr.getState());
            taxPayerList.add(sai);
            newRecordsAdded++;
        }
        return tpr;
    }

    private void setTaxPayer() {
        if (++index >= taxPayerList.size()) {
            index = 0;
        }
        this.stateAndId = taxPayerList.get(index);
    }
}
```

BailoutFuture.java

```
public class BailoutFuture {
    private double iterationsPerSecond;
    private long recordsAdded, recordsRemoved, nullCounter;

    public BailoutFuture(double iterationsPerSecond, long recordsAdded,
                         long recordsRemoved, long nullCounter) {
        this.iterationsPerSecond = iterationsPerSecond;
        this.recordsAdded = recordsAdded;
        this.recordsRemoved = recordsRemoved;
        this.nullCounter = nullCounter;
    }

    public double getIterationsPerSecond() {
        return iterationsPerSecond;
```

```
    }

    public long getRecordsAdded() {
        return recordsAdded;
    }

    public long getRecordsRemoved() {
        return recordsRemoved;
    }

    public long getNullCounter() {
        return nullCounter;
    }
}
```

StateAndId.java
```
final public class StateAndId {
    private String id, state;

    public StateAndId(String id, String state) {
        this.id = id; this.state = state;
    }

    public String getState() {
        return state;
    }

    public void setState(String state) {
        this.state = state;
    }

    public String getId() {
        return id;
    }

     public void setId(String id) {
        this.id = id;
    }
}
```

B.7　调整容量变化 2

这个实现是B.6的更新，它显式指定了HashMap的初始容量（超过了HashMap的默认初始容量16），也显式指定了StringBuilder的初始容量（超过了装配String的默认初始长度16）。

BailoutMain.java
```
/**
 * Java性能优化书中Java Collections容量大小的调整对性能影响的示例程序。
 */
import java.text.DecimalFormat;
```

```java
import java.text.NumberFormat;
import java.util.ArrayList;
import java.util.HashSet;
import java.util.List;
import java.util.Random;
import java.util.Set;
import java.util.concurrent.Callable;
import java.util.concurrent.ExecutionException;
import java.util.concurrent.ExecutorService;
import java.util.concurrent.Executors;
import java.util.concurrent.Future;
import java.util.logging.Level;
import java.util.logging.Logger;

public class BailoutMain {
    final public static int TEST_TIME = 240 * 1000;
    final public static ThreadLocal<Random> threadLocalRandom =
            new ThreadLocal<Random>() {
                @Override
                protected Random initialValue() {
                    return new Random(Thread.currentThread().getId());
                }
            };
    private static char[] alphabet = {'a', 'b', 'c', 'd', 'e', 'f',
                                      'g', 'h', 'i', 'j', 'k', 'l',
                                      'm', 'n', 'o', 'p', 'q', 'r',
                                      's', 't', 'u', 'v', 'w', 'x',
                                      'y', 'z'};
    static String[] states = {"Alabama", "Alaska", "Arizona",
        "Arkansas", "California", "Colorado", "Connecticut",
        "Delaware", "Florida", "Georgia", "Hawaii", "Idaho",
        "Illinois", "Indiana", "Iowa", "Kansas", "Kentucky",
        "Louisiana", "Maine", "Maryland", "Massachusetts", "Michigan",
        "Minnesota", "Mississippi", "Missouri", "Montana", "Nebraska",
        "Nevada", "New Hampshire", "New Jersey", "New Mexico",
        "New York", "North Carolina", "North Dakota", "Ohio",
        "Oklahoma", "Oregon", "Pennsylvania", "Rhode Island",
        "South Carolina", "South Dakota", "Tennessee", "Texas",
        "Utah", "Vermont", "Virginia", "Washington", "West Virginia",
        "Wisconsin", "Wyoming"};
    public static void main(String[] args) {
        final long start = System.nanoTime();
        final int numberOfThreads =
                Runtime.getRuntime().availableProcessors();
        final int dbSize =
                TaxPayerBailoutDB.NUMBER_OF_RECORDS_DESIRED;
        final int taxPayerListSize = dbSize / numberOfThreads;

        System.out.println("Number of threads to run concurrently : " +
                            numberOfThreads);
        System.out.println("Tax payer database size: " + dbSize);

        // 往数据库填充记录
        System.out.println("Creating tax payer database ...");
```

```
TaxPayerBailoutDB db =
        new TaxPayerBailoutDbImpl(dbSize, states.length);
List<StateAndId>[] taxPayerList =
        new ArrayList[numberOfThreads];
for (int i = 0; i < numberOfThreads; i++) {
    taxPayerList[i] =
            new ArrayList<StateAndId>(taxPayerListSize);
}
populateDatabase(db, taxPayerList, dbSize);
final long initDbTime = System.nanoTime() - start;
System.out.println("\tTax payer database created & " +
                    "populated in (" +
                    initDbTime/(1000*1000) + ") ms.");
System.out.println("\tTax payer database created.");

System.out.println("Allocating (" + numberOfThreads +
                    ") threads ...");
// 创建executors池，执行Callable
ExecutorService pool =
        Executors.newFixedThreadPool(numberOfThreads);

Callable<BailoutFuture>[] callables =
        new TaxCallable[numberOfThreads];
for (int i = 0; i < callables.length; i++) {
    callables[i] = new TaxCallable(taxPayerList[i], db);
}

System.out.println("\tthreads allocated.");

// 启动线程运行
System.out.println("Starting (" + callables.length +
                    ") threads ...");
Set<Future<BailoutFuture>> set =
        new HashSet<Future<BailoutFuture>>();
for (int i = 0; i < callables.length; i++) {
    Callable<BailoutFuture> callable = callables[i];
    Future<BailoutFuture> future = pool.submit(callable);
    set.add(future);
}

System.out.println("\t(" + callables.length +
                    ") threads started.");
// 阻塞并等待所有Callable完成
System.out.println("Waiting for " + TEST_TIME / 1000 +
                    " seconds for (" + callables.length +
                    ") threads to complete ...");

double iterationsPerSecond = 0;
long recordsAdded = 0, recordsRemoved = 0, nullCounter = 0;
int counter = 1;
for (Future<BailoutFuture> future : set) {
    BailoutFuture result = null;
    try {
        result = future.get();
```

```
            } catch (InterruptedException ex) {
                Logger.getLogger(
                    BailoutMain.class.getName()).log(
                                Level.SEVERE, null, ex);
            } catch (ExecutionException ex) {
                Logger.getLogger(
                    BailoutMain.class.getName()).log(
                                Level.SEVERE, null, ex);
            }
            System.out.println("Iterations per second on thread[" +
                            counter++ + "] -> " +
                            result.getIterationsPerSecond());
            iterationsPerSecond += result.getIterationsPerSecond();
            recordsAdded += result.getRecordsAdded();
            recordsRemoved += result.getRecordsRemoved();
            nullCounter = result.getNullCounter();
        }

        // 打印总数
        DecimalFormat df = new DecimalFormat("#.##");
        System.out.println("Total iterations per second --> " +
                        df.format(iterationsPerSecond));
        NumberFormat nf = NumberFormat.getInstance();
        System.out.println("Total records added ----------> " +
                        nf.format(recordsAdded));
        System.out.println("Total records removed --------> " +
                        nf.format(recordsRemoved));
        System.out.println("Total records in db ----------> " +
                        nf.format(db.size()));
        System.out.println("Total null records encountered: " +
                        nf.format(nullCounter));

        System.exit(0);
    }

    public static TaxPayerRecord makeTaxPayerRecord() {
        String firstName = getRandomName();
        String lastName = getRandomName();
        String ssn = getRandomSSN();
        String address = getRandomAddress();
        String city = getRandomCity();
        String state = getRandomState();
        return new TaxPayerRecord(firstName, lastName, ssn,
                address, city, state);
    }

    private static void populateDatabase(TaxPayerBailoutDB db,
                        List<StateAndId>[] taxPayerList,
                                        int dbSize) {
        for (int i = 0; i < dbSize; i++) {
            String taxPayerId = getRandomTaxPayerId();
            TaxPayerRecord tpr = makeTaxPayerRecord();
            db.add(taxPayerId, tpr);
            StateAndId stateAndId =
```

```
                new StateAndId(taxPayerId, tpr.getState());
        int index = i % taxPayerList.length;
        taxPayerList[index].add(stateAndId);
    }
}

public static String getRandomTaxPayerId() {
    StringBuilder sb = new StringBuilder(20);
    for (int i = 0; i < 20; i++) {
        int index =
            threadLocalRandom.get().nextInt(alphabet.length);
        sb.append(alphabet[index]);
    }
    return sb.toString();
}

public static String getRandomName() {
    StringBuilder sb = new StringBuilder();
    int size = threadLocalRandom.get().nextInt(8) + 5;
    for (int i = 0; i < size; i++) {
        int index =
            threadLocalRandom.get().nextInt(alphabet.length);
        char c = alphabet[index];
        if (i == 0) {
            c = Character.toUpperCase(c);
        }
        sb.append(c);
    }
    return sb.toString();
}

public static String getRandomSSN() {
    StringBuilder sb = new StringBuilder();
    for (int i = 0; i < 11; i++) {
        if (i == 3 || i == 6) {
            sb.append('-');
        }
        int x = threadLocalRandom.get().nextInt(9);
        sb.append(x);
    }
    return sb.toString();
}

public static String getRandomAddress() {
    StringBuilder sb = new StringBuilder(24);
    int size = threadLocalRandom.get().nextInt(14) + 10;
    for (int i = 0; i < size; i++) {
        if (i < 5) {
            int x = threadLocalRandom.get().nextInt(8);
            sb.append(x + 1);
        }
        int index =
            threadLocalRandom.get().nextInt(alphabet.length);
        char c = alphabet[index];
```

```
            if (i == 5) {
                c = Character.toUpperCase(c);
            }
            sb.append(c);
        }
        return sb.toString();
    }

    public static String getRandomCity() {
        StringBuilder sb = new StringBuilder();
        int size = threadLocalRandom.get().nextInt(5) + 6;
        for (int i = 0; i < size; i++) {
            int index =
                threadLocalRandom.get().nextInt(alphabet.length);
            char c = alphabet[index];
            if (i == 0) {
                c = Character.toUpperCase(c);
            }
            sb.append(c);
        }
        return sb.toString();
    }

    public static String getRandomState() {
        int index = threadLocalRandom.get().nextInt(states.length);
        return states[index];
    }
}
```

TaxPayerRecord.java

```
import java.util.concurrent.atomic.AtomicLong;

public class TaxPayerRecord {
    private String firstName, lastName, ssn, address, city, state;
    private AtomicLong taxPaid;

    public TaxPayerRecord(String firstName, String lastName, String ssn,
                          String address, String city, String state) {
        this.firstName = firstName;
        this.lastName = lastName;
        this.ssn = ssn;
        this.address = address;
        this.city = city;
        this.state = state;
        this.taxPaid = new AtomicLong(0);
    }
    public String getFirstName() {
        return firstName;
    }

    public void setFirstName(String firstName) {
        this.firstName = firstName;
```

```
    }

    public String getLastName() {
        return lastName;
    }

    public void setLastName(String lastName) {
        this.lastName = lastName;
    }

    public String getSsn() {
        return ssn;
    }

    public void setSsn(String ssn) {
        this.ssn = ssn;
    }

    public String getAddress() {
        return address;
    }

    public void setAddress(String address) {
        this.address = address;
    }

    public String getCity() {
        return city;
    }

    public void setCity(String city) {
        this.city = city;
    }

    public String getState() {
        return state;
    }

    public void setState(String state) {
        this.state = state;
    }

    public void taxPaid(long amount) {
        taxPaid.addAndGet(amount);
    }

    public long getTaxPaid() {
        return taxPaid.get();
    }
}
```

TaxPayerBailoutDB.java

```java
public interface TaxPayerBailoutDB {

    static final int NUMBER_OF_RECORDS_DESIRED = 2 * 1000000;

    /**
     * 依据tax payer的id和家乡州从数据库获取记录。
     *
     * @param taxPayersId - tax payer的id
     * @param state       - tax payers的家乡州
     * @return tax payer记录
     */
    TaxPayerRecord get(String id, String state);

    /**
     * 往数据库中添加新的tax payer。
     *
     * @param id     - tax payer的id
     * @param record - tax payer记录
     * @return 刚添加到数据库中的tax payer记录
     */
    TaxPayerRecord add(String id,  TaxPayerRecord record);

    /**
     * 从数据库中删除一条tax payer记录。
     *
     * @param taxPayersId    - tax payer的id
     * @param taxPayersState - tax payer的家乡州
     * @return tax payer记录, 如果数据库中不存在该id和州对应的记录则为null
     */
    TaxPayerRecord remove(String id, String state);

    /**
     * 数据库的大小，例如记录数。
     *
     * @return 数据库中记录的数目
     */
    int size();
}
```

TaxPayerBailoutDBImpl.java

```java
import java.util.Collections;
import java.util.HashMap;
import java.util.Iterator;
import java.util.Map;

public class TaxPayerBailoutDbImpl implements TaxPayerBailoutDB {
    private final Map<String, Map<String,TaxPayerRecord>> db;

    public TaxPayerBailoutDbImpl(int dbSize, int numberOfStates) {
        final int outerMapSize = (int) Math.ceil(numberOfStates / .75);
        final int innerMapSize =
```

```
                    (int) (Math.ceil((dbSize / numberOfStates) / .75));
        db =
          new HashMap<String,Map<String,TaxPayerRecord>>(outerMapSize);
        for (int i = 0; i < numberOfStates; i++) {
            Map<String,TaxPayerRecord> map =
                Collections.synchronizedMap(
                    new HashMap<String,TaxPayerRecord>(innerMapSize));
            db.put(BailoutMain.states[i], map);
        }
    }

    @Override
    public TaxPayerRecord get(String id, String state) {
        Map<String,TaxPayerRecord> map = getStateMap(state);
        if (map == null) {
            System.out.println("Unable to find state: " + state);
        }
        return map.get(id);
    }

    @Override
    public TaxPayerRecord add(String id, TaxPayerRecord record) {
        Map<String,TaxPayerRecord> map = getStateMap(record.getState());
        // 如果找到tax payer，则更新该记录
        TaxPayerRecord old = map.put(id, record);
        if (old != null) {
            // 没有找到，恢复旧的TaxPayerRecord
            old = map.put(id, old);
        }
        return old;
    }

    @Override
    public TaxPayerRecord remove(String id, String state) {
        Map<String,TaxPayerRecord> map = getStateMap(state);
        TaxPayerRecord tmpRecord = null;
        if (map != null)
            tmpRecord = map.remove(id);
        return tmpRecord;
    }

    @Override
    public int size() {
        int size = 0;
        Iterator<Map<String,TaxPayerRecord>> itr =
                                db.values().iterator();
        while (itr.hasNext()) {
            Map<String,TaxPayerRecord> m = itr.next();
            if (m != null)
                size += m.size();
        }
        return size;
    }
```

```
    private Map<String, TaxPayerRecord> getStateMap(String state) {
        Map<String,TaxPayerRecord> map = db.get(state);
        if (map == null) {
            throw new UnsupportedOperationException(
                    "State (" + state + ") " +
                    "not found in tax payer database.");
        }
        return map;
    }
}
```

TaxCallable.java
```java
import java.util.List;
import java.util.Random;
import java.util.concurrent.Callable;

public class TaxCallable implements Callable<BailoutFuture> {

    private static long runTimeInMillis = BailoutMain.TEST_TIME;
    final private static ThreadLocal<Random> generator =
                                     BailoutMain.threadLocalRandom;
    private long nullCounter, recordsRemoved, newRecordsAdded;
    private int index;
    private StateAndId stateAndId;
    final private List<StateAndId> taxPayerList;
    final private TaxPayerBailoutDB db;

    public TaxCallable(List<StateAndId> taxPayerList,
                   TaxPayerBailoutDB db) {
        this.taxPayerList = taxPayerList;
        this.db = db;
        index = 0;
    }

    @Override
    public BailoutFuture call() throws Exception {
        long iterations = 0L, elapsedTime = 0L;
        long startTime = System.currentTimeMillis();
        double iterationsPerSecond = 0;
        do {
            setTaxPayer();
            iterations++;
            TaxPayerRecord tpr = null;
            if (iterations == Long.MAX_VALUE) {
                long elapsed = System.currentTimeMillis() - startTime;
                iterationsPerSecond =
                        iterations / ((double) (elapsed / 1000));
                System.err.
                    println("Iteration counter about to overflow ...");
                System.err.println(
                        "Calculating current operations per second ...");
                System.err.println("Iterations per second: " +
                                iterationsPerSecond);
```

```
                iterations = 0L;
                startTime = System.currentTimeMillis();
                runTimeInMillis -= elapsed;
            }
            if (iterations % 1001 == 0) {
                tpr = addNewTaxPayer(tpr);
            } else if (iterations % 60195 == 0) {
                tpr = removeTaxPayer(tpr);
            } else {
                tpr = updateTaxPayer(iterations, tpr);
            }

            if (iterations % 1000 == 0) {
                elapsedTime = System.currentTimeMillis() - startTime;
            }
        } while (elapsedTime < runTimeInMillis);

        if (iterations >= 1000) {
            iterationsPerSecond =
                    iterations / ((double) (elapsedTime / 1000));
        }
        BailoutFuture bailoutFuture =
                new BailoutFuture(iterationsPerSecond, newRecordsAdded,
                                    recordsRemoved, nullCounter);
        return bailoutFuture;
    }

    private TaxPayerRecord updateTaxPayer(long iterations,
                                            TaxPayerRecord tpr) {
        if (iterations % 1001 == 0) {
            tpr = db.get(stateAndId.getId(), stateAndId.getState());
        } else {
            // 更新数据库中的TaxPayer记录
            tpr = db.get(stateAndId.getId(), stateAndId.getState());
            if (tpr != null) {
                long tax = generator.get().nextInt(10) + 15;
                tpr.taxPaid(tax);
            }
        }
        if (tpr == null) {
            nullCounter++;
        }
        return tpr;
    }

    private TaxPayerRecord removeTaxPayer(TaxPayerRecord tpr) {
        // 从数据库中删除tax payer
        tpr = db.remove(stateAndId.getId(), stateAndId.getState());
        if (tpr != null) {
            // 从TaxPayerList中删除记录
            taxPayerList.remove(index);
            recordsRemoved++;
        }
        return tpr;
```

```
    }

    private TaxPayerRecord addNewTaxPayer(TaxPayerRecord tpr) {
        // 往数据库中添加新的TaxPayer
        String tmpTaxPayerId = BailoutMain.getRandomTaxPayerId();
        tpr = BailoutMain.makeTaxPayerRecord();
        TaxPayerRecord old = db.add(tmpTaxPayerId, tpr);
        if (old == null) {
            // 添加到（本地）列表
            StateAndId sai =
                    new StateAndId(tmpTaxPayerId, tpr.getState());
            taxPayerList.add(sai);
            newRecordsAdded++;
        }
        return tpr;
    }

    private void setTaxPayer() {
        if (++index >= taxPayerList.size()) {
            index = 0;
        }
        this.stateAndId = taxPayerList.get(index);
    }
}
```

BailoutFuture.java

```
public class BailoutFuture {
    private double iterationsPerSecond;
    private long recordsAdded, recordsRemoved, nullCounter;

    public BailoutFuture(double iterationsPerSecond, long recordsAdded,
                         long recordsRemoved, long nullCounter) {
        this.iterationsPerSecond = iterationsPerSecond;
        this.recordsAdded = recordsAdded;
        this.recordsRemoved = recordsRemoved;
        this.nullCounter = nullCounter;
    }

    public double getIterationsPerSecond() {
        return iterationsPerSecond;
    }

    public long getRecordsAdded() {
        return recordsAdded;
    }

    public long getRecordsRemoved() {
        return recordsRemoved;
    }

    public long getNullCounter() {
        return nullCounter;
    }
}
```

StateAndId.java
```java
final public class StateAndId {
    private String id, state;

    public StateAndId(String id, String state) {
        this.id = id; this.state = state;
    }

    public String getState() {
        return state;
    }

    public void setState(String state) {
        this.state = state;
    }

    public String getId() {
        return id;
    }

    public void setId(String id) {
        this.id = id;
    }
}
```

B.8　增加并发性的单线程实现

这个实现与B.3类似，增加了一些指令，用以报告创建taxpayer虚拟记录和添到数据库中所需要的时间。

BailoutMain.java
```java
import java.text.DecimalFormat;
import java.text.NumberFormat;
import java.util.ArrayList;
import java.util.HashSet;
import java.util.List;
import java.util.Random;
import java.util.Set;
import java.util.concurrent.Callable;
import java.util.concurrent.ExecutionException;
import java.util.concurrent.ExecutorService;
import java.util.concurrent.Executors;
import java.util.concurrent.Future;
import java.util.logging.Level;
import java.util.logging.Logger;

public class BailoutMain {

    final public static int TEST_TIME = 240 * 1000;
    final public static ThreadLocal<Random> threadLocalRandom =
```

```
                new ThreadLocal<Random>() {
                    @Override
                    protected Random initialValue() {
                        return new Random(Thread.currentThread().getId());
                    }
                };
    private static char[] alphabet = {'a', 'b', 'c', 'd', 'e', 'f',
        'g', 'h', 'i', 'j', 'k', 'l', 'm', 'n', 'o', 'p', 'q', 'r',
        's', 't', 'u', ''v', 'w', 'x', 'y', 'z'};
    static String[] states = {"Alabama", "Alaska", "Arizona",
        "Arkansas", "California", "Colorado", "Connecticut",
        "Delaware", "Florida", "Georgia", "Hawaii", "Idaho",
        "Illinois", "Indiana", "Iowa", "Kansas", "Kentucky",
        "Louisiana", "Maine", "Maryland", "Massachusetts", "Michigan",
        "Minnesota", "Mississippi", "Missouri", "Montana", "Nebraska",
        "Nevada", "New Hampshire", "New Jersey", "New Mexico",
        "New York", "North Carolina", "North Dakota", "Ohio",
        "Oklahoma", "Oregon", "Pennsylvania", "Rhode Island",
        "South Carolina", "South Dakota", "Tennessee", "Texas",
        "Utah", "Vermont", "Virginia", "Washington", "West Virginia",
        "Wisconsin", "Wyoming"};

public static void main(String[] args) {
    final long start = System.nanoTime();
    final int numberOfThreads =
        Runtime.getRuntime().availableProcessors();
    final int dbSize =
        TaxPayerBailoutDB.NUMBER_OF_RECORDS_DESIRED;
    final int taxPayerListSize = dbSize / numberOfThreads;

    System.out.println("Number of threads to run concurrently : " +
                    numberOfThreads);
    System.out.println("Tax payer database size: " + dbSize);

    // 往数据库填充记录
    System.out.println("Creating tax payer database ...");
    TaxPayerBailoutDB db = new TaxPayerBailoutDbImpl(dbSize);
    List<String>[] taxPayerList = new ArrayList[numberOfThreads];
    for (int i = 0; i < numberOfThreads; i++) {
        taxPayerList[i] = new ArrayList<String>(taxPayerListSize);
    }
    populateDatabase(db, taxPayerList, dbSize);
    final long initDbTime = System.nanoTime() - start;
    System.out.println("\tDatabase created & populated in (" +
                    initDbTime/(1000*1000) + ") ms.");

    System.out.println("Allocating (" + numberOfThreads +
                    ") threads ...");
    // 创建executors池, 执行Callable
    ExecutorService pool =
        Executors.newFixedThreadPool(numberOfThreads);

    Callable<BailoutFuture>[] callables =
        new TaxCallable[numberOfThreads];
```

```
for (int i = 0; i < callables.length; i++) {
    callables[i] = new TaxCallable(taxPayerList[i], db);
}

System.out.println("\tthreads allocated.");

// 启动线程运行
System.out.println("Starting (" + callables.length +
                      ") threads ...");
Set<Future<BailoutFuture>> set =
    new HashSet<Future<BailoutFuture>>();
for (int i = 0; i < callables.length; i++) {
    Callable<BailoutFuture> callable = callables[i];
    Future<BailoutFuture> future = pool.submit(callable);
    set.add(future);
}

System.out.println("\t(" + callables.length +
                    ") threads started.");
// 阻塞并等待所有Callable完成
System.out.println("Waiting for " + TEST_TIME / 1000 +
                    " seconds for (" + callables.length +
                    ") threads to complete ...");

double iterationsPerSecond = 0;
long recordsAdded = 0, recordsRemoved = 0, nullCounter = 0;
int counter = 1;
for (Future<BailoutFuture> future : set) {
    BailoutFuture result = null;
    try {
        result = future.get();
    } catch (InterruptedException ex) {
        Logger.getLogger(BailoutMain.class.getName())
            .log(Level.SEVERE, null, ex);
    } catch (ExecutionException ex) {
        Logger.getLogger(BailoutMain.class.getName())
            .log(Level.SEVERE, null, ex);
    }
    System.out.println("Iterations per second on thread[" +
                        counter++ + "] -> " +
                        result.getIterationsPerSecond());
    iterationsPerSecond += result.getIterationsPerSecond();
    recordsAdded += result.getRecordsAdded();
    recordsRemoved += result.getRecordsRemoved();
    nullCounter = result.getNullCounter();
}

// 打印总数
DecimalFormat df = new DecimalFormat("#.##");
System.out.println("Total iterations per second --> " +
                    df.format(iterationsPerSecond));
NumberFormat nf = NumberFormat.getInstance();
System.out.println("Total records added ----------> " +
                    nf.format(recordsAdded));
```

```
        System.out.println("Total records removed --------> " +
                            nf.format(recordsRemoved));
        System.out.println("Total records in db ----------> " +
                            nf.format(db.size()));
        System.out.println("Total null records encountered: " +
                            nf.format(nullCounter));

        System.exit(0);
    }

    public static TaxPayerRecord makeTaxPayerRecord() {
        String firstName = getRandomName();
        String lastName = getRandomName();
        String ssn = getRandomSSN();
        String address = getRandomAddress();
        String city = getRandomCity();
        String state = getRandomState();
        return new TaxPayerRecord(firstName, lastName, ssn,
                address, city, state);
    }

    private static void populateDatabase(TaxPayerBailoutDB db,
                    List<String>[] taxPayerIdList, int dbSize) {
        for (int i = 0; i < dbSize; i++) {
            String key = getRandomTaxPayerId();
            TaxPayerRecord tpr = makeTaxPayerRecord();
            db.add(key, tpr);
            int index = i % taxPayerIdList.length;
            taxPayerIdList[index].add(key);
        }
    }

    public static String getRandomTaxPayerId() {
        StringBuilder sb = new StringBuilder(20);
        for (int i = 0; i < 20; i++) {
            int index =
                threadLocalRandom.get().nextInt(alphabet.length);
            sb.append(alphabet[index]);
        }
        return sb.toString();
    }

    public static String getRandomName() {
        StringBuilder sb = new StringBuilder();
        int size = threadLocalRandom.get().nextInt(8) + 5;
        for (int i = 0; i < size; i++) {
            int index =
                threadLocalRandom.get().nextInt(alphabet.length);
            char c = alphabet[index];
            if (i == 0) {
                c = Character.toUpperCase(c);
            }
            sb.append(c);
        }
```

```java
        return sb.toString();
    }

    public static String getRandomSSN() {
        StringBuilder sb = new StringBuilder();
        for (int i = 0; i < 11; i++) {
            if (i == 3 || i == 6) {
                sb.append('-');
            }
            int x = threadLocalRandom.get().nextInt(9);
            sb.append(x);
        }
        return sb.toString();
    }

    public static String getRandomAddress() {
        StringBuilder sb = new StringBuilder(24);
        int size = threadLocalRandom.get().nextInt(14) + 10;
        for (int i = 0; i < size; i++) {
            if (i < 5) {
                int x = threadLocalRandom.get().nextInt(8);
                sb.append(x + 1);
            }
            int index =
                threadLocalRandom.get().nextInt(alphabet.length);
            char c = alphabet[index];
            if (i == 5) {
                c = Character.toUpperCase(c);
            }
            sb.append(c);
        }
        return sb.toString();
    }

    public static String getRandomCity() {
        StringBuilder sb = new StringBuilder();
        int size = threadLocalRandom.get().nextInt(5) + 6;
        for (int i = 0; i < size; i++) {
            int index =
                threadLocalRandom.get().nextInt(alphabet.length);
            char c = alphabet[index];
            if (i == 0) {
                c = Character.toUpperCase(c);
            }
            sb.append(c);
        }
        return sb.toString();
    }

    public static String getRandomState() {
        int index = threadLocalRandom.get().nextInt(states.length);
        return states[index];
    }
}
```

TaxPayerRecord.java

```java
import java.util.concurrent.atomic.AtomicLong;

public class TaxPayerRecord {
    private String firstName, lastName, ssn, address, city, state;
    private AtomicLong taxPaid;

    public TaxPayerRecord(String firstName, String lastName, String ssn,
                          String address, String city, String state) {
        this.firstName = firstName;
        this.lastName = lastName;
        this.ssn = ssn;
        this.address = address;
        this.city = city;
        this.state = state;
        this.taxPaid = new AtomicLong(0);
    }

    public String getFirstName() {
        return firstName;
    }

    public void setFirstName(String firstName) {
        this.firstName = firstName;
    }

    public String getLastName() {
        return lastName;
    }

    public void setLastName(String lastName) {
        this.lastName = lastName;
    }

    public String getSsn() {
        return ssn;
    }

    public void setSsn(String ssn) {
        this.ssn = ssn;
    }

    public String getAddress() {
        return address;
    }

    public void setAddress(String address) {
        this.address = address;
    }

    public String getCity() {
        return city;
    }

    public void setCity(String city) {
```

```java
        this.city = city;
    }

    public String getState() {
        return state;
    }

    public void setState(String state) {
        this.state = state;
    }

    public void taxPaid(long amount) {
        taxPaid.addAndGet(amount);
    }

    public long getTaxPaid() {
        return taxPaid.get();
    }
}
```

TaxPayerBailoutDB.java

```java
public interface TaxPayerBailoutDB {

    static final int NUMBER_OF_RECORDS_DESIRED = 2 * 1000000;

    /**
     * 依据tax payer的id从数据库获取记录。
     *
     * @param id - tax payer的id
     * @return tax payer记录
     */
    TaxPayerRecord get(String id);

    /**
     * 往数据库中添加新的tax payer。
     *
     * @param id      - tax payer的id
     * @param record - tax payer记录
     * @return 刚添加到数据库中的tax payer记录
     */
    TaxPayerRecord add(String id, TaxPayerRecord record);

    /**
     * 从数据库中删除一条tax payer记录。
     *
     * @param id - tax payer的id
     * @return tax payer记录，如果数据库中不存在该id则为null
     */
    TaxPayerRecord remove(String id);

    /**
     * 数据库的大小，例如记录数。
     *
     * @return 数据库中记录的数目
```

```
        */
    int size();
}
```

TaxPayerBailoutDbImpl.java

```java
import java.util.Map;
import java.util.concurrent.ConcurrentHashMap;

public class TaxPayerBailoutDbImpl implements TaxPayerBailoutDB {
    private final Map<String,TaxPayerRecord> db;

    public TaxPayerBailoutDbImpl(int size) {
        db = new ConcurrentHashMap<String,TaxPayerRecord>(size);
    }

    @Override
    public TaxPayerRecord get(String id) {
        return db.get(id);
    }

    @Override
    public TaxPayerRecord add(String id, TaxPayerRecord record) {
        TaxPayerRecord old = db.put(id, record);
        if (old != null) {
            // 恢复旧的TaxPayerRecord
            old = db.put(id, old);
        }
        return old;
    }

    @Override
    public TaxPayerRecord remove(String id) {
        return db.remove(id);
    }

    @Override
    public int size() {
        return db.size();
    }
}
```

TaxCallable.java

```java
import java.util.List;
import java.util.Random;
import java.util.concurrent.Callable;

public class TaxCallable implements Callable<BailoutFuture> {

    private static long runTimeInMillis = BailoutMain.TEST_TIME;
    final private static ThreadLocal<Random> generator =
                                BailoutMain.threadLocalRandom;
    private long nullCounter, recordsRemoved, newRecordsAdded;
```

```
private int index;
private String taxPayerId;
final private List<String> taxPayerList;
final private TaxPayerBailoutDB db;

public TaxCallable(List<String> taxPayerList, TaxPayerBailoutDB db){
    this.taxPayerList = taxPayerList;
    this.db = db;
    index = 0;
}

@Override
public BailoutFuture call() throws Exception {
    long iterations = 0L, elapsedTime = 0L;
    long startTime = System.currentTimeMillis();
    double iterationsPerSecond = 0;
    do {
        setTaxPayer();
        iterations++;
        TaxPayerRecord tpr = null;
        if (iterations == Long.MAX_VALUE) {
            long elapsed = System.currentTimeMillis() - startTime;
            iterationsPerSecond = iterations /
                                    ((double) (elapsed / 1000));
            System.err.println("Iteration counter overflow ...");
            System.err.println("Calculating current ops per sec.");
            System.err.println("Iterations per second: " +
                                iterationsPerSecond);
            iterations = 0L;
            startTime = System.currentTimeMillis();
            runTimeInMillis -= elapsed;
        }
        if (iterations % 1001 == 0) {
            tpr = addNewTaxPayer(tpr);
        } else if (iterations % 60195 == 0) {
            tpr = removeTaxPayer(tpr);
        } else {
            tpr = updateTaxPayer(iterations, tpr);
        }

        if (iterations % 1000 == 0) {
            elapsedTime = System.currentTimeMillis() - startTime;
        }
    } while (elapsedTime < runTimeInMillis);

    if (iterations >= 1000) {
        iterationsPerSecond = iterations /
                                ((double) (elapsedTime / 1000));
    }
    BailoutFuture bailoutFuture =
            new BailoutFuture(iterationsPerSecond, newRecordsAdded,
                                recordsRemoved, nullCounter);
    return bailoutFuture;
}

private TaxPayerRecord updateTaxPayer(long iterations,
```

```
                                                    TaxPayerRecord tpr) {
        if (iterations % 1001 == 0) {
            tpr = db.get(taxPayerId);
        } else {
            // 更新数据库中的TaxPayer记录
            tpr = db.get(taxPayerId);
            if (tpr != null) {
                long tax = generator.get().nextInt(10) + 15;
                tpr.taxPaid(tax);
            }
        }
        if (tpr == null) {
            nullCounter++;
        }
        return tpr;
    }

    private TaxPayerRecord removeTaxPayer(TaxPayerRecord tpr) {
        // 从数据库中删除tax payer
        tpr = db.remove(taxPayerId);
        if (tpr != null) {
            // 从TaxPayerList中删除记录
            taxPayerList.remove(index);
            recordsRemoved++;
        }
        return tpr;
    }

    private TaxPayerRecord addNewTaxPayer(TaxPayerRecord tpr) {
        // 往数据库中添加新的TaxPayer
        String tmpTaxPayerId = BailoutMain.getRandomTaxPayerId();
        tpr = BailoutMain.makeTaxPayerRecord();
        TaxPayerRecord old = db.add(tmpTaxPayerId, tpr);
        if (old == null) {
            // 添加到（本地）列表
            taxPayerList.add(tmpTaxPayerId);
            newRecordsAdded++;
        }
        return tpr;
    }

    public void setTaxPayer() {
        if (++index >= taxPayerList.size()) {
            index = 0;
        }
        this.taxPayerId = taxPayerList.get(index);
    }
}
```

BailoutFuture.java
```
public class BailoutFuture {
    private double iterationsPerSecond;
    private long recordsAdded, recordsRemoved, nullCounter;
```

```
    public BailoutFuture(double iterationsPerSecond, long recordsAdded,
                        long recordsRemoved, long nullCounter) {
        this.iterationsPerSecond = iterationsPerSecond;
        this.recordsAdded = recordsAdded;
        this.recordsRemoved = recordsRemoved;
        this.nullCounter = nullCounter;
    }

    public double getIterationsPerSecond() {
        return iterationsPerSecond;
    }

    public long getRecordsAdded() {
        return recordsAdded;
    }

    public long getRecordsRemoved() {
        return recordsRemoved;
    }

    public long getNullCounter() {
        return nullCounter;
    }
}
```

B.9　增加并发性的多线程实现

这个实现重构了之前B.8节的实现，以多线程方式初始化taxpayer数据库。

```
BailoutMain.java
import java.text.DecimalFormat;
import java.text.NumberFormat;
import java.util.ArrayList;
import java.util.Collections;
import java.util.HashSet;
import java.util.List;
import java.util.Random;
import java.util.Set;
import java.util.concurrent.Callable;
import java.util.concurrent.ExecutionException;
import java.util.concurrent.ExecutorService;
import java.util.concurrent.Executors;
import java.util.concurrent.Future;
import java.util.logging.Level;
import java.util.logging.Logger;

public class BailoutMain {
    final public static int TEST_TIME = 240 * 1000;
    final public static ThreadLocal<Random> threadLocalRandom =
            new ThreadLocal<Random>() {
                @Override
                protected Random initialValue() {
```

```
                return new Random(Thread.currentThread().getId());
            }
        };
private static char[] alphabet = {'a', 'b', 'c', 'd', 'e', 'f',
    'g', 'h', 'i', 'j', 'k', 'l', 'm', 'n', 'o', 'p', 'q', 'r',
    's', 't', 'u', 'v', 'w', 'x', 'y', 'z'};
static String[] states = {"Alabama", "Alaska", "Arizona",
    "Arkansas", "California", "Colorado", "Connecticut",
    "Delaware", "Florida", "Georgia", "Hawaii", "Idaho",
    "Illinois", "Indiana", "Iowa", "Kansas", "Kentucky",
    "Louisiana", "Maine", "Maryland", "Massachusetts", "Michigan",
    "Minnesota", "Mississippi", "Missouri", "Montana", "Nebraska",
    "Nevada", "New Hampshire", "New Jersey", "New Mexico",
    "New York", "North Carolina", "North Dakota", "Ohio",
    "Oklahoma", "Oregon", "Pennsylvania", "Rhode Island",
    "South Carolina", "South Dakota", "Tennessee", "Texas", "Utah",
    "Vermont", "Virginia", "Washington", "West Virginia",
    "Wisconsin", "Wyoming"};

public static void main(String[] args) {
    final long start = System.nanoTime();
    final int numberOfThreads =
        Runtime.getRuntime().availableProcessors();
    final int dbSize = TaxPayerBailoutDB.NUMBER_OF_RECORDS_DESIRED;
    final int taxPayerListSize = dbSize / numberOfThreads;

    System.out.println("Number of threads to run concurrently : " +
                    numberOfThreads);
    System.out.println("Tax payer database size: " + dbSize);

    // 往数据库填充记录
    System.out.println("Creating tax payer database ...");
    TaxPayerBailoutDB db = new TaxPayerBailoutDbImpl(dbSize);
    List<String>[] taxPayerList = new List[numberOfThreads];
    for (int i = 0; i < numberOfThreads; i++) {
        taxPayerList[i] =
                Collections.synchronizedList(
                    new ArrayList<String>(taxPayerListSize));
    }

    System.out.println("Allocating thread pool and (" +
        numberOfThreads + ") db initializer threads ...");

    // 创建executors池，执行Callable
    ExecutorService pool =
        Executors.newFixedThreadPool(numberOfThreads);
    Callable<DbInitializerFuture>[] dbCallables =
        new DbInitializer[numberOfThreads];
    for (int i = 0; i < dbCallables.length; i++) {
        dbCallables[i] =
            new DbInitializer(db, taxPayerList,
                            dbSize/numberOfThreads);
    }

    System.out.println("\tThread pool & db threads allocated.");
```

```
// 启动线程运行
System.out.println("Starting (" + dbCallables.length +
                    ") db initializer threads ...");
Set<Future<DbInitializerFuture>> dbSet =
    new HashSet<Future<DbInitializerFuture>>();
for (int i = 0; i < dbCallables.length; i++) {
    Callable<DbInitializerFuture> callable = dbCallables[i];
    Future<DbInitializerFuture> future = pool.submit(callable);
    dbSet.add(future);
}

int recordsCreated = 0;
for (Future<DbInitializerFuture> future : dbSet) {
    DbInitializerFuture result = null;
    try {
        result = future.get();
    } catch (InterruptedException ex) {
        Logger.getLogger(BailoutMain.class.getName())
            .log(Level.SEVERE, null, ex);
    } catch (ExecutionException ex) {
        Logger.getLogger(BailoutMain.class.getName())
            .log(Level.SEVERE, null, ex);
    }
    recordsCreated += result.getRecordsCreated();
}
final long initDbTime = System.nanoTime() - start;
System.out.println("\tDb initializer threads completed.");
System.out.println("\tTax payer db created & populated in (" +
                    initDbTime/(1000*1000) + ") ms.");
System.out.println("\tCreated (" + recordsCreated +
                    ") records ...");

System.out.println("Allocating threads, main processing ...");
Callable<BailoutFuture>[] callables =
    new TaxCallable[numberOfThreads];
for (int i = 0; i < callables.length; i++) {
    callables[i] = new TaxCallable(taxPayerList[i], db);
}

System.out.println("\tthreads allocated.");

// 启动线程运行
System.out.println("Starting (" + callables.length +
                    ") threads ...");
Set<Future<BailoutFuture>> set =
    new HashSet<Future<BailoutFuture>>();
for (int i = 0; i < callables.length; i++) {
    Callable<BailoutFuture> callable = callables[i];
    Future<BailoutFuture> future = pool.submit(callable);
    set.add(future);
}

System.out.println("\t(" + callables.length +
                    ") threads started.");
// 阻塞并等待所有Callable完成
System.out.println("Waiting for " + TEST_TIME / 1000 +
                    " seconds for (" + callables.length +
```

```
                            ") threads to complete ...");

        double iterationsPerSecond = 0;
        long recordsAdded = 0, recordsRemoved = 0, nullCounter = 0;
        int counter = 1;
        for (Future<BailoutFuture> future : set) {
            BailoutFuture result = null;
            try {
                result = future.get();
            } catch (InterruptedException ex) {
                Logger.getLogger(BailoutMain.class.getName())
                    .log(Level.SEVERE, null, ex);
            } catch (ExecutionException ex) {
                Logger.getLogger(BailoutMain.class.getName())
                    .log(Level.SEVERE, null, ex);
            }
            System.out.println("Iterations per second on thread[" +
                counter++ + "] -> " + result.getIterationsPerSecond());
            iterationsPerSecond += result.getIterationsPerSecond();
            recordsAdded += result.getRecordsAdded();
            recordsRemoved += result.getRecordsRemoved();
            nullCounter = result.getNullCounter();
        }

        // 打印总数
        DecimalFormat df = new DecimalFormat("#.##");
        System.out.println("Total iterations per second --> " +
            df.format(iterationsPerSecond));
        NumberFormat nf = NumberFormat.getInstance();
        System.out.println("Total records added ----------> " +
            nf.format(recordsAdded));
        System.out.println("Total records removed --------> " +
            nf.format(recordsRemoved));
        System.out.println("Total records in db ----------> " +
            nf.format(db.size()));
        System.out.println("Total null records encountered: " +
            nf.format(nullCounter));

        System.exit(0);
    }

    public static TaxPayerRecord makeTaxPayerRecord() {
        String firstName = getRandomName();
        String lastName = getRandomName();
        String ssn = getRandomSSN();
        String address = getRandomAddress();
        String city = getRandomCity();
        String state = getRandomState();
        return new TaxPayerRecord(firstName, lastName, ssn,
                address, city, state);
    }

    static DbInitializerFuture populateDatabase(TaxPayerBailoutDB db,
                                 List<String>[] taxPayerIdList,
```

```
                                                int dbSize) {
        for (int i = 0; i < dbSize; i++) {
            String key = getRandomTaxPayerId();
            TaxPayerRecord tpr = makeTaxPayerRecord();
            db.add(key, tpr);
            int index = i % taxPayerIdList.length;
            taxPayerIdList[index].add(key);
        }
        DbInitializerFuture future = new DbInitializerFuture();
        future.addToRecordsCreated(dbSize);
        return future;
    }

    public static String getRandomTaxPayerId() {
        StringBuilder sb = new StringBuilder(20);
        for (int i = 0; i < 20; i++) {
            int index =
                threadLocalRandom.get().nextInt(alphabet.length);
            sb.append(alphabet[index]);
        }
        return sb.toString();
    }

    public static String getRandomName() {
        StringBuilder sb = new StringBuilder();
        int size = threadLocalRandom.get().nextInt(8) + 5;
        for (int i = 0; i < size; i++) {
            int index =
                threadLocalRandom.get().nextInt(alphabet.length);
            char c = alphabet[index];
            if (i == 0) {
                c = Character.toUpperCase(c);
            }
            sb.append(c);
        }
        return sb.toString();
    }

    public static String getRandomSSN() {
        StringBuilder sb = new StringBuilder();
        for (int i = 0; i < 11; i++) {
            if (i == 3 || i == 6) {
                sb.append('-');
            }
            int x = threadLocalRandom.get().nextInt(9);
            sb.append(x);
        }
        return sb.toString();
    }

    public static String getRandomAddress() {
        StringBuilder sb = new StringBuilder(24);
        int size = threadLocalRandom.get().nextInt(14) + 10;
        for (int i = 0; i < size; i++) {
```

```
            if (i < 5) {
                int x = threadLocalRandom.get().nextInt(8);
                sb.append(x + 1);
            }
            int index =
                threadLocalRandom.get().nextInt(alphabet.length);
            char c = alphabet[index];
            if (i == 5) {
                c = Character.toUpperCase(c);
            }
            sb.append(c);
        }
        return sb.toString();
    }

    public static String getRandomCity() {
        StringBuilder sb = new StringBuilder();
        int size = threadLocalRandom.get().nextInt(5) + 6;
        for (int i = 0; i < size; i++) {
            int index =
                threadLocalRandom.get().nextInt(alphabet.length);
            char c = alphabet[index];
            if (i == 0) {
                c = Character.toUpperCase(c);
            }
            sb.append(c);
        }
        return sb.toString();
    }

    public static String getRandomState() {
        int index = threadLocalRandom.get().nextInt(states.length);
        return states[index];
    }
}
```

DbInitializer.java

```
import java.util.List;
import java.util.concurrent.Callable;

public class DbInitializer implements Callable<DbInitializerFuture> {

    private TaxPayerBailoutDB db;
    private List<String>[] taxPayerList;
    private int recordsToCreate;

    public DbInitializer(TaxPayerBailoutDB db,
                         List<String>[] taxPayerList,
                         int recordsToCreate) {
        this.db = db;
        this.taxPayerList = taxPayerList;
        this.recordsToCreate = recordsToCreate;
```

```
    }

    @Override
    public DbInitializerFuture call() throws Exception {
        return BailoutMain.populateDatabase(db, taxPayerList,
                                            recordsToCreate);
    }
}
```

DbInitializerFuture.java

```java
public class DbInitializerFuture {
    private int recordsCreated;

    public DbInitializerFuture() {}

    public void addToRecordsCreated(int value) {
        recordsCreated += value;
    }

    public int getRecordsCreated() {
        return recordsCreated;
    }
}
```

TaxPayerRecord.java

```java
import java.util.concurrent.atomic.AtomicLong;

public class TaxPayerRecord {
    private String firstName, lastName, ssn, address, city, state;
    private AtomicLong taxPaid;

    public TaxPayerRecord(String firstName, String lastName, String ssn,
                          String address, String city, String state) {
        this.firstName = firstName;
        this.lastName = lastName;
        this.ssn = ssn;
        this.address = address;
        this.city = city;
        this.state = state;
        this.taxPaid = new AtomicLong(0);
    }

    public String getFirstName() {
        return firstName;
    }

    public void setFirstName(String firstName) {
        this.firstName = firstName;
    }

    public String getLastName() {
```

```
        return lastName;
    }

    public void setLastName(String lastName) {
        this.lastName = lastName;
    }

    public String getSsn() {
        return ssn;
    }

    public void setSsn(String ssn) {
        this.ssn = ssn;
    }

    public String getAddress() {
        return address;
    }

    public void setAddress(String address) {
        this.address = address;
    }

    public String getCity() {
        return city;
    }

    public void setCity(String city) {
        this.city = city;
    }

    public String getState() {
        return state;
    }

    public void setState(String state) {
        this.state = state;
    }

    public void taxPaid(long amount) {
        taxPaid.addAndGet(amount);
    }

    public long getTaxPaid() {
        return taxPaid.get();
    }
}
```

TaxPayerBailoutDB.java
```
public interface TaxPayerBailoutDB {

    static final int NUMBER_OF_RECORDS_DESIRED = 2 * 1000000;

    /**
     * 依据tax payer的id从数据库获取记录。
```

```
 *
 * @param id - tax payer的id
 * @return tax payer记录
 */
TaxPayerRecord get(String id);

/**
 * 往数据库中添加新的tax payer。
 *
 * @param id     - tax payer的id
 * @param record - tax payer记录
 * @return 刚添加到数据库中的tax payer记录
 */
TaxPayerRecord add(String id,  TaxPayerRecord record);

/**
 * 从数据库中删除一条tax payer记录。
 *
 * @param id - tax payer的id
 * @return tax payer记录，如果数据库中不存在该id则为null
 */
TaxPayerRecord remove(String id);

    /**
     * 数据库的大小，例如记录数。
     *
     * @return 数据库中记录的数目
     */
    int size();
}
```

TaxPayerBailoutDbImpl.java

```java
import java.util.Map;
import java.util.concurrent.ConcurrentHashMap;

public class TaxPayerBailoutDbImpl implements TaxPayerBailoutDB {
    private final Map<String,TaxPayerRecord> db;

    public TaxPayerBailoutDbImpl(int size) {
        db = new ConcurrentHashMap<String,TaxPayerRecord>(size);
    }

    @Override
    public TaxPayerRecord get(String id) {
        return db.get(id);
    }

    @Override
    public TaxPayerRecord add(String id, TaxPayerRecord record) {
        TaxPayerRecord old = db.put(id, record);
        if (old != null) {
            // 恢复旧的TaxPayerRecord
            old = db.put(id, old);
        }
```

```
        return old;
    }

    @Override
    public TaxPayerRecord remove(String id) {
        return db.remove(id);
    }

    @Override
    public int size() {
        return db.size();
    }
}
```

TaxCallable.java

```
import java.util.List;
import java.util.Random;
import java.util.concurrent.Callable;

public class TaxCallable implements Callable<BailoutFuture> {

    private static long runTimeInMillis = BailoutMain.TEST_TIME;
    final private static ThreadLocal<Random> generator =
                                    BailoutMain.threadLocalRandom;
    private long nullCounter, recordsRemoved, newRecordsAdded;
    private int index;
    private String taxPayerId;
    final private List<String> taxPayerList;
    final private TaxPayerBailoutDB db;

    public TaxCallable(List<String> taxPayerList, TaxPayerBailoutDB db){
        this.taxPayerList = taxPayerList;
        this.db = db;
        index = 0;
    }

    @Override
    public BailoutFuture call() throws Exception {
        long iterations = 0L, elapsedTime = 0L;
        long startTime = System.currentTimeMillis();
        double iterationsPerSecond = 0;
        do {
            setTaxPayer();
            iterations++;
            TaxPayerRecord tpr = null;
            if (iterations == Long.MAX_VALUE) {
                long elapsed = System.currentTimeMillis() - startTime;
                iterationsPerSecond = iterations /
                                    ((double) (elapsed / 1000));
                System.err.println("Iteration counter overflow ...");
                System.err.println("Calculating current ops per sec.");
                System.err.println("Iterations per second: " +
                                    iterationsPerSecond);
                iterations = 0L;
                startTime = System.currentTimeMillis();
```

```
                runTimeInMillis -= elapsed;
            }
        if (iterations % 1001 == 0) {
            tpr = addNewTaxPayer(tpr);
        } else if (iterations % 60195 == 0) {
            tpr = removeTaxPayer(tpr);
        } else {
            tpr = updateTaxPayer(iterations, tpr);
        }

        if (iterations % 1000 == 0) {
            elapsedTime = System.currentTimeMillis() - startTime;
        }
    } while (elapsedTime < runTimeInMillis);

    if (iterations >= 1000) {
        iterationsPerSecond = iterations /
                            ((double) (elapsedTime / 1000));
    }
    BailoutFuture bailoutFuture =
            new BailoutFuture(iterationsPerSecond, newRecordsAdded,
                            recordsRemoved, nullCounter);
    return bailoutFuture;
}

private TaxPayerRecord updateTaxPayer(long iterations,
                                    TaxPayerRecord tpr) {
    if (iterations % 1001 == 0) {
        tpr = db.get(taxPayerId);
    } else {
        // 更新数据库中的TaxPayer记录
        tpr = db.get(taxPayerId);
        if (tpr != null) {
            long tax = generator.get().nextInt(10) + 15;
            tpr.taxPaid(tax);
        }
    }
    if (tpr == null) {
        nullCounter++;
    }
    return tpr;
}

private TaxPayerRecord removeTaxPayer(TaxPayerRecord tpr) {
    // 从数据库中删除tax payer
    tpr = db.remove(taxPayerId);
    if (tpr != null) {
        // 从TaxPayerList中删除记录
        taxPayerList.remove(index);
        recordsRemoved++;
    }
    return tpr;
}

private TaxPayerRecord addNewTaxPayer(TaxPayerRecord tpr) {
    // 往数据库中添加新的TaxPayer
    String tmpTaxPayerId = BailoutMain.getRandomTaxPayerId();
```

```
        tpr = BailoutMain.makeTaxPayerRecord();
        TaxPayerRecord old = db.add(tmpTaxPayerId, tpr);
        if (old == null) {
            // 添加到（本地）列表
            taxPayerList.add(tmpTaxPayerId);
            newRecordsAdded++;
        }
        return tpr;
    }

    public void setTaxPayer() {
        if (++index >= taxPayerList.size()) {
            index = 0;
        }
        this.taxPayerId = taxPayerList.get(index);
    }
}
```

BailoutFuture.java

```
public class BailoutFuture {
    private double iterationsPerSecond;
    private long recordsAdded, recordsRemoved, nullCounter;

    public BailoutFuture(double iterationsPerSecond, long recordsAdded,
                         long recordsRemoved, long nullCounter) {
        this.iterationsPerSecond = iterationsPerSecond;
        this.recordsAdded = recordsAdded;
        this.recordsRemoved = recordsRemoved;
        this.nullCounter = nullCounter;
    }

    public double getIterationsPerSecond() {
        return iterationsPerSecond;
    }

    public long getRecordsAdded() {
        return recordsAdded;
    }

    public long getRecordsRemoved() {
        return recordsRemoved;
    }

    public long getNullCounter() {
        return nullCounter;
    }
}
```

版 权 声 明

TURING
图灵教育

站在巨人的肩上
Standing on the Shoulders of Giants

图灵教育

站在巨人的肩上
Standing on the Shoulders of Giants